全国大学生电子设计竞赛"十三五"规划教材

全国大学生电子设计竞赛
系统设计（第3版）

黄智伟 王 彦 主 编

北京航空航天大学出版社

内 容 简 介

本书为"全国大学生电子设计竞赛'十三五'规划教材"之一。针对全国大学生电子设计竞赛的特点,为满足高等院校电子信息工程、通信工程、自动化、电气控制类等专业学生参加全国大学生电子设计竞赛的需要,详细分析了历届全国大学生电子设计竞赛题目的类型与特点,以设计实例为基础,系统介绍了电源类、信号源类、无线电类、放大器类、仪器仪表类、数据采集与处理类和控制类7大类作品的设计要求、系统方案、电路设计、主要芯片、程序设计等内容。

本书内容丰富实用,叙述简洁清晰,工程实践性强,注重培养学生综合分析、开发创新和竞赛设计制作的能力。可作为高等院校电子信息工程、通信工程、自动化、电气控制类等专业学生参加全国大学生电子设计竞赛的培训教材,也可作为参加各类电子制作、课程设计、毕业设计的教学参考书,还可作为工程技术人员进行电子电路、电子产品设计与制作的参考书。

图书在版编目(CIP)数据

全国大学生电子设计竞赛系统设计 / 黄智伟,王彦

主编. -- 3 版. --北京:北京航空航天大学出版社,

2022.8

ISBN 978 - 7 - 5124 - 3242 - 0

Ⅰ. ①全… Ⅱ. ①黄… ②王… Ⅲ. ①电子电路—电

路设计—高等学校—教材 Ⅳ. ①TN702

中国版本图书馆 CIP 数据核字(2020)第 008307 号

全国大学生电子设计竞赛系统设计(第 3 版)

黄智伟 王 彦 主编

责任编辑 胡晓柏

*

北京航空航天大学出版社出版发行

北京市海淀区学院路 37 号(邮编 100191) http://www.buaapress.com.cn

发行部电话:(010)82317024 传真:(010)82328026

读者信箱: emsbook@buaacm.com.cn 邮购电话:(010)82316936

涿州市新华印刷有限公司印装 各地书店经销

*

开本:710×1000 1/16 印张:37 字数:789 千字

2022 年 8 月第 3 版 2022 年 8 月第 1 次印刷 印数:3 000 册

ISBN 978 - 7 - 5124 - 3242 - 0 定价:99.00 元

序

　　全国大学生电子设计竞赛是教育部倡导的四大学科竞赛之一,是面向大学生的群众性科技活动,目的在于促进信息与电子类学科课程体系和课程内容的改革;促进高等院校实施素质教育以及培养大学生的创新能力、协作精神和理论联系实际的学风;促进大学生工程实践素质的培养,提高针对实际问题进行电子设计与制作的能力。

1. 规划教材由来

　　全国大学生电子设计竞赛既不是单纯的理论设计竞赛,也不仅仅是实验竞赛,而是在一个半封闭的、相对集中的环境和限定的时间内,由一个参赛队共同设计、制作完成一个有特定工程背景的作品。作品成功与否是竞赛能否取得好成绩的关键。

　　为满足高等院校电子信息工程、通信工程、自动化、电气控制等专业学生参加全国大学生电子设计竞赛的需要,我们修订并编写了这套规划教材:《全国大学生电子设计竞赛系统设计(第3版)》、《全国大学生电子设计竞赛电路设计(第3版)》、《全国大学生电子设计竞赛技能训练(第3版)》、《全国大学生电子设计竞赛制作实训(第3版)》、《全国大学生电子设计竞赛常用电路模块制作(第2版)》、《全国大学生电子设计竞赛ARM嵌入式系统应用设计与实践(第2版)》、《全国大学生电子设计竞赛基于TI器件的模拟电路设计》。该套规划教材从2006年出版以来,已多次印刷,一直是全国各高等院校大学生电子设计竞赛训练的首选教材之一。随着全国大学生电子设计竞赛的深入发展,特别是2007年以来,电子设计竞赛题目要求的深度、广度都有很大的提高。2009年竞赛的规则与要求也出现了一些变化,如对"最小系统"的定义、"性价比"与"系统功耗"的指标要求等。为适应新形势下全国大学生电子设计竞赛的要求与特点,我们对该套规划教材的内容进行了修订与补充。

2. 规划教材内容

　　《全国大学生电子设计竞赛系统设计(第3版)》在详细分析了历届全国大学生电子设计竞赛题目类型与特点的基础上,通过48个设计实例,系统介绍了电源类、信号源类、无线电类、放大器类、仪器仪表类、数据采集与处理类以及控制类7大类赛题的变化与特点、主要知识点、培训建议、设计要求、系统方案、电路设计、主要芯片、程序设计等内容。通过对这些设计实例进行系统方案分析、单元电路设计、集成电路芯片选择,可使学生全面、系统地掌握电子设计竞赛作品系统设计的基本方法,培养学生系统分析、开发创新的能力。

《全国大学生电子设计竞赛电路设计(第 3 版)》在详细分析了历届全国大学生电子设计竞赛题目的设计要求及所涉及电路的基础上,精心挑选了传感器应用电路、信号调理电路、放大器电路、信号变换电路、射频电路、电机控制电路、测量与显示电路、电源电路、ADC 驱动和 DAC 输出电路 9 类共 180 多个电路设计实例,系统介绍了每个电路设计实例所采用的集成电路芯片的主要技术性能与特点、芯片封装与引脚功能、内部结构、工作原理和应用电路等内容。通过对这些电路设计实例的学习,学生可以全面、系统地掌握电路设计的基本方法,培养电路分析、设计和制作的能力。由于各公司生产的集成电路芯片类型繁多,限于篇幅,本书仅精选了其中很少的部分以"抛砖引玉"。读者可根据电路设计实例举一反三,并利用参考文献中给出的大量的公司网址,查询更多的电路设计应用资料。

《全国大学生电子设计竞赛技能训练(第 3 版)》从 7 个方面系统介绍了元器件的种类、特性、选用原则和需注意的问题;印制电路板设计的基本原则、工具及其制作;元器件、导线、电缆、线扎和绝缘套管的安装工艺和焊接工艺;电阻、电容、电感、晶体管等基本元器件的检测;电压、分贝、信号参数、时间和频率、电路性能参数的测量,噪声和接地对测量的影响;电子产品调试和故障检测的一般方法,模拟电路、数字电路和整机的调试与故障检测;设计总结报告的评分标准,写作的基本格式、要求与示例,以及写作时应注意的一些问题等内容;赛前培训、赛前题目分析、赛前准备工作和赛后综合测评实施方法、综合测评题及综合测评题分析等。通过上述内容的学习,学生可以全面、系统地掌握在电子竞赛作品制作过程中必需的一些基本技能。

《全国大学生电子设计竞赛制作实训(第 3 版)》指导学生完成 SPCE061A 16 位单片机、AT89S52 单片机、ADμC845 单片数据采集、PIC16F882/883/884/886/887 单片机等最小系统的制作;运算放大器运算电路、有源滤波器电路、单通道音频功率放大器、双通道音频功率放大器、语音录放器、语音解说文字显示系统等模拟电路的制作;FPGA 最小系统、彩灯控制器等数字电路的制作;射频小信号放大器、射频功率放大器、VCO(压控振荡器)、PLL – VCO 环路、调频发射器、调频接收机等高频电路的制作;DDS AD9852 信号发生器、MAX038 函数信号发生器等信号发生器的制作;DC – DC 升压变换器、开关电源、交流固态继电器等电源电路的制作;GU10 LED 灯驱动电路、A19 LED 灯驱动电路、AC 输入 0.5 W 非隔离恒流 LED 驱动电路等 LED 驱动电路的制作。介绍了电路组成、元器件清单、安装步骤、调试方法、性能测试方法等内容,可使学生提高实际制作能力。

《全国大学生电子设计竞赛常用电路模块制作(第 2 版)》以全国大学生电子设计竞赛中所需要的常用电路模块为基础,介绍了 AT89S52,ATmega128,ATmega8、C8051F330/1 单片机,LM3S615 ARM Cortex – M3 微控制器,LPC2103 ARM7 微控制器 PACK 板的设计与制作;键盘及 LED 数码管显示器模块、RS – 485 总线通信模块、CAN 总线通信模块、ADC 模块和 DAC 模块等外围电路模块的设计与制作;放大器模块、信号调理模块、宽带可控增益直流放大器模块、音频放大器模块、D类放大器模块、菱形功率放大器模块、宽带功率放大器模块、滤波器模块的设计与制作；反射式光电传感器模块、超声波发射与接收模块、温湿度传感器模块、阻抗测量模块、音频信号检测模块的设计与制作；直流电机驱动模块、步进电机驱动模块、函数信号发生器模块、DDS信号发生器模块、压频转换模块的设计与制作；线性稳压电源模块、DC/DC电路模块、Boost升压模块、DC－AC－DC升压电源模块的设计与制作；介绍了电路模块在随动控制系统、基于红外线的目标跟踪与无线测温系统、声音导引系统、单相正弦波逆变电源、无线环境监测模拟装置中的应用；介绍了地线的定义、接地的分类、接地的方式、接地系统的设计原则、导体的阻抗、地线公共阻抗产生的耦合干扰、模拟前端小信号检测和放大电路的电源电路结构、ADC和DAC的电源电路结构、开关稳压器电路、线性稳压器电路、模/数混合电路的接地和电源PCB设计、PDN的拓扑结构、目标阻抗、基于目标阻抗的PDN设计、去耦电容器的组合和容量计算等内容。本书以实用电路模块为模板，叙述简洁清晰，工程性强，可使学生提高常用电路模块的制作能力。所有电路模块都提供电路图、PCB图和元器件布局图。

《全国大学生电子设计竞赛ARM嵌入式系统应用设计与实践（第2版）》以ARM嵌入式系统在全国大学生电子设计竞赛应用中所需要的知识点为基础，介绍了LPC214x ARM微控制器最小系统的设计与制作，可选择的ARM微处理器，以及STM32F系列32位微控制器最小系统的设计与制作；键盘及LED数码管显示器电路、汉字图形液晶显示器模块、触摸屏模块、LPC214x的ADC和DAC、定时器/计数器和脉宽调制器（PWM）、直流电机、步进电机和舵机驱动电路、光电传感器、超声波传感器、图像识别传感器、色彩传感器、电子罗盘、倾角传感器、角度传感器、E²PROM 24LC256和SK－SDMP3模块、nRF905无线收发器电路模块、CAN总线模块电路与LPC214x ARM微控制器的连接、应用与编程；基于ARM微控制器的随动控制系统、音频信号分析仪、信号发生器和声音导引系统的设计要求、总体方案设计、系统各模块方案论证与选择、理论分析及计算、系统主要单元电路设计和系统软件设计；MDK集成开发环境、工程的建立、程序的编译、HEX文件的生成以及ISP下载。该书突出了ARM嵌入式系统应用的基本方法，以实例为模板，可使学生提高ARM嵌入式系统在电子设计竞赛中的应用能力。本书所有实例程序都通过验证，相关程序清单可以在北京航空航天大学出版社网站"下载中心"下载。

《全国大学生电子设计竞赛基于TI器件的模拟电路设计》介绍的模拟电路是电子系统的重要组成部分，也是电子设计竞赛各赛题中的一个重要组成部分。模拟电路在设计制作中会受到各种条件的制约（如输入信号微弱、对温度敏感、易受噪声干扰等）。面对海量的技术资料、生产厂商提供的成百上千种模拟电路芯片，以及数据表中几十个参数，如何选择合适的模拟电路芯片，完成自己所需要的模拟电路设计，实际上是一件很不容易的事情。模拟电路设计已经成为电子系统设计过程中的瓶颈。本书从工程设计和竞赛要求出发，以TI公司的模拟电路芯片为基础，通过对模拟电路芯片的基本结构、技术特性、应用电路的介绍，以及大量的、可选择的模拟电路芯片、应用电路及 PCB 设计实例，图文并茂地说明了模拟电路设计和制作中的一些方法、技巧及应该注意的问题，具有很好的工程性和实用性。

3. 规划教材特点

本规划教材的特点：以全国大学生电子设计竞赛所需要的知识点和技能为基础，内容丰富实用，叙述简洁清晰，工程性强，突出了设计制作竞赛作品的方法与技巧。"系统设计"、"电路设计"、"技能训练"、"制作实训"、"常用电路模块制作"、"ARM 嵌入式系统应用设计与实践"和"基于 TI 器件的模拟电路设计"这 7 个主题互为补充，构成一个完整的训练体系。

《全国大学生电子设计竞赛系统设计（第 3 版）》通过对历年的竞赛设计实例进行系统方案分析、单元电路设计和集成电路芯片选择，全面、系统地介绍电子设计竞赛作品的基本设计方法，目的是使学生建立一个"系统概念"，在电子设计竞赛中能够尽快提出系统设计方案。

《全国大学生电子设计竞赛电路设计（第 3 版）》通过对 9 类共 180 多个电路设计实例所采用的集成电路芯片的主要技术性能与特点、芯片封装与引脚功能、内部结构、工作原理和应用电路等内容的介绍，使学生全面、系统地掌握电路设计的基本方法，以便在电子设计竞赛中尽快"找到"和"设计"出适用的电路。

《全国大学生电子设计竞赛技能训练（第 3 版）》通过对元器件的选用、印制电路板的设计与制作、元器件和导线的安装和焊接、元器件的检测、电路性能参数的测量、模拟/数字电路和整机的调试与故障检测、设计总结报告的写作等内容的介绍，培训学生全面、系统地掌握在电子竞赛作品制作过程中必需的一些基本技能。

《全国大学生电子设计竞赛制作实训（第 3 版）》与《全国大学生电子设计竞赛技能训练（第 3 版）》相结合，通过对单片机最小系统、FPGA 最小系统、模拟电路、数字电路、高频电路、电源电路等 30 多个制作实例的讲解，可使学生掌握主要元器件特性、电路结构、印制电路板、制作步骤、调试方法、性能测试方法等内容，培养学生制作、装配、调试与检测等实际动手能力，使其能够顺利地完成电子设计竞赛作品的制作。

《全国大学生电子设计竞赛常用电路模块制作（第 2 版）》指导学生完成电子设计竞赛中常用的微控制器电路模块、微控制器外围电路模块、放大器电路模块、传感器电路模块、电机控制电路模块、信号发生器电路模块和电源电路模块的制作，所制作的模块可以直接在竞赛中使用。

《全国大学生电子设计竞赛 ARM 嵌入式系统应用设计与实践（第 2 版）》以 ARM 嵌入式系统在全国大学生电子设计竞赛应用中所需要的知识点为基础；以 LPC214x ARM 微控制器最小系统为核心；以 LED、LCD 和触摸屏显示电路，ADC 和 DAC 电路，直流电机、步进电机和舵机的驱动电路，光电、超声波、图像识别、色彩识别、电子罗盘、倾角传感器、角度传感器、E^2PROM、SD 卡、无线收发器模块、CAN 总线模块的设计制作与编程实例为模板，使学生能够简单、快捷地掌握 ARM 系统，并且能够在电子设计竞赛中熟练应用。

《全国大学生电子设计竞赛基于 TI 器件的模拟电路设计》从工程设计出发，结合电子设计竞赛赛题的要求，以 TI 公司的模拟电路芯片为基础，图文并茂地介绍了运算放大器、仪表放大器、全差动放大器、互阻抗放大器、跨导放大器、对数放大器、隔离放大器、比较器、模拟乘法器、滤波器、电压基准、模拟开关及多路复用器等模拟电路芯片的选型、电路设计、PCB 设计以及制作中的一些方法和技巧，以及应该注意的一些问题。

4. 读者对象

本规划教材可作为电子设计竞赛参赛学生的训练教材，也可作为高等院校电子信息工程、通信工程、自动化、电气控制等专业学生参加各类电子制作、课程设计和毕业设计的教学参考书，还可作为电子工程技术人员和电子爱好者进行电子电路和电子产品设计与制作的参考书。

作者在本规划教材的编写过程中，参考了国内外的大量资料，得到了许多专家和学者的大力支持。其中，北京理工大学、北京航空航天大学、国防科技大学、中南大学、湖南大学、南华大学等院校的电子竞赛指导老师和队员提出了一些宝贵意见和建议，并为本规划教材的编写做了大量的工作，在此一并表示衷心的感谢。

由于作者水平有限，本规划教材中的错误和不足之处，敬请各位读者批评指正。

黄智伟
2020 年 10 月
于南华大学

前　言

　　《全国大学生电子设计竞赛系统设计》从 2006 年出版以来，已多次印刷，一直是全国各大专院校大学生电子设计竞赛训练的首选教材之一。随着全国大学生电子设计竞赛的深入和发展，近几年来，特别是从 2007 年以来，电子设计竞赛从题目要求的深度、难度都有很大的提高。2009 年竞赛规则与要求也出现了一些变化，如"最小系统"的定义、"性价比"与"系统功耗"指标要求等。为适应新形势下的全国大学生电子设计竞赛的要求与特点，需要对该书的内容进行修订与补充。

　　本书是《全国大学生电子设计竞赛 技能训练(第 3 版)》《全国大学生电子设计竞赛 电路设计(第 3 版)》《全国大学生电子设计竞赛 技能训练(第 3 版)》《全国大学生电子设计竞赛 常用电路模块制作(第 2 版)》《全国大学生电子设计竞赛 ARM 嵌入式系统应用设计与实践(第 2 版)》和《全国大学生电子设计竞赛基于 TI 器件的模拟电路设计》的姊妹篇。这 7 本书互为补充，构成一个完整的训练体系。

　　本书针对新形势下全国大学生电子设计竞赛的特点和需要，为满足高等院校电子信息工程、通信工程、自动化、电气控制类等专业学生参加全国大学生电子设计竞赛的需要，详细分析了历届全国大学生电子设计竞赛题目类型与特点，以设计实例为基础，系统介绍了电源类、信号源类、高频无线电类、放大器类、仪器仪表类、数据采集与处理类和控制类 7 大类作品的设计要求、系统方案、电路设计、主要芯片、程序设计等内容。

　　本书的特点是以全国大学生电子设计竞赛历届竞赛题目作为设计实例，通过对这些设计实例进行系统方案分析、单元电路设计、集成电路芯片选择，全面、系统地介绍了电子设计竞赛作品的基本设计方法，内容丰富实用，叙述简洁清晰，工程实践性强，注重培养学生综合分析、开发创新和竞赛设计制作的能力。本书可以作为高等院校电子信息工程、通信工程、自动化、电气控制类等专业学生参加全国大学生电子设计竞赛的培训教材，也可以作为参加各类电子制作、课程设计、毕业设计的教学参考书，以及工程技术人员进行电子系统设计与制作的参考书。

　　全书共分 7 章，第 1 章介绍了电源类赛题的变化与特点、主要知识点以及培训的一些建议，介绍了三相正弦波变频电源、数控直流电流源、简易数控直流电源、直流稳压电源、开关稳压电源、光伏并网发电模拟装置 6 种电源类作品设计要求与设计实例。

　　第 2 章介绍了信号源类赛题的变化与特点、主要知识点以及培训的一些建议，介绍了正弦信号发生器、电压控制 LC 振荡器、实用信号源、波形发生器、信号发生器 5 种信号源类作品设计要求与设计实例。

　　第 3 章介绍了无线电类赛题的变化与特点、主要知识点以及培训的一些建议，介绍了单工无线呼叫系统、调频收音机、短波调频接收机、调幅广播收音机、简易无线电遥控系统、无线识别装置、无线环境监测模拟装置7种高频无线电类作品设计要求与设计实例。

第4章介绍了放大器类赛题的变化与特点、主要知识点以及培训的一些建议，介绍了宽带放大器、高效率音频功率放大器、测量放大器、实用低频功率放大器、宽带直流放大器、低频功率放大器、程控滤波器、LC谐振放大器8种放大器类作品设计要求与设计实例。

第5章介绍了仪器仪表类赛题的变化与特点、主要知识点以及培训的一些建议，介绍了简易电阻、电容和电感测试仪、简易数字频率计、频率特性测试仪、数字式工频有效值多用表、简易数字存储示波器、低频数字式相位测量仪、简易逻辑分析仪、集成运放综合参数测试仪、简易频谱分析仪、音频信号分析仪、数字示波器、积分式直流数字电压表12种仪器仪表类作品设计要求与设计实例。

第6章介绍了数据采集与传输类赛题的变化与特点、主要知识点以及培训的一些建议，介绍了数据采集与传输系统、多路数据采集系统、数字化语音存储与回放系统3种数据采集与处理类作品设计要求与设计实例。

第7章介绍了控制类赛题的变化与特点、主要知识点以及培训的一些建议，介绍了悬挂运动控制系统、液体点滴速度监控装置、简易智能电动车、自动往返电动小汽车、水温控制系统、电动车跷跷板、声音导引系统7种控制类作品设计要求与设计实例。

每个实例都介绍了一个完整的系统方案、主要单元电路和芯片、程序方框图等内容，电路一般都是实际制作并且验证通过的。

本书在编写过程中，参考了大量的国内外著作和资料，得到了许多专家和学者的大力支持，听取了多方面的宝贵意见和建议。李富英高级工程师对本书进行了审阅。南华大学电气工程学院通信工程、电子信息工程、自动化、电气工程及自动化、电工电子、实验中心等教研室的老师，南华大学王彦教授、朱卫华副教授、陈文光教授，湖南师范大学邓月明博士，南华大学电气工程学院2001、2003、2005、2007、2009、2011、2013年参加全国大学生电子竞赛参赛的队员林杰文、田丹丹、方艾、余丽、张清明、申政琴、潘礼、田世颖、王凤玲、俞沛宙、裴霄光、熊卓、陈国强、贺康政、王亮、陈琼、曹学科、黄松、王怀涛、张海军、刘宏、蒋成军、胡乡城、童雪林、李扬宗、肖志刚、刘聪、汤柯夫、樊亮、曾力、潘策荣、赵俊、王永栋、晏子凯、何超、张翼、李军、戴焕昌、汤玉平、金海锋、李林春、谭仲书、彭湃、尹晶晶、全猛、周到、杨乐、周望、李文玉、方果、黄政中、邱海枚、欧俊希、陈杰、彭波、许俊杰等人为本书的编写做了大量的工作，在此一并表示衷心的感谢。

由于我们水平有限，错误和不足在所难免，敬请各位读者批评斧正。

黄智伟　于南华大学

2020年10月

目　录

第 **1** 章

电源类作品系统设计

1.1 电源类赛题分析

1.1.1 历届的"电源类"赛题

在 11 届全国大学生电子设计竞赛中,电源类赛题有 10 题:

① 简易数控直流电源(第 1 届,1994 年 A 题);

② 直流稳压电源(第 3 届,1997 年 A 题);

③ 数控直流电流源(第 7 届,2005 年 F 题);

④ 三相正弦波变频电源(第 7 届,2005 年 G 题);

⑤ 开关稳压电源(第 8 届,2007 年 E 题,本科组);

⑥ 光伏并网发电模拟装置(第 9 届,2009 年 A 题,本科组);

⑦ 电能搜集充电器(第 9 届,2009 年 E 题,本科组);

⑧ 开关电源模块并联供电系统(第 10 届,2011 年,A 题,本科组);

⑨ 单相 AC – DC 变换电路(第 11 届,2013 年 A 题,本科组);

⑩ 直流稳压电源及漏电保护装置(第 11 届,2013 年 L 题,高职高专组)。

从历届赛题可以看到,"电源类"赛题从 AC→DC,从 DC→AC,从单相电到 3 相电,从线性稳压器到开关稳压器,从单个电源到多个电源并联,已经涉及到电源设计基础的和先进的技术,而且赛题要求的技术参数指标也是越来越高(例如,精度、效率 $\eta(\geqslant 95\%)$ 等)。

例 1:2005 年 G 题"三相正弦波变频电源"赛题要求:

(1) 输出频率范围为 20~100 Hz 的三相对称交流电,各相电压有效值之差小于 0.5 V。

(2) 当输入电压为 198~242 V,负载电流有效值为 0.5~3 A 时,输出线电压有效值应保持在 36 V,误差的绝对值小于 1%。

(3) 设计制作具有测量、显示该变频电源输出电压、电流、频率和功率的电路,测量误差的绝对值小于 5%。

(4) 变频电源输出频率在 50 Hz 以上时,输出相电压的失真度小于 5%。

（5）具有过流保护（输出电流有效值达 3.6 A 时动作）、负载缺相保护及负载不对称保护（三相电流中任意两相电流之差大于 0.5 A 时动作）功能，保护时自动切断输入交流电源。

例 2：2009 年 A 题（本科组）"光伏并网发电模拟装置"赛题要求：

（1）具有最大功率点跟踪（MPPT）功能：R_S 和 R_L 在给定范围内变化时，使 $U_d = \frac{1}{2}U_S$，相对偏差的绝对值不大于 1%。

（2）具有频率跟踪功能：当 f_{REF} 在给定范围内变化时，使 u_F 的频率 $f_F = f_{REF}$，相对偏差绝对值不大于 1%。

（3）DC-AC 变换器的效率，使 $\eta \geqslant 80\%$（$R_S = R_L = 30\ \Omega$ 时）。

（4）具有输入欠压保护功能，具有输出过流保护功能。

例 3：2011 年 A 题（本科组）"开关电源模块并联供电系统"赛题要求：

赛题要求设计并制作一个由两个额定输出功率均为 16W 的 8V DC/DC 模块构成的并联供电系统。

（1）调整负载电阻至额定输出功率工作状态，供电系统的直流输出电压 $U_O = 8.0(1\pm0.4)$ V，使负载电流 I_O 在 1.5～3.5 A 之间变化时，两个模块的输出电流可在（0.5～2.0 A）范围内按指定的比例自动分配，每个模块的输出电流相对误差的绝对值不大于 2%。

（2）调整负载电阻，保持输出电压 $U_O = 8.0(1\pm0.4)$ V，使两个模块输出电流之和 $I_O = 4.0$ A 且按 $I_1:I_2 = 1:1$ 模式自动分配电流，每个模块的输出电流的相对误差绝对值不大于 2%。

（3）调整负载电阻，保持输出电压 $U_O = 8.0(1\pm0.4)$ V，使两个模块输出电流之和 $I_O = 1.5$ A 且按 $I_1:I_2 = 1:2$ 模式自动分配电流，每个模块输出电流的相对误差绝对值不大于 5%。

（4）具有负载短路保护及自动恢复功能，保护阈值电流为 4.5 A（调试时允许有 ±0.2 A 的偏差）。

例 4：2013 年 A 题（本科组）"单相 AC-DC 变换电路"赛题要求：

设计并制作一个单相 AC-DC 变换电路，输入交流电压 $U_S = 24$ V，输出直流电压 $U_O = 36$ V，输出电流 $I_O = 2$ A，输入侧功率因数不低于 0.98，AC-DC 变换效率不低于 95%。

1.1.2　历届"电源类"赛题的主要知识点

从历届"电源类"赛题来看，主攻"电源类"赛题方向的同学需要了解的主要知识点如下：

● 变频电源、PWM 开关电源等工作原理、系统结构和电路组成；

● AC 电源变压器的设计与制作；

- 高频开关电源变压器的设计与制作;
- AC 整流和滤波电路设计与制作;
- 斩波和驱动电路设计与制作;
- 逆变和驱动电路设计与制作;
- 电流、电压检测电路设计与制作;
- 过流和过压保护电路设计与制作;
- 真有效值检测电路设计与制作;
- AC‐DC 开关电源电路设计与制作;
- DC‐DC 升压型开关电源电路设计与制作;
- DC‐DC 降压型开关电源电路设计与制作;
- 直流稳压电路设计与制作;
- 单片机、FPGA、ARM 最小系统电路设计与制作;
- 微控制器外围电路(显示器、键盘、开关等)的设计与制作;
- ADC 和 DAC 电路设计与制作。

1.1.3　"电源类"赛题培训的一些建议

　　"电源类"赛题中所涉及的一些知识点,对有些专业的同学来讲,在专业课程中是没有的,需要自己去搞清楚。这一点很重要。理论用来指导行动。没有理论基础,盲人摸象,行动一定会有困难。

　　另外,"电源类"赛题的实践性要求很强,例如变压器的制作,特别是高频开关电源变压器的制作、电感线圈的设计与制作、PCB 的设计等。

　　站在岸上是学不会游泳的。建议从简单的基本的电源类电路做起,如简单的直流稳压器电路等,通过一些作品的制作和训练,找到感觉。

　　(1) 主攻"电源类"赛题方向的同学在训练过程中,以历届赛题为基础,可以选择已经出现过的一些赛题做一些训练;主要训练这类赛题的共用部分,如变压器、AC‐DC 模块、DC‐DC 模块、滤波器、微控制器最小系统、ADC/DAC 模块等。完成相关模块的设计制作,以备竞赛需要。

　　(2) 主攻"电源类"赛题方向的同学还应该注意与电源特性和指标参数测试有关的仪器仪表的设计与制作。一些赛题会包含这方面的内容。例如,2007 年本科组 E 题"开关稳压电源"要求测量输出电压和电流。2013 年本科组 A 题"单相 AC‐DC 变换电路"要求使用数字式单相电参数测量仪,测量单相交流电参数(交流电压、电流和功率因数)。

　　(3) 主攻"电源类"赛题方向的同学还可以发挥自己的想象力,考虑一下:

　　① 还有哪些"电源类"的赛题在竞赛中没有出现过? 如大功率电流源等,在培训过程中事先训练一下。

　　② 已经出现过的一些赛题,考虑一下哪些可能会在放大器、仪器仪表、高频、控

制类等赛题中出现？

③ 已经出现过的一些赛题，考虑一下哪些可能在指标和功能方面会有哪些变化？如效率、稳定度、输出功率等。

④ 已经出现过的一些赛题，考虑一下哪些可能在制作工艺要求方面会有哪些变化？

（4）主攻其他方向的同学，也需要注意电源的设计与制作。

1.2　三相正弦波变频电源设计

1.2.1　三相正弦波变频电源设计要求

设计并制作一个三相正弦波变频电源，输出频率范围为 20 ~ 100 Hz，输出线电压有效值为 36 V，最大负载电流有效值为 3 A，负载为三相对称阻性负载（Y 型接法）。三相正弦波变频电源原理方框图如图 1.2.1

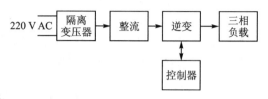

图 1.2.1　三相正弦波变频电源原理方框图

所示。设计详细要求与评分标准等请登录 www.nuedc.com.cn 查询。

1.2.2　三相正弦波变频电源系统设计方案比较

1. 整流滤波电路方案

方案一：三相半波整流电路。该整流电路在控制角小于 30°时，输出电压和输出电流波形是连续的，每个晶闸管按相序依次被触发导通，同时关断前面已经导通的晶闸管，每个晶闸管导通 120°；当控制角大于 30°时，输出电压、电流的波形是断续的。

方案二：三相桥式整流电路。该整流电路是由一组共阴极电路和一组共阳极电路串联组成的。三相桥式的整流电压为三相半波的两倍。

三相桥式整流电路在任何时候都有两个晶闸管导通，而且这两个晶闸管中一个是共阴极组的，一个是共阳极组的。它们同时导通，形成导电回路。

比较以上两种方案，方案二整流输出电压高，纹波电压较小且不存在断续现象，同时因电源变压器在正、负半周内部有电流供给负载，电源变压器得到了充分的利用，效率高，因此选用方案二。滤波电路用于滤除整流输出电压中的纹波，采用负载电阻两端并联电容器 C 的方式。

2. 斩波电路方案

方案一：降压斩波变换电路。该电路能产生一个低于直流输入电压的平均输出电压，主要用途是作为可调直流电源与直流电机的转速控制，电路图如图 1.2.2

所示。

方案二：降压-升压变换电路。该电路的输出电压可高于或低于输入电压,主要用于特殊的可调直流电源。这种电源具有一个相对于输入电压公共端为负极性的输出电压。电路图如图 1.2.3 所示。

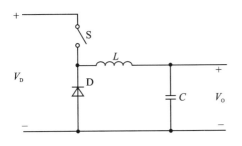

图 1.2.2　降压斩波变换电路图

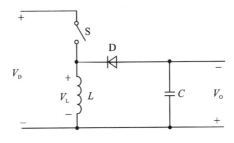

图 1.2.3　降压-升压变换电路图

根据设计要求,并结合斩波变换电路的特性,方案一和方案二均能满足要求,但方案一的资源利用充分且合理,而方案二资源利用不足,因此选用方案一来设计斩波电路。

3. 绝缘栅控双极型晶体管 IGBT (Insolate Gate Bipolar Translator) 驱动电路方案

方案一：应用脉冲变压器直接驱动功率 IGBT,来自控制脉冲形成单元的脉冲信号经高频晶体管进行功率放大后加到脉冲变压器上,由脉冲变压器隔离耦合、稳压管 D 限幅后来驱动 IGBT。其优点是电路简单,应用廉价的脉冲变压器实现了被驱动 IGBT 与控制脉冲形成部分的隔离。

方案二：由分立元器件构成的具有 V_{GS} 保护的驱动电路,采用光电耦合电路实现控制电路与被驱动 IGBT 栅极的电隔离,并且提供合适的栅极驱动脉冲。

方案三：采用 IGBT 栅极驱动控制通用集成电路 EXB 系列芯片。该系列芯片性能更好,可使系统的可靠性高,且体积小。以 EXB841 芯片作为 IGBT 的驱动电路为例,该驱动器采用具有高隔离电压的光耦合器作为信号隔离,因此能用于交流 380 V 的电源设备上。该驱动器内具有电流保护电路,为 IGBT 提供了快速保护电路。IGBT 在开关过程中需要一个 +15 V 电压,以获得低开启电压,还需要一个 -5 V 关栅电压,以防止关断时的误动作。这两种电压(+15 V 和 -5 V)均可由 20 V 供电的该驱动器内部电路产生。

比较以上三种方案,方案一的不足表现在：高频脉冲变压器因漏感及集肤效应的存在较难绕制,且因漏感的存在容易产生振荡。为了限制振荡,常常需要增加栅极电阻 R_G,这就影响了栅极驱动脉冲前、后沿的陡度,降低了可应用的最高频率。方案二的不足之处就是采用分立的元件较多,抗干扰能力较差。与前面两种方案相比较,方案三采用集成芯片,使系统的可靠性好,且内部有保护电路,是较适合的一种 IG-

BT 的驱动方案。

4. 逆变电路方案

根据题目要求,选用三相桥式逆变电路。

方案一:采用电流型三相桥式逆变电路。在电流型逆变电路中,直流输入是交流整流后,由大电感滤波后形成的电流源。此电流源的交流内阻抗近似于无穷大,它吸收负载端的谐波无功功率。逆变电路工作时,输出电流是幅值等于输入电流的方波电流。

方案二:采用电压型三相桥式逆变电路。在电压型逆变电路中,直流电源是交流整流后,由大电容滤波后形成的电压源。此电压源的交流内阻抗近似为零,它吸收负载端的谐波无功功率。逆变电路工作时,输出电压幅值等于输入电压的方波电压。

比较以上两种方案,电流型逆变器适合单机传动,加、减速频繁运行或需要经常反向的场合。电压型逆变器适合于向多机供电、不可逆传动或稳速系统以及对快速性要求不高的场合。根据题目要求,选用方案二。

5. MOSFET 驱动电路方案

方案一:利用 CMOS 器件驱动 MOSFET。直接用 CMOS 器件驱动功率 MOS-FET,它们可以共用一组电源。栅极电压小于 10 V 时,功率 MOSFET 将处于电阻区,不需要外接电阻 R,电路简单化。不过,这种驱动电路开关速度低,并且驱动功率要受电流源和 CMOS 器件吸收容量的限制。

方案二:利用光耦合器驱动 MOSFET。通过光耦合器将控制信号回路与驱动回路隔离,使得输出级设计电阻减少,从而解决了与栅极驱动源低阻抗匹配的问题。这种方式的驱动电路由于光耦合器响应速度低,使开关延迟时间加长,限制了使用频率。

方案三:采用 MOSFET 栅极驱动控制专用集成电路芯片 IR2111。该芯片为 8 引脚封装,可驱动同桥臂的两个 MOSFET,内部自举工作,允许在 600 V 电压下直接工作,栅极驱动电压范围宽(10～20 V),施密特逻辑输入,输入电平与 TTL 及 CMOS 电平兼容,死区时间内置,输出、输入同相,低边输出死区时间调整后与输入反相,最高工作频率可达 40 kHz。

比较上述三种方案,方案一由于电路自身的一些缺点,如驱动电路开关速度低等,不满足题目要求。方案二采用光耦合器驱动 MOSFET,因其自身的速度不高,限制了使用的频率,不满足题目要求。方案三采用 MOSFET 专用的集成电路,芯片性能好,体积小,满足题目要求,故采用方案三。

6. 测量有效值电路方案

在题目中,基本部分提到:负载有效值为 0.5～3 A 时,输出线电压有效值应保持在 36 V;发挥部分提到:测量和显示该变频电源输出电压、电流、频率和功率。

方案一：信号分压处理后直接连接到 A/D 器件，FPGA 控制 A/D 器件首先进行等间隔采样，并将采集到的数据存到 RAM 中，然后处理采集到的数据，可在程序中判断信号的周期，根据连续信号的离散化公式，做乘、除法运算，得到信号的有效值，然后再计算输出电压、电流、频率，最后把计算结果送给显示单元显示。

方案二：信号分压后先经过真有效值转换芯片 AD637。AD637 输出信号的有效值模拟电平，然后通过 A/D 采集送到 FPGA，直接计算输出电压、电流、频率，最后把计算结果送显示单元显示即可。有效值测量电路框图如图 1.2.4 所示。

图 1.2.4　有效值测量电路框图

比较上述两种方案，显然方案一占用大量 FPGA 内部资源，造成可用资源减少，不利于设计中其他方面的利用，故选择方案二。

7. 显示电路方案

方案一：采用 LED 数码管显示。使用多个数码管动态显示，由于显示的内容太多，过多地增加数码管显然不行；进行轮流显示则控制复杂，加上数码管需要较多连线，使得电路复杂，功耗比较高。

方案二：采用字符型 LCD 显示。LCD 具有低功耗、长寿命、高可靠性等特点，可显示英文、汉字及数字。利用单片机来驱动液晶显示模块，设计简单，且界面美观舒适，耗电少。

考虑到本设计发挥部分：显示该变频电源输出电压、电流、频率和功率，显然方案一不适合，故选用方案二，采用 LCD 液晶显示，以实现良好的人机界面。

8. SPWM(正弦脉宽调制)波产生方案

在该设计中，变频的核心技术是 SPWM 波的生成。

方案一：采用 SPWM 集成电路。因 SPWM 集成电路可输出三相彼此相位严格互差 120°的调制脉冲，所以可作为三相变频电源的控制电路。这样的设计避免了应用分立元件构成 SPWM 波形发生器离散性、调试困难、稳定性较差等不足。

方案二：采用 AD9851 DDS 集成芯片。AD9851 芯片由高速 DDS 电路、数据输入寄存器、频率相位数据寄存器、高速 D/A 转换器和比较器组成。由该芯片生成正弦波和锯齿波，利用比较器进行比较，可生成 SPWM 波。

方案三：利用 FPGA 通过编程直接生成 SPWM 波。利用其中的分频器来改变脉冲信号的占空比和频率，主要是可通过外部按钮发出计数脉冲来改变分频预置数，实现外部动作来控制 FPGA 的输出信号。

比较以上三种方案，方案一是较好的一种实现 SPWM 波的方法，但在题目的说明中明确规定不能使用产生 SPWM 波形的专用芯片，所以不采用此方案。方案二由于 DDS 采用全数字技术,因此会存在杂散干扰,直接影响输出信号的质量,所以此方案也未被采用。故采用方案三,利用 FPGA,运用准确的计算来产生精确的 SPWM 波。

9. 变频电源基本结构方案

方案一：交流变频电源实际上是一个 AC - DC - AC 装置。它先将来自公共电网的交流电经过整流器转变成直流电,再通过逆变器将直流电转变成满足负载需要的交流电,所以基本结构由整流电路、逆变电路、控制电路、负载匹配电路等几部分组成。采用如图 1.2.5 所示的开环控制方式,电路简洁,思路清晰,但这种电路在负载改变时不能达到题目发挥部分稳频、稳压的要求。

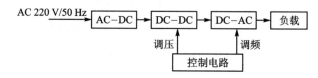

图 1.2.5　开环结构方框图

方案二：在上面方式的基础上,从负载端引出一个反馈信号。该反馈信号经处理后送 FPGA 与预置数相比较,比较结果送输入端,形成一个闭环控制系统。该系统可靠性高,误差小,满足题目发挥部分稳频、稳压的要求。其结构方框图如图 1.2.6 所示。

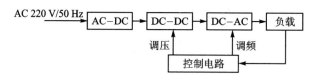

图 1.2.6　闭环结构方框图

考虑到本设计要求,选用方案二。

1.2.3　三相正弦波变频电源系统组成

所设计的三相正弦波变频电源系统方框图如图 1.2.7 所示。控制方式采用单片机和 FPGA 共同控制的方式,由单片机 AT89S52、IR12864 - M 液晶显示器、4×4 按键构成人机界面。单片机控制 IR12864 - M 液晶显示器、4×4 按键,并与 FPGA 的通信。FPGA 作为本设计系统的主控器件,采用一块 Xilinx 公司生产的 Spartan 2E 系列 XC2S100E - 6PQ208 芯片,利用 VHDL(超高速硬件描述语言)编程,产生 PWM 波和 SPWM 波。同时,利用 FPGA 完成采集控制逻辑、显示控制逻辑、系统控制及信号分析、处理、变换等功能。

220 V/50 Hz 的市电,经过一个 220 V/60 V 的隔离变压器,输出 60 V 的交流电压,经整流得直流电压,经斩波得到一个幅度可调的稳定直流电压。

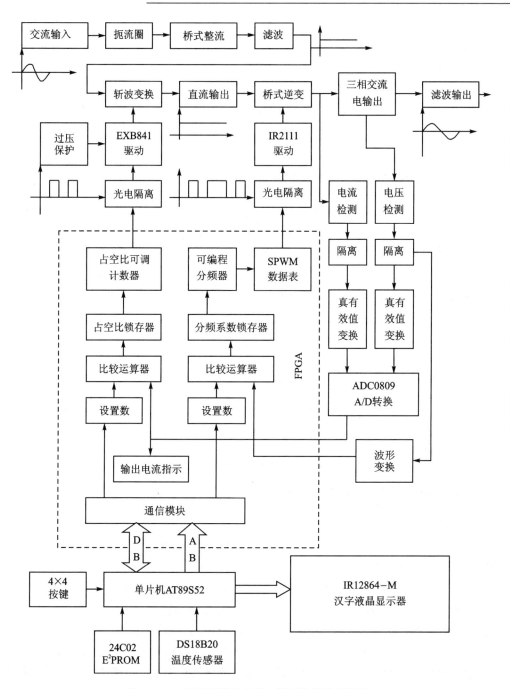

图 1.2.7 三相正弦波变频电源系统设计方框图

斩波电路的 IGBT 开关器件选用 BUP304；BUP304 的驱动电路由集成化专用 IGBT 驱动器 EXB841 构成；EXB841 的 PWM 驱动输入信号由 FPGA 提供，并采用光电隔离。输出的斩波电压经逆变得到一系列频率的三相对称交流电。

逆变电路采用全桥逆变电路，MOSFET 桥臂由 6 个 K1358 构成。K1358 的驱动电路选用 IR2111；IR2111 的控制信号 SPWM 由 FPGA 提供。

逆变输出电压经过低通滤波，输出平滑的正弦波，输出信号分别经电压、电流检测，送 AD637 真有效值转换芯片，输出模拟电平，经模/数转换器 ADC0809，输出数据送 FPGA 处理。送入 FPGA 的数据经过一系列处理，送显示电路，显示输出电压、电流、频率及功率。

1.2.4　交流电源整流滤波电路设计

市电经 220 V/60 V 隔离变压器变压为 60 V 的交流电压，输入扼流圈，消除大部分的电磁干扰，经整流输出，交流电转变成脉动大的直流电，经电容滤波输出脉动小的直流电，其电路如图 1.2.8 所示。在电路图中，F_1、F_2 为保险丝，题目要求输出电流有效值达 3.6 A 时，执行过流保护，则采用 4 A 的保险丝。输出端并联的电容 C_{11} 为滤波电容，容值为 470 μF。JDQ_{IN} 端连接过压保护电路。

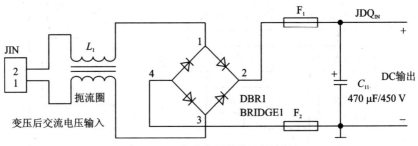

图 1.2.8　交流电源整流滤波电路

1.2.5　斩波和驱动电路设计

设计的斩波和驱动电路如图 1.2.9 所示。在该电路中 IGBT（隔离栅双极性晶体管）采用 BUP304，其最大电压为 1000 V，TO‑218 AB 封装。选用 IGBT 专用集成驱动器 EXB841 进行驱动。

图 1.2.9 中，JDQ_{OUT} 是整流滤波的输出电压端；EXB841 的引脚端 6 连接快恢复二极管 U8100；引脚端 5 连接光电耦合器 TLP521；根据资料介绍，与引脚端 2 相接的电阻为 4.7 kΩ(1/2 W)；引脚端 1 和引脚端 9、引脚端 2 和引脚端 9 之间的电容 C_{13}、C_{12} 为 47 μF，该电容并非滤波电容，而是用来吸收输入电压波动的电容；在斩波后的电路中接一个续流二极管(D_{12})来消除电感储能对 IGBT 造成的不利影响；采用由电感(L_3)与电容(C_{16})组成的低通滤波器，尽可能降低输出电压的纹波。

当 IGBT 闭合时，二极管(D_{12})为反偏，输入端向负载及电感(L_3)提供能量；当 IGBT 断开时，D_{12}、L_3、C_{16} 构成回路，电感电流流经二极管(D_{12})，对 IGBT 起保护作用。

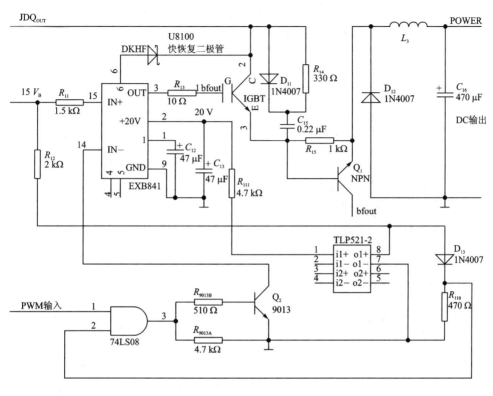

图 1.2.9 斩波和驱动电路

光电耦合器 TLP521 的引脚端封装形式和内部结构如图 1.2.10 所示。

EXB841 驱动器的引脚端封装形式和内部结构如图 1.2.11 所示。EXB841 的引脚功能如下：引脚端 1 为驱动脉冲输出参考端；引脚端 2 为被驱动的 IGBT 脉冲功率放大输出级正电源连接端；引脚端 3 为驱动脉冲输出端；引脚端 7、8、10、11 为空引脚端；引脚端 5 为过电流保护信号输出端；引脚端 6 为过电流保护取样信号连接端；引脚端 9 为驱动输出脉冲负极连接端；引脚端 14 为驱动信号负输入端；引脚端 15 为驱动信号正输入端。

EXB841 驱动器内部功能有：①采用具有高隔离电压的光耦合器作为信号隔离，因此能用于交流 480 V 的动力设备上。②内设有电流快速保护电路，可根据驱动信号与集电极之间的关系检测过电流，其检测电路如图 1.2.12(a) 所示。因此，能满足 IGBT 通常只能承受时间为 10 μs 的短路电流的使用要求。③内有低速过流切断电路，当集电极电压高时，加入开信号也认为存在过电流。由于该驱动器的低速切断电路可慢速关断 IGBT(<10 μs 的过流不响应)，从而保证 IGBT 不被损坏。如果以正常速度切断过电流，则集电极产生的电压尖脉冲足以破坏 IGBT，关断时的集电极波形如图 1.2.12(b) 所示。④能提供 IGBT 的栅关断电源。由于 IGBT 需要一个＋15 V 电压开栅电压，以获得低开启电压，还需要一个－5 V 关栅电压，以防止关断状

态时的误动作。这两种电压(＋15 V 和－5 V)均可由内部电路产生,以实现 IGBT 栅正确关断,产生栅关断电源内部电路如图 1.2.12(c)所示。

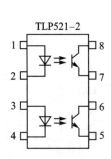

图 1.2.10 TLP521-2 引脚端封装形式和内部结构

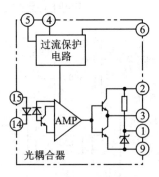

图 1.2.11 EXB841 引脚端封装形式和内部结构

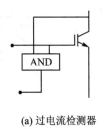

(a) 过电流检测器

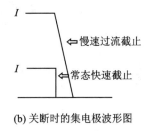

(b) 关断时的集电极波形图

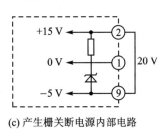

(c) 产生栅关断电源内部电路

图 1.2.12 快速保护电路

1.2.6 逆变和驱动电路设计

在本设计中采用三相电压桥式逆变电路。6 个 MOSFET 管 2SK1358 组成该逆变电路的桥臂。桥中各臂在控制信号作用下轮流导通。它的基本工作方式为 180° 导电方式,即每个桥臂的导电角度为 180°,同一相(即同一半桥)上下两个桥臂交替导电。各相开始导电的时间相差 120°。三相电压桥式逆变电路如图 1.2.13 所示,每一个 2SK1358 并联一个续流二极管和串接一个 RC 低通滤波器。

MOSFET 驱动电路的设计对提高 MOSFET 性能具有举足轻重的作用,并对 MOSFET 的效率、可靠性、寿命都有重要的影响。MOSFET 对驱动它的电路也有要求:能向 MOSFET 栅极提供需要的栅压,以保证 MOSFET 可靠的开通和关断;为了使 MOSFET 可靠地触发导通,触发脉冲电压应高于管子的开启电压,并且驱动电路要满足 MOSFET 快速转换和高峰值电流的要求;具备良好的电气隔离性能;能提供适当的保护功能;驱动电路还应简单可靠、体积小。

在设计中采用 3 个 IR2111 作为 MOSFET 的驱动电路。MOSFET 控制及驱动电路如图 1.2.14 所示。

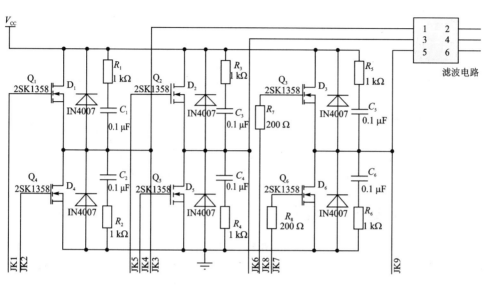

图 1.2.13　三相电压桥式逆变电路

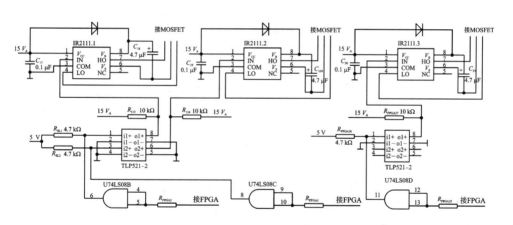

图 1.2.14　MOSFET 控制及驱动电路

IR2111 是美国国际整流器（IR）公司研制的 MOSFET 专用驱动集成电路，采用 DIP-8 封装。其主要技术特点有：可驱动同桥臂的两个 MOSFET；内部自举工作；允许在 600 V 电压下直接工作；栅极驱动电压范围宽；单通道施密特逻辑输入，输入与 TTL 及 CMOS 电平兼容；死区时间内置；高边输出、输入同相，低边输出死区时间调整后与输入反相。IR2111 的引脚端封装形式和应用电路如图 1.2.15 所示。

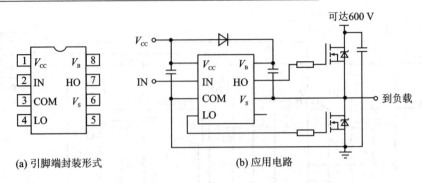

(a) 引脚端封装形式　　　　　　(b) 应用电路

图 1.2.15　IR2111 引脚端封装形式和应用电路

1.2.7　真有效值转换电路设计

逆变输出的信号经过低通滤波,三相电流分别由电流检测器转换为电压。单相电压信号由真有效值测量电路检测。真有效值测量电路由 4 片 AD637 构成,其基本电路如图 1.2.16 所示。

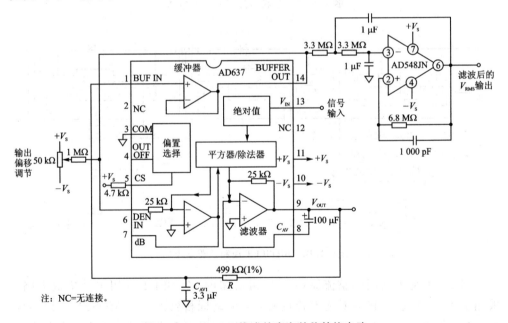

图 1.2.16　AD637 构成的真有效值转换电路

AD637 是真有效值转换芯片,可测量的信号有效值可高达 7 V,精度优于 0.5%,3 dB 带宽为 8 MHz,可对输入信号的电平以 dB 形式指示。

1.2.8　液晶显示及存储电路设计

在设计中,采用 RT12864 - M 汉字液晶显示器,实时地显示输出电压、电流、频

全国大学生电子设计竞赛系统设计（第3版）

率、功率等参数；利用存储器芯片 24C02 存储上一次液晶显示的数据；利用单片机对其进行控制。其电路图如图 1.2.17 所示。在电路中液晶显示器的 D0～D7 数据口接单片机的 P0 口，LCD_DATA、LCD_RW、LCD_CLK、LCD_RST 分别接单片机的 P2.8、P2.7、P2.6、P2.3 口。运用 24C02 存储芯片，把上一次液晶显示的数据存储在单片机中，以备掉电保护数据，SCL、SDA 为其控制信号，分别接单片机的 P2.1、P2.2 口。

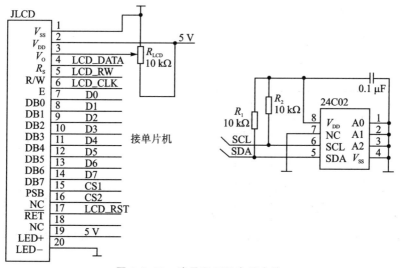

图 1.2.17　液晶显示及存储电路

1.2.9　过压保护和过流保护电路设计

在电路中设计了过压保护电路，其电路图如图 1.2.18 所示。图中 TL431 是一个三端可调分流基准源。它的输出电压用两个电阻就可以任意地设置到从 V_{REF}（2.5 V）～36 V 范围内的任何值。它相当于一个二极管，但阳极端电压高于 V_{REF} 时，阳极与阴极导通。在电路中，当电压正常时，JDQ_{IN} 与 JDQ_{OUT} 直线连接，不起保护作用。在这种情况下 R_{BH1} 和 R_{BH2} 中点电压为

$$V_{IN} \times \frac{R_{BH2}}{R_{BH1} + R_{BH2}}$$

此时，TL431 的基准电压为

$$V_{REF} = V_{IN} \times \frac{R_{BH2}}{R_{BH1} + R_{BH2}}$$

当发生过电压时，两电阻中点的值将大于 TL431 的基准电压，继电器吸合输入电压，接通蜂鸣器电路发声，发光二极管指示过压现象。

在设计要求中，要求具有过流保护功能，而过流保护电路也是负载缺相保护电路。由于三相负载对称时流过任一相的电流值彼此相差不会很大，所以当任一负载开路时，会导致三相负载不对称，从而使流过各相中的电流值发生较大的变化。各相中的电流值都在 FPAG 的监测范围内，所以只要当前电流超出所预定的范

围,则控制保护电路动作,从而切断输入电源。

　　过流保护电路图如图 1.2.19 所示,利用软件编程来控制该电路继电器的吸合、关断。FPGA 依据采样的电流信号随时监控电路中电流的情况,一旦发现电路中的电流超过设定的最大电流,FPGA 就给出高电平控制信号使三极管导通,继电器吸合进入保护状态,同时接通过流指示电路,切断电源的输入,对电路起保护作用;否则,电路不动作,输入的交流电直接输出。

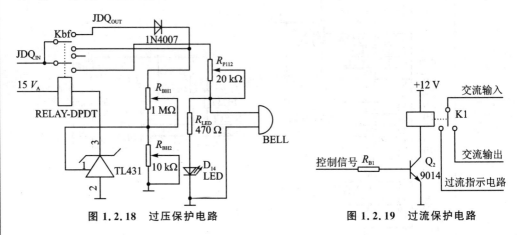

图 1.2.18　过压保护电路　　　　　图 1.2.19　过流保护电路

1.2.10　单片机电路设计

　　单片机及外围电路如图 1.2.20 所示,采用 AT89S52 单片机芯片。矩阵式键盘以 I/O 口线组成行列结构,4×4 的行列结构可构成 16 个键的键盘。按键设置在行列线交点,行列线分别连接到按键开关的两端。但行线通过上拉电阻接＋5 V/＋3.3 V 时,被钳位在高电平状态。在本设计中用 P1 口来控制 4×4 的行列线。按键输入采用中断工作方式。

1.2.11　电源电路

　　由于变频电源主电路的噪声干扰大,因此,为了确保控制部分的稳定性和可靠性,采用各控制和 A/D 转换电路与主电路分离的电源供电模式。因为这些部分的功耗不高,所以供电电源均采用三端集成稳压器直接得到各部分所需的电压。

1.2.12　三相正弦波变频电源软件设计

1. SPWM 波的实现

(1) SPWM 波的原理

正弦脉冲宽度调制 SPWM(Sinusoidal Pulse Width Modulation)的基本原理是:

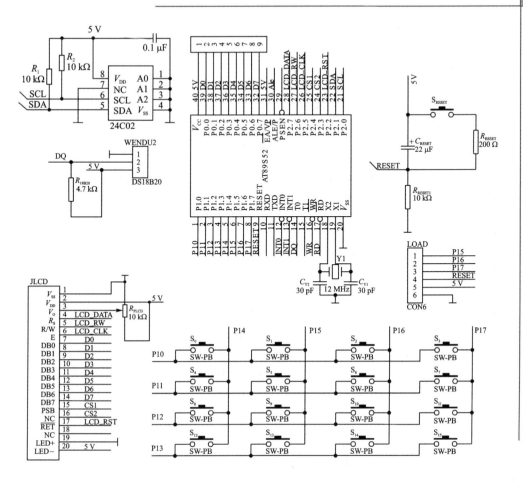

图 1.2.20   单片机及外围电路

根据采样控制理论中的冲量等效原理,大小、波形不相同的窄脉冲变量作用于惯性系统时,只要它们的冲量(即变量对时间的积分)相等,其作用效果基本相同,且窄脉冲越窄,输出的差异越小。这一结论表明,惯性系统的输出响应主要取决于系统的冲量,即窄脉冲的面积,而与窄脉冲的形状无关。依据该原理,可将任意波形用一系列冲量与之相等的窄脉冲进行等效。如图 1.2.21 所示,以正弦波为例,将一正弦波的正半波 k 等分(图中 $k=7$)。其中每一等分所包含的面积(冲量)均用一个与之面积相等的、等幅而不等宽的矩形脉冲替代,且使每个矩形脉冲的中心线和等分点的中线重合。如此,则各矩形脉冲

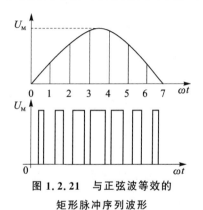

图 1.2.21   与正弦波等效的
矩形脉冲序列波形

宽度将按正弦规律变化。这就是 SPWM 控制理论依据,由此得到的矩形脉冲序列称为 SPWM 波形。SPWM 波形生成程序采用 VHDL 硬件描述语言编写。

(2) SPWM 波形数据产生

利用 Matlab 产生波形数据。计算原理如下:

设三相逆变电路的输出三相分别为 U 相、V 相、W 相。就 U 相而言,当换流器工作在连续导电模式下时,有

$$U_O = D \times U_U$$

在具体计算时,取 $U_O = \sin x$,取 $U_U = 1$,采样 64 个点,设脉冲高电平时间为 t_{U_1},脉冲低电平时间为 t_{U_2},则有

$$(t_{U_1} + t_{U_2}) \times 64 = T$$

其中 T 为输出正弦波的周期。

又

$$D = \frac{t_{U_1}}{t_{U_1} + t_{U_2}}$$

有

$$t_{U_1} = \frac{DT}{64}$$

则

$$t_{U_2} = \frac{T}{64} - t_{U_1}$$

当取 T 为 100 000 s 时,频率为 0. 000 01 Hz,那么频率为 $f_{OUT} = \dfrac{100\,000}{(t_{U_1} + t_{U_2}) \times 64}$,V 相、W 相与 U 相相同。

程序如下:

```
>> x = 0 : (2 * pi)/63 : 2 * pi;
>> Uu = sin(x) + 1;
>> Uv = sin(x + (2 * pi)/3) + 1;
>> Uw = sin(x - (2 * pi)/3) + 1;
>> % % - - - - Uo = D * Uu(取 Uu = 1)
>> % % - - - - D = Uo = Uu
>> Du = Uu;
>> Dv = Uv;
>> Dw = Uw;
>> Du = Du/2;
>> Dv = Dv/2;
>> Dw = Dw/2;
>> tu1 = (Du * 100000)/64;
>> tu2 = 100000/64 - tu1;
>> tv1 = (Dv * 100000)/64;
>> tv2 = 100000/64 - tv1;
>> tw1 = (Dw * 100000)/64;
>> tw2 = 100000/64 - tw1;
```

2. ADC0809 的控制程序设计

程序设计主要是对 ADC0809 的工作时序进行控制，如图 1.2.22 所示。ADC0809 是 8 位 MOS 型 A/D 转换器，可实现 8 路模拟信号的分时采集。片内有 8 路模拟选通开关以及相应的通道地址锁存用译码电路。其转换时间为 100 μs。START 是转换启动信号，高电平有效；ALE 是 3 位通道选择地址（ADDA、

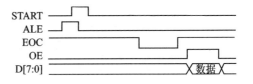

图 1.2.22　ADC0809 工作时序图

ADDB 和 ADDC）信号的锁存信号。当模拟量送至某一输入端时（如 IN1 或 IN2 等），由 3 位地址信号选择，而地址信号由 ALE 锁存；当启动转换约 100 μs 后，EOC 产生一个负脉冲，以示转换结束；在 EOC 的上升沿，若使输出使能信号 OE 为高电平，则控制打开三态缓冲器，把转换好的 8 位数据结构输至数据总线。至此，ADC0809 的一次转换结束。

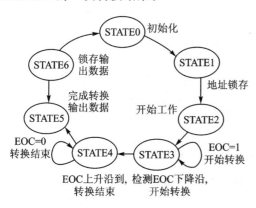

图 1.2.23　ADC0809 控制程序状态转换图

采用状态机来设计 ADC0809 的控制程序。其状态转换图如图 1.2.23 所示，一共分为 6 个状态。从图中可以清晰地看出 ADC0809 的工作过程。ADC0809 控制程序采用 VHDL 硬件描述语言编写。

3. 液晶显示驱动的设计

开发仿真软件使用 Keil μVision2、C 语言编程。采用 RT12864 – M（汉字图形点阵液晶显示模块），可显示汉字及图形，内置 8192 个中文汉字（16×16 点阵）、128 个字符（8×16 点阵）及 64×256 点阵显示 RAM（GDRAM），显示内容为 128 列×64 行。该模块有并行和串行两种连接方法，在本设计中采用并行连接方法。8 位并行连接时序图如图 1.2.24 所示，其中（a）为单片机写数据到液晶，（b）为单片机从液晶读出数据。

液晶显示利用单片机实现控制，显示输出电压、电流、频率、功率等参数。液晶驱动程序流程图如图 1.2.25 所示。

4. 系统主程序流程图

系统程序实现的功能有：

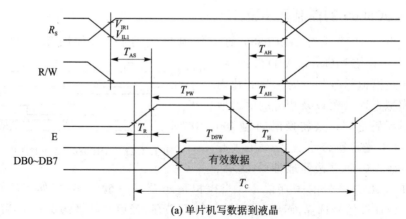

(a) 单片机写数据到液晶

图 1.2.24　单片机读/写数据到液晶

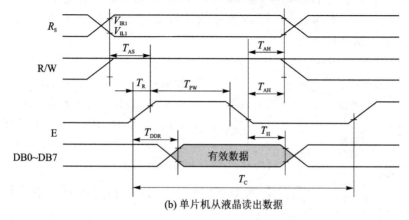

(b) 单片机从液晶读出数据

图 1.2.24　单片机读/写数据到液晶(续)

- 产生 SPWM 波;
- 产生 PWM 波;
- 测量输出电压、电流、频率并显示;
- 控制 ADC0809 的工作;
- 驱动液晶显示器。

系统主程序流程图如图 1.2.26 所示。程序初始化,读上一次频率,判断是否有按键输入。如有按键输入,则调出相应程序,执行程序命令。判断是否有过压、过流、缺相等现象,如果存在上述现象,则保护电路发生作用。通过信号的计算、处理,在液晶上显示电压、电流、频率,计算功率并显示。程序设计的关键是利用 FPGA 产生 SPWM 波。

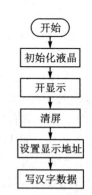

图 1.2.25　单片机驱动液晶显示程序流程图

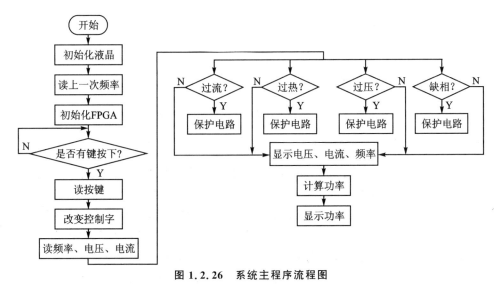

图 1.2.26 系统主程序流程图

1.3 数控直流电流源设计

1.3.1 数控直流电流源设计要求

设计并制作数控直流电流源。输入交流 $200\sim240\text{ V},50\text{ Hz}$;输出直流电压 $\leqslant10\text{ V}$,输出电流范围为 $200\sim2\,000\text{ mA}$。其原理方框图如图 1.3.1 所示。

设计详细要求与评分标准等请登录 www.nuedc.com.cn 查询。

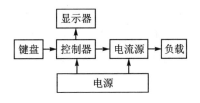

图 1.3.1 数控直流电流源原理方框图

1.3.2 数控直流电流源系统设计方案比较

根据设计要求,系统可分为电流源主电路、控制部分、人机界面(包括键盘输入与显示)和辅助电源四部分。系统实现方案有以下几种。

方案一:根据传统线性恒流源的原理,以集成稳压芯片(如 LM337)与数字电位器构成电流源的主体部分,通过单片机改变数字电位器的阻值,以实现对恒流源输出值的调整,并使用数码管 LED 显示其数值,其原理方框图如图 1.3.2 所示。该方案电路结构简单,容易实现,但由于目前数字电位器分度有限,市场上能找到的最高分度只有 10 位,如 MAXIM 公司的 MAX5484,难以实现发挥部分的功能。此外,由于流过的电流较大,需要并串多个数字电位器才能满足输出的电流要求,且系统为开环控制,稳定性差,精度较低。

方案二:根据开关电源的原理,经 AC/DC/DC 变换过程来实现可调稳流的功

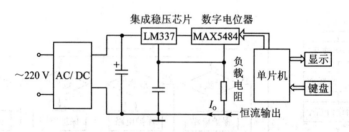

图 1.3.2　线性电流源的原理方框图

能,主电路由整流滤波电路、斩波电路和恒流电路构成。其工作过程如下:市电经隔
离变压器降压后,通过整流桥整流,电容器滤波,变成平稳的直流电,完成 AC/DC 的
变换过程;通过由 FPGA(可编程逻辑器件)产生 PWM 调制波控制开关管的通断构
成斩波电路,输出高频的直流脉冲,经储能电感平波、电容高频滤波后,输出可调的直
流电;使用 HCPL7870 光电隔离 A/D 转换芯片(转换精度达 15 位)对输出电流进行
采集,构成闭环控制系统。该系统组成原理方框图如图 1.3.3 所示。由于 FPGA 的
系统时钟频率高(一般使用 50 MHz),且以并行处理数据,所以该方案可靠性高,编
程容易。但经仔细分析后发现,该方案有如下几个缺点:系统成本较高;由于使用的
是离散数字 PWM 调制方式,当 FPGA 芯片使用 50 MHz 的系统时钟时,若 PWM 的
占空比要实现 2 000 个分度,则 PWM 的最高频率只能达到 25 kHz,根据输出电流的
纹波与输出的频率成反比的规律,在 25 kHz 频带范围内,输出电流纹波较大,给后
级的稳流滤波电路带来困难,影响输出的电流指标,难以达到发挥部分的要求;采用
的是离散的数字信号反馈控制,对数字信号的量化精度要求较高。

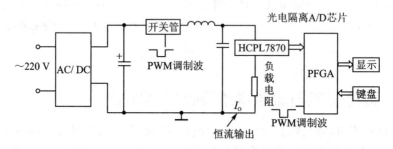

图 1.3.3　基于 FPGA 的可调电流源原理方框图

　　方案三:按照方案二 AC/DC/DC 的设计思路,再在斩波电路的前级增加一级稳
压电路,使用集成稳压器来降低电网波动对斩波电路的影响。控制部分选用单片机
与专用的 PWM 调制芯片相结合的方式来控制 MOSFET 开关管的导通。其输出电
流的大小通过隔离型电流传感器转换成对应的模拟信号,并将这一模拟量分为两路:
一路直接反馈到 PWM 集成芯片的反馈输入端,构成连续的闭环控制系统;另一路经
模/数转换芯片变成数字信号传送给单片机处理,作为辅助的调节反馈量,使用软件
算法来修正给定量,减小稳态误差。其组成原理框图如图 1.3.4 所示。

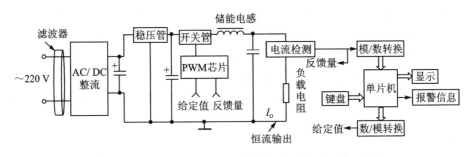

图 1.3.4　基于 PWM 芯片与单片机的可调电流源方框图

方案三与前面的方案相比,具有以下特点:系统为双环控制系统,动态响应快,超调量和稳态误差小;成本较低,技术成熟;软硬件相结合,可靠性高,功能全,扩展余地大,理论上可达到设计题目的所有性能指标。该系统设计确定采用方案三。

1.3.3　数控直流电流源主要单元器件的选择

1. 开关管的选择

根据相关技术资料,对比 MOSFET 与 IGBT 两种开关管,其性能参数的对比如表 1.3.1 所列。

表 1.3.1　MOSFET 与 IGBT 性能参数的对比

性能指标	MOSFET	IGBT
驱动类型	电压型	电压型
驱动功率	小	较小
开关速度	快(能达到 5 MHz)	较快(一般在 100 kHz 以下)
能通过电流	较大(一般在 100 A 以下)	大(能达到 1000 A 以上)
通态压降	小于或等于 2 V	一般大于 2 V

由于设计要求输出的功率不大(仅 20 W),主要指标体现在输出电流的分辨率、测量值的误差、纹波、稳定度等方面。为了获得很好的滤波效果,希望其斩波的频率越高越好(至少在 100 kHz 以上)。对照表 1.3.1 分析,由于 MOSFET 管开关速度快,可作为选择开关管的对象,经查阅 P 沟道的 MOSFET IRF5210 的技术资料,已知其通断电流为 20 A,开关频率可达 1 MHz,通态电阻 $R_{DS} = 0.06\ \Omega$,能满足设计要求。

2. PWM 芯片的选择

PWM 芯片根据其控制方式可分为电压模式控制和电流模式控制两种。其功能和驱动能力也随型号的不同而有所区别。根据相关技术资料,对比 SG3525、TL494 和 UC3573 三款芯片如下:

SG3525具有很高的温度稳定性和较低的噪声等级,具有欠压保护和外部封锁功能,能方便地实现过压过流保护,能输出两路波形一致、相位差为180°的PWM信号,结合双MOSFET管斩波电路的独特设计,能有效地减少输出电流的纹波。

TL494内有两个误差信号比较器,能同时实现电压模式控制和电流模式控制,但在本系统中不能发挥这一优势,且没有外部强制封锁端,不便于实现过压过流保护。

UC3573属于DIP8封装,其PWM占空比可在0～100％范围内调节,能直接驱动P沟道的MOSFET开关管,但在功能上不能直接实现误差放大和控制,难以满足系统的设计要求。

基于以上分析,选择SG3525作为斩波电路的PWM调制芯片较为理想。SG3525主要技术指标如表1.3.2所列。

表 1. 3. 2　SG3525 主要技术指标

参 数 名 称	数　值	参 数 名 称	数　值
最大电源电压	40 V	封锁阀值电压	0.4 V
启动电压	8 V	待机电流	14 mA
最高工作频率	500 kHz	基准源温度稳定性	0.3 mV/℃
误差放大器的开环增益	75 dB	误差放大器增益带宽	2 MHz
放大器输入失调电压	2 mV	驱动输出峰值电流	500 mA

3. 电流传感器的选择

输出电流的检测主要是为了得到精确的反馈量与准确的显示值,因此需要灵敏度高、线性度良好、可靠性强的元器件。为了保证系统具有较强的抗干扰性能和较高的可靠性,在此首先考虑使用隔离型电流检测方案。

方案一: 使用电量测量中常用的磁补偿式电流传感器,其内部结构如图1.3.5所示。根据安培定律,原边被测电流 $I_1 N_1$ 将产生的磁场 B_1,它与 $I_2 N_2$ 产生的磁场 B_2 进行磁补偿后保持磁平衡状态,即 $I_1 N_1 = I_2 N_2$,所以能得到 $I_2 = I_1 N_1 / N_2$。当 N_1 / N_2 确定后,I_2 正比于 I_1,I_2 通过 R_M 转换成电压信号输出。该隔离型传感器与线性光电耦合器一样具有精度较高、响应快等优点,而且无须外接任何元件就能得到准确的检测信号。但此种器件在 mA 级小电流检测时,由于受漏磁等因素的影响,非线性失真明显,难以保证对 mA 级小电量的准确测量,而且该类器件价格较昂贵。

方案二: 使用线性光电耦合器,采集其电流流经取样电阻两端的电压的隔离型电流检测方案。以线性光电耦合器 HCNR200 为例来分析其工作原理,其封装形式内部结构如图1.3.6所示。

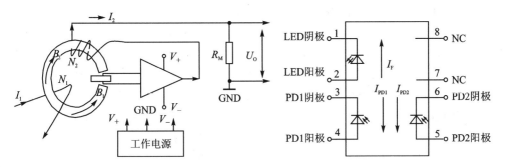

图 1.3.5　磁补偿式电流传感器　　　图 1.3.6　线性光电耦合器封装形式和内部结构

HCNR200 由发光二极管 LED、反馈光电二极管 PD1、输出光电二极管 PD2 组成。当 LED 通过驱动电流 I_F 时,发出红外光(伺服光通量)。该光分别照射在 PD1、PD2 上,反馈光电二极管 PD1 吸收光通量的一部分,从而产生控制电流 I_{PD1} ($I_{PD1} = 0.005I_F$),该电流用来调节 I_F,以补偿 LED 的非线性。输出光电二极管 PD2 产生的输出电流 I_{PD2} 与 LED 发出的伺服光通量成线性比例。令伺服电流增益 $K_1 = I_{PD1}/I_F$,正向增益 $K_2 = I_{PD2}/I_F$;则传输增益 $K_3 = K_2/K_1 = I_{PD2}/I_{PD1}$,$K_3$ 的典型值为 1。

由于 HCNR200 输出电流 I_{PD2} 与 LED 发出的伺服光通量成线性比例,且其非线性度为 0.01%,传输增益为 100±15%;温度增益系数 -65×10^{-6}/℃,带宽大于 1 MHz,耐压为直流 1000 V。具有精度较高、转换速度快、稳定性好的特点,能达到系统的设计要求。

方案比较与选择:前者电路连接形式简单,能满足题中基本部分的要求,但要达到发挥部分的指标,对后级信号处理的难度非常大;后者在电路结构较为复杂,器件较多,基于对设计功能全面的考虑,选择了方案二。

4. A/D 和 D/A 芯片的选择

根据设计要求,系统要求输出的电压为 20～2000 mA,步进为 1 mA,且要求显示数值,因此给定量的执行元件——数/模转换器(即 D/A)与检测量化元件——模/数转换器(即 A/D),至少需要 11 位的转换精度。结合系统设计的要求,并考虑到单片机的 I/O 接口资源紧张等因素。最终确定选用串行数据传送方式的 ADS7841 和 DAC7512 两款芯片转换精度均为 12 位的集成芯片,其量化精度能达到 1/4096＜1/2000,完全能达到设计的精度要求。

5. 控制器芯片的选择

在本设计中,控制器芯片主要完成与 A/D、D/A 的数据通信及对其数据的处理,实现对系统给定量的设定和对输出量的采样与显示。同时,还要求对各种故障信息进行检测,及时地发出相应的报警信号。此外,由于本系统属于强的 EMI 源,因此对主控制器芯片的抗干扰性能和故障处理能力有较高的要求。

控制器芯片采用 Atmel 公司的 AT89S8252 CMOS 8 位单片机，AT89S8252 比普通的 51 系列单片机具有更强大的功能，其片内含 8 KB 可反复擦写的 Flash 只读程序存储器和 256 字节随机存取数据存储器（RAM）；SPI 串行口用于编程向下装载；兼容标准 MCS-51 指令系统；片内置通用 8 位中央处理器和 Flash 存储单元；有 32 个外部双向输入/输出（I/O）端口；9 个中断源，内含 2 个外中断口；3 个 16 位可编程定时器/计数器；可编程 UART 串行通信口；SPI 串行口。

AT89S8252 可按照常规方法进行编程，也可在线编程。其将通用的微处理器和 Flash 存储器结合在一起，特别是可反复擦写的 Flash 存储器可有效地降低开发成本。因此，选择 Atmel 公司的 AT89S8252 作为控制器芯片。AT89S8252 有 PDIP、TQFP 和 PLCC 三种封装形式，以适应不同应用系统的需求。

6. 人机界面

人机界面包括对给定值的输入、显示和输出电流值的实时显示等。输入设备采用轻触按键来实现。对显示部分有以下两种方案可供选择。

方案一：采用 LCD（液晶）显示。该方案具有低压微功耗、平板型结构、显示的信息量大、无电磁辐射、使用寿命长等优点，但本系统要求显示的数据量小，不能发挥其显示内容丰富的优点，同时占用 I/O 口较多，且处在强干扰源中，可靠性较低。

方案二：用 LED（数码管）显示。该方案具有实现容易、发光亮度大、驱动电路简单等优点，且其可靠性也优于 LCD 的显示。

基于可靠性方面的考虑，选择方案二。

7. 辅助电源选择

辅助电源主要是为控制部分供电的，由于电流源的主电路有开关管在工作，噪声干扰大，所以为了确保控制部分的稳定性和可靠性，采用与主电路分离的电源电路供电。系统的前级供电方式如图 1.3.7 所示。

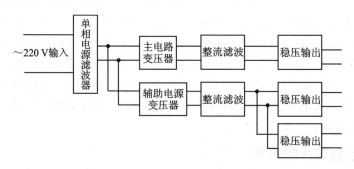

图 1.3.7　系统前级供电的示意图

1.3.4　电源输入 EMI 滤波和主电路前级整流滤波稳压电路设计

1. 电源输入 EMI 滤波电路

为滤除交流电源线上的外来干扰,同时能避免向外界发出噪声。在电源的输入端加了一个型号为 SH160 – 6 的单相电源滤波器,其原理为双向射频干扰滤波器,根据产品技术资料,其滤波性能在全频段都有明显的效果,特别是在低频段(10～500 kHz)具有极佳的滤波效果,同时也能抑制电路中的串模、共模干扰。

2. 主电路前级整流滤波稳压电路

主电路前级整流稳压电路原理图如图 1.3.8 所示。根据题目要求,输入的电压范围在 200～240 V 内变化。在电路的设计中,斩波电路的供电电压由 LM7818 提供,因此,只要在电压的变化范围内能提供给 LM7818 的正常工作电压,就不会对输出有明显的影响,根据 LM7818 的资料手册,可得其正常工作的输入电压范围为 18～35 V。变压器次级线圈两端交流电的有效值 U_2,经全波整流滤波后,能提供给 LM7818 的电压为 $1.2U_2$,所以变压器的变比 k 的范围为

$$\frac{240 \times 1.2}{35} \leqslant k \leqslant \frac{200 \times 1.2}{18}$$

即 $8.2 \leqslant k \leqslant 13.3$,最后确定 $k = 11$,在 220 V 输入的情况下,LM7818 的输入电压为 24 V。

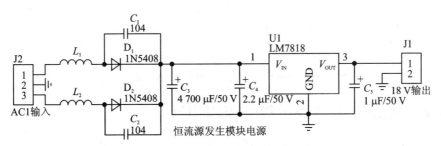

图 1.3.8　主电路前级整流稳压电路原理图

变压器降压后得到的交流电电压经全波整流,经 C_3、C_4 滤波整流后,送三端稳压器 LM7818 稳压,为后级的斩波电路提供稳定的电压输入。

1.3.5　PWM 调制波与 MOSFET 的驱动电路设计

PWM 自动调节是由 SG3525 芯片实现的,其电原理图如图 1.3.9 所示。根据 SG3525 的技术资料可知,其输出的频率由引脚端 5 外接的电容 C_T 值和引脚端 6 外接的电阻 R_T 值所决定,PWM 调制波频率为

$$f = \frac{1}{0.7C_T R_T}$$

本设计为了得到更好的输出电流的质量，将频率设定在 100 kHz 附近，取 C_5 $(C_T)=3.3$ nF，$W_3(R_T)$ 为 10 kΩ 的可调精密电位器。在电路中调节电位器使输出的频率在 100 kHz 左右。之所以选用 100 kHz，是因为在调试中发现，频率太高会使 IRF2510 的开关损耗增大，容易发烫；而频率太低不利于滤波和恒流。

单片机控制 DAC7512 输出给定信号送至 SG3525 的第 2 引脚，检测电流反馈的信号送入第 1 引脚，在硬件上直接构成 PI 闭环调节，第 10 引脚的封锁端作为输出过流过压保护控制端直接由单片机控制。由于 SG3525 输出的 PWM 波是由内部的两个 D 触发器分频得到的，从第 11 引脚和第 14 引脚输出的信号在相位上相差 180°，其占空比小于 50%。两路 PWM 信号分别经三个 40106 反相器放大后驱动两个 IRF5210。

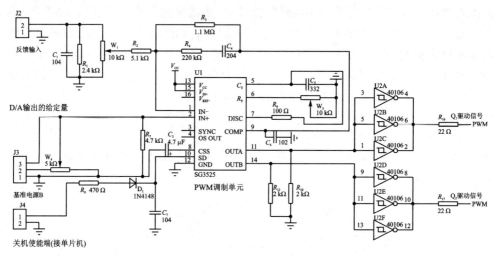

图 1.3.9 PWM 调制波与 IRF5210 驱动电原理图

1.3.6 斩波电路与滤波稳流电路设计

斩波电路原理框图如图 1.3.10 所示。其中，IRF5210 为开关器件；D 为续流二极管；L 为储能电感；R_S 为采样电阻，取 2 Ω。

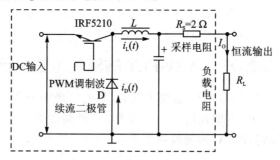

图 1.3.10 斩波电路原理框图

1. 输入电压最大有效值的计算

根据设计要求,负载允许通过的最大电流为 2 000 mA,输出电压最大值为 10 V,在不考虑储能电感的直流阻抗和滤波电容的容抗情况下,续流二极管两端允许输出的电压最大有效值为 $U_D=I_{O.MAX}R_S+U_{O.MAX}=2\times2+10=14$ V。

2. 稳态电流计算

在图 1.3.10 中,开关器件 IRF5210 的源漏极电压 $U_{SD}(t)$、电流 $i_S(t)$,续流二极管 D 的电流 $i_D(t)$,储能电感 L 的电流 $i_L(t)$ 的波形图如图 1.3.11 所示。对于任意开关周期,假设在 $t_1\leqslant t\leqslant t_2$ 期间,IRF5210 导通(导通时间为 T_{ON}),D 截止;在 $t_2\leqslant t\leqslant t_3$ 期间,D 导通,IRF5210 截止。流过电感的电流为 $i_L(t)$。$i_L(t)$ 的表达式如下:

$$i_L(t)=\begin{cases}\dfrac{U_{IN}-U_O}{L}(t-t_1)+i_L(t_1) & t_1\leqslant t\leqslant t_2 \\ -\dfrac{U_O}{L}(t-t_2)+i_L(t_2) & t_2\leqslant t\leqslant t_3\end{cases}$$

式中,$i_L(t_1)$ 为 $i_L(t)$ 在 t_1 时刻的最小值;$i_L(t_2)$ 为 $i_L(t)$ 在 t_2 时刻的最大值;在稳定状态下 $i_L(t_1)$、$i_L(t_2)$ 由下面的算式确定:

$$i_L(t_1)=I_O-\frac{U_{IN}-U_O}{2LfU_{IN}}\times U_O \qquad i_L(t_2)=I_O+\frac{U_{IN}-U_O}{2LfU_{IN}}\times U_O$$

式中,U_O 为输出电压,I_O 为输出电流,即 $i_L(t)$ 的平均电流,f 为开关频率,则开关周期 $T=1/f=T_{ON}+T_{OFF}$。由此可画出主电路中各元件中电量的波形,如图 1.3.12 所示。同时,也可明显地看出,其开关频率越高,储能电感的电感越大,其输出电流越稳定,纹波越小。输出纹波的大小可表示为

$$i_W=\frac{U_{IN}-U_O}{LfU_{IN}}\times U_O$$

在 $U_O=U_{IN}/2$ 时,输出纹波有最大值,$i_{W.MAX}=U_{IN}/(4Lf)$。根据题目要求,输出的纹波要小于 0.2 mA,在开关频率为 100 kHz,输入电压为 18 V 时,纹波要小于 0.2 mV,则 L 必须大于 $18/(4\times100\times0.2)=0.225$ H。由于这个电感值较大,不容易绕制,很难直接通过电感来消除纹波,因此,在设计中采用两个 MOSFET 开关管 IRF5210 构成斩波电路,以减小电流纹波。

3. 对于储能电感铁芯的选择与最小电感量的计算

由于开关工作频率为 100 kHz,通过查阅手册,根据相关铁磁材料的特性曲线,确定选择 ALSiFe 磁环作为电感铁芯,其突出的优点是品质因素随频率的增高而增大,且温度系数小。

为使输出电路中的电流连续,则储能电感的电感值必须满足以下条件:

$$L_{MIN}\geqslant\frac{U_{IN}-U_O}{2fI_{O.MAX}U_{IN}}\times U_O$$

式中，$U_{IN}=18$ V，$f=100$ kHz，$I_{O,MAX}=2$ A，U_O 在 0～14 V 范围内变化。根据以上数据，容易计算出储能电感的最小值为 7.7 μH。

为了使输出的电流纹波系数小，在设计中采用两个 MOSFET 开关管 IRF5210 构成斩波电路，分别由两路占空比一致、相位差相差 180°的 PWM 驱动信号控制，对后级的储能电感进行充电。由图 1.3.12 中 $i_L(t)$ 的波形图可知，当两路相位差为 180°、大小相同的电流叠加时，输出后的纹波系数将大大减小。

所设计的斩波与滤波稳流电路电原理图如图 1.3.13 所示。续流二极管选用快速恢复的高频二极管 MBR745，通过反复调试后确定 L_1、L_2 的值，在输出端并联一个 470 μF 的电解电容储能，同时并联一个高频电容滤除高频成分。

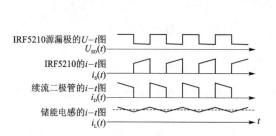

图 1.3.11　$U_{SD}(t)$、$i_S(t)$、$i_D(t)$、$i_L(t)$ 的波形图

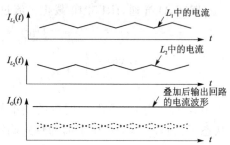

图 1.3.12　$i_{L_1}(t)$、$i_{L_2}(t)$、$i_O(t)$ 的理论波形图

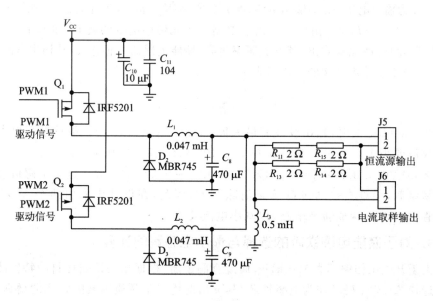

图 1.3.13　斩波与滤波稳流电路电原理图

1.3.7　电流检测电路设计

电流检测电路主要由电流/电压转换电路(I/V)、隔离型电流检测电路以及后级的 A/D 转换电路组成。

1. 电流/电压转换电路

根据欧姆定律,在电路中串联一个已知的电阻,测量其两端的电压信号,就可以计算其电流值。由于需要采集的电流相对范围较宽,电阻的热稳定性能要好,所以设计中使用低温度系数康铜合金无感电阻串入电路,考虑到散热等问题,采用多个电阻进行串并的方式接入电路。

2. 隔离型电流检测电路

隔离型电流检测电路主要由 HCNR200 线性光电耦合器、两片高精度仪器运放 OP27 与其他一些辅助元件组成,其电路原理图如图 1.3.14 所示。电流信号被采集转换为电压信号后,经过一个 OP27 和三极管 2N3906 两级放大后送到 HCNR200 第 2 引脚,使其内部的 LED 发光,该光分别照射在 PD1、PD2 上,反馈光电二极管 PD1 吸收光通量的一部分,从而产生控制电流 I_{PD1} 由 HCNR200 引脚端 3 输出,经 U5 放大后,用来调节 LED 的电流 I_F 以补偿 LED 的非线性。输出光电二极管 PD2 产生的输出电流 I_{PD2} 与 LED 发出的伺服光通量成线性比例,I_{PD2} 由 HCNR200 引脚端 6 输出,经 U6 放大后由 OP27 引脚 6 输出电压信号,送 ADS7841 进行 A/D 转换变成数字信号。通过调节电位器 R_{23} 来改变增益,在系统调试中,仔细调节 R_{23},使电流检测动态响应快、稳态误差最小后,保持电位器的位置不变。

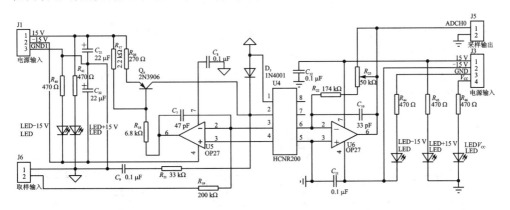

图 1.3.14　采用线性光电耦合器组成隔离型电流检测电路原理图

1.3.8　单片机最小系统设计

单片机最小系统采用 AT89S8252 最小系统。AT89S8252 单片机主要完成设定值的按键处理、对 SG3525 给定量的输出以及对输出电流值的采集和数值显示。为了调试的方便,将单片机的所有引脚接出,其中 P0 口作为数码管的段码信号及键盘输入功能复用,P2 口作为数码管的位码使能。

1.3.9　A/D、D/A 的转换电路设计

ADS7841 芯片用于将电流检测电路输出的模拟电压信号转化成数字信号,其应用如图 1.3.15 所示,在电源输入端并联一个 0.1 μF 的电容去耦,同时并联一个 10 μF 的电解电容来提高供电的稳定性。ADS7841 的基准源由 AD584 可编程输出提供。AD584 芯片能提供 2.5 V、5.0 V、7.5 V、10 V 四种基准源输出模式。根据其技术资料,将引脚端 1 和 2 短接就能实现 5.0 V 的基准源输出,并在引脚端 6 和 7 之间接一个 0.1 μF 的电容,能有效地提高抗干扰性能。

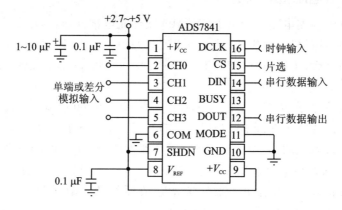

图 1.3.15　ADS7841 的应用电路

DAC7512 主要完成对 SG3525 给定量的设定。为了增强其驱动能力,输出端接一个电压跟随器输出到 SG3525 的引脚端 1。DAC7512 的基准电压同样使用 AD584 提供。DAC7512 D/A 转换的应用电路如图 1.3.16 所示。ADS7841 和 DAC7512 的基准电压源电路如图 1.3.17 所示。

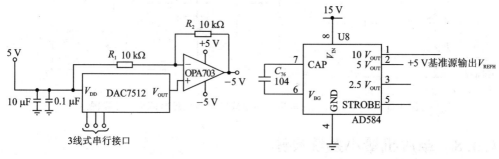

图 1.3.16　DAC7512 的应用电路　　　**图 1.3.17　A/D、D/A 的基准电压源电路**

全国大学生电子设计竞赛系统设计(第 3 版)

1.3.10　键盘和显示电路及辅助电源电路设计

键盘和显示电路主要是为了实现对输出电流值的任意设定,对给定值和输出值进行显示。由于显示的电流值位数最多为 4 位,所以在设计中使用了 8 个共阳数码管,采用动态扫描的方式实现。为了增强位选信号的驱动能力,将位选端口接在 9012 二极管的基极,使 9012 工作在开关状态,大大提高了数码管显示的亮度。

辅助电源部分分控制部分和线性光电传感器部分。由于这些部分的功耗不高,因此辅助电源均采用三端集成稳压器直接得到各部分所需的电压等级。

1.3.11　系统误差分析

由于系统对测量的精度要求相当高,输出电流的相对范围大,因此对各个环节性能要求苛刻,特别是对信号传递中的非线性失真、噪声的抑制以及温漂等指标要严格控制,所以在器件选型和总体布局时要仔细考虑。

1. 输出的稳态误差指标

根据题意可以算出,设计中基本要求部分允许的输出最大误差为 $\delta_{MAX1} = (2000 \times 1\% + 10)/2000 = 1.5\%$,发挥部分所允许的输出最大稳态误差为 $\delta_{MAX2} = (2000 \times 0.1\% + 1)/2000 = 0.15\%$。可见其对稳态误差的要求较高。根据控制系统理论对电流源模块进行建模,其原理可看作一个简单的闭环控制系统。其结构图如图 1.3.18 所示。

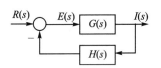

图 1.3.18　电流源组成的结构框

当输入一个给定量 $R(s)$ 通过 DAC7512 加在 SG3525 的第 2 引脚时,电流源系统相当于在阶跃输入作用下的响应,则 $R(s) = R/s$,R 为给定量的幅值,根据一阶闭环系统的稳态误差计算公式:

$$\delta_s = \frac{\lim_{s \to 0}[s^{v+1} R(s)]}{K + \lim_{s \to 0} s^v} = \frac{\lim_{s \to 0} s^{v+1} \dfrac{R}{s}}{K + \lim_{s \to 0} s^v} = \frac{\lim_{s \to 0} s^v R}{K + \lim_{s \to 0} s^v}$$

式中,K 为开环增益,v 为开环系统在 s 平面坐标上极点的重数。显然有:当 $v = 0$ 时,稳态误差为 $R/(1+K)$;当 $v \geqslant 1$ 时,稳态误差为 0。因此,从理论上看,合适地选取系统各参数,能消除稳态误差的存在。

2. 给定量的误差分析

由于主电流源是一个闭环控制系统,因此其稳态误差理论上可以减少到零。而给定量的误差将直接影响输出电流的稳态误差,这个误差主要来源于 D/A 芯片的温度误差和基准源的误差。这些器件的误差的主要来源是温漂。为了减少其误差,应尽量将这些器件远离发热量大的开关管和大电容等元器件。

3. 输出显示的误差分析

输出显示部分的误差，主要取决于对输出电流采样通道的取样电阻、线性光电传感器和 A/D 温度误差及其基准源误差的确定。为了减少这一通道的误差，使用热稳定性能良好的康铜丝制作取样电阻，并选取较大的阻值（2 Ω），使得在电流较低时也能获得较大的电压值。线性光电传感器的前后级运算放大器均使用高精度的仪器专用运放（OP27），将 A/D 芯片远离发热量较大的电流源主电路。

1.3.12 系统的热设计与电磁兼容设计

由于稳压管和开关管的发热量比较大，而电子元件的性能对温度比较敏感，因此热设计的好坏直接关系到系统的可靠性和恒流的准确性。在设计和制作中，对热设计采取如下几点措施：

- 所有稳压管和开关管均加大的散热片，并尽量放置在 PCB 板的外围；
- 控制部分与发热量比较大的电源主电路分开制版；
- 取样电阻采用并串的方法，加大散热的等效表面积，减小取样误差。

由于系统的技术指标很高，对电磁兼容的设计，包括系统内部的相互干扰、外界对系统的干扰以及系统对外界的电磁干扰，采取了如下一些有效的措施：

- 电源输入端加专用的单相滤波器，能很好地解决系统与外界电网的相互干扰；
- 主电路电源与控制部分用不同的变压器分别供电，且在硬件布局时使用单独的模块；
- 模拟地与数字地采用单点共地和串电感接地的方式，降低干扰；
- 所有 IC 的电源输入端并联一个 0.1 μF 的电容去耦；
- 模块间连接的信号线使用双绞线；
- 单片机采用看门狗监视。

1.3.13 提高系统精度的技术措施

根据设计要求，在分析设计前，计算好每个模块允许的误差范围，采取相应的措施将误差减小到允许的误差范围以内。

主体电路设计方面：主电路采用 AC/DC、DC/DC 的拓扑结构，采用层层控制的方法来确保精度。

控制策略方面：采用可靠的硬件闭环反馈控制与软件修正的算法实现双回调控。

器件选型方面：选用转换精度达 12 位的 DAC7512，确保给定量的精度达到 0.5 mA；选用非线性度为 0.01% 的线性光耦和 12 位的 ADS7841 采集输出的电流，保证系统的自动测量的误差低于要求的 0.15%；选用频带可达 500 kHz 的 PWM 调制芯片,并将开关频率设置为 100 kHz,减小输出级滤波的难度;选用开关频率可达 1 MHz 的开关管 IRF5210,导通压降小。

滤波措施方面:独特的双开关管斩波电路的设计,使输出的电流由两个波形一致、相位相反的叠加而成,有效地降低了输出电流的纹波系数。使用较大的电感与高频电容滤波稳流。

其他方面:对电磁兼容的全面考虑和技术处理,合理的热设计。

1.3.14 数控直流电流源软件设计

由于系统选用的主控制器是单片机,单片机软件主要包括主程序、A/D 采样子程序(电流采样)、D/A 输出电流给定值及显示等程序。为了提高其代码的执行效率,软件设计均采用汇编语言编写,在 Windows XP 操作平台下,用伟福 6000 软件编译通过,采用双龙 SL – AVR 下载线用 ISP 方式将程序固化到单片机。

1. 主程序

单片机的主程序主要包括 A/D 采样子程序、D/A 输出(给定电流)子程序、键盘显示程序及过流保护子程序等。A/D 采样子程序主要是采集电路中的电流信号,再通过单片机运算并显示出当前的电流大小。D/A 输出程序将用户设定的恒流值转换为模拟信号,作为 PWM 控制器的给定信号,PWM 控制器再通过硬件实现自动恒流控制。键盘与显示程序用 LED 动态显示数据信息,在一个主程序周期中扫描检测一次键盘,查看是否有有效的按键按下,再根据按键状态做出相应的处理。主程序流程图如图 1.3.19 所示。

2. A/D 采样程序

A/D 在检测电流信号时,使用 ADS7841 的通道 0。单片机给 ADS7841 发出通道选择信号,然后等待 A/D 芯片转换数据,最后读取其转换数据。在软件中,还采用了滤波子程序,增强了 A/D 采样的抗干扰能力。程序流程图如图 1.3.20 所示。

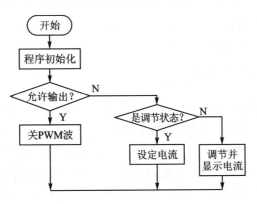

图 1.3.19 主程序流程图

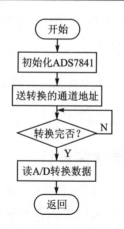

图 1.3.20　A/D 采样程序

1.4　直流稳定电源设计

1.4.1　直流稳定电源系统设计要求

设计并制作交流变换为直流的稳定电源，在输入电压为 220 V/50 Hz，电压变化范围为 +15％～-20％ 的条件下，输出电压可调范围为 +9～+12 V，最大输出电流为 1.5 A。设计详细要求与评分标准等请登录 www.nuedc.com.cn 查询。

1.4.2　直流稳定电源系统设计方案

本系统由稳压电源、稳流电源、DC－DC 变换器和显示模块 4 个模块电路构成。稳压电源采用两级稳压电路，前级为 DC－DC 开关稳压电源，后级为线性稳压电路。为进一步提高效率，两级间采用了恒压差控制技术。稳流电路采用由运算放大器构成的恒流源电路，或者利用 3 端稳压器 LM317 构成的恒流电路。DC－DC 变换器采用降压型开关电源，具有效率高，输出电压范围宽，输出电流大的特点。显示模块由 MAX136 A/D、显示译码芯片和 LED 数码管构成。

1.4.3　稳压电源电路设计

稳压电路方框图如图 1.4.1 所示。在线性稳压电路前端加入一个 DC－DC 变换器，利用 DC－DC 变换器来完成从不稳定的直流电压到稳定的直流 9～12 V 电压的转变。首先，采用脉宽调制技术（PWM）和恒压差控制技术，使得线性稳压电路两端压差减小，电路消耗大幅度下降，以提高电源的效率。其次，使用脉宽调制技术，很容易进行过流、过热、自保恢复。此外，还可在 DC－DC 变换器中加入软启动电路，以抑制开关机时的"过冲"。

1. 交直流转换电路

交直流转换电路将从 220 V/50 Hz 的交流电压整流得到直流电压。当输入为 220 V 交流电压时，首先通过变压器降至 25 V 左右交流电压。整流部分选用了全波桥式整流电路形式，输出电压为 32 V 直流电压。

2. PWM 降压型开关稳压电路（DC－DC 变换器）

降压型开关稳压电路的工作原理如图 1.4.2 所示。在开关管导通期间，图 1.4.2 中的二极管反偏，输入提供能量给电感，同时提供能量给负载。当开关管关断时，电感电压使二极管导通，电感中存储的能量传送给负载。

以 TL494 芯片为控制核心的单端 PWM 降压型开关稳压电路如图 1.4.3 所示，由 TL494 芯片、PNP 型大功率开关管 TIP32A、二极管 MR850 和低通滤波器组成。

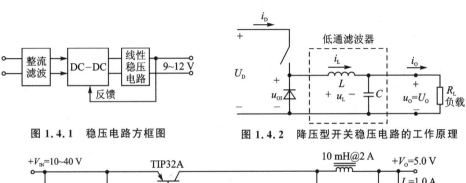

图 1.4.1　稳压电路方框图　　　　图 1.4.2　降压型开关稳压电路的工作原理

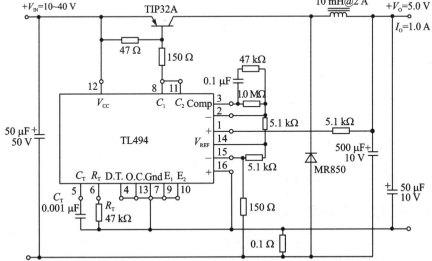

图 1.4.3　以 TL494 芯片为控制核心的单端 PWM 降压型开关稳压电路

图 1.4.4 中，连接在控制器 TL494 引脚端 5 和引脚端 6 的电容 C_T 和电阻 R_T 决定开关电源的开关频率。开关电源的开关频率与电容 C_T 和电阻 R_T 的关系可利用公式 $f_{OSC}=1.1/(R_T×C_T)$ 计算。例如：$R_T=47$ kΩ，$C_T=0.001$ μF，振荡频率

$f_{OSC} = 23.4$ kHz。$T_S = 1/f_{OSC} = 0.427\ \mu s$。电容 C_T 和电阻 R_T 到输入地的 0.1 Ω 电阻为限流保护电阻。TL494 内部误差放大器 EA1 的同相输入端(引脚端 1)通过 5.1 kΩ 电阻接入反馈信号。

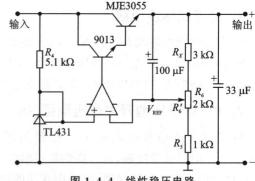

图 1.4.4 线性稳压电路

为保证电流连续,低通滤波器的电感取值不能太小,但也不能太大。可采用如下公式计算其参数:

$$最小电感\ L_{MIN} = [(U_D - U_O)/(2 \times I_O)]t_{ON}$$
$$电容\ C > U_O \times t_{OFF}/(8 \times L \times f_{OSC} \times U_O)$$
$$输出峰值电流\ I_{OP} = i_{LP} = [(U_1 - U_O)/(2 \times L)] \times t_{ON} + I_O$$

3. 线性稳压电路

采用线性稳压电路的目的是,在降压型开关稳压电路的基础上实现线性高精度稳压,以降低纹波,提高电压调整率和负载调整率,最终达到设计的指标要求。线性稳压电路[2]如图 1.4.4 所示,由稳压管 TL431(2.5 V)、比较器、达林顿管 MJE3055 和电阻反馈网络组成。

稳压管 TL431 产生一个稳定的基准电压 2.5 V,接到由运放组成的比较器的正输入端;输出电压经过电阻分压之后反馈至运放的负输入端。运放的输出电压控制达林顿管的发射极电压,从而得到所需的高度稳定的直流电压。

输出电压为

$$V_O = V_{REF} \times (R_X + R_5 + R_6)/(R_5 + R_6')$$

取 $R_X = 3$ kΩ,$R_5 = 1$ kΩ,$V_{REF} = 2.5$ V,则

当 $R_6' = 0.67$ kΩ 时,$V_O = (2.5 \times 6)/(1 + 0.67) = 9$ V;

当 $R_6' = 0.25$ kΩ 时,$V_O = (2.5 \times 6)/(1 + 0.25) = 12$ V。

1.4.4 稳流电源电路设计

1. 双运放构成的恒流电路

图 1.4.5 所示是一个由双运放构成的恒流电路[2]。U1 为深反馈同相放大器;U2 为电压跟随器,将输出电压反馈回输入端。

根据放大器特性,U1 的正端电压 V_P 和负端电压 V_N 为

$$V_P = V_R R_4/(R_3 + R_4) + V_O R_3/(R_3 + R_4)$$
$$V_N = V_O' R_1/(R_1 + R_2) \qquad V_P = V_N$$

在设计中,取 $R_1 = R_2 = R_3 = R_4$。由以上三式可得 $V_O' - V_O = V_R$,即电路 R_5 上

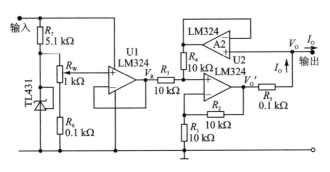

图 1.4.5　双运放构成的恒流电路

的压降$(V_\text{O}{'}-V_\text{O})$等于控制电压$V_\text{R}$。忽略集成运放的输入偏置电流,则输出电流为

$$I_\text{O}=V_\text{R}/R_5$$

取$R_5=100\ \Omega$,稳压输入最大为 2.5 V,有$I_\text{O,MAX}=25\ \text{mA}$;稳压输入最小为 0 V,然而$I_\text{O,MIN}=0\ \text{mA}$。所以实现了题目要求 4～20 mA 范围内的可调。

2. 利用 LM317 构成的恒流电路

利用 LM317 集成可调稳压器作为恒流电路,是由于其 3 端与 1 端之间存在 1.35 V 固定压降V_Z,流经固定电阻后可产生恒定的电流。

利用 LM317 构成的恒流电路[2] 如图 1.4.6 所示。电路中增加了一个 PNP 三极管,LM317 的静态电流I_ADJ由三极管 e、c 极提供,而流经R_L的静态电流I_b仅为I_ADJ的$1/(\beta+1)$,减小I_ADJ对I_L的影响。由于 be 结电压 0.6～0.7 V 为一定值,故$I_\text{S}=(V_\text{Z}+V_\text{be})/R_\text{S}$,$I_\text{L}=I_5+I_\text{b}\approx I_\text{S}$,该电路能提供比$I_\text{ADJ}$还小的恒定电流。

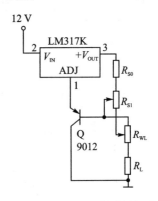

图 1.4.6　利用 LM317 构成的恒流电路

根据题目要求,稳流范围为 4～20 mA,计算出图中R_S的取值范围,设$V_\text{be}=0.6\ \text{V}$,$(V_\text{Z}+V_\text{be})/R_\text{S}=I_\text{L}$,$R_\text{S,MAX}=(1.35+0.6)/4=460\ \Omega$,$R_\text{S,MIN}=(1.35+0.6)/20=92\ \Omega$。实际 LM317 可输出$I_\text{MAX}=1.5\ \text{A}$,加之使用了 PNP 三极管,可通过减小$R_\text{S,MIN}$和增大$R_\text{S,MAX}$扩展该稳流电源的量程。

保持输入电压$V_\text{IN}=12\ \text{V}$,改变负载R_L,用数字表测得输出电流如下:

当$R_\text{L}=300\ \Omega$时,$I_\text{L}=19.290\ \text{mA}$;

当$R_\text{L}=200\ \Omega$时,$I_\text{L}=19.295\ \text{mA}$。

计算出负载调整率为

$$\frac{\Delta I_\text{L}}{I_\text{L}}=\frac{|\ 19.295-19.290\ |}{19.290}\times100\%\approx0.02\%$$

1.4.5 PWM升压型开关稳压电路(DC-DC变换器)设计

升压型开关稳压电路的工作原理如图1.4.7所示。当开关管导通时,输入电源的电流流过电感和开关管,二极管反向偏置,输出与输入隔离。当开关管断开时,电感的感应电势使二极管导通,电感电流 i_L 通过二极管和负载构成回路,由输入电源向负载提供能量。

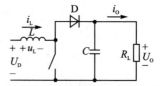

图1.4.7 升压型开关稳压电路的工作原理

1. 采用TL494为控制核心的升压型开关稳压电路

采用TL494为控制核心的升压型开关稳压电路[2]如图1.4.8所示。当功率晶体管IRF930受控导通时,高频变压器将电能变成磁能储存起来;而当晶体管受控截止时,高频变压器原、副边电压极性改变。整流二极管MUL1100E由反偏变为正偏导通,高频变压器就将原先储存的磁能变为电能,通过整流二极管向负载供电。

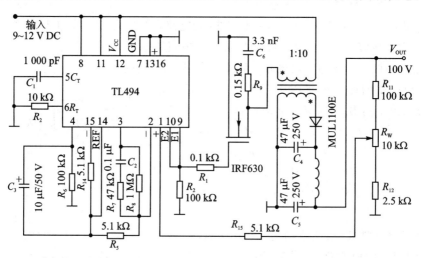

图1.4.8 采用TL494为控制核心的升压型开关稳压电路

参数计算:

由

$$V_{OUT} = V_{REF} \times (R_{11} + R_w + R_{12})/(R_{12} + R_b)$$

取 $R_b = 3.125$ kΩ,则

$$V_{OUT} = 5 \times (100 + 10 + 2.5)/(2.5 + 3.125) = 100 \text{ V}$$

变压器绕组计算:

输入电压最小值 $V_{MIN} = 9$ V,取最大占空比 $D_{MAX} = 0.45$,得

$$P_O = 100 \times 0.1 = 10 \text{ W}$$

$$I_{P,MAX} = 2 \times P_O / (V_{I,MIN} \times V_{I,MIN})$$
$$= 2 \times 10/(0.45 \times 9) = 4.94 \text{ A}$$

取 $f = 40 \text{ kHz}$,则

绕组电感量
$$L_P = V_{I,MIN} \times V_{I,MIN} (I_{P,MAX} \times f)$$
$$= 9 \times 0.45/(4.94 \times 40000) = 20 \ \mu H$$

匝数比
$$N_S / N_P = (V_O + 1) \times (1 - D_{MAX}) / (D_{MAX} \times V_{I,MIN})$$
$$= (100 + 1) \times (1 - 0.45) / (0.45 \times 9) = 13$$

2. 采用 UC3843 为控制核心的升压型开关稳压电路

采用 UC3843 为控制核心的升压型开关稳压电路[2]如图 1.4.9 所示。UC3843 引脚端封装形式和内部结构如图 1.4.10 所示。UC3843 芯片单端输出控制开关管,而且能在小于或等于 9 V 的电压下正常工作(UC3843 启动电压为 8 V)。开关管根据电路所需输出功率、耐压、开关速率等参数来选择。在反激式电路中,开关管的耐压必须大于 2 倍的输入电压。本电路的输入电压为 9~12 V。本设计中选用 IRF540 场效应管,可以满足设计要求。

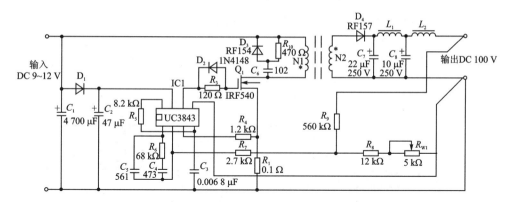

图 1.4.9　采用 UC3843 为控制核心的升压型开关稳压电路

开关电源的工作频率由 UC3843 的定时电容和电阻确定,$f = 1.8/(R_T C_T)$,设工作频率为 30 kHz,R_T 取 8.2 kΩ,则 $C_T = 0.0068 \ \mu F$。整流管选择 RF157,其正向压降低,速度快。

高频变压器可根据下列理论公式进行设计:

$$P_{OUT} = \frac{1}{2 L_P I_P^2 f}$$,L_P 为变压器初级电感量,I_P 为初级电流,f 为频率;

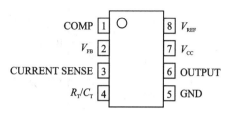

图 1.4.10　UC3843 引脚端封装形式

$$L_{\mathrm{P}}=\frac{V_{\mathrm{IN,MIN}}\delta_{\mathrm{MAX}}}{I_{\mathrm{P}}f},\delta_{\mathrm{MAX}}\text{ 为最大占空比;}$$

$$A_{\mathrm{C}}A_{\mathrm{E}}=\frac{0.04L_{\mathrm{P}}I_{\mathrm{P}}D^2\times10^4}{B_{\mathrm{MAX}}},D\text{ 为导线直线,}B_{\mathrm{MAX}}\text{ 为最大磁感应强度;}$$

初级线圈匝数 $N_{\mathrm{P}}=\dfrac{B_{\mathrm{MAX}}L_{\mathrm{G}}\times10^4}{0.4\pi/I_{\mathrm{P}}},L_{\mathrm{G}}$ 为磁芯空隙长度;

次级线圈匝数 $N_{\mathrm{S}}=\dfrac{N_{\mathrm{P}}(V_{\mathrm{OUT}}+V_{\mathrm{D}})(1-\delta_{\mathrm{MAX}})}{V_{\mathrm{IN,MIN}}\delta_{\mathrm{MAX}}}$。

根据以上主要公式可设计变压器(计算从略),由于功率要求很小,所以理论尺寸偏小。

由于输入电压为低电压,所以输入/输出不必隔离,反馈也不需要光耦隔离技术,因而可简化反馈回路。图 1.4.9 中 C_6、D_3、R_{10} 为吸收网络,D_2 隔离 Q_1 和 UC3843 的电位,以防电路振荡。

1.4.6 显示电路设计

输出显示电路采用 MAX136 组成的数字电压表。MAX136 的引脚端封装形式和 MAX136 构成的数字电压表电路如图 1.4.11 所示。各电压量程或电流量程(电流测量,通过采样电阻上的压降)由拨钮开关选择,通过电阻网络分压后输入芯片。本系统使用两组电路分别显示电压和电流值。

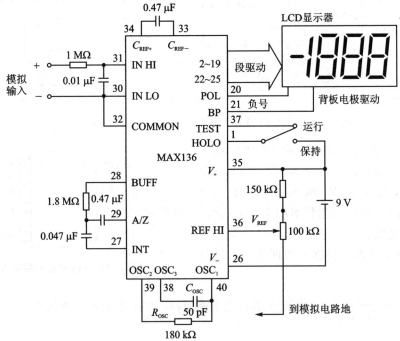

图 1.4.11 MAX136 的引脚端封装形式和电压表电路

1.5　简易数控直流电源设计

1.5.1　简易数控直流电源设计要求

设计一个输出电压范围为 0～＋9.9 V、输出电流为 500 mA 的数控电源，其原理方框图如图 1.5.1 所示。设计详细要求与评分标准等请登录 www.nuedc.com. cn 查询。

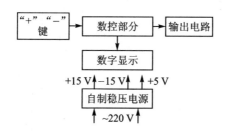

图 1.5.1　简易数控直流电源原理方框图

1.5.2　简易数控直流电源系统设计方案

采用单片机作为控制器的简易数控直流电源设计方案方框图[2]如图 1.5.2 所示。设计方案中采用 AT89S52 单片机完成系统的数控功能；采用 8279 作为键盘/显示器接口控制器，可简化接口引线，减少软件对键盘/显示器的查询时间，提高 AT89S52 单片机的利用率；输出部分采用 DAC0832 与运算放大器 OP077，OP077 输出电压波形与 D/A 转换输出波形相同，可以输出直流电平，或根据预先生成波形的量化数据产生多种波形输出；显示部分采用 MXA136 组成的三位半的数字电压表 (DVM) 直接显示输出电压值，一旦系统工作异常，出现预置值与输出值偏差过大，用户可根据该信息予以处理。

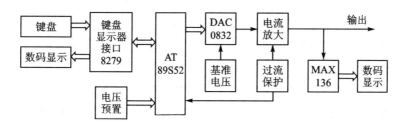

图 1.5.2　采用单片机的简易数控直流电源设计方案方框图

1.5.3　AT89S52单片机最小系统设计

数控部分采用 AT89S52 单片机最小系统,包括 AT89S52 单片机、时钟电路、复位电路、扩展的片外数据存储器和地址锁存器、8 个并行键盘($S_1 \sim S_4$ 及 $S_6 \sim S_9$)、6 个共阳极 LED 数码管(LED1～LED6)。该最小系统还提供有基于 8279 的通用键盘显示电路、液晶显示模块、A/D 及 D/A 转换等众多外围器件和设备等接口。单片机最小系统原理方框图如图 1.5.3 所示,最小系统电路原理图如图 1.5.4 所示。

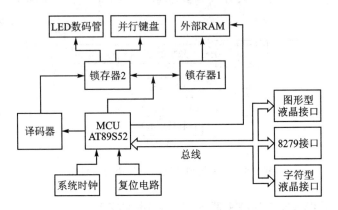

图 1.5.3　AT89S52 单片机最小系统原理框图

AT89S52 单片机与 MCS‑51 系列的产品兼容,具有 8 KB Flash 存储器,256×8 位 RAM。AT89S52 的内部结构与引脚端封装形式如图 1.5.4 所示。图中:P0.0～P0.7、P1.0～P1.7、P2.0～P2.7、P3.0～P3.7 为 8 位双向口线。P0.0～P0.7 通常作为数据线和低 8 位地址线;P1.0～P1.7 通常作为 I/O 线;P2.0～P2.7 通常作为 I/O 线和高 8 位地址线;P3.0～P3.7 通常作为 I/O 线,也具有 RXD、TXD 等第 2 功能。

在 AT89S52 的引脚端 XTAL1 和 XTAL2 跨接晶振 Y1(12 MHz)和电容 C_5、C_6 (30 pF)构成单片机时钟电路。

AT89S52 单片机采用上电自动复位和按键手动复位方式。上电复位要求接通电源后,自动实现复位操作。手动复位要求在电源接通的条件下,在单片机运行期间,用按钮开关操作使单片机复位。上电自动复位通过外部复位电容 C_4 充电来实现;按键手动复位通过复位开关 S_{10} 经电阻和 V_{CC} 接通来实现。

AT89S52 单片机小系统扩展了一片 32 KB 的数据存储器 62256。数据线 D0～D7 直接与单片机的数据地址复用口 P0 相连,地址的低 8 位 A0～A7 则由 U15 锁存器 74LS373 获得,地址的高 7 位则直接与单片机的 P2.0～P2.6 相连。片选信号由地址线 A15(P2.7 引脚)产生,低电平有效。数据存储器占用系统 0000H～7FFFH 的 DATA 空间。

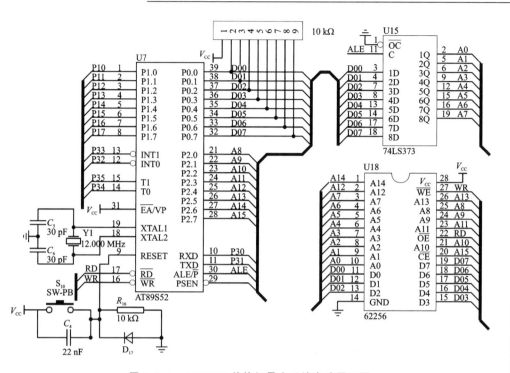

图 1.5.4 AT89S52 单片机最小系统电路原理图

小系统板还设置了 8 个并行键盘($S_1 \sim S_4$ 及 $S_6 \sim S_9$)、6 个共阳极 LED 数码管 LED1~LED6。

AT89S52 单片机最小系统与外部芯片连接采用总线连接方式,P0 口为数据总线和地址总线低 8 位,P2 口为地址总线高 8 位。P2 口的 P2.6、P 2.7 引脚端作为键盘显示控制器 8279 和 DAC 0832 转换器的选通信号。P3.0~P3.7 使用 RXD、TXD 等第 2 功能。主要应用接口如表 1.5.1 所列。

表 1.5.1 AT89C52 单片机最小系统主要应用接口

标 号	功能说明	连接目标
P1	输入电源插座	主电源
J2	8279 的通用键盘显示电路接口	8279 芯片
J4	MDLS 字符型液晶显示器接口	MDLS 字符型液晶显示模块
J5	LMA97S005AD 点阵液晶显示器接口	LMA97S005AD 点阵型液晶显示模块

1.5.4 D/A 转换器设计

D/A 转换器采用 DAC 0832 转换器芯片,该芯片是一个 8 位 D/A 转换器,其基

准电压 V_{REF} 由稳压管 LM336 提供,电压为 -5.0 V。DAC 0832 的输出连接 OP077 运算放大器,采用差动输出形式,输出电压为 $0 \sim 5.0$ V。AT89S52 单片机与 DAC 0832 的接口电路如图 1.5.5 所示,图中：DB7 $\sim$ DB0 为转换数据输入,$\overline{CS}$ 为片选信号输入（低电平有效）,$\overline{WR1}$ 和 $\overline{WR2}$ 为第 1 和第 2 写信号（低电平有效）,$\overline{XFER}$ 数据传送控制信号（低电平有效）。OP-077 运算放大器的引脚端封装形式如图 1.5.6 所示,引脚端 1 和 8 用于漂移调节。

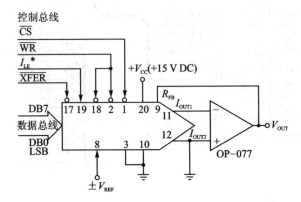

图 1.5.5　AT89S52 单片机与 DAC 0832 的接口电路

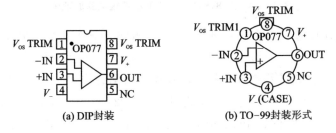

图 1.5.6　OP077 运算放大器引脚端封装形式

1.5.5　功率输出电路设计

功率输出电路由运算放大器 LF356 和达林顿管 TIP122 与 TIP127 构成闭环推挽输出电路形式,可保证输出电压较好地跟踪 D/A 转换的输出。电原理图[2] 如图 1.5.7 所示。图中,VR_1 用来调节电路放大倍数,VR_2 用来调节运算放大器的输出平衡。达林顿管 TIP122 与 TIP127 的集电极电流为 5 A,V_{CEO} 为 100 V,功耗为 65 W。TIP122 内部结构与引脚端封装形式如图 1.5.8 所示。TIP127 内部结构如图 1.5.9 所示,引脚端封装形式与 TIP122 相同。

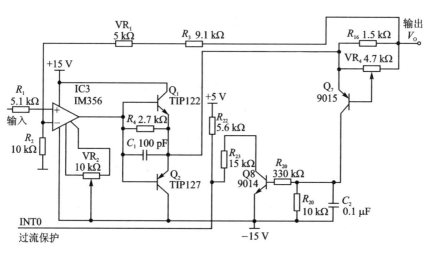

图 1.5.7　功率输出电路电原理图

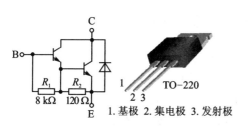

图 1.5.8　TIP122 内部结构与引脚端封装形式

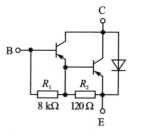

图 1.5.9　TIP127 内部结构

1.5.6　过流保护电路设计

过流保护电路如图 1.5.7 中所示，由晶体管 9015 和 9014 组成，VR_4 用来调节过流保护电流大小。正常工作时，晶体管 9015 截止，集电极电平为 $-15\ V$，使晶体管 9014 截止，输出为高电平，不触发 AT89C52 单片机中断 $\overline{INT0}$。当输出电流过大时，晶体管 9015 导通，集电极电平升高，使晶体管 9014 也导通，输出变为低电平，触发 $\overline{INT0}$，执行中断保护程序。

过流保护电路还采用了一个声音报警电路，当过流时产生声音报警。其电路如图 1.5.10 所示。

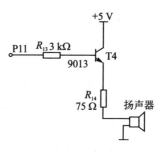

图 1.5.10　声音报警电路

1.5.7　键盘/显示器电路设计

键盘/显示器电路采用 8279 键盘/显示器控制器芯片。该芯片引脚端封装形式如

图 1.5.11 所示。下面介绍各引脚端功能。

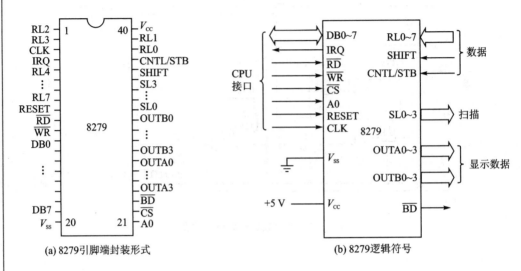

(a) 8279引脚端封装形式　　　　(b) 8279逻辑符号

图 1.5.11　8279 引脚端封装形式和逻辑符号图

DB0～DB7：双向数据总线，用于在单片机与 8279 之间传送命令、数据与状态。

CLK：时钟输入线，用于产生内部定时，100 kHz 为最佳选择。

RESET：复位信号输入线。该引脚上输入一个高电平信号将复位 8279；复位后置为下列方式：16 个字符显示，编码扫描键盘双键锁定，时钟系数为 31。

$\overline{CS}$：选片信号输入线。输入低电平时单片机选中 8279，允许对 8279 进行读/写操作。

A0：区分信息的特征位。A0＝1 时，读取状态标志位或写入命令；A0＝0 时，读/写一般数据。

$\overline{RD}$：读取控制线。$\overline{RD}$＝0，8279 会送数据至外部总线。

$\overline{WR}$：写入控制线。$\overline{WR}$＝0，8279 会从外部总线捕捉数据。

IRQ：中断请求输出线，高电平有效。在键盘工作方式中，当 FIFO RAM 中有数据时，IRQ 上升为高电平，向单片机请求中断。单片机每次读出 FIFO RAM 数据时，IRQ 变为低电平。若 RAM 中还有数据，则 IRQ 又返回高电平。直到 FIFO 中的数据被读完，IRQ 才保持低电平。在传感器工作方式中，每当检测到传感器信号变化时，IRQ 上升为高电平。

SL0～SL3：扫描输出线，用于对键盘/传感器矩阵和显示器进行扫描。

RL0～RL7：数据输入线，键盘/传感器矩阵的列（或行）数据输入线。这些输入线内部有拉高电路，使之保持为高电平。也可由外部开关拉成低电平。在选通工作方式中，RL0～RL7 可作为 8 位数据输入线。

SHIFT：移位信号输入线，高电平有效。通常用来扩充键开关的功能，可用作键盘上、下档功能键。在传感器方式和选通方式中,SHIFT 无效。

　　CNTL/STB:控制/选通输入线,高电平有效。通常用来扩充键开关的控制功能,作为控制功能键用。在选通输入方式中,作为数据存入 FIFO/RAM 的选通输入线。在传感器方式下,该信号无效。

　　OUTA0~OUTA3:动态扫描显示的输出口(高 4 位)。

　　OUTB0~OUTB3:动态扫描显示的输出口(低 4 位)。

　　$\overline{\text{BD}}$:显示消隐输出线,低电平有效。当显示器切换或使用显示熄灭命令时,将显示器消隐。

　　V_{CC}:电源输入端(+5 V)。

　　V_{SS}:地。

　　8279 应用电路如图 1.5.12 所示。对数控电源的控制是通过键盘进行的,通过键盘可实现以下控制功能:

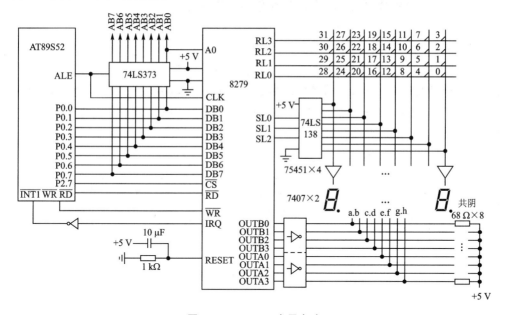

图 1.5.12　8279 应用电路

- 选择"单步"后,可通过"＋"、"－"以 0.1 V 步长单步增减输出电压。
- 选择"连续"后,按"＋"或"－"则电源自动向正向或负向扫描,再按"＋"或"－"则扫描停止。
- 选择"置数"后,用键盘输入两位数,再按"输入",输出电压立即跳至输入数值。
- 选择"三角波"、"方波"或"阶梯波"后,用键盘输入信号参数,如频率和幅度,再按"输入",电源就可输出指定的信号波形。
- 键入"清除",输出电压立即清零,等待输入下一步的指令,实现不同功能间的切换。

1.5.8 输出电压显示电路设计

输出电压显示采用 MAX136 组成的数字电压表。单片机显示器可以显示设置的电压值，数字电压表显示器显示实际测量的电压值。电路正常工作时两者应相差很小。电路参考 1.4.6 小节。

1.5.9 直流稳压电源电路设计

直流稳压电源电路采用三端稳压器芯片 MC7815/7915 和 MC7805 构成。滤波电容的选择与整流管的压降、三端稳压器芯片最小允许压降、±10％电网电压波动等因素有关。

1.5.10 简易数控直流电源系统软件设计

1. 主控程序

主控程序首先对系统进行初始化处理，然后读入预置电压值，输出相应的电压控制字，等待键盘输入。根据键盘的不同输入选择，用散转方式转入相应的应用子程序。执行后，若用户又输入"清除"，则输出电压控制字，返回初始状态，等待下一次按键。主控程序流程图如图 1.5.13 所示。

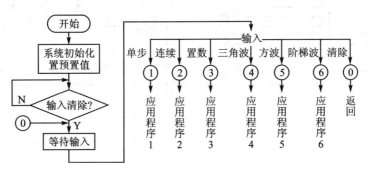

图 1.5.13 主控程序流程图

2. 应用子程序

根据键盘输入选择，可进入对应的应用子程序，进行相应的控制操作。若按错键，则认为输入无效；若按"清除"，则返回初始状态。

"单步"（应用程序 1）操作程序框图如图 1.5.14 所示。"连续"（应用程序 2）操作程序框图如图 1.5.15 所示。"置数"（应用程序 3）操作程序框图如图 1.5.16 所示。应用程序 4、5 和 6 对应的输出波形不同，操作程序框图相同。输出"三角波"（应用程序 4）操作程序框图如图 1.5.17 所示。

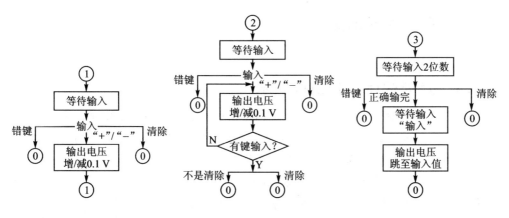

图 1.5.14 "单步"(应用程序 1)　图 1.5.15 "连续"(应用程序 2)　图 1.5.16 "置数"(应用程序 3)
　　操作程序框图　　　　　　　　操作程序框图　　　　　　　　操作程序框图

3. 过流保护程序

过流保护操作采用中断方式实现,在中断服务程序中进行各项报警和保护操作。中断服务程序框图如图 1.5.18 所示。

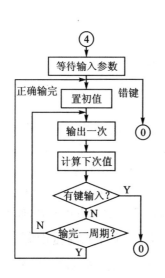

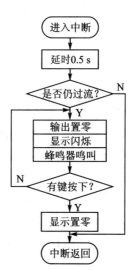

图 1.5.17 输出"三角波"(应用程序 4)操作程序框图　　图 1.5.18 中断服务程序框图

1.6　开关稳压电源

1.6.1　开关稳压电源设计要求

　　设计并制作如图 1.6.1 所示的开关稳压电源。要求在电阻负载条件下，使电源满足下述要求：输出电压 U_O 可调范围为 30～36 V，最大输出电流 I_omex 为 2 A；U_2 从 15 V 变到 21 V 时，电压调整率 $S_\text{U}\leqslant 2\%(I_\text{O}=2\ \text{A})$；$t_\text{O}$ 从 0 变到 2 A 时，负载调整率 $S_\text{I}\leqslant 5\%(U_2=18\ \text{V})$；输出噪声纹波电压峰-峰值 $U_\text{opp}\leqslant 1\ \text{V}(U_2=18\ \text{V}，U_\text{O}=36\ \text{V}，I_\text{O}=2\ \text{A})$；DC－DC 变换器的效率 $\eta\geqslant 85\%(U_2=18\ \text{V}，U_\text{O}=36\ \text{V}，I_\text{O}=2\ \text{A})$；具有过流保护功能，动作电流 $I_\text{O(th)}=(2.5\pm 0.2)\text{A}$。设计详细要求与评分标准等请登录 www. nuedc. com. cn 查询。

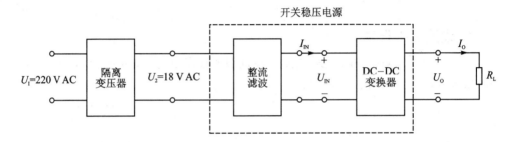

图 1.6.1　开关稳压电源方框图

1.6.2　开关稳压电源设计方案

　　分析赛题要求，是要制作一个 DC－DC 升压型的开关稳压电源，工作原理可以参考电力电子学中有关升压型 DC－DC 的基本原理，核心的电路结构是 Boost 升压（斩波）电路。电压调整率、负载调整率、效率和过流保护是基本部分和发挥部分共同的要求，但要求效率 $\eta\geqslant 85\%$，显然需要对这个系统电路的功耗进行控制。发挥部分还要求制作一个数字电压电流表，其他部分可以考虑增加语音报数、报警等功能。

1. 采用单片机与 Boost 升压（斩波）电路的开关稳压电源

　　采用单片机与 Boost 升压电路的开关稳压电源系统方框图[7]如图 1.6.2 所示。

　　系统以 Boost 升压（斩波）电路为核心，以单片机为主控制器和采用 PWM 信号发生器，根据负载反馈信号对 PWM 信号做出调整，进行可靠的闭环控制，从而实现稳压输出。系统输出直流电压可以通过键盘设定和步进调整，并能对输入电压、输出电压和输出电流进行测量和显示。

　　本系统要求电源整体效率达到 85%，电源的额定功率为 $P_\text{O}=36\ \text{V}\times 2\ \text{A}=72\ \text{W}$，则对应的输入功率为 $P_1=P_\text{O}/0.85=84.7\ \text{W}$，即允许功耗为 12.7 W。

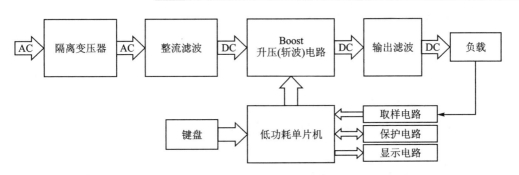

图 1.6.2　采用单片机与 Boost 升压电路的开关稳压电源系统方框图

电路的功耗与开关管的损耗(包括开关损耗和通态损耗)相关,开关损耗与开关频率直接相关,通态损耗为 $Q_{on}=I^2 R_{on}$(R_{on} 为开关管导通电阻)。续流二极管损耗为 $Q_D=\Delta UI$(ΔU 为二极管导通压降)。例如,选择 IRF3205 功率 MOSFET,其导通电阻仅为 8 mΩ;续流二极管选择肖特基二极管 745,导通压降为 0.7 V。使用采样电阻对输出电流进行采样时,采样电阻的损耗为 $Q_r=I^2 r$,如使用 0.1 Ω 的采样电阻,额定输出时的损耗为 $Q_r=(2^2 \times 0.1)W=0.4$ W。单片机可以选用 MSP430F449、PIC16F877 等低功耗单片机,单片机的功耗与 CPU 时钟频率有关,降低单片机时钟频率可使损耗降低。另外还需要考虑测量控制电路的功耗,如信号放大用的运放使用低电源电压,Rail To Rail 型的运放也可降低功耗。

系统采用单片机产生 PWM 控制信号。单片机根据取样电路的反馈对 PWM 信号做出调整以实现稳压输出。

2. 采用低功耗的单片机和开关电源控制芯片的开关稳压电源

采用低功耗的单片机 C8051F020 和开关电源控制芯片 SG3525 的开关稳压电源系统方框图[7]如图 1.6.3 所示。该系统以通用开关电源控制芯片为核心,采用低功耗的单片机作为主控芯片,采用专用 MOS 驱动 MC34152、MOS 管 IRF61N15D 以及高频变压器构成推挽式升压电路,利用单片机内部的 ADC 和 DAC,以及外扩的键盘对系统输入/输出电压和电流进行实时采样和监测,并对输出电压进行程控调节。键盘与显示采用专用键盘管理芯片 ZLG7290 和低功耗的 LM3033 点阵式液晶显示器,操作灵活,界面友好。

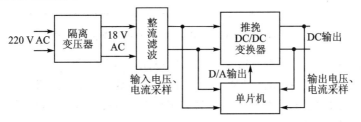

图 1.6.3　采用单片机和开关电源控制芯片的开关稳压电源系统方框图

根据赛题要求，需要对输出电流、电压的采样和显示，以及对输出电压进行程控，系统至少需要有两路 ADC 和一路 DAC。所选择的低功耗单片机 C8051F020 芯片内部集成了一个 12 位 8 通道 ADC 和两路 12 位 DAC，可以满足赛题设计要求，并可以减少控制电路的复杂性和额外的功耗。电流采样电路中利用了微功耗、高线性度直流霍尔传感器，使采样控制电路与功率后级相互隔离。

3. 采用单片机和 FPGA 的开关稳压电源

采用单片机和 FPGA 的开关稳压电源系统方框图[7]如图 1.6.4 所示，输入的 220 V 交流电经隔离变压器变压后，经单相桥式不控整流电路、输出滤波电路整流成直流电，输出的直流电再经 Boost DC – DC 电路输出电压可调的 30～36 V 直流电；控制系统由单片机 SPCE061A 组成，单片机利用 ADC 对输出的电压、电流进行采样测量，实现数字 PID 的控制算法对输出电压进行稳压调节，输出电压大小的设定通过键盘输入来实现；FPGA 产生 PWM 信号，通过 IR2110 构成的驱动电路驱动 DC – DC 主电路的开关管的通断；保护电路检测输出电流的大小，实现过流保护，一旦出现故障，立即封锁驱动电路的输出，关断开关管，并切断 DC – DC 主电路以达到保护的目的。

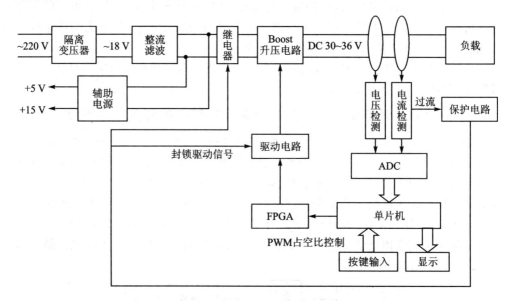

图 1.6.4　采用单片机和 FPGA 的开关稳压电源系统方框图

该系统控制采用电压瞬时值反馈的电压单闭环控制方案。控制回路主要由 A/D 采样电路、数字 PID 控制器、PWM 信号发生器等组成，控制回路原理方框图如图 1.6.5 所示。输出电压通过 A/D 采样转换成的数字量 U_a 与电压指令值 U^* 相比较，产生的误差信号 E_r 经数字 PID 控制器输出控制量 U_d，控制 PWM 信号的占空比的大小，以达到稳定输出电压 U_o 的目的。其中，数字 PID 控制器由单片机采用增量式

PID 算法实现,PWM 信号发生器由 FPGA 采用 DDS 技术实现。

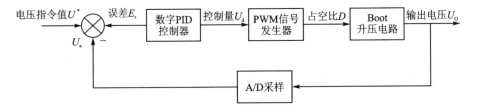

图 1.6.5　控制回路原理方框图

在控制回路中,A/D 采样频率、数字 PID 控制器的参数选择对控制电路的性能有影响,而 PWM 信号发生器中三角波表中的点数对控制电路的精度有很大的影响,表中存的点数越多,控制精度越高。在本设计中,A/D 采样频率取为 10 kHz,ROM 中存取三角波的点数为 4 096,PID 参数的选择需要在反复的调试中才能确定下来。经过控制的系统输出直流电压范围为 30～36 V,电压稳定可调,满载时整个系统效率可达 90% 以上。

4. 采用的移相全桥软开关的开关稳压电源

采用移相全桥软开关的开关稳压电源系统方框图[7]如图 1.6.6 所示。该系统控制电路以移相全桥软开关专用芯片 UC3875 为核心,在移相全桥主电路中加入辅助谐振网络,使两个桥臂均能实现软开关,有效地降低了开关的损耗;采用 MOSFET 作为功率开关器件,可以使变换器工作在较高的开关频率;驱动电路采用脉冲变压器作为驱动,省掉了 4 路驱动电源,降低了所需的驱动电源的损耗;控制电路的电源采用 UC3842 芯片组成的开关电源,与采用线性电源相比,有效地降低了控制电路的供电损耗;电路中的功率开关和整流二极管均采用导通压降低的元件,降低了功率器件的导通损耗。

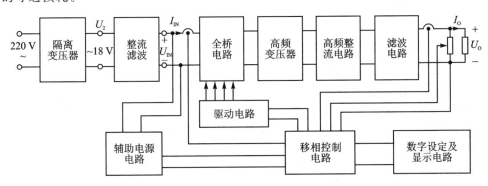

图 1.6.6　采用移相全桥软开关的开关稳压电源系统方框图

1.6.3　Boost 升压(斩波)电路设计

Boost 升压(斩波)电路拓扑结构如图 1.6.7 所示。开关的开通和关断受外部 PWM 信号控制,电感 L 将交替地存储和释放能量,电感 L 储能后使电压泵升,而电容 C 可将输出电压保持平稳,输出电压与输入电压的关系为 $U_O = U_1(t_{on} + t_{off})/t_{off}$,通过改变 PWM 控制信号的占空比可以相应实现输出电压的变化。该电路采取直接直流

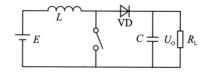

图 1.6.7　Boost 升压(斩波)电路拓扑结构

变流的方式实现升压,电路结构较为简单,损耗较低,效率较高。为降低开关损耗,工作频率不宜过高,开关频率选定为 20 kHz 左右。功率场效应管开关损耗低、工作频率较高,选取功率场效应管作为 Boost 斩波电路中的开关管。由于流过电感 L 的电流有很大的直流分量,为了防止电感饱和,电感的磁芯需加气隙。考虑系统总功率大于 120 W,需要选择大容量的磁芯(如 EE42 型磁芯)和较大截面积的导线。

1. 采用 MOSFET 的 Boost 升压电路

采用 MOSFET 的 Boost 升压电路例[7]如图 1.6.8 所示,图中 MOSFET 可以采

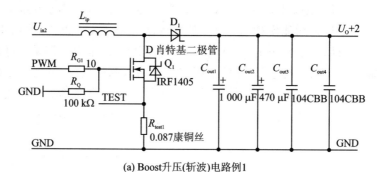

(a) Boost升压(斩波)电路例1

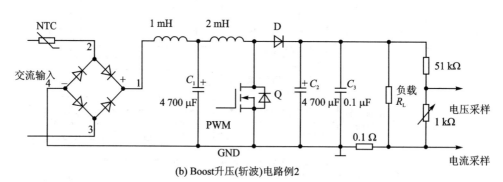

(b) Boost升压(斩波)电路例2

图 1.6.8　Boost 升压(斩波)电路

用 IRF1405、IRF3205 等。当 MOS 管导通时，电流流过 MOS 管，肖特基二极管承受反向电压；当 MOS 管关断时，电流流过肖特基二极管，MOS 管承受正向电压。参数选择时应留出比最大值高一倍的余量，选择 MOS 管（肖特基二极管）的 $I_{\text{Dmax}}(I_{\text{O}}) \geqslant$ 16 A，$U_{(\text{BR})\text{DSS}}(U_{\text{RRM}}) \geqslant 72$ V。IRF1405 的工作电压 V_{DSS} 为 55 V，$R_{\text{DS(on)}}$ 为 5.3 mΩ，I_{D} 为 169 A，功率为 330 W，采用 TO－220AB 封装。

2. 采用专用的驱动芯片的 MOSFET 驱动电路

通常采用专用的驱动芯片驱动 Boost 升压（斩波）电路的 MOSFET。驱动器芯片可以选择 IR2302、IR2110 等。

采用 IR2302 的 MOSFET 驱动电路如图 1.6.9 所示，IR2302 是一个半桥驱动器，栅极驱动电源电压为 5～20 V，输入逻辑电平兼容 3.3 V、5 V 和 15 V，内部死区时间为 540 ns，桥路工作电压可以达到＋600 V，采用 8 引脚 SOIC 封装。电路中电容器的容量为 0.1 μF。

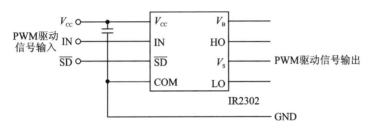

图 1.6.9　采用 IR2302 的 MOSFET 驱动电路

采用 IR2110 的 MOSFET 驱动电路如图 1.6.10 所示，IR2110 的输入为微控制器（单片机、FPGA）输出的 PWM 信号，其输出信号直接驱动开关管。IR2110 是一个高/低端驱动器，栅极驱动电源电压为 10～20 V，输入逻辑电平兼容 3.3 V 和 3.3～20 V 任意电压，输出电流 I_{O} 为 ±2 A，输出电压 V_{OUT} 为 10～20 V，延时匹配时间为 10 ns，桥路工作电压可以达到＋600 V，采用 14 引脚 PDIP 或者 16 引脚 SOIC 封装。电路中电容器的容量为 0.1 μF。

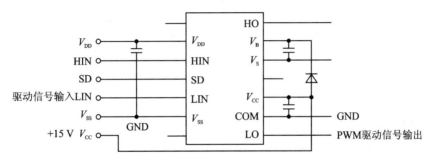

图 1.6.10　采用 IR2110 的 MOSFET 驱动电路

1.6.4　采用移相全桥软开关的 DC - DC 变换器电路设计

采用移相全桥软开关的 DC - DC 变换器电路主要包含 DC - DC 变换主电路和控制电路。

1. DC - DC 变换主电路

DC - DC 变换主电路有单端式、推挽式、半桥式、全桥式几种结构形式[18]。采用便于实现软开关控制的全桥式拓扑结构如图 1.6.11 所示。图中 T1 为输出变压器，采用全波整流电路输出。图中 L_R 由两部分组成，一是外加谐振电感，二是变压器的漏感；C_R 由变压器的寄生电容和外加电容组成。

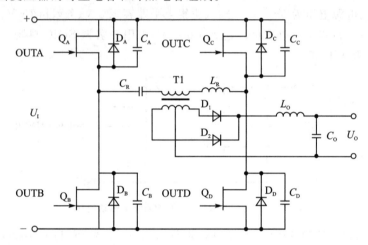

图 1.6.11　全桥式拓扑结构

移相式零电压软开关管变换器中每只开关管具有相同宽度的驱动脉冲，通过移相错位控制有源时间，从而达到稳定输出电压的目的。当一个开关管关断时，变压器的初级电流给关断的开关管的并联电容充电，同时使同一桥臂即将开通的开关管的并联电容放电。当关断的开关管并联电容充到电源电压时，即将开通的开关管反并联二极管自然导通，这时开通开关管，则该管就是零电压开通。而开关管在关断时，由于它有并联电容，这样开关管是零电压关断，因此在这种移相式控制方式下，开关管是在零电压下开关的，其驱动波形如图 1.6.12 所示。图中阴影部分为传输能量的有源时间，固定 Q_A、Q_B 的相位，移动 Q_D、Q_C 的相位，即可达到调整有源时间的目的，这样 $Q_D(Q_C)$ 开通时，$Q_A(Q_B)$ 未导通，没有电流流过，$Q_D(Q_C)$ 没有开通损耗，仅 Q_A(Q_B)有；$Q_D(Q_C)$关断时，$Q_A(Q_B)$ 未关断，$Q_A(Q_B)$ 漏源极无电压变化，没有开通损耗，仅 $Q_D(Q_C)$ 有。

(1) 功率器件 $Q_A \sim Q_D$ 选择

按题目要求输入端交流电压为 15～21 V，整流滤波成直流后为 20～30 V，直流

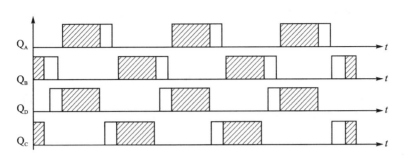

图 1.6.12　驱动波形图

母线电流最大为 $\dfrac{36\text{ V}\times 2\text{ A}}{20\text{ V}}\approx 3.6\text{ A}$，为留有一定的余量并考虑要求较低的导通压降，功率器件 $Q_A\sim Q_D$ 可选择 IRF3710(64 A/100 V，导通电阻 0.025 Ω)。

输出整流二极管 D_{R1}、D_{R2} 可以选择导通压降较低的快恢复肖特基二极管 MUR1020(20 A/100 V，导通压降 0.15 V)。

(2) 主变压器 T1

主变压器 T1 磁芯可选用 EC16[6]，其有效截面积 $A_e=3.14\times(0.5\text{ cm})^2=0.785$ cm^2，B_m 可取 2 000 Gs，主开关管频率用 30 kHz。式中，U_{SECMAX} 为副边绕组输出最大电压，U_{INMAX} 为原边绕组输入最大电压，U_{OMAX} 为输出最大电压，U_D 为二极管压降，U_{Lf} 为电感线圈电压。

① 计算原边绕组匝数：

$$N_P=\frac{U_{\text{INMAX}}\times 10^8}{4fB_mA_e}=\frac{30\times 10^8}{4\times 30\times 10^3\times 2\,000\times 0.785}=15.76\text{ 匝}$$

取整数为 16 匝。

② 变压器原边与副边绕组匝数比：

$$U_{\text{SECMAX}}=\frac{U_{\text{OMAX}}+U_D+U_{Lf}}{\eta_{\text{SECMAX}}}=\frac{36+0.15+0.5}{0.85}=43.1\text{ V}$$

原、副边绕组匝数比为

$$n=\frac{U_{\text{INMIN}}}{U_{\text{SECMAX}}}=\frac{20}{43.1}=0.464$$

③ 副边绕组匝数：

$$N_S=\frac{N_P}{n}=\frac{16}{0.464}=34.48\text{ 匝}$$

N_S 取整为 35 匝，相应地，初、次级匝数比调整为 16/35＝0.457。

(3) 输出滤波参数设计

在输出滤波电感中的电流是单一方向流动的，具有较大的直流分量，并且叠加一个较小的交流分量(频率是两倍的开关频率)，选取输出滤波电感电流的脉动值为最大输出电流的 20%，因此开关电源的输出滤波电感电流脉动值 $\Delta I_{\text{MAX}}=2\text{ A}\times 20\%=0.4\text{ A}$。按经验公式算法，当输出电流在 1/2 脉动值时(即 $I_{\text{OMIN}}=1.8\text{ A}$ 时)，输出滤波电感电流应当保持连续状态，所以输出滤波电感量为：

$$L_{\text{OMIN}} = \frac{U_O(U_S - U_O)}{2 f_S I_{\text{OMIN}} U_S} = \frac{36 \times (30 \div 0.457 - 36)}{2 \times 30\,000 \times 1.8 \times (30 \div 0.457)} \times 10^6 = 15.33\ \mu\text{H}$$

作为滤波电感值计算的临界条件是：当输出电流 I_{OMIN} 最小时，流过电感中的电流接近临界中断。从上式可以看出，流过电感中的电流 $I_{\text{LMIN}}(= I_{\text{OMIN}})$ 取最大值时，电感量则取最小值。实际上为了防止电感电流中断，应当取电感量大于计算值，即 $L_O > L_{\text{OMIN}}$，在本电路中取 18 μH。

2. 移相 PWM 控制电路

对于全桥式拓扑变换结构的控制，最常用的控制方式有两种：一种是常规的脉宽调制（PWM）控制方式）；另一种是移相 PWM 控制方式。

在常规 PWM 控制方式中，斜对角功率开关管 Q_A、Q_D 为一组，同时导通或截止；Q_B、Q_C 为另一组，也同时导通或截止。在这种控制方式中，工作频率通常是恒定的，通过控制占空比的方法实现功率变换控制。开关器件 Q_A、Q_B、Q_C、Q_D 通常工作在硬开关状态下，由于电路杂散参数的影响，开关管在开关过程中的电流尖峰（容性开通）和电压尖峰（感性关断）会很高，一般需要很大的安全工作区并附加缓冲电路吸收。开关管的开关损耗很大，从而限制了开关频率的提高；同时过高的 $\text{d}u/\text{d}t$ 造成严重的开关噪声，并通过开关米勒电容耦合到驱动电路，影响控制和驱动的稳定性。

移相 PWM 控制方式是结合谐振变换技术与常规 PWM 变换技术的一种软开关控制方式，它是固定占空比，通过改变两对管的导通相位实现 PWM 控制。利用开关管的结电容和高频变压器的漏感作为谐振元件；利用高频变压器漏感储能对功率管两端输出电容的充、放电来使开关管两端电压下降为零，使全桥变换器依次零电压开通和零电压关断。该方式具有开关损耗小，控制简单，恒频运行，无需吸收电路，电流、电压应力小，电路结构简单等优点。

移相 PWM 控制方式采用移相谐振控制芯片 UC3875 作为控制核心。UC3875 有 DIP - 20、SOIC - 28、CLCC - 28、PLCC - 28 封装形式，DIP - 20 封装形式如图 1.6.13 所示，引脚端功能如下：

引脚端 1 为参考电压输出，可输出精确的 5 V 基准电压，其电流可以达到 60 mA。当 V_{IN} 比较低时，芯片进入欠压锁定状态，V_{REF} 消失，直到 V_{REF} 达到 4.75 V 以上时才脱离欠压锁定状态。建议连接一个 0.1 μF 旁路电容到信号地。

引脚端 2 为内部运放输出端，可接入反馈电压信号。作为电压反馈增益控制端，当误差放大器的输出电压低于 1 V 时实现 0° 相移。

引脚端 3 为误差放大器的反相输入端，该引脚端通常利用分压电阻检测输出电源电压，在引脚端 2 和 3 之间接阻容网络，可以稳定输出电压。

引脚端 4 为误差放大器的同相输入端，该引脚端与基准电压相连，以检测 E/A（—）端的输出电源电压，可接入给定电压信号，以控制输出电压大小。

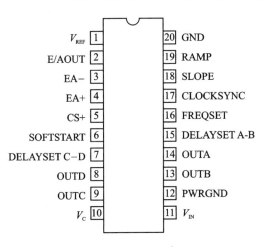

图 1.6.13　UC3875 DIP - 20 封装形式

引脚端 5 为电流检测端,可实现电流保护。该引脚端为电流故障比较器的同相输入端,其基准设置为内部固定 2.5 V(由 V_{REF} 分压)。当该引脚端的电压超过 2.5 V 时,电流故障控制动作,输出被关断,软起动复位,此引脚端可实现过流保护。

引脚端 6 为软起动端:当输入电压(V_{IN})低于欠压锁定阈值(10.75 V)时,该引脚端保持低电平;当 V_{IN} 正常时,该引脚端通过内部 9 μA 电流源上升到 4.8 V;如果出现电流故障时,该引脚端电压从 4.8 V 下降到 0 V,此引脚端可实现过压保护。

引脚端 7 为 C/D 两功率管的延迟控制端,引脚端 15 为 A/B 两功率管的延迟控制端:通过设置该引脚端到地之间的电流来设置死区,加于同一桥臂两管驱动脉冲之间,以实现两管零电压开通时的瞬态时间,两个半桥死区可单独提供以满足不同的瞬态时间要求。

引脚端 8 为驱动输出至 D 管(Q_D),引脚端 9 为驱动输出至 C 管(Q_C),引脚端 13 为驱动输出至 B 管(Q_B),引脚端 14 为驱动输出至 A 管(Q_A):该引脚端为 2 A 的图腾柱输出,可驱动 MOSFET 和变压器。

引脚端 10 为驱动信号电源端,该引脚端提供输出级所需电源,V_{CC} 通常接 3 V 以上电源,最佳为 12 V。此引脚端应接一旁路电容到电源地。

引脚端 11 为芯片供电电源端,该引脚端提供芯片内部数字、模拟电路部分的电源,接于 12 V 稳压电源。为保证芯片正常工作,在该脚电压低于欠压锁定阈值(10.75 V)时停止工作。此脚应接旁路电容到信号地,一般与引脚端 10 使用同一个电源。

引脚端 12 为电源地端,其他相关的阻容网络与之并联,电源地和信号地应一点接地以降低噪声和直流压降。

引脚端 16 为开关频率设置端,该引脚端与地之间通过一个电阻和电容来设置振荡频率,具体计算公式为:$f = 4/(R_f C_f)$。

引脚端 17 为时钟/同步端。作为输出,提供时钟信号;作为输入,该脚提供一个同步点。具有不同振荡频率的多个 UC3875 可通过连接其同步端,使它们同步工作于最高频率。该引脚端也可使其同步工作于外部时钟频率,但外部时钟频率需大于芯片的时钟频率。

引脚端 18 为斜坡信号补偿,即陡度控制。该引脚端连接一个电阻 R_S 将产生电流,以形成斜波;连接这个电阻到输入电压将提供电压反馈。

引脚端 19 为斜坡信号发生端。该引脚端是 PWM 比较器的一个输入端,可通过一个电容 C_R 连接到地,有 $\mathrm{d}v/\mathrm{d}t = V_S/(R_S C_R)$。该引脚端可以通过很少的器件实现电流方式控制,同时提供陡度补偿。

引脚端 20 为信号地端。该引脚端是所有电压的参考基准。频率设置端(FREQSET)的振荡电容(C_f),基准电压(V_{REF})端的旁路电容和 V_{IN} 端的旁路电容以及 RAMP 端的斜波电容(C_R)都应就近可靠地接于信号地端。

采用 UC3875 构成的控制电路如图 1.6.14 所示[7]。电路工作频率由开关频率设置端(引脚端16)到地所接的电阻和电容决定,其关系为 $f = 4/R_8 C_7$。两个桥臂的延迟时间通过延迟时间设置端(7 脚和 15 脚)分别设置。延迟时间由延迟设置端的电阻控制,电阻越大,延迟时间越长。

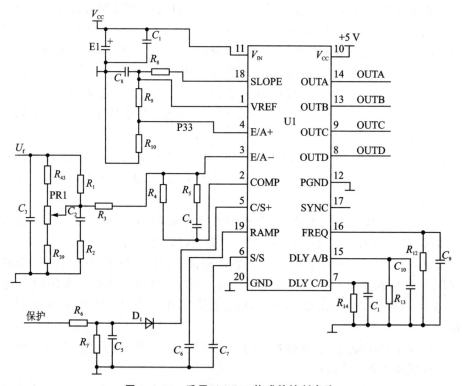

图 1.6.14 采用 UC3875 构成的控制电路

电压调节利用 U3875 内的误差放大器,输出电压经分压后送到误差放大器反相端,5 V 基准电压(1 脚)经 R_2、R_3 分压,送到同相端,作为给定信号。C_2、R_9 构成比例积分(PI)调节器。

3. 桥臂驱动电路

桥臂驱动电路可以采用 MOSFET 驱动器专用芯片 UCC37323、UCC37324 和 UCC37325,其内部结构如图 1.6.15 所示,内部包含有两个 4 A 峰值高速低侧电源 MOSFET 驱动器,输入/输出关系如表 1.6.1 所列。

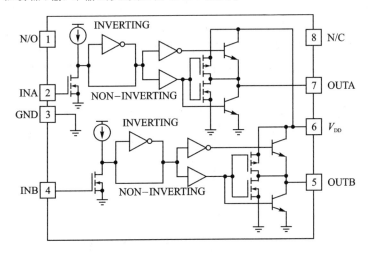

图 1.6.15　芯片 UCC37323、UCC37324 和 UCC37325 内部结构图

表 1.6.1　输入/输出关系

输入(VIN_L,VIN_H)		UCC37323		UCC37324		UCC37325	
INA	INB	OUTA	OUTB	OUTA	OUTB	OUTA	OUTB
L	L	H	H	L	L	H	L
L	H	H	L	L	H	H	H
H	L	L	H	H	L	L	L
H	H	L	L	H	H	L	H

采用驱动芯片 UCC27324 和脉冲变压器组成的桥臂驱动电路如图 1.6.16[7] 所示。

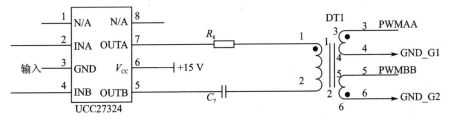

图 1.6.16　桥臂驱动电路

1.6.5 采用推挽结构的 DC - DC 变换器电路设计

1. 推挽式 DC - DC 升压拓扑结构

推挽式 DC - DC 升压拓扑结构如图 1.6.17 所示,这种电路采用对称性结构,脉冲变压器原边是两个对称线圈,两只开关管接成对称关系,轮流通断。与单端变压器电路相比,高频变压器磁芯利用率高。与半桥电路相比,电源电压利用率高;输出功率大、两管基极均采用低电平驱动,驱动电路简单。

这种对称性的电路结构存在的问题是:如果电流不平衡,变压器有饱和的危险;变压器绕组利用率低;对开关管的耐压要求比较高,至少是电源电压的两倍。

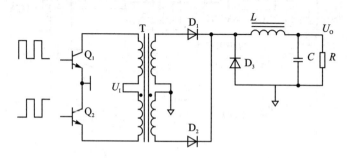

图 1.6.17 推挽式 DC - DC 升压拓扑结构

2. 器件选择与参数计算

在推挽式 DC - DC 升压拓扑结构中,MOS 管关闭时需要承受至少电源电压两倍的电压值,根据题目要求,输入 AC 15~21 V,整流之后最高电压接近 30 V,MOS 管的耐压一般要超过 60 V,可以选择 IRFD52N15D(耐压 150 V、导通电阻只有 28 mΩ)。

整流二极管可选择正向压降较低的肖特基二极管做整流,与普通的整流二极管相比,在相同的电流下,可以降低一半的损耗。

变压器可以选择 PQ4040 磁芯[6],有足够余量,足以传输最大的功率。

根据公式 $U_p = KFNBS$,式中:U_p 为输入电压的最高值,为 28 V;K 是波形系数,方波的波形系数是 4;开关频率定为 50 kHz;N 是所要求的线圈匝数;B 是磁芯所能承受(不饱和)的磁场强度,PQ4040 磁芯(PC44 材料)B 值为 0.2 T;S 是磁芯有效面积,为 201 mm²。取原线圈为 4 匝。设原边最小输入电压为 16 V,副边最大输出电压为 42 V,所以原副匝比为 2:7,副线圈为 14 匝。

注意:由于绕制变压器工艺的限制,实际上变压器的原线圈是以绕满一层为止,前提是匝数不小于 4,副线圈的匝数按匝数比来绕制。

由磁通链可得 $LI=\Phi=NBS$，滤波电感磁芯采用 PQ3230，其中 $B=0.2\ \mathrm{T}$，$S=161\ \mathrm{mm}^2$。由于输出电压及电感上的压差大，一般让电路工作在非连续模式下。

3. 控制与驱动电路

根据题目要求和所选方案，PWM 调制芯片可以选择 SG3525，设定开关管工作频率为 50 kHz，则调制芯片的振荡频率为 100 kHz，$f=1.43/(R_tC_t)$。由于 SG3525 的 PWM 输出级最大只能提供 200 mA 的输出或吸收电流，不足以驱动 MOSFET，需要选择专用的 MOSFET 驱动芯片，可以选择 MC34152，MC34152 最大能输出 1.5 A 的电流，正好符合所选择的推挽结构所需的两路驱动。

MC34152 是一款单片双 MOSFET 高速集成驱动器，内部结构如图 1.6.18 所示，具有完全适用于驱动功率 MOSFET 的两个大电流输出通道，且具有低输入电流，可与 CMOS 和 LSTTL 逻辑电路相容。MC34152 芯片内部的每一通道包括逻辑输入级和功率输出级两部分。输入级由具有最大带宽的逻辑电路施密特触发器组成，并利用二极管实现双向输入限幅保护。输出级被设计成图腾柱(totem pole)电路结构形式。基准电压为 5.7 V 的比较器与施密特触发器输出电平的逻辑判定决定了与非门的输出状态(同相或反相输出)，进而决定了两个同型输出功率管的"推"或"挽"工作状态。这种结构使该芯片具有强大的驱动能力及较低的输出阻抗，其输出和吸收电流的能力可达 1.5 A，在 1.0 A 时的标准通态电阻为 2.4 Ω，可对大容性负载快速充放电；对于 1 000 pF 负载，输出上升和下降时间仅为 15 ns，逻辑输入到驱动

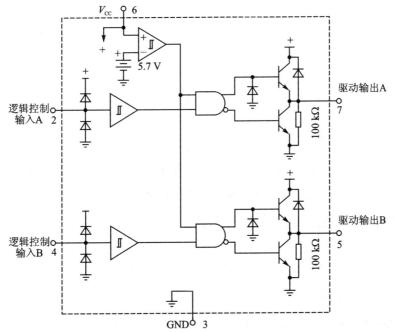

图 1.6.18　MC34152 的内部结构

输出的传输延迟(上升沿或下降沿)仅为 55 ns,因而可高速功率驱动 MOSFET。每个输出级还含有接到 V_{CC} 的一个内置二极管,用于钳制正电压瞬态变化,而输出端要接 100 kΩ 降压电阻,用于保证当 V_{CC} 低于 1.4 V 时,保持 MOSFET 栅极处于低电位。MC34152 驱动 MOSFET 的典型电路如图 1.6.19 和图 1.6.20 所示。

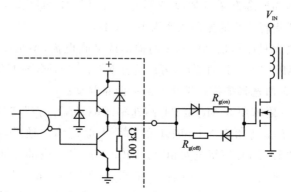

图 1.6.19　采用不同的导通和截止时间的驱动电路形式

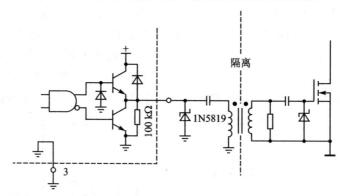

图 1.6.20　采用变压器隔离的驱动电路形式

1.6.6　保护电路设计

对于一个电源系统,欠压、过压、过流、过热等保护电路是必需的,不同的主电路结构其保护电路的结构是完全不同的。一些保护电路设计[7]如下所示。

1. 输入过流和开机浪涌保护电路

输入过流和开机浪涌保护电路如图 1.6.21 所示,可以在直流输入端串联保险丝(250 V,5 A),实现过流保护。可以采用压敏电阻对开机浪涌电流进行抑制。

2. 输出过流保护电路

输出过流保护电路的采样电路如图 1.6.22 所示,在输出端串接电流采样电阻 R_s,材料可以选用温漂小的康铜丝。电压信号放大后送给单片机进行 A/D 采样。

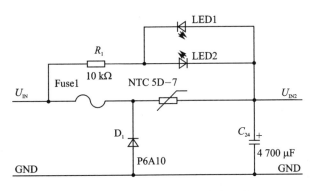

图 1.6.21 输入过流和开机浪涌保护

单片机根据采样的电压信号,判断是否产生过流故障,进行过流故障处理;也可以选择低功耗的直流式霍尔电流传感器对输入/输出的电流进行隔离采样。

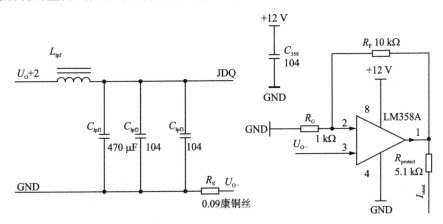

图 1.6.22 输出过流保护电路的采样电路

3. 逐波过流保护电路

逐波过流保护电路如图 1.6.23 所示,在每个开关周期内对电流进行检测,过流时强行关断,防止 MOSFET 管烧坏。考虑到 MOSFET 管开通时的尖锋电流可能使逐波过流保护电路误动作,可以在 MOSFET 管的栅极加一个电容和电阻,电路如图 1.6.23(b)所示。

4. 过热保护电路

过热保护电路如图 1.6.24 所示,通过热敏电阻检测场效应管的温度,温度过高时关断场效应管。

欠压、过压、过流、过热等保护通常由单片机完成,若单片机检测到输入电压或输出电流不在指定的范围内(电压是 15~30 V,输出电流是 0~2.5 A),单片机输出控制信号,控制电路关断,如图 1.6.25 所示,控制继电器切断电源;也可以控制主振荡

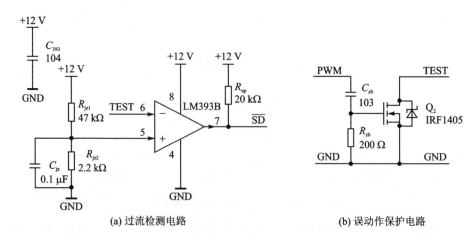

(a) 过流检测电路 (b) 误动作保护电路

图 1.6.23 逐波过流保护电路

电路停止工作,例如单片机可以将把 PWM 芯片 SG3525 的 10 脚拉置高电平,并发出警报和相应的提示,如果是输出过流,延时 1 s(防止振荡)之后单片机又使 10 脚拉到低电平,使 SG3525 恢复工作,如果检测到电流还是超过预设值则重复上述操作,直到过流状况消除。

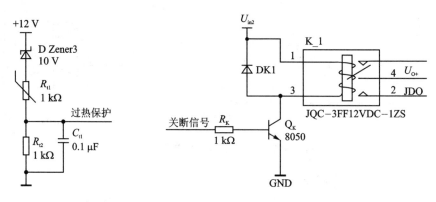

图 1.6.24 过热保护电路   图 1.6.25 利用继电器切断电源

1.6.7 辅助电源电路设计

对于一个电源系统,维持内部电路正常工作的辅助电源也是必需的,不同的主电路结构及其辅助电源电路的要求可能是完全不同的。一些辅助电源电路设计[7]如下所示。

1. 采用开关电源控制芯片 UC3845 辅助电源电路

采用开关电源控制芯片 UC3845 辅助电源电路如图 1.6.26 所示,电路采用 UC3845 内部电压基准作为参考电压,输出电压直接反馈给开关电源控制芯片,由芯

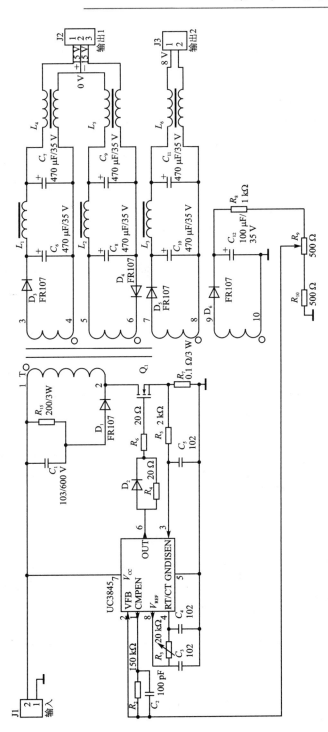

图 1.6.26　采用 UC3845 的辅助电源电路

片的自动调节功能实现稳压控制。

2. 采用 LM2575 开关稳压集成电路的辅助电源电路

采用 LM2575 开关稳压集成电路的辅助电源如图 1.6.27 所示,LM2575 系列开关稳压集成电路是美国国家半导体公司生产的 1 A 集成稳压电路,它内部集成了一个固定的振荡器,只需极少外围器件便可构成一种高效的稳压电路,可大大减小散热片的体积,而在大多数情况下不需散热片;内部有完善的保护电路,包括电流限制、热关断电路等;芯片可提供外部控制引脚。它是传统三端式稳压集成电路的理想替代产品。该系列分为 LM1575、LM2575 及 LM2575HV 三个系列,其中 LM1575 为军品级产品,LM2575 为标准电压产品,LM2575HV 为高电压输入产品。

LM2575 系列最大输出电流为 1A;最大输入电压:LM1575/LM2575 为 45 V,LM2575HV 为 63 V;输出电压:3.3 V、5 V、12 V、ADJ(可调);振荡频率为 54 kHz;最大稳压误差为 4%;转换效率为 75%～88%(不同的电压输出的效率不同)。

LM2575 有 5 引脚 TO‑220（T）、16 引脚 DIP 两种封装形式,其引脚功能如下:V_{IN}:未稳压电压输入端;OUT:开关电压输出,接电感及快恢复二极管;GND:公共端;FEEDBACK:反馈输入端;ON/OFF:控制输入端,接公共端时,稳压电路工作;接高电平时,稳压电路停止。

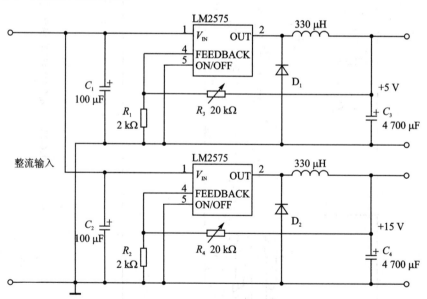

图 1.6.27　采用 LM2575 的辅助电源

在利用 LM2575 设计电路时,应注意以下几点:

① 电感的选择。

根据输出的电压挡位、最大输入电压 $V_{in(MAX)}$、最大负载电流 $I_{load(MAX)}$ 等参数选择电感时,可参照相应的电感曲线图来查找所需采用的电感值。

② 输入输出电容的选择。

输入电容应大于 47 μF,并要求尽量靠近电路;而输出电容推荐使用的电容量为 $100\sim470\ \mu$F,其耐压值应大于额定输出的 1.5～2 倍。对于 5 V 电压输出,推荐使用耐压值为 16 V 的电容。

③ 二极管的选择。

二极管的额定电流值应大于最大负载电流的 1.2 倍,但考虑到负载短路的情况,二极管的额定电流值应大于 LM2575 的最大电流限制;另外二极管的反向电压应大于最大输入电压的 1.25 倍。

1.7　光伏并网发电模拟装置

1.7.1　光伏并网发电模拟装置设计要求

设计并制作一个光伏并网发电模拟装置,其结构框图如图 1.7.1 所示。用直流稳压电源 U_S 和电阻 R_S 模拟光伏电池,$U_S=60$ V,$R_S=30\sim36$ Ω;u_{REF} 为模拟电网电压的正弦参考信号,其峰-峰值为 2 V,频率 f_{REF} 为 45～55 Hz;T 为工频隔离变压器,变频比 $n_2:n_1=2:1$、$n_3:n_1=1:10$,将 u_F 作为输出电流的反馈信号;负载电阻 $R_L=30\sim36$ Ω。设计详细要求与评分标准等请登录 www.nuedc.com.cn 查询。

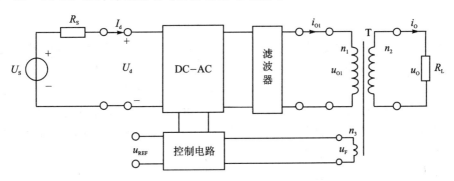

图 1.7.1　光伏并网发电模拟装置方框图

1.7.2　光伏并网发电模拟装置系统方案设计

根据题目要求,系统 MPPT 电路采用 DC-DC 结构,采用双反馈对模拟光伏电池的内阻电压以及 DC-DC 的输出电压进行采样反馈。DC-AC 部分采用全桥拓扑结构,用 STC89C52 单片机实现对频率以及相位的跟踪。

1. 方案选择与论证

(1) SPWM 波实现方法的选择与论证

方案一:采用 AD9851DDS 集成芯片。AD9851 芯片由高速 DDS 电路、数据输入寄存器、频率相位数据寄存器、高速 D/A 转换和比较器组成。由该芯片生成正弦波和锯齿波,利用比较器进行比较,可生成 SPWM 波。

方案二:采用自然采样法实现 SPWM 波。自然采样法是以正弦波为调制波、等腰三角波为载波进行比较,在两个波形的自然交点时刻控制开关器件的通断。

虽然采用 AD9851DDS 集成芯片生成 SPWM 波比较容易,但是编程复杂,成本也较高。自然比较法生成的 SPWM 波经过低通滤波后最接近正弦波,实现起来也不难,并且降低成本,因此选择方案二。

(2) 实现频率和相位跟踪功能的选择与论证

方案一:利用 STC89C52 单片机同时对 u_{REF} 和 u_F 的频率和相位进行检测,经计算处理后,使 u_F 与 u_{REF} 同频和同相,以实现频率和相位的跟踪。其实现框图如图 1.7.2 所示。

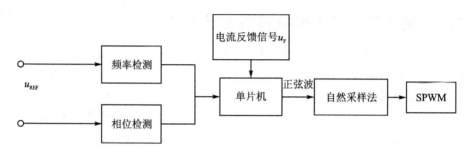

图 1.7.2 软件法实现频率与相位跟踪的框图

方案二:采用锁相环技术以实现频率和相位的跟踪。锁相环为无线电发射中使频率较为稳定的一种方法,当压控振荡器给出一个信号,一部分作为输出,另一部分通过分频与 PLL IC 所产生的本振信号做相位比较。为了保持频率不变,就要求相位差不发生改变,如果有相位差的变化,则 PLL IC 的电压输出端的电压发生变化,去控制 VCO,直到相位差恢复,达到锁频的目的,能使受控振荡器的频率和相位均与输入信号保持确定关系。其实现框图如图 1.7.3 所示。

图 1.7.3 锁相环电路实现频率与相位跟踪的框图

用锁相环实现同频和同相的功能电路结构复杂,调试困难,而使用单片机实现的方法简单可行,因此选择方案二。

2. 系统组成

通过上述分析与比较,本光伏并网发电模拟装置系统主要由 DC – DC、DC – AC、并网控制电路和保护电路等部分组成。其系统组成框图如图1.7.4所示。

本光伏并网发电模拟装置的 DC-DC 变换部分用于实现 MPPT 功能的控制，MPPT 控制方式采用双反馈的形式，同时采样输出电压和模拟光伏电池内阻的电压；逆变部分采用驱动芯片 IRF540 进行全桥逆变，用自然采样法完成 SPWM 的调制；并网部分采用 STC89C52 单片机处理实现反馈信号频率和相位的跟踪以完成并网。反馈部分分为两级：第一级反馈实现最大功率点跟踪功能；第二级反馈利用电压控制模拟电位器使输出电压稳定，形成了双重反馈环节，增加了系统的稳定性。在保护上，具有输入欠压、输出过流和短路保护的功能。增强了该装置的可靠性和安全性。该装置基本上完成了各项指标，输入功率为 24.48 W，逆变部分效率达到了 81.7%。

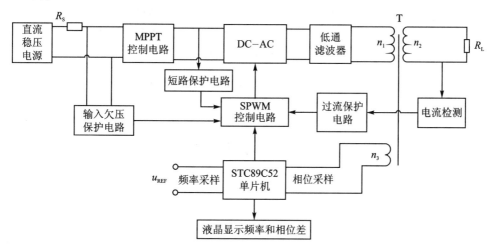

图1.7.4　光伏并网发电模拟装置系统组成方框图

1.7.3　理论分析与计算

1. MPPT 的控制方法与参数计算

MPPT 所实现的功能等效电路如图 1.7.5(a) 所示，R'_L 为 DC-AC 的输出端等效到输入端的阻抗，调整 R'_L 随着 R_s 变化即可实现 $U_d = U_s/2$。MPPT 的硬件电路框架如图 1.7.5(b) 所示，利用 DC-DC 变换器以及对 R_s 两端电压采样的反馈网络组成前级反馈回路，利用前级反馈回路对输出功率的控制，使得 R_s 改变时 R'_L 的阻抗也改变，最终实现 $U_d = U_s/2$。利用减法器可以获得 R_s 两端的电压值，将该值分压后送入 PWM 控制芯片 SG3525 的 2 脚，1 脚接后级电压反馈回路，这样便可实现 MPPT。

2. 频率与相位跟踪方法与参数计算

采用 STC89C52 单片机来实现 u_{REF} 和 u_F 的同频和同相的控制。首先将正弦波

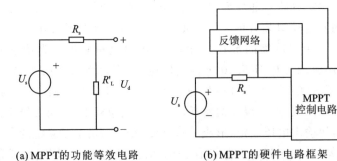

(a) MPPT的功能等效电路　　　　(b) MPPT的硬件电路框架

图 1.7.5　MPPT 控制方法框图

转换成相同频率的方波,频率测量通过定时器 0 和定时器 1 的计数来实现。相位测量的原理为:将相位差转换成时间,然后用单片机来测量时间间隔。此时间间隔 t 以 μs 为单位计算,由此可得相位差 φ 的计算公式(1.7.1),式中 T 为周期。当准确测量到频率和相位差后,单片机控制 SPWM 控制电路,输出相应频率的 SPWM 波。

$$\varphi = \frac{360° \times t}{T} \tag{1.7.1}$$

3. 提高效率的方法

① DC - AC 采用的是全桥结构,开关器件上的损耗比较大。为了降低损耗,在开关器件耐压值允许的情况下选择导通电阻尽可能低的开关器件。

② 在输出滤波器上,可以适当地增加电容的电容量和减小电感的电感量,使得电感的直流损耗降低。

1.7.4　DC - DC 电路设计

DC - DC 变换电路原理图如图 1.7.6 所示,DC - DC 变换电路用于实现 MPPT 功能的控制。PWM 电路以 SG3525 为核心。SG3525 工作电压范围为 8～35 V,基准电压为 5.1 V,振荡频率范围为 100 Hz～500 kHz,采用 16 引脚标准 DIP 封装,是 SG3524 的改进电路。与 SG3524 比较改进了如下功能:

① 当 IC 输入电压<8 V 时,集成块内部电路锁定,停止工作(基准源及必要电路除外),使之消耗电流降至很小(约 2 mA),具有欠压锁定功能。

② 比较器的反相端即软起动控制端(脚 8)可外接软起动电容。该电容由内部 5 V 基准参考电压的 50 μA 恒流源充电,使占空比由小到大(50%)变化,具有软起动功能。

③ SG3524 的误差放大器、电流控制器和关闭控制 3 个信号共用一个反相输入端,现改为增加一个反相输入端,误差放大器与关闭电路各自送至比较器的反相端。这样,便避免了彼此相互影响,有利于误差放大器和补偿网络工作精度的提高。

④ 比较器(脉冲宽度调制)输出送到 PWM 锁存器,锁存器由关闭电路置位,由振荡器输出时间脉冲复位。这样,当关闭电路动作,即使过电流信号立即消失,锁存

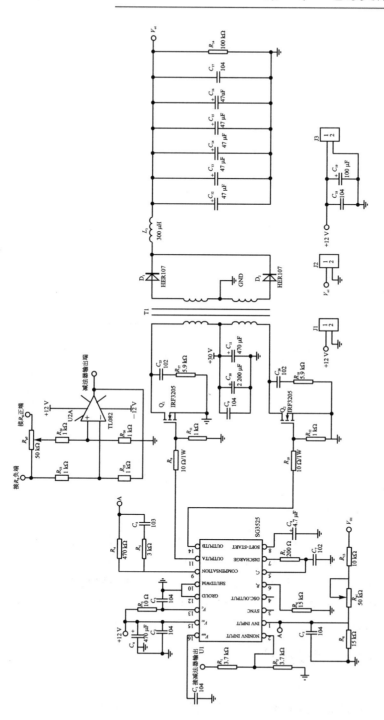

图 1.7.6　DC-DC电路原理图

器也可维持一个周期的关闭控制，直到下一个周期时钟信号使锁存器复位为止。增加的 PWM 锁存器使关闭功能更可靠。

1.7.5　DC‑AC 主回路电路设计

　　DC‑AC 功率电路采用全桥式拓扑结构，电路图如图 1.7.7 所示。由于输入电压最大可能会为 30 V，为了保证开关器件的稳定性采用 100 V 耐压的场效应管 IRF540，其导通电阻小于 77 mΩ。由于 SPWM 波形输出后接有一级死区时间控制电路，所以全桥的驱动 IC 选用两个低死区时间的 IR2110 组成全桥驱动电路。其中，全桥的输入电压 U_{MPPT} 为 MPPT 控制电路的输出电压。

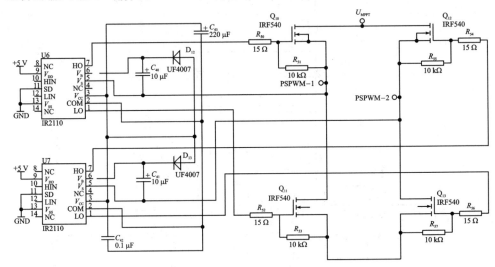

图 1.7.7　DC‑AC 电路原理图

1.7.6　保护电路设计

　　保护电路利用 SPWM 控制器的保护引脚实现，输出过流保护电路由电流互感器对输出电流的采样，整流滤波后接到比较器 LM311 的正输入端，调节比较器负输入端的电位器可以调节过流保护的动作电流。输入欠压保护电路利用电阻对输入电源进行分压后送到 SPWM 控制器的 1 脚，当该脚的电压低于 2 V 时，则触发输入欠压保护。若欠压保护动作发生，则 1 脚的电压要大于 2.2 V 时才能恢复正常工作。

1.7.7　低通滤波电路设计

　　设计的低通滤波电路如图 1.7.8 所示。

　　Q 值的选取在低通滤波器里比较重要，过低的 Q 值会使得信号的衰减过大。参考 D 类音频放大器的低通滤波器设计方法，Q 值取 0.707。低通滤波器的参数可由下式确定：

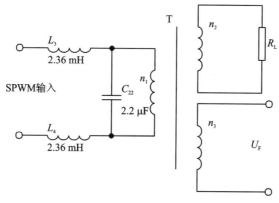

图 1.7.8 低通滤波电路原理图

$$C_{22} = \frac{Q}{R_{\mathrm{L}}\omega} = \frac{Q}{R_{\mathrm{L}}(2\pi f_{\mathrm{C}})} = \frac{0.707}{30 \times 2\pi \times 2 \times 10^3} = 1.876\ \mu\mathrm{F} \tag{1.7.2}$$

$$L = \frac{1}{\omega^2 C_{22}} = \frac{1}{(2\pi f_{\mathrm{C}})^2 C_{22}} = \frac{1}{(2\pi \times 2 \times 10^3)^2 \times 2.2} = 2.88\ \mathrm{mH} \tag{1.7.3}$$

实际中 L_3 和 L_4 均取 2.36 mH,C_{22} 实取 2.2 μF。

1.7.8 辅助电源电路设计

辅助电源电路原理图如图 1.7.9 所示,采用 24 V、600 mA 内置开关、100%占空比、降压型转换器 MAX1776 实现,MAX1776 输入电压范围为 4.5~24 V,输出电流为 600 mA,IC 内部具有 0.4 Ω 内阻的 P 沟道 MOSFET,转换效率超过 95%,采用 8 - μMAX 封装。调节 $R_{\mathrm{P}12}$ 可以改变输出电压。

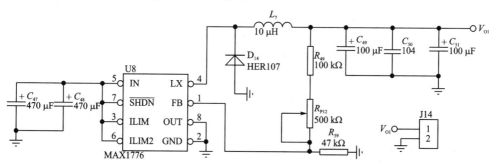

图 1.7.9 辅助电源电路原理图

1.7.9 并网控制电路设计

控制部分采用 STC89C52 单片机,开发仿真软件使用 Keil μVision3 C 语言编程。单片机在本系统中主要起检测和显示频率及相位差的作用。输出的正弦波转换成方波后频率不变,经单片机采样后利用内部定时器计数可以计算出脉冲的频率。通过比较电路将 u_{F} 和 u_{REF} 两路同频信号分别转换为相应的脉冲信号,然后将其中的一路信号通过反相器取反后与另一路信号相与,得到等脉宽的脉冲波形,此脉冲波形的脉宽 t,即表示两信号的相位差。利用外部中断检测脉冲,当下降沿来时,定时器 2 开始计数,计到高电平时停止计数,次计数时间即为低电平所占时间。得到频率和相位差后,经单片机处理计算,输出同频同相的正弦波,以完成跟踪功能。单片机及外围电路如图 1.7.10 所示,其测频和测相的程序流程图如图 1.7.11 和图 1.7.12 所示。

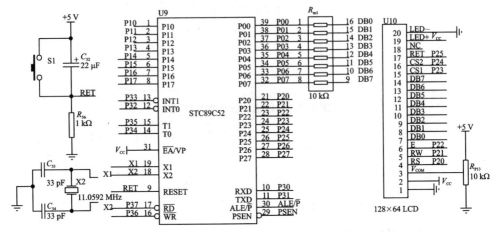

图 1.7.10　单片机及外围电路原理图

1.7.10　系统测试与结果分析

1. 测试仪器与设备

测试仪器与使用设备如表 1.7.1 所列。

表 1.7.1　测试仪器与设备

序　号	名称、型号、规格	数　量	备　注
1	TDS1012 数字存储示波器(60 MHz、1.0 GS/s)	1	泰克科技(中国)有限公司
2	UT70A 数字万用表	2	优利德有限公司
3	YB33150 函数/任意波信号发生器(15 MHz)	1	台湾固纬电子有限公司
4	数控式线性直流稳压电源	1	茂迪(宁波)电子有限公司
5	电能质量分析仪	1	美国福禄克公司

2. 最大功率点跟踪(MPPT)功能的测试

① 测试方法:用直流稳压电源 U_S 和电阻 R_S 模拟光伏电池,当改变 R_S 和 R_L 的值在 30～36 Ω 内变化时,测量 U_d 的值,若满足 $U_d = \frac{1}{2} U_S$,则系统实现了最大功率点跟踪。

② 测试结果:R_S 和 R_L 在给定范围内变化时,$U_S = 60$ V,$U_d = 26.5$ V,相对偏差的绝对值为 $\frac{30-26.5}{30} \times 100\% = 11.7\%$。

3. 频率和相位跟踪功能的测试

① 测试方法:调节基准信号的频率 f_{REF} 在 45～55 Hz 变动,观察 u_F 和 u_{REF} 的频率和相位是否相同。

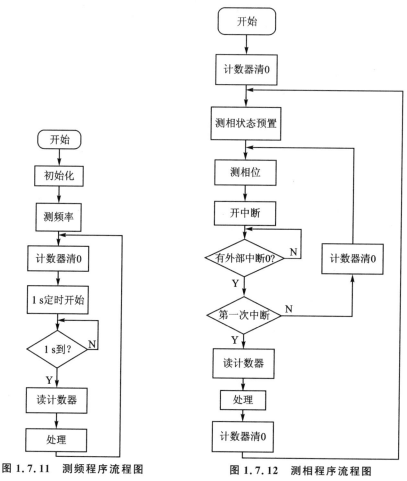

图 1.7.11 测频程序流程图   图 1.7.12 测相程序流程图

② 测试结果:给定或条件发生变化到电路达到稳态的时间大约为 1 s。

4. DC-AC 变换器效率的测试

① 测试方法:当 $R_S = 30\ \Omega$, $R_L = 30\Omega$ 时,读取电压表和电流表的值,计算出 $P_d = U_d I_d$;读取电能质量分析仪的值,得到 P_O。

② 测试结果:$\eta = \dfrac{P_O}{P_d} \times 100\% = \dfrac{20}{24.48} \times 100\% = 81.7\%$。

5. 输出电压失真度的测试

① 测试方法:当 $R_S = R_L = 30\ \Omega$ 时,使用电能质量分析仪观察输出正弦波的失

真度。

② 测试结果：输出电压 u_O 的失真度 THD＝2.5％。

6. 保护功能的测试

① 具有输入欠压保护功能，动作电压 $U_{d(th)}＝25.1$ V。

② 具有输出过流保护功能，动作电流 $I_{o(th)}＝1.5$ A。

③ 具有短路保护功能。

7. 结果分析

经测试分析，该光伏并网发电模拟装置基本完成了题目的要求，其中包括最大功率点跟踪（MPPT）功能以及频率和相位跟踪功能。该系统的优点在于有较高的效率和可靠的保护功能。

该装置的各项指标均达到了基本要求，输入功率为 24.48 W，逆变部分效率达到了 81.7％。本设计的部分指标没有达到发挥要求，例如输出电压的失真度为 2.5％，没有达到发挥部分小于 1％ 的要求，这可能与工频隔离变压器有关，因为是 E 型变压器，本身的损耗比较大，也许会影响到后级的电路。

第 2 章

信号源类作品系统设计

2.1 信号源类赛题分析

2.1.1 历届的"信号源类"赛题

在 11 届全国大学生电子设计竞赛中,信号源类赛题只有 5 题:

① 信号发生器(第 8 届,2007 年,H 题,高职高专组);

② 正弦信号发生器(第 7 届,2005 年,A 题);

③ 电压控制 LC 振荡器(第 6 届,2003 年,A 题);

④ 波形发生器(第 5 届,2001 年,A 题);

⑤ 实用信号源(第 2 届,1995 年)。

信号源类赛题在最近的几届竞赛中,作为独立的赛题都没有出现,但作为其他赛题中的一部分出现在赛题中。

例 1:2013 年本科组 E 题"简易频率特性测试仪"设计要求

根据零中频正交解调原理,设计制作一个双端口网络频率特性测试仪,包括幅频特性和相频特性。设计制作一个正交扫频信号源,频率范围为 1~40 MHz,频率稳定度≤10−4,频率可以设置,最小设置单位为 100 kHz。频率特性测试仪输入阻抗 50 Ω,输出阻抗 50 Ω。可以进行点频测量,幅频测量误差的绝对值≤0.5 dB,相频测量误差的绝对值≤5°。制作一个 RLC 串联谐振电路作为被测网络,并且指定了信号源采用的 DDS 芯片为 AD9854ASVZ(与 AD9854ASQ 等同)。

例 2:2011 年本科组 E 题"简易数字信号传输性能分析仪"设计要求

设计并制作一个简易数字信号传输性能分析仪,实现数字信号传输性能测试;同时,设计三并制作个低通滤波器和一个伪随机信号发生器用来模拟传输信道。

设计并制作一个数字信号发生器:数字信号 V_1 为 $f_1(x) = 1 + x^2 + x^3 + x^4 + x^8$ 的 m 序列,其时钟信号为 $V_{1-clock}$;数据率为 10~100 kbps,按 10 kbps 步进可调。输出信号为 TTL 电平。

设计并制作一个伪随机信号发生器用来模拟信道噪声:伪随机信号 V_3 为 $f_2(x) = 1 + x + x^4 + x^5 + x^{12}$ 的 m 序列;数据率为 10 Mbps,输出信号峰峰值为

100 mV,利用数字信号发生器产生的时钟信号 $V_{1-clock}$ 进行同步,显示数字信号 V_{2a} 的信号眼图,并测试眼幅度。

例3:2013 年全国大学生电子设计竞赛综合测评题设计要求

使用题目指定的综合测试板上的 555 芯片和一片通用四运放 324 芯片,设计制作一个波形发生器。设计制作要求如下:

同时四通道输出、每通道输出脉冲波、锯齿波、正弦波Ⅰ、正弦波Ⅱ中的一种波形,每通道输出的负载电阻均为 600 Ω。四种波形的频率关系为 1:1:1:3(3 次谐波);脉冲波、锯齿波、正弦波Ⅰ输出频率范围为 8～10 kHz,输出电压幅度峰-峰值为 1V;正弦波Ⅱ输出频率范围为 24～30 kHz,输出电压幅度峰-峰值为 9 V;脉冲波、锯齿波和正弦波输出波形应无明显失真(使用示波器测量时)。频率误差不大于 10%;通带内输出电压幅度峰-峰值误差不大于 5%。脉冲波占空比可调整。电源只能选用＋10 V 单电源,由稳压电源供给。

注意:不能外加 555 和 324 芯片,不能使用除综合测试板上的芯片以外的其他任何器件或芯片。

2.1.2　历届"信号源类"赛题的主要知识点

从历届"信号源类"赛题来看,主攻"信号源类"赛题方向的同学需要了解的主要知识点如下:

- 采用单片机＋DAC 产生各种信号;
- 采用专用的 DDS 芯片＋单片机产生各种信号;
- 采用 FPGA 产生各种信号;
- DAC 电路设计与制作;
- 滤波电路设计与制作;
- DDS 接口电路设计与制作;
- 功率放大器电路设计与制作;
- 电源电路设计与制作;
- 单片机最小系统设计与制作;
- 频率、周期等参数测量电路设计与制作。

例1:信号发生器(2007 年 H 题,高职高专组)

要求设计并制作一台信号发生器(注:该赛题是以 2005 年 A 题正弦信号发生器为基础变化的)。需要掌握的知识点:

- 采用专用的 DDS 芯片(例如 AD9834、AD9852 等)和单片机产生正弦波、方波和三角波信号;
- 采用 FPGA(Xilinx 公司的 DDS v5.0 DDS IP 核,Altera 公司的 DDS IP 核)实现 DDS 功能;

- DAC（例如 MAX5181/ MAX5184，AD9740）电路设计与制作；
- 可变增益放大电路（例如 AD603）设计与制作；
- 功率放大器电路（例如 THS3001 电流反馈放大器）设计与制作；
- 电源电路设计与制作；
- 单片机最小系统设计与制作。

例 2：正弦信号发生器（2005 年 A 题）

要求设计并制作一台正弦信号发生器。需要掌握的知识点：

- 采用专用的 DDS 芯片（例如 AD9852 等）和单片机产生正弦波信号；
- 采用 FPGA（Xilinx 公司的 DDS v5.0 DDS IP 核，Altera 公司的 DDS IP 核）实现 DDS 功能；
- 滤波电路（例如采用电感和电容构成 7 阶切比雪夫滤波器）设计与制作；
- DDS 接口电路设计与制作；
- 放大器电路（例如 AD8320）设计与制作；
- 电源电路设计与制作；
- 单片机最小系统设计与制作。

例 3：电压控制 *LC* 振荡器（2003 年 A 题）

要求设计并制作一台电压控制 *LC* 振荡器。需要掌握的知识点：

- 压控振荡器电路（例如压控振荡芯片 MC1648＋变容二极管 MV209）设计与制作；
- 数字锁相环频率合成器电路（例如，PLLMC145152＋前置分频器 MC12022＋VCO MC1648＋环路滤波器 LM358 和 RC）设计与制作；
- FPGA 最小系统的设计与制作；
- 峰–峰值检测电路设计与制作；
- 频率测量电路设计与制作；
- 高频功率放大器电路设计与制作；
- 滤波电路设计与制作；
- 电源电路设计与制作；
- 单片机最小系统设计与制作；
- LED 或者 LCD 显示器电路设计与制作。

例 4：波形发生器（2001 年 A 题）

要求设计并制作一个波形发生器。需要掌握的知识点：

- 采用直接数字频率合成（DDFS）技术产生波形；
- 晶体振荡器和锁相环电路设计与制作；
- 特殊存储器双口 RAM 电路设计与制作；
- 波形产生电路设计与制作；
- 滤波器电路设计与制作；

- 稳幅输出电路设计与制作；
- 单片机最小系统设计与制作。

例 5：实用信号源（1995 年）

要求设计并制作一个实用信号源。需要掌握的知识点：

- 采用单片机＋DAC 产生正弦波信号；
- 比较器电路设计与制作；
- 滤波器电路设计与制作。

2.1.3　"信号源类"赛题培训的一些建议

　　虽然信号源类赛题在最近的几届竞赛中没有出现，但作为信号源可能在无线电类、仪器仪表类、数据采集与处理类等作品中出现。因此在竞赛培训中仍然是一个不能够忽视的重要培训内容。

　　涉及信号产生的几个基础知识和技术、电路设计和制作（例如：DDS、FPGA、运算放大器构成的振荡器电路、功率放大器电路、滤波器电路、阻抗匹配等），是各竞赛队都必须掌握的。

　　这些内容作为竞赛的基础培训，可以放在分组（分赛题方向）之前进行。

　　根据 2011 年和 2013 年全国大学生电子设计竞赛综合测评题设计要求，有机会冲击国家一等奖的参赛队，在 4 天 3 晚的竞赛完成后，有必要加强这方面内容的培训。

2.2　正弦信号发生器设计

2.2.1　正弦信号发生器设计要求

　　设计制作一个输出频率范围为 1 kHz～10 MHz，在 50 Ω 负载电阻上的输出电压峰-峰值 $V_{O,P-P} \geqslant 1$ V 的正弦信号发生器。设计详细要求与评分标准等请登录 www.nuedc.com.cn 查询。

2.2.2　正弦信号发生器系统设计方案

1. 设计思路

　　根据题目要求，本系统的设计基于直接数字频率合成技术，采用单片机 AT89S52 控制直接数字频率合成器（Direct Digital Frequency Synthesis，简称 DDS 或 DDFS）芯片 AD9852，通过改变 AD9852 内部编程控制寄存器所选的操作模式、相位累加器的位数、频率控制字和幅度控制字，以产生频率稳定度达 10^{-6}、最小频率步进为 1 Hz、多挡可调的正弦信号。再使用可编程放大器对输出电压进行精确控制，在频率范围内 50 Ω 负载电阻上输出电压峰-峰值 $V_{O,P-P}$ 稳定在 6 V。要求能产生二进制 PSK、ASK 信号，在 100 kHz 固定频率载波进行二进制键控，二进制基带序列码速率固定为 10 kb-ps，二进制基带序列信号自行产生，能够产生模拟调制 AM 信号。系统组成框图如图 2.2.1 所示。

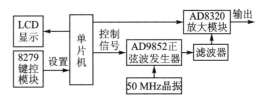

图 2.2.1　系统组成方框图

2. 正弦波发生器的设计方案

正弦波发生器是本设计的核心部分。波形发生器要求能产生模拟 AM、FM 调制信号和二进制 PSK、ASK 信号，以及优于 10^{-6} 的频率稳定度，且在 1 kHz～10 MHz 的大范围内以 100 Hz 的步进调整。

方案一：采用传统的直接频率合成法直接合成。利用混频器、倍频器、分频器和带通滤波器完成对频率的算术运算。但由于采用大量的倍频、分频、混频和滤波环节，导致直接频率合成器的结构复杂，体积庞大，成本高，而且容易产生过多的杂散分量，难以达到较高的频谱纯度。

方案二：采用锁相环间接频率合成（PLL）。虽然具有工作频率高、宽带、频谱质量好的优点，但由于锁相环本身是一个惰性环节，锁定时间较长，故频率转换时间较长。另外，由模拟方法合成的正弦波的参数（如幅度、频率和相位等）都很难控制，而且要实现 1 kHz～10 MHz 大范围的频率变化相当困难，不易实现。

方案三：采用直接数字式频率合成。用随机读/写存储器 RAM 存储所需波形的量化数据，按照不同频率要求，以频率控制字 K 为步进对相位增量进行累加，以累加相位值作为地址码读取存放在存储器内的波形数据，经 D/A 转换和幅度控制，再滤波即可得所需波形。由于 DDS 具有相对带宽很宽，频率转换时间极短（可小于 20 μs），频率分辨率高，全数字化结构便于集成等优点，以及输出相位连续，频率、相位和幅度均可实现程控，因此，可以完全满足本题目的要求。

为了全面实现题目要求，选择方案三，使用高性能的 DDS 集成芯片 AD9852 作为正弦波发生器的核心，实现高精度、高稳定的正弦信号输出。

3. 控制模块的设计方案

方案一：用单片机 AT89S52 作为系统的主控核心。单片机具有体积小，使用方便灵活，易于人机对话和良好的数据处理（具有特色的布尔处理机），有较强的指令寻址和运算功能等优点，并且单片机的功耗低，价格低廉。

方案二：用 FPGA 等可编程器件作为控制模块的核心。FPGA 可以实现各种复杂的逻辑功能，规模大，密度高，它将所有器件集成在一块芯片上，减小了体积，提高了稳定性，并且可应用 EDA 软件仿真、调试，易于进行功能扩展。FPGA 采用并行的输入/输出方式,提高了系统的处理速度,适合作为大规模实时系统的控制核心。其工作为纯软件的行为,全部由程序来控制,具有快速、高可靠等特点。由 FPGA 的制造工艺而言,FPGA 在掉电后数据会丢失,上电后必须进行一次配置,因此 FPGA 在应用中需要配置电路和一定的程序,并且 FPGA 器件作为一个数字逻辑器件,竞争和冒险正是数字逻辑器较为突出的问题,因此在使用时必须注意毛刺的产生、消除及抗干扰性,从而增大了电路或程序的复杂程度和可实施性。

在此系统中,采用单片机作控制器比采用 FPGA 实现控制更为简便。基于综合性价比和控制的方便程度的考虑,确定选择方案一,采用单片机 AT89S52 作为系统的控制核心。

4. 滤波电路设计方案

由于使用 DDS 芯片,输出的信号含有大量的杂散波,为使产生的信号平滑,需要对输出信号进行滤波。设计采用电感和电容构成 7 阶切比雪夫滤波器。

5. 放大电路的设计方案

题目要求,在频率范围内 50 Ω 的负载电阻上正弦信号输出的电压峰-峰值要稳定在 6 V 左右。

方案一：采用分立元件构成放大输出电路。放大电路复杂,难于调整,且易受各分立元件本身参数的影响。

方案二：采用高速模拟运算放大器。电路简单,但对输出信号的幅度进行控制需要另加输出控制电路。

方案三：采用可编程集成功率放大器。电路简单,控制灵活,失真小,输出电压容易控制。

综合比较,选择方案三,采用可编程集成功率放大器 AD8320。

6. 电源设计方案

本系统需要多个电源,集成 DDS 芯片的工作电压为 3.3 V,单片机的工作电压为 5 V,可编程放大器的工作电压为 12 V。采用 LM317 可调三端稳压器输出 3.3 V 电压供给 DDS 芯片,用 7805 稳压的方法为需要 +5 V 工作电压的电路提供稳定的工作电压。用 7812 将电压稳定到 +12 V 提供给 AD8320。

7. 显示方式选择

方案一：采用 LED 数码管显示。虽然功耗低,控制简单,但却只能显示数字和一些简单的字符,没有较好的人机界面。

方案二：采用 LCD 液晶显示,可以显示所有字符及自定义字符,并能同时显示多组数据、汉字,字符清晰。由于自身具有控制器,不但可以减轻主单片机的负担,而且可以实现菜单驱动方式的显示效果,实现编辑模块全屏幕编辑的功能,达到友好的人机界面。用 LCD 显示,能解决 LED 只能显示数字等几个简单字符的缺点,性能好,效果多,控制方便,显示的方式多。

比较上述两种方案,采用方案二。

8. 键盘输入方式选择

方案一：采用传统的独立式按键。这种方式占用系统的资源较多,并且效率低,程序的编写量大而复杂。

方案二：为了提高单片机的资源利用率,按键部分使用 8279 扩展键盘,2×8 键盘通过 8279 与单片机连接。8279 芯片和单片机之间通信方便,而且由 8279 对键盘进行自动扫描,可以去抖动,充分地提高了单片机的工作效率。因此,确定采用方案二。

2.2.3 DDS 的理论分析与参数计算

1. DDS 的基本原理

DDS 的基本原理是,在高速存储器中放入正弦函数——相位数据表格,经过查表操作,将读出的数据送到高速 DAC 产生正弦波。可编程 DDS 系统原理如图 2.2.2 所示。

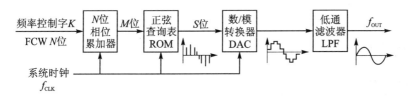

N：相位累加器位数；　　　　　　　　　　M：相位累加器实际对ROM寻址的位数；
S：ROM输出正弦信号(离散化)的位数；　　位数：相位累加器舍去的位数,满足位数=N−M

图 2.2.2 DDS 的基本原理图

DDS 系统由频率控制字、相位累加器、正弦查询表、数/模转换器和低通滤波器组成。参考时钟为高稳定度的晶体振荡器,其输出用于同步 DDS 各组成部分的工作。DDS 系统的核心是相位累加器,它由 N 位加法器与 N 位相位寄存器构成,类似于一个简单的计数器。每来一个时钟脉冲,相位寄存器的输出就增加一个步长的相位增量值,加法器将频率控制数据与累加寄存器输出的累加相位数据相加,把相加结果送至累加寄存器的数据输入端。相位累加器进入线性相位累加,累加至满量程时产生一次计数溢出,这个溢出频率即为 DDS 的输出频率。正弦查询表是一个可编程只读存储器(PROM),存储的是以相位为地址的一个周期正弦信号的采样编码值,包含一个周期正弦波的数字幅度信息,每个地址对应于正弦波中 0°~360°范围的一个相位点。将相位寄存器的输出与相位控制字相加,得到的数据作为一个地址对正弦查询表进行寻址,查询表把输入的地址相位信息映射成正弦波幅度信号,驱动 DAC,输出模拟信号。低通滤波器平滑并滤除不需要的取样分量,以便输出频谱纯净的正弦波信号。

2. 参数计算

对于计数容量为 2^N 的相位累加器和具有 M 个相位取样点的正弦波波形存储器,若频率控制字为 K,输出信号频率为 f_O,参考时钟频率为 f_C,则 DDS 系统输出信号的频率为

$$f_O = \frac{K}{2^N} f_C$$

输出信号的频率分辨率为

$$\Delta f_{MIN} = \frac{1}{2^N} f_C$$

由奈奎斯特采样定理可知,DDS 输出的最大频率为

$$f_{MAX} = f_C/2$$

频率控制字可由以上公式推出:

$$K = f_O \times 2^N / f_C$$

当外部参考时钟频率为 50 MHz,输出频率需要为 1 MHz 时,系统时钟经过 6 倍频,使得 f_C 变为 300 MHz,这样就可利用以上公式计算出 DDS 的需要设定的控制频率字 $K = 1 \times 2^{48} / 300$。

2.2.4 正弦信号发生电路设计

正弦信号发生电路采用美国 ADI 公司推出的高性能 DDS 芯片 AD9852。它内部包含高速、高性能 D/A 转换器及高速比较器,外接精密时钟源,可输出一个频谱纯净、频率和相位都可编程控制且稳定性良好的模拟正弦波。它内部主要由 DDS 内核、2 个 48 位的频率寄存器、2 个 14 位的相位寄存器、各工作模式配置寄存器、2 路 12 位的高速 DAC、模拟比较器、I/O 接口等电路组成。

AD9852 的工作频率最高可达 300 MHz,最高输出频率达 150 MHz;通过对地址为 1FH 寄存器的编程,能够实现芯片工作在 5 种工作模式;同时内部还有一个 4~20 倍的可编程时钟倍频锁相电路,可用较低的参考频率产生出较高的输出频率,这样就可以避免因外部时钟过高而给系统带来的干扰;同时它的控制接口也很灵活,有并行和串行方式可供选择,并行接口最高频率可达 100 MHz。AD9852 的引脚端功能如表 2.2.1 所列。

表 2.2.1 AD9852 的引脚端功能

引　脚	符　号	功　　能
1~8	D7~D0	8 位双向并行数据输入端。仅在并行编程模式中使用
9、10、23、24、25、73、74、79、80	DVDD	数字电路部分电源电压

引　脚	符　号	功　能
11、12、26、27、28、72、75、76、77、78	DGND	数字电路部分接地,与 AGND 电位相同
13、35、57、58、63	NC	未连接
14~19	A5~A0	当使用并行编程模式时,编程寄存器的 6 位并行地址输入
17	A2/(I/O RESET)	串行通信时总线的 I/O RESET 端。在这种方式下,串行总线的复位既不影响以前的编程,也不调用"默认"编程值,高电平激活
18	A1/SDO	在三线式中,行通信模式中使用的单向串行数据输入端
19	A0/SDIO	在两线式串行模式中,使用的双向串行数据输入/输出端
20	I/O UD CLK	双向 I/O 更新 CLK。方向在控制寄存器内被选择。如果被选作输入,则上升沿将传输 I/O 端口缓冲区内的内容到编程寄存器。如果 I/O UD 被选作输出(默认值),则在 8 个系统时钟周期后,输出脉冲由低电平到高电平,说明内部频率更新已经发生
21	WRB/SLCK	写并行数据到 I/O 端口的缓冲区,与 SCLK 共同起作用。串行时钟信号与串行编程总线相关联。数据在上升沿被装入。此引脚在并行模式被选时,与 WRB 共同起作用。模式取决于引脚 70(S/P SELECT)端
22	RDB/CSB	从编程寄存器读取并行数据,参与 CSB 的功能。片选信号与串行编程总线相关联。低电平激活。此引脚在并行模式被选时,与 RDB 引脚共同起作用
29	FSK/BPSK/HOLD	与编程控制寄存器所选的操作模式有关的多功能引脚端。如果处于 FSK 模式,则逻辑低电平选择 F1,逻辑高电平选择 F2;如果处于 BPSK 模式,逻辑低电平选择相位 1,逻辑高电平选择相位 2;如果处于线性调频脉冲模式,则逻辑高电平保证"保持"功能,从而引起频率累加器在其电流特定区中断;为了恢复或启用线性调频脉冲,应确定为逻辑低电平
30	SHAPED KEYING	首先需要选择并程控制寄存器的功能。一个逻辑高电平将产生编程的零刻度到满刻度线性上升的余弦 DAC 输出;一个逻辑低电平将产生编程的满刻度到零刻度线性下降的余弦 DAC 输出
31、32、37、38、44、50、54、60、65	AVDD	模拟电路部分电源电压
33、34、39、40、41、45、46、47、53、59、62、66、67	AGND	模拟电路部分接地端,电位与 DGND 相同
36	V_{OUT}	内部高速比较器的非反相输出引脚。被设计用来驱动 50 Ω 负载,与标准的 CMOS 逻辑电平兼容
42	V_{INP}	内部高速比较器的同相输入端

引　脚	符　号	功　能
43	V_{INN}	内部高速比较器的反相输入端
48	I_{OUT1}	余弦 DAC 的单极性电流输出端
49	I_{OUT1B}	余弦 DAC 的补偿单极性电流输出端
51	I_{OUT2B}	控制 DAC 的补偿单极性电流输出端
52	I_{OUT2}	控制 DAC 的单极性电流输出端
55	DACBP	两个 DAC 共用的旁路电容连接端。连接在此引脚与 AVDD 之间的一个 0.01 μF 的芯片电容，可以改善少许的谐波失真和 SFDR
56	DAC R_{SET}	两个 DAC 共用的设置满刻度输出电流的连接端。$R_{SET} = 39.9$ V/I_{OUT}。通常 R_{SET} 的范围是 8 kΩ(5 mA)～2 kΩ(20 mA)
61	PLL FILTER	REFCLK 倍频器的 PLL 环路滤波器的外部零度补偿网络连接端。零度补偿网络由一个 1.3 kΩ 电阻和一个 0.01 μF 的电容串联组成。网络的另一端应连接到 AVDD，尽可能地靠近引脚 60。为了得到最好的噪声性能，通过设置控制寄存器 1E 中的"旁路 PLL"位，而将 REFCLK 倍频器旁路
64	DIFF CLK ENABLE	差分 REFCLK 使能控制端。此引脚为高电平时，差分时钟输入、REFCLK 和 REFCLKB(引脚 69 和 68)被使能
68	REFCLKB	互补(相位偏移 180°)差分时钟信号输入端。当选择单端时钟模式时，用户应设置此引脚端电平。信号电平与 REFCLK 相同
69	REFCLK	单端基准时钟输入或差分时钟信号输入端(必须是 CMOS 逻辑电平)。在差分基准时钟模式下，两路输入可能是 CMOS 的逻辑电平，或者有比以 400 mV(峰-峰值)方波或正弦波为中心的叠加大约 1.6 V 直流电压
70	S/P SELECT	在串行编程模式(逻辑低电平)和并行编程模式(逻辑高电平)选择端
71	MASTER RESET	初始化串行/并行编程总线，为用户编程作准备；设置编程寄存器为"do-nothing"状态，在逻辑高电平时起作用。在电源导通状态下，MASTER RESET 是保证正确操作的基本要素

　　AD9852 有 5 种可编程工作模式。若要选择一种工作模式，则需要对控制寄存器内的 3 位模式控制位进行编程，如表 2.2.2 所列。

表 2.2.2 AD9852 模式控制位的设置

模式位 2	模式位 1	模式位 0	工作模式
0	0	0	单音调
0	0	1	FSK
0	1	0	斜坡 FSK
0	1	1	线性调频脉冲
1	0	0	BPSK

在每种模式下,有一些功能是不允许的。表 2.2.3 列出了在每个模式下允许的功能。

表 2.2.3 AD9852 在各模式下允许的功能

模 式	相位调节 1	相位调节 2	单端 FSK/BPSK 或 HOLD	单端键控整形	相位偏移补偿或调制	幅度控制或调制	反相正弦滤波器	频率调谐字 1	频率调谐字 2	自动频率扫描
单音调	√	×	×	√	√	√	√	√	×	×
FSK	√	×	√	√	√	√	√	√	√	×
斜坡 FSK	√	×	√	√	√	√	√	√	√	√
线性调频脉冲	√	×	√	√	√	√	√	√	√	√
BPSK	√	√	√	√	×	√	√	√	√	×

注:"√"表示该功能允许;"×"表示该功能禁止。

由 AD9852 构成的正弦信号发生电路电原理图如图 2.2.3 所示,外部使用 50.000 00 MHz 的有源晶振经 MC100LVEL16 转换后变成差分时钟信号接到两基准频率输入端,为 AD9852 提供一个高精度、低抖动的外部时钟。

2.2.5 DDS 接口电路设计

AD9852 的 I/O 端口较多,考虑到单片机的资源利用问题,使用 3 片 74HC573 作为 AD9852 的数据输入和控制端口的状态锁存来解决单片机的 I/O 资源问题,并在前端加入 74HC14 作为驱动。74HC573 真值表如表 2.2.4 所列。DDS 接口电路如图 2.2.4 所示。

表 2.2.4 74HC573 真值表

输出控制	锁存使能	数 据	输 出	输出控制	锁存使能	数 据	输 出
L	H	H	H	L	L	X	Q_0
L	H	L	L	H	X	X	Z

注:H=高电平;L=低电平;Q_0=输入被确定为稳定状态之前输出的电平;Z=高阻抗;X=任意。

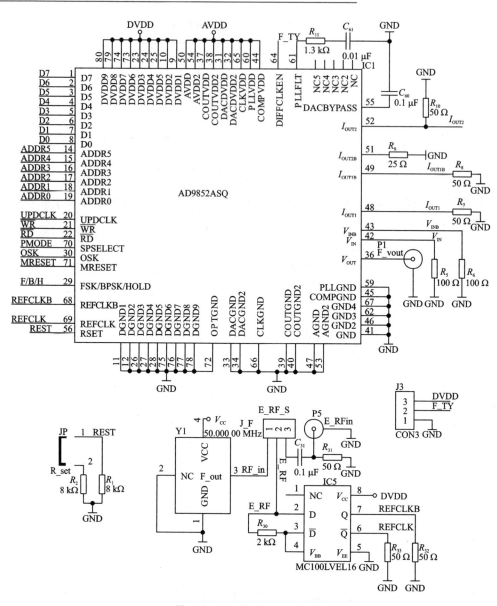

图 2.2.3　DDS 波形产生电路

2.2.6　滤波电路和放大器电路设计

1. 滤波器电路设计

在滤波器的设计过程中,电感的 Q 值直接影响滤波器的性能。本设计采用 7 阶切比雪夫滤波器。采用自绕电感,与容值为 2~100 pF 的电容连接。利用扫频仪调整电感和电容的值,使滤波器的带宽为 0~20 MHz,经反复调整电感电容参数,达到

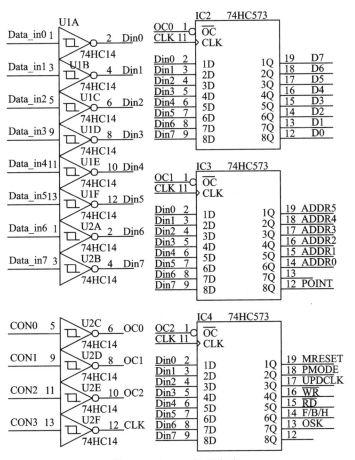

图 2.2.4　DDS 接口电路

设计要求的滤波器电路如图 2.2.5 所示。

2. 放大器电路设计

本系统的放大电路由 AD8320 可编程增益功率放大器构成,所设计的放大电路如图 2.2.6 所示。AD8320 是低噪声增益线性驱动器,输出功率大,最大增益为 26 dB, 256 级可编程增益控制,内含输出匹配电阻。采用串行接口控制,并具有电源关闭端口,在不使用时可关闭信号输出,降低系统的功耗。AD8320 的串行接口时序图如图 2.2.7 所示。

2.2.7　键盘和显示电路设计

本系统设计采用型号为 SMG12864ZK 的液晶显示模块实现显示。 SMG12864ZK 是 128×64 点阵的汉字图形型液晶显示模块,可显示汉字及图形,内置国标 GB2312 码简体中文字库(16×16 点阵)、128 个字符(8×16 点阵)及 64×256 点阵显示 RAM(GDRAM)。可与 CPU 直接接口,提供两种界面来连接微处理机:

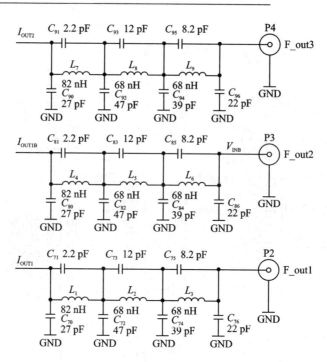

图 2.2.5　滤波电路

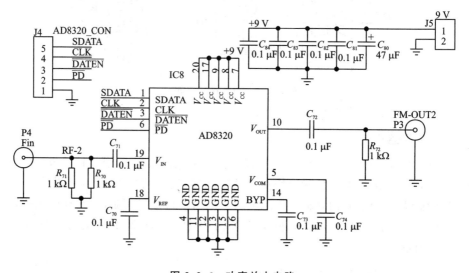

图 2.2.6　功率放大电路

8 位并行和串行两种连接方式。具有多种功能：光标显示、画面移位、睡眠模式等。
SMG12864ZK 由单片机驱动。SMG12864ZK 引脚端功能如表 2.2.5 所列。

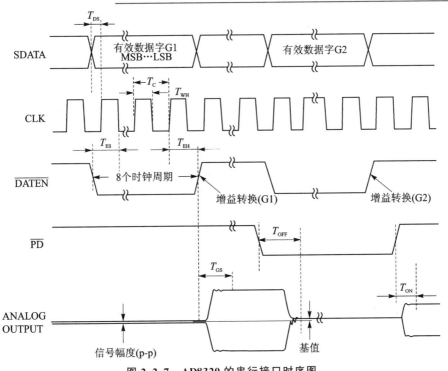

图 2.2.7　AD8320 的串行接口时序图

表 2.2.5　SMG12864ZK 引脚端功能

引脚	符号	形式	功能	引脚	符号	形式	功能
1	V_{SS}	—	地(0 V)	11	DB4	I/O	数据 4
2	V_{DD}	—	逻辑部分电源电压(+5 V)	12	DB5	I/O	数据 5
3	V_O	—	LCD 电源电压(悬空)	13	DB6	I/O	数据 6
4	RS(CS)	H/L	H: 数据; L: 指令码	14	DB7	I/O	数据 7
5	R/W(STD)	H/L	H: 读 L: 写	15	PSB	H/L	H: 并联方式 L: 串联方式
6	E(SCLK)	H、H/L	使能信号	16	NC	—	空引脚
7	DB0	I/O	数据 0	17	$\overline{RST}$	H/L	复位信号, 低电有效
8	DB1	I/O	数据 1	18	NC	—	空引脚
9	DB2	I/O	数据 2	19	LEDA	—	背光源正极(LED+)
10	DB3	I/O	数据 3	20	LEDK	—	背光源负极(LED−)

　　按键部分使用专用键盘和显示器接口芯片 8279。2×8 键盘通过 8279 与单片机连接,其具体电路请参考 1.5.7 小节。

2.2.8　电源电路设计

因为 AD9852 的工作电压为 3.3 V,单片机的工作电压为 5 V,AD8320 的工作电压为 12 V,所以系统需要多个电源。采用 LM317 可调三端稳压器输出 3.3 V 电压供给 DDS 芯片,用 LM7805 稳压提供＋5 V 稳定电压,用 LM7812 稳压为 AD8320 提供工作电压。在稳压器件的输入/输出端与地之间连接一个大容量的滤波电容;靠近稳压器件的输入引脚端加小容量高频电容,以抑制该器件自激;输出引脚端连接高频电容,以减小高频噪声。因为 DDS 芯片 AD9852 的工作电流较大,所以工作时需要注意散热问题,避免芯片损坏。

2.2.9　正弦信号发生器软件设计

本系统的所有程序均采用汇编语言编写。程序各部分分别做成模块,按主程序调用子程序的方式执行。该软件设计的关键是如何控制 DDS 芯片内部编程控制寄存器所选的操作模式、相位累加器的位数、频率控制字和幅度控制字等参数来得到稳定的输出频率,并产生题目要求的模拟调制信号及二进制 PSK 和 ASK 信号。

1. 软件实现的功能

软件实现的功能主要有:

- 步进控制;
- 对程控功率放大器 AD8320 进行控制,得到要求的输出功率;
- 自行产生模拟幅度调制 AM 信号;
- 自行产生模拟频率调制 FM 信号;
- 自行产生二进制 PSK、ASK 信号;
- 控制按键和显示。

2. 系统程序流程图

整个系统软件由主程序和多个功能子程序构成。软件基本按照主程序调用子程序的方式执行。系统程序流程图如图 2.2.8 所示。

2.3　电压控制 *LC* 振荡器系统设计

2.3.1　电压控制 *LC* 振荡器设计要求

设计并制作一个电压控制 *LC* 振荡器。振荡器输出为正弦波,输出频率范围为 15～35 MHz,输出电压峰-峰值 $V_{P-P}=(1\pm0.1)$ V。设计详细要求与评分标准等请登录 www. nuedc. com. cn 查询。

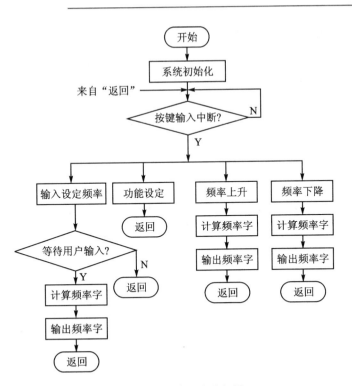

图 2.2.8　系统程序流程图

2.3.2　电压控制 *LC* 振荡器系统设计方案

题目要求设计一个电压控制的 *LC* 振荡器。振荡器的输出为正弦波。本系统设计采用数字频率合成技术,利用锁相环的原理,使输出电压稳定在一固定频率上;采用电压负反馈和自动增益控制(AGC)电路,使输出电压幅值稳定在(1±0.1) V;控制部分采用 FPGA 来完成;显示部分采用液晶显示模块,显示设定频率、输出频率及输出电压峰-峰值 V_{P-P},并且增加了自制音源储存、立体声编码等功能,使系统更加完善。

1. 压控振荡器的设计方案论证与选择

方案一: 采用分立元件构成。利用低噪声场效应管作振荡管,采用变容二极管直接接入振荡回路作为压控器件,电路为电感三点式振荡器。该方法实现简单,但是调试困难,而且输出频率不易灵活控制。

方案二: 采用压控振荡芯片 MC1648 和变容二极管 MV209,外接一个 *LC* 谐振回路构成变容二极管压控振荡器。只需调节变容二极管两端的电压,便可改变 MC1648 的输出频率。由于采用了集成芯片,电路设计简单,系统可靠性高,并且利用锁相环频率合成技术可使输出频率稳定度进一步提高。

综上所述,选择方案二。

2. 频率合成器的设计方案论证与选择

方案一：采用直接式频率合成技术,将一个或几个晶体振荡器产生的标准频率通过谐波发生器产生一系列频率,然后再对这些频率进行倍频、分频或混频,获得大量的离散频率。直接式频率合成器频率稳定度高,频率转换时间短,频率间隔小。但系统中需要用大量的混频器、滤波器等,体积大,易产生过多的杂散分量,而且成本高,安装调试都比较困难。

方案二：采用模拟锁相环式频率合成技术,通过环路分频器降频,将 VCO 的频率降低,与参考频率进行鉴相。优点是:可以得到任意小的频率间隔;鉴相器的工作频率不高,频率变化范围不大,带内带外噪声和锁定时间易于处理;不需要昂贵的晶体滤波器;频率稳定度与参考晶振的频率稳定度相同。缺点是:分辨率的提高要通过增加循环次数来实现,电路超小型化和集成化比较复杂。

方案三：采用数字锁相环频率合成技术,由晶振、鉴频/鉴相器(FD/PD)、环路滤波器(LPF)、可变分频器($\div N$)和压控振荡器(VCO)组成。利用锁相环,将 VCO 的输出频率锁定在所需频率上,可以很好地选择所需频率信号,抑制杂散分量,并且避免了大量的滤波器。频率合成采用大规模集成 PLL 芯片 MC145152,前置分频器选用芯片 MC12022,VCO 选用 MC1648,环路滤波器由运放 LM358 和 RC 电路组成,即可完成锁相环路的设计。

综上所述,选择方案三,该电路设计简单,功能齐全,可靠性高,抗干扰性强。

3. 控制模块的设计方案论证与选择

方案一：利用单片机控制集成芯片 MC145152 的分频系数 A 和 N,以改变输出频率的大小。但是由于所采用单片机只有 32 个 I/O 口,而 MC145152 就需要 19 个 I/O 口,再加上显示部分,资源紧张,需要增加 I/O 口,使外围电路变得复杂,抗干扰性降低,可靠性不高。

方案二：利用 FPGA 来控制。FPGA 的运行速度快,资源丰富,使用方便灵活,易于进行功能扩展。系统的多个部件如频率测量电路、键盘控制电路、显示控制等都可以集成到一块芯片上,大大减小了系统的体积,并且提高了系统的稳定性和抗干扰性。

综上所述,选择方案二,采用 FPGA 作为控制器件。

4. 测频模块的设计方案论证与选择

方案一：采用专用的频率测量芯片,如用 INTERSIL 公司的 ICM7216B,只需少量的元件就能构成高精度的数字频率计,并且该芯片可以直接驱动 8 个数码管进行动态扫描显示。但该芯片价格高,并且系统对芯片的资源利用较少。

方案二：采用中小规模的数字集成电路构成一个频率计,用来测量输出频率。该电路由放大整形电路、时基电路、逻辑控制电路、计数器、锁存器等组成。虽然原理简单,实现比较容易,但是电路复杂,可靠性不高。

　　方案三:采用 FPGA 来实现测频功能。将压控振荡器的输出频率经过另一个前置分频器 MC12022 进行固定分频后送 FPGA 进行测量,并实时送入液晶显示器显示出测得的频率。由于 MC12022 可对输入正弦波整形,所以无须外加整形电路。这样硬件电路十分简单,只利用软件编程便可实现一系列的功能。功能集成在 FPGA 一块芯片上,可靠性高,准确性好,容易实现,并且充分利用了

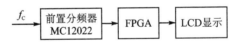

　　图 2.3.1　采用 FPGA 实现的频率计组成框图

FPGA 的资源。采用 FPGA 实现的频率计组成框图如图 2.3.1 所示。

　　综上所述,选择方案三,充分利用 FPGA 的资源,采用 FPGA 构成频率计实现输出频率的测量。

5. 峰-峰值检测电路的设计方案论证与选择

　　方案一:利用一个二极管和电容即可构成一个简单的检测电路。输入信号电压直接加在检测电路上,对电容充电,通过测量电容两端电压便可得到输出电压峰-峰值。在输入信号幅度比较大的情况下,输入电压峰-峰值与输入电压成线性关系。虽然利用该方法实现容易,但对于小信号的部分,输入电压峰-峰值与输入电压不成线性关系,测量的数据不准确。

　　方案二:利用二极管和运放 LM324 构成一个检波电路,用来测量电压的峰-峰值。利用该方法准确度高,稳定性好,构成也比较简单,再通过一个 A/D 转换器,便可将数据直接送入 FPGA 显示。利用该方法电路测量容易,也比较准确。

　　综上所述,选择方案二,利用二极管和运放 LM324 实现输出电压峰-峰值的检测。

6. 稳幅电路的设计方案论证与选择

　　方案一:采用交流电压并联负反馈电路实现稳幅电路。在放大电路中引入交流电压并联负反馈。反馈网络由一个可变电阻组成,稳定输出电压。但引入交流负反馈,因环境温度变化、电源电压波动等原因引起的放大倍数的变化都将减小,是以牺牲放大倍数为代价的。

　　方案二:采用交流电压并联负反馈电路和自动增益控制(AGC)电路一起实现的稳幅电路。由于 VCO 芯片 MC1648 内部有 AGC 电路,因此在引入了交流电压并联负反馈的基础上,输出电压再经过一个 AGC 电路,在输入信号电平变化时,用改变增益的办法维持输出信号电平基本不变。利用该方法可以进一步提高输出电压的稳定性,保证在 15～35 MHz 的频率范围内,输出电压峰-峰值控制在(1 ± 0.1) V。

　　综上所述,选择方案二,采用交流电压负反馈电路和 AGC 电路作为稳幅电路。

7. 末级功率放大电路的设计方案论证与选择

　　方案一:采用甲类或乙类功率放大电路。甲类放大器的导通角为 360°,适用于

小信号功率放大;乙类功率放大器的导通角为 180°,适合大功率工作。但是甲类或乙类功率放大电路其输出功率和效率都不是很高,一般不作为高频功率放大器。

方案二:采用丙类功率放大电路。三极管用 3DA5109。调整放大管的导通角 $\theta = 70°$ 左右,可以提高功放的效率。为了防止失真过大,输出端采用并联谐振回路。当负载为容性时,采用串联谐振回路。这样可以使输出功率和效率都达到最大值。

综上所述,选择方案二,采用丙类放大器电路设计末级功率放大电路。

8. 立体声模块的设计方案论证与选择

方案一:采用分立元件组成立体声模块。利用该方法实现比较简单,但外围电路复杂,调试麻烦,而且可靠性不高。

方案二:采用调频立体声发射芯片 BA1404。BA1404 将立体声调制、FM 调制和 RF 放大功能集成在一个芯片上,弥补了用分立元件来设计调频电路的不足,而且具有立体声调制的功能,仅用很少的外围元件就可得到立体声调频信号。

综上所述,选择方案二,采用调频立体声发射芯片 BA1404。

9. 自制音源的产生

利用 FPGA 来产生自制音源信号。使用该方法编程简单,FPGA 资源丰富,在 ROM 里可存入多首歌曲、语音等音频信号。可通过按键选择收听自制音源里存储的歌曲、外接音源播放的歌曲或其他语音信号。选择自制音源还可以显示曲目。

10. 显示方式选择

方案一:采用 LED 数码管显示。使用多个数码管进行动态显示。由于显示的内容较多,过多地增加数码管的个数显然不可行,进行轮流显示则控制复杂,加上数码管需要较多连线,使得电路复杂,功耗比较大。

方案二:采用字符型 LCD 显示。可以显示英文及数字。利用 FPGA 来驱动液晶显示模块,设计简单,且界面美观舒适,耗电小。

综上所述,选择方案二,采用 LCD 实时显示输入频率、实测频率、电压峰-峰值、自制音源曲目和时间。

11. 电源方案的选择

系统需要多个电源,FPGA 使用 5 V 稳压电源,振荡器的变容二极管需要 1～10 V 电压,运放、功放等需要 12 V 稳压电源。

方案一:采用升压型稳压电路。用两片 MC34063 芯片分别将 3 V 的电池电压进行直流斩波调压,得到 5 V 和 12 V 的稳压输出。只需使用两节电池,既节省了电池,又减小了系统体积重量。但该电路供电电流小,供电时间短,无法使相对庞大的系统稳定运作。

方案二:采用三端稳压集成 7805 与 7812 分别得到 5 V 与 12 V 的稳定电压。利用该方法方便简单,工作稳定可靠。

综上所述,选择方案二,采用集成三端稳压器电路 7805 和 7812。

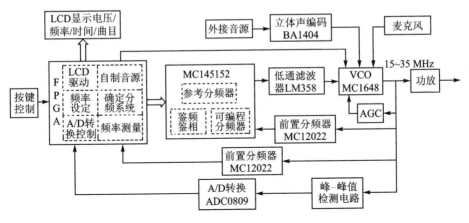

图 2.3.2　电压控制 *LC* 振荡器的系统组成框图

2.3.3　电压控制 *LC* 振荡器系统组成

经过方案比较与论证,最终确定的电压控制 *LC* 振荡器的系统组成框图如图 2.3.2 所示。采用锁相环频率合成器技术,由 FPGA 实现对 PLL 频率合成器的控制;集成电路 MC1648、MC145152、MC12022、低通滤波器和晶振构成锁相环频率合成器;峰-峰值检测电路完成检测输出电压峰-峰值,将其数据通过 ADC0809 A/D 转换,输入 FPGA 处理后送显示;末级功放选用三极管 3DA5109,使其工作在丙类放大状态,在输出负载为容性阻抗时,用一个串联谐振回路提高其输出功率。同时,系统还实现了频率扩展、自制音源、立体声编码等实用性功能。程序设计采用超高速硬件描述语言 VHDL,在 Xilinx 公司 Spartan II 系列的 XC2S2005PQ - 208 芯片上编程实现。由于电路中既有数字电路又有高频电路,因此需要将高频电路用金属屏蔽罩隔离,以减小交叉调制等干扰。

2.3.4　压控振荡器和稳幅电路设计

压控 *LC* 振荡器电路(VCO)由压控振荡芯片 MC1648、变容二极管 MV209 以及 *LC* 谐振回路组成。其电原理图如图 2.3.3 所示。

电路中,MC1648 引脚端 3 为缓冲输出,一路供前置分频器 MC12022,一路经功放电路放大后输出(V_{OUT1});MC1648 的引脚端 5 是自动增益控制电路(AGC)的反馈输入端,将功率放大器输出的电压 V_{OUT1} 通过一个反馈电路接到该引脚端,可在输出频率不同的情况下自动调整输出电压的幅值并使其稳定在(1 ± 0.1) V;一对串联变容二极管背靠背地与该谐振回路相连,振荡器的输出频率随加在变容二极管上的电压大小而改变;为达到最佳工作性能,在工作频率范围内要求并联谐振回路的 $Q_L\geq100$。

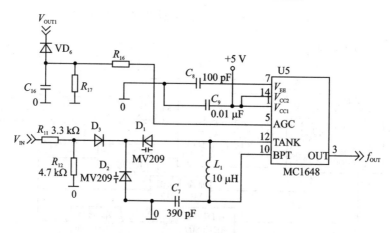

图 2.3.3　压控振荡电路

MC1648 的内部电路与 10 引脚端和 12 引脚端外接的 LC 谐振回路（含 MV209）组成正反馈的正弦振荡电路。其振荡频率由式（2.3.1）计算。

$$f_C = \frac{1}{2\pi\sqrt{LC}} \tag{2.3.1}$$

其中，$\dfrac{1}{C} = \dfrac{1}{C_{D1} + C_{D2} + C_7}$。

VCO 产生的振荡频率范围与变容二极管的压容特性有关。图 2.3.4（a）为变容二极管的电容特性测试电路图，图 2.3.4（b）为其压容特性和压控振荡器的压控特性示意图。从图中可见，变容二极管的反偏电压从 $V_{D,MIN} \sim V_{D,MAX}$ 变化，对应的输出频率范围是 $f_{MIN} \sim f_{MAX}$。在预先给定 L 的情况下，对变容二极管加不同的电压，测得对应的谐振频率，从而可计算出 C_D 的值。减小谐振回路电感的电感量，调节电容的容量，不需要并联或者改变变容二极管，即可很容易地实现频率扩展。在实验中利用

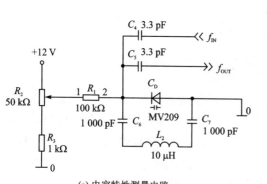

(a) 电容特性测量电路

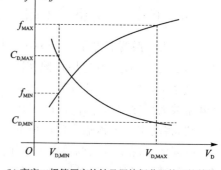

(b) 变容二极管压容特性及压控振荡器的压控特性

图 2.3.4　变容二极管特性测试图

该方法用单管电感,绕 6 圈,调节电容曾使 VCO 输出达到 87 MHz 以上。在本设计中通过该方法使输出频率的范围扩展到 14~45 MHz。

2.3.5　前置分频器和锁相频率合成器电路设计

采用 MC12022 前置分频器与 MC145152 中的 ÷A 和 ÷N 计数器一起构成一个吞咽脉冲可编程分频器。图 2.3.5 为其工作示意图,其中(a)是 $P/(P+1)$ 前置分频器方框图,(b)是吞咽脉冲计数的示意图。MC12022 的分频比为 $P=63$ 和 64。MC12022 受控于吞咽计数器的分频比切换信号,也就是模式选择信号 M。当 M 为高电平时,分频比为 $P+1$;当 M 为低电平时,分频比为 P。MC145152 内的 ÷N 和 ÷A 计数器均为减法计数器。当减到零时,÷A 计数器输出由高电平变为低电平;÷N 计数器减到零时,输出一脉冲到 FD/PD,并同时将预置的 N 和 A 重新置入 ÷A 和 ÷N 计数器。利用这种方法可方便地使总分频比连续数,总分频比 $D=PN+A$。

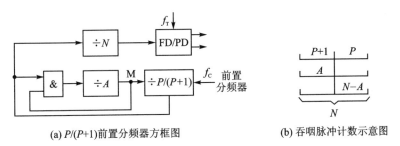

(a) $P/(P+1)$ 前置分频器方框图　　　　(b) 吞咽脉冲计数示意图

图 2.3.5　吞咽式脉冲计数原理图

锁相环频率合成器是以大规模集成 PLL 芯片 MC145152 为核心设计的。它是一块采用并行码输入方式设置、由 14 根并行输入数据编码的双模 CMOS - LSI 锁相环频率合成器。MC145152 的应用电路如图 2.3.6 所示。

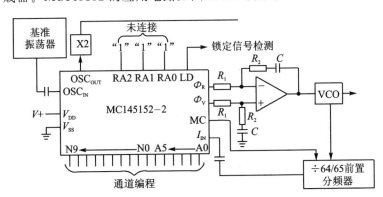

图 2.3.6　MC145152 应用电路

MC145152 片内含有基准频率振荡器、可供用户选择的参考分频器(12×8 ROM 参数译码器和 12 位 ÷R 计数器)、双端输出的鉴相器、控制逻辑、10 位可编程的 10

位 ÷N 计数器、6 位可编程的 6 位 ÷A 计数器和锁定检测等电路。其中,10 位 ÷N 计数器、6 位 ÷A 计数器、模拟控制逻辑和外接双模前置分频器组成吞咽脉冲程序分频器。吞咽脉冲程序分频器的总分频比 $D = PN + A(A$ 的范围为 $0 \sim 63$,N 的范围为 $0 \sim 1023$)。由此可计算出频率和 A、N 值的对应关系。利用 FPGA 控制器,由 14 根并行输入数据编程设置,改变频率和 A、N 值,便可达到改变输出频率的目的。

参考分频器是为了得到所需的频率间隔而设定的。频率合成器的输出频谱是不连续的,两个相邻频率之间的最小间隔就是频率间隔。在 MC145152 中,外部稳定参考源由 OSC_{IN} 输入,经 12 位分频将输入频率 ÷R,然后送入 FD/PD 中。÷R 计数分频器用于将晶振频率降低作为参考频率,可以控制输出频率间隔。R 值可由 R_{A0}、R_{A1} 和 R_{A2} 确定。MC145152 参考分频器分频系数的设置如表 2.3.1 所列。

表 2.3.1　MC145152 参考分频器分频系数的设置

R	8	64	128	256	512	1024	1160	2048
R_{A2}	0	0	0	0	1	1	1	1
R_{A1}	0	0	1	1	0	0	1	1
R_{A0}	0	1	0	1	0	1	0	1

MC145152 中鉴相器的作用实际上相当于一个模拟乘法器。鉴相器将参考分频器输出信号和压控振荡器产生的频率信号进行比较,输出为两者之间的相位差。低通滤波器将其中的高频分量滤掉。

2.3.6　低通滤波器电路和电源电路设计

1. 低通滤波器电路

低通滤波器由运放 LM358 和 RC 电路组成,其电路原理图如图 2.3.7 所示。

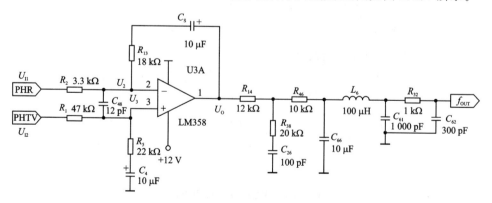

图 2.3.7　低通滤波器电路原理图

低通滤波器用于滤除鉴相器输出的误差电压中的高频分量和瞬变杂散干扰信

号,以获得更稳定的控制电压,提高环路稳定性及改善环路跟踪性能和噪声性能。锁相稳频系统是一个相位反馈系统,其反馈目的是使 VCO 的振荡频率由自有偏差的状态逐步过渡到准确的标准值。若 VCO 用作调频源,则其瞬时频率总是偏差标准值的。VCO 中心频率不稳主要由温度、湿度、直流电源等外界因素引起,其变化是缓慢的。锁相环路只对引起 VCO 平均中心频率不稳的分量(处于低通滤波器通带之内)起作用,使其中心频率锁定在设定的频率上。因此,输出的调频波中心频率稳定度很高。根据式(2.3.2)可计算出低通滤波器的截止频率 f_O。一般情况下,该截止频率值小于 10 Hz。理论上,环路滤波器的通带应尽量小,但是成本、体积也随之增加,几赫兹已经能满足要求。

$$
\begin{cases}
U_3 = \dfrac{R_5 + \dfrac{1}{R_5 + \mathrm{j}\omega C_4}}{R_1 + R_5 + \dfrac{1}{R_5 + \mathrm{j}\omega C_4}} U_{I2} \\[4mm]
\dfrac{U_{I1} - U_2}{R_2} = \dfrac{U_2 - U_O}{R_{13} + \dfrac{1}{\mathrm{j}\omega C_5}} \\[4mm]
U_3 = U_2 \\[2mm]
\omega = 2\pi f_O
\end{cases}
\tag{2.3.2}
$$

式(2.3.2)中,U_3 为运放同相输入端电压,U_2 为反相输入端电压,U_{I1} 和 U_{I2} 为来自鉴相器的误差信号,U_O 为运放输出电压。由式(2.3.2)可以解得截止频率 $f_O = 5.8$ Hz。

2. 电源电路

由于运放 LM358 的工作电压为 +12 V,其他各芯片工作电压为 +5 V,输入电压为 +15～+20 V,因此选用 LM7812 和 LM7805 将电压稳压到 +12 V 和 +5 V。芯片的输入端、输出端与地之间连接大容量的滤波电容;靠近芯片的输入引脚加小容量高频电容,以抑制芯片自激;输出引脚端一个连接高频电容(0.1 μF),以减小高频噪声。

2.3.7　功率放大电路和输出电压峰-峰值检测显示电路设计

功率放大器电路原理图如图 2.3.8 所示。利用三极管 9018 将压控振荡芯片 MC1648 的第 3 引脚输出的电压进行放大。为了提高功率放大器的效率,后级的三极管 3DA5109 工作在丙类状态。放大器效率可由式(2.3.3)计算:

$$
\eta = \frac{P_{OUT}}{P_E} \times 100\%
\tag{2.3.3}
$$

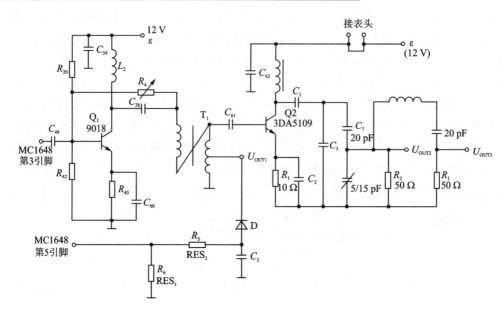

图 2.3.8　功率放大器电路原理图

式中，P_{OUT} 为输出功率，P_E 为电源消耗的功率。在输出功率不变的情况下，P_E 越小，效率越高。VCO 输出的电压经三极管 9018 后，通过可调电阻 R_4 形成一个交流电压并联负反馈；三极管 9018 工作在甲类放大状态，在频率改变的情况下，电压负反馈使输出电压 U_{OUT1} 稳定在 (1 ± 0.1) V。为进一步提高后一级放大器电路的工作效率，应调整 C_3 和 L_3 的值，使得其谐振频率约为 30 MHz。此时，当输出接 50 Ω 负载时，调整电感 L_3 的抽头，使输出电压 U_{OUT2} 取得最大值，此时功率最大。调整放大管 3DA5109 的导通角 θ 在 70°左右，可以提高功放的效率。为了防止失真过大，输出端采用并联谐振回路；当负载为容性时，采用串联谐振回路。这样可使输出功率和效率都达到最大值。在该电路中，在 T1 次级抽头增加一个自动增益负反馈电路（AGC），输出电压 U_{OUT1} 接到 MC1648 的引脚端 5。

　　VCO 输出电压峰-峰值检测电路如图 2.3.9 所示，由一个二极管 2AP30、一个电容和运放 LM324 构成。输入电压连接到二极管正极，正半周时二极管导通，对电容充电，对应一个电压值；负半周时二极管截止，电容放电。因充电时间短，而放电时间常数很大，形成脉动直流源，经运放直流放大器后，输出一个大约几伏的直流电压

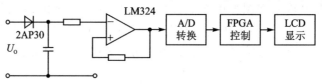

图 2.3.9　输出电压峰-峰值测量电路

U_O。将输出电压 U_O 经 A/D 转换后输入 FPGA 处理，然后送显示电路就可以直接读出 VCO 输出电压峰-峰值。

2.3.8　立体声电路模块应用电路设计

立体声电路以发射芯片 BA1404 为核心部件，由前置音频放大器（AMP）、立体声调制器（MPX）、FM 调制器、射频放大器及振荡器等电路组成。

该芯片采用低电压、低功耗设计，电源电压为 1～3 V，最大功耗为 500 mW（典型值），静态电流为 3 mA。左右声道各通过一个时间系数为 50 μs 的预加重电路把音频信号输入到 BA1404 内部。利用内部参考电压改变变容二极管的电容值，从而实现频率调整。其中第 6、7 引脚之间接一个 38 kHz 的晶振。电路图如图 2.3.10 所示。

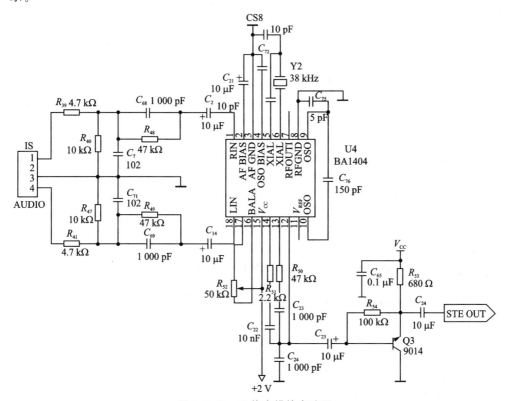

图 2.3.10　立体声模块电路图

各单元电路分别做在 5 块 PCB 板上。制版时，元器件排放尽可能靠近集成电路的引脚，特别是振荡回路走线尽可能短，电路板空白处大面积接地，以减小分布参数对电路的影响。其中低通滤波器、压控振荡器和功率放大器做在一块板子上，并用金属盒屏蔽，以隔离数字电路部分产生的谐波，能有效地防止谐波频率的干扰，提高输出信噪比。

2.3.9　相关参数的计算

根据 VCO 输出频率的范围为 14~45 MHz,首先确定参考频率 f_R,又因 f_R 为步长(频率间隔)的整数倍,步长 f_R' 可由式(2.3.4)确定。

$$f_R' = f_R / R \tag{2.3.4}$$

由于参考分频器分频系数 R 值是设置的,只能从 8 个设定值中选择(见表 2.3.2)。若采用 10.240 0 MHz 晶振作为参考频率,对其进行 $\div R$ 分频,R 取 2048,进行分频后得到 5 kHz 的脉冲信号。因此,步长 f_R' 为 5 kHz。该值也可通过 FPGA 改变。

由参考频率 f_R 来确定的 N 值和 A 值,应在 MC145152 规定的范围内(A 为 0~63,N 为 0~1023),并且必须满足 $N > A$。采用吞咽脉冲计数的方法,总分频比由式(2.3.5)计算:

$$\Sigma = A(P+1) + (N-A)P = PN + A \tag{2.3.5}$$

只要 $N > A$,尽管 P 为固定值,合理地选择 N 和 A 的值,总分频比 Σ 即可连续。此时,VCO 的振荡频率 f_C 被锁定在:

$$f_C = (PN + A) \times f_R \tag{2.3.6}$$

其中,N 为 0~1023;A 为 0~63;$P = 64$(由 MC12022 确定)。

现举例计算 A、N 的值。设 VCO 的输出频率为 $f_C = 5$ MHz,步长 $f_R' = 5$ kHz。由式(2.3.6)计算可得 $(PN + A) = 5$ MHz $\div 5$ kHz $= 1000$,$1000 \div 64 = 15.625$。由此可得,$N = 15$,$A = 0.625 \times 64 = 40$。通过此方法可方便地算出每个频率对应的参数。

2.3.10　电压控制 LC 振荡器软件设计

软件设计的关键是对 PLL 芯片 MC145152 的控制以及测频显示。软件实现的功能如下:

① 设定频率间隔 $f_R \div R$,即确定调频步进;

② 设定分频系数 A、N 的值,以得到需要的输出频率;

③ 测量输出频率并显示;

④ 显示时间;

⑤ 控制 ADC0809 的工作;

⑥ 产生自制音源;

⑦ 驱动液晶显示器。

1. MC145152 的控制和显示部分的程序设计

相关软件采用 VHDL 硬件描述语言编写,程序流程图如图 2.3.11 所示。选用的晶振频率为 10.240 0 MHz,首先确定其频率间隔,对其进行 $\div R$ 分频,若 R 取 2048,则得到频率间隔为 5 kHz。这样改变计数方法,可使调频步进分别为 5 kHz、100 kHz 和 500 kHz。分为 3 挡,若选择的挡位不同,则 A、N 值的计算可由前述的公式来完成,但是在编程过程中并不是将该算法存入程序,而是寻找到 A、N 的变化规律,找到简单的计算方法。表 2.3.2 为步进不同时分别对应的 A、N 值,限于篇幅,只取其中一部分,通过观察可发现其变化规律。频率范围为 14～45 MHz。A、N 的初始值为 16 和 31。图 2.3.12 为参数计算的流程图。当步进分别为 1 kHz、10 kHz、100 kHz 时,A 的值分别增加 1、10 和 36。由于 A 值的范围是 0～63,而且必须满足 $N > A$ 的条件,所以当 A 值大于 63 时,A 值变为 $A - 64$。在程序设计中,不需要将每个变化都存入 FPGA,而是使用一个变量 f_A,其值分别对应不同的步进取值为 1、20 或 36;选择不同的挡位,对 f_A 取相应的值即可。这样便节省了系统资源。可根据设定频率确定 A、N 值并送到 MC145152 中。

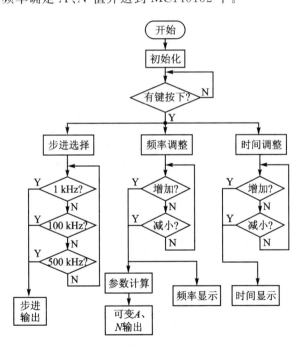

图 2.3.11　程序流程图

表 2.3.2　频率间隔为 5 kHz、100 kHz、500 kHz 时对应的 A、N 值列表（部分）

5 kHz	A 值	N 值	100 kHz	A 值	N 值	500 kHz	A 值	N 值
30.0	48	93	30.1	4	94	30.5	20	95
30.005	49	93	30.2	24	94	31.0	56	96
30.01	50	93	30.3	44	94	31.5	28	98
30.015	51	93	30.4	0	95	32.0	0	100
30.02	52	93	30.5	20	95	32.5	36	101
30.025	53	93	30.6	40	95	33.0	8	103
30.03	54	93	30.7	60	95	33.5	44	104
30.035	55	93	30.8	16	96	34.0	16	106
30.04	56	93	30.9	36	96	34.5	52	107
30.045	57	93	31.0	56	96	35.0	24	109
30.05	58	93	31.1	12	97	35.5	60	110

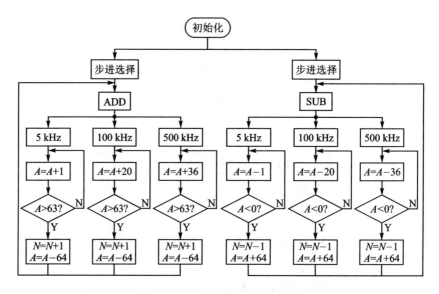

图 2.3.12　参数计算程序流程图

2. 频率测量部分的程序设计

频率测量是对设定的输出频率进行实时测定并显示。相关程序利用 VHDL 硬件描述语言来编写。该程序包括 4 个模块：分频器、测频控制器、计数器和锁存器。最终将测得的数据锁存后送到液晶显示出来。频率测量原理框图如图 2.3.13 所示。利用计数器对被测频率脉冲计数。当时钟周期为 1 s 时，测得的脉冲个数即为所测频率。由于采用的实验小板的晶振是 50 MHz，首先对其分频，得到一个 1 kHz 的时钟信号作为测频控制器的时钟信号。而测频控制器是为了完成自动测频而设计的。它控制计数器的工作,使其计数周期为 1 s,1 s 之后就停止计数,将此时的计数值送入锁存器锁存,同时对计数器清零,开始下一个周期的计数,该计数值就是测得的频率。该控制器产生 3 个控制信号 cnt_en、rst_cnt 和 load,分别作为计数器的使能、清零和锁存器的使能信号,完成测频三步曲——计数、锁存和清零。

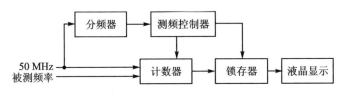

图 2.3.13 频率测量原理框图

3. 液晶显示驱动的程序设计

该部分程序用 VHDL 硬件描述语言编写。利用液晶显示屏来显示设定频率、实测频率、电压峰–峰值、时间和自制音源中存储的曲目。采用的液晶是 MDLS 系列字符型液晶显示模块(LCM)。LCM 由字符型液晶显示屏(LCD)、控制驱动电路 HD44780 及其扩展驱动电路 HD44100 等组成。HD44780 是字符型液晶显示模块的控制器,分为控制部分和驱动部分。控制部分产生其内部工作时钟,控制各功能电路的工作,管理字符发生器 CGRAM 和 CGROM,显示存储器 DDRAM。其中 CGROM 为已固化好的字模库,CGRAM 为可随时定义的字符字模库,根据用户不同的定义可调出所需显示的字符。图 2.3.14 为 FPGA 与液晶显示模块的接口电路图。V_{DD} 是 +5 V 逻辑电源,V_O 是液晶驱动电源,V_{SS} 是电源地。DB7～DB0 为数据总线,接收来自外部的数据。R/W 为数据操作选择,为 1 时读操作,为 0 时写操作。E 是使能信号,为 1 时整个系统才开始工作。HD44780 有 8 条指令,指令格式非常简单,利用 FPGA 驱动字符型液晶显示模块主要是对这 8 条指令进行控制。

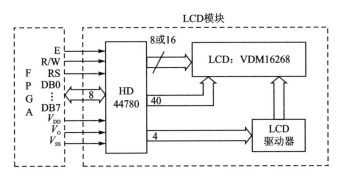

图 2.3.14 FPGA 与液晶显示模块接口图

系统设计包含 FPGA 和字符型液晶显示模块两部分。FPGA 的设计主要包含时钟模块（clock）、液晶显示器译码模块（lcd_decoder）和液晶显示器驱动模块（lcd_driver）。时钟模块是对显示时间的预置，即液晶显示器显示的内容。液晶显示器译码模块是把输入的时间译成与之对应的液晶显示器的专用二进制代码。例如：要在液晶显示屏幕上显示数字 3，必须把 3 译码成二进制代码 00110011，才能在显示屏幕上得到所需显示的数据。液晶显示器驱动模块驱动液晶显示器模块。FPGA 内部电路原理图如图 2.3.15 所示。

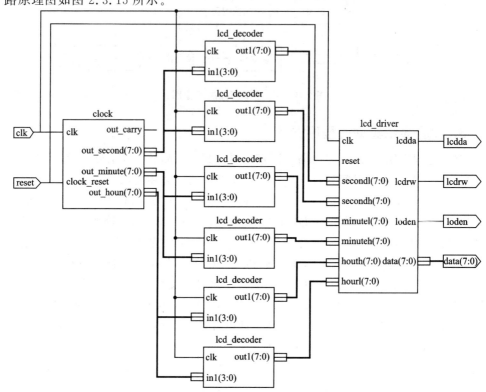

图 2.3.15　FPGA 内部电路原理图

　　FPGA 内部电路的工作流程是：首先预置数据，然后被预置的数据通过液晶显示器译码模块（lcd_decoder）译成液晶显示器中所对应的二进制代码，送入液晶显示器驱动模块（lcd_driver），由 lcd_driver 模块的输出信号直接控制液晶显示器，输出对应的字符。这样便达到了现场可编程逻辑器件 FPGA 驱动 MDLS 字符型液晶显示的目的。

4. 驱动部分的程序设计

　　FPGA 控制液晶显示器驱动器部分（lcd_driver）内部 3 大进程分别是数据预置（loaddata）、分频（divider）和控制进程（control）。分频进程是为满足使能信号的使能周期的最小时间，这是由于 FPGA 的频率太高，要满足使能周期的最小时间，就必须利用分频来实现。控制进程是利用状态机来完成的。STATE0、STATE1、…、

STATE5 分别表示 set_dlnf 状态(功能设置)、clear_lcd 状态(清屏)、set_cursor 状态(输入方式设置)、set_dcb 状态(限制开关控制)、set_location 状态(DDRAM 地址设置)、write_data 状态(写数据)。状态转换图如图 2.3.16 所示。当复位信号 reset＝0 时,进入初始化状态即 set_dlnf 状态(功能设置),其输出为 lcden<＝'0',lcdda<＝'0',lcdrw<＝'0',data<＝"00111100"。其中,lcden 为使能信号,lcdda 相当于 RS 寄存器的输入信号,lcdrw 是数据读/写信号。data<＝"00111100"表示该功能方式设置的是 8 位数据接口,2 行显示,5×10 点阵字符;其他状态输出和功能查 MDLS 字符型液晶显示模块指令集可知。

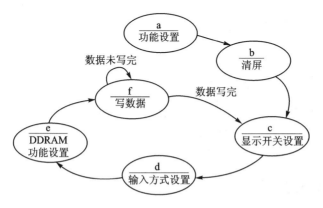

图 2.3.16　液晶驱动状态图

5. 自制音源信号的程序设计

自制音源信号的程序分为 4 个模块：分频(pulse)、乐曲自动演奏(automusic)、音调发生(tone)和数控分频(speaker)。其原理框图如图 2.3.17 所示。当开关接通时,即选择自动演奏存储好的乐曲,此时系统工作。由于所采用的实验板提供的时钟是 50 MHz,因此首先对其分频,得到 12 MHz 和 8 MHz 的脉冲,分别作为 speaker 和 automusic 模块的时钟信号。

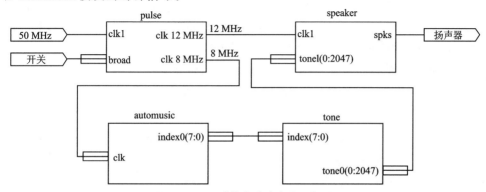

图 2.3.17　乐曲自动演奏原理框图

automusic 模块产生 8 位发声控制输入 index。其中,一个进程对基准脉冲进行分频得到 4 MHz 的脉冲,以控制每个音阶停顿时间为(1/4) s=0.25 s;第 2 个进程是音乐存储,将编好的乐曲存在 ROM 中,本设计中存储了 3 首歌曲。tone 模块产生获得音阶的分频预置值。当 8 位发声控制输入 index 中的某一位为高电平时,则对应某一音阶的数值将以端口 tone 输出,作为获得该音阶的分频预置值。该值为数控分频器的输入,对 4 MHz 的脉冲分频,得到每个音阶相应的频率,例如输入 index="00000010",即对应的按键是 2,产生的分频系数便是 6 809。speaker 模块的目的是对基准脉冲分频,得到 1、2、3、4、5、6、7 以及高低 8 度的音符对应频率。

2.4 波形发生器设计

2.4.1 波形发生器设计要求

设计制作一个波形发生器,该波形发生器能产生正弦波、方波、三角波和由用户编辑的特定形状波形,输出波形的频率范围为 100 Hz～20 kHz,输出波形幅度范围为 0～5 V(峰-峰值)。设计详细要求与评分标准等请登录 www.nuedc.com.cn 查询。

2.4.2 波形发生器系统设计方案

本设计由直接数字频率合成器、功率放大电路、单片机最小系统和手写板输入 4 个模块电路构成[3]。本设计的特色在于采用直接数字频率合成技术,较大幅度地提高了输出波形的频率;使用双口 RAM,避免了 DMA 技术所需的总线隔离,使系统简单并可靠;通过串行通信接口获取手写笔在手写板上移动轨迹的坐标数据,经过处理后可输出用户编辑的任意波形。

1. 频率合成器

采用直接数字频率合成技术产生波形的方框图如图 2.4.1 所示,输入频率经倍频→计数器→存储器→D/A 转换器→滤波后产生所需波形输出。用存储器存储所需的波形量化数据,用不同频率的脉冲驱动地址计数器。该计数器的输出接到存储器的地址线上,这样在存储器的数据线上就会周期性地出现波形的量化数据,经 D/A 转换并滤波后即可生成波形,并且完全能满足频率范围为 100 Hz～200 kHz、步进间隔≤100 Hz 的要求。图中,可编程 n 倍频电路选用 82C54,锁相频率合成器用 CD4046 来实现。

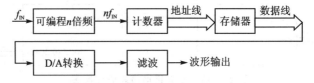

图 2.4.1 采用直接数字频率合成技术产生波形的方框图

直接数字频率合成器由地址发生器、存储器(RAM)、数/模转换器(DAC)及低通滤波器(LPF)组成,是一种纯数字化的方法,产生的信号频率准确,频率分辨率高。设计时对每个波形周期抽取 32 个点,将这些点所对应的样值存储到存储器中,然后用地址发生器即二进制计数器的低 5 位 Q0～Q4 作为地址去寻址 RAM。这样,RAM 对应地址的样值经过高速 D/A 转换器 TLC7524 进行 D/A 转换,就可以得到阶梯波形。只要改变计数器的输入脉冲频率,就可以改变 RAM 数据的输出频率,从而输出波形的频率就可以得到控制。然后用低通滤波器对阶梯波进行滤波,就可以得到平滑的波形。由于一个周期取 32 个样点,最小步进为 4 Hz,因此,如果计数器的计数脉冲频率为 128 Hz,D/A 转换器就会输出 4 Hz 的波形。这样,若要得到频率为 n Hz(n 为 4 的倍数)的波形,则只要输入频率为 $32 \times n$(Hz)的计数脉冲即可。例如,要得到 200 kHz 的波形,计数脉冲频率应为 6.4 MHz;要得到频率为 250 kHz 的正弦波,计数脉冲频率应为 8 MHz。

2. 波形线性组合

从键盘上可编辑生成 3 种波形(同周期)的线性组合波形,其函数形式表示为

$$V_{\Sigma}(\omega t) = AV_{\sin}(\omega t) + BV_{\mathrm{pul}}(\omega t) + CV_{\mathrm{tri}}(\omega t)$$

其中,$V_{\Sigma}(\omega t)$ 为组合的波形函数;$V_{\sin}(\omega t)$、$V_{\mathrm{pul}}(\omega t)$、$V_{\mathrm{tri}}(\omega t)$ 分别为标准的正弦波、方波、三角波函数;A、B、C 分别为 3 种波形在组合波形中所占的比例系数。只要通过键盘输入 3 种波形的比例系数,就可以得到想要的组合波形。

对于由基波及其谐波(5 次以下)的线性组合波形,处理方法与前面的相同,只是此时的正弦波、方波、三角波是由各自的基波和 5 次以下谐波所构成,这 3 种波形函数均可由 Fourier 级数获取。方波的 Fourier 系数为 $[1-(-1)^n]/2n$(n 为谐波次数),三角波的 Fourier 系数为 $[(-1)^n-1]/n^2$(n 为谐波次数),并且方波、三角波均只有奇次谐波。通过谐波与基波的叠加,就可以得到不含高次谐波的方波和三角波函数,然后通过与上述相同的方法即可得到任意比例的线性组合波形。

3. 存储器选择

半导体存储器采用特殊存储器双口 RAM。双口 RAM 有左右 2 套完全相同的 I/O 口,即 2 套数据总线、2 套地址总线、2 套控制总线,并有 1 套竞争仲裁电路。可以通过左右两边的任一组 I/O 进行全异步的存储器读/写操作,这样避免了系统总线隔离,硬件电路简单可靠,性价比高。

双口 RAM 选择芯片 ID17132,48 引脚双列直插封装,其存储容量为 2 KB。

4. 设置的波形参数存储

本系统使用了 X5045 看门狗监控电路,该芯片有 512 字节的 $E^2 PROM$ 存储空间,具有掉电存储功能。因此,可以充分利用它的这一功能,存储需要保存的波形参数设置。在系统重新上电后,读取该波形数据,即可输出掉电前的波形。

5. 用户编辑波形的生成

本系统用的输入装置是汉王手写板，这是一种电磁感应式手写板。其工作原理是：电磁感应笔会放出电信号，由基板感应到后，将笔的位置传送给电脑，然后电脑再做出移动光标或其他相应的动作。通过对手写板的研究，根据破译的串口通信的命令码：手写板发送的每一帧数据为 5 字节，第 1 字节为命令字，后 4 字节分别为基板的 X 轴和 Y 轴坐标数据的低位和高位。因此，可通过判断命令字来确定笔是否按下，如果有按下，就存储相应的点的坐标。最后将 X 轴的坐标数据作为时间，Y 轴的坐标数据作为幅度输出，即可得到用户编辑的波形。

2.4.3　晶体振荡器和锁相环电路设计

设计要求组成一个周期的波形需要取 32 个样点，且频率最小步进间隔定为 4 Hz，这样就需要产生 128 Hz 基准频率的方波作为锁相环电路的输入信号。由 32.768 kHz 的晶振、6 路反向器 74HC04 和 CD4060 组成一个晶体振荡器电路，将 32.768 kHz 的晶振通过整形电路整形和分频，可得到频率为 128 Hz 的方波。其电路原理图[3]如图 2.4.2 所示。

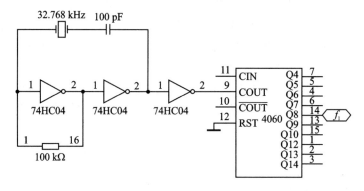

图 2.4.2　晶体振荡器电路

锁相环电路采用专用芯片 CD4046。其引脚端封装形式、内部结构和应用电路如图 2.4.3 所示。

CD4046 的引脚端功能如下：引脚端 1 为相位输出端，环路入锁时为高电平，环路失锁时为低电平；引脚端 2 为相位比较器 I 的输出端；引脚端 3 为比较器 II 信号输入端；引脚端 4 压控振荡器输出端；引脚端 5 为禁止端，高电平时禁止，低电平时允许压控振荡器工作；引脚端 6、7 外接振荡电容；引脚端 8、16 为电源的负端和正端；引脚端 9 为压控振荡器的控制端；引脚端 10 为解调输出端，用于 FM 解调；引脚端 11、12 脚外接振荡电阻；引脚端 13 为相位比较器 II 的输出端；引脚端 14 为信号输入端；引脚端 15 为内部独立的齐纳稳压管负极。

CD4046 内部主要由相位比较 I、II、压控振荡器（VCO）、线性放大器、源跟随器、整形电路等电路构成。

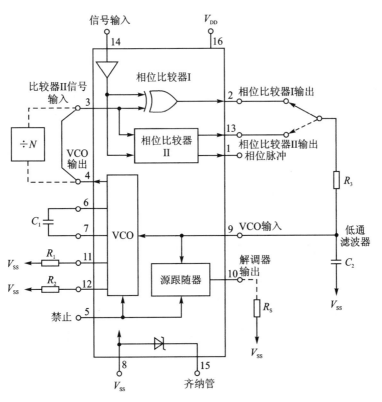

图 2.4.3　CD4046 的引脚端封装形式、内部结构和应用电路

　　比较器 I 采用"异或"门结构,当两个输入端信号 U_1、U_0 的电平状态相"异"时(即一个高电平,一个为低电平),输出端信号 U_Ψ 为高电平;反之,U_1、U_0 电平状态相同时(即两个均为高电平,或均为低电平),U_Ψ 输出为低电平。当 U_1、U_0 的相位差 $\Delta\varphi$ 在 $0° \sim 180°$ 范围内变化时,U_Ψ 的脉冲宽度 m 亦随之改变,即占空比亦在改变。

　　相位比较器 II 是一个由信号的上升沿控制的数字存储网络。它对输入信号占空比的要求不高,允许输入非对称波形。它具有很宽的捕捉频率范围,而且不会锁定在输入信号的谐波。它提供数字误差信号和锁定信号(相位脉冲)两种输出。当达到锁定时,在相位比较器 II 的两个输入信号之间保持 $0°$ 相移。对于相位比较器 II,当引脚端 14 的输入信号比引脚端 3 的比较信号频率低时,输出为逻辑 0;反之,则输出逻辑 1。如果两信号的频率相同而相位不同,当输入信号的相位滞后于比较信号时,相位比较器 II 的输出为正脉冲,当相位超前时则输出为负脉冲。在这两种情况下,从引脚端 1 都有与上述正、负脉冲宽度相同的负脉冲产生。从相位比较器 II 输出的正、负脉冲的宽度均等于两个输入脉冲上升沿之间的相位差。而当两个输入脉冲的频率和相位均相同时,相位比较器 II 的输出为高阻态,则引脚端 1 输出高电平。由此可见,从引脚端 1 输出信号是负脉冲还是固定高电平就可以判断两个输入信号的情况了。

　　CD4046 锁相环采用的是 RC 型压控振荡器(VCO),必须外接电容 C_1 和电阻

R_1 作为充放电元件。当 PLL 对跟踪的输入信号的频率宽度有要求时,还需要外接电阻 R_2。由于 VCO 是一个电流控制振荡器,对定时电容 C_1 的充电电流与从引脚端 9 输入的控制电压成正比,使 VCO 的振荡频率亦正比于该控制电压。当 VCO 控制电压为 0 时,其输出频率最低;当输入控制电压等于电源电压 V_{DD} 时,输出频率则线性地增大到最高输出频率。VCO 振荡频率的范围由 R_1、R_2 和 C_1 决定。由于它的充电和放电都由同一个电容 C_1 完成,故其输出波形是对称方波。CD4046 的最高频率 f_{MAX} 为 1.6 MHz($V_{DD}=15$ V),若 $V_{DD}<15$ V,则 f_{MAX} 要降低一些。

CD4046 内部还有线性放大器和整形电路,可将引脚端 14 输入的 100 mV 左右的输入信号变成方波或脉冲信号送至两相位比较器。源跟随器是增益为 1 的放大器,VCO 的输出电压经源跟随器至引脚端 10 作 FM 解调用。片内齐纳二极管可单独使用,其稳压值为 5 V。若它与 TTL 电路匹配,则可用作辅助电源。

2.4.4　地址计数脉冲产生电路设计

地址计数脉冲产生电路[3] 如图 2.4.4 所示。128 Hz 的方波信号作为锁相环频率合成器 CD4046 的基准时钟,并配以可编程计数器 82C54 可实现基准时钟频率的 2～62500 倍频,这样就得到了地址计数器脉冲 f_2,对应的频率范围为 256 Hz～8 MHz。82C54 的引脚端封装形式有 PDIP、CERDIP、SOIC 封装和 PLCC/CLCC 封装。82C54 读/写控制真值表如表 2.4.1 所列。

表 2.4.1　82C54 读/写控制真值表

$\overline{CS}$	$\overline{RD}$	$\overline{WR}$	A1	A0	描　述
0	1	0	0	0	写入计数器 0
0	1	0	0	1	写入计数器 1
0	1	0	1	0	写入计数器 2
0	1	0	1	1	写控制字
0	0	1	0	0	读计数器 0
0	0	1	0	1	读计数器 1
0	0	1	1	0	读计数器 2
0	0	1	1	1	未操作(三态)
1	X	X	X	X	未操作(三态)
0	1	1	X	X	未操作(三态)

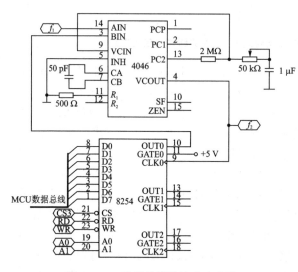

图 2.4.4　地址计数脉冲产生电路

2.4.5　波形产生电路设计

波形产生电路要产生任何波形,只需向双口 RAM 存储一个周期的波形数据,然后地址计数器 CC4040 在 f_2 的驱动下产生持续和周期性的增量地址信号,控制双口

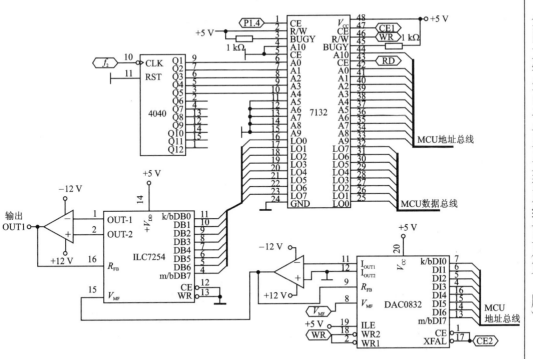

图 2.4.5　波形产生电路

RAM IDT7132 输出该波形数据，经过 TLC7254 芯片 D/A 转换后，得到所需波形。波形产生电路[3] 如图 2.4.5 所示。TLC7254 为高速的 D/A 转换器件，电流型输出，经高速运放进行电流电压转换后，得到幅度各异的波形信号。该信号的幅度受 DAC0832 的输出电压控制，幅值范围为 0～5 V。

IDT7132 的引脚端封装形式和内部结构如图 2.4.6 所示，读/写控制真值表如表 2.4.2 所列。TLC7254 的引脚端封装形式有 D、N、PW 封装和 FN 封装，应用电路如图 2.4.7 所示。

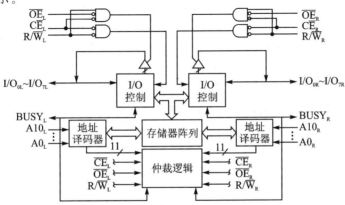

图 2.4.6　IDT7132 的引脚端封装形式和内部结构

表 2.4.2　IDT7132 读/写控制真值表

左或右通道				功　　能
R/$\overline{\text{W}}$	$\overline{\text{CE}}$	$\overline{\text{OE}}$	D0~D7	
X	H	X	Z	通道不使能和进入低功耗模式
X	H	X	Z	$\overline{\text{CE}}_R = \overline{\text{CE}}_L = V_{1H}$，低功耗模式
L	L	X	DATA$_{\text{IN}}$	在通道上的数据写入存储器
H	L	L	DATA$_{\text{OUT}}$	存储器中的数据输出在通道上
X	L	H	Z	高阻抗输出

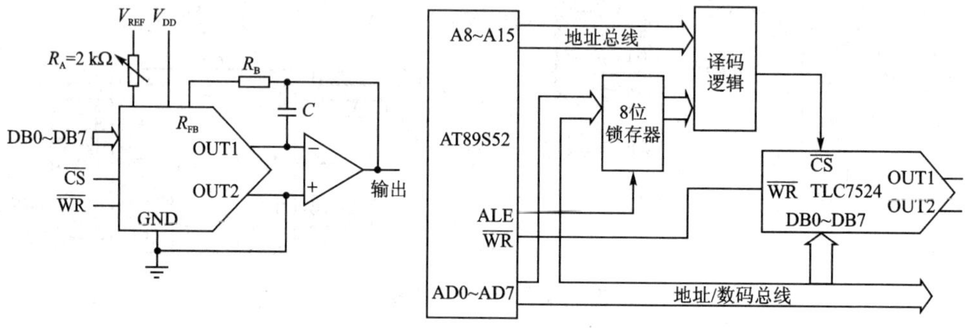

(a) 典型应用　　　　　　(b) 与 AT89S52 单片机的接口电路

图 2.4.7　TLC7524 的应用电路

2.4.6　滤波、稳幅输出电路设计

正弦波信号经 D/A 转换后输出,再通过滤波电路、输出缓冲电路,抑制谐波和高频噪声,使信号平滑且具有负载能力。

由于正弦波的输出频率小于 262 kHz,为保证 262 kHz 频带内输出幅度平坦,滤波器电路采用二阶 Butterworth 有源低通滤波器,对电路元器件参数选择 $R_1 = 1\ \text{k}\Omega$,$R_2 = 1\ \text{k}\Omega$,$C_1 = 100\ \text{pF}$,$C_2 = 100\ \text{pF}$。运放为宽带运放 LF351 时,用 Multisim7 仿真软件对该滤波器分析表明,截止频率约为 1 MHz,262 kHz 以内幅度平坦。滤波、缓冲输出电路[3]如图 2.4.8 所示。

为保证稳幅输出,选用低功耗、高速、宽带运算放大器 AD817。该放大器具有很强的大电流驱动能力。实际电路测量结果表明:当负载为 100 Ω、输出电压峰-峰值为 10 V 时,带宽大于 500 kHz,幅度变化小于 ±1%。

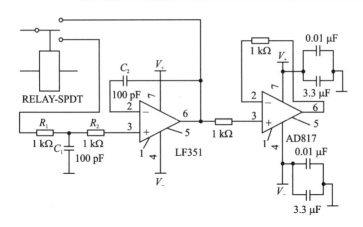

图 2.4.8　滤波、缓冲输出电路

2.4.7　单片机系统设计

　　单片机系统如图 2.4.9 所示,是由单片机 AT89S52(内部带 8 KB Flash ROM)、地址锁存器 74IS573 和数据存储器 6264(内部 RAM 为 8 KB)构成的最小系统。采用具有存储功能的看门狗芯片 X5045 来存储设置波形的参数。采用可编程键盘、显示接口芯片 82C79 构成的键盘显示电路。X5045 引脚端封装形式和内部结构如图 2.4.10 所示,引脚端功能如表 2.4.3 所列。

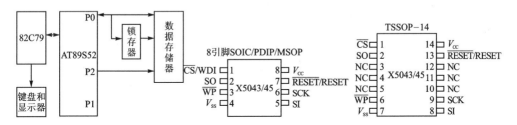

图 2.4.9　单片机系统　　　　**图 2.4.10　X5045 引脚端封装形式**

表 2.4.3　X5045 引脚端功能

符　号	功　能	符　号	功　能
$\overline{\text{CS}}$/WDI	片选	$\overline{\text{WP}}$	写保护输入
SO	串行数据输出	V_{SS}	地
SI	串行数据输入	V_{CC}	电源电压
SCK	串行时钟	$\overline{\text{RESET}}$/RESET	复位输出

2.4.8　波形发生器软件设计

1. 系统操作说明

系统使用 2×8 键盘，共 16 个键。其中 11 个为直接操作键，5 个为功能菜单选择键。直接操作键有：掉电恢复，频率加、减，幅值加、减，波形存、取，波形类型，幅值显示，频率显示，波形切换。菜单由上、下、左、右、确认键构成。功能选择有相应的显示提示。

2. 系统软件流程图

主程序流程图[3]如图 2.4.11 所示。

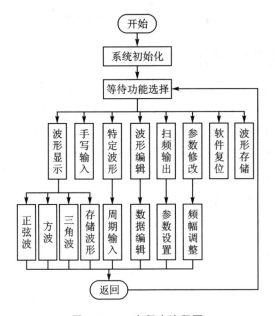

图 2.4.11　主程序流程图

2.5　实用信号源设计

2.5.1　实用信号源设计要求

在给定 ±15 V 电源电压条件下，设计并制作一个正弦波和脉冲波信号源，信号频率为 20 Hz～20 kHz，在负载为 600 Ω 时输出幅度为 3 V。设计详细要求与评分标准等请登录 www.nuedc.com.cn 查询。

2.5.2　实用信号源设计系统设计方案

1. 正弦波信号的产生

800 Hz 以下(包括 800 Hz)的正弦波信号的产生采用软件相位累加 DDS 方案来实现。输出频率 f_O 为

$$f_O = \frac{f_C}{2^n} \times N$$

式中,f_C 为时钟频率(此处取 10 kHz);n 为累加器位数;N 为由输出频率确定的累加值。

800 Hz~50 kHz 的正弦波采用动态生成程序的方法来实现。该方案引入了动态编程和吞咽时钟脉冲技术。

利用 AT89S52 单片机软件相位累加(24 位累加)的方法,最少要 7 条指令 15 个机器周期,当单片机时钟频率为 12 MHz 时,需要用 15 μs 才可输出一个正弦波数据给 D/A,这不可能产生 50 kHz 的正弦波。

为了提高正弦波波形生成数据的传输速率,在设计正弦波波形生成程序时应不采用计算、判转等指令,而是直接传送正弦波波形生成数据。这样单片机可以 2 μs 就输出一个正弦波数据。但这样波形生成程序随所需信号频率而异,不能预先固化于程序存储器 EPROM 中,因此采用了动态编程技术,由单片机根据输出频率的需要,现场生成这一动态变化的程序。

动态编程实现的方法是:将外部数据存储器 RAM 映射到程序存储器空间,动态编程时用写入外部数据存储器的方式写入波形生成程序的指令代码,然后跳转到该程序段,反复执行这段程序完成产生波形的功能。

在 RAM 中可以动态地生成产生一个周期正弦波的程序,然后用 LIMP 指令循环运行它,就能产生连续不断的正弦波。这段动态程序产生一个周期的正弦波,要求 $nt_O = t_{PRG}$,其中 t_O 为正弦波的周期,t_{PRG} 为程序运行周期,即程序运行一次的时间。

动态生成程序主要由送数指令"MOV P1,♯XXX"组成(其中 P1 口接 D/A 转换器,♯XXX 为正弦波数据),偶尔穿插 NOP 和"CPL XX"指令来调整时序。程序段结尾处利用 LIMP 指令完成循环功能,这样就可以提供 50 kHz 正弦波所需的 D/A 转换数据。在这个程序中,指令 NOP 延时 1 μs,指令"CPL XX1"的执行时间不是常规的一个指令周期,而是(37/36)个指令周期,指令"CPL XX2"的执行时间是(7/6)个指令周期。

设在动态生成程序中有 x 条"MOV P1,♯XXX"指令,y 条 NOP 指令,z 条"CPL XX1"指令,u 条"CPL XX2"指令,而且必须要有一条 LJMP 指令使程序循环运行。于是有

$$t_{PRG} = \left(2x + y + \frac{37}{36}z + \frac{7}{6}u + 2\right) \times 1 \ \mu s = nt_O$$

只要选择合适的 n、x、y、z、u，即可产生要求的正弦波。但因为动态程序存储器的空间是有限的，所以 t_{PRG} 的值也是有限的。在确定了最大的 t_{PRG} 后，可以导出 n 的最大值（因为 t_0 的值能够由 f_0 确定）。同时，因 n、x、y、z、u 只能取整数，所以可以穷举 n 的所有可能取值（$n=[1, n_{MAX}]$），求出相应的 x、y、z、u，取整后，再计算出实际产生的频率 f_0，将这个频率 f_0 和要求的频率 F_0 相比较，取其误差最小的，作为实际生成程序的一组参数。

用 C 语言编写一段程序，按照以上算法在计算机上从 800 Hz～50 kHz 步进 1 Hz 逐点进行验证。当动态程序存储器为 3072 字节时，实际输出频率 f_0 和所需频率 f_0 之间的误差，在 20 kHz 以下时不超过 0.2 Hz，在 50 kHz 以下时最大不超过 0.3 Hz。由此证明，这种方法是切实可行的。（f_0 虽有误差，但非常稳定，完全可以满足任务要求。）

波形生成程序要保证正弦信号首尾相位相同，就须满足 $t_{PRG}=nt_0$。而动态程序存储空间是有限的，故 t_{PRG} 的值是有限的，只靠 NOP 指令来调整 t_{PRG} 的时间，误差最大为 1 μs，显然精度不够。采用吞咽脉冲技术可使 t_{PRG} 的精度调整到（1/36）μs。

吞咽时钟脉冲技术实现的方法是：将 36 MHz 的晶振信号送入吞咽脉冲可编程分频器，吞咽脉冲可编程分频器完成 3 分频工作，将 12 MHz 时钟送入单片机。

2. 方波信号的产生

方波信号由同频率的正弦波产生，采用计数定时方案来实现占空比的步进调整。为提高占空比的精度，采用了预分频和择优技术。

3. 信号源系统方框图

信号源系统方框图[2]如图 2.5.1 所示。

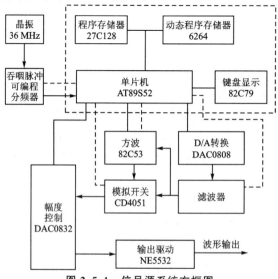

图 2.5.1　信号源系统方框图

2.5.3　单片机系统设计

单片机系统是整个系统的核心,完成波形数据的产生和系统控制。单片机系统是由 AT89S52 单片机、27C128 EPROM 程序存储器和地址锁存器 74LS373 构成的最小系统。

动态程序存储器由 RAM 6264 构成。将 AT89S52 的 $\overline{\text{PSEN}}$ 接 6264 的 $\overline{\text{RD}}$,它既占据 8 KB 的程序存储器空间,同时又占据 8 KB 的数据存储器空间。

键盘显示电路由可编程键盘、显示接口芯片 82C79 构成,82C79 用中断方式与 AT89S52 通信。具有功能键：Enter、Stop、A、K、Auto＋、Auto－、正弦波/脉冲波;数字键：0～9。

系统复位键 RESET 不由 82C79 控制。

单片机系统的地址空间分配如下。

27C128：0000H～3FFFH 的程序存储空间;

6264：6000H～7FFFH 的程序和数据空间;

82C53：4000H～5FFFH;

82C55：8000H～9FFFH;

DAC0832：0A000H～0BFFFH;

82C79：0E000H～0FFFFH。

2.5.4　主振和吞咽时钟脉冲电路设计

主振电路产生 36 MHz 的时钟信号,吞咽时钟脉冲电路是可控分数分频器,它为 AT89S52 提供时钟信号。采用 MC12022 前置分频器和 MC145152 中的 $\div A$ 和 $\div N$ 计数器一起构成一个吞咽脉冲可编程分频器。详见 2.3.5 小节。

2.5.5　正弦波形成电路设计

D/A 转换器由建立时间为 150 ns 的 DAC0808 实现。DAC0808 的基准电压由 3 端稳压器 7805 提供。D/A 转换器将 AT89S52 的 P1 口送来的正弦波数据变换成阶梯正弦波,再经滤波器滤波后送入 LM311 和 CD4051,经 DAC0832 进行幅度控制,由双低噪声运算放大器 NE5532 驱动后输出。

DAC0808 的应用电路如图 2.5.2 所示,图中 $V_0 = 10$ V $\times$ $\left(\dfrac{A_1}{2} + \dfrac{A_2}{4} + \cdots + \dfrac{A_8}{256}\right)$。NE5532 的引脚端封装形式和应用电路如图 2.5.3 所示。

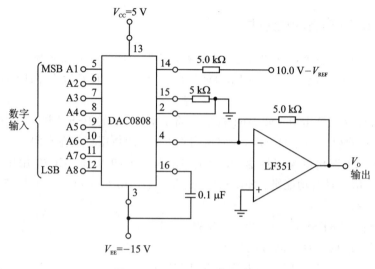

图 2.5.2　DAC0808 应用电路

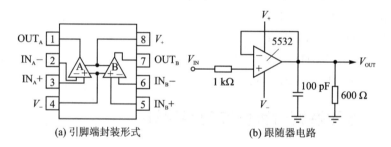

(a) 引脚端封装形式　　　　(b) 跟随器电路

图 2.5.3　NE5532 引脚端封装形式和应用电路

2.5.6　滤波器和方波形成电路设计

1. 阶梯正弦波的频谱分析

设阶梯正弦波的幅值为 1,周期 $T=2\pi$,每个周期由 $2N$ 个阶梯脉冲组成,则第 i 个周期脉冲可表示为

$$F_i(t)=\begin{cases}\sin\left[\dfrac{\pi}{N}\left(i-\dfrac{1}{2}\right)+2M\pi\right] & \dfrac{\pi}{N}(i-1)+2M\pi\leqslant t\leqslant\dfrac{\pi}{N}i+2M\pi\\[2mm]0 & t\text{ 为其他值}\end{cases}$$

其中,$i=1$、2、$\cdots$、$2N$;$M=0$、1、2。

进行傅里叶分析得

$$F(t)=\sum_{i=1}^{2N}F_i(t)=\sum_{i=1}^{2N}\sum_{k=1}^{\infty}a_ik\cdot\sin kt$$

各次谐波幅值为

$$|I_k| = \begin{cases} \dfrac{2N}{(2nN+1)\pi}\sin\dfrac{\pi}{2N} & k = 2nN+1 \\[2mm] \dfrac{2N}{(2nN-1)\pi}\sin\dfrac{\pi}{2N} & k = 2nN-1 \\[2mm] 0 & k \neq 2nN\pm1 \end{cases}$$

则

$$|I_k|_{MAX} = \frac{2N}{k\pi}\sin\frac{\pi}{2N}$$

基波幅值为

$$|I_1|_{MAX} = \frac{2N}{\pi}\sin\frac{\pi}{2N}$$

在本例中，N 较大，谐波主要存在于基频的 $2N\pm1$ 次倍频上，其幅值为 $1/(2N\pm1)$。因此，滤波器应主要滤去 $2N\pm1$ 次谐波，提出对滤波器的要求为：通带内的不平坦波动应小于 3 dB，以便单片机进行幅度补偿；非线性失真小于 1%。

2. 滤波器设计

由于正弦波产生时以 800 Hz 为界分为两部分，而 800 Hz 以上的频域覆盖系数较大，为了减小谐波失真，故将滤波器分为 4 个波段，由单片机根据需要选择合适的滤波器。每个滤波器都用 3 dB 通带波动的切比雪夫二阶滤波器构成，电路选用压控电压源的形式，增益为 1。

由于切比雪夫滤波器在通带内有波动，需要进行幅度补偿。补偿方法是：在产生正弦波后，用逐点描迹法求出 4 个滤波器的幅频特性曲线，将这些点迹存入单片机中，在输出正弦波时根据具体的频率进行插值，求出补偿系数，再在幅度控制中进行补偿。

3. 方波形成电路设计

方波形成电路由比较器 LM311 和计数定时电路构成。计数定时电路采用程控计数器 82C53 实现。正弦波经 LM311 比较器后，变为方波，其上升沿触发 82C53 的 GATE1，开始计数并输出低电平，82C53 计满后输出高电平。改变 AT89S52 预置 82C53 的计数初值，就可使输出方波的占空比改变。82C53 输出经 74HC14 反相（电路中 74HC14 由 +5 V 基准电压供电，这样方波输出就为 0 V 或 5 V），进入 DAC0832 幅度控制，再经驱动后输出。同时，考虑到占空比为 2% 和 98% 的方波波形正好反相，4% 和 96% 的波形也正好反相，以此类推。为了减少计数的容量，方波分为两路输出，占空比小于 50% 的方波在 74HC14 处只有一级反相器，而占空比大于 50% 的方波有两级反相器。

由于 82C53 的最高工作频率为 2.6 MHz，计数分辨率为 0.4 μs，无法满足任务要求，故采取措施：先用可编程分频器对 82C53 的计数时钟进行预分频，即将

18 MHz 的信号分别进行 8、9、10、…、15 次分频，频率点分别为 2.25、2.0、1.8、1.636、1.5、1.385、1.286、1.2 MHz，然后将其中之一提供给 82C53。根据所需方波的频率、占空比，由 80C32 进行计算比较，选择占空比误差最小的时钟频率提供给 82C53。

对上述预分频和优化方法在计算机上用 C 语言验证通过，对所有的频率点、占空比，按照上述算法进行分频比和计数值的选择，在 20 kHz 以下时，最大相对于周期的占空比误差不超过 0.3%，所以这种方法是切实可行的。

2.5.7 幅度控制和驱动电路设计

模拟开关 CD4051 将从不同通道输入的正弦波（4 路）、方波（2 路）中选择一路送入幅度控制器。幅度调整后的信号经运放 NE5532 缓冲驱动输出。幅度控制器由 DAC0832 实现，正弦波或方波送入 DAC0832 的 V_{REF} 端。DAC0832 在这里起数控电位器的作用，电路如

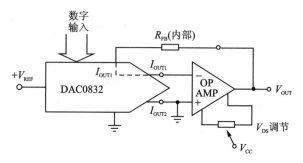

图 2.5.4 DAC0832 构成的数控电位器电路

图 2.5.4 所示。输出 $V_{OUT} = (N/2^8)V_{IN}$，其中 $V_{IN} = V_{REF}$；N 为幅度控制值（即 DAC0832 数字输入值）。

2.5.8 实用信号源软件设计

系统软件完成各部分硬件的控制、协调和产生正弦波形成数据。

1. 主程序流程图

主程序流程图[2]如图 2.5.5 所示。

各模块的功能如下描述。

（1）初始化

在系统加电后，初始化模块完成对系统硬件和系统变量的初始化。其中包括外围硬件（如 8253 和 8279 等）的状态设定；置中断和定时器的状态；给系统变量，如当前机器状态、当前输出频率等赋默认初值。

（2）幅度调整

幅度调整模块用来调整正弦波和方波输出的幅度。具体来说，对于正弦波，为了补偿滤波器频幅特性的波动，需要对不同频率的信号进行插值，以调整正弦

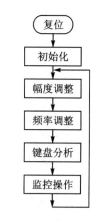

图 2.5.5 主程序流程图

128

波幅度;而对于方波,则不需要这种补偿和插值。插值算法使用线性插值。

(3) 频率调整

频率调整模块先要根据产生波形的不同设置一组开关(模拟开关),以便需要的信号到达输出端。对于正弦波,需要按波段选择合适的滤波器;对于方波,需要完成占空比的设置。最后进行波形的生成。

对于 800 Hz 以下的正弦波(包括 800 Hz),采用软件相位累加的方法生成。由内部定时器每 100 μs 产生一次中断,中断后进行相位累加、查表,输出正弦的 D/A 转换值。对于 800 Hz 以上的波形,采用动态编程和吞咽时钟脉冲的方法产生。

产生方波时,仍然要产生正弦波。正弦波作为方波的频率基准,只是有关输出的选择开关设置不同。方波的占空比由专门的硬件来控制。

(4) 键盘管理

键盘管理由键盘分析和监控操作两个模块实现。

键盘分析部分的功能是由键盘码产生相应的功能码,并设置相应的功能号。

监控操作部分根据系统当前的状态和相应的功能码调用预定的功能函数,然后更新系统的状态。整个过程是典型的状态机。监控操作采用状态转移的程序结构,由键盘来驱动。在单片机产生波形时,无论是方波还是正弦波,无论是小于 800 Hz 还是大于 800 Hz,单片机都要处于循环状态中,而当有键按下时,单片机要能退出这种循环转入后续的键盘处理。工作在 800 Hz 以下时,设置一个标志位"wave-end",当其值为 1 时,程序退出循环。工作在 800 Hz 以上时,由于动态程序的时序非常紧张,不可能检查某一位的状态,但只要在动态程序的开头添入 22H(RET 的机器代码),就能使程序退出循环。

监控完成后,系统进入下一轮的幅度调整、频率调整……在没有键按下时,系统在频率调整模块运行,产生设定的波形。

2. 动态程序生成算法

动态程序生成包含求最优解和代码生成两部分。

(1) 求最优解

现在要求出最优的 x、y、z、u,使产生信号的频率和预定的频率误差最小(x、y、z、u 的定义见前面方案中的动态编程部分)。

具体做法是:动态程序存储器的容量是有限的,设为 MEM,一个正弦波的周期 $t = 1/f_0$"MOV P1,♯XXX"指令字长 3 字节,执行这条指令要 2×10^{-6} s,故

$$n_{MAX} = \frac{MEM}{3} \times 2 \times 10^{-6} \times t^{-1} = \frac{MEM \times 2 \times 10^{-6} \times f}{3}$$

在 $[1, n_{MAX}]$ 中穷举所有 n 的取值，计算出 x、y、z、u 的值和相应实际产生的频率，找出其中设定频率最接近的一个解。

(2) 代码生成

代码生成根据求得的 x、y、z、u 产生波形发生程序。按照执行到"MOV P1，♯XXX"的相位，填写这条指令的立即数。例如，0°相位时为"MOV P1，♯128"；90°相位时为"MOV P1，♯255"；270°相位时为"MOV P1，♯0"等。当有 NOP、"CPL XX1"、"CPL XX2"调整时序时，尽量使它们均匀地分布在"MOV P1，♯XXX"序列中，以减小对谐波分量的影响。

2.6　信号发生器

2.6.1　信号发生器设计要求

设计并制作一台信号发生器，使之能产生正弦波、方波和三角波信号，输出信号频率在 100 Hz～100 kHz 范围内可调（可扩展为 10 Hz～1 MHz）。在 50Ω 负载条件下，输出正弦波信号的电压峰-峰值 V_{opp} 在 0～5 V 范围内可调，调节步进间隔为 0.1 V，输出信号的电压值可通过键盘进行设置。

信号发生器系统方框图如图 2.6.1 所示。设计详细要求与评分标准等请登录 www.nuedc.com.cn 查询。

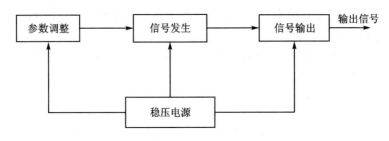

图 2.6.1　信号发生器系统方框图

2.6.2　信号发生器系统设计方案

根据赛题要求，信号发生器能产生高稳定的正弦波、方波和三角波三种波形。该赛题与 2005 年和 2001 年赛题有类似之处，理论和原理部分可以参考已有的资料，没有更新的要求，符合组委会对高职高专的要求，该赛题制作是关键。

根据以往的设计，采用集成芯片 MAX038 等只能完成正弦波波形，需要外接积分电路才能完成相关波形，这样将会加大电路复杂度和误差。而 DDS 技术具有输出频率相对带宽较宽，频率转换时间极短，频率分辨率高，全数字化结构便于集成，相关波形参数，如频率、相位和幅度等均可实现程控等优点，目前在信号发生器中得到广泛应用。实现 DDS 功能可以采用专用的 DDS 芯片,也可以利用 FPGA 来实现。

1. 采用专用的 DDS 芯片和单片机的设计方案

在采用专用的 DDS 芯片和单片机的设计方案中,可以以单片机为控制核心,采用 DDS 专用芯片(如 AD9834、AD9852 等)产生正弦波、方波和三角波信号,利用可编程控制放大器(AD603)控制输出幅度,采用 LCD 液晶显示波形与参数,利用键盘控制输入。

2. 采用 FPGA 实现 DDS 功能的设计方案

采用 FPGA 实现 DDS 功能的设计方案[7]如图 2.6.2 所示,该设计方案采用 FPGA 实现 DDS 功能代替 DDS 集成芯片。注意:一些公司可以提供 DDS IP 核,如 Xilinx 公司的 DDS v5.0 IP 核、Altera 公司的 DDS IP 核。

要求输出的波形参数通过键盘输入,通过单片机处理后,将相应参数在 LCD 上显示,单片机同时将数据输入到 FPGA 中,FPGA 根据 DDS 原理生成相应的波形,经 VGA(AD603)调整输出所需的波形幅度,通过滤波、功率放大,输出所需的信号波形。

图 2.6.2　采用 FPGA 实现 DDS 功能的设计方案

DDS 实现框图如图 2.6.3 所示,主要功能模块在 FPGA 中实现,外接 DAC 芯片。为满足赛题要求,设计的 DDS 输出频率为 1 Hz～1.2 MHz,且最小步进为 1 Hz。根据 DDS 计算公式:$f_{OUT} = (M/2^N)f_c$,可以知道相位累加器 N 为 30 位,M 最大为 2^{25},波形表的深度为 4 096。外接的 DAC 芯片可以采用 MAX5181 等。

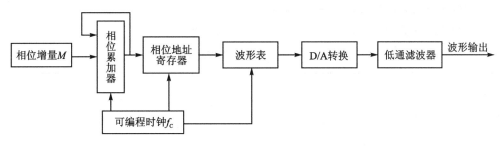

图 2.6.3　DDS 实现框图

2.6.3　采用 DDS 芯片的信号发生器电路设计

1. 选择 DDS 芯片

目前国内 DDS 芯片主要选择美国模拟器件公司（Analog Devices，简称 ADI）的产品。ADI 是整套直接数字频率合成器（DDS）集成电路（IC）产品的业界领先制造商，它提供种类齐全的解决方案。这些产品融合了数字引擎和数模转换器（DAC）以及其他多种理想的功能（内置比较器、RAM、锁相环、混频器和寄存器），是从通信到测试设备和雷达系统应用中敏捷的频率合成器解决方案的理想选择。有关 DDS 芯片的选择以及更多的内容请参考黄智伟编著《锁相环与频率合成器电路设计》和登录 www.analog.com 查询。

2. 采用 50 MHz DDS 芯片 AD9834 的信号发生器电路

(1) AD9834 的主要技术特性

AD9834 是将相位累加器、正弦只读存储器（SIN ROM）和 10 位 D/A 转换器集成在单片 CMOS 芯片上的 DDS 电路。AD9834 仅需要 1 个基准时钟、1 个低精度电阻和 8 个去耦电容，便可提供数位产生的正弦波，频率可以达到 25 MHz。利用 DSP（Digital Signal Processing，数字信号处理）还可以精确而简单地完成复杂的调制算法，实现范围较宽的、简单和复杂的调制方案。

AD9834 的电源电压为 2.3～5.5 V，电源电流消耗为 8 mA，在 3 V 电源电压时仅消耗功率 20 mW，低功耗睡眠模式电流为 0.5 mA；信号 DAC 分辨率为 10 位，输出电流（I_{OUT}）满量程为 5.0 mA，输出电压（V_{OUT}）最大值为 0.6 V，积分非线性为 ±1 LSB，差分非线性 ±0.5 LSB；DDS 信噪比为 60 dB，总谐波失真为 66 dBc；内部基准电压为 1.12～1.24 V，基准电压输出（REFOUT）的输出阻抗为 1 kΩ；时钟速率为 50 MHz，具有低抖动的时钟输出和正弦波/三角波输出，控制字采用串行装载方式，窄带 SFDR＞72 dB。

(2) AD9834 的芯片封装与引脚功能

AD9834 采用 TSSOP - 20 封装，引脚功能如表 2.6.1 所列。

表 2.6.1　AD9834 引脚功能

引　脚	符　号	功　能
		模拟信号和基准信号
1	FS ADJUST	满量程校准控制端。此引脚端连接电阻 R_{SET} 到引脚端18（AGND）。电阻 R_{SET} 用来定义满量程 DAC 电流的大小。R_{SET} 和满刻度电流之间的关系如下：$I_{OUT\ FULL\ SCALE} = 18 \times V_{REFOUT}/R_{SET}$。当 $V_{REFOUT} = 1.20$ V 时，$R_{SET} = 68$ kΩ
2	REFOUT	基准电压输出。AD9834 在此引脚端提供一个 1.20 V 基准电压
3	COMP	DAC 偏置引脚端。这个引脚端被用来去耦 DAC 偏置电压

引　脚	符　号	功　能
模拟信号和基准信号		
17	V_{IN}	比较器输入。比较器可以将 DAC 输出的正弦曲线转化成方波。在将 DAC 的输出输入到比较器之前，应该进行适当的滤波，以改善信号的不稳定性。当控制寄存器内的 OP-BITEN 位和 SIGNPIB 位被设置为"1"时，比较器输入端连接到 V_{IN} 端
19 20	I_{OUT} I_{OUTB}	电流输出。这是一个高阻抗电流源。此引脚端应连接一个 200 Ω 的负载电阻到 AGND。推荐在 I_{OUT}/I_{OUTB} 和 AGND 之间连接一个 20 pF 的电容，以防止时钟的串扰反馈
电源		
4	AVDD	模拟电路部分的电源电压正端。AVDD 取值范围为 2.3～5.5 V。AVDD 和 AGND 之间有一个 0.1 μF 的去耦电容
5	DVDD	数字电路部分的电源电压正端。DVDD 取值范围为 2.3～5.5 V。DVDD 和 DGND 之间有一个 0.1 μF 的去耦电容
6	CAP/2.5	数字电路工作电压为 2.5 V。这个 2.5 V 电压由 DVDD 利用在芯片上的稳压器产生（当 DVDD 超过 2.7 V 时）。在 CAP/2.5 V 与 DGND 之间需要连接一个 100 nF 的去耦电容器。如果 DVDD≤2.7 V，CAP/2.5 V 应被直接连接到 DVDD
7	DGND	数字接地
18	AGND	模拟接地
数字接口和控制器		
8	MCLK	数字时钟输入。DDS 输出频率与 MCLK 频率有关。输出频率精度和相位噪声由这个时钟定义
9	FSELECT	频率寄存器选择输入。FSELECT 控制频率寄存器 FREQ0 或者 FREQ1 在相位累加器中的使用。频率寄存器的使用选择可通过引脚 FSELECT 和 FSEL 位完成。当 FSEL 位被用来选择频率寄存器时，引脚 FSELECT 应连接到 COMS 高电平或低电平
10	PSELECT	相位寄存器选择输入。PSELECT 控制相位寄存器 PHASE0 或者 PHASE1，是被附加到相位累加器的输出。相位寄存器的使用选择可通过引脚 PSELECT 或 PSEL 位完成。当 PSEL 位被用来控制相位寄存器时，引脚 PSELECT 应连接到 COMS 高电平或低电平
11	RESET	复位，高电平数字信号输入有效。RESET 将内部寄存器内容复位为零，RESET 不影响任何一个地址寄存器
12	SLEEP	睡眠模式控制，高电平输入有效。当这个引脚为高电平时，DAC 电源关断。这个引脚与控制位 SLEEP12 有相同的功能
13	SDATA	串行数据输入。16 位串行数据字被加到此引脚端
14	SCLK	串行时钟输入。数据在每个 SCLK 下降沿被装入 AD9834 芯片

续表 2.6.1

引　脚	符　号	功　能
		模拟信号和基准信号
15	FSYNC	输入数据的帧同步信号，低电平控制输入有效。当 FSYNC 为低电平时，内部逻辑电路被告知一个新的控制字被装入芯片
16	SIGN BIT OUT	逻辑输出。将控制寄存器内的 POBITEN 位设置为"1"，可以使能这个输出端。此引脚可作为比较器输出或者 NCO 的 MSB 位输出，二者选其一，由控制位 SIGNPIB 确定在这个引脚上的输出是比较器输出还是 NCO 的 MSB 位输出

（3）AD9834 的串行接口

AD9834 有一个标准的 3 线串行接口，并与 SPI、QSPI、MICROWRE 和 DSP 接口标准兼容，它允许 AD9834 器件直接与微控制器连接。芯片使用一个外部串行时钟将数据/控制信息写入芯片。串行时钟频率的最大值为 40 MHz。串行时钟可以是连续的，或者在写操作中闲置为高或低。当数据/控制信息被写入 AD9834，FSYNC 被设置为低电平，并且一直保持为低电平，直到数据的 16 个位完全被写入 AD9834。在 FSYNC 信号帧中 16 位信息被加载到 AD9834。

数据（一个 16 位的字）在串行时钟输入（SCLK）控制下的被装入芯片。其时序图如图 2.6.4 所示。

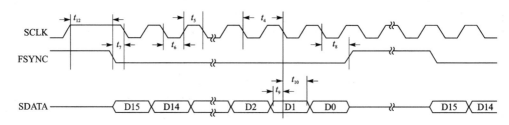

图 2.6.4　串行时序

FSYNC 输入是电平触发输入，作为帧同步和芯片使能。当 FSYNC 是低电平时，数据能被传输进入芯片。

要开始传输串行数据，FSYNC 应该设置为低电平，同时注意相对 SCLK 下降沿设置最小 FSYNC 时间（t_7）。在 FSYNC 变为低电平后，串行数据将在 16 个时钟脉冲 SCLK 的下降沿转移到芯片上的输入移位寄存器。FSYNC 在第 16 个 SCLK 下降沿后变为高电平，注意相对最小 SCLK 下降沿设置 FSYNC 上升沿时间（t_8）。

另外，FSYNC 能够在多个以 16 个 SCLK 脉冲为整数倍时间内保持低电平，然后在数据传输结束时变为高电平。这样，当 FSYNC 保持低电平时，16 位字的连续数据流能被加载，同时 FSYNC 在最后一个数据的被载入（第 16 个 SCLK 下降沿）之后变为高电平。

SCLK 可以是连续的，或者闲置为高电平或者低电平；但在写操作期间，当 FSYNC 转为低电平时，SCLK 必须为高电平状态。

（4）AD9834 与微控制器的连接

AD9834 与 ADSP-21xx 之间的串行接口如图 2.6.5 所示。ADSP-21xx 应该工作在 SPORT 传输交换帧模式（TFSW=1）。ADSP-21xx 可通过 SPORT 控制寄存器编程，并且应该被设定如下：

- 内部时钟操作（ISCLK=1）；
- 有效低电平帧（INVTFS=1）；
- 16 位字长（SLEN=15）；
- 内部帧同步信号（ITFS=1）；
- 为每一个写操作产生一个帧同步（ITFS=1）。

在 SPORT 使能后，通过写一个字给 Tx 寄存器启动传输。数据在每一个串行时钟的上升沿被计时，而且计时在 SCLK 上升沿上被送入 AD9834。

AD9834 与 80C51/50L51 之间的接口电路如图 2.6.6 所示。

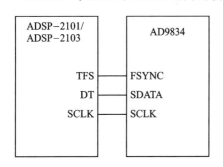

图 2.6.5　ADSP-2101/2103 与
AD9834 之间的接口电路

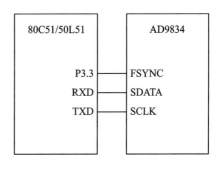

图 2.6.6　AD9834 与 80C51/50L51
之间的接口电路

（5）AD9834 的应用电路

AD9834 的应用电路如图 2.6.7 所示，U3 为 50 MHz 晶体振荡器。AD9834 的初始化和工作流程如图 2.6.8 所示 。

2.6.4　采用 Xilinx DDS IP 核的信号发生器电路设计

1. DDS v5.0 主要技术特性

Xilinx 公司提供 DDS v5.0 DDSIP 核，DDS 提供正弦、余弦或者正交输出，正弦、余弦表深度为 8～65 536，时钟频率达到 100 MHz，4～32 位分辨率，SFDR 范围是 18～115 dB，支持 1～16 独立的通道。支持的器件有 Virtex、Virtex-E、Virtex-II、Virtex-II Pro、Virtex-4、Spartan-II、Spartan-IIE、Spartan-3 和 Spartan-3E FPGA。

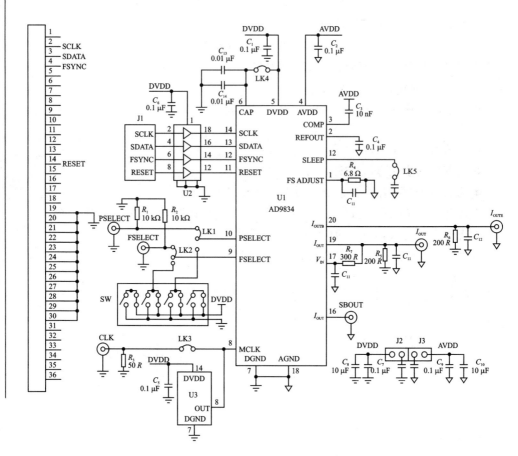

图 2.6.7　AD9834 的应用电路

2. DDS 引脚符号与定义

DDS 引脚端符号如图 2.6.9 所示,引脚端符号定义如表 2.6.2 所列,时序图如图 2.6.10 和图 2.6.11 所示。

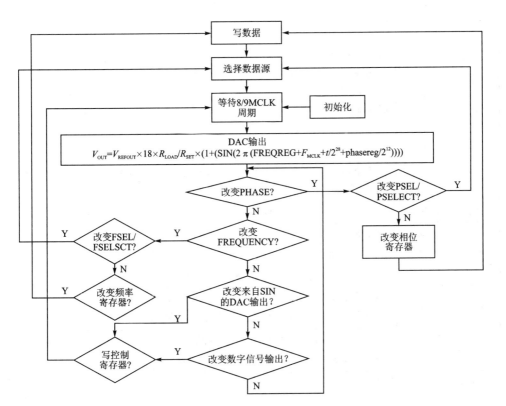

$$V_{OUT}=V_{REFOUT}\times 18\times R_{LOAD}/R_{SET}\times(1+(SIN(2\pi(FREQREG+F_{MCLK}+t/2^{28}+phasereg/2^{12}))))$$

图 2.6.8　AD9834 的初始化和工作流程

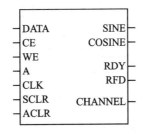

图 2.6.9　DDS 引脚端符号

表 2.6.2　DDS 引脚端符号定义

符 号	方 向	功 能
CLK	输入	主设时钟,上升沿有效
A	输入	写相位增量存储器(PINC)和相位偏移存储器(POFF)地址选择。当 AMSB=0,选择 PINC 存储器;当 AMSB=1,选择 POFF 存储器。4 个较低位的地址用来选择当前被选择的存储器的 16 个通道。00000~01111 选择通道 0~15 的 PINC 值,10000~11111 选择通道 0~15 的 POFF 值
WE	输入	写使能,高电平有效。使能 PINC 或者 POFF 存储器写操作
CE	输入	时钟使能,高电平有效。在正常内核操作期间,CE 必须为高电平,但在 PINC 或者 POFF 存储器写操作期间,它不需要是高电平
DATA	输入	分时数据总线。DATA 通道用来为 PINC 或者 POFF 存储器提供数据
ACLR	输入	异步清除,高电平有效。在有效时,内核中的所有寄存器被清 0。RDY 也被确认
SCLR	输入	同步清除,高电平有效。在有效时,内核中的所有寄存器被清 0。RDY 也被确认
RDY	输出	输出数据准备,高电平有效。表示输出数据是有效的
RFD	输出	数据准备,高电平有效。RFD 是在许多 Xilinx LogiCORE 存在的数据流控制信号。在 DDS 中仅提供与其他 LogiCORE 的连接。这个可选择的端口总是连接到 V_{CC}
CHANNEL	输出	通道索引。当 DDS 配置为多通道形式时,表示当前在输出的通道是有效的。这是一个无符号的两位互补信号。它的宽度由通道数确定
SINE	输出	正弦波输出
COSINE	输出	余弦波输出

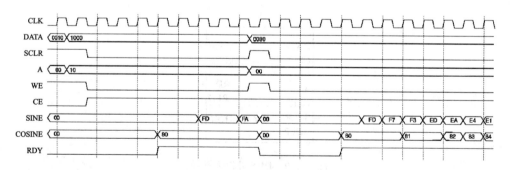

图 2.6.10　DDS 单通道时序图

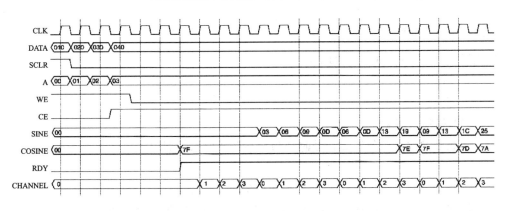

图 2.6.11　DDS 多通道时序图

3. DDS 基本结构与工作原理

DDS v5.0 构成的 DDS 结构示意图如图 2.6.12 和图 2.6.13 所示。

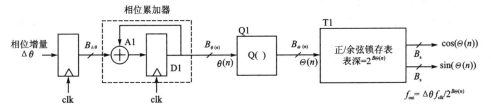

图 2.6.12　相位截断的 DDS 结构

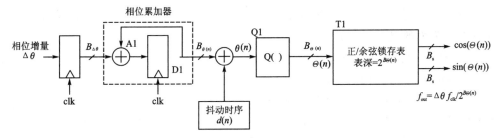

图 2.6.13　相位抖动注入的 DDS 结构

(1) 输出频率

DDS 的波形输出频率 f_{out} 是系统时钟频率 f_{clk}、相位累加器 $B_{\Theta(n)}$ 位数和相位增量 $\Delta\theta$ 的数值的函数：

$$f_{out} = f(f_{clk}, B_{\Theta(n)}, \Delta\theta)$$

输出频率单位为 Hz 时，有：

$$f_{out} = \frac{f_{clk}\Delta\theta}{2^{B_{\Theta(n)}}} \text{ Hz}$$

例如，如果 DDS 的参数：$f_{clk} = 120 \text{ MHz}$，$B_{\Theta(n)} = 10$，$\Delta\theta = 12_{10}$，则输出频率为：

全国大学生电子设计竞赛系统设计（第 3 版）

$$f_{\text{out}} = \frac{f_{\text{clk}} \Delta\theta}{2^{B_{\Theta(n)}}} \text{ Hz} = \frac{120 \times 10^6 \times 12}{2^{10}} \text{ Hz} = 1.406\,250 \text{ MHz}$$

相位增量 $\Delta\theta$ 与 f_{out} 的关系如下：

$$\Delta\theta = \frac{f_{\text{out}} 2^{B_{\Theta(n)}}}{f_{\text{clk}}}$$

（2）频率分辨率

合成器的频率分辨率 Δf 是时钟频率和在相位累加器中采用的位数的函数：

$$\Delta f = \frac{f_{\text{clk}}}{2^{B_{\Theta(n)}}}$$

例如，DDS 的参数为：$f_{\text{clk}} = 120$ MHz；$B_{\Theta(n)} = 32$，则频率分辨率是：

$$\Delta f = \frac{f_{\text{clk}}}{2^{B_{\Theta(n)}}} = \frac{120 \times 10^6}{2^{32}} \text{ Hz} = 0.027\,939\,6 \text{ Hz}$$

（3）相位增量

相位增量是一个无符号的数值。相位增量 $\Delta\theta$ 与合成器的输出频率 f_{out} 有关。

例如，一个 DDS 的参数为：$f_{\text{clk}} = 100$ MHz，$B_{\theta(n)} = 28$，$B_{\Theta(n)} = 12$，产生的正弦波频率为 19 MHz，则要求的相位增量 $\Delta\theta$ 为：

$$\Delta\theta = \frac{f_{\text{out}} 2^{B_{\Theta(n)}}}{f_{\text{clk}}} = \frac{19 \times 10^6 \times 2^{12}}{100 \times 10^6} = 778.24$$

4. DDS 参数设置

DDS 的参数设置可以按照 Xilinx 公司提供 DDS v5.0 DDS IP 核操作界面完成。按照操作界面的提示可完成：

① 器件名称（Component Name）的建立；

② 功能（Function）的选择；

③ DDS 时钟速率（DDS Clock Rate）、无虚假信号动态范围（Spurious Free Dynamic Range，SFDR）、频率分辨率（Frequency Resolution）参数的设置；

④ 输出频率（Output Frequencies）参数的设置；

⑤ 相位增量（Phase Increment）参数的设置；

⑥ 相位偏移角度（Phase Offset Angles）参数的设置；

⑦ 相位偏移（Phase Offset）状态选择；

⑧ 清除选项（Clear Options）选择；

⑨ 时钟使能（Clock Enable）选择；

⑩ 噪声修整（Noise Shaping）选择；

⑪ 存储器类型（Memory Type）选择；

⑫ 握手选项（Handshaking Options）选择；

⑬ 传递途径（Pipelined）选择。

140

2.6.5　采用 Altera 的 DDS IP 核的信号发生器电路设计

Altera 公司也能够提供 DDS IP 核,DDS IP 核结构示意图如图 2.6.14 所示。

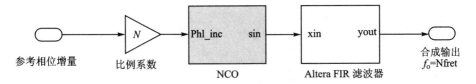

参考相位增量　　比例系数　　　　　NCO　　　　　Altera FIR 滤波器　　　合成输出 f_0=Nfret

图 2.6.14　DDS IP 核结构示意图

输出波形频率如下:

$$f_O = \frac{N\Delta\Phi f_{clk}}{2^M}$$

式中, f_{clk} 是 NCO 工作的时钟频率; N 是相位累加器的宽度, N 可以根据所需要的 NCO 输出频率进行增加或者减少; $\Delta\Phi$ 是相位增量; M 位数。

NCO 编译器适合 Altera 公司的 Stratix IV、Stratix III、Cyclone III、Stratix II GX、Arria GX、HardCopy II、Cyclone II、Stratix II、Cyclone、HardCopy Stratix、Stratix、Stratix GX 系列产品。

Altera 公司可以提供 DDS 设计所需要的参考文件,如表 2.6.3 所列。更多的内容请登录 http://www.altera.com/products/ip/altera/t-alt-dds.html 查询。

表 2.6.3　DDS 设计的参考文件

文　件	描　述
dds.gdf	顶层设计文件,能够在 MAX+PLUS II 或者 Quartus II 软件中编译
dds.v	顶层 Verilog HDL 模型
tbdds.v	Verilog HDL 测试台,打印数字合成器的输出为文本文件
dds.mdl	DDS 设计 Simulink 模块

2.6.6　DAC 电路设计

1. 采用 MAX5181/MAX5184 的 DAC 电路

采用 MAX5181/MAX5184 DAC 芯片的 DAC 电路如图 2.6.15 所示,MAX5181/MAX5184 是一个 10 位、40 MHz、电流/电压输出 DAC,可以满足赛题要求。

在 REFR 引脚端连接参考电阻 R_{SET} 设置基准电压,REN 为低电平时,芯片内部产生 1.2 V 的基准电压,当时钟端 CLK 为低电平有效时,采样数据通过 D0~D9 的数据端输入,经过 D/A 转换,在引脚端 OUTP 和 OUTN 输出,再经过运算放大器

MAX4108（或者 SN10502 等）将电流转换为单端电压信号输出。

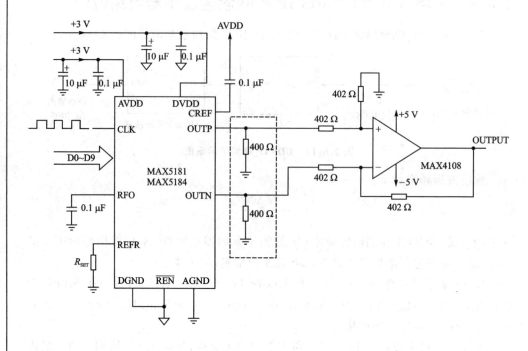

图 2.6.15　采用 MAX5181/MAX5184 的 DAC 电路

2. 采用 AD9740 的 DAC 电路

采用 AD9740 的 DAC 电路如图 2.6.16 所示。AD9740 数/模转换器属于全新的 TxDAC 第三代系列，是 10 位分辨率产品。新系列产品包括 AD9744（14 位）、AD9742（12 位）和 AD9740（10 位）高速 TxDAC 转换器，最大采样速率为 210 MSPS。该系列与前两代产品（AD9764/AD9762/AD9760 和 AD9754/AD9752/AD9750）引脚兼容，但性能更高、功耗更低。

AD9740 的 DB0～DB9 与 FPGA 连接，利用微控制器控制 FPGA 输出波形数据到 AD9740，进行 D/A 转换，通过高速运放（AD8055/AD8056）输出，得到所需要的波形。

AD8056（单路）/AD8056（双路）电压反馈型放大器不仅能提供电流反馈型放大器通常具有的带宽和压摆率，而且易于使用、成本低廉。对于视频应用，它驱动 150 Ω 负载的差分增益和相位误差分别为 0.01％ 和 0.02°；驱动 4 个视频负载（37.50 Ω）时，差分增益和相位误差分别为 0.02％ 和 0.1°。该器件的 0.1 dB 增益平坦度为 40 MHz，宽带宽达 300 MHz，压摆率为 1 400 V/μs，建立时间 20 ns，因此适合各种高速应用。AD8056（单路）/AD8056（双路）仅需 5 mA 的电源电流，采用 ±5 V 双电源或 +12 V 单电源供电，负载电流可达 60 mA 以上。它具有 8 引脚小型 PDIP、8 引脚 SOIC 封装。

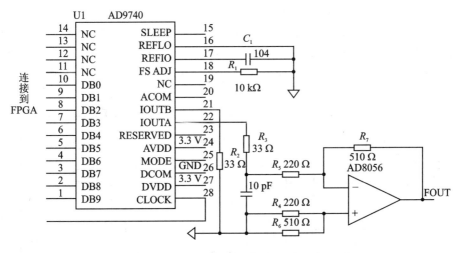

图 2.6.16　采用 AD9740 的 DAC 电路

2.6.7　可变增益放大电路设计

根据赛题要求:在 50 Ω 负载条件下,输出正弦波信号的电压峰-峰值 $U_{O,P-P}$ 在 0～5 V 范围内可调,调节步进间隔为 0.1 V,输出信号的电压值可通过键盘进行设置。

计算放大倍数:$A_V = 5\ V/0.1\ V = 50$,可以选用增益可程控运放 AD603。通过合理设计控制电压,其放大倍数可以达到 100,可以满足赛题要求。

AD603 是一款低噪声、电压控制型放大器,用于射频(RF)和中频(IF)自动增益控制(AGC)系统。它提供精确的引脚可选增益,90 MHz 带宽时增益范围为 −11～+31 dB,9 MHz 带宽时增益范围为 +9～+51 dB。用一个外部电阻便可获得任何中间增益范围。折合到输入的噪声谱密度仅为 1.3 nV/$\sqrt{\text{Hz}}$,采用推荐的 ±5 V 电源时功耗为 125 mW。

AD603 增益以 dB 为线性,经过精密校准,而且不随温度和电源电压而变化。增益由高阻抗(50 MΩ)、低偏置(200 nA)差分输入控制;比例因子为 25 mV/dB,仅需 1 V 增益控制电压便可获得中间 40 dB 的增益范围。无论选择何种范围,均提供 1 dB 的超量程和欠量程。对于 40 dB 变化,增益控制响应时间不到 1 μs。

差分增益控制接口允许使用差分或单端正或单端负控制电压。可将数个这种放大器级联起来,由其增益控制增益偏置以优化系统信噪比(SNR)。

AD603 可以驱动低至 100 Ω 的负载阻抗,且失真较低。对于采用 5 pF 分流的 500 Ω 负载,10 MHz、±1 V 正弦输出的总谐波失真典型值为 −60 dBc。进入 500 Ω 负载的额定峰值输出最小值为 ±2.5 V。

AD603 的内部结构如图 2.6.17 所示,采用专有的专利电路结构 X－AMP。X－AMP 含有 0～－42.14 dB 可变衰减器,后接固定增益放大器。由于存在衰减器,放大器永远不必处理较大输入,并且可以用负反馈来定义其(固定)增益和动态性能。衰减器具有经激光调整至 ±3% 的 100 Ω 输入阻抗,并且包括一个 7 级 R-$2R$ 梯形网络,由此获得 6.021 dB 的触点间衰减。利用专有插值技术,可提供以 dB 为单位的线性连续增益控制功能。

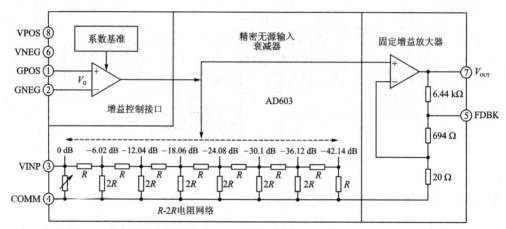

图 2.6.17   AD603 的内部结构

AD603 构成的可调增益放大器电路如图 4.1.3 所示,改变 VC1 和 VC2 之间电压,可以调节放大器的增益。

2.6.8　功率放大器电路设计

赛题发挥部分要求:在 50 Ω 负载条件下,输出正弦波信号的电压峰-峰值最大值为 5 V,根据计算输出最大电流需为 5 V/50 Ω＝100 mA。由于需要输出方波和三角波,它们是由高次谐波叠加而成,为了使所有输出波形没有明显失真,最大考虑 9 次谐波。题目中要求最大频率为 1 MHz,因此需要带宽至少为 10 MHz 的功率运放。

输出功率放大器可以选择 THS3001 电流反馈放大器,THS3001 的带宽为 420 MHz $(G＝1,-3\ \text{dB})$,摆率为 6 500 V/μs,电源电压范围为 $V_{CC}＝\pm 4.5\sim \pm 16$ V ,最大输出电流 I_O 为＝100 mA。同相输入的放大器电路结构如图 2.6.18 所示,增益 $G＝1+$ (R_F/R_G)。

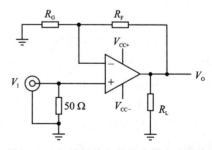

图 2.6.18   同相输入的放大器电路结构

驱动 75 Ω 负载的视频放大器电路如图 2.6.19 所示。

全国大学生电子设计竞赛系统设计(第 3 版)

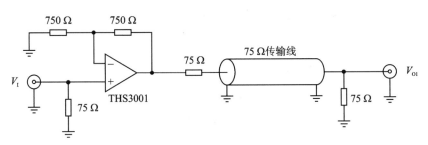

图 2.6.19　视频放大器电路

采用 AD603 和 THS3001 的可变增益放大及功效电路设计[7]如图 2.6.20 所示。
TL431 是德州仪器公司(TI)生产的一个有良好的热稳定性能的三端可调分流基准

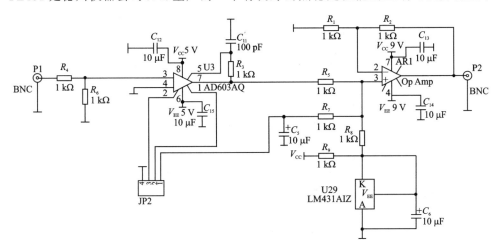

图 2.6.20　可变增益放大及功率放大电路

源,它的输出电压用两个电阻就可以任意地设置到 V_{REF}(2.5 V)到 36 V 范围内的任
何值,如图 2.6.21 所示。该器件的典型动态阻抗为 0.2 Ω,在很多应用中可以用它
代替齐纳二极管。

2.6.9　电源电路设计

信号发生器对噪声干扰是敏感的,系统
的电源通常采用串联稳压器电路供电,而不
采用开关电源供电。

采用 LM337、LM317 稳压器的±9 V 稳
压输出电路[7]如图 2.6.22 所示,由变压器、
整流桥和稳压器三大部分组成,交流 220 V
市电经过变压器变压、整流、滤波、稳压后输
出。稳压器 LM317、LM337 输出电压分别

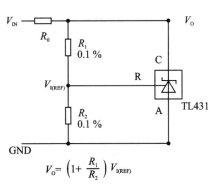

$$V_O = \left(1 + \frac{R_1}{R_2}\right) V_{I(REF)}$$

图 2.6.21　精密稳压器电路

145

为:$U_O \approx 1.25 \times (R_3/R_4 + 1)$ 或 $U_O \approx 1.25 \times (R_2/R_5 + 1)$,通过设置电阻可以得到需要的电压输出。

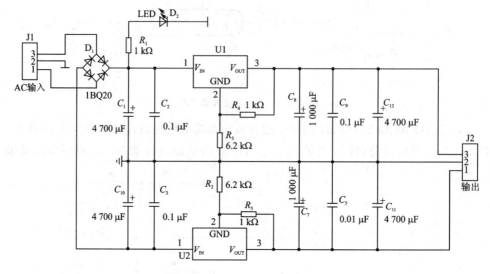

图 2.6.22　稳压电源电路

为给 FPGA 等芯片提供不同的内核电压,可以采用图 2.6.23 所示电路,利用 7805/7905 提供系统各模块 ±5 V 电源,同时在各个模块上设计适合每个芯片工作电压的电源电路,例如用 VS1117 将 5 V 电源稳压成 1.5 V 为 FPGA 提供内核电压。

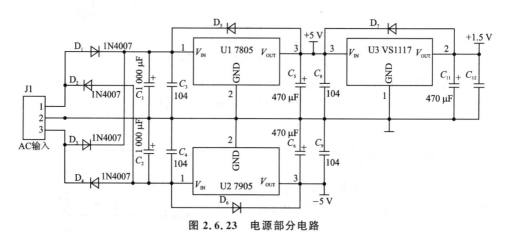

图 2.6.23　电源部分电路

2.6.10　键盘输入电路设计

键盘输入电路可以采用专用芯片如 8279 等,也可以直接采用单片机构成键盘输入电路。采用 89C2051 单片机控制的 4×4 键盘电路[7]如图 2.6.24 所示,89C2051 完成键盘扫描、键值判断、数据查询和数据发送等工作,通过串行接口与主控制器进行通信。

　　数据传输时,每次主控制器接收到 89C2051 发送的数据后,都要将数据回送给 89C2051,89C2051 接收到回送的数据后再与发送的数据进行比较,如果一致则发送确认信息,否则将重新发送数据。主控制器接收到确认信息后,执行相应的操作。

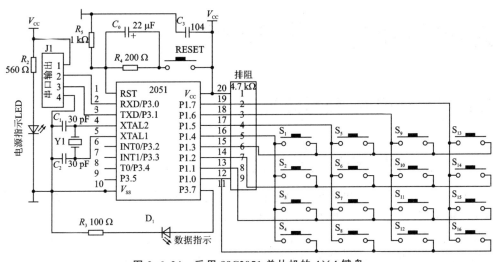

图 2.6.24　采用 89C2051 单片机的 4×4 键盘

第 **3** 章

无线电类作品系统设计

3.1 "无线电类"赛题分析

3.1.1 历届的"无线电类"赛题

在 11 届全国大学生电子设计竞赛中,"无线电类"赛题共有 7 题,也有将电压控制 *LC* 振荡器(2003 年,A 题)(该题划在信号源类),*LC* 谐振放大器(2011 年,D 题本科组)(该题划在放大器类)和射频宽带放大器(2013 年,D 题,本科组)(该题划在放大器类)划分在此,称为"高频无线电类"。"无线电类"赛题如下:

- 简易无线电遥控系统(1995 年 C 题);
- 调幅广播收音机(1997 年 D 题);
- 短波调频接收机(1999 年 D 题);
- 调频收音机(2001 年 F 题);
- 单工无线呼叫系统(2005 年 D 题);
- 无线识别装置(2007 年 B 题,本科组);
- 无线环境监测模拟装置(2009 年 D 题,本科组)。

1997 年~2001 年由于是 SONY 公司赞助的,所以都有收音机的赛题,从 2003 年起,赛题涉及的范围就宽多了。目前已出赛题的频率范围在几 MHz~40 MHz 之间。

注意:设计制作"无线电类"赛题是不允许采用现成的 RF 模块的。而在一些"控制类"作品中也会使用到 RF 模块,在这些赛题中是允许使用现成的 RF 模块的。

3.1.2 历届"无线电类"赛题的主要知识点

从最近几届的赛题来看,主攻"无线电类"赛题方向的同学除了需要掌握模拟电路、数字电路、单片机电路和电子测量电路的知识外,还需要了解:

- RF(射频)接收电路设计与制作;
- RF(射频)发射电路设计与制作;
- RF(射频)小信号放大器电路设计与制作;

- RF(射频)功率放大器(A～E 类)电路设计与制作;
- RF(射频)信号检测电路设计与制作;
- LC 振荡器电路设计与制作;
- VCO(压控振荡器)电路设计与制作;
- PLL(锁相环)电路设计与制作;
- DDS 电路设计与制作;
- FM 调制与解调电路设计与制作;
- ASK 调制与解调电路设计与制作;
- FSK 调制与解调电路设计与制作;
- 电路之间的阻抗匹配设计与制作;
- 天线阻抗匹配的设计与制作;
- 电感线圈的设计与制作;
- RF 电路的 PCB 设计与制作。

例 1:简易无线电遥控系统(1995 年 C 题)

要求设计并制作无线电遥控发射机和接收机。需要掌握的知识点:

- 调频振荡器设计与制作;
- 射频功率放大器设计与制作;
- 共射极谐振放大电路设计与制作;
- 单片集成窄带 FM 解调芯片电路设计与制作;
- 编/解码电路设计与制作;
- LED 驱动电路设计与制作;
- 三端稳压器电路设计与制作。

例 2:单工无线呼叫系统(2005 年 D 题)

设计并制作一个单工无线呼叫系统,实现主站至从站间的单工语音及数据传输业务。需要掌握的知识点:

- 压控振荡器电路(VCO);
- 锁相环电路;
- RF 丙类功率放大电路;
- 阻抗变换电路;
- 接收电路;
- 天线输入网络;
- 本机振荡器;
- 音频功率放大器电路;
- 编码/解码电路设计;
- 20 dB 衰减器的设计。

其中,制作难点有:

- 阻抗变换电路；
- 20dB 衰减器；
- 电感线圈绕制。

例 3：无线识别装置（2007 年 B 题，本科组）

设计制作一套无线识别装置。该装置由阅读器、应答器和耦合线圈组成，阅读器能识别应答器的有无、编码和存储信息。需要掌握的知识点有：

- 电感耦合线圈制作；
- 载频振荡器电路；
- RF 功率放大器；
- 检波和信号放大；
- Butterworth 低通滤波器、Bessel 低通滤波器；
- 编/解码电路；
- FSK 接收电路；
- 负载调制电路；
- FSK 副载波调制。

其中制作难点如下：

- 系统方案选择；
- 电感线圈绕制；
- 调制与解调方式选择和电路。

例 4：无线环境监测模拟装置（2009 年 D 题，本科组）

设计并制作一个无线环境监测模拟装置，实现对周边温度和光照信息的探测。该装置由 1 个监测终端和不多于 255 个探测节点组成（实际制作 2 个）。监测终端和探测节点均含一套无线收发电路，要求具有无线传输数据功能，收发共用一个天线。

该赛题是无线识别装置（2007 年 B 题，本科组）的扩展题，无线电部分基本类似，增加了 MUC、传感器和数量等要求。

需要掌握的知识点和制作难点与无线识别装置（2007 年 B 题，本科组）类似。

3.1.3 "无线电类"赛题培训的一些建议

"无线电类"赛题中所涉及的基础课程：高频电路，通信原理。一些基础知识在这两门课程中都有介绍。

"无线电类"赛题中所涉及的一些知识点，对有些专业的同学来讲，在专业基础课程中是没有的，需要自己去搞清楚。

另外，"无线电类"赛题的实践性要求很强！！！

例如：电感线圈的位置、线圈之间的间距、PCB 的导线长短等都会对电路参数带来影响。站在岸上是学不会游泳的。制作"无线电类"赛题作品，实践经验很重要。

建议从简单的基本的无线电类电路做起，如简单的无线电收发电路、PLL −

150

VCO 电路等，通过一些作品的制作和训练，找到感觉。

在"无线电""电子制作"等杂志中有一些作品，可以参考做一下。

在一些电子制作的网站上，有一些无线电制作的小产品，也可以买来自己仿制一下。

注意：目前已出赛题的频率范围在几 MHz～40MHz 之间。

也可以从历届赛题中选择一些来设计制作。

3.2　单工无线呼叫系统设计

3.2.1　单工无线呼叫系统设计要求

设计并制作一个单工无线呼叫系统，实现主站至从站间的单工语音及数据传输业务。设计并制作一个主站，传送一路语音信号，发射频率在 30～40 MHz 范围内自行选择，发射峰值功率不大于 20 mW（在 50 Ω 假负载电阻上测定），射频信号带宽及调制方式自定，主站传送信号的输入采用话筒和线路输入两种方式；主、从站室内通信距离不小于 5 m；主、从站收发天线采用拉杆天线或导线，长度小于或等于 1 m。设计详细要求与评分标准等请登录 www.nuedc.com.cn 查询。

3.2.2　单工无线呼叫系统设计方案

单工无线呼叫系统分发射和接收两大部分。发射和接收部分的组成方框图如图 3.2.1 和图 3.2.2 所示。发射部分采用锁相环式频率合成技术，由 MC145152 和 MC12022 芯片组成锁相环，将载波频率精确锁定在 35 MHz，输出载波的稳定度达到 4×10^{-5}；准确度达到 3×10^{-5}；由变容二极管 V149 和集成压控振荡器芯片 MC1648 实现对载波的调频调制；末级功放选用三极管 2SC1970，使其工作在丙类放大状态，使输出功率达到设计要求。接收部分以超大规模 AM/FM 立体声收音集成芯片 CXA1238 为主体，灵敏度、镜像抑制、信噪比等各项性能指标均达到设计要求；音频功率放大器采用集成芯片 LM386，电压放大倍数最大为 200。采用 PT2262/2272 编码/解码电路实现了数据传输业务以及对台号的选择等功能；音频输入和数据输入可自动转换；AT89S52 作为整个系统的控制部分，程序设计采用 C 语言在 Keil 51 的编译器上编程实现；显示采用 128×64 点阵型液晶显示。

3.2.3　发射部分电路设计

1. 压控振荡器电路

压控振荡器电路（VCO）主要由压控振荡器芯片 MC1648、变容二极管 V149 以及 LC 谐振回路构成，电源采用＋5 V 的电压。MC1648 需要外接一个由电感和电容

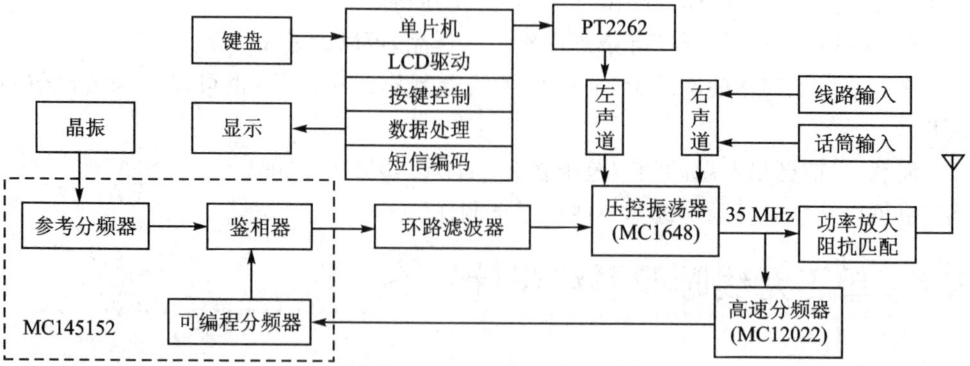

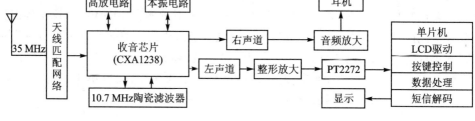

图 3.2.1 发射部分方框图

图 3.2.2 接收部分方框图

组成的并联谐振回路。电容采用一对串联变容二极管,背靠背地与电感相连。调整加在变容二极管上的电压大小,使振荡器的输出频率稳定在 35 MHz。在工作频率时,为达到最佳工作性能,要求并联谐振回路的 $Q_L \geqslant 100$。压控振荡器电路如图 3.2.3 所示。

MC1648 的内部电路第 10 引脚和第 12 引脚外接 LC 谐振回路(含 V149)组成正反馈(反相 720°)的正弦振荡电路。其振荡频率由式(3.2.1)计算。

$$f_C = \frac{1}{2\pi\sqrt{LC}} \tag{3.2.1}$$

其中 $\dfrac{1}{C} = \dfrac{1}{C_{D_1}} + \dfrac{1}{C_{D_2}}$,即 $C = \dfrac{C_{D_1} \cdot C_{D_2}}{C_{D_1} + C_{D_2}}$。

该芯片的引脚端 5 是自动增益控制电路(AGC)的反馈端。若将功率放大器输出的电压通过一个反馈电路接到该引脚,则可在输出频率不同的情况下,自动调整输出电压的幅值使其稳定。由于本设计的频率固定在 35 MHz,且其反馈幅度不大,因此引脚端 5 直接接地。

VCO 产生的振荡频率范围与变容二极管的压容特性有关。变容二极管的电容 C_D 的大小受所加偏置电压 U 控制,它们之间的关系可由图 3.2.4 所示电路测出。方法是:从扫频仪输入 0~300 MHz 的扫频信号,同时用扫频仪检测该电路的谐振

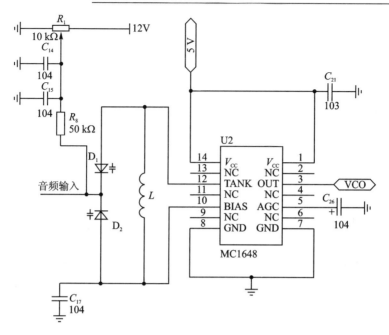

图 3.2.3　压控振荡器电路图

频率。调节电位器 R_3，使变容二极管的偏压以 0.5 V 为间隔从 1～10 V 变化，从扫频仪观测电路的谐振点频率并记录下来。由于 C_j 全部接入谐振回路，为了减少波形

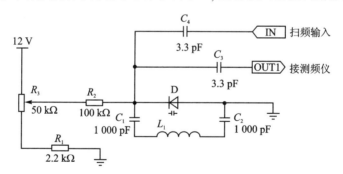

图 3.2.4　变容二极管特性测定电路

非线性失真，取变容二极管电容变化指数 $r=2$。根据式（3.2.1），利用 Matlab 计算出频率与容量的关系，进而得到偏置电压与容量关系曲线，如图 3.2.5 所示。

从 C_D/U 曲线上易见，偏置电压取值 3.1～7.5 V 时，C_D 的变化近似于线性，从 25～18 pF。又 f_C 为 35 MHz，根据式（3.2.1）有

$$L = 1/\left[(2\pi f_C)^2 C_D\right]$$

取 $C_D = 20$ pF，$f_C = 35$ MHz，得 $L = 1.04\ \mu\text{H}$。

因此，取 $L = 1.04\ \mu\text{H}$ 可满足设计要求。

全国大学生电子设计竞赛系统设计(第3版)

2. 锁相环电路

压控振荡器的输出频率受自身参数、控制电压的稳定性、温度、外界电磁干扰等因素的影响,往往是不稳定的,因此需要加入自动相位控制环节,即锁相环来稳定发射频率。发射频率经反馈,与晶振产生的标准信号相比较,在锁相环的跟踪下,发射频率始终向标准信号逼近,最终被锁定在标准频率上,达到与参考晶振同样的稳定度。锁相环电路采用 MC145152 芯片。它是一

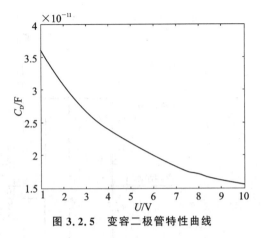

图 3.2.5　变容二极管特性曲线

个集鉴相器、可编程分频器、参考分频器于一体的大规模集成电路。分频器的分频系数可由并行输入的数据控制。MC145152 采用 28 引脚 DIP 封装,各引脚功能如下:

引脚端 4、5、6(R_{A0}、R_{A1}、R_{A2})为参考地址码输入端,用于选择参考分频器的分频比。通过 $14×8$ ROM 参考译码器和 12 位 $÷R$ 计数器进行编程。分频比有 8 种选择,参考地址码与分频比的关系如表 3.2.1 所列。

引脚端 26、27(OSC_{IN}、OSC_{OUT})为参考振荡端,一般应在 OSC_{IN}、OSC_{OUT} 端分别连接 15 pF 左右的电容到地。OSC_{IN} 也可作为外部参考信号的输入端。

引脚端 1(VCO)为输入信号端,其输入信号频率应小于 30 MHz。

引脚端 10、21~25(A5~A0)为 6 位 $÷A$ 计数器的分频端。其预置数决定了 $÷V/(V+1)$ 双模前置频器的 $÷V/(V+1)$ 的次数。

引脚端 11~20(N9~N0)为 10 位 $÷N$ 计数器的分频端。

引脚端 7、8($Φ_V$、$Φ_R$)为鉴相器双输出端,用于输出环路误差信号。如果 $f_V > f_R$ 或 f_V 的相位超前于 f_R,则 $Φ_V$ 变为低电平而 $Φ_R$ 仍为高电平;如果 $f_V < f_R$ 或者 f_V 的相位滞后于 f_R,则 $Φ_R$ 跳为低电平,而 $Φ_V$ 保持为高电平;如果 $f_V = f_R$,且 f_V 与 f_R 同相,则 $Φ_V$ 和 $Φ_R$ 保持高电平,仅在一个很短的时间内二者同时为低电平。

引脚端 9(MC)为模式控制端。输出的模式控制信号加到双模分频器,即可实现模式变换。在一个计数周期开始时,MC 处于低电平,一直到 A 下行计满它的编程值为止,然后,MC 跳为高电平,并一直维持到 $÷N$ 计数器下行计满编程的剩余值($N-A$)。N 计数器计满量后,MC 复位为低电平,两个计数器重新预置到各自的编程值上,再重复上述过程。

引脚端 28(LD)为锁定检测端,用于锁定输出信号。当环路锁定时(即 $Φ_V$ 与 $Φ_R$ 同频同相),该信号为高电平;当环路失锁时,LD 为低电平。

(1) 参考分频

参考晶振从 OSC_{IN}、OSC_{OUT} 接入,芯片内部的 $÷R$ 参考分频器提供 8 种不同的

分频系数,对参考信号进行分频。R 值由 R_{A0}、R_{A1}、R_{A2} 设定,如表 3.2.1 所列。本设计中,参考晶振为 10.24 MHz,所以取 $R_{A0}R_{A1}R_{A2}=101$ 时,$R=1024$,对晶振频率进行 1024 分频。

(2) 可编程分频

由于发射部分的频率高达 35 MHz,MC145152 的电路无法对其直接分频,必须先采用高速分频器进行预分频,把频率降低,然后由 MC145152 继续分频,得到一个参考频率相等的频率,并进行鉴相。为使分频系数连续可调,可编程分频电路采用的是吞咽脉冲计数器。它由 ECL(非饱和型逻辑电路)高速分频器 MC12022、MC145152 内部的 $\div A$ 减法计数器和 $\div N$ 减法计数器构成,如图 3.2.6 所示。

表 3.2.1　MC145152 参考分频器分频系数选择表

R	8	64	128	256	512	1024	1160	2048
R_{A2}	0	0	0	0	1	1	1	1
R_{A1}	0	0	1	1	0	0	1	1
R_{A0}	0	1	0	1	0	1	0	1

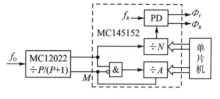

图 3.2.6　吞咽脉冲计数器原理图

MC12022(MC12052A)的分频系数如表 3.2.2 所列,典型应用电路如图 3.2.7 所示。

表 3.2.2　MC12022 分频系数表

SW	MC	分频系数
H	H	64
H	L	65
L	H	128
L	L	129

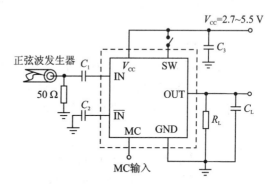

图 3.2.7　MC12022 典型应用电路

图 3.2.7 中,$C_1=C_2=1000$ pF,$C_3=0.1\ \mu F$,$C_L=8.0$ pF。在 $V_{CC}=2.7$ V 时,$R_L=3.3$ kΩ;在 $V_{CC}=5.0$ V 时,$R_L=7.2$ kΩ。MC12022 有 64/65 和 128/129 四种分频系数,SW 和 MC 为分频系数控制端。当 SW 为高电平(H)时,若 MC 为低电平,则 MC12022 以 $P+1=65$ 为分频系数;若 MC 为高电平,则以 $P=64$ 为分频系数(从 MC145152 的第 9 引脚输出,输入到 MC12022 的第 6 引脚)。MC145152 的 $\div N$ 和 $\div A$ 是可预置数的减法计数器,由并行输入口分别预置 6 位的 A 值和 10 位的 N 值。f_0 为压控振荡的输出频率(即发射频率)。

吞咽脉冲计数器开始计数时,M 的初值为 1,$\div A$ 和 $\div N$ 两个计数器被置入预置数并同时计数,当计到 $A(P+1)$ 个输入脉冲(f_0)时,$\div A$ 计数器计完 A 个预置数,M 变为 0;此时 $\div A$ 计数器被控制信号关闭,停止计数;而 $\div N$ 计数器中还有($N-A$)个数,它继续计($N-A$)P 个输入脉冲后,输出一个脉冲到鉴相器。此时一个工作周期结束,A 和 N 值被重新写入两个减法计数器,M 又变为 1,接着重复以上过程。整个过程中输入的脉冲数共有 $Q=A(P+1)+(N-A)P=PN+A$,也就是说,该吞咽脉冲计数器的总分频系数为 $PN+A$。

可见,采用吞咽脉冲计数方式,只要适当地选取 N 和 A 值,就能得到任意的分频比。为实现锁相,必须有 $f_0/(PN+A)=f_R$。反过来,由于 $f_0=f_R\times(PN+A)$,改变 N 和 A 的值,也能改变 f_0,这就是输出频率数字化控制的原理。

$\div A$ 计数器为 8 位,因此 A 值最大为 63,MC12022 的 P 值为 64。如果参考频率 $f_R=10$ kHz,则输出频率为

$$f_0=(PN+A)f_R=(64N+A)\times 10 \text{ kHz}$$

本设计中,要使发射频率为 35 MHz,先令 $A=0$,则

$$N=(f_0/f_R-A)/P=(35\times 10^6/10\times 10^3)/64=54.69$$

取 $N=54=110110B$,进而

$$A=(f_0/f_R)-PN=(35\times 10^6/10\times 10^3)-64\times 54=44=101100B$$

由此可得,给 MC145152 的 N9～N0 和 A5～A0 口预置相应的数值,可实现对发射频率的控制。

(3) 鉴 相

模拟鉴相器对输入其中的两个信号进行相位比较。一个是由稳定度很高的标准晶振经过分频得到的;另一个是由压控振输出频率经分频反馈回来的。这两个信号通过鉴相器,也就是经过一个模拟乘法器后,得到一个相位误差信号。设两个输入信号分别为

$$\begin{cases} U_R(t)=U_{RM}\sin[\omega_R t+\varphi_R(t)]=U_{RM}\sin[\omega_R t+\varphi_1(t)] \\ U_Y(t)=U_{YM}\sin[\omega_Y t+\varphi_Y(t)]=U_{YM}\sin[\omega_R t+\varphi_2(t)] \end{cases}$$

其中

$$\varphi_2(t)=(\omega_Y-\omega_R)t+\varphi_Y(t)$$

将两信号相乘得到

$$U_R\times U_Y=\frac{1}{2}U_{RM}U_{YM}\{\sin[2\omega_R t+\varphi_1(t)+\varphi_2(t)]+\sin[\varphi_1(t)-\varphi_2(t)]\}$$

再经过一个低通滤波器,取出其中的误差信号 $U_C(t)=A_C\sin[\varphi_1(t)-\varphi_2(t)]$,滤去其高频成分,将其直流成分用来调整压控振的输出频率。

本设计采用的鉴相器集成在 MC145152 中,是一种新型数字式鉴频/鉴相电路,具有鉴频和鉴相功能,不需要辅助捕捉电路就能实现宽带捕捉和保持。

3. 功率放大电路

功率放大电路如图 3.2.8 所示。功放管为 2SC1970,采用感性负载,输出幅度较大。丙类功放的基极电压 $-V_{EE}$ 是利用发射极电流的直流分量 I_{E0} 在射极电阻 R_{E2} 上产生的压降来提供的。当放大器的输入信号 U_1 为正弦波时,集电极的输出电流 i_C 为余弦脉冲波。利用谐振回路 L_2C_2 的选频作用获得输出基波电压 U_{C1}、电流 i_{C1}。

集电极基波电压为

$$V_{C1M} = I_{C1M}R_P$$

式中,I_{C1M} 为集电极基波电流的振幅;R_C 为集电极负载阻抗。集电极输出功率为

$$P_C = V_{C1M}I_{C1M}/2 = I_{C1M}^2 R_C/2 = V_{C1M}^2/2R_C$$

直流电源 V_{CC} 供给的直流功率为

$$P_D = V_{CC}I_{C0}$$

集电极的效率为

$$\eta = \frac{P_C}{P_D} = \frac{1}{2} \cdot \frac{V_{C1M}}{V_{CC}} \cdot \frac{I_{C1M}}{I_{C0}} = \frac{1}{2}\zeta\frac{\alpha_1(\theta)}{\alpha_0(\theta)}$$

考虑到效率和功率,选择导通角 θ 为经验值 $70°$。

当功放工作在临界状态时对应的等效负载电阻为

$$R_Q = (V_{CC} - V_{CES})^2/2P_C$$

4. 阻抗变换电路

根据 Matlab 仿真,对于 1 m 长的拉杆天线,当 $f = 35$ MHz 时,其等效阻抗为 $Z = R + jX = 5.44 - 115.1j$。要使发射机的输出阻抗 50 Ω 与天线匹配,必须设计降阻匹配网络。又因 1 m 长天线呈容性阻抗,必须采用串联谐振,使之天线辐射出去的功率最大。本设计采用的是 L 型的 LC 网络来实现阻抗匹配,如图 3.2.9 所示。

图中:R_1、R_2 为需要匹配的电阻值,$C_1 = \sqrt{R_1 - R_2}/(\omega R_1\sqrt{R_2})$,$L_2 = R_2\sqrt{(R_1 - R_2)}/\omega$。

本设计的阻抗变换采用两节 LC 网络,使每一级的阻抗匹配变换缓慢,以换取带宽特性,其变换阻值为 50 Ω→16 Ω→5.4 Ω。电路如图 3.2.10 所示,$R_1 = 50$ Ω,经 Matlab 计算,天线呈容性,其阻抗 $Z = R_L - jX_L = 5.44 - 115.1j$,$f_0 = 35$ MHz,采用串联谐振电路,即接一个电感 L_3 抵消天线呈容性负载的影响。其计算可得:$C_1 \approx 160.8$ pF,$L_1 \approx 76$ nH,$C_2 \approx 281.2$ pF,$L_2 \approx 13.4$ nH,$L_3 = 523.49$ nH。

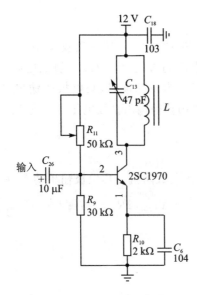

图 3.2.8　功率放大电路

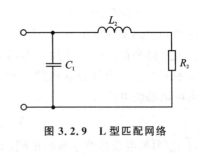

图 3.2.9　L 型匹配网络

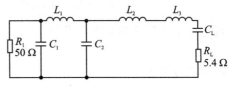

图 3.2.10　阻抗变换电路

3.2.4　接收部分电路设计

1. 接收电路

接收电路以 CXA1238 为主体。CXA1238 是 Sony 公司推出的集调幅、调频、锁相环、立体声解码等电路为一体的 AM/FM 立体声收音集成电路。典型应用电路如图 3.2.11 所示。

天线接收到的信号经过 30～40 MHz 带通滤波器，从 FM 天线输入端（引脚端 18）进入芯片内部，通过选频网络将选出的电台信号送入 FM 前置放大器，放大后与本振进行混频，得到 10.7 MHz 的中频频率。引脚端 22 外接 FM 本振调谐回路。引脚端 20 外接 FM 高放调谐回路。10.7 MHz 中频频率由引脚端 16 输出，连接到 10.7MHz 的陶瓷滤波器上。信号经过陶瓷滤波器滤波，输入到引脚端 13 的中频输入端。在芯片内部进行中频放大和鉴频。鉴频后的信号分为两路：一路由引脚端 12 驱动调谐指示电路，外接发光二极管 D_2（当接收信号最大时，LED 显示最亮）；另一路由 IC 内的直流放大器放大后进行自动混合和 FM 静噪。

经检波后的立体声复合信号（或单声道信号），由 IC 内直流放大器放大、滤波后，变换成 AFC 控制电压，由引脚端 10 输出并通过一个 100 kΩ 的电阻反馈至引脚端 23，用于改变变容二极管的等效电容，以达到修正 FM 本振频率、进行频率跟踪的目的。

VCO 的振荡频率可通过引脚端 27 外接的微调电位器 R_V 调整，可调整跟踪导频信号的捕捉范围。

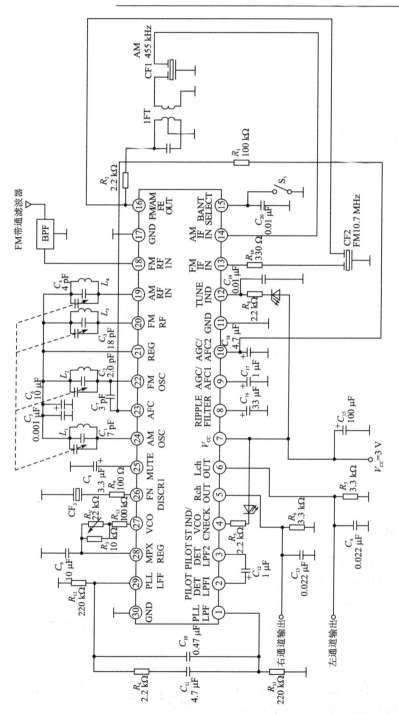

图 3.2.11　CXA1238典型应用电路

解调、放大后的立体声信号分左、右两路分别从两个声道的输出口（引脚端5、6）输出。信号通过去加重网络进行去加重处理后，送到用于音量调节的数字电位器X9511，经过音频放大后，进而驱动扬声器发声。

由于本系统没有涉及调幅，所以芯片中的第14引脚（AM中频输入）、第15引脚（波段选择）、第19引脚（AM天线输入）和第24引脚（AM本振）均接电容到地。

2. 天线输入网络

天线匹配网络设计，首先必须计算出拉杆天线的等效阻抗和接收机的输入阻抗。对于$L=1$ m，$D=5$ mm的拉杆天线，利用Matlab仿真，在$f=35$ MHz时其等效阻抗$Z=R-\mathrm{j}X=5.44-115.1\mathrm{j}$。电路图如图3.2.12所示。拉杆天线阻抗可等效于一个纯阻$R_L=5.44$ Ω和一个容量$C_L=115.1$ pF的电容串联。

用换算法测接收机输入电阻R_I。测试电路图如图3.2.13所示。

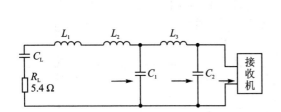

图3.2.12 天线匹配网络电路图

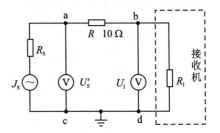

图3.2.13 换算法测输入电阻示意图

设$R=10$ Ω，只要分别测出U_{ac}和U_{bd}，则输入电阻为

$$R_I=R/[(U_S'/U_I)-1] \tag{3.2.2}$$

实测$R_I\approx50$ Ω，然后根据公式计算，可求得$L_1=523.49$ nH，$C_1\approx281.2$ pF，$L_2\approx13.4$ nH，$C_2\approx160.8$ pF，$L_3\approx76$ nH。

3. 天线输入选频回路

本设计要求接收部分所接收的频率值为35 MHz。

输入选频回路电路原理图如图3.2.14所示。在CXA1238的引脚端20和引脚端21接上一个LC回路，调节可变电容的值得到所需要的频率。

根据公式$f=1/[2\pi\sqrt{L(C_1+C_2)}]$，已知$f=35$ MHz，取$C_1=20$ pF，$L=0.59$ μH，则$C_{2\mathrm{MAX}}=20$ pF，得到可调电容值$C_2=5\sim20$ pF。

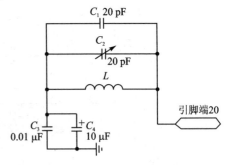

图3.2.14 输入选频回路电路原理图

4. 本机振荡器谐振回路

本机振荡器电路用于产生本地振荡信号。它始终比接收信号高出 10.7 MHz，连接至 CXA1238 的引脚端 22 和引脚端 21。本设计采用的本振电路的调谐回路与输入选频回路电路一致，原理相同，只是参数不同，如 C_2 值不变，则由公式 $f = 1/[2\pi\sqrt{L(C_1+C_2)}]$ 计算可得，$L = 0.36\ \mu H$。

5. 音频功率放大器电路

音频功率放大器采用美国国家半导体公司生产的音频功率放大器芯片 LM386。电压增益内置为 20，在引脚端 1 和 8 之间增加一只外接电阻和电容，便可调节电压增益值，最大值为 200。由于在 6 V 电源电压下，它的静态功耗仅为 24 mW，使得 LM386 适合使用电池供电。音频功率放大器电路原理图如图 3.2.15 所示。

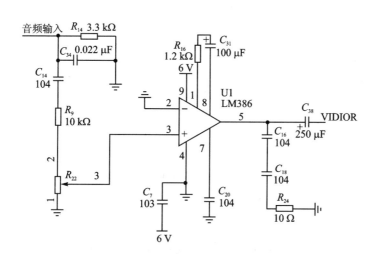

图 3.2.15　音频功率放大器电路图

3.2.5　PT2262/2272 编码/解码电路设计

PT2262/2272 是一对带地址、数据编码/解码功能的芯片。PT2262 具有地址和数据编码功能；PT2272 具有地址和数据解码功能。数据输出具有"暂存"和"锁存"两种方式，方便用户使用。后缀 M 表示为"暂存型"，后缀为 L 表示"锁存型"。其数据输出又分为 0、2、4、6 不同的输出，例如：PT2272 - M4 表示数据输出为 4 位的暂存型无线遥控接收芯片。本设计采用的是 PT2272 - M6。编码芯片 PT2262 发出的编码信号由地址码、数据码、同步码组成一个完整的码字，解码芯片 PT2272 接收到信号后，其地址码经过两次比较核对后，VT 引脚才输出高电平，与此同时相应的数据引脚也输出高电平。如果发送端一直按住按键，则编码芯片也会连续发射。其具有功耗低、外部器件少、工作电压范围宽、数据可达 6 位、地址码最多可达 531441 种

全国大学生电子设计竞赛系统设计(第3版)

的特点。PT2262 和 PT2272 引脚端功能分别如表 3.2.3 和表 3.2.4 所列。

表 3.2.3　PT2262 引脚端功能

引脚端	符　号	功　能
1～6	A0～A5	地址输入端,可编成"1"、"0"和"开路"三种状态
7、8、10～13	A6/D5～A11/D0	地址或数据输入端,地址输入时用 1～6,作数据输入时只可编成"1"、"0"两种状态
14	TE	发射使能端,低电平有效
15、16	OSC_1、OSC_2	外接振荡电阻,决定振荡的时钟频率
17	DOUT	数据输出端,编码由此引脚串行输出
9	V_{SS}	电源负端
18	V_{DD}	电源正端

表 3.2.4　PT2272 引脚功能

引脚端	符　号	功　能
1～6	A0～A5	地址输入端,可编成"1"、"0"和"开路"三种状态。要求与 PT2262 设定的状态一致
7、8、10～13	D0～D5	数据输出端,分暂存和锁存两种状态
14	DI	脉冲编码信号输入端
15、16	OSC_1、OSC_2	外接振荡电阻,决定振荡的时钟频率
17	VT	输出端,接收有效信号时,VT 端由低电平变为高电平
9	V_{SS}	电源负端
18	V_{DD}	电源正端

　　PT2262 发射芯片地址编码输入有"1"、"0"和"开路"三种状态,数据输入有"1"、"0"两种状态。由各地址、数据的不同引脚状态决定,编码从输出端 DOUT 输出。DOUT 输出的编码信号是调制在载波上的,通过改变第 15 引脚(OSC_1)和第 16 引脚(OSC_2)之间所接电阻阻值的大小,即可改变第 17 引脚输出时钟的频率;6 个数据位(D0～D5)由单片机(P2.0～P2.5)预置,同时 6 个地址码也由单片机(P0.0～P0.5)预置;第 17 引脚输出的信号通过左声道加入至压控振荡器(MC1648)进行调制发射出去。

　　PT2272 的暂存功能是指,当发射信号消失时,PT2272 的对应数据输出位即变为低电平;而锁存功能是指,当发射信号消失时,PT2272 的数据输出端仍保持原来的状态,直到下一次接收到新的信号输入。PT2262 和 PT2272 的电路原理图分别如图 3.2.16 和图 3.2.17 所示。

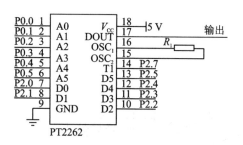

图 3.2.16　PT2262 编码电路

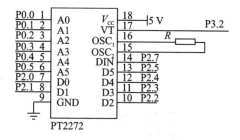

图 3.2.17　PT2272 解码电路

3.2.6　20 dB 衰减器的设计

衰减器制作的关键是阻抗匹配,接收机输入阻抗为 5.4 Ω。如图 3.2.18 所示,采用三级衰减,第一级衰减 6.02 dB,第二级衰减 12.04 dB,至第三级衰减为 18.06 dB。

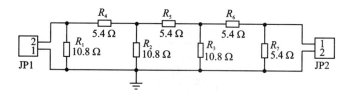

图 3.2.18　20 dB 衰减器电路图

3.2.7　单工无线呼叫系统软件设计

程序分为发射部分和接收部分。

(1) 发射部分程序设计

发射部分的程序主要可分为按键处理模块、液晶显示模块、数据处理模块以及字符转换模块 4 部分。其主程序流程图如图 3.2.19 所示。

(2) 接收部分程序设计

接收部分的程序主要是完成液晶显示、按键处理以及台号的转换等功能。其主程序流程图如图 3.2.20 所示。

3.2.8　系统抗干扰措施

在本系统中既有低频信号,又有中频和高频信号;既有模拟信号,又有低频基带的数字(脉冲)信号和锁相环生成的各种频率的数字(脉冲)信号。各种信号交叉调制,会形成频谱很宽的内部干扰信号加上外部各类干扰信号的串扰。这些干扰信号不仅影响音频信号的传输质量,更重要的还会影响主从站的呼叫、文字短信的传输质量,造成呼叫和文字短信出错。系统采取的抗干扰措施有:

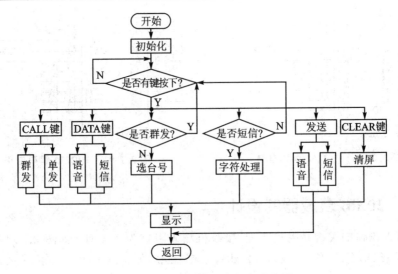

图 3.2.19　发射部分主程序流程图

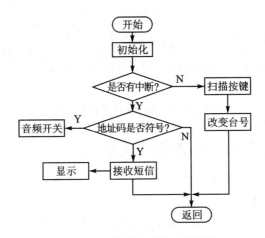

图 3.2.20　接收部分程序流程图

- 将发射机调制器之前音频输入级加以屏蔽,防止 50 Hz 交流信号干扰和数字(脉冲)信号干扰。
- 电源隔离。模拟部分和数字部分的电源单独供电,如共用一个直流稳压电源,必须采用电感和电容等去耦电路。
- 地线隔离。由于电路中既有数字电路又有高频电路,绘制 PCB 板时须将高频地和数字地分开,以及高频电路用金属屏蔽隔离,以减小交叉调制等干扰。PCB 板地线设计尽可能粗,甚至大面积接地,除了元器件引线、电源走线、信号线之外,其余部分均作为地线。同时,模拟地要与数字地分开。
- 模/数隔离。模拟部分会受数字部分的脉冲干扰影响,绘制 PCB 板时,必须将数字部分和模拟部分的布线拉开一定的距离。

- 数/数隔离。本系统采用了锁相环,会产生各种频率的脉冲信号。呼叫信号和文字短信也是数字信号。这两类数字信号要相互隔离。若前者干扰后者,则会造成呼叫或文字短信传递出差错;若后者干扰前者,则会造成分频错误,从而影响锁相的稳定。
- 凡是用电解电容作为去耦电容的地方,一定要并接一个容量较小的瓷片电容,并且注意电解电容的极性不能反接,否则会产生很大的噪声干扰。

3.3 调频收音机设计

3.3.1 调频收音机设计要求

用 Sony 公司提供的 FM/AM 收音机集成芯片 CXA1019 和锁相频率合成调谐集成芯片 BU2614,制作一台调频收音机,接收 FM 信号频率范围为 88~108 MHz,调制信号频率范围为 100~15 000 Hz,最大频偏为 75 kHz,最大不失真输出功率大于或等于 100 mW(负载阻抗 8 Ω),接收机灵敏度小于或等于 1 mV。设计详细要求与评分标准等请登录 www.nuedc.com.cn 查询。

3.3.2 调频收音机系统设计方案

本调频收音机主要由 FM/AM 收音机芯片 CXA1019、PLL 频率合成器 BU2614 和单片机 AT89S52 三部分构成,系统方框图[3] 如图 3.3.1 所示。收音机以单片机 AT89S52 为控制核心,实现全频搜索、指定频率范围搜索和手动搜索电台。使用数字电位器(X9511)控制音量,采用液晶显示器显示载频和时钟等信息,采用 E^2PROM(AT24C04)

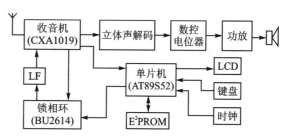

图 3.2.1 调频收音机系统方框图

存储电台,增加立体声解码功能,整机采用 3 V 电源工作。

从天线输入的信号经过 88~108 MHz 带通滤波器后送入 CXA1019,经过混频、鉴频、立体声解码、音频放大电路,最后还原出音频信号。单片机是整机的控制核心,通过键盘使单片机控制 BU2614 的分频比,从而达到选台的目的。同时,通过键盘经单片机调整音量大小、调整时钟和选存电台,各项操作提示和操作结果通过 LCD 显示出来。

3.3.3 收音机电路设计

收音机电路采用 CXA1019 芯片。CXA1019 的引脚端功能、内部结构和外部电路如图 3.3.2 所示。

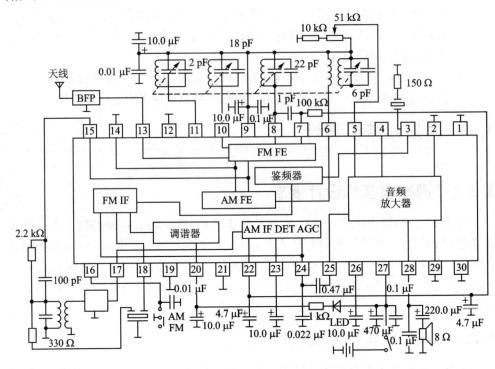

图 3.3.2　CXA1019 引脚端功能、内部结构和外部电路

设计的收音机电路采用超外差接收方式,中频频率为 10.7 MHz,本振频率比接收信号频率要高 10.7 MHz。本振(f_{OSC})、中频($f_M = 10.7$ MHz)、接收频率(f_{IN})之间的关系为 $f_{OSC} = f_{IN} + f_M$。接收机的带宽 $B = \Delta f_{0.7} = 2(1 + m_F + \sqrt{m_F}) \times f_{MAX}$;而 $m_F = \Delta f_{MAX} / f_{MAX}$。根据设计要求,最大频偏 $\Delta f_{MAX} = 75$ kHz,最大调制频率 $f_{MAX} = 15$ kHz,求得 $B = 247$ kHz。

为了提高镜像抑制比,在调频信号输入端采用特性很好的声表面波带通滤波器,调整谐振回路的线圈,在满足带宽要求的情况下使 Q 值尽量大,以提高电路的选择性,达到提高镜像抑制比的目的。在电子线路的排版、布线上,使所有元件尽量靠近集成电路的引脚,特别是谐振回路走线尽量短,并且对空白电路用大面积接地的方法,使得分布参数影响最小。

3.3.4　PLL 频率合成器及环路滤波电路设计

锁相环频率合成器采用 BU2614 芯片。BU2614 是一种串行码输入的锁相频率合成器,采用标准的 I^2C 总路线结构,最高工作频率可达 130 MHz,并且为串行数据输入;采用晶振的高精度、高稳定度的 75 kHz 的参考频率;可以工作在整个FM 波段;除了可直接用在 FM 和 AM 中,芯片还可提供 25 kHz、12.5 kHz、

6.25 kHz、3.125 kHz、5 kHz、3 kHz 和 1 kHz 这 7 种参考频率具有中频检测功能，开锁显示；低电流损耗，工作时为 4 mA，锁相不工作时为 100 μA。

BU2614 的引脚端 XOUT 与 XIN 外接晶振，一般选用 75 kHz 晶振，主要产生标准频率和时钟信号。引脚端 CE 为使能控制端；引脚端 CLK 和 DATA 为时钟和数据输入端；引脚端 PD1 为相位比较输出端。

BU2614 内部主要由相位比较器 PD、可编程分频器、参考分频器、高稳定晶体振荡器及内部控制器等电路组成。当单片机对 BU2614 送入一组数据时，BU2614 把接收到的数据与接收的信号频率进行比较后输出一个电压值 V_D，该电压值通过外部环路低通滤波后加在 VCO 上，通过 V_D 的不断调整，使 VCO 振荡频率锁定在与单片机送入数据相对应的频率上，实现频率锁定。

在 BU2614 内部结构中，移位锁存器的作用是，把单片机送来的 32 位串行数据送入锁存器后进行串并转换，其中 16 位控制可编程分频器，3 位控制参考分频器，其余为内部控制字。可编程分频器按照 16 位数据的控制要求，把 f_{osc} 振荡频率信号经过参考分频后的频率信号 f_D 与基准频率 f_R 在 PD 中进行比较，当 f_D 不等于 f_R 时，由 PD 输出电压 V_D 控制 VCO，使 f_{osc} 稳定在确定频率上。参考分频器通过状态字中 R_0、R_1、R_2 三位数据把高稳定度振荡器产生的 75 kHz 标准频率进行分频。可输出 7 个固定频率 f_R。PD 把 f_R 和 f_D 进行鉴相比较，PD 的输出为高电平、低电平及高阻三态输出，通过外部 LF 实现锁相。

BU2614 的串行数据输入靠 CE、CLK 和 DATA 三个端子完成。时钟信号、数据信号和使能信号逻辑关系如图 3.3.3 所示。

图 3.3.3 中 T_1 应大于 15 μs，T_2 大于 2 μs，时钟宽度应大于 1 μs。数据和状态字共 32 位，从低位到高位依次排列为 D0、D1、…、D15、P0、P1、P2 、 * 、 * 、 * 、 * 、CT、R_0、R_1、R_2、S、PS、 * 、GT、TS。其中 D0～D15 表示可变分频比的 16 位二进制数；* 表示与控制不相关的位，可为 1 或 0；参考分频器产生的标准频率由 R_0、R_1、R_2 三位数据控制，控制关系如表 3.3.1 所列。

P0、P1、P2 为输出口控制数据，可使输出通道打开或关闭。置 0 时为通道打开。S 和 PS 可用于收音机中 FM 和 AM 的选择。数据输出由 CD 端输出，此时 CLK、CD 与 CE 的逻辑关系与数据输入类似，只不过 CE 要求为低电平。CT、GT 等用于频率测量与计数的控制。分频比 $N = f_{osc}/f_R$。而送入 BU2614 的数据为实际分频比的一半，并应转化为十六进制数。可以看出，BU2614 进行锁相频率控制的精度范围可以调整，f_R 越高，精度也越高，而 f_R 本身也是由晶振产生的，精度可达 10^{-6} 以上。

全国大学生电子设计竞赛系统设计（第 3 版）

表 3.3.1　标准频率与 R_0、R_1、R_2 控制关系

数据			标准频率
R_0	R_1	R_2	
0	0	0	25 kHz
0	0	1	12.5 kHz
0	1	0	6.25 kHz
0	1	1	5 kHz
1	0	0	3.125 kHz
1	0	1	3 kHz
1	1	0	1 kHz
1	1	1	* PLL 关断

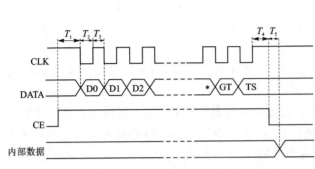

图 3.3.3　时钟信号、数据信号和使能信号逻辑关系

锁相环的原理方框图如图 3.3.4 所示。锁相环路锁定时，鉴相器的两个输入频率相同，即 $f_R = f_D$。为了提高锁台精度，在本设计中基准频率 f_R 取 1 kHz。f_D 是本振频率 f_{OSC} 经 N 分频以后得到的，即 $f_D = f_{OSC}/N$，本振频率 $f_{OSC} = N \times f_R$。通过改变分频次数 N，VCO 输出的频率将被控制在不同的频率点上。

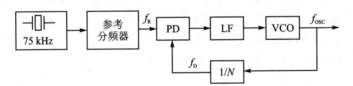

图 3.3.4　锁相环的原理方框图

基准频率 f_R 是由晶振分频得到的，本振频率的稳定度几乎与晶振的稳定度一样高。由于调频信号载波范围为 88 MHz＜f_0＜108 MHz，根据超外差收音机的原理，可知本振频率为 $f_{OSC} - f_{IN} + f_M$，分频器的分频次数为 $N = f_{OSC}/f_R$，选取中频频率 f_M 为 10.7 MHz，则本振频率范围为 98.7 MHz＜f_{OSC}＜118.7 MHz，故输入 BU2614 的分频次数 N 的范围为 $f_{OSC(MIN)}/f_R$＜N＜$f_{OSC(MAX)}/f_R$，即 98700＜N＜118700。通过单片机将相应的 N 值输入 BU2614，即可达到选台的目的。

在本调频收音机中，锁相环频率合成器由 FM/AM 收音机芯片 CXA1019、锁相环 BU2614 和单片机 AT89S52 三部分组成。FM 信号经过 BPF 由 CXA1019 的引脚端 FM RF IN 进入，引脚端 FM RF 接出一个中心频率可变的谐振回路，对用户设定的接收信号频率进行谐振，中心频率由加在变容二极管两端电压 V_D 控制。引脚端 FM OSC 外接本振回路，该谐振回路对本振频率（接收信号频率加上中频频率）谐振。其中心频率也由加在变容二极管上的 V_D 电压控制。VD 电压均取自于 BU2614 中引脚端 PD 的输出经滤波后输出的直流电压。引脚端 FM OSC 本振信号也同时送入 BU2614 的引脚端 FM IN。BU2614 引脚端 CE、CLK 和 DATA 为来自单片机的使能、时钟及数据信号。引脚端 FM FN 送入本振 FM OSC 信号。V_D 为经过环路滤波器后的直流电压，加到接收信号和本振回路上，以控制振荡频率。

单片机 AT89S52 为控制核心，单片机 P1.0、P1.1 和 P1.2 口分别与 BU2614 的引脚端 DATA、CLK 及 CE 相连，由这些口的输出分别模拟数据信号、时钟信号和使能信号。方法是将数据及状态字放入寄存器中，依次对每个寄存器做 8 次带进位的循环右移，根据进位值模拟这些信号。程序中选取标准频率 f_R 为 1 kHz，分频比范围为 $98700 < N < 118700$。由单片机相应的数据置入 BU2614，可实现选台。同时单片机可检测 CXA1019 的引脚端 METER(20) 的电压来锁定台是否选准。为了实现搜索电台，把单片机输出的分频数据每次增加 32H，对应频段增加 0.1 MHz，可把 88~108 MHz 范围内的电台都能收到。通过这种方法，很好地实现了电台的存储、全频自动搜索、指定范围内搜索、手动搜索电台及频段显示功能。

以 BU2614 为核心构成的锁相环频率合成器和环路滤波电路[3] 如图 3.3.5 所示。

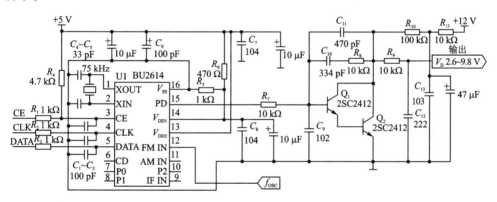

图 3.3.5　以 BU2614 为核心构成的锁相环频率合成器和环路滤波电路

3.3.5　电源电路设计

设计要求整机采用 3 V 电池供电，由于变容二极管需要 2.6~9.8 V 的反向偏置调谐电压，单片机工作电压为 5 V，为满足不同的电压要求，采用 DC-DC 变换器 MC34063 进行电压变换。

DC-DC 变换器 MC34063 构成的升压电路如图 3.3.6 所示，参数计算如表 3.3.2 所列。

在表 3.3.2 中，V_{SAT} 为输出开关的饱和电压；V_F 为输出整流器的正向压降；V_{IN} 为输入电压；V_{OUT} 为希望得到的输出电压（$|V_{OUT}| = 1.25(1 + R_2/R_1)$）；$I_{OUT}$ 为希望得到的输出电流；f_{MIN} 为最小希望得到的输出开关频率；V_{RIPPLE} 为希望得到的输出纹波电压。

全国大学生电子设计竞赛系统设计（第 3 版）

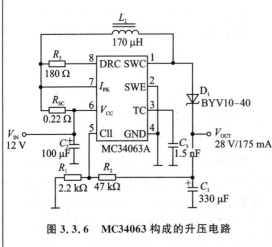

图 3.3.6　MC34063 构成的升压电路

表 3.3.2　MC34063 升压电路参数计算

参　数	公　式
t_{ON}/t_{OFF}	$\dfrac{V_{OUT}+V_F-V_{IN(MIN)}}{V_{IN(MIN)}-V_{SAT}}$
$(t_{ON}+t_{OFF})_{MAX}$	$1/f_{MIN}$
C_T	$4.5\times10^{-5}\,t_{ON}$
$I_{PK(SWITCH)}$	$2I_{OUT(MAX)}\left[(t_{ON}/t_{OFF})+1\right]$
R_{SC}	$0.3/I_{PK(SWITCH)}$
C_O	$\dfrac{I_{OUT}t_{ON}}{V_{RIPPLE(P-P)}}$
$L(MIN)$	$\dfrac{V_{IN(MIN)}-V_{SAT}}{I_{PK(SWITCH)}}t_{ON(MAX)}$

为提高电压转换效率，用两片 MC34063 分别将直流 +3 V 电压升压到 +12 V 和 +5 V。MC34063 升压输出特性如下：

$$V_{OUT}=1.25(R_2/R_1)$$

一片 MC34063 将 3 V 电压升至 5 V，此时选 $R_2=2.7\ \text{k}\Omega$，$R_1=8.2\ \text{k}\Omega$。另外一片升至 12 V，此时 $R_2=4.7\ \text{k}\Omega$，$R_1=40\ \text{k}\Omega$。大电流条件下，电源效率有所下降，本机工作电流小，3 V 单电源供电时，电流仅为 160 mA，效率在 80% 以上。

3.3.6　实时时钟电路设计

为了实现实时时钟功能，本电路采用了 DS1302 芯片。DS1302 是一种高性能、低功耗、带 RAM 的实时时钟芯片，它可以对年、月、日、星期、时、分、秒进行计时，且具有闰年补偿功能，工作电压宽达 2.5～5.5 V。采用三线接口与 CPU 进行同步通信，并可采用突发方式一次传送多个字节的时钟信号或 RAM 数据。DS1302 内部有一个 31×8 位的用于临时性存放数据的 RAM 寄存器。DS1302 的引脚端功能、内部结构及与单片机连接电路如图 3.3.7 所示。电路中，V_{CC2} 连接 5 V 电压，V_{CC1} 配备了两粒纽扣式后备电池，以保证

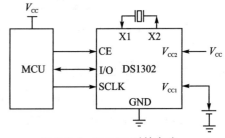

图 3.3.7　DS1302 时钟电路

DS1302 在外电源中断后正常计时，在收音机开机后，可通过键盘校准 DS1302 的时间、日历。

3.3.7　电台锁存电路设计

自动搜索并存储电台是本收音机最突出的功能之一。为了准确地存台，仅仅靠对 CXA1019 调谐指示（第 20 引脚）输出作为高低电平识别是不可靠的。在本电路

中,通过锁相环 CD4046 将调谐指示端的电压变化变换为频率信号。采用 CD4046 组成的 V/F 变换器电路[3]如图 3.3.8 所示。

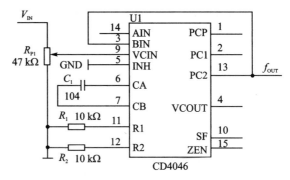

图 3.3.8　CD4046 V/F 变换器电路

当接收到强电台信号时,由 CD4046 构成的压控振荡器的振荡频率在电台信号最强处输出频率最低,那么通过单片机跟踪 CD4046 的输出频率,在检测到某调频频率点的 CD4046 输出频率处于最低,就可以判断该调频频率点即为信号最强点,单片机即可对该频率点锁存。

3.3.8　调频收音机软件设计

系统软件流程图[3]如图 3.3.9 所示。

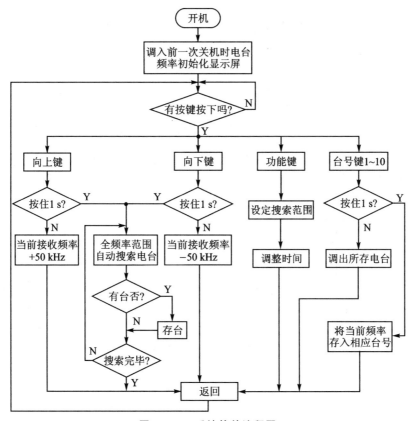

图 3.3.9　系统软件流程图

3.4　短波调频接收机设计

3.4.1　短波调频接收机设计要求

设计并制作一个短波调频接收机，接收频率（f_0）范围为 8～10 MHz；接收信号为 20～1 000 Hz 音频调频信号，频偏为 3 kHz；最大不失真输出功率大于或等于 100 mW(8 W)；接收灵敏度小于或等于 5 mV；通频带：$f_0 \pm 4$ kHz 为 -3 dB；选择性：$f_0 \pm 10$ kHz 为 -30 dB；镜像抑制比大于或等于 20 dB。设计详细要求与评分标准等请登录 www.nuedc.com.cn 查询。

3.4.2　短波调频接收机系统设计方案

短波调频接收机系统方框图[2]如图 3.4.1 所示，由 FM 接收机、频率合成器、单片机系统三部分组成。短波调频接收机的设计以单片 FM 接收芯片 MC3362 为核心，采用频率合成器实现高稳定度的本振；利用单片机作为主控器与频率合成器配合完成手动、自动搜台、载频显示等功能；采用串行 E^2PROM 实现电台数据存储并永久保存；数字电位器的引入实现了数字音量调节；天线输入端采用电容分压式滤波器，既可提高镜像抑制比，又可使天线与接收机达到最佳匹配。

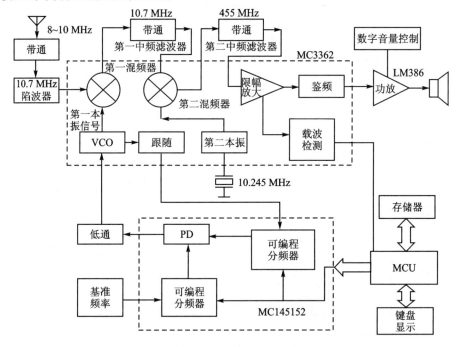

图 3.4.1　短波调频接收机系统方框图

172

3.4.3　接收机电路设计

接收机电路采用单片 FM 接收芯片 MC3362,其片内包括了从天线输入到音频输出的二次变频的全部电路:振荡电路、混频电路、限幅放大器、正交检波器、表头检波器、表头驱动电路、载波检测电路、第一本振和第二缓冲输出及 FSK 检波数据限幅比较器等。MC3362 的应用电路形式如图 3.4.2 所示。

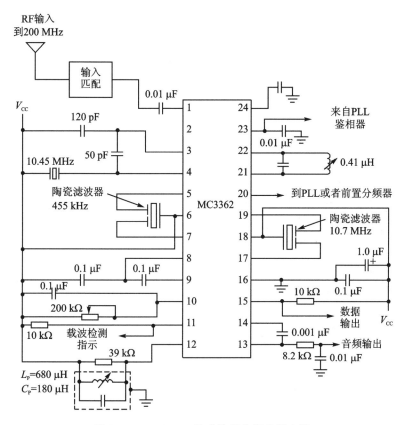

图 3.4.2　MC3362 构成的接收机应用电路

MC3362 的二次变频工作过程为:RF 信号经 8～10 MHz 带通滤波器及 10.7 MHz 陷波器后送到 MC3362 内部的第一混频器,由频率合成器控制 VCO 产生的第一本振信号也送到第一混频器与 RF 信号进行混频。混频输出由陶瓷滤波器选出 10.7 MHz 的中频信号,与频率为 10.245 MHz 的第二本振进行第二次混频,取出第二中频(455 kHz),经 MC3362 内部电路进行限幅放大和鉴频,解调出接收信号。

MC3362 中的压控振荡器输出的频率输到锁相环 MC145152 中,单片机通过 I/O 口对 MC145152 进行编程,以改变其计数器的计数初值,从而改变分频比。鉴相器输出端输出的误差信号 Φ_V 和 Φ_R 输入到低通滤波器,滤波器输出的误差电压进一步平滑后,直接对 MC3362 中的压控振荡器进行控制,构成了一个完整的锁相环。单片机接收人工调整以及设置的数值，并对 MC145152 的计数器初值进行不同的预置，以锁定不同的频率，达到改变不同频点信号的目的。

在此电路中，第一中频（为 10.7 MHz）高于输入载频，然后将中频再变为第二中频（455 kHz）。因此第一本振频率为 18.7～20.7 MHz，而相对于输入频率 8～10 MHz 的镜像干扰频率为 29.4～31.4 MHz，它远离输入信号频率。这样，输入端的带通滤波器就比较容易抑制该镜像干扰频率。

第一和第二混频器的变换增益典型值分别为 18 dB 和 22 dB。混频输出用陶瓷滤波器进行选频，取出中频，可获得良好的选择性。

第二中频信号（引脚端 5）经过陶瓷带通滤波（455 kHz）后，输入限幅放大器（引脚端 7），限幅器的 −3 dB 限幅灵敏度为 10 μV，在 1.0 MHz 内平坦度较好。

限幅器输出内部连接到正交检波器。引脚端 12 到 V_{cc} 间外接一个并联 LC 回路和电阻，调节电阻可调整电路的带宽。

载波检测端（引脚端 11）是集电极开路输出，需要外接上拉电阻。提供一个电平给单片机，以判断有无载波信号的标志，单片机识别该电平变化后自动锁台。该端低电平有效，当射频输入信号的幅度高于设定门限时，该端输出为低电平（小于 0.1 V）；当输入低于门限时，该端输出等于 V_{cc}。

3.4.4　输入匹配电路设计

输入匹配电路由带通滤波器和陷波器组成。

1. 带通滤波器

根据混频原理，设

$$X_1 = A_1 \cos\omega_1 t \qquad X_2 = A_2 \cos\omega_2 t$$

其中 X_1 为本振信号，X_2 为输入信号，则混频输入为

$$Y = A_1 \cos\omega_1 t \times A_2 \cos\omega_2 t$$
$$= \frac{1}{2} A_1 A_2 [\cos(\omega_1 + \omega_2)t + \cos(\omega_1 - \omega_2)t]$$

从上式可看出，每一个带内频点都对应有一镜像频率，该镜像频率进入混频器与本振混频产生的中频和接收频率产生的中频相等，造成很强的镜像干扰。因此需要设计一个带通滤波器，滤除 8～10 MHz 的带外信号。已知该滤波器带宽为 2 MHz，中心频率 $f_0 = 9$ MHz，设计的带通滤波器电路如图 3.4.3 所示。

考虑到天线输出阻抗 $Z_1 = 50$ Ω，查得 MC3362 输入阻抗 $Z_2 = 650$ Ω，$L = 11$ μH，图 3.4.3 中元件的数值应满足以下关系：

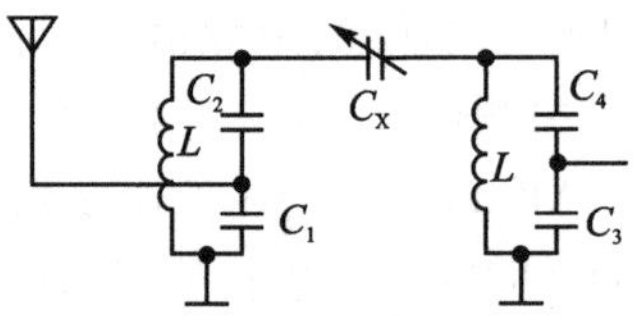

图 3.4.3　带通滤波器电路

$$\begin{cases} 50\left(\dfrac{C_1+C_2}{C_2}\right)^2 = 650\left(\dfrac{C_3+C_4}{C_4}\right)^2 \\[2mm] \dfrac{1}{\omega C_1} \gg 50 \quad \dfrac{1}{\omega C_2} \gg 650 \\[2mm] \dfrac{C_1 C_2}{C_1+C_2} = \dfrac{C_3 C_4}{C_3+C_4} = \dfrac{1}{(2\pi f_0)^2 L} \end{cases}$$

由上述条件解得 $C_1 = 78\text{ pF}$，$C_2 - 27\text{ pF}$，$C_3 - 22\text{ pF}$，$C_4 = 220\text{ pF}$。

2. 陷波器

因第一中频为 10.7 MHz，而带通滤波器对 10.7 MHz 信号抑制不够，为抑制中频干扰，在带通滤波器后采用 10.7 MHz 陷波器，以更大程度地抑制 10.7 MHz 信号。

3.4.5　音量控制电路设计

音量控制电路采用 Xicor 公司的 X9511 对数特性数字音量电位器，使得音量大小控制由两个轻触键来实现，操作十分简便，并且滑动端位置能够自动保存。与普通电位器相比，其最大优点是没有滑动噪声。X9511 引脚端封装形式和应用电路如图 3.4.4 所示。图中，X9511 的引脚 $\overline{\text{PU}}$、$\overline{\text{PD}}$ 端分别连接音量"+"、"-"键，V_H、V_W、V_L 三端相当于电位器的三端，V_H、V_L 为固定端，V_W 为滑动端。V_H 引脚端连接音频信号输出(引脚端 13 输出)，V_W 连接到功率放大器输入端。

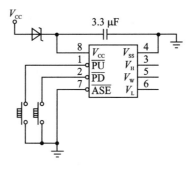

图 3.4.4　X9511 引脚端封装形式和应用电路

3.4.6　锁相频率合成电路设计

锁相频率合成电路采用 MC145151。MC145151 是一块 14 位并行码输入的单模、单片锁相环频率合成器，片内含有参考振荡器、参考分频器、鉴相器、可编程分频器等电路。

在单片机的控制下，MC145151 与 MC3362 内部的 VCO、低通滤波器等构成一个锁相频率合成电路。电路原理图[2] 如图 3.4.5 所示。

根据设计要求，参考频率 f_R 设定为 5 kHz，输出频率 f_0 为 18.7～20.7 MHz，可采用直接分频方式，环路的可编程分频器的分频比 N 由下式计算：

$$N = f_0 / f_R$$

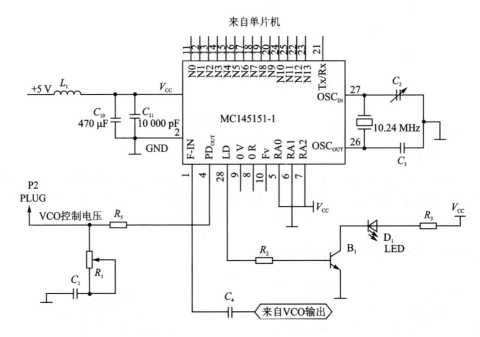

图 3.4.5　锁相频率合成单元电路

计算出最小分频比 $N_{MIN}=3740$，最大分频比 $N_{MAX}=4140$。

　　MC145151 最大可变分频比为 16 383，最高工作频率为 30 MHz，能够满足系统的设计要求。

　　环路滤波器采用无源比例积分滤波器形式，其结构简单，性能稳定，调试方便。

　　锁相频率合成单元电路各参数的计算式如下：

平均分频比　　　　　　　$N=(N_{MIN}+N_{MAX})/2=3940$

鉴相器灵敏度　　　　　　$K_D=V_{DD}/4\pi(V_{DD}=5 \text{ V})$

压控灵敏度　　$K_{VCO}=2\pi\Delta f_O/\Delta V_C$（实际测得 $K_{VCO}=3.2\times10 \text{ rad/s} \cdot \text{V}$）

环路自然谐振角频率

$$\omega_N=\frac{2\pi f_R}{10} \qquad \omega_N=\sqrt{\frac{K_D K_{VCO}}{NC(R_1+R_2)}}$$

环路阻尼系数　　　　　　$\xi=\frac{1}{2}\omega_N\left(R_2+\frac{N}{K_D K_{VCO}}\right)$

　　取 $\xi=0.707$，$C_1=0.1 \text{ μF}$，根据上面的公式得 $R_1=3 \text{ kΩ}$，$R_2=1.5 \text{ kΩ}$。为了使环路工作在最佳工作状态，在电路调试时根据需要对 R_1、R_2 和 C_1 值做了适当的调整。

3.4.7　单片机系统设计

单片机系统是本接收机的控制核心,其主要功能是根据用户操作信息,输出相应的 14 位并行数据控制频率合成器的分频比,进而控制本振频率,并显示接收机的状态信息,完成电台存储等多种功能。单片机采用 AT89S52 芯片,显示接口采用 8279 芯片,对电台的存储采用 Xicor 公司的串行 E^2PROM X25045。由于该接收机的接收频率为 8~10 MHz,以 5 kHz 为步长,则共需要 400 个频点。考虑到实际使用情况,本系统设定最多存储电台 30 个。

X25045 将上电复位控制、看门狗定时器、降压管理和串行 E^2PROM 4 种功能集合为一体。X25045 与单片机连接电路如图 3.4.6 所示。

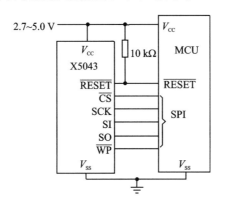

图 3.4.6　X25045 与单片机连接电路

3.4.8　短波调频接收机软件设计

短波调频接收机系统主程序流程图[2]如图 3.4.7 所示,中断服务程序流程图如图 3.4.8 所示。

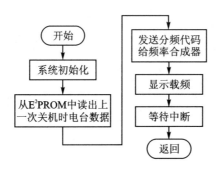

图 3.4.7　系统主程序流程图

177

全国大学生电子设计竞赛系统设计(第 3 版)

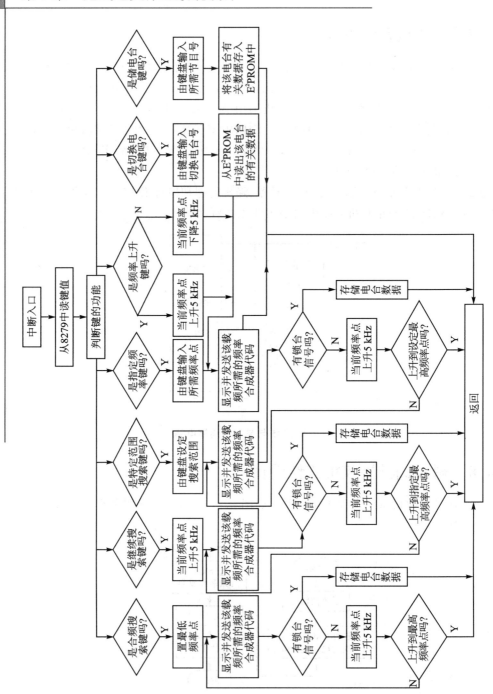

图 3.4.8 中断服务程序流程图

3.5　调幅广播收音机设计

3.5.1　调幅广播收音机设计要求

利用 Sony 公司所提供的调幅收音机单片机集成电路（带有小功率放大器）CXA1600P/M 和元器件，制作一个中波广播收音机，接收频率范围为 540～1 600 kHz，手动电调谐，输出功率大于或等于 100 mW。设计详细要求与评分标准等请登录 www.nuedc.com.cn 查询。

3.5.2　调幅广播收音机系统设计方案

调幅广播收音机系统方框图[2]如图 3.5.1 所示，以 Sony 公司提供的专用 AM 收音芯片 CXA1600P 为核心，采用变容二极管调谐和 PLL 频率合成器技术。利用单片机对 PLL 频率合成器进行控制，实现频率步进扫描、预置电台、存储电台等多种功能。电源采用了 DC-DC 变换技术及低功耗技术。

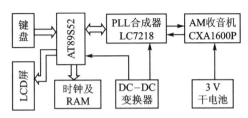

图 3.5.1　调幅广播收音机系统方框图

3.5.3　收音机电路设计

收音机电路采用 CXA1600P 芯片组成。CXA1600P 是一块专为 AM 收音机设计的双极型集成电路。CXA1600P 引脚端封装形式、内部结构和典型应用电路如图 3.5.2 所示。

CXA1600P 提供了从射频输入到音频功率放大输出的全部功能，只需外加输入调谐回路、本振回路及音量调节电位器等即可实现。分别在调谐回路的 2 个可调电容的连接点各自并联 1 个变容二极管，即可实现电调谐控制。

3.5.4　AGC 电压检出电路设计

AGC 电压检出电路用于产生一个"收到电台"的信号，以便使单片机记忆电台的频率。CXA1600P 在接到一个较强的信号时，AGC 引脚的电压有所升高。一般此端电压高于 0.6 V 时，即表示收到一个电台，但此电压变化范围很小，为 0.4～0.7 V。设计中采用了 CMOS 微功耗运放 TL062，使其应用在开环放大状态，将此电压得以放大及检出。采用 TL062 构成的 AGC 电压检出电路如图 3.5.3 所示。图中 R_1、R_2 为运放提供约为 0.6 V 的偏置，R_w 用于调整闸门电压。当 AGC 电压升高，使运放输出电压低于 12.7 V 时 Q_1 截止，Q_1 集电极产生一个高电平信号，即产生一个"收到电台"的信号。

全国大学生电子设计竞赛系统设计（第3版）

3.5.5　PLL 电路设计

锁相环电路方框图如图 3.5.4 所示。当环路锁定时，$f_R = f_N$，而 $f_N = f_O/N$，则有输出频率 $f_O = N \times f_R$。在设计中，由 CMOS 型频率合成器芯片 LC7218 提供鉴相器及 N 分频器，VCO 由 CXA1600P 芯片内部的第一本振担任。LF 采用的是二阶有源比例积分型滤波器。LC7218 是一个用于电调谐的 PLL 频率合成器芯片。LC7218 的典型应用电路形式如图 3.5.5 所示。

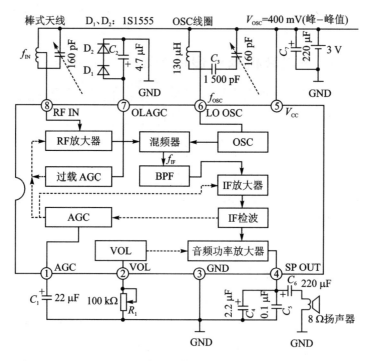

图 3.5.2　CXA1600P 引脚端封装形式、内部结构和典型应用电路

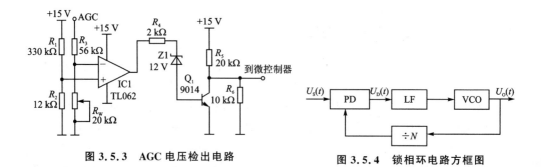

图 3.5.3　AGC 电压检出电路　　　　**图 3.5.4　锁相环电路方框图**

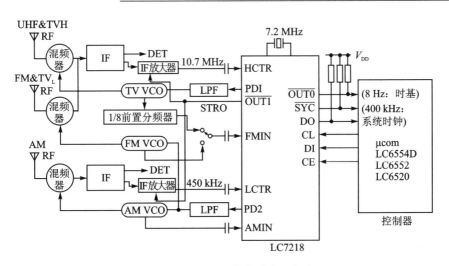

图 3.5.5　LC7218 的典型应用电路

3.5.6　电源电路设计

在本系统中,单片机及液晶、时钟芯片、LC7218 芯片使用电源电压为+5 V,收音机芯片 CXA1600P 使用电源电压为+3 V,变容二极管调谐使用电源电压为+15 V。设计要求采用+3 V 电池供电,因此需要采用 DC-DC 电路。

设计中,采用 MAXIM 公司的超小型 DC-DC 变换器芯片 MAX856 获得+5 V 电压,用 MAX762 获得+15 V 电压。

MAX856 是一个输入电压为 0.8~5 V,输出电压为+5 V 的 DC-DC 电压变换器芯片。在输出电流为 100 mA 时具有高达 85% 的转换效率。同时,该芯片具有低达 25 μA 的静态电流。MAX856 的典型应用电路如图 3.5.6 所示。

利用 DC-DC 变换器芯片 MAX856 的低电池检测引脚端 LBI,可以实现电源电压的监视。当电池电压降到 2 V 时,该电路向单片机输出一个低电池电压信号。

MAX762 是一个输入电压为 2~16.5 V、输出电压为+15 V 的 DC-DC 电压变换器芯片。MAX762 的引脚端封装形式和典型应用电路如图 3.5.7 所示。

在接收机中采用 DC-DC 变换器,需要解决 DC-DC 变换器产生的大量谐波,此谐波会干扰接收机工作。设计中可将整个变换器装入有电磁屏蔽作用的小盒内,同时可在 DC 输入、输出端加上 LC 滤波器,这些滤波器也都封于小盒中。最后,除地线外,所有进出电源变换器的线均用穿心电容引入或引出。采取了以上措施,便可成功地解决 DC-DC 变换器谐波的空间辐射及沿线辐射问题。

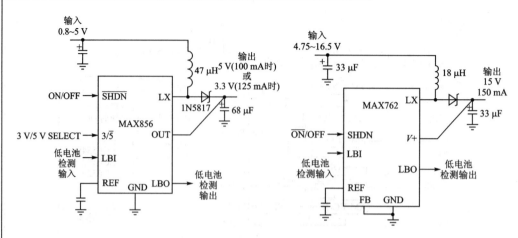

图 3.5.6　MAX856 的典型应用电路　　图 3.5.7　MAX762 引脚端封装

形式和典型应用电路

3.5.7　单片机系统和显示电路设计

单片机采用 AT89S52 最小系统,显示部分采用了点阵式液晶显示模块。

系统采用单片机控制,可实现以下几种功能:

- 手动步进数字调谐,以 9 kHz 为步进频率,可用"＋"、"－"键调节。
- 自动数字调谐。以 9 kHz 为步进频率,自动向前步进,遇到有台位置自动由搜索状态转至收音状态。
- 自动全频段电台搜索。本功能在本机所覆盖的频段(531～1 602 kHz)自动由 531 kHz 开始搜索电台,并把搜索到的电台频率存储起来。
- 手动输入 531～1 602 kHz 内的任意频率。
- 可存储 12 个电台。
- 系统内设实时钟,可设置时间、日期。
- 电池欠压报警。
- 液晶显示功能菜单、时间、日期及电台频率。
- 可设置用户所在区域,以确保本机在不同国家都可以正常使用。

3.5.8　实时时钟芯片 DS1302 应用电路设计

为了实现存储电台及实时时钟功能,设计中采用 DS1302 芯片。DS1302 具有时钟/日历功能,并可利用其内部的 32 字节 RAM 存储电台。该芯片还带有后备电池接口,在本系统中此端口接有一个 2 200 μF 电容,以便在断电后保存所存储的数据。DS1302 的应用电路可参考 3.3.6 小节。

3.5.9　调幅广播收音机软件设计

系统主程序流程图[2]如图 3.5.8 所示。

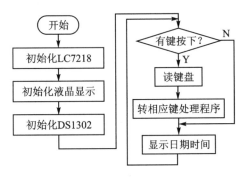

图 3.5.8　系统主程序流程图

3.6　简易无线电遥控系统设计

3.6.1　简易无线电遥控系统设计要求

设计并制作无线电遥控发射机和接收机。工作频率为 6～10 MHz;调制方式为 AM、FM 或 FSK 中任选一种;输出功率不大于 20 mW(在标准 75 Ω 假负载上);遥控对象有 8 个;被控设备用 LED 分别代替,LED 发光表示工作;接收机距离发射机不小于 10 m。设计详细要求与评分标准等请登录 www.nuedc.com.cn 查询。

3.6.2　简易无线电遥控系统设计方案

所设计的简易无线电遥控系统方框图如图 3.6.1 所示,由无线电遥控发射机和无线电遥控接收机两部分组成,载波传输采用 FSK 调制方式。

3.6.3　发射机的按键控制与编码电路设计

键盘控制与编码电路由按键、CC40147 和 MC145026 组成。控制按键包括 8 个常开按键和一个单刀双掷拨键 K1,8 个常开按键用来控制被选中对象的 8 种状态,拨键开关用来选择被控对象。CC40147 是一个 10 - 4 线优先编码器,真值表如 3.6.1 所列。在设计中只使用了其中的 8 - 3 线部分,对 8 个常开按键进行编码。

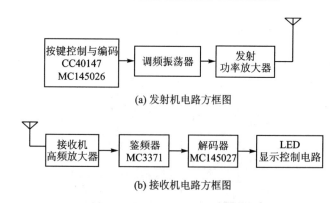

(a) 发射机电路方框图

(b) 接收机电路方框图

图 3.6.1　简易无线电遥控系统方框图

表 3.6.1　CC40147 真值表

输　入										输　出			
0	1	2	3	4	5	6	7	8	9	D	C	B	A
0	0	0	0	0	0	0	0	0	0	1	1	1	1
1	0	0	0	0	0	0	0	0	0	0	0	0	0
x	1	0	0	0	0	0	0	0	0	0	0	0	1
x	x	1	0	0	0	0	0	0	0	0	0	1	0
x	x	x	1	0	0	0	0	0	0	0	0	1	1
x	x	x	x	1	0	0	0	0	0	0	1	0	0
x	x	x	x	x	1	0	0	0	0	0	1	0	1
x	x	x	x	x	x	1	0	0	0	0	1	1	0
x	x	x	x	x	x	x	1	0	0	0	1	1	1
x	x	x	x	x	x	x	x	1	0	1	0	0	0
x	x	x	x	x	x	x	x	x	1	1	0	0	1

注：0＝高电平；1＝低电平；x＝任意。

设计要求控制对象是 8 盏灯，其中 1 盏灯的亮度 8 级可调，其余 7 盏只有开关状态。因此可以认为，要调亮度的灯和其余只有开关状态的 7 盏灯（某一时刻只有 1 盏灯亮或全灭）是 2 个有 8 种状态的控制对象。采用 4 位二进制码表示各控制状态。其中，1 位码表示控制对象是其中 1 盏灯的亮度还是其余 7 盏灯的开关，另 3 位码对应表示 8 级亮度或被点亮的灯号。为了便于码元的传输，需要对码元进行再编码。设计中利用 MC145026 对控制信号进行再编码。MC145026 是一个具有 5 个地址编码和 4 位数据输入的编码器芯片，能将并行输入的 4 位数据信号转换为串行的数字编码信号输出，以利于码元在无线信道中传输。MC145026 的振荡器频率 f 由外部电阻 R_S、R_{TC} 和 C_{TC} 决定，可由下式计算：

$$f \approx (1/2.3)R_{TC}C_{TC}$$

对于 $1 \text{ kHz} \leqslant f \leqslant 400 \text{ kHz}$，这里有 $C'_{TC} = C_{TC} + C_{LAYOUT} + 12 \text{ pF}$；$R_S \approx 2R_{TC}$；$R_S \geqslant 20 \text{ kΩ}$；$R_{TC} \geqslant 10 \text{ kΩ}$；$400 \text{ pF} < C_{TC} < 15 \text{ μF}$。$C_{LAYOUT}$ 为布线电容。

设计的按键控制与编码电路[2]如图 3.6.2 所示。图中，CC40147 只使用了其中的 8 - 3 线部分,对 8 个常开按键进行编码;MC145026 对控制信号进行再编码,将并行输入的 3 位数据信号转换为串行的数字编码信号,通过引脚端 15 输出到调频振荡器电路。在本设计中 MC145026 的地址码 4 位是设定的,另一位由拨键控制,用来选择控制对象是要调亮度的灯还是其余的 7 盏灯。

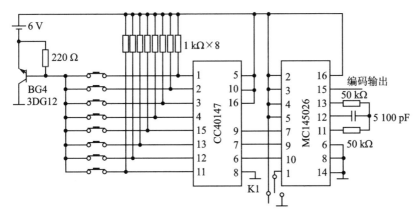

图 3.6.2 　按键控制与编码电路

由于发射机功耗较小,工作电流小于 30 mA,设计中采用一个三极管 C945(Q_4)来作为整机的电源开关。在按键未按下时,Q_4 处于截止状态,按键按下时,Q_4 饱和导通,电源接通。

3.6.4 　发射机的调频振荡器和功率放大器电路设计

发射机的调频振荡器和功率放大器电路[2]如图 3.6.3 所示。调频振荡器采用由晶体管 9018(BG1)与电容 C_2、C_3、C_4、C_5、变容二极管和电感 L_1 组成西勒振荡器电路形式。振荡信号通过 C_7 耦合到射极跟随器,然后送至功率放大器。

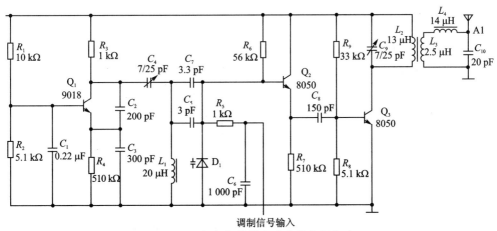

图 3.6.3 　调频振荡器和功率放大器电路

在振荡器与功率放大器之间加入了一级跟随器（Q_2），主要起隔离和激励的作用。功率放大器的工作状态为甲乙类，R_8、R_9 给 8050（Q3）提供偏压，输出匹配网络采用简单的 Γ 型网络，其中 L_4 与 C_{10} 和天线等效电容谐振于载波频率，L_3 与 L_2 起阻抗变换作用，以使输出功率最大。

在本设计中，由 MC145026 引脚端 15 输出到调频振荡器电路的调制信号为二元单极性码，即只有高低两个电平，故对调制线度要求不高。调频采用变容二极管电路。对变容二极管不外加反偏压的电路结构如图 3.6.4 所示。

图中，变容二极管的结电容为 C_J，可求得 C_J 对主振回路的接入系数 p 为

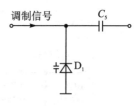

图 3.6.4 变容二极管不外加反偏压的电路结构

$$p = \frac{C_5}{C_5 + C_J}$$

若调制信号引起的结电容变化为 ΔC，则引入主振回路的电容变化量为 $p^2 \Delta C$，可求得由此引起的振荡频率的变化为

$$\Delta f_G \approx -\frac{p^2 \cdot \Delta C}{2C_\Sigma} f_G$$

式中，$C_\Sigma \approx \dfrac{C_5 \cdot C_J}{C_5 + C_J} + C_4$，为主振回路总电容；负号表示 ΔC 与 Δf_G 的变化相反。

本设计中，$C_5 = 3$ pF，$C_J = 21$ pF，可得 $p \leqslant 1$，即变容二极管参量的变化对振荡频率影响较小，频率稳定度大大提高。

要得到足够的频偏，也就要使变容二极管的结电容变化较大。解决的办法是对变容二极管不加反偏压。在不加反偏压时可获得最大电容变化量。由于无外加偏压，避免了由偏压变化引起的频率漂移，同时简化了电路。

3.6.5 接收机高频放大器电路设计

接收机高频放大器电路采用共射极谐振放大电路形式，以获得一定的电压增益。电路原理图[2]如图 3.6.5 所示。为保证接收机具有较高的灵敏度，选用低噪声高频晶体管 2SC763。

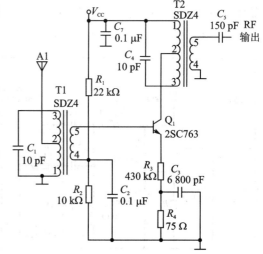

图 3.6.5 接收机高频放大器电路

3.6.6　接收机的解调器电路设计

　　接收机的解调器电路采用单片集成窄带 FM 解调芯片 MC3371 构成。MC3371/MC3372 是美国 Freescale 公司生产的单片窄带调频接收电路，片内由振荡电路、混频电路、限幅放大器、积分鉴频器、滤波器、静噪开关、仪表驱动电路组成，主要应用于二次变频的通信接收设备。MC3371/MC3372 类似于 MC3361 和 MC3359 等接收电路，除了用信号仪表指示器代替 MC3361 的扫描驱动电路外，其余功能特性相同。MC3371/MC3372 主要应用于语音或数据通信的无线接收机。MC3371 的典型应用电路如图 3.6.6 所示。

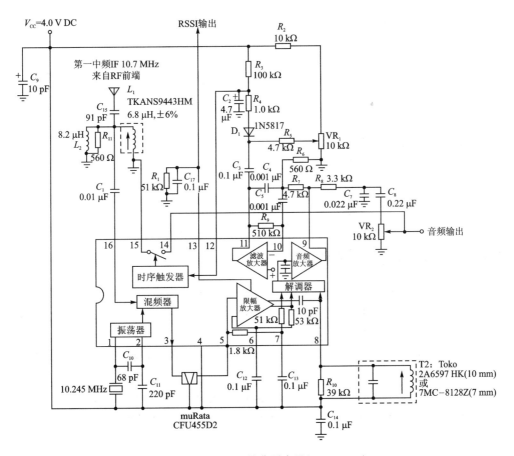

图 3.6.6　MC3371 的典型应用（10.7 MHz）

MC3371 的内部振荡电路与引脚端 1 和引脚端 2 的外接元件组成第二本振级，第一中频 IF 输入信号 10.7 MHz 从 MC3371 的引脚端 16 输入，在内部第二混频级进行混频，其差频为（10.700－10.245）MHz＝0.455 MHz，也即 455 kHz 第二中频信号。

第二中频信号由引脚端 3 输出，由 455 kHz 陶瓷滤波器选频，再经引脚端 5 送入 MC3371 的限幅放大器进行高增益放大。引脚端 8 的外接元件组成 455 kHz 鉴频谐振回路，经放大后的第二中频信号在内部进行鉴频解调，并经一级音频电压放大后由引脚端 9 输出音频信号，送往后级的功率放大电路。

引脚端 12～15 为载频检测和电子开关电路，通过外接少量的元件即可构成载频检测电路，用于调频接收机的静噪控制。MC3371 内部还置有一级滤波放大级，加上少量的外接元件可组成有源选频电路，为载频检测电路提供信号。引脚端 10 为该滤波放大级的输入端，引脚端 11 为输出端。引脚端 6 和引脚端 7 连接第二中放级的去耦电容。

MC3371 的鉴频输出通过引脚端 9 输入到比较器，使信号恢复成高低电平的数字信号，电路如图 3.6.7 所示。比

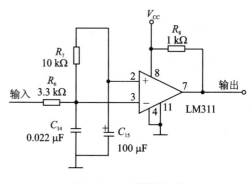

图 3.6.7　比较器电路

较器门限电压由鉴频器输出经 RC 低通滤波获得，其电压相当于信号中的直流分量电压。此方法有一定的自适应功能，在实际应用中表现出较强的抗干扰能力。

3.6.7　解码和控制电路设计

解码电路采用 MC145027 芯片。它是与 MC145026 配套的解码器芯片。MC145027 解码器接收串行数据，前 5 位二元码是地址码，剩下的为 4 位二元数据码，当接收到的地址码与本地地址码相等时，并行输出数据码。

MC145027 的振荡器频率要与 MC145026 配套。外部连接的电阻和电容值如表 3.6.2 所列。

表 3.6.2　MC145027 与 MC145026 外部连接的电阻和电容值配套表

f_{OSC}/kHz	R_{TC}/kΩ	C'_{TC}/pF	R_S/kΩ	R_1/kΩ	C_1/pF	R_2/kΩ	C_2/pF
362	10	120	20	10	470	100	910
181	10	240	20	10	910	100	1800
88.7	10	490	20	10	20000	100	3900

续表 3.6.2

f_{OSC}/kHz	R_{TC}/kΩ	C'_{TC}/pF	R_S/kΩ	R_1/kΩ	C_1/pF	R_2/kΩ	C_2/pF
42.6	10	1 020	20	10	3 900	100	7 500
21.5	10	2 020	20	10	8 200	100	15 000
8.53	10	5 100	20	10	20 000	200	20 000
1.71	50	5 100	100	50	20 000	200	100 000

注：所有电阻和电容误差为±5%，$C'_{TC} = C_{TC} + 20$ pF。

解码电路[2]如图 3.6.8 所示。使用两片 MC145027 对解调后的信号进行解码。一片 MC145027 用来控制要求亮度调节的灯 LEMP，另一片用来控制 7 个 LED。驱动部分 LED 的工作电流小，采用 74LS138 译码输出直接驱动。小电灯的亮度调节，通过 3 个能提供不同电流的射随器相加实现。数码管采用 MC14511 驱动。MC14511 的真值表如表 3.6.3 所列。

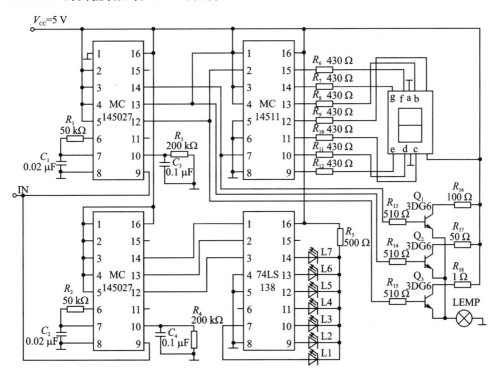

图 3.6.8 解码与显示电路

189

表 3.6.3　MC14511 真值表

输　入							输　出							
LE	$\overline{BI}$	$\overline{LT}$	D	C	B	A	a	b	c	d	e	f	g	显　示
x	x	0	x	x	x	x	1	1	1	1	1	1	1	B
x	0	1	x	x	x	x	0	0	0	0	0	0	0	
0	1	1	0	0	0	0	1	1	1	1	1	1	0	0
0	1	1	0	0	0	1	0	1	1	0	0	0	0	1
0	1	1	0	0	1	0	1	1	0	1	1	0	1	2
0	1	1	0	0	1	1	1	1	1	1	0	0	1	3
0	1	1	0	1	0	0	0	1	1	0	0	1	1	4
0	1	1	0	1	0	1	1	0	1	1	0	1	1	5
0	1	1	0	1	1	0	0	0	1	1	1	1	1	6
0	1	1	0	1	1	1	1	1	1	0	0	0	0	7
0	1	1	1	0	0	0	1	1	1	1	1	1	1	8
0	1	1	1	0	0	1	1	1	1	0	0	1	1	9
0	1	1	1	0	1	0	0	0	0	0	0	0	0	
0	1	1	1	0	1	1	0	0	0	0	0	0	0	
0	1	1	1	1	0	0	0	0	0	0	0	0	0	
0	1	1	1	1	0	1	0	0	0	0	0	0	0	
0	1	1	1	1	1	0	0	0	0	0	0	0	0	
0	1	1	1	1	1	1	0	0	0	0	0	0	0	
1	1	1	x	x	x	x								

3.7　无线识别装置

3.7.1　无线识别装置设计要求

　　设计制作一套无线识别装置。该装置由阅读器、应答器和耦合线圈组成,其方框图参见图 3.7.1。阅读器能识别应答器的有无、编码和存储信息。

　　装置中阅读器、应答器均具有无线传输功能,频率和调制方式自由选定,不得使用现有射频识别卡或用于识别的专用芯片。装置中的耦合线圈为圆形空芯线圈,用直径不大于 1 mm 的漆包线或有绝缘外皮的导线密绕 10 圈制成。线圈直径为 6.6 cm±0.5 cm(可用直径 6.6 cm 左右的易拉罐作为骨架,绕好取下,用绝缘胶带固定即可)。线圈间的介质为空气。两个耦合线圈最接近部分的间距定义为 D。阅

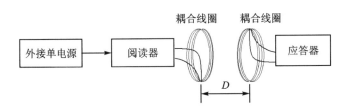

图 3.7.1　无线识别装置方框图

读器、应答器不得使用其他耦合方式。

应答器具有编码预置功能，可以用开关预置 4 位二进制编码。阅读器用外接单电源供电，电源供给功率≤2 W。在显示编码正确率≥80%、响应时间≤5 s 的条件下，尽可能增加耦合线圈间距 D。

设计详细要求与评分标准等请登录 www. nuedc. com. cn 查询。

3.7.2　无线识别装置系统设计方案

赛题要求设计制作一套无线识别装置，也就是 RFID 系统。系统的工作原理可以参考现有的 RFID。赛题明确指出不得使用现有射频识别卡或用于识别的专用芯片，也就是说要根据 RFID 原理进行模拟设计制作。

在题目基本要求中提出应答器采用两节 1.5 V 干电池供电，而在发挥部分则要求应答器所需电源能量全部从耦合线圈获得，这是一个非常重要的提示，如果设计方案首先考虑基本要求的设计，采用电池供电，那么发挥部分的这项要求几乎是无法实现的。

在赛题的发挥部分要求阅读器的电源供给功率≤2 W，并尽可能增加耦合线圈间距 D。这个要求隐含了两个重要信息：一是阅读器本身必须采用低功耗的电路，由于一般的设计方案中都会有微控制器芯片，即要求采用低功耗的微控制器芯片；二是要求发射电路必须采用高效率的功率放大器电路，接收放大器有较高的灵敏度，即在相同功率条件下，尽可能地增加耦合线圈间距 D。这一点从后来的测试标准中也可以看到，耦合线圈间距 D 每增加 1 cm，都有加分。

下面介绍华中科技大学王盛青等（一等奖作品）的基于编/解码芯片的无线识别系统设计方案确实构思不错，设计中放弃了③和④的部分要求，但电路结构简单，功耗低，如果功率放大器效率够高，接收放大器有较高的灵敏度，仅耦合线圈间距 D 一项就能获得不少加分，足够补偿放弃③和④部分要求的丢分。

1. 基于低功耗单片机的无线识别系统设计方案

基于低功耗单片机的无线识别系统[7]由阅读器、应答器和耦合线圈三个部分组成，采用被动式应答方式，系统方框图如图 3.7.2 所示。

阅读器由射频模拟前端和单片机等组成。单片机通过串口完成数据的发送与接收，完成对应答器的识别和数据的读、写控制。同时，单片机也完成状态控制、数据预置编码和显示等功能。射频模拟前端包含有射频发射与接收两部分。

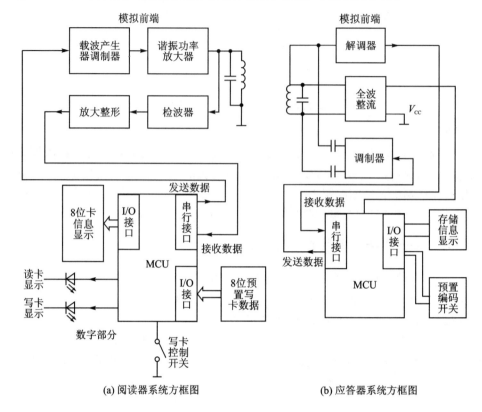

图 3.7.2　基于低功耗单片机的无线识别系统方框图

　　发射部分主要由高频载波发生器和高效开关功率放大器组成,完成数据的发射与功率传输。应答器的能量来自阅读器发射的能量,为了能够最大和高效地传输更多的能量,要求射频功率放大器能够提供尽可能大的输出功率,同时具有高的效率。

　　接收部分由检波器和放大整形电路组成,完成应答器信号的接收与解调。识别器由射频模拟前端和低功耗单片机控系统等组成。射频模拟前端主要由直接负载调制电路、阅读器数据调制电路和稳压电源等组成,完成数据的收发和提供应答器电源。低功耗单片机控系统可以采用 C8051F330/1、MSP430 F2274、PIC16F84 等低功耗单片机组成,完成所接收的阅读器数据存储、发送应答器预置数据和数据预置编码等功能。

　　应答器的模拟前端采用电感耦合形式来获取阅读器发射的能量,从感应线圈获得的能量经全波整流并限压后,作为低功耗单片机的直流电源。

　　应答信号的回传采用负载调制方式。本作品的阅读头和应答器之间采用的是近距离的射频耦合,阅读器和应答器线圈之间能量交换方式可以等效变压器的耦合形式,改变应答器线圈的回路参数,相应调节阅读器线圈的负载,会使阅读器线圈的信号波形随之改变,将这个变化检波放大后即可解调出相关的调制信息。

根据赛题所指定的线圈制作要求,线圈的电感量在 10 μH 左右,射频模拟前端的工作频率可选择在几 MHz,如 4～5 MHz 左右。

2. 基于编解码芯片的无线识别系统设计方案

基于编解码芯片的无线识别系统设计方案[7]如图 3.7.3 所示。

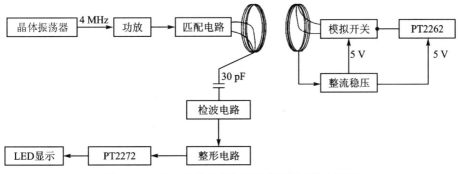

图 3.7.3　基于编解码芯片的无线识别系统方框图

基于编解码芯片的无线识别系统采用专用的数据编码芯片 PT2262 和解码芯片 PT2272 来实现数据产生和编/解码,应答器用简单拨码开关设定存储信息。

阅读器包含有射频发射和接收两部分电路,其中,发射电路包含有功率放大器和线圈匹配电路,接收电路包含有检波电路、整形电路和解码电路。

根据赛题要求,本系统只需要产生单一频率的载波即可,由于线圈的电感量在 10 μH 左右,直接采用 74HC04N 非门芯片和晶振(4 MHz 左右)构成的载波发生器电路。功率放大器采用 SC1970 晶体管构成的单管功率放大器电路。

接收电路的检波电路采用 30 pF 的电容器与线圈连接,经过 MAX4256 放大和 MAX291 滤波,利用 LM311 构成的施密特触发器整形后送入 PT2272 进行解码,PT2272 的解码输出直接驱动 LED 显示,利用 LED 指示应答器的编码信息。

应答器由整流稳压电路、负载调制电路和编码电路组成。整流稳压电路采用桥式全波整流和稳压管完成整流和稳压。负载调制部分通过模拟开关 TS5A3166 实现,将 PT2262 的编码输出数据直接接到模拟开关的控制口,用来控制 TS5A3166 开关的导通和关断。由于模拟开关导通时,电阻很小(0.9 Ω),相当于将线圈短路;模拟开关关断时,相当于将线圈开路;TS5A3166 开关的导通和关断将使耦合到阅读器端线圈的信号幅度会发生变化,从而可以实现负载调制。编码器采用与 PT2272 的配对编码芯片 PT2262。

3. 基于 FSK 副载波模式的无线识别系统设计方案

基于 FSK 副载波模式的无线射频识别装置设计方案[7]如图 3.7.4 所示,考虑到要降低功耗,实现应答器电源从耦合线圈获得,同时为了提高阅读器的正确识别能力,必须保证有很好的抗干扰能力,因此选择了 ASK 和 FSK 结合的方案实现调制,阅读器到应答器使用 ASK,反向则用副载波的 FSK。阅读器和答应器通过天线线圈耦合,发射部分的调制电路利用"与门"来进行 ASK 调制。高频功放电路采用74CH04CMOS 非门作为末级功率驱动,多个门并联使用,保证发射功率。输出回路采用 LC 串联谐振回路。阅读器接收电路采用 TA31142 FSK 接收器芯片,TA31142解调后的 FSK 信号经过单片机 AT89S51 处理,由 LCD 点阵模块 12864 显示接收到的信息。

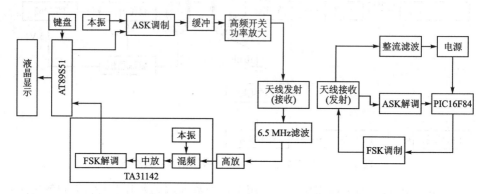

图 3.7.4 基于 FSK 副载波模式的无线射频识别装置方框图

3.7.3 耦合线圈电路设计

根据赛题要求,装置中的耦合线圈为圆形空芯线圈,用直径不大于 1 mm 的漆包线或有绝缘外皮的导线密绕 10 圈制成。线圈直径为 6.6 cm±0.5 cm(可用直径6.6 cm 左右的易拉罐作为骨架,绕好取下,用绝缘胶带固定即可)。线圈间的介质为空气。两个耦合线圈最接近部分的间距定义为 D。

阅读器和答应器通过天线线圈耦合,可以通过调谐电路来实现线圈耦合匹配,如图 3.7.5 所示,将一个电容 C_1 与阅读器天线线圈并联(当信源阻抗较小时采用串联形式)。电容器电容的选择依据:电容与天线线圈的电感一起构成 LC 谐振回路,应答器的天线线圈与电容 C_2 构成谐振回路,调谐到阅读器的发射频率。

经测试,线圈的电感大约为 12.9 μH。为了便于调试,LC 谐振回路的电容不能够选择得太小,综合考虑载频选择为 4 MHz 左右。如图 3.7.6 所示,初级线圈采用串联谐振的方式,由 $f = \dfrac{1}{2\pi\sqrt{LC}}$,可求得匹配电容 $C_1 = 121$ pF;次级线圈采用并联谐振的方式,以期回路在谐振时获得最大电压。经调试得到,$C_2 = 82$ pF。

阅读器(初级线圈)和应答器(次级线圈)组成的耦合结构形式是变压器耦合,只要线圈之间的距离不大于 0.16λ,并且应答器处于发送天线的近场之间,变压器耦合就是有效的。只要两线圈之间存在耦合,负载调制就可实现。

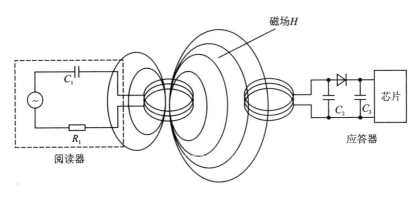

图 3.7.5 阅读器和答应器的天线线圈耦合示意图

3.7.4 阅读器发射电路设计

1. 阅读器发射电路

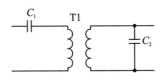

图 3.7.6 线圈的匹配电路

阅读器电路分为发射电路和接收电路两部分。发射部分主要包括载频发生器、滤波器及功放电路,接收部分主要包括检波、放大整形及解码电路。

根据赛题要求,阅读器采用单电源供电,要求在识别状态时,电源供给功率 ≤2 W。阅读器的发射电路需要采用高效率的电路结构。

阅读器发射电路设计[7]如图 3.7.7 所示,电路中采用 SN74HC04N 和 4 MHz 晶振构成载频振荡器,晶体管 SC1970 构成丙类功率放大器,通过 π 型的 LC 匹配网络耦合到线圈。

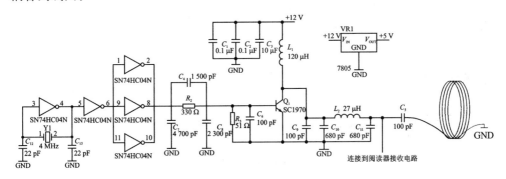

图 3.7.7 阅读器发射电路设计例

2. 载频振荡器电路

载频振荡器电路也可以采用图 3.7.8 所示电路,采用 SN74HC04N 和 4 MHz 晶振构成,电容器 C_2 用来微调振荡器频率。

3. 功率放大器

功率放大器也可以采用图 3.7.9 所示结构,采用 74CH04 非门多个门并联作为末级功率驱动,输出回路采用 LC 串联谐振,由于 Q 值较高,回路电流和电压近似为正弦波形,可以保证发射功率要求,又能确保电路的低功耗。

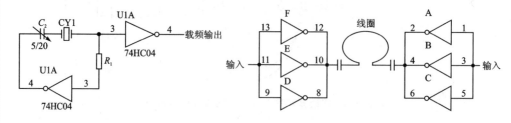

图 3.7.8 载频振荡器电路　　　　图 3.7.9 采用 74CH04 的功率放大器电路

3.7.5 阅读器接收电路设计

1. 阅读器信号接收电路

阅读器接收电路包含有检波、放大整形、解调输出等电路。

阅读器接收电路设计[7]如图 3.7.10 所示,耦合线圈上的负载调制信号直接采用包络检波。包络检波电路和耦合线圈的连接采用松耦合的方式,为了减小检波电路对线圈谐振状态的影响,在耦合线圈和检波电路间串联一个小电容。

从耦合线圈上接收到的信号是非常小的,为增大阅读器与应答器之间的识别距离,提高接收电路的灵敏度,检波后信号使用宽带单电源运放 MAX4256 进行放大,放大倍数取 100 倍。放大的信号中包含有载波和调制信号,为了滤除载波信号,使用滤波器专用芯片 MAX291 对信号进行滤波,滤波后的信号再通过 LM311 整形输出。

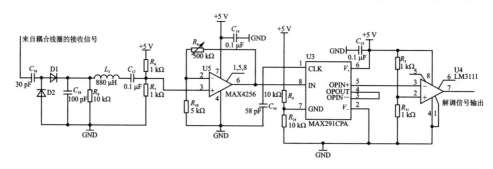

图 3.7.10 阅读器接收电路设计

2. 滤波器电路

滤波器芯片可以选择 MAX291/MAX292/MAX295/MAX296,MAX291/

MAX295 是 Butterworth 低通滤波器，MAX292/MAX296 是 Bessel 低通滤波器，可以采用外时钟或者内时钟两种方式，时钟可调谐的 3 dB 截止频率范围为 0.1 Hz～25 kHz（MAX291/MAX292）和 0.1 Hz～50 kHz，时钟截止频率比为 100∶1（MAX291/MAX292）和 50∶1（MAX295/MAX296）。如果直接利用内部时钟振荡器，只需外接一个电容，电容值和振荡器频率关系为：

$$f_{osc}(kHz) = \frac{10^5}{3C_{osc}(pF)}$$

使用外部时钟的滤波器电路如图 3.7.11 所示。

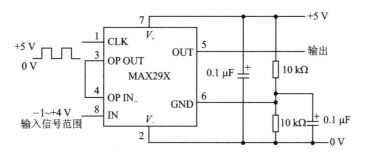

图 3.7.11　使用外部时钟的滤波器电路

3. 阅读器解码电路

阅读器解码电路可以采用低功耗单片机或者解码器芯片构成，采用 PT2272 解码器芯片的解码电路如图 3.7.12 所示。

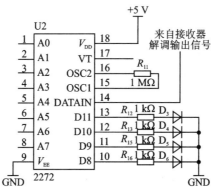

图 3.7.12　阅读器接收电路的 PT2272 解码电路

3.7.6　阅读器 FSK 接收电路设计

采用 TA31142 的 FSK 接收电路[7]如图 3.7.13 所示。TA31142 是线性低压中频接收 IC，内置完整的本振电路、混频电路、中放、限幅、FSK 解调模块，输入频率可以达到 10～50 MHz。外接晶体构成本振，高频信号从 20 脚输入，经过解调，FSK 信号由 15 脚输出。

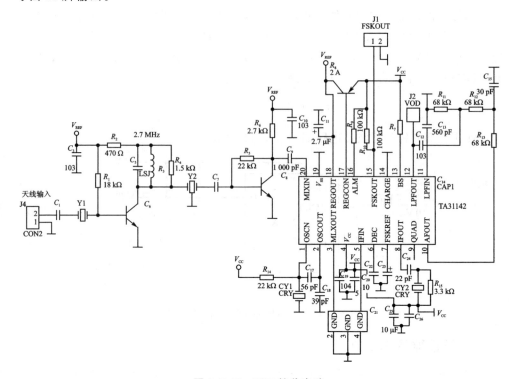

图 3.7.13　FSK 接收电路

3.7.7　应答器电路设计

　　根据赛题要求,应答器不能外接电源,所有能量都是通过线圈耦合得到的。应答器电路包含有整流、负载调制及编码等电路。

　　应答器电路设计[7]如图 3.7.14 所示。为了实现应答器所需电源能量全部从耦合线圈获得,首先需要对耦合线圈上的能量进行提取。阅读器的线圈 L 感应的电压,通过桥式整流器得到直流电压。为了降低电路功耗,二极管采用了高效、低压差的肖特基二极管,然后经过 $RC(LC)$ 滤波后,通过一个 5 V 的稳压管稳压输出 5 V 电源,这样可以实现应答器电路电源全部由感应线圈中获得。在电路中,线圈 L 并联一个电容 C_1,使应答器振荡回路产生谐振,这样可以使应答器的作用距离明显增大。

　　负载调制部分通过模拟开关 TS5A3166 实现,将编码后的数据直接接到模拟开关的控制口,来控制开关的导通和关断。由于模拟开关导通时,电阻很小,相当于将线圈短路,此时应答器耦合到阅读器端的线圈上的幅度将变小,模拟开关关断时,相当于开路,此时耦合到阅读器端线圈的信号幅度会发生变化,从而实现了负载调制。编码器采用 PT2262,PT2262 的配对解码芯片是 PT2272。如图 3.7.12 所示,阅读器的接收电路需要采用解码芯片 PT2272 对解调输出的信号进行解码。

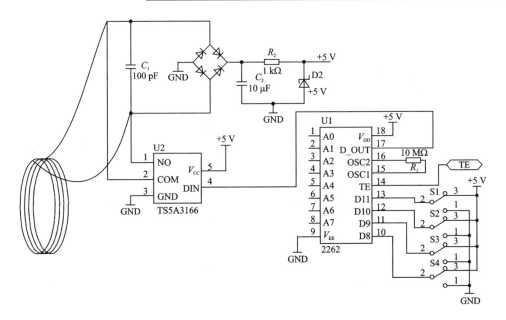

图 3.7.14　应答器电路设计

TS5A3166 是 1 Ω SPST 模拟开关 5 V/3.3 V 单通道模拟开关,带宽为 200 MHz,导通电阻为 0.9 Ω,在 1 MHz 时的关断衰减为 64 dB,采用 SOT - 23 或者 SC - 70 封装,内部结构如图 3.7.15 所示。

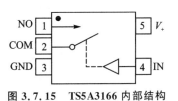

图 3.7.15　TS5A3166 内部结构

3.7.8　应答器 FSK 调制电路设计

FSK 调制电路[7]如图 3.7.16 所示。如果应答器的附加负载电阻以很高的时钟频率 f_h 接通或断开,那么在阅读器的发射信号中包含有 $f_{阅读器} \pm f_h$ 两个频率成分,利用带通滤波器(BPF)可以方便地取出 $f_{阅读器} \pm f_h$ 两个频率信号中的一个,这两个频率信号可以与阅读器的较强信号分开。如果选择的 f_h 振荡频率为 455 kHz,

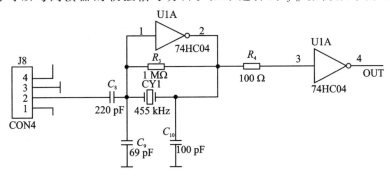

图 3.7.16　FSK 调制电路

全国大学生电子设计竞赛系统设计(第 3 版)

$f_{阅读器}$ 选择为 6 MHz, 6.455 kHz 的副载波可以用现成的 6.5 MHz 陶瓷滤波器滤波, 放大后可以很容易解调副载波信号。

3.8 无线环境监测模拟装置

3.8.1 无线环境监测模拟装置设计要求

设计并制作一个无线环境监测模拟装置,实现对周边温度和光照信息的探测。温度测量范围为 0~100 ℃,绝对误差小于 2 ℃;光照信息仅要求测量光的有无。探测节点采用两节 1.5 V 干电池串联,单电源供电。该装置由 1 个监测终端和不多于 255 个探测节点组成(实际制作 2 个)。监测终端和探测节点均含一套无线收发电路,要求具有无线传输数据功能,收发共用一个天线。每个探测节点要求具有信息的转发功能。在监测终端电源供给功率≤1 W,无线环境监测模拟装置探测延时不大于 5 s 的条件下,使探测距离 $D+D_1$ 达到 50 cm。设计详细要求与评分标准等请登录 www.nuedc.com.cn 查询。

3.8.2 无线环境监测模拟装置系统设计方案

本设计要求在 1 个监测终端与不多于 255 个探测节点之间,通过无线收发电路实现数据通信。探测节点的编号可预置,且监测终端能自动探测通信范围内的探测节点,并获取各探测节点的编号和环境参数(温度值和光照变化)。其系统方框图如图 3.8.1 所示。

说明:本设计是由湖南理工学院参加 2009 年全国大学生电子竞赛湖南省一等奖获得者尹慧、王立、何华梁以及指导老师陈松、胡文静、刘翔完成。

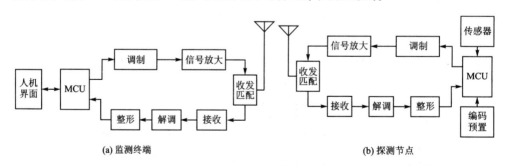

(a) 监测终端　　　　　　　　　　　　　　　　　(b) 探测节点

图 3.8.1 系统方框图

由图 3.8.1 可见,无论是终端或节点电路,均包括一个数据发射电路和一个数据接收电路。这两种电路有多种方式来实现,但其主要差别在于数字的调制/解调方式不同。基本的数字调制/解调方式有 ASK、FSK 和 PSK 三种。ASK 的主要优点是调制/解调电路简单,主要缺点是抗干扰能力差;PSK 的主要优点是抗干扰能力强,比特率可以很高,但电路颇为复杂;FSK 的优、缺点则介于上述二者之间。鉴于本题目的要求,通信距离短,数据量小,故采用 ASK 调制/解调方式。

另一方面,本环境模拟监测装置实际是一个点对点半双工系统,且根据节点彼此转发功能和其他功能的要求,各收/发系统均可采用同一发射和接收载波频率,以简化主、从机和系统的制作。

本系统的基本工作过程如下:主机发射命令,从机接到命令后即时上报探测到的信息(温度值和光照信息),主机收到信息后,即显示出节点号和信息值。若主机发现有从机不能直接上报信息时,将命令有关节点从机代为转发。

3.8.3　理论分析与计算

1. 发射电路分析

以图 3.8.1(a)监测终端发射系统为例,所有发射命令存储在 MCU 的 RAM 中。当通过从机界面决定发射命令时,命令数据由 RAM 调出,从 MCU 的 TXD 口输出,其中"0"为低电平,"1"为高电平,分别控制晶振的停振或工作。晶振的输出信号送往发射高频放大器(电压与功率放大),经负载匹配网络,由天线辐射出去。

参见发射电路图 3.8.3 和图 3.8.4。本题中天线 L_3 等效为电感 L_A 与辐射电阻 R_A 串联,在发射状态下,发射管的负载电路(包括天线 L_A 和 R_A)发生串联谐振,R_A 上吸收到最大能量,从而提高了辐射功率;同时天线设计成螺旋管的形式,具有定向意义,可以增加发射距离。

2. 接收电路分析

仍以图 3.8.1(a)监测终端接收机为例,并参见图 3.8.3。接收机的天线也是图 3.8.3 中的 L_3,天线匹配网络可以等效为图 3.8.2 所示的电路。由于接收频率相同,匹配网络在接收时也发生串联谐振,设天线感应电压为 v_A,则 C_B 上的电压将大于 $v_A(v_{CA}+v_{CB}=Q_A v_A)$,从而有利于提高接收灵敏度。

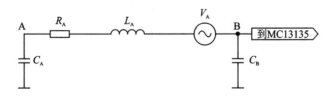

图 3.8.2　接收天线等效电路

本题通过共用匹配天线、增大发射功率、提高接收灵敏度的方法,远远优于采用收/发开关共用天线的方法。

本机接收电路的放大与解调过程,主要是利用了 MC13135 芯片第 12 引脚的 ASK 解调功能。MC13135 是具有低噪声、低功耗特点的窄带调频接收芯片,当然也可以用来接收 ASK 已调波,其第 12 引脚为接收信号强度指示器输出端,当感知到有输入信号时,12 脚输出高电平,没有输入信号时,12 脚输出低电平。该信号经反相放大、整形,即可送 MCU 处理。

3. 通信协议分析

本系统采用 ASK 编码发送,单片机将要发送的数据封装成数据包,通过自带的 UART 串行通信接口发送给硬件调制电路,串口波特率为 9.6 kbps。

数据包格式为:起始位 0xFF+命令位 cmd+地址高位+地址低位+数据位+CRC 校验位。一次数据包大小为 6 字节,则发送一次数据包所用时间为 6 ms 左右。

每次接收从起始位开始,接收 6 个字节就置位标志位,单片机对数据进行 CRC 校验,如果是错误就丢弃,正确的就接收并处理。

系统具体工作方式如下:

① 监测终端为主机,各探测节点为从机。开始时,由主机进行遍历搜寻,得知各节点的信息;然后由主机对从机发命令,从机依命令上传环境信息。

② 若主机对某从机 A 发出上传信息命令时,得不到从机 A 响应,则主机启动自动搜索功能。这时,主机对已确认的从机(例如从机 B)依次发出转发命令;当从机 B 发出转发命令,从机 A 响应,即发给从机 B 环境信息,就达到了转发信息的目的。若从机 A 不响应,主机继续遍历,直到最后一个受控节点,如果最后一个节点也不响应,主机即判断从机 A 故障或不存在。

3.8.4 发射电路设计

ASK 调制与发射电路如图 3.8.3 所示。其中 CY1(YYJZ)为有源正弦波晶振,振荡频率为 $f_0=24$ MHz。Q_1、Q_3 为开关 BJT,由 3 V 或者 5 V 供电。当 MCU 发出数字信号到 Q_3 的基极时,低电平"0"时 Q_1 截止,晶振不工作;高电平"1"时晶振工作,从而实现了 ASK 调制。R_{15} 为限流电阻,C_{15} 为 CY1 电源引脚滤波电容。

Q_2 为高频信号放大与发射 BJT,L_4 为高扼圈,Q_2 集电极为 3 V 或 5 V 供电,R_{11} 和 R_{21} 为限流与 Q_2 发射结保护电阻。当数字信号为"1"时,晶振有输出,输出电压正半周使 Q_2 导通。Q_2 的负载匹配电路为天线 L_3 和电容 C_A、$C_B(C_{12}+C_{36})$,在发射状态下,其等效电路如图 3.8.4 所示。

在 Q_2 导通状态下,$C_A \approx 0$,R_A、L_A 和 C_B 发生串联谐振,R_A 上得最大辐射功率。经粗测,$L_A \approx 1.4\ \mu\text{H}$,由 $\omega_0=1/\sqrt{L_A C_B}$,算得 $C_B \approx 31.4$ pF。

$C_{37}=20$ pF 为耦合电容,将接收信号送 MC13135。

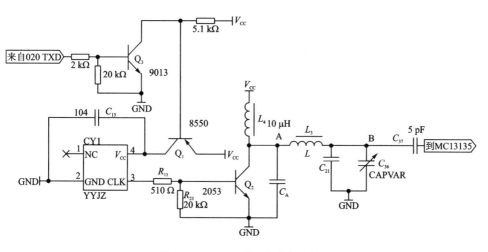

图 3.8.3　ASK 调制与发射电路

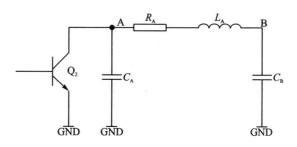

图 3.8.4　发射机末级等效匹配负载电路

3.8.5　接收电路设计

1. 接收 ASK 解调电路

接收 ASK 解调电路如图 3.8.5 所示,来自 MC13135 的 12 脚输出约有 1.4 V 直流电压的解调信号,交流部分的幅度约 $100\sim200$ mV。该信号经跟随器 A_1 输出,上面一路经 R_1C_1 滤波,变为直流参考电压,送入 A_3 的反相端;下面一路经交流放大器 A_2 放大 20 倍,并保留原直流电位,经 R_3C_3、R_4C_4 两级高频滤波,滤除 455 kHz 干扰信号,然后送至同相迟滞比较器 A_3,从而进行波形整形,恢复原调制信号。

2. 接收电路第一本振电路

所设计的接收器电路如图 3.8.6 所示。接收机采用二次变频单片窄带调频接收电路 MC13135,第一本振信号采用 TI 公司可编程低功耗 PLL 时钟发生器芯片 CDCE937 产生,编程频率为 34.7 MHz,具有非易失性功能,第一次接收数据后即可保存在芯片自带的 E^2PROM 中,持续产生高精度输出信号,从而确保中频 10.7 MHz 的稳定性。

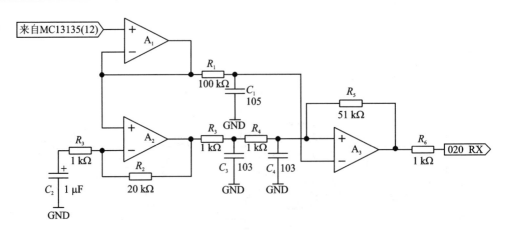

图 3.8.5　接收 ASK 解调电路

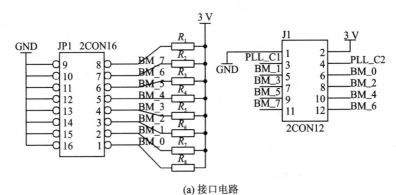

(a) 接口电路

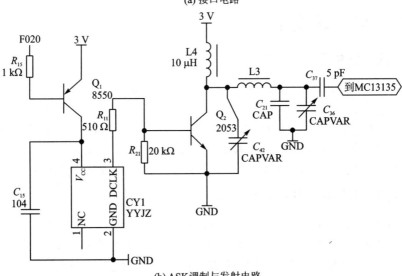

(b) ASK 调制与发射电路

图 3.8.6　接收器电路

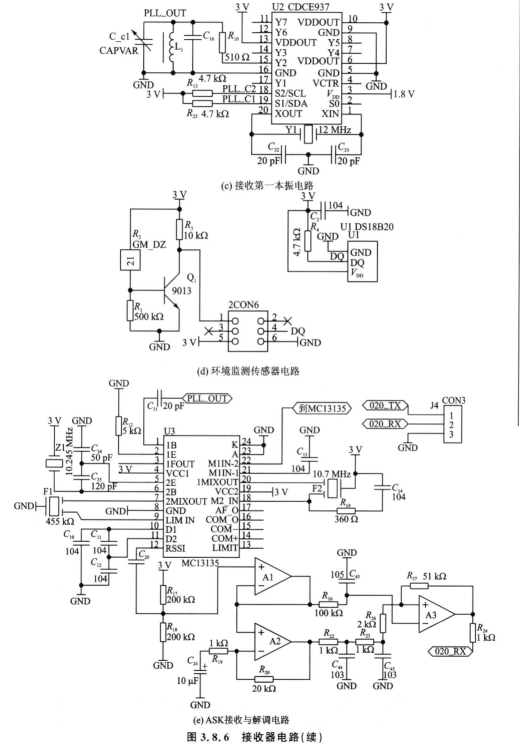

(c) 接收第一本振电路

(d) 环境监测传感器电路

(e) ASK接收与解调电路

图 3.8.6　接收器电路(续)

3. MC13135 窄带调频接收电路

MC13135 是二次变频单片窄带调频接收电路,芯片内部包含有振荡器、VCO 变容调谐二极管、低噪声第一和第二混频器及 LO、高性能限幅放大器、RSSI。其中提供 LC 积分检波器,为 RSSI 缓冲器和数据比较器设置了一级运算放大级。输入频率范围达 200 MHz,电压缓冲器 RSSI 具有 70 dB 的可用范围;工作电压为 $2.0\sim6.0$ V,可用两节镍镉电池供电;在 $V_{cc}=4.0$ V 时,耗电典型值仅为 3.9 mA;VHF 第一放大级可选择晶体或 VCO 方式,独立的调谐变容二极管;第一缓冲放大级可驱动 CMOS 锁相环 PLL 合成器;有 DIP24 和 SO - 24L 两种封装形式。图 3.8.7 为一个典型的单通道的窄带 FM 接收机电路(49.7 MHz)。

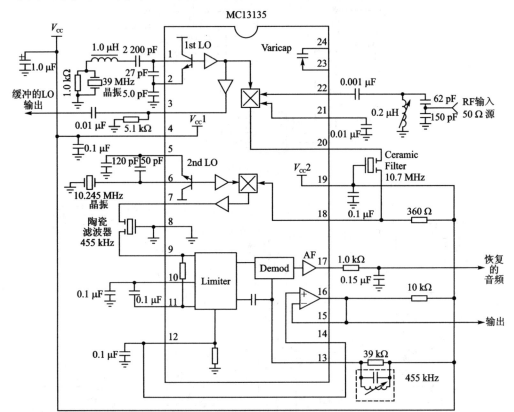

图 3.8.7　单通道的窄带 FM 接收机电路

MC13135 的内部振荡电路与引脚 1 和引脚 2 的外接元件组成第一本振级,载频 RF 输入信号经 LC 谐振回路选频后从 MC13135 的引脚 22 输入,在内部第一混频级进行混频,其差频 10.7 MHz 第一中频信号由引脚 20 输出,经 10.7 MHz 陶瓷滤波器选频后由引脚 18 送到内部的第二混频电路。内部的振荡电路及引脚 5 和引脚 6 的外接晶体和电容构成了第二本振级,频率选比第一中频低一个中频(即第二中频

455 kHz)的 10.245 MHz。10.7 MHz 第一中频信号与第二本振频率进行混频,其差频为:10.700 MHz－10.245 MHz＝0.455 MHz,也即 455 kHz 第二中频信号。

第二中频信号由引脚 7 输出,由 455 kHz 陶瓷滤波器选频,再经引脚 9 送入 MC13135 的限幅放大器进行高增益放大,限幅放大级是整个电路的主要增益级。引脚 13 的外接 LC 元件组成 455 kHz 鉴频谐振回路,经放大后的第二中频信号在内部进行鉴频解调,并经一级音频电压放大后由引脚 17 输出音频信号。

MC13135 内部还置有一级数据信号放大级,引脚 12 为 RSSI 输入端,引脚 15 为运算放大级的输入端,引脚 16 为 RSSI 缓冲放大的输出端。引脚 10 和引脚 11 为去耦电容,以保证电路稳定地工作。

4. CDCE937 可编程时钟发生器电路

CDCE937 是 TI 公司的可编程 PLL VCXO 时钟发生器芯片,具有 1.8 V、2.5 V 和 3.3 V LVCMOS 输出,其中:CDCE913/CDCEL913 有 1 个 PLL,3 路输出;CDCE925/CDCEL925 有 2 个 PLL,5 路输出;CDCE937/CDCEL937 有 3 个 PLL,7 路输出;CDCE949/CDCEL949 有 4 个 PLL,9 路输出。外部晶振频率为 8～32 MHz,采用 TSSOP 封装,电源电压为 1.8 V。CDCE937 的内部结构如图 3.8.8 所示,可以通过串行接口编程改变各通道的输出频率。

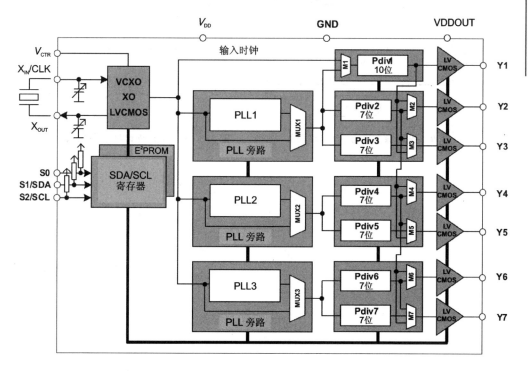

图 3.8.8　CDCE937 的内部结构

全国大学生电子设计竞赛系统设计(第 3 版)

全国大学生电子设计竞赛系统设计(第3版)

3.8.6　系统软件设计

　　主机遍历节点、主机读取节点环境参数以及从机转发信息的程序流程图,分别如图 3.8.9～图 3.8.11 所示。

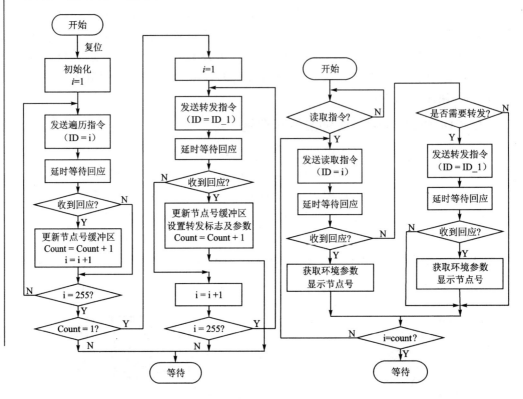

图 3.8.9　遍历探测节点程序流程图　　　　**图 3.8.10　主机查询环境参数流程图**

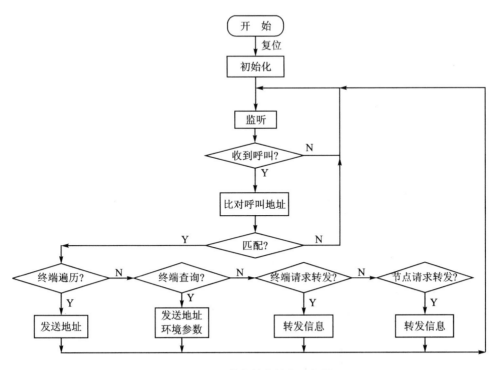

图 3.8.11　节点转发信息流程图

第 **4** 章

放大器类作品设计

4.1　放大器类赛题分析

4.1.1　历届的"放大器类"赛题

在 11 届全国大学生电子设计竞赛中,"放大器类"赛题除了 1994 年和 2005 外,其他每届都有,共有 11 题:

① 实用低频功率放大器(第 2 届,1995 年 A 题);

② 测量放大器(第 3 届,1999 年 A 题);

③ 高效率音频功率放大器(第 4 届,2001 年 D 题);

④ 宽带放大器(第 5 届,2003 年 B 题);

⑤ 程控滤波器(第 8 届,2007 年 D 题,本科组);

⑥ 可控放大器(第 8 届,2007 年 I 题,高职高专组);

⑦ 宽带直流放大器(第 9 届,2009 年 C 题,本科组);

⑧ 数字幅频均衡的功率放大器(第 9 届,2009 年 F 题,本科组);

⑨ 低频功率放大器(第 9 届,2009 年 G 题,高职高专组);

⑩ LC 谐振放大器(第 10 届,2011 年 D 题,本科组);

⑪ 射频宽带放大器(第 11 届,2013 年, D 题,本科组)。

其中:与音频(低频)功率放大器有关的有 4 题。与宽带放大器有关的有 3 题。与直流、低频放大器有关的有 3 题,LC 谐振放大器有 1 题。

"放大器类"赛题工作原理不复杂,比较历届赛题可以看到,"放大器类"赛题的技术参数(性能指标)要求是越来越高,使得制作难度越来越高。例如:

在"程控滤波器(第 8 届,2007 年 D 题,本科组)"中要求放大器电压增益为 60 dB,输入信号电压振幅为 10 mV。制作"简易幅频特性测试仪",其扫频输出信号的频率变化范围是 100 Hz～200 kHz,频率步进 10 kHz。

在"数字幅频均衡的功率放大器(第 9 届,2009 年 F 题,本科组)"中要求:当输入正弦信号 u_i 电压有效值为 5 mV、功率放大器接 8 Ω 电阻负载(一端接地)时,要求输出功率≥10 W。功率放大电路的－3 dB 通频带为 20 Hz～20 kHz。功率放大电路的效率≥60%。

"宽带直流放大器(第9届,2009年C题,本科组)"中要求:最大电压增益 $A_V \geqslant$ 60 dB,输入电压有效值 $u_i \leqslant 10$ mV。放大器的输入电阻≥50 Ω,3 dB 通频带 0～10 MHz;负载电阻(50±2)Ω,最大输出电压正弦波有效值 $u_o \geqslant 10$ V。

"LC 谐振放大器(第10届,2011年, D 题,本科组)"中要求:放大器谐振频率: $f_0 = 15$ MHz;允许偏差±100 kHz;增益:大于等于 80 dB;−3dB 带宽 $2\Delta f 0.7 = 300$ kHz;带内波动不大于 2 dB;输入电阻 $R_{in} = 50$ Ω;负载电阻为 200 Ω,输出电压 1 V 时,波形无明显失真。放大器使用 3.6 V 稳压电源供电(电源自备)。最大不允许超过 360 mW。

"射频宽带放大器(第11届,2013年, D 题,本科组)"中要求:放大器输入阻抗 50 Ω,输出阻抗 50 Ω。电压增益 $A_V \geqslant 60$ dB,输入电压有效值≤1 mV。在电压增益 $A_V \geqslant 60$ dB 时,输出噪声电压 $V_{ONPP} \leqslant 100$ mV。输出电压 $V_O \geqslant 1$ V。放大器 BW_{-3dB} 的下限频率 $f_L \leqslant 0.3$ MHz,上限频率 $f_H \geqslant 100$ MHz。

注意:放大器同时也是各赛题中一个必不可少的组成部分。

4.1.2 找到和选择合适的放大器芯片很重要

找到和选择合适的放大器芯片,对完成"放大器类"赛题,取得好的成绩很重要。

例1:2009 年 C 题 "宽带直流放大器"

赛题要求设计并制作一个宽带直流放大器及所用的直流稳压电源。

根据赛题要求:"最大电压增益 $A_V \geqslant 60$ dB,输入电压有效值 $V_i \leqslant 10$ mV。放大器的负载电阻(50±2)Ω,在 3 dB 通频带 0～10 MHz,最大输出电压正弦波有效值 $V_o \geqslant 10$ V,输出信号波形无明显失真。"很明显,赛题要求设计一个宽带大功率的输出放大器,要同时满足输出电压幅度($V_o \geqslant 10$ V)和输出电流要求(负载电阻 50 Ω),采用一般的电路结构和器件很难实现,如何选择放大器输出电路的功率器件就很重要了。

从全国获一等奖的作品(第9届全国大学生电子设计竞赛获奖作品汇编)可以看到,选择的功率输出放大器的器件有:THS3091、THS3092,AD811＋LT1210,BUF634,电路结构多采用多管并联形式。

这些器件的资料可以在相关网站中找到:

THS3091:http://focus. ti. com/docs/prod/folders/print/ths3091. html

THS3092:http://focus. ti. com/docs/prod/folders/print/ths3092. html

LT1210:http://www. linear. com/product/LT1210

BUF634:http://focus. ti. com/docs/prod/folders/print/buf634. html

例2: 2007 年 D 题 "程控滤波器"

赛题要求设计并制作程控滤波器,放大器增益可设置;低通或高通滤波器通带、截止频率等参数可设置。

根据赛题要求:"低通滤波器,其一3 dB 截止频率 f_c 在1~20 kHz 范围内可调;高通滤波器,其一3 dB 截止频率 f_c 在1~20 kHz 范围内可调;4 阶椭圆低通滤波器一3 dB 通带为 50 kHz;在 200 kHz 处的总电压增益<5 dB。"很明显,要满足赛题要求如何选择滤波器电路结构和选择合适的 IC 芯片就很重要了

比较全国获一等奖的作品(2007 全国大学生电子设计竞赛获奖作品汇编)可以看到,获索尼杯的作品选择采用的滤波器 IC 芯片是 LTC1608,与其他获奖作品采用 MAX297 和 MAX262/3、OP 电路组成的有源滤波器电路结构比较,在降低电路的复杂程度和提高电路的性能指标上,采用 LTC1608 专用滤波器芯片构成的电路有明显的优势。

LTC1608 器件的资料可以在相关网站中找到:

LTC1608:http://www.linear.com/product/LTC1608

例 3:2003 年 B 题 "宽带放大器"

赛题要求设计并制作一个宽带放大器。

根据赛题要求:"最大输出电压有效值≥6 V。3 dB 通频带 10 kHz~6 MHz,最大增益≥58 dB(增益值 9 级可调,步进间隔 6 dB,增益预置值与实测值误差的绝对值≤2 dB),AGC 范围≥20 dB"很明显,赛题要求设计一个宽带、增益可调整的放大器。

从全国获一等奖的作品(2003 全国大学生电子设计竞赛获奖作品汇编)可以看到,选择的宽带、增益可调整的放大器的器件为 AD603。

为满足"最大输出电压有效值≥6 V。"多数采用分立器件构成的输出放大器电路,也有采用 AD818IC 芯片的电路形式。

AD603 的资料可以在相关网站中找到:

http://www.analog.com/zh/other－products/militaryaerospace/ad603/products/product.html

比较 2009C 题和 2003B 题要求与器件的选择:

(1) 要求的带宽更宽

2009:3 dB 通频带 0~10 MHz ;2003:3 dB 通频带 10 kHz~6 MHz)。

(2) 增益更大

2009:最大电压增益 A_V≥60 dB;2003:最大增益≥58 dB。

(3) 输出功率更大

2009:负载电阻(50±2)Ω。最大输出电压正弦波有效值 Vo≥10 V ;2003:最大输出电压有效值≥6 V。

(4) 使用器件

① 宽带、增益可调整的放大器 IC 的选择:从 2003 的 AD603,扩展到 2009 的 AD603、LMH6624、VCA810、OPA690、OPA2846、AD815 等。

② 功率输出放大器 IC 的选择:从 2003 的分立器件,扩展到 2009 的 THS3091、THS3092,AD811＋LT1210,BUF634 等,电路结构多采用多管并联形式。

4.1.3　放大器获奖作品的主回路芯片组合

一些的"放大器类"赛题获奖作品的放大器主回路使用的芯片组合如下(注:未包括辅助电路部分使用的芯片):

(1) 实用低频功率放大器(1995 年 A 题)

OCL 功率放大器:OP NE5532＋晶体管。

(2) 测量放大器(1999 年 A 题)

① 3 运算放大器构成仪表放大器＋DAC AD7520(电阻网络)＋51 系列单片机(增益可调放大器)。

② OP07×3 运算放大器构成仪表放大器＋DAC AD7520(电阻网络)＋51 系列单片机(增益可调放大器)。

(3) 高效率音频功率放大器(2001 年 D 题)

① D 类功率放大器:TLC4502＋LM311(三角波发生器),LM311(产生 PWM 波形),TLC4502(前级放大器),IRFD120/IRFD9120(末级功率放大器)。

② D 类功率放大器:晶体管 9013/9012＋IRF540/IRF9540(末级功率放大器)。

(4) 宽带放大器(2003 年 B 题)

① 晶体管(射极跟随器)＋AD603(前级放大器)＋2N3904/2N5193(AGC)＋B649/B669×2(功率放大器)。

② OPA640＋AD603＋2N3904/2N3906×2(功率放大器)。

③ AD818＋AD603＋AD818。

(5) 程控滤波器(2007 年 D 题,本科组)

① 前级放大器(MAX427 + AD605 + MAX427)＋低通滤波器(LF356＋MAX297＋LF356)＋高通滤波器(MAX263)。

② OP37＋AD603＋ OP37＋反转输入型状态可调滤波器(OP37＋DAC0832)＋4 阶椭圆低通滤波器(OP37＋RC)。

③ INA129＋INA129＋MAX262(高通滤波器)＋MAX297(4 阶椭圆低通滤波器)。

④ NE(NJM)5534＋ NE(NJM)5534＋ NE(NJM)5534＋ NE(NJM)5534＋FP-GA(可调参数滤波器)。

⑤ AD603(可编程增益放大器)＋LTC1068(椭圆低通滤波器)＋晶体管 2N3904/2N3906×2(功率放大器)。

(6) 可控放大器(2007 年 I 题,高职高专组)

NE5534 构成 4 级放大器＋TL084＋数字电位器 X9C104(构成高通、低通、带阻滤波器)。

(7) 数字幅频均衡的功率放大器(2009 年 F 题,本科组)

① NE5552＋OPA2604AP＋ OPA2604AP＋数字幅频均衡电路＋IRF2110＋

IRF3205×2。

② OPA228 ＋ OPA602 ＋ 数字幅频均衡电路 ＋ AD844 ＋ IRFP264 ＋RFG60P06E。

③ NE5552＋ NE5552＋数字幅频均衡电路＋ NE5552＋晶体管＋MOS 对管 IRF540/IRF9540。

④ OP37GP＋ OP37GP＋数字幅频均衡电路＋晶体管 945＋MOS IRFZ34N。

⑤ INA103 ＋ LF256H ＋ LF256H ＋ 数字幅频均衡电路 ＋ AD844 ＋ IRF640/IRF9640。

(8) 低频功率放大器(2009 年 G 题,高职高专组)

① OP37＋TL084＋TL084＋IRF630/IRF9630。

② OP27＋晶体管 5551＋晶体管 5551/5401＋ IRF540/IRF9540。

③ NE6532＋NE6532＋NE6532＋IRF640/IRF9640。

④ 电路全部采用晶体管构成。

(9) 宽带直流放大器(2009 年 C 题,本科组)

① AD603＋OPA2846＋THS3091＋ THS3092×2。

② AD603＋OPA690＋OPA699 ｜ THS3091×2。

③ LMH6624＋LMH6624＋LMH6624＋AD811＋LT1210。

④ OPA690＋ OPA690＋VGA810＋AD811＋BUF634×4。

⑤ VGA810＋ OPA657＋AD817AN＋BUF634T×5。

⑥ AD603＋ AD845KN＋ AD8055＋ LT1210。

(10) LC 谐振放大器(2011 年 D 题,本科组)

① BF909R×5(5 级 LC 调谐放大器)。

② MMBTH10×4(4 级 LC 调谐放大器)。

③ MAX2650＋2 级晶体管 LC 调谐放大器＋晶体管 9018(阻抗变换输出)。

④ 2N3415(1 级 LC 调谐放大器)＋AD706J＋AD8367(AGC)＋THS4304。

⑤ 3DG130(3DG12?)(LC 调谐放大器)。

以上各放大器 IC 和 OP 的更多资料,可以登录有关网站查询得到(以运算放大器的型号为关键词)。一些放大器芯片的网址如下:

① TI 公司,http://focus. ti. com. cn/cn

② National Semiconductor 公司,http://www. national. com(注:现已经并入 TI 公司)

③ ADI 公司,http://www. analog. com

④ Maxim 公司,www. maxim－ic. com. cn

⑤ linear 公司,http://www. linear. com

⑥ Intersil 公司,www. intersil. com

⑦ teledyne 公司,www. teledyne－cougar. com

4.1.4　"放大器类"赛题培训的一些建议

"放大器类"赛题理论上不复杂,但工程实践性要求很高,但从历届赛题可以看到,"放大器类"赛题的技术参数(性能指标)要求是越来越高,使得制作难度越来越高。

(1) 主攻"放大器类"赛题方向的同学在训练过程中,应以历届赛题为基础,完成相关模块的设计制作(输入电路、前置放大器模块(输入)、增益放大器模块、功率放大器模块(输出)、滤波器电路模块),以备竞赛需要。放大器原理简单,制作困难。电源、屏蔽、PCB 设计等都有一定的技术和工艺要求,处理不当,就会引起自激振荡。单级放大器电路实现容易,级联在一起,问题就多了。注意一些新型放大器芯片的选用,例如,适合 2013"LC 谐振放大器"使用的符合低功耗、低电压、轨到轨、单电源运放 OPA836、OPA2836、OPA355、OPA835、OPA890 和 LTC6246 等。

(2) 主攻"放大器类"赛题方向的同学还应该注意与放大器特性和指标参数测试方法和有关的仪器仪表的使用。mV 级的信号的产生,100 MHz 带宽的信号参数测量,测试方法和操作就很重要。

(3) 主攻"放大器类"赛题方向的同学还应该注意与放大器特性和指标参数测试有关的仪器仪表的设计与制作。一些赛题会包含这方面的内容,例如 2007 年 D 题"程控滤波器"就要求设计制作一个简易幅频特性测试仪。

(4) 主攻其他方向的同学,也需要注意与信号处理有关的放大器(例如,传感器的前置放大器)的设计与制作。例如,2013 年 G 题"手写绘图板"中就要求设计制作低噪声的直流放大器(仪表放大器)。

4.2　宽带放大器设计

4.2.1　宽带放大器设计要求

设计并制作一个宽带放大器,输入阻抗不小于 1 kΩ;单端输入,单端输出;放大器负载电阻为 600 Ω;3 dB 通频带为 10 kHz～6 MHz,在 20 kHz～5 MHz 频带内增益起伏不大于 1 dB;最大增益不小于 40 dB,增益调节范围为 10～40 dB(增益值 6 级可调,步进间隔为 6 dB,增益预置值与实测值误差的绝对值不大于 2 dB),需要显示预置增益值;最大输出电压有效值不小于 3 V,数字显示输出正弦电压有效值。设计详细要求与评分标准等请登录 www.nuedc.com.cn 查询。

4.2.2　宽带放大器系统设计方案

宽带放大器的组成方框图[4]如图 4.2.1 所示。输入级采用 OPA642 宽带低噪声电压反馈型运算放大器,以提高输入阻抗;在输入端增加输入缓冲电路起保护作用;可变

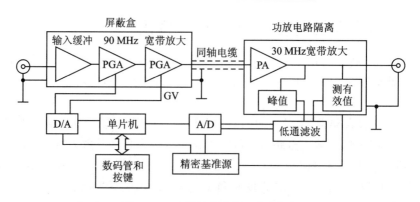

图 4.2.1 宽带放大器的组成方框图

增益宽带放大器采用 AD603。输入级和可控增益放大器电路使用屏蔽盒封闭。利用单片机系统完成 AGC 控制,通过软件补偿减小增益调节的步进间隔和提高准确度。功率输出部分采用分立元件制作。

4.2.3 输入电路设计

设计要求输入电阻大于 1 kΩ,由于 AD603 的输入电阻只有 100 Ω,故输入级采用宽带低噪声电压反馈型运放 OPA642,其输入阻抗大于 1 kΩ,单位增益带宽为 400 MHz。输入信号先采用电阻分压衰减,再经 OPA642 放大,放大倍数为 3.4。同时在输入端加上二极管过压保护电路,可保护输入到 OPA642 的电压峰-峰值不超过其极限值

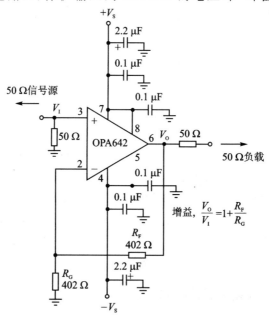

增益,$\dfrac{V_o}{V_I} = 1 + \dfrac{R_F}{R_G}$

图 4.2.2 OPA642 的应用电路

（2 V）。OPA642 采用 DIP 和 SOT23 - 5 两种封装形式,应用电路如图 4.2.2 所示。

4.2.4　可控增益宽带放大器设计

可控增益宽带放大器由芯片 AD603 构成。AD603 为单通道、低噪声、增益变化范围线性连续可调的可控增益放大器。

AD603 的引脚端功能如表 4.2.1 所列。AD603 的内部结构由无源输入衰减器、增益控制界面和固定增益放大器三部分组成。图 4.2.3 中加在梯形网络输入端（VINP）的信号经衰减后,由固定增益放大器输出,衰减量由加在增益控制接口的电压决定。增益的调整与其自身电压值无关,而仅与 GPOS/GNEG 端口差值 V_G 有关。由于控制电压 GPOS/GNEG 端的输入电阻高达 50 MΩ,因此输入电流很小,片内控制电路对提供增益控制电压的外电路影响很小。

表 4.2.1　AD603 引脚端功能

引　脚	符　号	功　能	引　脚	符　号	功　能
1	GPOS	增益控制输入（正电压增加增益）	5	FDBK	连接到反馈网络
2	GNEG	增益控制输入（负电压增加增益）	6	VNEG	负电源电压输入
3	VINP	放大器输入	7	VOUT	放大器输出
4	COMM	放大器地	8	VPOS	正电源电压输入

AD603 在带宽 90 MHz 时,其增益变化范围为 -10～+30 dB;带宽为 30 MHz 时,其增益变化范围为 0～+40 dB;带宽为 9 MHz 时,其增益变化范围为 10~50 dB。AD603 在不同增益和带宽时的电路形式如图 4.2.3 所示。

2 片 AD603 构成的自动增益控制放大器电路如图 4.2.4 所示。由 2N3904 和 R_{12} 组成一个检波器,用于检测输出信号幅度的变化。由 C_{AV} 形成自动增益控制电压 V_{AGC},流进电容 C_{AV} 的电流为 2N3906 和 2N3904 两管的集电极电流之差,而且其大小随第二级 AD603 输出信号的幅度大小变化而变化,这使得加在两级放大器引脚端 1 的自动增益控制电压 V_{AGC} 随输出信号幅度变化而变化,从而达到自动调整放大器增益的目的。

图 4.2.4 所示电路的每一级通频带为 90 MHz,增益为 -10～+30 dB,输入控制电压 V_C 的范围为 -0.5～+0.5 V,增益和控制电压的关系为

$$A_{G(dB)} = 40 \times V_C + 10$$

一级的控制范围只有 40 dB,使用两级串联,增益为

$$A_{G(dB)} = 40 \times V_{C_1} + 40 \times V_{C_2} + 20$$

增益范围为 -20～+60 dB,满足题目要求。注意:上两式中 V_C 只取数值,不带单位。

由于两级放大电路幅频响应曲线相同,当两级 AD603 串联后,带宽会有所下降,

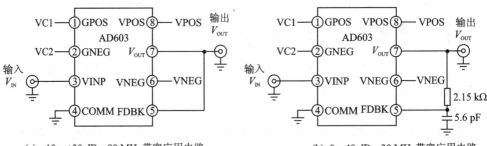

(a) −10～+30 dB，90 MHz带宽应用电路　　　　　(b) 0～40 dB，30 MHz带宽应用电路

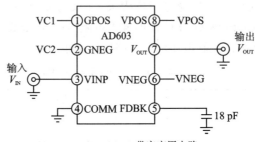

(c) 10～50 dB，9 MHz带宽应用电路

图 4.2.3　AD603 在不同增益和带宽时的电路形式

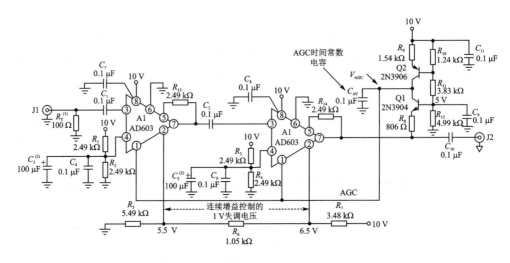

注：(1) R_T 提供 50 Ω 输入阻抗；

(2) C_3 和 C_5 是钽电容。

图 4.2.4　AD603 构成的自动增益控制放大器电路

串联前各级带宽为 90 MHz 左右，两级放大电路串联后总的 3 dB 带宽对应着单级放大电路 1.5 dB 带宽，根据幅频响应曲线可得出级联后的总带宽为 60 MHz。

输入/输出端口 P1、P2 由同轴电缆连接，级间耦合采用电解电容和高频瓷片电容并联,输入级和可控增益放大器电路装在屏蔽盒中。盒内采用多点接地和就近接地的方法避免自激,部分电容电阻采用贴片封装形式,各部分连线尽可能短。

4.2.5 手动增益预置和控制电路设计

利用单片机和 12 位串行双 D/A 芯片 TLV5618 完成手动增益预置和控制,D/A 转换产生的控制输出电压分别加到图 4.2.4 中两块 AD603 的引脚端 1。AD603 构成的自动增益控制放大器电路所需的控制电压为 $-0.5\sim+0.5$ V。

TLV5618 引脚端封装形式、时序图如图 4.2.5 所示。其引脚端 1(DIN)为串行数据输入端;引脚端 2(SCLK)为串行时钟输入端;引脚端 3($\overline{CS}$)为片选控制端,低电平有效;引脚端 4(OUTA)为 DAC A 模拟电压输出端;引脚端 5(AGND)为接地端;引脚端 6(REF)为模拟参考电压输入端;引脚端 7(OUTB)为 DAC B 模拟电压输出端;引脚端 8(V_{DD})为电源电压正端。时序图中,TLV5618 串行输入 16 位数据,D0～D11 为数据位,D12 和 D15 为寄存器选择位,D13(PWR)为低功耗模式控制位(1＝低功耗模式,0＝正常模式),D14(SPD)位为速度控制位(1＝快速模式,0＝慢速模式)。

4.2.6 功率放大电路设计

功率放大电路原理图[4]如图 4.2.6 所示。考虑到放大器通频带为 10 kHz～6 MHz,负载电阻为 600 Ω 时,输出有效值大于 6 V,而 AD603 输出最大有效值在 2 V 左右,参考音频放大器中驱动级电路形式,选用两级三极管直流耦合电路和发射极直流负反馈电路组成末级功率放大电路。第一级进行电压放大,完成整个后级放大电路的电压增益;第二级将第一级输出的双端信号变成单端输出信号,同时提高带负载的能力。晶体管选用 2M3904 和 2M3906 三极管(特征频率 f_T＝250～300 MHz)可达到 25 MHz 的带宽。整个电路没有使用频率补偿,可对 DC 到 20 MHz 的信号进行线性放大。在 20 MHz 以下增益非常平稳,为稳定直流特性,可将反馈回路用电容串联接地,加大直流负反馈,但这会使低频响应变差。实际上可将通频带的下限频率从 DC 提高到 1 kHz,这可提高电路的稳定性。整个功率放大电路电压放大约 10 倍。通过调节 R_{10} 来调整增益,根据电源电压调节 R_7 可调节工作点。

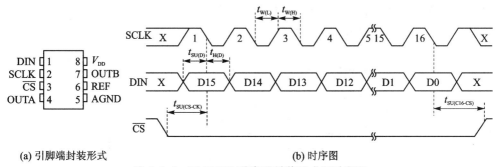

(a) 引脚端封装形式   （b) 时序图

图 4.2.5 TLV5618 引脚端封装形式和时序图

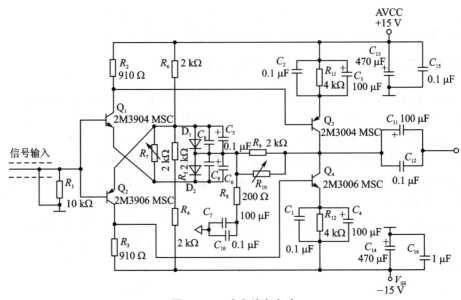

图 4.2.6　功率放大电路

4.2.7　有效值测量电路设计

　　有效值测量电路采用集成真有效值变换芯片 AD637,直接输出被测信号的真有效值。AD637 可测量的信号有效值可高达 7 V,精度优于 0.5%,且外围元件少,频带宽。对于一个有效值为 2 V 的信号,它的 3 dB 带宽为 8 MHz,并且可对输入信号的电平以 dB 形式指示。AD637 的应用电路如图 4.2.7 所示。

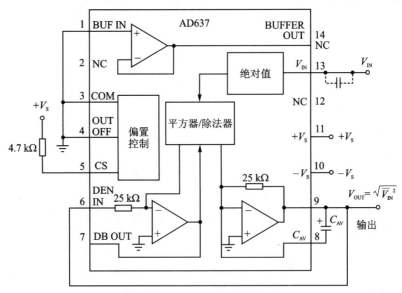

图 4.2.7　AD637 的应用电路

4.2.8　单片机电路和稳压电源电路设计

单片机采用 AT89S52 最小系统,采用 2 片 12 位串行 A/D 芯片 AD7816 和 AD7841,用于同时测量真有效值和峰值。12 位串行双 D/A 芯片 TLV5618 用来产生 AGC 控制电压。基准源采用带隙基准电压源 MC1403。

稳压电源电路采用 3 端稳压器芯片 7805、7905、7815 和 7915 组成,输出 ±5 V、±15 V 电压。数字部分和模拟部分通过电感隔离。

4.2.9　宽带放大器抗干扰措施

宽带放大器总的增益为 0~80 dB,前级输入缓冲和增益控制部分增益最大可达 60 dB,因此抗干扰措施必须要做得很好,才能避免自激和减少噪声。设计中采用了如下方法减少干扰,避免自激:

- 将输入部分和增益控制部分装在屏蔽盒中,避免级间干扰和高频自激。
- 电源隔离,各级供电采用电感隔离,输入级和功率输出级采用隔离供电。各部分电源通过电感隔离,输入级电源靠近屏蔽盒就近接上 1 000 μF 电解电容,盒内接高频瓷片电容,通过这种方法可避免低频自激。
- 所有信号耦合用电解电容两端并接高频瓷片电容,以避免高频增益下降。
- 构建闭路环。在输入级,整个运放用较粗的地线包围,可吸收高频信号,以减少噪声。在增益控制部分和后级功率放大部分也都采用此方法,可以有效地避免高频辐射。
- 数/模隔离。数字部分和模拟部分之间除了电源隔离之外,还将各控制信号用电感隔离。
- 使用同轴电缆,输入级和输出级使用 BNC 接头,输入级和功率级之间用同轴电缆连接。

实践证明,电路的抗干扰措施比较好,在 1 kHz~20 MHz 的通频带范围和 0~80 dB 增益范围内都没有自激。

4.2.10　宽带放大器软件设计

本系统单片机控制部分采用反馈控制方式,通过输出电压采样来控制电压增益。由于 AD603 的设定增益跟实际增益有误差,故程序中还进行了校正。程序流程图[4]如图 4.2.8 所示。

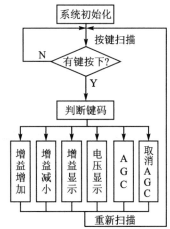

图 4.2.8　程序流程图

4.3　高效音频功率放大器设计

4.3.1　高效音频功率放大器设计要求

设计并制作一个高效音频功率放大器及其参数的测量、显示装置。功率放大器的电源电压为+5 V(电路其他部分的电源电压不限),负载为 8 Ω 电阻。功率放大器 3 dB 通频带为 300~3400 Hz,输出正弦信号无明显失真。最大不失真输出功率不小于 1 W,在输出功率 500 mW 时测量的功率放大器效率(输出功率/放大器总功耗)不小于 50%。输入阻抗大于 10 kΩ,电压放大倍数 1~20 连续可调。设计详细要求与评分标准等请登录 www.nuedc.com.cn 查询。

4.3.2　高效音频功率放大器系统设计方案

根据设计要求,本系统的组成方框图如图 4.3.1 所示。

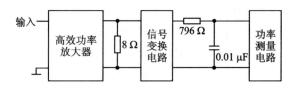

图 4.3.1　高效音频功率放大器系统组成方框图

高效音频功率放大器采用 D 类功率放大器形式。D 类功率放大器是用音频信号的幅度去线性调制高频脉冲的宽度,功率输出管工作在高频开关状态,通过 LC 低通滤波器后输出音频信号。由于输出管工作在开关状态,具有极高的效率,理论上为 100%,实际电路也可达到 80%~95%。

信号变换电路采用差动式减法电路。由于功放输出具有很强的带负载能力,故对变换电路输入阻抗要求不高,选用较简单的单运放组成的差动式减法电路形式,可满足具有双端变单端的功能及增益为 1 的设计要求。

功率测量电路采用真有效值转换专用芯片 AD637 组成,先得到音频信号电压的真有效值,再用 A/D 转换器采样该有效值,直接用单片机计算出平均功率。

4.3.3　高效音频功率放大器电路设计

高效音频功率放大器组成方框图如图 4.3.2 所示。

1. 三角波产生电路

三角波产生电路采用运算放大器 TLC4502 和高速精密电压比较器 LM311 组成。电路原理图[3]如图 4.3.3 所示。

载波频率选择为 150 kHz,可以满足采样定理。使用 4 阶 Butterworth LC 滤波

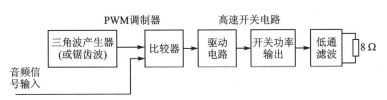

图 4.3.2　高效音频功率放大器组成方框图

器,输出端对载频的衰减大于 60 dB,可以满足设计要求。

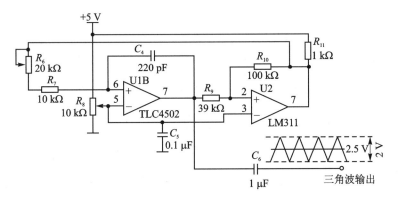

图 4.3.3　三角波产生电路

在 5 V 单电源供电时,将 TLC4502 引脚端 5 和 LM311 引脚端 3 的电位调整为 2.5 V(调节 R_8),同时设定输出的对称三角波幅度为 1 V($V_{P-P}=2$ V)。若选定 R_{10} 为 100 kΩ,并忽略比较器高电平时 R_{11} 上的压降,则 R_9 的求解过程如下:

$$\frac{(5-2.5)\ \text{V}}{100\ \text{k}\Omega}=\frac{1\ \text{V}}{R_9},\quad R_9=\frac{100}{2.5}\ \text{k}\Omega=40\ \text{k}\Omega$$

取 R_9 为 39 kΩ。

选定工作频率为 $f=150$ kHz,并设定 $R_7+R_6=20$ kΩ,则电容 C_4 的计算过程如下:

对电容的恒流充电或放电电流为

$$I=\frac{(5-2.5)\ \text{V}}{R_7+R_6}=\frac{2.5\ \text{V}}{R_7+R_6}$$

则电容两端最大电压值为

$$V_{C_4}=\frac{1}{C_4}\int_0^{T_1}I\,\mathrm{d}t=\frac{2.5\ \text{V}}{C_4(R_7+R_6)}\cdot T_1$$

其中 T_1 为半周期,$T_1=T/2=1/2f$。V_{C_4} 的最大值为 2 V,则

$$2\ \text{V}=\frac{2.5\ \text{V}}{C_4(R_7+R_6)}\cdot\frac{1}{2f}$$

$$C_4=\frac{2.5\ \text{V}}{(R_7+R_6)4f}=\frac{2.5}{20\times10^3\times4\times150\times10^3}\ \text{pF}\approx208.3\ \text{pF}$$

取 $C_4 = 220$ pF,$R_7 = 10$ kΩ,R_6 采用 20 kΩ 可调电位器。使振荡频率 f 在 150 kHz 左右有较大的调整范围。

TLC4502 引脚端封装形式如图 4.3.4 所示。LM311 引脚端封装形式和偏移调节电路如图 4.3.5 所示。

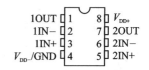

图 4.3.4　TLC4502 引脚端封装形式

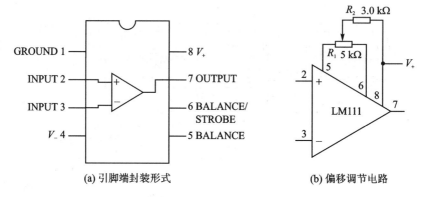

(a) 引脚端封装形式　　　(b) 偏移调节电路

图 4.3.5　LM311 引脚端封装形式和偏移调节电路

2. 前置放大器电路

前置放大器电路[3]如图 4.3.6 所示。前置放大器电路采用宽频带、低漂移的运算放大器 TLC4502,组成增益可调的同相宽带放大器。选择同相放大器的目的是容易实现输入电阻 $R_1 \geqslant 10$ kΩ 的要求。

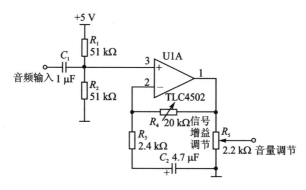

图 4.3.6　前置放大器电路

同时,采用满幅运放可在降低电源电压时仍能正常放大,取 $V_+ = V_{CC}/2 = 2.5$ V,要求输入电阻 R_1 大于 10 kΩ,故取 $R_1 = R_2 = 51$ kΩ,则 $R_1 = 51$ kΩ/2 = 25.5 kΩ,反馈电阻采用电位器 R_4,取 $R_4 = 20$ kΩ,反相端电阻 R_3 取 2.4 kΩ,则前置放大器的最大增益 A_V 为

$$A_V^* = 1 + \frac{R_4}{R_3} = 1 + \frac{20 \text{ k}\Omega}{2.4 \text{ k}\Omega} \approx 9.3$$

调整 R_4,使其增益约为 8,则整个功放的电压增益为 0~32 可调。

考虑到前置放大器的最大不失真输出电压的幅值 $V_{OM} < 2.5$ V,取 $V_{OM} = 2.0$ V,则要求输入的音频最大幅度 $V_{IM} < V_{OM}/A_V = (2/8)$ mV $= 250$ mV。超过此幅度,则输出会产生削波失真。

3. 比较器电路

比较器电路采用 LM311 精密、高速比较器芯片。电路原理图[3]如图 4.3.7 所示。因供电为 5 V 单电源,为给 $V_+ = V_-$ 提供 2.5 V 的静态电位,取 $R_{12} = R_{15}$,$R_{13} = R_{14}$,4 个电阻均取 10 kΩ。由于三角波 $V_{P-P} = 2$ V,所以要求音频信号的 V_{P-P} 不能大于 2 V;否则,会使功放产生失真。

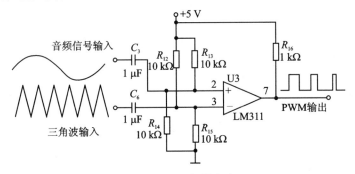

图 4.3.7 比较器电路

4. 驱动电路

驱动电路原理图[3]如图 4.3.8 所示。将 PWM 信号整形变换成互补对称的输出

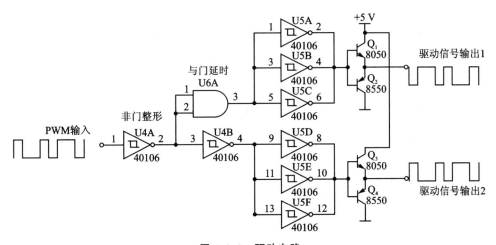

图 4.3.8 驱动电路

驱动信号,用 CD40106 施密特触发器并联,以获得较大的电流输出,送给由晶体三极管组成的互补对称式射极跟随器驱动的输出管,保证了快速驱动。驱动电路晶体三极管选用 2SC8050 和 2SA8550 对管。

5. 功率放大器电路

功率放大器电路[3]如图 4.3.9 所示,采用 H 桥型输出方式。此电路形式可充分利用电源电压,浮动输出载波的峰-峰值可达 10 V,可有效地提高输出功率,达到设计要求指标。

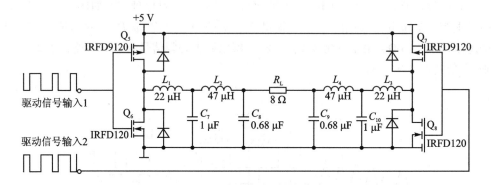

图 4.3.9　功率放大器电路

开关管选用 IRFD9120 和 IRFD120 高速 VMOSFET 对管。滤波器采用两个相同的 4 阶 Butterworth 低通滤波器,在保证 20 kHz 频带的前提下使负载上的高频载波电压进一步得到衰减。

互补 PWM 开关驱动信号交替开启 Q_5 和 Q_8,或者 Q_6 和 Q_7,分别经两个 4 阶 Butterworth 滤波器滤波后,推动扬声器工作(8 Ω 负载)。

利用 Multisim7 软件对低通滤波器进行仿真,可得到如下低通滤波器参数:L_1 = 22 μH,L_2 = 47 μH,C_1 = 1.68 μF,C_2 = 1 μF。在 19.95 kHz 处下降 2.464 dB,可保证 20 kHz 的上限频率,且通带内曲线基本平坦;100 kHz、150 kHz 处分别下降 48 dB、62 dB,完全达到设计要求。

4.3.4　信号变换电路和功率测量电路设计

1. 信号变换电路

信号变换电路要求增益为 1,具有双端变单端的功能,采用 NE5532 宽带运算放大器构成差动式减法电路。电路[3]如图 4.3.10 所示。选择 R_1 = R_2 = R_3 = R_4 = 20 kΩ,其增益为 A_V = R_3/R_1 = 20 kΩ/20 kΩ = 1,其上限频率远超过 20 kHz 的设计指标要求。

2. 功率测量电路

功率测量电路方框图如图 4.3.11 所示。

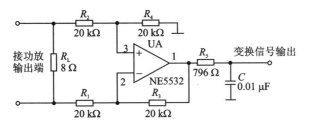

图 4.3.10 信号变换电路

图 4.3.11 功率测量电路方框图

真有效值转换电路采用高精度的 AD637 芯片。其应用电路如图 4.3.12 所示。

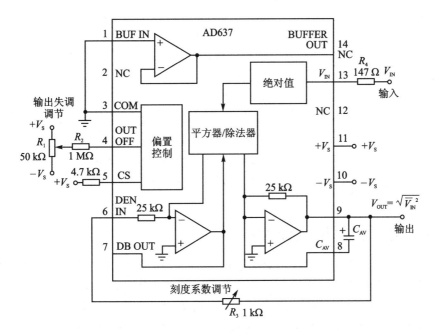

图 4.3.12 真有效值转换电路

单片机系统主要由 AT89S52 单片机、A/D 转换器 AD574 和键盘显示接口电路 8279 等组成。经 AD637 进行有效值变换后的模拟电压信号送 A/D 转换器 AD574，由 AT89S52 控制 AD574 进行模/数转换，并对转换结果进行运算处理，最后送显示电路完成功率显示。62256RAM 存储器用于存储数据的处理。

键盘显示电路用于调试过程中的参数校准输入，主要由显示接口芯片 8279、4×4 键盘及 8 位数码管显示部分构成。

4.3.5　短路保护电路设计

短路（或过流）保护电路的原理电路[3]如图 4.3.13 所示。

0.1 Ω 过流取样电阻与 8 Ω 负载串联连接，对 0.1 Ω 电阻上的取样电压进行放大（并完成双变单变换）。电路由 U1B 组成的减法放大器完成，选用的运放是 NE5532。R_6 与 R_7 调整为 11 kΩ，则该放大器的电压放大倍数为

$$A_V = \frac{R_9}{R_7} = \frac{560}{11} \approx 51$$

经放大后的音频信号再通过由 D_1、C_2、R_{10} 组成的峰值检波电路，检出幅度电平，送给由 LM393 组成的电压比较器"＋"端，比较器的"－"端电平设置为 5.1 V，由 R_{12} 和稳压管 D6 组成，比较器接成迟滞比较方式，一旦过载，即可锁定状态。

正常工作时，通过 0.1 Ω 上的最大电流幅度 $I_M = 5/(8+0.1) = 0.62$ A，0.1 Ω 上的最大压降为 62 mV，经放大后输出的电压幅值为 $V_{IM} \times A_V = 62 \times 51 \approx 3.2$ V，检波后的直流电压稍小于此值，此时比较器输出低电平，Q_1 截止，继电器不吸合，处于常闭状态，5 V 电源通过常闭触点送给功放。一旦 8 Ω 负载端短路或输出过流，0.1 Ω 上电流、电压增大，经过电压放大、峰值检波后，大于比较器反相端电压（5.1 V），则比较器翻转为高电平并自锁，Q_1 导通，继电器吸合，切断功放 5 V 电源，使功放得到保护。要解除保护状态，须关断保护电路电源。

为了防止开机瞬间比较器自锁，增加了开机延时电路，由 R_{11}、C_3、D_2、D_3 组成。D_2 的作用是保证关机后 C_3 上的电压能快速放掉，以保证再开机时 C_3 的起始电压为零。

4.3.6　音量显示电路设计

音量显示电路采用电平指示驱动电路 CD7666GP，利用多个发光二极管来直观指示音量的大小。CD7666GP 内有双通道，最适合于立体声音响系统，电源电压范围为 6～12 V，静态电流小，$I_{CCQ} = 4$ mA，用外部电阻调整输入放大器增益。CD7666GP 的应用电路如图 4.3.14 所示，引脚端功能如表 4.3.1 所列。在本系统中仅使用了其中的一路。

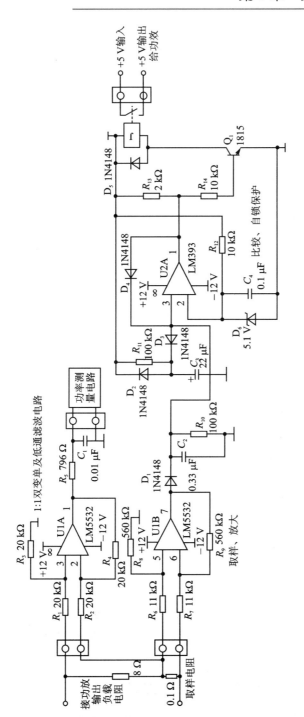

图 4.3.13　短路（或过流）保护电路的原理电路

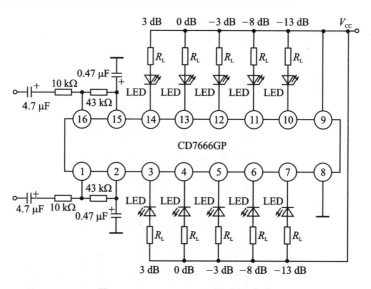

图 4.3.14　CD7666GP 的应用电路

表 4.3.1　CD7666GP 引脚端功能

引　脚	符　号	功　能	引　脚	符　号	功　能
1	IN_1	通道 1 输入	9	V_{CC}	电源
2	OUT_{1A}	通道 1 放大器输出	10	OUT_{21}	通道 2 输出 1
3	OUT_{15}	通道 1 输出 5	11	OUT_{22}	通道 2 输出 2
4	OUT_{14}	通道 1 输出 4	12	OUT_{23}	通道 2 输出 3
5	OUT_{13}	通道 1 输出 3	13	OUT_{24}	通道 2 输出 4
6	OUT_{12}	通道 1 输出 2	14	OUT_{25}	通道 2 输出 5
7	OUT_{11}	通道 1 输出 1	15	OUT_{2A}	通道 2 放大器输出
8	GND	地	16	IN_2	通道 2 输入

4.3.7　电源电路设计

整个系统既包括模拟电路,也包括数字电路。为减少相互干扰,电源电路采用三端稳压器芯片 7805、7905、7812 和 7912 组成 +5 V、+5 V、+12 V、−12 V 共 4 路电源。

4.3.8　高效音频功率放大器软件设计

本系统软件流程图[3]如图 4.3.15 所示。软件采用结构化程序设计方法,功能模块各自独立。系统初始化模块加电后,完成系统硬件和系统变量的初始化工作,其中包括变量设置、标志位设定置中断和定时器状态、控制口的状态设置、功能键设置等。

键输入模块等待功能键输入,由键盘输入命令校准参数。控制测量模块启动单片机进行 A/D 转换,读取所设定的数值,进行数据的处理。AT89S52 控制 8279 显示接口芯片,使用 8 位数码管显示测量的输出功率,完成测量结果显示。本系统用软件设计了特殊功能键,通过对键盘的简单操作,便可实现功率放大器输出功率的直接显示(以十进制数显示),精确到小数点后 4 位,显示误差小于 4.5%。

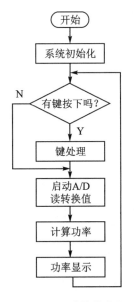

图 4.3.15　系统软件流程图

4.4　测量放大器设计

4.4.1　测量放大器设计要求

设计并制作一个测量放大器及所用的直流稳压电源。输入信号 V_1 取自桥式测量电路的输出。当 $R_1=R_2=R_3=R_4$ 时,$V_1=0$。R_2 改变时,产生 $V_1\neq0$ 的电压信号。测量电路与放大器之间有 1 m 长的连接线。

测量放大器差模电压放大倍数 $A_{VD}=1\sim500$,可手动调节;最大输出电压为 ±10 V,非线性误差小于 0.5%;在输入共模电压 $+7.5\sim-7.5$ V 范围内,共模抑制比 $K_{CMR}>10^5$;在 $A_{VD}=500$ 时,输出端噪声电压的峰-峰值小于 1 V;频带为 $0\sim10$ Hz;直流电压放大器的差模输入电阻不小于 2 MΩ。

设计并制作上述放大器所用的直流稳压电源。由单相 220 V 交流电压供电。交流电压变化范围为 $+10\%\sim-15\%$。

设计详细要求与评分标准等请登录 www.nuedc.com.cn 查询。

4.4.2 测量放大器系统设计方案

测量放大器原理方框图如图 4.4.1 所示。在前级仪用放大器中,采用 4 片运算放大器构成前级高共模输入的仪表差动放大器,对不同的差模输入信号电压分别选择不同的通道,进行不同倍数的放大。在数控衰减器中,由单片机控制 D/A 转换器的电阻网络,实现衰减倍数数字控制,衰减后的信号经乘 10 放大,可在一片 10 位 D/A 的基础上精确地完成 1~1000 倍放大且步距为 1 的设计要求。

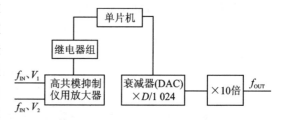

图 4.4.1 测量放大器原理方框图

数控衰减器利用 AD7520 的电阻网络可编程性,实现衰减器衰减率的数字编程。单片机系统完成数字处理和对继电器及 AD7520 的控制,键盘显示处理模块采用 8279 芯片。

4.4.3 前级仪用放大器电路设计

在工业自动控制等领域中,对测量放大器电路的基本要求有:
- 具有高的输入阻抗,可抑制信号源与传输网络电阻不对称引入的误差;
- 基于高的共模抑制比,可抑制各种共模干扰引入的误差;
- 基于高的增益及宽的增益调节范围,可适应信号源电平的宽范围变化。

前级仪用放大器通常采用多运放组合电路形式。典型的组合方式有:同相串联式高阻测量放大器、同相并联式高阻测量放大器及高共模抑制测量放大器等。

1. 同相并联式高阻测量放大器

同相并联式高阻测量放大器电路[2]如图 4.4.2 所示,具有输入阻抗高、增益调节方便、漂移相互补偿、双端变单端以及输出不包含共模信号等优点。

不难证明,此电路的理想闭环增益和共模抑制比分别为

$$A_C = \frac{R_3}{R_2}\left(1 + \frac{2R_1}{R_w}\right) \tag{4.4.1}$$

$$CMRR = \frac{A_{C12} \times CMRR_3 \times CMRR_{12}}{A_{C12} \times CMRR_3 + CMRR_{12}} \tag{4.4.2}$$

若

$$CMRR_{12} \gg A_{C12} \times CMRR_3$$

则式(4.4.2)可近似为

$$CMRR \approx A_{C12} \times CMRR_3 \tag{4.4.3}$$

式中,A_{C12} 和 $CMRR_{12}$ 为 A1 和 A2 组成的前置级的理想闭环增益和共模抑制比,

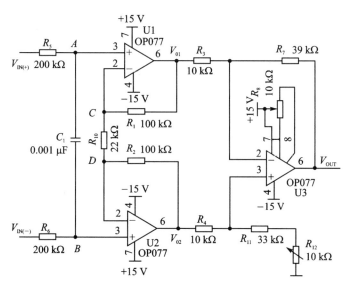

图 4.4.2 同相并联式高阻测量放大器

$CMRR_3$ 为由 A3 组成的输出级的共模抑制比。

2. 高共模抑制测量放大器电路

一个高共模抑制测量放大器电路[2]如图 4.4.3 所示,是利用浮动电源法提高前置放大器共模抑制比的电路。与图 4.4.2 相比,这个电路多加了一级电压跟随器 A4。A4 的输入信号取自两只电阻 R_0 组成的共模信号引出电路,所以它的输入电压等于共模输入电压 U_{SRC},输出电压亦是如此。A4 的输出加到运算放大器 A1 和 A2 正负电源电压的公共端,使正负电源电压浮动起来。若 A4 具有理想特性,则正负电源电压的涨落幅度与共模输入电压的大小完全相同。这样,虽然共模输入电压照样加在放大器的 A1 和 A2 同相端,但却因放大器本身电源对共模输入信号的跟踪作用,使其影响大大削弱。这样就算 A1 和 A2 的元件参数不完全对称,但由于有效共模电压减小,输出端的差动误差电压也是很小的,也就意味着前置级的共模抑制能力提高了。显然,这个电路的共模抑制比仍可由式(4.4.2)表述,但式中前

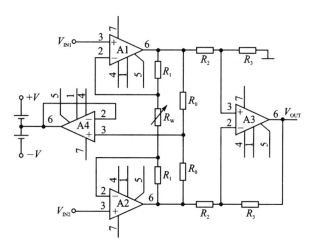

图 4.4.3 高共模抑制测量放大器电路

置放大器的共模抑制比 $CMRR_{12}$ 应考虑隔离级的作用而加以修正。当运算放大器 A1、A2 和 A4 的共模抑制比分别为 $CMRR_1$、$CMRR_2$ 和 $CMRR_4$ 时,整个前置级的共模抑制比 $CMRR_{12}$ 可表述为

$$CMRR_{12} = \frac{CMRR_1 \times CMRR_2 \times CMRR_4}{CMRR_1 - CMRR_2} \tag{4.4.4}$$

从式(4.4.4)可知,由于 A4 使电源电压跟随共模输入电压浮动,使前置级的共模抑制比提高了 $CMRR_4$ 倍。这样,即使 A1 和 A2 的共模抑制比不太匹配,整个电路的共模抑制比用式(4.4.3)来描述也是足够精确的,从而使电路的共模抑制比接近理想值。

图 4.4.3 中的 R_W 由 3 条并列的固定电阻通路构成,由继电器来控制哪条通路接入电路,由此构成了 3 挡固定放大器。根据设计要求,可将前级放大器的可变电阻 R_W 分为 3 个控制段,分别对 1~10 V、0.1~1 V 和小于 0.1 V 的 3 个不同电压等级的输入信号进行控制,用继电器切换,以实现不同的放大倍数。前级仪用放大器放大倍数的适当选取是在单片机的算法控制下实现的。在用户预置的放大倍数有多种设定方式时,继电器动作的原则是:选择最小的前级放大倍数和相应最小的后级衰减方式。这样的选择可使由放大器和衰减器引起的误差最小。

中间级采用程控衰减器,由具有 10 位 CMOS 开关及 R - $2R$ 电阻网络的 AD7520 D/A 转换器构成,随着数字量 D_1(BIT1~BIT10)的不同,接入电路的电阻网络也相应不同,从而改变放大器的增益。再经后级放大 10 倍,以得到 1~1000 倍的任意整数的放大倍数,而 10 位 D/A 也能满足步距为 1 的要求。该方案前级放大电路的接法提高了共模抑制比,抵消了失调及漂移产生的误差;中间级采用单片机实现数控增益调节,步距为 1,且控制较简单。后级运放的固定放大倍数最终保证了设计要求。

4.4.4　数控衰减器电路设计

1. 数控衰减器电路 1

数控衰减器电路 1 由单片机控制 AD7520 完成。AD7520 的内部结构如图 4.4.4 所

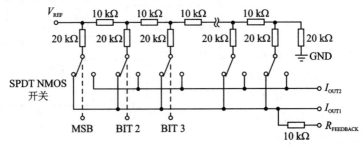

图 4.4.4　AD7520 的引脚端封装形式和内部结构

示。AD7520 可看成一个数控的 $R-2R$ 电阻网络,利用单片机控制 AD7520 的 BIT1～BIT10 这 10 位数据端口,可对 AD7520 的 $R-2R$ 电阻网络的输出电阻进行编程。输入不同的数字量,可以得到不同的电阻比。利用 AD7520 10 位 DAC,数字量每改变一位,$R-2R$ 电阻网络的衰减就变动 1/1024,完全可以实现步距为 1 的设计要求。

2. 数控衰减器电路 2

用一片 AD7520 DAC 和一只运算放大器组成的数控衰减器电路 2 如图 4.4.5 所示。输入电压从 AD7520 的参考源输入端加入。输出电压的表达式推导如下:

将　　$I_{REF} = \dfrac{V_{REF}}{R}$,$V_{REF} = V_{IN}$

代入 $I_{OUT1} = I_{REF}(D_1 2^{-1} + D_2 2^{-2} + \cdots + D_{10} 2^{-10})$

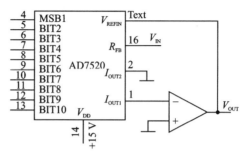

图 4.4.5　AD7520 和运算放大器组成的数控衰减器电路

通过运算放大器将输入电流转换成电压输出,得

$$I_{OUT1} = \frac{V_{IN}}{R}(D_1 2^{-1} + D_2 2^{-2} + \cdots + D_{10} 2^{-10})$$

因为 $V_{OUT} = -I_{OUT1} R$,所以得

$$V_{OUT} = -V_{IN}(D_1 2^{-1} + D_2 2^{-2} + \cdots + D_{10} 2^{-10})$$

4.4.5　单片机电路和信号变换放大器设计

1. 单片机电路设计

单片机最小系统电路由 AT89S52 单片机和一片 8279 显示键盘接口构成,以完成控制、显示和键盘输入等功能。置数可由 0～9 数字键及几个功能键完成。8 位 LED 显示电路显示提示符及放大倍数。单独设置的"+"、"−"键可实现步进调节。

2. 信号变换放大器设计

设计要求将函数发生器单端输出的正弦电压信号不失真地转换为双端输出信号,用作测量直流电压放大器频率特性的输入信号。为了使信号不失真,就须保证电路的对称性。

设计采用单端输入、双端输出的差动放大级进行信号的变换,电路[2] 如图 4.4.6 所示。电路中使用 OP07 运算放大器,同相放大器接成射极跟随器,前端输入进行分压,从而使 $V_{O(+)} = (1/2)V_{IN}$,反向放大器的 $A_V = -R_6/R_2 = -50/100 = -1/2$,使得 $V_{O(-)} = -(1/2)V_{IN}$,从而实现不失真变换。

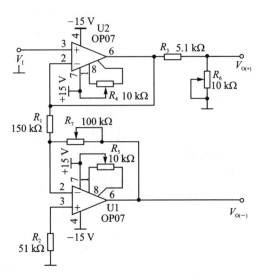

图 4.4.6　信号变换放大器

4.4.6　电源电路设计

电源电路采用桥式全波整流、电容滤波、MC7805 和 MC7815/MC7915 三端稳压器组成。输出电路采用＋15 V 电压,可提高电压调整率和负载调整率等指标。所有的集成稳压器均安装有散热片。

4.4.7　测量放大器软件设计

设计要求人工输入改变设置参数,置数可由 0～9 数字键及几个功能键完成。8位 LED 显示电路显示提示符及放大倍数。单独设置的"＋"、"－"键可实现步进。在程序的控制下,单片机开机后先将预置数读入,在送去显示的同时,送入 D/A,然后等待键盘中断,并作相应处理,如加、减和预置数等。程序方框图略。

4.5　实用低频功率放大器设计

4.5.1　实用低频功率放大器设计要求

设计并制作具有弱信号放大能力的低频功率放大器,在放大通道的正弦信号输入电压幅度为 5～700 mV,等效负载电阻 R_L 为 8 Ω 下,放大通道应满足:额定输出功率 $P_{OR} \geqslant 10$ W;带宽 BW$\geqslant 50 \sim 10\ 000$ Hz;在 P_{OR} 下和 BW 内的非线性失真系数 $\leqslant 3\%$;在 P_{OR} 下的效率 $\geqslant 55\%$;在前置放大级输入端交流短接到地时,$R_L = 8$ Ω 上的交流声功率 $\leqslant 10$ mW。自行设计并制作满足本设计任务要求的稳压电源。设计详细要求与评分标准等请登录 www.nuedc.com.cn 查询。

4.5.2　实用低频功率放大器系统设计方案

实用低频功率放大器系统方框图[2]如图 4.5.1 所示，由低频功率放大器（包括前置放大器和功率输出放大器）、波形变换电路、直流稳压供电电路、保护电路等组成。低频功率放大器用来提供 10 W 以上的输出功率。波形变换电路将正弦信号电压变换成规定要求的方波信号电压，用来测试放大器的时域特性指标。稳压电源为功放电路和变换电路等提供稳定的直流电源。

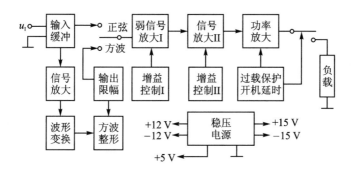

图 4.5.1　低频功率放大器系统方框图

设计要求低频功率放大器提供 10 W 以上的输出功率，需要 2～3 级放大电路才能完成。在额定输出功率 $P_{OR} = 10$ W 时，在 $R_L = 8$ Ω 上的正弦波输出电压幅值为

$$u_{OM} = \sqrt{5 \times P_{OR} \times R_L} = \sqrt{5 \times 10 \times 8} \text{ V} = 12.65 \text{ V}$$

在输入正弦波幅值为最小值 5 mV 时，整个放大器需要的电压增益为

$$A_V = 20 \lg \frac{u_{OM}}{u_I} = 20 \lg \frac{12.65}{5 \times 10^{-3}} = 68 \text{ dB}$$

68 dB 的增益需要在 2～3 级放大器中进行分配，通常功率输出级的增益为 20 dB 左右，前置放大级需要承担 48 dB 以上的增益。目前有大量高性能的集成运放和专用前置低频放大器的集成电路，因此前置放大级已几乎不采用分立元件设计，而采用专用的低频前置放大器集成电路，其开环增益都在 100 dB 左右，能提供足够的增益。必要时，前置放大级也可采用两级放大器来实现。低频功率放大器也有专用集成电路芯片，设计功放输出级时，可采用专用集成电路，也可采用分立元件组成的电路形式。

设计要求放大器的带宽 BW≥50 Hz～10 kHz，为了满足 50 Hz 的低频响应，要求各级的输入耦合电容和输出耦合电容必须足够大，特别是耦合到负载 $R_L = 8$ Ω 的电容 C_L，根据 $1/\omega C_L \ll R_L$，可求得 $C_L \gg 1/\omega R_L = 1/2\pi \times 50 \times 8 = 397.89$ μF。为满足耦合要求，C_L 应大于 $1/\omega R_L$ 值 50 倍，即必须选用 $C_L = 50 \times 397.89 = 19894.5$ μF。实际设计中无法选用如此大数值的电容，所以功放输出级只能采用无输出耦合电容

C_L 的 OCL(Output Capacitorless)电路形式。OCL 电路形式需要采用对称双电源供电。

设计要求的非线性失真系数 $\gamma \leqslant 3\%$ 和效率 $\eta \geqslant 55\%$ 两个指标是相互关联的。若要求非线性失真小，则末级功放就必须工作在甲乙类，这时效率就必然降低。因此，设计时两者必须相互兼顾。

设计要求在前置放大级输入端交流短接到地时，$R_L = 8\ \Omega$ 上的交流声功率不大于 $10\ mW$。放大器的噪声通常来自元器件的噪声、电路高频自激噪声和电源产生的交流噪声。元器件的噪声对低频功率放大器而言，往往是极为微小的，因而可以不加考虑。而电路自身高频自激和来自电源的交流噪声是不可轻视的。为了防止电路高频自激以及尽量降低稳压电源输出电压的纹波，采用的具体措施为：对所设计的电路加接防振电容、去耦电容和滤波电容等；稳压电源选用集成稳压器；功放级工作电流较大，采用功率三极管进行扩流。

放大器的时间响应取决于元器件的开关速度。若采用分立元件设计放大器，则时间响应主要取决于三极管的频响性能和电路设计；若采用集成运算放大器和集成低频功率放大器，则时间响应就取决于器件的转换速率 SR 和低功放的上限频率指标。

为了防止开机冲击和输出过载，本设计采用了增加开机延时和输出过载保护等电路。

4.5.3　前置放大器电路设计

1. 采用集成运算放大器构成的前置放大器电路

设计前置放大级时可供选用的集成运算放大器有很多，如 National Semicon-ductor 公司的 LF347、LF353、LF356、LF357，Precision Monolithics 公司的 OP-16、OP-37，Signetics 公司的 NE5532、NE5534 等。主要考虑的技术指标是带宽、电压增益、转换速率、噪声和电流消耗等。

为提高前置放大器电路输入电阻和共模抑制性能，减少输出噪声，采用集成运算放大器构成前置放大器电路时，必须采用同相放大电路结构，电路[5]如图 4.5.2 所示。

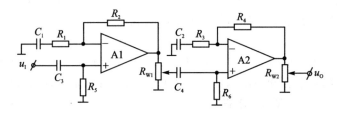

图 4.5.2　采用同相放大电路结构的前置放大器电路

为了尽可能保证不失真放大,图 4.5.2 中采用两级运算放大器电路 A1 和 A2,每级放大器的增益取决于 R_1、R_2 和 R_3、R_4,即

$$A_{V1} = 1 + \frac{R_2}{R_1}, A_{V2} = 1 + \frac{R_4}{R_3}$$

由上述分析可知,低频功率放大器的总增益为 68 dB,两级前置放大器的增益安排在 50 dB 左右比较合适,每级增益在 25 dB 左右,以保证充分发挥每级的线性放大性能并满足带宽要求,从而可保证不失真,即达到高保真放大质量。

图 4.5.2 中 C_1、C_2 分别为隔直流电容,是为满足各级直流反馈、稳定直流工作点而加的。但对于交流反馈,C_1、C_2 必须呈现短路状态,即要求 C_1、C_2 的容抗远小于 R_1、R_3 的阻值。C_3、C_4 为耦合电容,为保证低频响应,要求其容抗远小于放大器的输入电阻。R_5、R_6 为各级运放输入端的平衡电阻,通常 $R_5 = R_2$,$R_6 = R_4$。

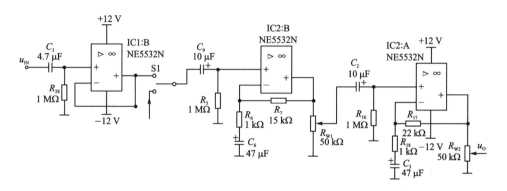

图 4.5.3 两级 NE5532 构成的前置放大器电路

一个采用两级 NE5532(IC2：A 和 IC2：B)构成的前置放大器电路[2] 如图 4.5.3 所示。各级均采用固定增益加输出衰减组成,要求当各级输出不衰减,输入 $u_{I,P-P} = 5$ mV 时,输出 $u_{O,P-P} \geqslant 2.53$ V。

对于第一级放大器,要求在信号最强时,输出不失真,即在 $u_{I,P-P} = 700$ mV 时,输出 $u_{OM} \leqslant 11$ V(低于电源电压 1 V)。所以

$$A_1 = u_{OM}/u_P = 11/0.7 = 15.7$$

取 $A_1 = 15$。

当输入信号最小,即 $u_{I,P-P} = 10$ mV 而输出不衰减时

$$u_{O1,P-P} = A_1 \cdot u_{I,P-P} = 15 \times 10 = 150 \text{ mV}$$

第二级放大要求输出 $u_{O2,P-P} \geqslant 2.53$ V,考虑到元件误差的影响,取 $u_{O2,P-P} = 3$ V,而输入信号最小为 150 mV,则第二级放大倍数为

$$A_2 = u_{O2,P-P}/u_{O1,P-P} = 3/0.15 = 20$$

取 $A_2 = 22$。因此,取 $R_6 = 1$ kΩ,$R_7 = 15$ kΩ,$R_{17} = 22$ kΩ,$R_{18} = 1$ kΩ。

2. 采用专用前置放大器 IC 构成的前置放大器电路

目前有很多性能优越的专用低频前置放大器 IC，如日本夏普公司的 IR3R18、IR3R16，工作电压分别为 13.2 V 和 8 V 单电源，闭环增益均为 45 dB，频带 BW = 30 Hz～20 kHz，在输出峰值 $u_{OM} = 1.5$ V 时，失真系数 $\gamma \leqslant 1\%$；NEC 公司的 μPC1228H，$V_{CC} = 10$ V，闭环增益为 40 dB，BW = 30 Hz～20 kHz，$u_{OM} = 2$ V 时，$\gamma \leqslant 1\%$；富士通公司的 MB3105，$V_{CC} = 13.2$ V，闭环增益为 42 dB，BW = 30 Hz～20 kHz，$u_{OM} = 2$ V 时，$\gamma \leqslant 1\%$；对于 MB3106，$V_{CC} = 6$ V，闭环增益为 42 dB，BW = 30 Hz～20 kHz，$u_{OM} = 1.6$ V 时，$\gamma \leqslant 1\%$。

μPC1228H 片内具有双前置放大器，采用 8 引脚单列直插封装。其典型应用电路如图 4.5.4 所示。

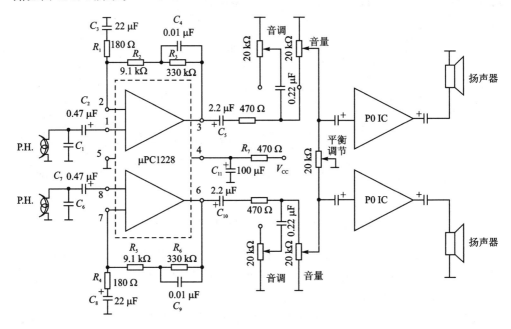

图 4.5.4　μPC1228H 的典型应用电路

在本设计中，前置放大器所需要提供的闭环增益为 40 dB 以上，采用图 4.5.5 所示单级 μPC1228H 前置放大器电路，其电压增益为

$$A_{VC} = 1 + \frac{39 \times 10^{3}}{330} = 41.5 \text{ dB}$$

专用前置集成放大级的优点是外围元件少，安装方便，无须调整，与专用集成

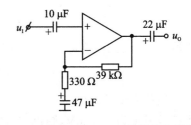

图 4.5.5　单级 μPC1228H 前置放大器电路

低频功放电路配合进行设计,其优越性更突出。

4.5.4 功率放大器电路设计

1. 采用分立元件构成的低频功率放大器电路

(1) 采用分立元件构成的 OCL 低频功率放大器电路

分立元件构成的低频功率放大器电路可分为输入级、功率激励级和 OCL 输出级三部分。其电路结构[5]如图 4.5.6 所示。

为了确保电路的低频响应采用直接耦合形式,同时为使电路工作稳定,输入级采用双管差分放大器。电路中各级的直流工作点分别采用三个可调电阻 R_{W1}、R_{W2}、R_{W3} 进行调整。为提高整个低功放电路的直流稳定性,电路中采用了 R_{10}、C_3、R_7 组成的反馈网络,使输出至输入级差放管 Q_2 基极实现直流负反馈。采用互补复合管推挽输出电路来提高线性放大及降低波形失真。图中 Q_4、Q_6 复合成 NPN 型功率管,Q_5、Q_7 复合成 PNP 型功率管,从而组成全互补推挽输出。为简化电路结构,差分输入级没有采用镜像电流源作负载和偏置,而是直接采用 2.2 kΩ 电阻作负载,R_2 (12 kΩ)和 R_{W2}(2.2 kΩ)作射极共模电阻,偏置采用基极电压偏置(用 R_{W1} 调整偏置电压)。同时,电路中还取消了自举电容,以保证电路的稳定和瞬态响应。图中 T_3 集基极间的电容 C_2 和并在 R_{10} 上的 C_3 均为高频防振电容,数值均为 10 pF。

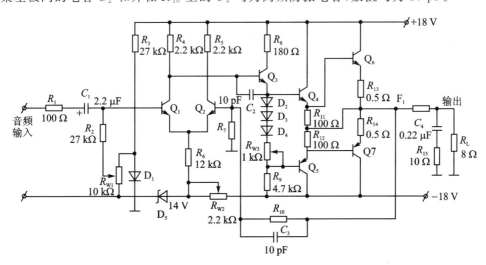

图 4.5.6 分立元件构成的 OCL 低频功率放大器电路

电路中 7 只三极管的参数分别要求:Q_1、Q_2 的 $\beta \geqslant 200$,$f_T > 100$ MHz,并希望参数对称;Q_3 的 $\beta \geqslant 100$,$f_T > 100$ MHz;Q_4、Q_5 的 $\beta \geqslant 80$,$f_T > 100$ MHz;要求 Q_4 为 NPN 管而 Q_5 为 PNP 管;Q_6 为 NPN 型大功率管,要求其 $\beta \geqslant 20$,$P_{CM} \geqslant 2.5$ W,$f_T > 5.0$ MHz;Q_7 为 PNP 型大功率管,要求其 $\beta \geqslant 20$,$P_{CM} \geqslant 2.5$ W,$f_T > 50$ MHz。

末级推挽输出电路工作在甲乙类状态,这既保证了线性不失真放大,又可使效率达到指标。为保证甲乙类工作的温度稳定性,电路中增加了 D_2、D_3、D_4 温度补偿二极管和串在功率管射极的反馈电阻 $R_{11} \sim R_{14}$。R_{13} 和 R_{14} 串在大功率管 Q_6、Q_7 的发射极,为降低功耗,这两只电阻应小于 $0.5\ \Omega$。

输出端的喇叭阻抗 $R_L = 8\ \Omega$,并联的 $C_4(0.22\ \mu\text{F})$ 和 $R_{15}(10\ \Omega)$ 是喇叭的均衡网络,用来抵消喇叭的感抗。

(2) 采用分立元件构成的 DC(Direct Coupled,直接耦合)低频功率放大器电路

DC 低频功率放大器电路是一种全直流化的 OCL 电路,输入电路采用互补平衡差分放大电路形式,输出还是采用 OCL 结构,电路[5]如图 4.5.7 中所示。互补差放平衡激励是 DC 低功放电路的关键技术。

互补差放由 4 个三极管组成,如图 4.5.7 中 $Q_1 \sim Q_4$ 所示。这 4 个三极管的参数应严格对称,则各管的基极电流为 $I_{b1} = I_{b2}$,$I_{b3} = I_{b4}$。显然,基极电阻 R_1 和 R_6 中无直流基极电流流过,因此消除了基极回路电流变化对输出的影响,同时对输入信号中的共模分量也有良好的平衡抑制作用,提高了共模抑制比,对稳定中点电位也有好处。

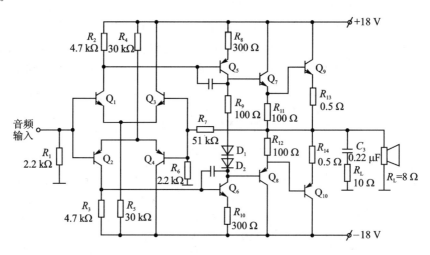

图 4.5.7　DC 低频功率放大器电路

由于互补差放电路平衡,因此可以输出幅度相等、相位相反的激励信号给 Q_5 和 Q_6。当输入信号处于正半周时(0~π),互补差分电路 Q_1、Q_3 工作,Q_2、Q_4 截止。正半周信号差分放大后,由 Q_1 集极输出。因为是反相放大,故 Q_1 输出为负的 0~π 半周信号。Q_5 导通放大,Q_6 作 Q_5 的恒流负载,Q_5 输出 0~π 正半周信号(又是反相放大),去激励 Q_7、Q_9 $\overline{\text{OCL}}$ 电路。输入信号负半周时(π~2π),Q_2、Q_4 工作,Q_2 反相输出正半周的 π~2π 信号,Q_6 放大输出 π~2π 负半周信号去激励 Q_8、Q_{10} OCL 电路,这时 Q_5 作 Q_6 的有源恒流负载。由于是平衡输出,且 Q_5、Q_6 交替互为恒流负载,因此这种激励方法增益高,失真小,使 OCL 输出级获得足够的激励,故输出功率大,效率高。

图 4.5.7 所示的 DC 低频功率放大器电路可实现如下指标：最大输出功率 $P_{O,MAX} \geqslant 20$ W，闭环增益为 26 dB，电压频响范围 BW＝0～1.2 MHz(1 V，－1 dB)，失真系数 $\gamma \leqslant 0.1\%$。

(3) 采用 MOSFET 构成的低频功率放大器电路

MOSFET 功率管具有激励功率小，输出功率大，输出漏极电流具有负温度系数，安全可靠，无须加保护措施，而且还具有工作频率高、偏置简单等优点，因此，采用 MOSFET 功率管设计功放电路既简单又方便。采用 NE5534(或 NE5532 中的一个运放)和大功率 MOSFET 功率对管 TN9NP10 组成的低频功率放大器电路[5]如图 4.5.8 所示。图中 NE5534 担任电压驱动激励级，大功率 MOSFET 配对管模块 TN9NP10 担任 OCL 功率放大。调整 R_W 使 TN9NP10 的静态电流在 15～20 mA 左右，即为正常工作状态。

图 4.5.8 所示 MOSFET 功率管 OCL 低频功率放大器电路可实现指标为：最大输出功率 $P_{O,MAX} \geqslant 25$ W，频响范围 BW＝20 Hz～200 kHz，失真系数 $\gamma \leqslant 0.2\%$，效率 $\eta > 65\%$。

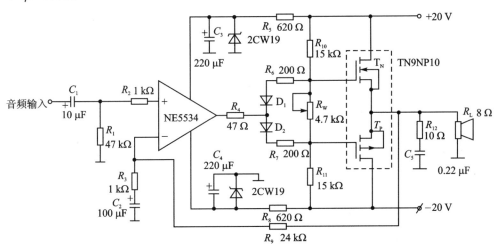

图 4.5.8　采用运算放大器和大功率 MOSFET 功率对管构成的低频功率放大器电路

集成运算放大器 NE5534 是一款低噪声优质运放，其转换速率 SR 高达 14 V/μs，输出阻抗低至 0.5 Ω，功率带宽达 200 kHz，功耗达 800 mW，其引脚端封装形式和应用电路如图 4.5.9 所示。采用 NE5534 作 OCL 低频功率放大器电路的电压驱动级，是非常合适的。

2. 采用集成功放构成的低频功率放大器电路

(1) 采用集成功放 LM1875 构成的低频功率放大器电路

采用集成功放 LM1875 构成的低频功率放大器电路如图 4.5.10 所示。LM1875 是一个输出功率最大可达到 30 W 的音频功率放大器，A_{VO} 为 90 dB，失真

全国大学生电子设计竞赛系统设计（第 3 版）

率为 $0.015\%(1\text{ kHz},20\text{ W})$，带宽为 70 kHz，具有 AC 和 DC 短路保护电路和热保护电路，电源电压范围为 $16\sim60\text{ V}$，94 dB 的纹波抑制，采用 TO-220 封装。

在图 4.5.10 电路中，R_3、R_4 组成反馈网络；C_2 为直流负反馈电容；R_2 为输入接地电阻，防止输入开路时引入感应噪声；C_1 为信号耦合电容，R_5 和 C_5 组成输出去耦电路，防止功放产生高频自激；C_3、C_4、C_6、C_7 是电源去耦电容；电源电压采用 $\pm15\text{ V}$。

LM1875 开环增益为 26 dB，即放大倍数 $A=20$。

因为要求输出到 $8\text{ }\Omega$ 电阻负载上的功率 $P_O\geqslant10\text{ W}$，而

$$u_{OM}=\sqrt{2R_L\cdot P_O}=\sqrt{2\times8\times10}=12.65\text{ V}$$

加上功率管管压降 2 V，则

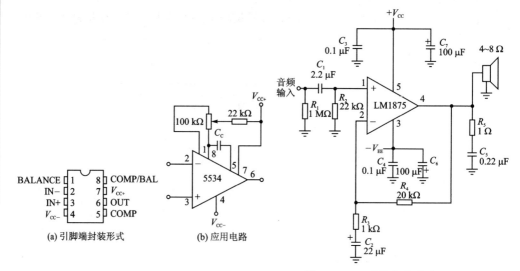

244

图 4.5.9　NE5534 引脚端封装
形式和应用电路

图 4.5.10　采用集成功放 LM1875
构成的低频功率放大器电路

$$u=u_{OM}+2=12.65+2=14.65\text{ V}$$

取电源电压为 $\pm15\text{ V}$。

$$I_{CM}=\sqrt{2P_O/R_L}=\sqrt{2\times10/8}=1.581\text{ A}$$
$$P_V=2u\cdot I_{CM}/\pi=2\times15\times1.581/\pi=15.1\text{ W}$$

所以计算效率为

$$\eta_{计}=(P_O/P_V)\times100\%=(10/15.1)\times100\%=66.2\%$$

输出最大不失真电压 $u_{OM}=12.65\text{ V}$，故

$$u_{O.P\text{-}P}=12.65\times2=25.3\text{ V}$$

功放电压增益取 $A_F=10$，则输入信号

$$u_{I.P\text{-}P}=u_{O.P\text{-}P}/A_F=25.3/10=2.53\text{ V}$$

（2）采用集成功放 μPC1188H 构成的低频功率放大器电路

图 4.5.11 是采用 μPC1188H 构成的低频功率放大器电路。μPC1188H 的技术参数如下：$V_{CC} = \pm 22$ V，$R_1 = 200$ Ω，$R_L = 8$ Ω，闭环增益 $G_V = 40$ dB。$P_{OR} = 18$ W，BW = 20 Hz～20 kHz，失真系数 $\gamma \leqslant 1\%$；$P_{OR} = 10$ W，BW = 20 Hz～20 kHz 时，$\gamma \leqslant 0.3\%$；当 V_{CC} 适当降至 ±15 V 左右时，P_{OR} 降至 ≥10 W，BW 和 γ 等指标将变好。片内具有保护电路和静噪控制电路，采用单列 10 引脚直插式塑封。

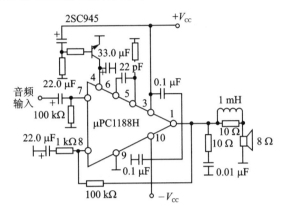

图 4.5.11　采用 μPC1188H 构成的低频功率放大器电路

电路中的 R_1、R_2 是决定闭环电压增益 G_V 的反馈网络，调节 R_1 或 R_2（调 R_2 较合适）可以调节 G_V，从而可调整输出功率。

（3）采用集成功放 HA1397 构成的低频功率放大器电路

采用集成功放 HA1397 构成的低频功率放大器电路如图 4.5.12 所示。HA1397 的技术参数如下：$V_{CC} = \pm 22$ V，$R_1 =$　600 Ω，$R_L = 8$ Ω，$G_V = 38$ dB，$P_{OR} = 20$ W，BW = 5 Hz～120 kHz，$\gamma \leqslant 0.7\%$。片内具有完善的保护电路和静噪控制电路，采用 12 引脚单列直插式塑封（附散热片）形式。

4.5.5　波形变换电路设计

脉冲波形的上升时间 t_R、下降时间 t_F、顶部斜降 δ 和波形过冲量 α 等参数的定义可用如图 4.5.13 所示的脉冲波形图来描述。图中，脉冲上升时间 t_R 和下降时间 t_F 是以脉冲幅度的 10%～90% 的时间为测量点的，即从 $0.1V_M$ 上升到 $0.9V_M$ 的时间为 t_R，由 $0.9V_M$ 下降到 $0.1V_M$ 的时间为 t_F。

由频谱特性可知，脉冲前后沿越陡，t_R 和 t_F 越小，则其频谱所占的带宽愈宽。如果要一个网络不失真地传输这个脉冲，它就必须有足够的带宽。理论分析和实践证明，脉冲的 t_R 或 t_F 与带宽 BW 的关系可近似地表示为

$$t_R \cdot \mathrm{BW} = 0.35 \sim 0.45$$

式中，如果脉冲的过冲量 α 较小（例如 $\alpha \leqslant 5\%$），则 $t_R \cdot \mathrm{BW} \approx 0.35$；$\alpha > 5\%$ 时，则

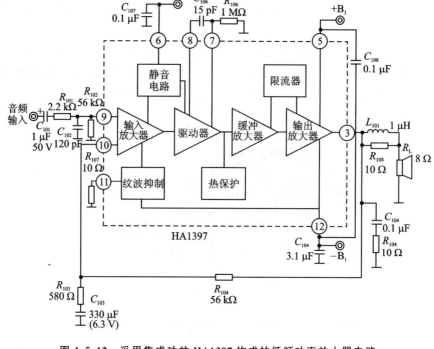

图 4.5.12　采用集成功放 HA1397 构成的低频功率放大器电路

$t_R \cdot BW \approx 0.45$。

过冲量 α 可定义为脉冲过冲幅值 V_S 与脉冲幅值 V_M 之差和脉冲幅值的比的百分数，即

$$\alpha = (V_S - V_M)/V_M \times 100\%$$

如图 4.5.13 中所示，α 也与 BW 有关，BW 越大，α 越小。

由上述分析可知，为尽可能降低上升时间 t_R、下降时间 t_F 以及过冲量 α，必须选用频带足够宽的放大器来进行波形变换。

脉冲波形的顶部斜降 δ 和波形的低频特性有关，可用下式表示

$$\delta = 2\pi f_L \cdot t_P \cdot V_M$$

式中，t_P 为脉冲宽度，通常用 $0.5V_M$ 处的脉冲时间表示，f_L 为系统的低频下限频率。一般集成运放的 f_L 可以到直流，所以用集成运放构成波形变换电路时，δ 可做得很小。

波形变换电路可采用施密特触发器电路，即电压比较器结构，电路[5] 如图 4.5.14 所示。

图 4.5.14 中集成运算放大器可采用转换速率 SR＞10 V/μs，增益带宽积 GBW＞10 MHz 的运放芯片，如 LF357、OP-16、OP-37、NE5534 等。电路接成迟滞电压比较器结构，为保证输出方波幅度稳定输出使用 2 只稳压二极管 D_1、D_2，稳定电压值

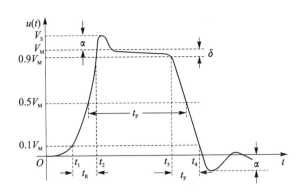

图 4.5.13　脉冲波形参数定义的描述图

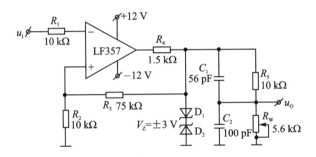

图 4.5.14　波形变换电路

$V_Z = \pm 3$ V。R_4 为稳压二极管的限流电阻,把流过 D_1、D_2 的电流限定在 6 mA 左右。C_1、C_2 为脉冲加速电容,它可以进一步减少方波脉冲时间上升和下降时间。

假设迟滞比较器的迟滞宽度 $\Delta V = 0.7$ V,则 R_3 可用下式来确定

$$R_3 = \left(\frac{2V_Z}{\Delta V} - 1\right) R_2 = \left(\frac{2 \times 3}{0.7} - 1\right) \times 10 = 75.71 \text{ k}\Omega$$

取 $R_3 = 75$ kΩ。

若该电路采用 LF357 集成运放,则输出方波的上升时间和下降时间可做到小于 0.5 μs。调节 R_W,输出幅度可调节到 200 mV,满足题目中指标要求。

4.5.6　保护电路设计

保护电路[2]如图 4.5.15 所示。

开机时,电源接通,功率放大器加上电,但因继电器 J_1 未吸合,功率放大器无输出。这可防止功率放大器在上电瞬间因电压建立不平衡而引起的开机冲击损坏负载和功放。C_{14} 通过电阻 R_{15} 充电,电容充电结束 Q_3 截止,Q_4 导通,继电器吸合,功率放大器有输出。

若输出过载,即输出电压平均值超过保护设定值时,则 D_7 导通 Q_2,Q_3 导通,Q_4 截止,继电器 J_1 释放,同时 C_{14} 通过 Q_2、R_{24} 放电。当输出降低后,Q_2 截止,但 C_{14}

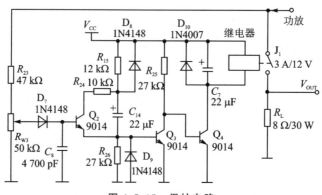

图 4.5.15 保护电路

通过 R_{15} 和 Q_3 发射结充电，Q_3 继续导通；当 C_{14} 充电结束后，Q_3 截止，Q_4 导通，继电器 J_1 吸合，装置重新输出。C_8 是为了吸收个别尖峰脉冲起滤波作用，R_{W3} 用于设定保护电压。本电路可以有效地保护负载不过载，对功率放大器也有一定的保护作用。

4.5.7 稳压电源电路设计

前置放大器电路需要的 $\pm 12\ V$ 可由 LM7812T 和 LM7912T 加散热器组成，保护电路需要的 $+12\ V$ 电源由一片 LM7812T 提供，$+5\ V$ 电源由 $+12\ V$ 稳压电源经限流、稳压二极管稳压提供。

功率放大器电路需要的 $\pm 18\ V$ 电源由精密稳压器 LM317T 和 LM337T 经功率三极管扩流组成，改变可调电阻 R_W，输出电压为 $1.25\sim 19.5\ V$ 连续可调。

4.6 宽带直流放大器

4.6.1 宽带直流放大器设计要求

设计一个宽带直流放大器，其最大电压增益 $A_V \geqslant 60\ dB$，输入电压有效值 $V_I \leqslant 10\ mV$。在 $A_V = 60\ dB$ 时，输出端噪声电压的峰-峰值 $V_{ONPP} \leqslant 0.3\ V$。最大输出电压正弦波有效值 $V_0 \geqslant 10\ V$。电压增益 A_V 可预置并显示，预置范围为 $0 \sim 60\ dB$，步距为 $5\ dB$（也可以连续调节）；放大器的带宽可预置并显示（至少 $5\ MHz$、$10\ MHz$ 两点）。放大器的输入电阻 $\geqslant 50\ \Omega$，负载电阻 $(50 \pm 2)\ \Omega$。设计并制作满足放大器要求所用的直流稳压电源。设计详细要求与评分标准等请登录 www.nuedc.com.cn 查询。

4.6.2　宽带直流放大器系统设计方案

1. 放大器方案论证与选择

方案一：单运放电路。简单的测量放大器是由仪器放大器和可变增益放大器级联而成，该放大电路的优点是电路简单，易于实现，但其零漂很大，放大精度也很差。

方案二：精密斩波稳零运放电路。精密斩波稳零运放具有更加理想化的性能指标，一般情况下不需要调零就能正常工作，大大提高了精度，但其带宽很小，难以满足设计要求。

方案三：模拟增益可编程运放电路。使用微控制器控制模拟增益可编程运放可以灵活地实现增益的步进，同时可以实现比较大的增益，但其结构和指令比较复杂，开发周期较长。

方案四：多级运放电路。应用多级运放可以得到很大的增益，并且对单个运放的性能要求较低，系统总增益等于各运放增益的和，可以将信号放大和功率放大分开处理；带宽也比较好控制，可以选择多种耦合方式，充分地发挥出电路的性能；电路结构也比较简单；性价比也比较高。

由于题目要求的增益带宽积很大，性能要求比较高，所以选择方案四，采用多级运放电路。

2. 多级放大器耦合方式论证与选择

多级放大器常用的耦合方式有三种，阻容耦合、变压器耦合和直接耦合。这三种耦合方式各有优缺点，适用的场合各有不同。在阻容耦合电路中，各级工作点相互独立，只要耦合电容容量合适，放大器交流信号损失就很小，放大倍数较高，易于调整，分立元件的多级放大器常用此耦合方式；但其不能放大直流，不易集成。变压器耦合电路中变压器工作点独立，可进行阻抗变换，常用于功率放大器。直接耦合电路中因为没有电容和变压器，易于集成，且能用于直流放大；但其缺点是各级间工作点相互影响，所以直接耦合放大器多用于变化缓慢的直流信号放大和集成器件中。

按照题目要求，选择直接耦合方式。

3. 宽带直流放大器设计方案 1

宽带直流放大器设计方案 1 如图 4.6.1 所示，系统主要由三级 AD811 构成信号放大电路和一级 BUF634 宽带功率放大器电路组成多级放大器、LCD128×64 显示模块、预置开关、ADC MCP3202、MCU NXP P89V51、DAC TLV5618、调零电路等组成。

4. 宽带直流放大器设计方案 2

宽带直流放大器设计方案 2 如图 4.6.2 所示，系统主要由前置放大、可控增益放大器、功率放大、单片机显示和控制等几大模块组成。以可编程增益放大器 THS7001 和 AD603 为核心，单片机控制 THS7001 实现增益粗调，并通过 D/A 转换

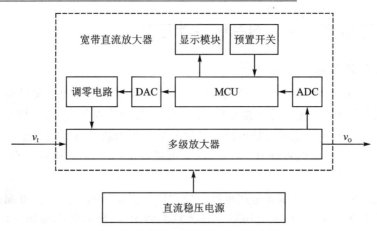

图 4.6.1　宽带直流放大器设计方案 1

控制 AD603 实现增益细调,从而使总增益在 $-6\sim76$ dB 的宽频带范围内线性变化。前置放大器采用由宽带电压型反馈运放 OPA642 构成的射极跟随器,可有效提高输入电阻;后级功率放大器采用 AD811 和 BUF634 宽带功率放大器,提高系统带负载能力。通过滤波器单元式部件 LT1568 改变通频带,可通过键盘连续程控增益。控制器采用基于最新内核 Cortex - M3 的 Luminary615 微控制器。

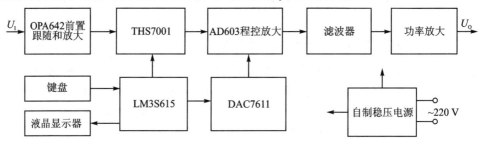

图 4.6.2　宽带直流放大器设计方案 2

4.6.3　宽带直流放大器理论分析与计算

1. 增益带宽积

增益带宽积(Gain Bandwidth Product,缩写 GBP),是用来简单衡量放大器性能的一个参数,这个参数表示带宽和增益的乘积,是指在开环增益随频率变化的特性曲线中以 -20dB/十倍频程滚降的区域。增益带宽积是一个常量。

按照本设计要求,带宽 $f_{BW}=10$ MHz,电压增益 60 dB,由 $A_V=20\lg G$ 可得,$G=1\,000$,即放大 1 000 倍;则增益带宽积 $=1\,000\times10$ MHz$=10$ GHz。

放大器通道示意图如图 4.6.3 所示。图中注明了设计中每级增益的分配以及各级 -3 dB 通频带的上限。

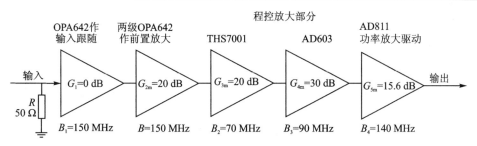

图 4.6.3 放大器通道示意图

2. 通频带计算

宽带直流放大器的通频带由前置缓冲器和放大器、可编程增益放大器以及功率放大器共同决定,由频率响应公式可知系统增益与频率的关系如下:

$$| A_U(f) | = | A_{UI} | / [(1+(f/f_1)^2)(1+(f/f_2)^2)(1+(f/f_3)^2)(1+(f/f_4)^2) + (1+f/f_5)^2)]^{1/2}$$

上式中:$f_1 \sim f_5$ 为器件资料中相应运放的通频带,$|A_{UI}|$ 为放大链路中各级放大器的中频电压放大倍数。各器件通频带的选择应保证整个电路的通频带远大于 10 MHz,以满足电路的带宽设计要求。

3. 通频带内增益起伏控制

如图 4.6.4 宽带直流放大器幅频特性示意图所示,赛题对通频带内增益起伏有要求,设在通频带内最大增益为 A_{MAX},最小增益为 A_{MIN},带内增益为 A_V,则通频带内增益起伏为 $A_{MAX} - A_{MIN}$。

在本设计中各级放大电路中均加有负反馈,使放大器工作在正常情况下,其带内增益起伏≤1 dB。

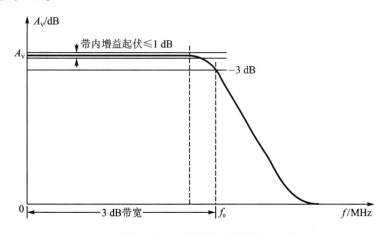

图 4.6.4 幅频特性示意图

4. 线性相位

单一频率的正弦信号通过一个系统，假设它通过这个系统的时间为 t，则这个信号的输出相位落后原来信号 ωt 的相位。在实际系统中，一个输入信号可以分解为多个正弦信号的叠加，为了使得输出信号不会产生相位失真，必须要求它所包含的这些正弦信号通过系统的时间是一样的。

在本设计中信号首先进入信号放大部分，信号放大部分使用三级 AD811 直接耦合同相输入，最后一级 BUF634 主要完成功率放大功能，其输入方式是单端差分输入。根据运放电路的性质，本设计基本上不存在相位差。

5. 抑制直流零点漂移

零点漂移，是指放大器当输入信号端接地时，在输出端出现的直流电位缓慢变化的现象。产生零漂的原因很多，任何元器件参数的变化都会引起输出电压的漂移。环境温度的变化是最主要的原因，这是由于半导体元件的导电性对温度非常敏感，而温度又很难维持恒定。在阻容耦合的放大电路中，各级的零漂电压被隔直元件阻隔，不会被逐级放大，因此影响不大。但在直接耦合的放大器中，各级的零漂电压被后级电路逐级放大，以至影响到整个电路的正常工作。改善放大器第一级的性能是减小零点漂移的关键。

在本设计中，放大器的第一级既可以使用精密电位器调零，也可以通过微控制器控制 ADC 采样，再通过 DAC 进行补偿调零。

6. 放大器稳定性

宽带直流放大器是一个高放大倍数的多级放大器，在深度负反馈条件下很容易产生自激振荡。放大器负反馈方框图如图 4.6.5 所示。为使放大器稳定工作，就需要外加一定的频率补偿网络，以消除自激振荡。同时，为防止由电源内阻造成的低频

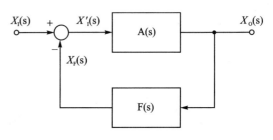

图 4.6.5　放大器负反馈方框图

振荡或高频振荡，在集成运放的正、负供电电源的输入端对地分别加入一个电解电容（10 μF）和一个高频滤波电容（0.01~0.1 μF）。

4.6.4　信号放大电路设计

宽带直流放大器可以分为信号放大和功率放大两部分。

1. 采用三级 AD811 的信号放大电路

采用三级 AD811 的信号放大电路如图 4.6.6 所示，采用的 AD811 具有单位增益带宽 140 MHz，压摆率为 $S_R = 2\,500\ \text{V/μs}$。

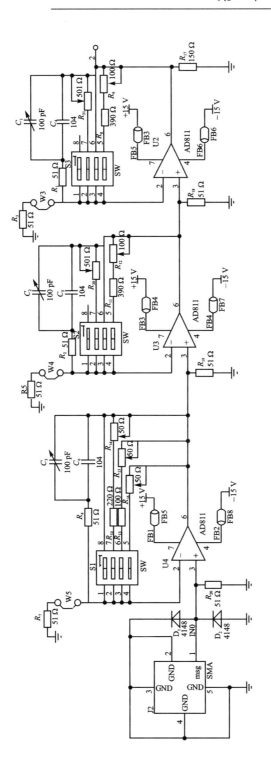

图 4.6.6　采用三级 AD811 的信号放大电路

电路中,输入方式采用直接耦合同相输入,通过拨码开关可以实现增益 0～60 dB 可预置,步距 5 dB。

如图 4.6.6 中所示,将拨码开关 S1 闭合,可得 $G=1+(R_{10}+R_{14})/R_7$。电压增益 $A_V=20\lg|G|$ dB,由增益带宽积可得,当 AD811 增益为 20 dB 时,通频带宽为 140 MHz。在第一级 AD811 最大增益为 17.03 dB 时,通频带宽为 20 MHz;第二级 AD811 最大增益为 17.81 dB 时,通频带宽为 18 MHz;第三级 AD811 最大增益为 19.45 dB 时,通频带宽为 15 MHz。所以信号放大部分总增益最大为 54.29 dB 时,通频带宽为 15 MHz。

2. 采用 THS7001 和 AD603 构成的可控增益放大器

采用 THS7001 和 AD603 构成的可控增益放大器电路如图 4.6.7 所示,THS7001 是一款高速可数字编程控制、增益范围在 −22～20 dB 的器件。AD603 是一款低噪声、精密控制的可变增益放大器,控制范围为 −10～30 dB。采用高速低噪声电压反馈型运算放大器 OPA642 作为输入跟随。电路中采用电位器实现放大倍数连续可调,同时在输入端加入调零电路对直流工作状态进行调节。其中拨码开关用于转换程控模式和手动调节模式。

4.6.5　功率放大器驱动电路设计

由 AD811 构成的功率放大器驱动电路如图 4.6.8 所示,AD811 是一种宽带电流反馈运算放大器。电路中采用 R_{31} 作为调零电位器。

4.6.6　功率放大器电路设计

赛题要求放大器能够在负载电阻为(50±2) Ω 时,最大输出电压正弦波有效值 $V_O \geqslant 10$ V,输出信号波形无明显失真。设计时需要仔细选择能够满足该要求的功率放大器 IC。

BUF634 是 TI 公司生产的高速缓冲器芯片,输出电流可以达到 250 mA,压摆率为 2 000 V/μs,利用 V− 和 BW 引脚端的电阻可以设置带宽范围为 30～180 MHz,静态电流消耗为 1.5 mA (30 MHz BW),电源电压范围为 ±2.25～±18 V。

BUF634 采用 DIP‐8、SO‐8、5 引脚 TO‐220、5 引脚 DDPAK 封装,封装形式如图 4.6.9 所示,典型应用电路如图 4.6.10 所示。

采用 BUF634 宽带功率放大器电路如图 4.6.11 所示,电路带宽可以达到 10 MHz。电源电压为 ±15 V 时,输出电压可以达到 8 Vrms/50 Ω;提高 BUF634 的电源电压到 ±18 V 时,输出电压可以达到 10 Vrms/50 Ω。

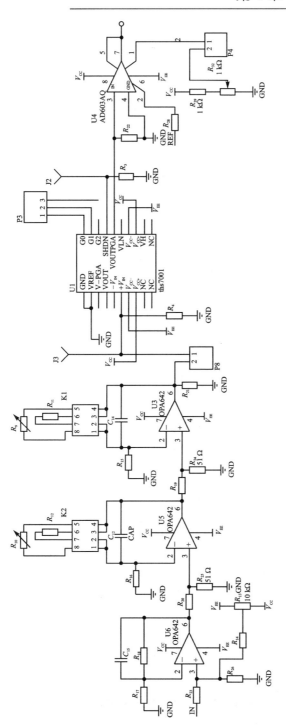

图 4.6.7　采用 HTS7001 和 AD603 构成的可控增益放大器电路

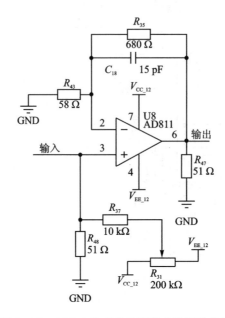

图 4.6.8 AD811 构成的功率放大器驱动电路

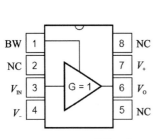

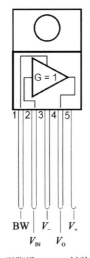

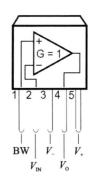

(a) DIP-8、 SO-8封装形式   (b) 5引脚端TO-220封装形式   (c) 5引脚端DDPAK封装形式

图 4.6.9 BUF634 的封装形式

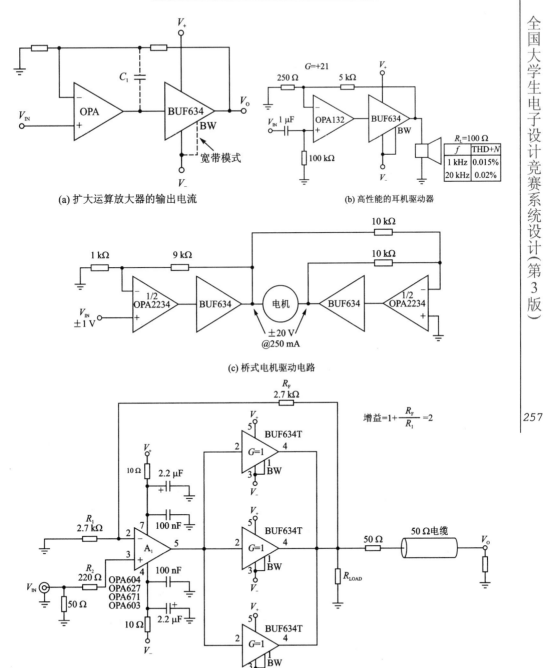

(a) 扩大运算放大器的输出电流

(b) 高性能的耳机驱动器

(c) 桥式电机驱动电路

增益$=1+\dfrac{R_F}{R_1}=2$

(d) 复合的末级放大器电路

图 4.6.10　BUF634 的典型应用电路

258

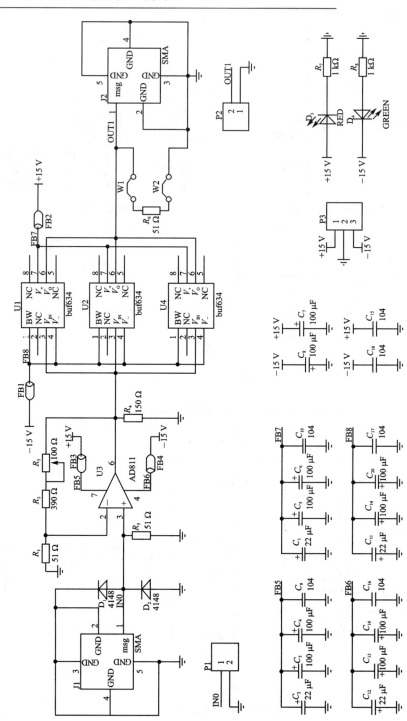

图 4.6.11 采用 BUF634 宽带功率放大器电路

4.6.7　调零电路设计

1. 自动调零电路

在设计方案 1 中具有自动调零功能,在第一级 AD811 输入端采用开关接地;检测整个放大器的输出,由 12 位 ADC MCP3202 采样,再经单片机 P89V51 处理,来驱动 12 位 DAC TLV5618 对输入端进行补偿,从而使输出端电压接近 0 V,达到调零的目的。采用 MCP3202 的 ADC 电路如图 4.6.12 所示,采用 TLV5618 的 DAC 电路如图 4.6.13 所示。

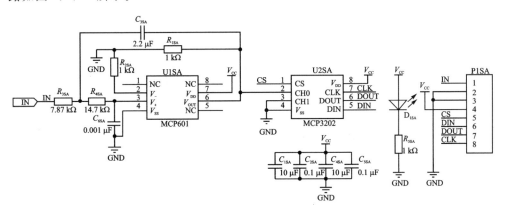

图 4.6.12　采用 MCP3202 的 ADC 电路

259

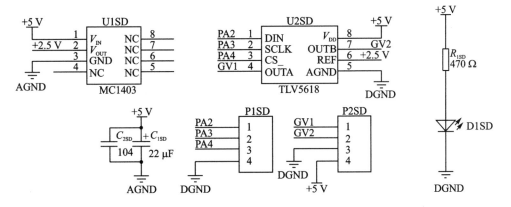

图 4.6.13　采用 TLV5618 的 DAC 电路

2. 手动调零电路

为抑制直流零点漂移,可以采用对输入前级和末级分别进行零点调节。调零电路结构可参照图 4.6.14,调整电压与反馈元件无关,同时,调整电压加在同相输入端,避免馈流到信号通路。在这个电路中,R_3、R_5 的阻值（$100\ \text{k}\Omega$、$100\ \Omega$）构成了一个分压电路,R_5 两端将得到 $\pm15\ \text{mV}$ 的失调电压调整范围。当 R_3、R_5 为其他数值时,失调电压调整范围由下式决定:

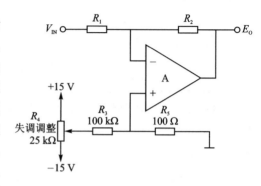

图 4.6.14　运放调零电路

$$失调电压调整范围 = \pm V_\text{D} \times (R_5/R_3)$$

式中:$\pm V_\text{D} = \pm 15\ \text{V}$。

4.6.8　低通滤波器电路设计

1. 采用运放 NE5534 构成的低通滤波器电路

按照赛题要求,通频带可以预置。采用运放 NE5534 构成的低通滤波器电路如图 4.6.15 所示,按图中所示参数,低通滤波器电路截止频率为 5 MHz。可以使用运放 NE5534 构成三个巴特沃兹低通滤波器,其截止频率分别为 10 MHz、5 MHz、3 MHz。按照运放及滤波器的特性可得公式:当 $R = R_{22} = R_{23}$ 时,$C_7 = \dfrac{1}{\sqrt{2}\,\pi f_0 R}$,$C_{10} = \dfrac{C_7}{2}$,其中 f_0 为截止频率;当 $R = 1\ \text{k}\Omega$ 时,经计算可得:$f_0 = 10\ \text{MHz}$ 时,$C_7 = 22\ \text{pF}$,$C_{10} = 10\ \text{pF}$;$f_0 = 5\ \text{MHz}$ 时,$C_7 = 47\ \text{pF}$,$C_{10} = 22\ \text{pF}$;$f_0 = 3\ \text{MHz}$ 时,$C_7 = 150\ \text{pF}$,$C_{10} = 75\ \text{pF}$。

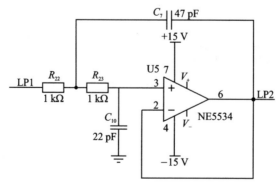

图 4.6.15　采用运放构成的低通滤波器电路

2. 采用有源 *RC* 滤波器单元式部件 LT1568 构成的低通滤波器电路

采用有源 *RC* 滤波器单元式部件 LT1568 构成的低通滤波器电路如图 4.6.16 所示,LT1568 内部是一对匹配的双极点巴特沃兹低通滤波器,通过设置外部 3 个电阻阻值便可设定低通截止频率。电路中设计了截止频率为 1 MHz、5 MHz、7 MHz、10 MHz 共 4 种模式,通过控制器控制继电器的通断来控制具体模式的接入。

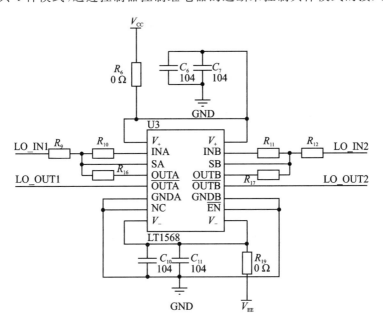

图 4.6.16　采用 LT1568 构成的低通滤波器电路

4.6.9　微控制器电路设计

1. P89V51 微控制器电路

设计方案 1 采用 P89V51 微控制器作为系统的主控制器,控制自动调零电路,通过拨码开关预置通频带宽和预置电压增益,采用 128×64 LCD 显示预置通频带宽和预置电压增益。P89V51 微控制器电路如图 4.6.17 所示。

2. LM3S615 微控制器电路

设计方案 2 采用 LM3S615 微控制器作为系统的主控制器,LM3S615 微控制器电路如图 4.6.18 所示。

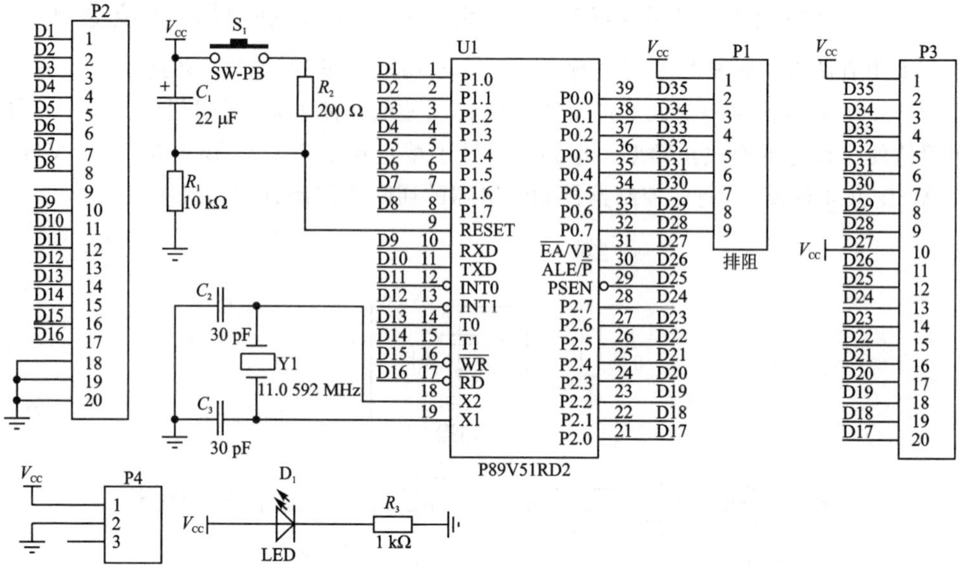

图 4.6.17 P89V51 微控制器电路

4.6.10 电源电路设计

赛题要求设计并制作满足放大器要求所用的直流稳压电源。

本设计采用低压降、低噪声、高效率三端稳压器件输出 ± 18 V、± 15 V、± 12 V 和 ± 5 V 为放大器、单片机及其他器件供电。± 18 V 使用安森美 MC7818/7918 系列三端稳压器件；± 15 V 使用安森美 MC7815/7915 系列三端稳压器件；± 12 V 使用安森美 MC7812/7912 系列三端稳压器件，压差 1.3 V 即可工作，输出电流 700 mA；$+5$ V 使用 Linear LT1129-5，在压差 400 mV 时，输出电流 700 mA；-5 V 使用 Linear LT1964ES-5，在压降 340 mV 时，即可输出 200 mA 电流。

图 4.6.19 为整流电路结构，为降低功耗和减少电源的干扰，各组稳压电源的 AC 绕组采用单独供电形式，不要采用从 ± 18 V→± 15 V→± 12 V→± 5 V 串联降压形式。图 4.6.20 为 ± 5 V、± 12 V、± 15 V、± 18 V 稳压电路结构。

4.6.11 宽带直流放大器软件设计

设计方案 1 程序流程图如图 4.6.21 所示。设计方案 2 程序流程图如图 4.6.22 所示。系统软件设计通过判断键盘的输入，进入不同控制模式。

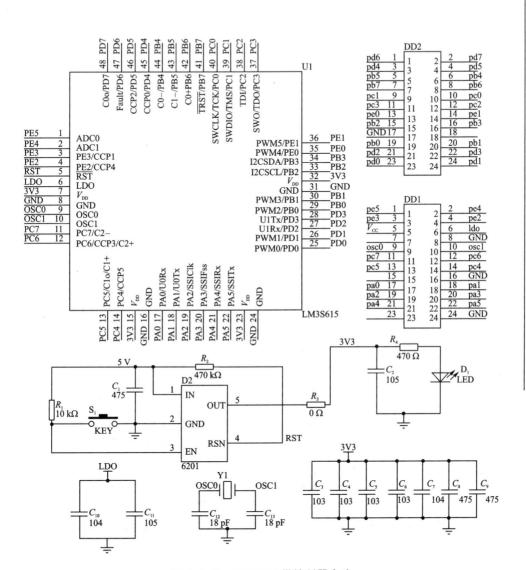

图 4.6.18　LM3S615 微控制器电路

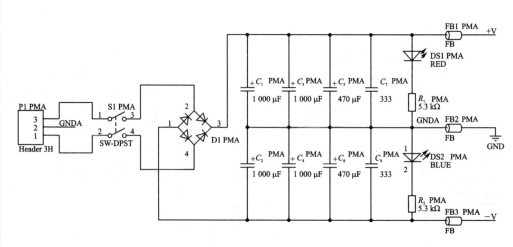

图 4.6.19　整流电路结构

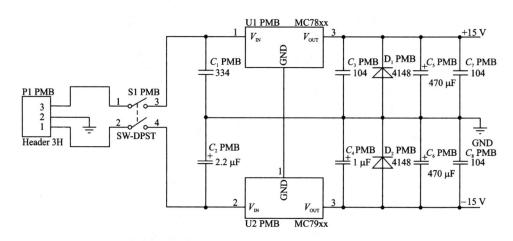

图 4.6.20　±5 V、±12 V、±15 V、±18 V 稳压电源电路结构

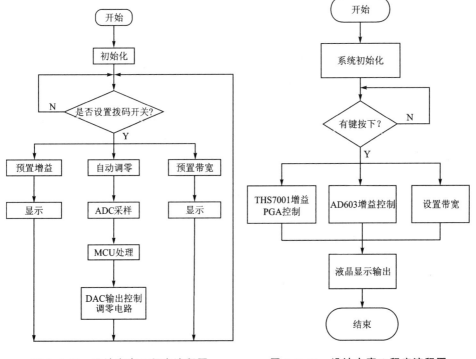

图 4.6.21　设计方案 1 程序流程图　　**图 4.6.22　设计方案 2 程序流程图**

4.7　低频功率放大器

4.7.1　低频功率放大器设计要求

设计并制作一个低频功率放大器，输入电阻为 600 Ω，通频带为 10 Hz～50 kHz，输出功率≥5 W，输出噪声电压有效值 V_{ON}≤5 mV，在通频带内低频功率放大器失真度小于 1％，具有测量并显示低频功率放大器输出功率（正弦信号输入时）、直流电源的供给功率和整机效率的功能，测量精度优于 5％，要求末级功放管采用分立的大功率 MOS 晶体管。设计详细要求与评分标准等请登录 www.nuedc.com.cn 查询。

4.7.2　低频功率放大器系统设计方案

根据赛题要求，所设计的低频功率放大器由阻抗匹配、前置放大、低通滤波、功率放大、单片机最小系统和稳压电源几部分组成，系统方框图如图 4.7.1 所示。

说明：本设计是由湖南工学院参加 2009 年全国大学生电子竞赛一等奖获得者张桐、郭扬、全超武和李祖林教授等老师完成。

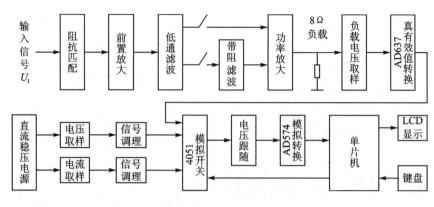

图 4.7.1　系统方框图

4.7.3　电压放大电路设计

当输入正弦信号电压有效值为 5 mV 时,在 8 Ω 电阻负载(一端接地)上,输出功率≥5 W,输出波形无明显失真,故由 $U_{OUT}^2=P_{OUT}\times R=5\times 8=40$ 得 $U_{OUT}=6.33$ V,则 $A_V=U_{OUT}/U_{IN}=6.33/0.005=1\ 266$,所以电压放大电路至少需要 1 266 倍的放大,考虑到理论和实际的差别及设计的要求,在这里取放大倍数为 1 300～2 000,并通过三级 NE5532 运算放大器电路来实现。对于低通滤波电路,根据设计的基本和发挥部分的要求,低通滤波器的频带宽度设计为 10 Hz～50 kHz,本设计中低通滤波器的设计采用 RC 有源滤波来实现,并置入前置放大电路中。放大电路是由三级放大电路构成,每一级结构基本相同,第三级放大器电路如图 4.7.2 所示。

在此电路中由 R_C、C_C 构成低通滤波电路,考虑到频带宽度为 10 Hz～50 kHz,根据 $f_p=1/(2\pi\times R_C\times C_C)=50$ kHz,这里取 $C_C=0.1\ \mu F$,计算出 $R_C=31.8\ \Omega$,取标称值 $R_C=33\ \Omega$。C_{19}、C_{20}、C_{21}、C_{22}、C_{23}、C_{24} 为电源去耦电容,若取值过大会造成电源自激,这里其值分别取为 0.1 μF 和 1 μF。R_{06}、RK_4、R_{07} 构成放大电路,若 JPP7 的 1 脚与 JPP6 连接电路增益为 $A_V=U_O/U_I=(RK_4+R_{06})/R_{06}=21$,若 JPP7 的 2 脚与 JPP6 连接则电路增益为 $A_V=U_O/U_I=(R_{07}+R_{06})/R_{06}=11$。在第三级电路中,采用跳线连接的方式来改变电路增益,其他两级电路中也采用相同的方式来调节电路增益,使之满足电压放大倍数的要求。

4.7.4　功率放大电路设计

根据设计要求,末级功放管采用分立的大功率 MOS 晶体管来实现,且满足当输入正弦信号电压有效值为 5 mV 时,在 8 Ω 电阻负载(一端接地)上,输出功率≥5 W,由 $U_{OUT}^2=P_{OUT}\times R=5\times 8=40$ 得 $U_{OUT}=6.33$ V,故要求输出电压有效值不小于 6.33 V,电路如图 4.7.3 所示。

在输出电路中,采用了 13 个二极管串联的方式接入电路,采用硅二极管,导通电

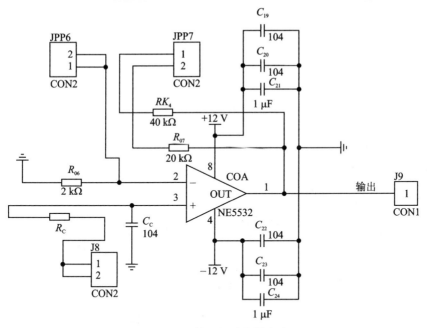

图 4.7.2 第三级放大器电路

压为 $V_D = 13 \times 0.7 = 9.1$ V,配合电阻 R_9 的接入使 CMOS 两个对管处于微导通状态,电阻 R_9 也可以采用可变电阻器,可以对 CMOS 两个对管的静态工作点进行调节,这里取 $R_9 = 1$ kΩ。电阻 R_3、R_4、R_5、R_6 对称接入电路用来调节 CMOS 两个对管的静态工作点,R_5、R_6 用于改善静态工作点,减少交越失真,C_1、C_2、C_3、C_{15}、C_{16} 用来滤波,L 和 R_L 组成的选频电路对输出信号进行低通滤波,最后信号加载在 8 Ω 电阻负载上输出,实现功率放大。

4.7.5 带阻滤波器的设计

带阻滤波器在本设计中属于发挥部分的内容,它可以通过开关接入电路,其电路如图 4.7.4 所示。在本设计中是通过短路帽的切换来实现带阻滤波器的接入。

带阻滤波器电路采用的是二阶无限增益多路反馈带阻滤波电路形式,根据设计要求 $BW = \omega_H - \omega_L = 20$ Hz,则 $Q = \omega_o/BW = 50/20 = 2.5$,$f_c = 50$ Hz 时取 $C = C_1 = C_2 = 1$ μF,则对应参数 $K = 100/f_c C = 2$。经计算得,$R_1 = 3.98$ kΩ,取标称值 3.9 kΩ;$R_2 = 1.52$ kΩ,取标称值 1.5 kΩ;$R_3 = 2$ kΩ;$R_4 = 16$ kΩ;$R_5 = 4$ kΩ;取带阻滤波器的增益 $A_V = 2$,则 $R_6 = A_V R_3 = 4$ kΩ。为了使中心频率稳定在 50 Hz 且该频率点输出功率衰减 ≥ 6 dB,调整元件参数 $R_2 = 750$ Ω,可以达到比较好的效果。

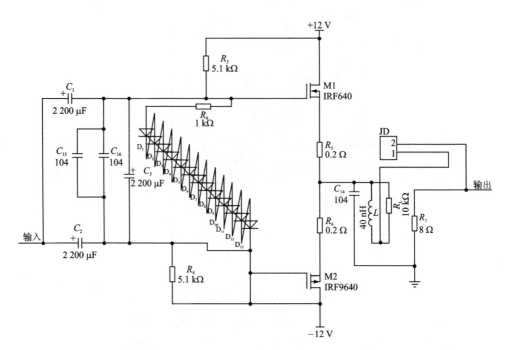

图 4.7.3 输出级电路

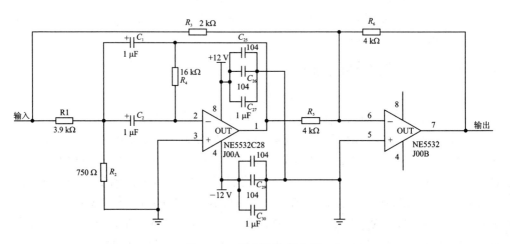

图 4.7.4 带阻滤波器电路

4.7.6　显示电路设计

根据设计基本要求,测量并显示低频功率放大器输出功率(正弦信号输入时)、直流电源的供给功率和整机效率,故需要对功率放大器输出电压、直流电源电压和电流进行采样,再通过 A/D 转换将采样值送入单片机编程,通过显示器显示出来。

显示电路采用 LCD12864 液晶显示器来实现。单片机根据输入的数字信号经过编程得到相应的输出量,从 P0 口、P2 口的低 3 位输出,与 LCD12864 液晶显示器的 4～14 脚连接,电路如图 4.7.5 所示。

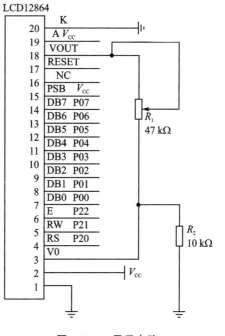

图 4.7.5　显示电路

4.7.7　电源功率测量电路设计

±15 V 电源利用 1 Ω 电阻进行电流采样,将电流转换为电压,从 J1 和 J2 端输入。

在图 4.7.6 所示电路中,取 $R_1=R_2=R_3=R_4=10$ kΩ,通过运算放大器电路来实现对电源正端电流的采样,同理取 $R_5=R_6=R_7=R_8=10$ kΩ,通过运算放大器电路来实现对电源负端电流的采样,之后取 $R_9=R_{10}=R_{11}=R_{12}=10$ kΩ,通过运算放大器构建加法器电路,得到电源总的电流采样值。

电流信号通过 8 选 1 模拟开关 CC4051 接入 AD574,经 AD574 进行模/数转换后输入到单片机,同时直流电源电压经模拟开关 CC4051 接入 AD574 采样送入单片机,通过编程从显示器上可读出直流电源的供给功率。

4.7.8　输出信号功率测量电路设计

功放输出信号通过 AD637 进行真有效值转换后,经模拟开关 CC4051 接入 AD574 进行模/数转换后输入到单片机,并送液晶显示器进行显示。

如图 4.7.7 所示,采用 AD637 构成真有效值 AC/DC 转换电路,输入端需要连接一个 AC 耦合电容(1 μF),C_{AV} 是平均电容,用来设置平均时间常数。AC 信号从 AD637 的第 13 脚输入,转换后的有效值电压通过 AD637 的第 9 脚输出。

4.7.9　单片机最小系统设计

单片机最小系统采用 AT89S52 单片机,系统由单片机、时钟电路、复位等电路组成。具体电路请参考图 1.5.3。

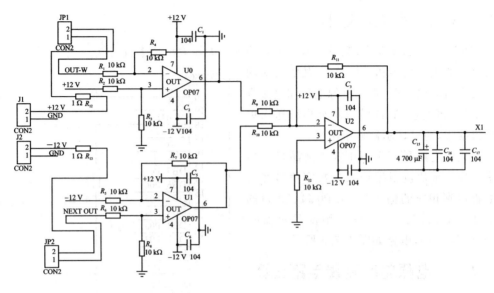

图 4.7.6 电流测量电路

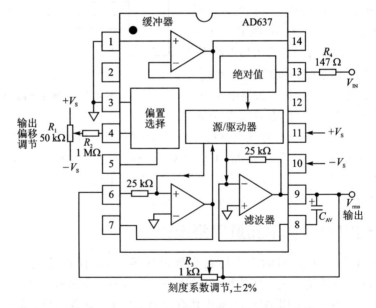

图 4.7.7 功放输出级输出电压真有效值转换电路

4.7.10 低频功率放大器系统软件设计

系统主程序流程图如图 4.7.8 所示,系统包含测量显示键和返回键两个功能键,功能键相互独立,具有很好的交互性。当按下某一键不放时,将重复响应此键。

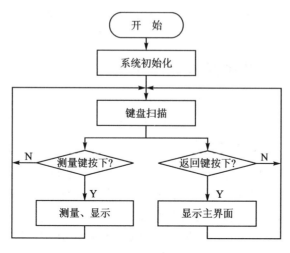

图 4.7.8　系统主程序流程图

4.8　程控滤波器

4.8.1　程控滤波器设计要求

设计并制作程控滤波器,其组成如图 4.8.1 所示。放大器增益可设置;低通或高通滤波器通带、截止频率等参数可设置。放大器电压增益为 60 dB,输入信号电压振幅为 10 mV;增益 10 dB 步进可调,电压增益误差不大于 5%,通频带为 100 Hz～40 kHz;滤波器可设置为低通滤波器,其 -3 dB 截止频率 f_C 在 1～20 kHz 范围内可调,调节的频率步进为 1 kHz,$2f_C$ 处放大器与滤波器的总电压增益不大于 30 dB,$R_L=1$ kΩ;滤波器可设置为高通滤波器,其 -3 dB 截止频率 f_C 在 1～20 kHz 范围内可调,调节的频率步进为 1 kHz,$0.5f_C$ 处放大器与滤波器的总电压增益不大于 30 dB,$R_L=1$ kΩ;制作一个 4 阶椭圆形低通滤波器,带内起伏≤1 dB,-3 dB 通带为 50 kHz,要求放大器与低通滤波器在 200 kHz 处的总电压增益小于 5 dB,-3 dB 通带误差不大于 5%;制作一个简易幅频特性测试仪,其扫频输出信号的频率变化范围是

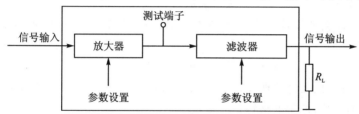

图 4.8.1　程控滤波器组成框图

271

100 Hz～200 kHz，频率步进 10 kHz。设计详细要求与评分标准等请登录 www. nuedc.com.cn 查询。

4.8.2 程控滤波器系统设计方案

根据赛题要求分析，所设计制作的程控滤波器应包含可控增益放大器电路、滤波器电路、幅频特性测试电路以及人机接口几部分。

1. 可控增益放大器实现方案

可控增益放大器可以采用增益可调的仪表放大器电路、采用数字电位器和运放组成放大电路、采用控制电压与增益呈线性关系的可编程增益放大器 PGA 等。

根据赛题要求，选择增益可调的单片仪表放大器（例如 AD620）可以实现增益在 1～1 000 倍可调，但受其单位增益带宽积的限制（例如 AD620 单位增益带宽积只有 12 MHz），不能满足系统要求的放大器的通频带特性。

选择使用数字电位器和运放组成放大电路的方案，可以通过控制数字电位器来改变放大器的反馈电阻实现可控增益。这种方案的电路较简单，但受数字电位器的精度限制，很难实现增益的精确控制，同时也受数字电位器带宽的限制，数字电位器的带宽会直接影响放大器的通频带特性。

采用控制电压与增益呈线性关系的可编程增益放大器 PGA 是较好的选择，例如选择集成 AD603、AD605 等可控增益放大器。可控增益放大器的内部由 $R-2R$ 梯形电阻网络和固定增益放大器构成，加在其梯形网络输入端的信号经衰减后，由固定增益放大器输出，衰减量是由加在增益控制接口的参考电压决定；利用单片机控制 DAC 芯片的输出电压作为这个参考电压，可以实现较精确的增益控制，DAC 可以选择 MAX542 等芯片。AD603、AD605 等可控增益放大器的输出电压幅度一般在 1.5 V 左右，放大器需要末级放大电路，末级放大电路可以采用 MAX427 等集成电路芯片或者分立元器件组成的放大电路。

设计方案可以参考 4.1 节"宽带放大器设计"。

2. 滤波器电路实现方案

根据赛题要求，需要设计制作一个截止频率可调的低通滤波器、一个截止频率可调的高通滤波器以及一个 4 阶椭圆低通滤波器。

常用的滤波器的设计方案有无源 LC 滤波器、有源 RC 滤波器、开关电容滤波器、数字滤波器等。

采用电感和电容可以搭建各种类型的无源 LC 滤波器。参照滤波器设计手册上的相关参数，可以比较容易地设计出理想的滤波器；但要实现截止频率可调，只有改变电感和电容参数，控制电路将是非常复杂的。

采用运算放大器和电阻、电容等分立元件可以构造有源 RC 低通滤波器和有源 RC 高通滤波器，利用继电器或模拟开关来切换不同的电阻值和电容值，可以改变滤波器的截止频率。但为了达到赛题的基本要求，必须多个参数进行切换，控制电路也将是非常复杂的。

数字滤波器具有精度高、截止特性好等优点，采用数字滤波器是一个好的选择。数字滤波器可以利用 Matlab 的数字滤波器设计软件设计 FIR 或者 IIR 滤波器，然后在 FPGA 中用 Verilog HDL 或者 VHDL 语言来实现。但是 FIR 或 IIR 滤波器需要较多的 FPGA 资源，而且要使截止频率可调，必须使用不同的参数，编程的工作量比较大，对参赛的学生而言不是最好的选择。

采用开关电容滤波器。开关电容滤波器是由 MOS 开关、MOS 电容和 MOS 运算放大器构成的一种大规模集成电路滤波器。其等效电阻 R 与开关电容和时钟频率有关，即

$$R = 1/2\pi C f_{c}$$

式中，C 为开关电容组的电容，f_{c} 为滤波器的时钟频率。

当改变滤波器的时钟频率 f_{c} 时，可以改变等效电阻 R，从而改变滤波器的时间常数。采用开关电容滤波器的方案电路结构简单，操作容易。

目前市场上有集成的开关电容滤波器芯片可以选用，例如 MAX263、MAX297、LTC1068 等，使用这些集成电路芯片可以满足设计要求，并大大节约设计制作时间。

例如：可以利用开关电容滤波器芯片 MAX297 实现低通滤波器，利用开关电容滤波器芯片 MAX263 实现高通滤波器。

例如：可以利用 LTC1068 完成低通滤波器、高通滤波器以及 4 阶椭圆低通滤波器设计。LTC1068 包含 4 个通用二阶模块，4 种不同的工作模式，在确定外部元件参数（电阻）后，可以使用时钟来调节截止频率。低通滤波器可以采用 LTC1068 两级滤波器模块构成的 4 阶巴特沃兹低通滤波器，第 1 级滤波器的 $Q = 1.306\,6$，第 2 级滤波器的 $Q = 0.541\,2$，$f_0 = 20$ kHz。高通滤波器可以采用 LTC1068 两级滤波器模块构成的 4 阶巴特沃兹高通滤波器，第 1 级滤波器的 $Q = 0.541\,2$，第 2 级滤波器的 $Q = 1.306\,6$，$f_0 = 20$ kHz。椭圆滤波器可以采用 LTC1068 两级滤波器模块构成的 4 阶椭圆函数低通滤波器，第 1 级滤波器的参数：$Q = 3.126\,7$，$f_0 = 51.557\,8$ kHz，$f_n = 161.674\,0$ kHz；第 2 级滤波器的参数 $Q = 0.712\,6$，$f_0 = 30.735\,6$ kHz，$f_n = 382.331\,7$ kHz。具体电路请参考 4.7.4 小节。

3. 幅频特性测试仪设计方案

幅频特性测试仪实际上就是一个频谱分析仪，设计方案可以参考 5.9 节"简易频谱分析仪"。一个典型的设计方案如图 4.8.2 所示，利用单片机或者 FPGA 控制 DDS 芯片构成扫频源，以一定步进产生扫频信号，同时测量并记下其通过被测网络后的有效值，根据各个频点通过网络后的有效值，可在液晶显示器上画出其幅频特性图。DDS 扫频源可以采用专用的 DDS 芯片实现，如 AD9850 等。有效值的测量可以采用 AD637 等专用的有效值测量芯片完成。

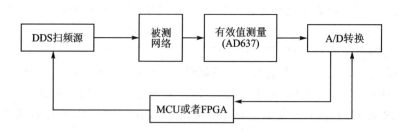

图 4.8.2　幅频特性测试仪的典型方案

4. 程控滤波器系统设计方案 1

程控滤波器系统设计方案 1[7]如图 4.8.3 所示，采用可控增益放大器 AD605 作为放大器模块的核心。在输入信号进入 AD605 之前，先经一级前级放大，然后在 AD605 之后再接后级放大，实现 $-13 \sim 67$ dB 内的增益调节。采用开关电容滤波器 MAX297 和 MAX263 实现截止频率在 $1 \sim 40$ kHz 范围内可调的低通和高通滤波器，采用无源 LC 滤波器的方法实现 4 阶椭圆低通滤波器，采用有源 RC 滤波器实现带通滤波器，放大器输出的信号通过滤波器后加在 1 kΩ 的负载上，各滤波器的输出

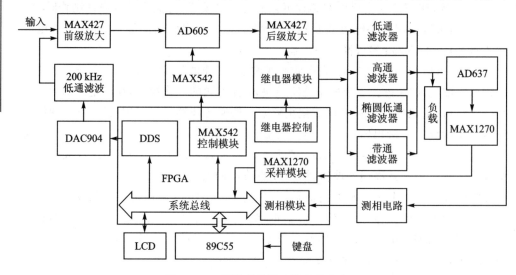

图 4.8.3　程控滤波器系统设计方案 1

切换用继电器来实现。采用 DAC904 实现扫频信号输出，扫频信号通过滤波器后再经 AD637 构成的有效值检波电路和测相电路后实现幅频特性和相频特性的测量。

5. 程控滤波器系统设计方案 2

程控滤波器系统设计方案 2[7]如图 4.8.4 所示，系统包含可控增益放大器、程控滤波器、椭圆滤波器和幅频特性测试仪 4 个组成部分。

可控增益放大器采用集成可控增益放大器 AD603。AD603 是一款低噪声精密

可控增益放大器,最大增益误差为 0.5 dB,其增益(dB)与控制电压(V)呈线性关系,可以采用 DAC 产生精确的电压来控制放大器的增益,便于单片机控制。

程控滤波器采用集成的开关电容滤波器芯片。开关电容滤波器是由 MOS 开关、MOS 电容和 MOS 运算放大器构成的一种大规模集成电路滤波器,其特点是:当时钟频率一定时,开关电容滤波器的特性仅取决于电容的比值,这种电容的比值精度可达 0.01%;当电路结构确定之后,开关电容滤波器的特性仅与时钟频率有关,改变时钟频率即可改变其滤波器特性。

椭圆滤波器也采用集成的开关电容滤波器芯片,由于开关电容滤波器芯片的截止频率可以由外部时钟决定,只要有一个稳定的外部时钟,则可以保证滤波器截止频率的精度,同时,为了校准元件误差,可以通过时钟频率的微调改变滤波器的截止频率,从而使其准确地达到设计要求。

幅频特性测试仪采用集成 DDS 芯片 AD9850 产生扫频信号,在测试网络输出端利用 AD637 和 A/D 转换芯片 TLC1549 进行信号有效值的转化和测量,实现扫频信号频率的步进调整及被测网络幅频特性的显示。DDS 芯片产生的信号频率稳定度较高,而且信号频率的步进和信号幅度的控制都很方便。

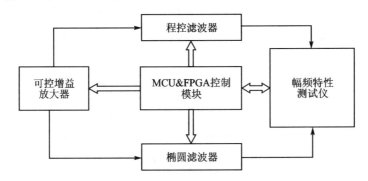

图 4.8.4　程控滤波器系统设计方案 2

4.8.3　程控放大器电路设计

1. 采用 AD603 可控增益放大器电路 1

采用 AD603 可控增益放大器电路 1[7]如图 4.8.5 所示,输入端采用 OPA642 作跟随器,电路中采用 AD603 通频带最宽的一种接法,设计通频带为 90 MHz,增益为 $-10 \sim +30$ dB,DAC 产生增益控制电压,增益控制电压范围为 $0 \sim +2$ V。两级 AD603 的引脚端 2 分别加入基准电压 $+0.5$ V 和 $+1.5$ V。增益和控制电压的关系为 $A_P = 40U + 10$。一级的增益只有 40 dB,使用两级串联,增益为 $A_P = 40 \times U_1 + 40 \times U_2 + 20$,增益范围为 $-20 \sim +60$ dB,可以满足赛题要求。

由于 AD603 的输出有效值小于 2V,在本设计中末级功率放大选用两级晶体管

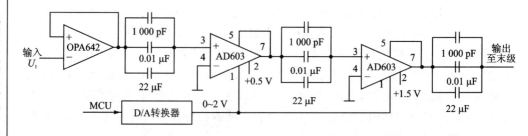

图 4.8.5 可控增益放大器电路

构成的直流耦合放大电路形式，以提高放大电路的带负载能力，电路如图 4.8.6 所示。晶体管选用 2N3904 和 2N3906，电路带宽可达到 25 MHz。

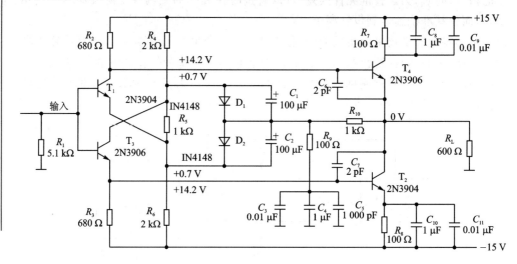

图 4.8.6 末级功率放大电路

2. 采用 AD603 可控增益放大器电路 2

采用 AD603 可控增益放大器电路 2[7] 如图 4.8.7 所示，

考虑 AD603 输入电阻 $R=50\Omega$，前级采用 ADOP074Q 进行隔离。AD603 的增益可以用下式计算：

$$\text{Gain(dB)} = 40U_g + G_0$$

选择 $G_0=10$ dB，U_g 是 AD603 芯片 1、2 两脚端间的控制电压，当 U_g 在 $-500\sim$ $+500$ mV 范围变换时，增益 dB 值与控制电压呈线性关系。在 U_g 小于 -500 mV 或大于 $+500$ mV 时，AD603 为固定衰减和固定增益放大，将两片 AD603 的 1 脚连在一起，用单片机的 DAC 控制增益电压，将两片 AD603 引脚端 2 的电压差设定为 1 V（考虑单片机 DAC 输出范围），使得两片 AD603 的增益曲线拟合成一条增益曲线，使得电压程控范围为 80 dB（$-20\sim60$ dB）。AD603 的电源电压较低，要适当减小电压程控范围，使 AD603 的输出波形不失真。为了满足赛题电压增益为 60 dB 的要求，在 AD603 两级放大之后,再加一级 ADOP074Q 构成的固定增益放大电路,以满足赛题要求。

3. 采用 AD605 可控增益放大器电路

采用 AD605 可控增益放大器电路[7]如图 4.8.8 所示,根据赛题要求,放大器输入正弦信号幅值为 10 mV,要求电压增益为 60 dB(1 000 倍),所以放大器输出电压最大幅值为 10 V。而 AD605 输出电压幅值一般在 1.5 V 以下,并且 AD605 处于衰减工作状态时比较稳定,所以在信号进入 AD605 之前,先采用 MAX427 进行一级前级放大,放大增益为 15dB,然后将两级 AD605 级联,将其增益设置在 $-28\sim32$ dB 的变化区间。这样前面两级电路输出电压的调整范围为 $-13\sim47$ dB。在 AD605 之后,再通过继电器切换 MAX427 构成的 3 级放大电路,放大增益分别为 0 dB、10 dB、20 dB。这样系统前级放大器的增益在 $-13\sim67$ dB 范围内能以 10 dB 步进可调。放大器增益范围在 $-13\sim47$ dB,用 16 位串口 DAC 芯片 MAX542 输出电压控制 AD605 的增益控制端,其增益步进可以达到 0.1 dB。

电路中的 AD605 是一款低噪声、高精度、双通道、线性 dB 可变增益放大器(VGA),采用 5 V 单电源供电,提供差分输入和单极性增益控制,最大增益时的输入噪声为 1.8 $nV/\sqrt{Hz}$ 和 2.7 $pA/\sqrt{Hz}$,-3 dB 带宽为 40 MHz,可编程绝对增益范围为 $-14\sim+34$ dB(FBK 与 OUT 短路),可变增益调整比例为 20 dB/V 至 40 dB/V,5 V 单电源供电。

注意:电路中的 MAX427/MAX437 是一个具有 8 MHz 增益带宽的低噪声高精度运算放大器,电源电压为 ±15 V。该器件已经停产,不推荐在新的设计中使用该器件,根据掌握的情况,该器件的最佳第二货源来自 Analog Devices。

4.8.4 低通滤波器电路设计

1. 采用 LTC1068 构成的 4 阶巴特沃兹低通滤波器电路

LTC1068 是 Linear 公司生产的开关电容滤波器芯片,包含有 4 个同样的 2 阶滤波器。2 阶滤波器中心频率误差为 $\pm0.3\%$ (典型值)和 $\pm0.8\%$(最大值);它有很低的噪声,$50\sim90$ $\mu Vrms(Q\leqslant5)$;可以工作在 ±5 V 双电源,3.3 V 或者 5 V(电流消耗为 4.5 mA)单电源。

LTC1068 系列产品有多种型号,其中:

① 低通或者高通滤波器可选择如下芯片,不同型号的芯片频率范围不同:

● LTC1068 - 200,0.5 Hz~25 kHz;

● LTC1068,1 Hz~50 kHz;

● LTC1068 - 50,2 Hz~50 kHz;

● LTC1068 - 25,4 Hz~200 kHz。

全国大学生电子设计竞赛系统设计（第 3 版）

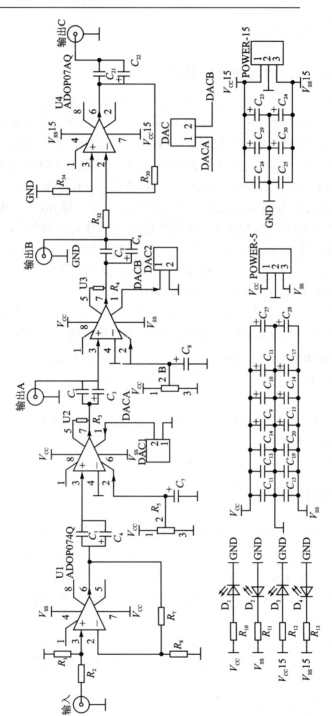

图 4.8.7 采用 AD603 可控增益放大器电路 2

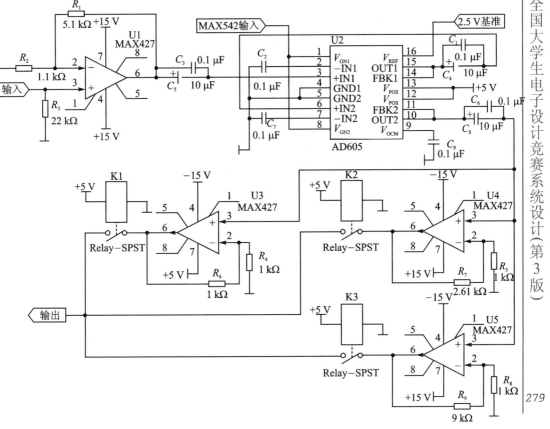

图 4.8.8　采用 AD605 可控增益放大器电路

② 带通或者带阻滤波器可选择如下芯片,不同型号的芯片频率范围不同:

- LTC1068 - 200,0.5 Hz～15 kHz;
- LTC1068,1 Hz～30 kHz;
- LTC1068 - 50,2 Hz～30 kHz;
- LTC1068 - 25,4 Hz～140 kHz。

LTC1068 采用 24 引脚 PDIP 和 28 引脚 SSOP 两种封装。各个引脚的功能如下所述:

V_+、V_-:滤波器电源正负输入端。通常情况下在该引脚与模拟地之间接一个 0.1 μF 的旁路电容器,用来消除干扰。滤波器的供电电源必须与其他数字或模拟电路的高电压电源分离开。LTC1068 有双端和单端两种供电方式,建议使用低噪声线性电源。

AGND:模拟地。滤波器的性能很大程度上取决于模拟信号地的质量,单端供电方式时,AGND 引脚必须接一个至少 0.47 μF 的旁路电容器。

CLK:时钟信号输入端。任何 TTL 或 CMOS 占空比为 50% 的方波时钟信号源都可以作为时钟信号的输入。时钟信号源的供电电源不能作为滤波器的供电电源,滤波器的模拟地必须与时钟信号源的模拟地连接在一起。因为过低的时钟信号会使内装中时钟不稳定,所以不要使用频率小于 100 kHz 的时钟信号。在绘制印制电路板时,时钟信号线最好垂直于集成电路的引脚,以避免与其他信号产生耦合,在时钟信号源与 CLK 引脚之间接一个 200 Ω 的电阻器可以进一步减小其他信号产生的耦合。

HPA、HPB、HPC、HPD:A、B、C、D 4 个通道的高通输出端。

LPA、LPB、LPC、LPD:A、B、C、D 4 个通道的低通输出端。

BPA、BPB、BPC、BPD:A、B、C、D 4 个通道的带通输出端。

LTC1068 的每一个 2 阶通道的 3 个输出端都可以驱动同轴电缆或过载阻抗小于 20 kΩ 的电路,这样可以降低总体的谐波失真。

INV A、INV B、INV C、INV D:滤波器信号输入端。这些引脚是内部放大器的反向输入端,因为它们很容易受低阻抗输出信号和电源线的影响,故在实际电路中要离开时钟信号线和电源线至少 0.1 英寸。

SA、SB、SC、SD:加法求和输入端,也是电压输入引脚。使用时必须接一个 5 kΩ 以下的电阻器,不用时必须接模拟地。

LTC1068 的内部结构包含有 4 个分离的 2 阶滤波器通道,当需要构成 4 阶或 8 阶的高阶滤波器时,需要由 4 个通道的级联来实现。LTC1068 有 4 种基本工作模式:模式 1、模式 1b、模式 3 和模式 2,可以完成不同的滤波器特性。

Linear 公司为了使滤波器的设计更简单与快捷,提供了一款 FilterCAD 软件用于滤波器的设计,该软件可以在 Windows 平台上运行,设计时,只需要根据软件提示输入滤波器的一些指标参数,FilterCAD 软件就会自动生成一个完整的滤波器电路图。FilterCAD 软件可以登录 http://www.linear.com/designtools/software/filtercad.jsp 下载。

采用 LTC1068 的两级滤波器模块组成 4 阶巴特沃兹低通滤波器电路[7] 如图 4.8.9 所示,第 1 级滤波器的 $Q = 1.3066$,第 2 级滤波器的 $Q = 0.5412$,$f_0 = 20$ kHz。两级滤波器模块都工作在模式 1 下的低通模式,图中给出的外围电阻值可以根据芯片手册提供的元件参数计算公式计算。

2. 采用 MAX293/294/297 构成的低通滤波器

采用 MAX293/294/297 构成的低通滤波器电路[7] 如图 4.8.10 所示,MAX293/294/297 是一个 8 阶、低通、椭圆函数、开关电容滤波器,该器件是由带有求和及换算功能的开关电容积分器对梯形无源滤波器网络进行模拟构成的。该器件时钟频率与通带之比为 100∶1(MAX293/294)或者 50∶1(MAX297),改变其时钟频率,其通频带可以从 0.1 Hz 变化到 25 kHz(MAX293/294)或者 50 kHz(MAX297),可以满足

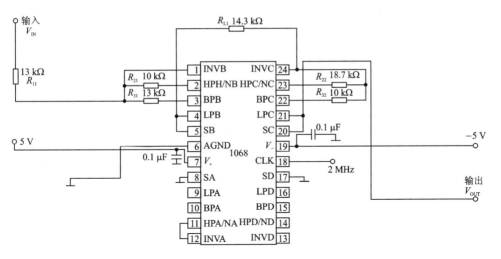

图 4.8.9　采用 LTC1068 构成的 4 阶巴特沃兹低通滤波器电路

赛题的设计要求。

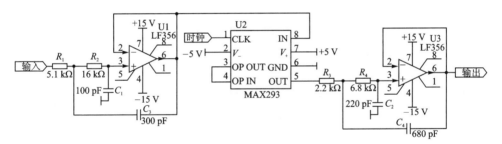

图 4.8.10　采用 MAX293/294/297 构成的低通滤波器电路

使用 MAX297 时,当信号频率和采样频率同频且相位合适时,开关电容组在电容上各次采到相同的幅度为信号幅值的信号,相当于输入信号为直流的情况。因此在采样电容上产生一个直流信号,使滤波器输出一个直流电平。同理,当信号频率为采样频率的整数倍时,也会出现相同的现象。要去除这种现象,必须限制输入信号的范围,使之小于开关电容滤波器的采样频率(时钟频率)。所以在使用 MAX297 时,在其前面要增加 LF356 构成的模拟低通滤波器,把采样频率及其以上的高频信号有效地排除。在其后面,也要增加 LF356 构成的低通滤波器,滤去信号的高频分量,使波形更加平滑。

4.8.5　高通滤波器电路设计

1. 采用 LTC1068 构成的 4 阶巴特沃兹高通滤波器电路

采用 LTC1068 构成的 4 阶巴特沃兹高通滤波器电路[7]如图 4.8.11 所示,第 1 级滤波器的 $Q = 0.541\,2$,第 2 级滤波器的 $Q = 1.306\,6$,$f_0 = 20\ \text{kHz}$,两级滤波器模

块都工作在模式 3 下的高通模式。

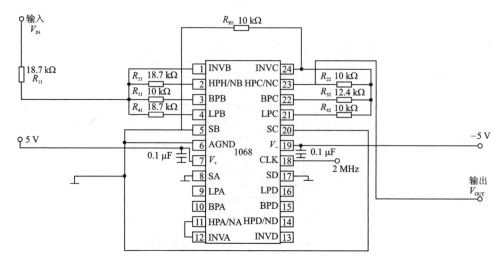

图 4.8.11　采用 LTC1068 构成的 4 阶巴特沃兹高通滤波器电路

2. 采用 MAX263 构成的高通滤波器电路

采用开关电容滤波器芯片 MAX263 构成的高通滤波器[7]如图 4.8.12 所示。MAX263 芯片的内部结构原理与 MAX297 相似,但它的中心频率 f_0 与 Q 值是对外置引脚进行编程来控制的。将 MAX263 的 Q 值设置为 0.790, f_{clk}/f_0 比值设置为 185.35,然后通过改变外部时钟 f_{clk} 来控制高通滤波器的 3 dB 截止频率 f_0 。

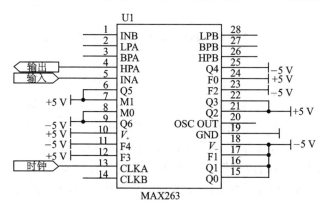

图 4.8.12　采用 MAX263 构成的高通滤波器

4.8.6　椭圆滤波器电路设计

1. 采用 LTC1068 构成的 4 阶巴特沃兹椭圆滤波器电路

采用 LTC1068 构成的 4 阶巴特沃兹椭圆滤波器电路[7]如图 4.8.13 所示,第 1

级滤波器模块工作在模式 2 下的低通模式,滤波器的参数为:$Q = 3.126\,7, f_0 = 51.557\,8\ \text{kHz}, f_n = 161.674\,0\ \text{kHz}$;第 2 级滤波器模块工作在模式 1b 下的低通模式,滤波器的参数为 $Q = 0.712\,6, f_0 = 30.735\,6\ \text{kHz}, f_n = 382.331\,7\ \text{kHz}$。

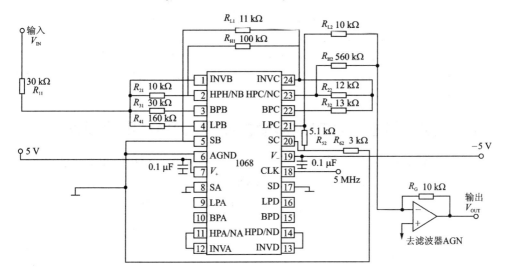

图 4.8.13　采用 LTC1068 构成的 4 阶椭圆低通滤波器

2. 采用 LC 构成的椭圆低通滤波器电路

采用 LC 构成的椭圆低通滤波器电路[7]如图 4.8.14 所示,赛题要求制作一个 4 阶椭圆低通滤波器,带内起伏≤1 dB,−3 dB 通带为 50 kHz,从《电子滤波器设计手册》上查表可得 4 阶椭圆无源滤波器在 $\theta = 200$、$\Omega_S = 3.151$ 时,相应的归一化参数如下:

$C_1 = 1.204\ \text{F}, C_2 = 0.069\,44\ \text{F}, L_1 = 1.213\ \text{H}, C_3 = 1.886\ \text{F}, L_2 = 0.847\,3\ \text{H}$

取无源滤波器的端间匹配阻抗为 $R = 560\ \Omega$,截止频率 $f_P = 50\ \text{kHz}$,代入公式:

$$C_n' = \frac{C_n}{2\pi f_P R}, \quad L_n' = \frac{L_n R}{2\pi f_P}$$

式中,C_n、L_n 表示归一化的电容值、电感值;C_n'、L_n' 表示以 f_P 处为通带 3 dB 衰减的低通滤波电路中所对应的电容值、电感值。

经计算结果如下:

$C_1' = 6.97\ \text{nF}, C_2' = 249\ \text{pF}, L_1' = 2.212\ \text{mH}, C_3' = 10.823\ \text{nF}, L_2' = 1.51\ \text{mH}$

将上述值转换成标称值后,得到的电路原理图如图 4.8.14 所示。

图 4.8.14 电路在 Multisim 中进行仿真,从仿真波形上看,该滤波器的通带波动宽度 $\text{PRW} = -20\lg(1/1.078)\,\text{dB} = 0.65\ \text{dB}$,截止频率为 50.65 kHz,在 200 kHz 处衰减 56.45 dB,能够满足题目要求。

注意:该电路采用无源元件构成,调试较为困难。

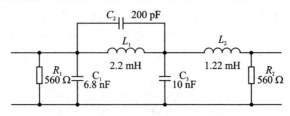

图 4.8.14　采用 *LC* 构成的椭圆低通滤波器电路

椭圆低通滤波器电路也可以采用运算放大器电路构成，电路结构比采用专用滤波器芯片复杂。

4.8.7　用于可控增益放大器增益调节的 DAC 电路设计

在本系统中可控增益放大器的增益调节需要使用 DAC 电路，可以采用 MAX541/542 等 DAC 芯片完成。采用 MAX541/542 构成的 DAC 电路如图 4.8.15 所示。MAX541/542 是 +5 V、单通道、串行、电压输出的 16 位 DAC。

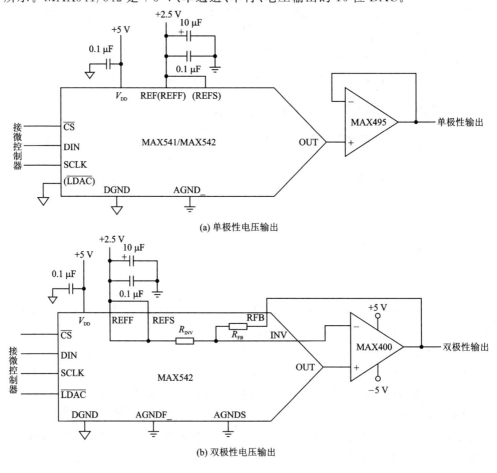

图 4.8.15　采用 MAX541/542 构成的 DAC 电路

4.8.8　用于扫频信号发生器的 DAC 电路设计

在微控制器的控制下,利用 DDS 技术,采用高速 DAC 可以实现扫频信号发生器。采用 DAC904 构成的用于扫频信号发生器的 DAC 电路如图 4.8.16 所示。DAC904 是电流输出在 2～20 mA 的 14 位 165 MSPS 的 DAC 芯片。

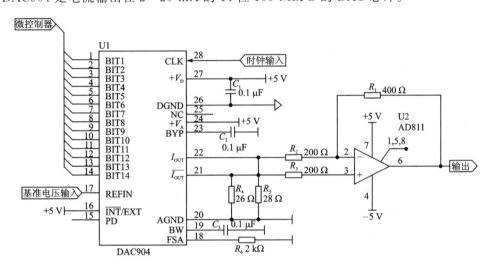

图 4.8.16　DAC904 电路原理

4.8.9　有效值测量电路设计

有效值测量电路通常由真有效值-直流转换电路和 ADC 电路组成。

采用有效值检波芯片 AD637 和 12 位串行 A/D 转换器 TLC2543 构成的有效值测量电路如图 4.8.17 所示。扫频信号通过低通滤波器后用有效值检波芯片 AD637 进行高精度的真有效值-直流转换,再通过高精度的 12 位串行 A/D 转换器 TLC2543 进行 A/D 采样,并把采样值送往微控制器进行存储,在液晶显示屏上采用

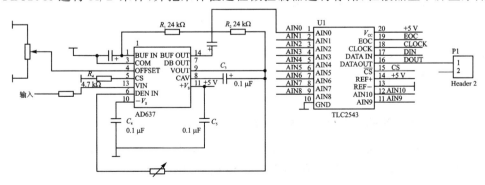

图 4.8.17　有效值检波电路和 A/D 转换电路原理图

表格的形式对扫频结果进行显示。

采用有效值检波芯片 AD637 和 12 位串行 A/D 转换器 TLC1549 构成的有效值测量电路如图 4.8.18 所示。

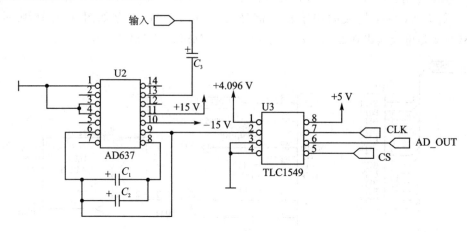

图 4.8.18　真有效值检测电路

4.8.10　扫频信号源电路设计

扫频信号源可以采用集成 DDS 系列芯片或者采用 FPGA 中的 DDS 内核实现。

目前集成的 DDS 芯片主要选择美国模拟器件公司(Analog Devices,简称 ADI)的产品。有关 DDS 芯片的选择以及更多的内容,请参考《锁相环与频率合成器电路设计》和登录 www.analog.com 查询。FPGA 中的 DDS 内核可以选择 Xilinx 公司提供 DDS v5.0 DDS IP 核或者 Altera 公司提供的 DDS IP 核。

请参考 2.5 节"信号发生器"相关内容。

4.8.11　程控滤波器系统软件设计

1. 程控滤波器系统软件设计例 1

程控滤波器系统设计方案 1[7] 的系统程序流程图如图 4.8.19 所示,系统通过键盘选择:设置放大器的增益,控制高低通滤波器的切换并设定其截止频率;幅频特性测试,产生 DDS 信号的频率控制字,控制频率步进,测量并显示信号通过滤波器后的幅值信息和相位信息;实现人机交互。

2. 程控滤波器系统软件设计例 2

程控滤波器系统设计方案 2[7] 的系统软件基于单片机开发系统 Keil C51 以及 FPGA 开发系统 Xilinx ISE 开发,系统程序流程图如图 4.8.20 所示,单片机通过扫描用户键盘输入进入相应功能模块。频谱特性扫描程序流程图如图 4.8.21 所示。

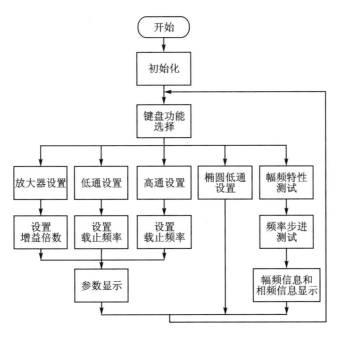

图 4.8.19 程控滤波器系统设计方案 1 的系统程序流程图

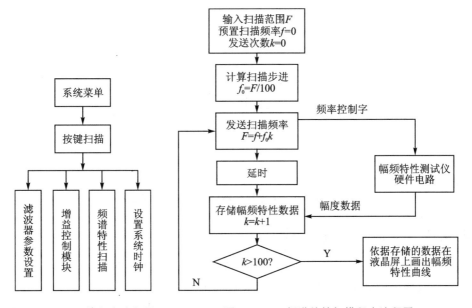

图 4.8.20 系统程序流程图　　　图 4.8.21 频谱特性扫描程序流程图

4.9　*LC* 谐振放大器

4.9.1　*LC* 谐振放大器设计要求

设计并制作一个低压、低功耗 *LC* 谐振放大器。为便于测试，在放大器的输入端插入一个 40 dB 固定衰减器。衰减器指标：衰减量 40±2 dB，特性阻抗 50 Ω，频带与放大器相适应。放大器谐振频率：$f_0 = 15$ MHz；允许偏差 ±100 kHz；在最大增益情况下，尽可能减小矩形系数 $K_{r0.1}$。增益不小于 80 dB；−3 dB 带宽：$2\Delta f 0.7 = 300$ kHz；带内波动不大于 2 dB；输入电阻：$R_{in} = 50$ Ω；负载电阻为 200 Ω，输出电压 1 V 时，波形无明显失真。放大器使用 3.6 V 稳压电源供电（电源自备）。最大不允许超过 360 mW。设计一个自动增益控制（AGC）电路。AGC 控制范围大于 40 dB。AGC 控制范围为 $20\log(V_{omin}/V_{imin}) - 20\log(V_{omax}/V_{imax})$ (dB)。

$$矩形系数\ Kr_{0.1} = \frac{2\Delta f_{0.1}}{2\Delta f_{0.7}}$$

LC 谐振放大器的典型特性曲线如图 4.9.1 所示。

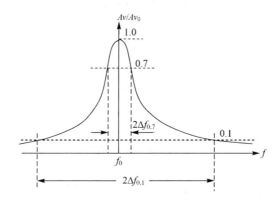

图 4.9.1　谐振放大器典型幅频特性示意图

4.9.2　衰减器电路设计

赛题要求衰减器的衰减量 40±2 dB，特性阻抗 50 Ω，频带与放大器相适应。

衰减器可以采用有源器件和无源元件实现。

利用有源元件实现，可以采用压控增益放大器芯片（例如 VCA810 等），实现固定增益衰减。通过设定合适的控制电压，可以使压控增益放大器工作在固定衰减 40 dB 的模式。但是使用压控增益放大器芯片需要考虑电源供电、外围控制调节电路设计等问题，这无疑会增整个系统的电路的功耗，以及复杂性和不稳定性。

采用数控衰减器能够在大动态范围内完成精确衰减。与外围电路配合,可以使用简单控制方式,实现数控衰减。但是,由于是集成芯片,在一定程度上也会增加系统的功耗,而且成本高,竞赛时采购合适的数控衰减器器件也有困难。

利用无源元件实现。即利用电阻衰减网络对信号衰减。这种方案简单易行,很适合对信号进行固定衰减,但对电阻阻值的准确性有较高要求。

电阻衰减网络有桥式、T 型、π 型等结构形式。

采用桥式网络衰减器。其特点是输入阻抗与输出阻抗的阻值一致,衰减能力强。但缺点是电阻使用数量多,调试困难。并且电阻阻值小,在不使用高精密电阻时误差相对较大。

采用 T 型网络衰减器。其输入阻抗与输出阻抗可以随意改变,更容易进行匹配,电阻使用数量少,容易调试。但缺点也是电阻阻值小,在不使用高精密电阻时误差相对较大。

采用 π 型网络衰减器。其输入阻抗与输出阻抗也可以随意改变,更容易进行匹配,电阻使用数量少,容易调试。同时电阻阻值适中,容易进行测试。

π 型电阻网络利用电阻分压原理,由若干分立的电阻搭建而成。电阻组成的衰减网络无须控制、频带宽、输入输出阻抗稳定,工作频率宽,动态范围大,并且价格低廉。衰减器的增益误差由电阻的精度决定。

获奖作品多选择此方案。

1. π 型电阻衰减网络设计例 1

π 型电阻衰减网络设计例 1 电路(解放军信息工程大学,张战韬,张东升,谢炜)如图 4.9.2 所示。衰减网络的输入阻抗 R_{in}、输出阻抗 R_{out} 均为 50 Ω,与前后电路匹配。衰减器 $A = 40$ dB,由设计公式计算元件参数:

$$\alpha = 10^{\frac{4}{10}} = 10\ 000$$

$$R_s = Z_0 \frac{|\alpha - 1|}{2\sqrt{a}} = 2\ 499.75\ \Omega$$

$$R_1 = R_3 = Z_0 \frac{\sqrt{a} + 1}{\sqrt{a} - 1} = 51.01\ \Omega$$

R_s 可以采用 2.7 kΩ 与 3.3 kΩ 电阻并联得到。

2. π 型电阻衰减网络设计例 2

π 型电阻衰减网络设计例 2 电路(国防科技大学,王伟,宋晓骥,王建)如图 4.9.3 所示。

4.9.3　LC 谐振放大器电路设计

赛题要求放大器的谐振频率 $f_0 = 15$ MHz,允许偏差 ± 100 kHz;-3 dB 带宽

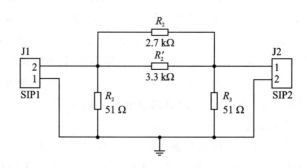

图4.9.2　π型电阻衰减网络设计例1

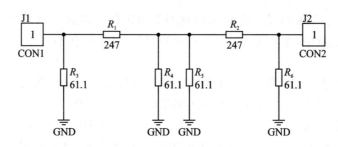

图4.9.3　π型电阻衰减网络设计例2

$2\Delta f0.7 = 300$ kHz，带内波动不大于2 dB；增益大于等于80 dB；输入电阻 $R_{in} = 50$ Ω；负载电阻为200 Ω，输出电压1 V时，波形无明显失真。放大器使用3.6 V稳压电源供电，最大不允许超过360 mW。

1. 有源器件选择

LC谐振放大器由有源器件和LC谐振回路组成。有源器件可以选择高频三极管、高频场效应管和RFIC。

选择高频三极管进行谐振放大电路简单、噪声较小。但是稳定性较差，增益控制比较复杂。

选择RFIC，体积小，外部接线及焊点少，使电路的稳定性得以提高，且多数具备AGC功能。但是大多数该类芯片工作电压大于3.6 V，并且由于时间紧张，符合题目要求的芯片较难找到。

选择高频场效应管。例如，高频双栅场效应管BF909R具备高跨导、高输入阻抗、低反馈电容、低失真、偏置电路简洁等优点，并且容易进行增益控制，能够在一定程度上提高调谐放大器的稳定性。

选择有源器件需要综合考虑稳定性、功耗、AGC的实现以及器件来源等因素。

2. 调谐方式选择

由于赛题要求增益为80 dB，采用单级或者两级放大器很难完成系统指标，且单级增益太大影响系统稳定性，因此考虑使用多级放大。如何实现指标要求的LC谐振特性是谐振放大器设计的关键,调谐方式有以下三种选择。

方案一:选择多级单调谐放大器。

采用 LC 单调谐回路谐振放大器多级级联的形式。多级单调谐放大器各级谐振频率相同,随着级联级数的增加,带宽减小,但是在级联两级以上后矩形系数改变较小。这种电路的优点是,电感电容较少、电路调整简单、增益较大,较容易实现 80 dB 的增益。其缺点是,通频带较窄、矩形系数过大并且选择性较差。

方案二:选择多级双调谐放大器。

采用 LC 双调谐回路谐振放大器的多级级联形式。多级双调谐放大器各级采用相同的双回路,随着级联数的增加,矩形系数明显改善,带宽减小程度比单调谐放大器要小,但是使用的回路元件多,调谐过程也比较复杂。这种电路的优点是,频带宽、选择性好、频率响应在通频带内较为平坦、频带边缘上有较为陡峭的截止特性。缺点是,强耦合时通频带显著加宽,通频带加宽虽然有利于矩形系数的提高,但会带来谐振曲线顶部的凹陷以及造成通频带内波动增大。

通过实验发现,该电路通频带过宽,在 500～600 kHz 范围之间,超出了题目 300 kHz 的要求。

方案三:选择混合调谐放大器。

采用单调谐与三调谐组合的方式,能够在通频带为 300 kHz 的同时得到较低的矩形系数,且相对于多级双调谐调试难度降低。考虑赛题要求和设计制作等综合因素,可以选择该方案。

采用 LC 谐振放大器多级单调谐回路和 LC 谐振陷波器组合的形式。这种电路的优点是,由单调谐电路得到比较平坦的通频带,再在调谐放大中心频率两侧设置 2 个 LC 陷波器,陷波的作用使得谐振曲线的过渡带具有陡峭的截止特性,通过实验,可有效保证通频带指标要求的 300 kHz。考虑赛题要求和设计制作等综合因素,可以选择该方案。

3. 谐振放大电路设计

(1)谐振放大电路设计例 1(解放军信息工程大学,张战韬,张东升,谢炜)

谐振放大电路设计例 1 方框图如图 4.9.4 所示。谐谐振放大电路设计例 1 采用五级放大器电路组成。谐谐振放大电路采用三级单调谐谐振放大电路和两级多调谐谐振放大电路混合组成。

输入的小信号经过一个固定衰减 40 dB 的 π 型电阻衰减网络后,通过由双栅场效应管 BF909R 及 LC 谐振网络(并联电容与中频变压器)搭建的五级混合调谐谐振放大电路,总体增益为 85 dB,通过调整各级工作点和 LC 谐振网络的具体参数使得谐振频率为 15 MHz,−3 dB 带宽为 300 kHz,矩形系数为 1.9。输出信号经过检波、信号放大、反向差动运算后作用于各级双栅场效应管的 G2 栅极,进行自动增益控制,可控增益范围为 50 dB。

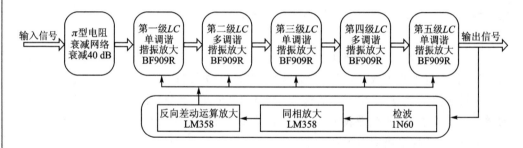

图 4.9.4 谐谐振放大电路设计例 1 方框图

在不考虑各级间耦合损耗的情况下，总体增益为各级放大器增益之和(dB)。级联后的放大器总增益为：

$$K = K_{01} K_{02} K_{03} K_{04} K_{05}$$

本方案采用混合调谐谐振放大器，其中三级为单调谐放大器，两级为三调谐谐振放大器。在保证谐振回路器件口值的条件下，矩形系数可参照多级双调谐放大器的带宽与矩形系数(见表 4.9.1)。

表 4.9.1 多级双调谐放大器的带宽与矩形系数

级数 N	1	2	3	4
B_n/B_1	1.0	0.8	0.71	0.66
$K_{r0.1}$	3.15	2.16	1.9	1.8

本方案在三级单调谐与两级多调谐的情况下，矩形系数为 1.9。

采用双栅场效应管 BF909R 与中周设计制作的单调谐谐振放大电路如图 4.9.5 所示。

信号通过 BF909R 的 G1 栅极输入，电位器 Rs 调节 G1 的直流偏置，改变单级增益。G2 外接 AGC 控制信号。信号经场效应管放大后通过漏极部分接入到 LC 谐振回路，通过变压器方式耦合至下一级。

多调谐谐振放大电路采用三个 LC 谐振回路如图 4.9.6 所示。在单调谐谐振电路的基础上，信号输出经电容与后两级 LC 谐振回路耦合。明显改善了放大器的选择性，增加通频带，有效降低了矩形系数，较好地解决了带宽与选择性的矛盾。

（2）谐振放大电路设计例 2（哈尔滨工程大学，戎慧，郑浩东，潘德敏）

谐振放大电路设计例 2 方框图如图 4.9.7 所示。采用 π 型衰减网络对输入信号进行衰减，然后将小信号通过低噪前置器和晶体管放大器电路再放大，通过自动增益控制（AGC）电路，最后进行 LC 双调谐网络选频和后级单管放大输出。

系统增益分配如下：衰减器增益为 -40 dB，前置低噪放大器电路增益为 17 dB，中间两级晶体三极管放大器电路增益为 45 dB，后级晶体管放大器电路增益为 17 dB，后级阻抗匹配晶体三极管增益为 9 dB。其中放大器总增益为 88 dB。

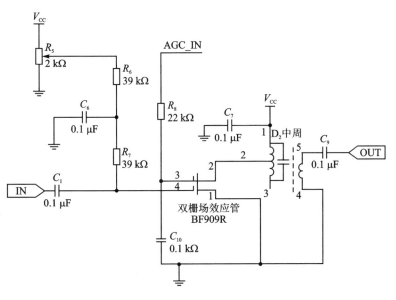

图 4.9.5　单调谐谐振放大电路

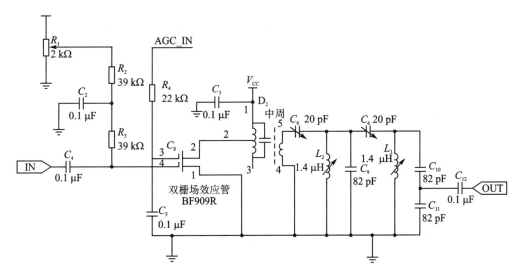

图 4.9.6　多调谐谐振放大电路

图 4.9.7　谐谐振放大电路设计例 2 方框图

　　带宽是指信号幅度衰减－3 dB 时所对应频率之差的绝对值，它跟各级放大器的通频带有关，而各级的通频带又与本级谐振回路的品质因数有关。

多级放大器的总通频带与每级放大器的通频带有着密切的关系，例如 m 级相同的放大器级联时，总通频带

$$(2\Delta f_{0.7})_m = \sqrt{2^{\frac{1}{m}}-1}\ \frac{f_0}{Q_L} = \sqrt{2^{\frac{1}{m}}-1}\ (2\Delta f_{0.7})_1$$

可见多级单调谐放大器的总通频带比单级放大器的通频带要窄，级数越多总通频带越窄。因此在选取每一级放大器的通频带时，要根据级数的多少选取每一级通频带的宽度，单级放大器的通频带一定比总通频带要宽。

矩形系数是表征放大器选择性好坏的一个参量。它的值用 $-20\ dB$ 带宽与 $-3\ dB$ 带宽的比值来表示，即 $K_{r0.1} = \dfrac{2\Delta f_{0.1}}{2\Delta f_{0.7}}$。

本系统通过四级通频带较宽的单调谐放大器进行放大，以确保满足最大电压增益的要求，在放大器后增加高 Q 的双调谐选频网络来调整放大器的总通频带满足 $300\ kHz$ 的要求。

单调谐的矩形系数为 $K_{r0.1}=\sqrt{99}$，参数相同的多级单调谐放大器的总矩形系数为 $(K_{r0.1})_m = \sqrt{100^{1/m}-1}\Big/\sqrt{2^{1/m}-1}$，可见级数越多，矩形系数越小。而单级双、放大器的矩形系数 $K_{r0.1}=0.15$，采用四级单调谐和一级双调谐组成放大系统以确保总矩形系数达到最小。

采用 MAX2650 低噪声放大器芯片构成的前置放大电路如图 4.9.8 所示。MAX2650 有 DC 到微波范围的带宽，增益固定（18.3 dB），噪声系数为 3.9 dB，输入输出阻抗均为标准的 $50\ \Omega$，外围不需要再另行做阻抗匹配，避免了外加组件所引入的噪声和信号衰减，进一步降低了调试的难度。另外，在 MAX2650 的输出端加上 15 MHz LC 谐振滤波后，输出信号噪声也被大部分滤掉，提升了系统的信噪比。

由芯片数据手册得知，该芯片供电电压在 $4.5\sim5.5\ V$ 范围内，但由于实际电压限制，经测试，该芯片在 3.6 V 供电时，仍能正常工作。该芯片对电源的纹波要求较高，纹波要尽可能的小，否则较大的电源纹波引入就能将衰减后的 μV 级小信号淹没，所以在电源供电上采用了 LC 滤波。做好屏蔽和电源滤波，可以降低电源噪声的影响。

该前置放大器电路能将信号放大 7 倍左右（约 17 dB）。

经衰减器后输出的 μV 级小信号经 MAX2650 低噪放大后变为 mV 级电压信号，此信号需要再次进行放大。

两级晶体管（9018）组成的放大器电路如图 4.9.9 所示。电路中，晶体管均处于甲类工作状态，并且每级都有 LC 谐振回路发挥选频作用。级间耦合直接采用电容进行耦合，放大器增益可以保证在 45 dB 以上，并且保证波形无明显失真。

赛题要求：$-3\ dB$ 带宽为 $2\Delta f_o = 300\ kHz$，且带内波动不大于 2 dB，整个电路应当尽可能减小矩形系数 $K_{r0.1}$。LC 双调谐谐振选频电路如图 4.9.10 所示。选用高

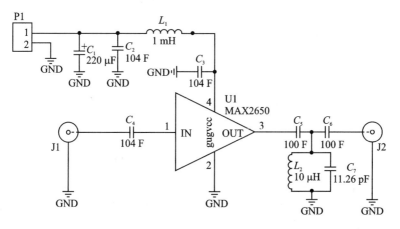

图 4.9.8　采用 MAX2650 低噪声放大器芯片构成的前置放大电路

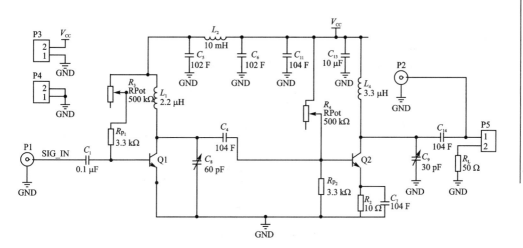

295

图 4.9.9　晶体管放大电路

Q 的双调谐谐振选频回路是为了保证放大系统的总通频带的要求,并兼顾小的矩形系数。微调两个并联谐振回路的谐振频率以及耦合电容 C_2 的值,以达到技术指标要求。该谐振选频网络只要保证电感的 Q 值达到 100 以上就能较容易地满足带宽小于 300 kHz 的要求。

双调谐网络所使用的电感均为 $\Phi = 1.00$ mm 的无氧铜漆包线与镍芯高频磁芯绕制而成。在保证其绕制密度均匀和绕制紧密的情况下,其 Q 值能达到 200 以上。在保证谐振在 15 MHz 的前提下,可以通过调整 LC 双调谐谐振网络中的耦合电容的电容值,大幅度降低矩形系数 $K_{r0.1}$。对比单调谐网络和多调谐网络对谐振选频网络的带宽 $2\Delta f_{0.7}$ 和矩形系数 $K_{r0.1}$ 的影响,双调谐谐振选频网络在此处的应用为最佳选择。

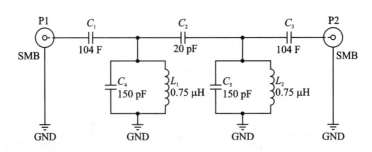

图 4.9.10　*LC* 双调谐谐振选频电路

赛题要求带 200 Ω 纯电阻负载输出。一个采用晶体管构成的阻抗变换电路(输出级)如图 4.9.11 所示,电路可以尽可能的优化电路的阻抗匹配,减小信号因阻抗不匹配而导致的损耗,增强整个系统的带载能力。

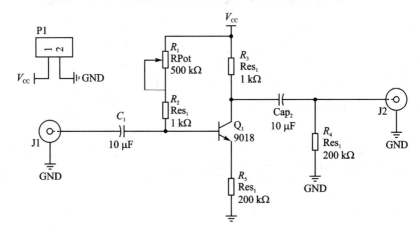

图 4.9.11　阻抗变换电路

(3) 谐谐振放大电路设计例 3(国防科技大学,王伟,宋晓骥,王建)

谐振放大电路设计例 3 方框图如图 4.9.12 所示。

如图 4.9.13 所示,谐振放大电路由晶体管和并联谐振回路两部分构成,对前级衰减信号进行选择性放大。对于小信号放大器而言,单级增益太高会造成工作的不稳定,从而降低系统的可靠性。因此考虑用运算放大器对增益进行补偿。

为了进一步提高系统的增益,有必要在晶体管谐振放大器后利用运算放大器对增益进行进一步补偿。选取运算放大器时遵循以下原则。

(1) 在 3.6 V 供电电压下可以正常工作。

(2) 要有足够的压摆率,输出电压动态范围大。

(3) 静态电流小,减小系统功耗。

考虑到上述条件,THS4304 适合进行增益补偿,该运放在 2.7~5.5 V 的条件下可以正常工作,大信号带宽达到 240 MHz,能够满足上述要求。

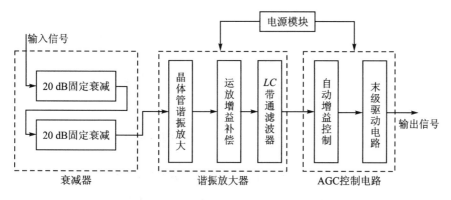

图 4.9.12　谐振放大电路设计例 3 方框图

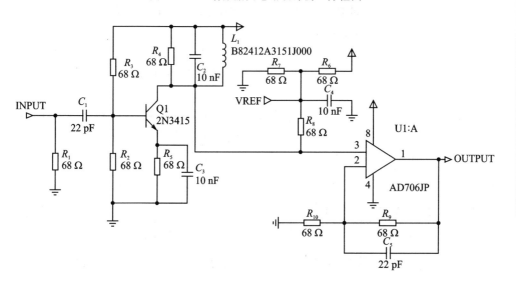

图 4.9.13　谐振放大电路原理图

系统的带宽主要由晶体管谐振放大器和滤波器的性能决定,而矩形系数则由滤波器自身的性能决定。谐振耦合式滤波器适合用于设计窄带滤波器,N 阶谐振器耦合式 BPF 由 N 个谐振器和 $N-1$ 个耦合元件 K 组成。图 4.9.14 给出了三阶谐振器耦合式带通滤波器构成。

如果选取电容作为耦合元件,相当于滤波器在频率等于零的地方增加零点。这样一来,所设计的滤波器衰减曲线便会不对称。表现为衰减特性曲线在低于中心频率的一侧比较陡峭,而在高于中心频率的一侧比较平缓。因此,过大的耦合电容会显著降低滤波器的矩形系数。

由于单调谐放大器的矩形系数远大于1,在不提高放大器级数的情况下,整个系统的矩形系数将主要由滤波器决定。

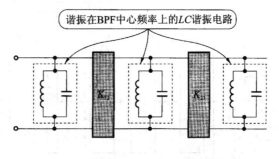

图 4.9.14　三阶谐振器耦合式带通滤波器构成

LC 滤波电路如图 4.9.15 所示。LC 滤波电路选用谐振器耦合式带通滤波器的形式，选用电容进行级间耦合。软件仿真的结果，可以得出该滤波器的性能参数为：

中心频率：$f_O = 15.003$ MHz；

3 dB 带宽：$f_L = 14.853$ MHz，$f_H = 15.144$ MHz，带宽为 291 kHz；

20 dB 带宽：$f_L = 14.79$ MHz，$f_H = 15.22$ MHz，带宽为 0.43 kHz；

矩形系数：$K_{r0.1} = 1.477$。

从图 4.9.14 中可以看出每个谐振回路的中心频率对称相等，这样可以通过参差调谐，提高矩形系数。在 PCB 布板时一定要注意电感之间互耦而对电路性能的影响。凡是平行排列的电感，最好用接地的金属隔板隔开。

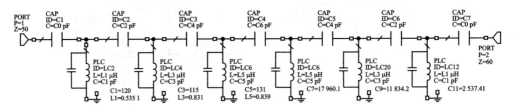

图 4.9.15　LC 滤波电路原理图

（4）谐振放大电路设计例 4（湖南理工学院，李军，彭能能，廖志立）

谐振放大电路设计例 4 方框图如图 4.9.16 所示。电路采用共源－共栅多级级联放大器组成，在保证电路稳定性的前提下，尽可能提高增益；其较高的输入输出阻抗，也能进一步减小对 LC 负载回路的影响，提高回路选择性。依据赛题对负载电阻的要求，在多级级联放大电路之后，设计了一级负载电阻为 200 Ω 的甲类谐振功率放大器。

根据指标要求，系统整体增益欲达到 80 dB 以上，需采用多级级联放大方式。由于共源－共栅放大器中共源电路的谐振电压增益为

$$A_{v0} = g_{fs} \cdot \frac{1}{g_{fs}} = 1$$

式中，g_{fs} 为共源电路的正向传输电导，$\frac{1}{g_{fs}}$ 为共源电路的负载电阻（即共栅电路的输入电阻）。故共栅电路电压增益决定了该级联放大电路的增益，考虑到单级共源-共栅放大器谐振电压增益较低，本设计采用了 7 级级联放大电路，每级放大器增益约 15 dB 左右。

单调谐回路谐振放大器级联的多级放大器带宽与矩形系数可由下式计算：

$$(2\Delta f_{0.7})_n = \sqrt{2^{1/n} - 1}\,\frac{f_0}{Q_L}$$

$$K_r = \frac{2\Delta f_{0.1}}{2\Delta f_{0.7}} = \sqrt{100^{1/n} - 1}\,/\,\sqrt{2^{1/n} - 1}$$

不难看出，级联后放大器通频带将随级数的增加而缩减，同时矩形系数随级数增加改善有限，极限值 2.56 仍与理想矩形系数相差较大。本电路指标要求放大器在 15 MHz 谐振频率下，保证 300 kHz 带宽和较小的矩形系数，带内维持较好的平坦度，因此，不宜采用多级相同参数放大器级联的方式，而应采用参差调谐的方案。

衰减器可按 40 dB 要求设计成 T 型网络或 π 型网络，如图 4.9.17 所示。由于其特性阻抗为 50 Ω，需要考虑与放大器之间的匹配问题。采用线圈变比 1∶5 的高频中周，并在次级谐振电路上并联 1.25 kΩ 电阻，实现阻抗匹配，并使输入信号电压提升 5 倍。

单级谐振放大电路如图 4.9.18 所示。采用 7 级参差调谐放大器，各级负载均为 LC 谐振回路，放大管与负载通过变压器耦合连接，这样既能减小回路损耗，同时也可通过调节线圈匝数比确定每级的增益大小。各级供电均串入高频扼流圈，防止高频损耗和放大器自激。

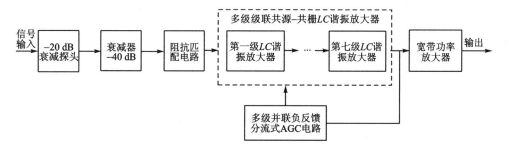

图 4.9.16　系统总体框图

本设计在参差调谐放大器之后设置了一级宽带功率放大电路，在满足功耗指标要求的前提下，使放大器具有一定的带负载能力。功率放大器采用甲类工作方式，负载回路仍采用 LC 谐振回路，经变压器耦合接入 $R_L = 200$ Ω 的负载电阻，满足各项测试的要求。这样，会大大降低回路 Q 值，使得功率放大电路的频带远比前级谐振

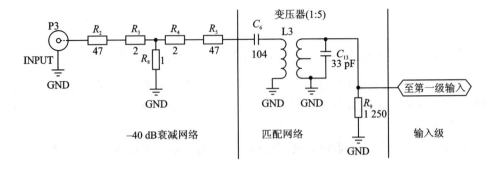

图 4.9.17   衰减器及其阻抗匹配网络

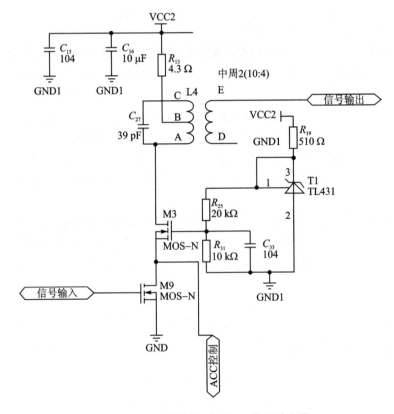

图 4.9.18   单级共源-共栅 *LC* 谐振放大器

放大器的宽,可以视为宽带放大器,不影响系统幅频特性。同时较低的负载电阻也会降低放大器的增益,因此本级放大器增益并不高,也不影响系统增益及其稳定性。电路如图 4.9.19 所示。采用甲类谐振输出电路是常见的输出方式。该电路输出变压器的变比为 10:6,采用降压方式电路设计是不合理的。

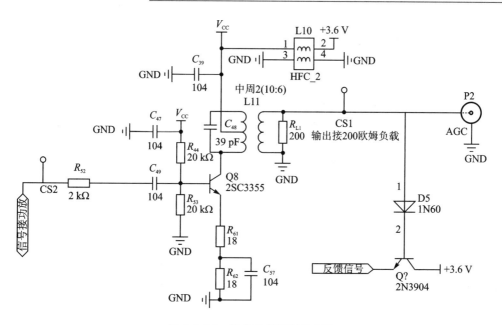

图 4.9.19 甲类谐振功率放大器

4.9.4 AGC 控制电路设计

赛题要求设计一个自动增益控制(AGC)电路。AGC 控制范围大于 40 dB。AGC 控制范围为 $20\log(V_{omin}/V_{imin}) - 20\log(V_{omax}/V_{imax})$(dB)。

1. AGC 控制方案(哈尔滨工程大学,戎慧,郑浩东,潘德敏)

自动增益控制(AGC)电路的主要作用是使电路输出电平保持一定的数值。自动增益控制的目标是设定一个基准输出电平 V_{REF} 后,通过检测输出信号,自动调整放大电路的增益,使输出信号有效值稳定在基准电平 V_{REF} 上。

对自动增益控制电路的主要要求是控制范围要宽,信号失真要小,要有适当的响应时间,同时不能影响系统的噪声性能。当输入信号的电平在一定范围内变化时,尽管 AGC 电路的能够大大减小输出信号电平的变化,但是不能完全消除电平的变化。对于 AGC 系统来说,一方面希望输出信号电平的变化愈小愈好,另一方面则希望输入信号电平的变化范围愈大愈好。在给定输出电平变化范围内,允许输入信号电平的变化范围愈大,就意味着 AGC 电路的控制范围愈宽。

设 AGC 电路输入信号电平的变化范围为:

$$m_i = \frac{V_{imax}}{V_{iman}}$$

AGC 电路输出信号电平的变化范围为:

$$m_o = \frac{V_{omax}}{V_{oman}}$$

当给定 m_o 时，m_i 愈大的 AGC 系统控制范围愈宽。

设增益控制倍数为

$$n_g = \frac{m_i}{m_o}$$

显然 n_g 愈大控制范围愈宽。

$$n_g = \frac{m_i}{m_o} = \frac{V_{imax}/V_{imin}}{V_{omax}/V_{omin}} = \frac{V_{omin}/V_{imax}}{V_{imin}/V_{omax}} = \frac{A_{max}}{A_{min}}$$

式中：$A_{max} = V_{omin}/V_{imin}$ 为 AGC 电路的最大增益；$A_{min} = V_{omax}/V_{imax}$ 为 AGC 电路的最小增益。

对输出信号进行检波和实现 AGC 控制可以采用以下一些方案。

方案一：选择 TruPw 检波 RFIC 检测输出信号。

例如，采用 TruPwr 检波 RFIC AD8361。AD8361 的典型应用电路如图 4.9.20 所示。AD8361 是一款 TruPw 检波 RFIC，能够将一个最高 2.5 GHz 的复合调制 RF 信号转换为代表该信号均方根电平的直流电压。该器件具有高线性度和高温度稳定性，适用于 CDMA、QAM 和其他复合调制方案的检波。动态范围为 30 dB。测量精度在 14 dB 范围为 0.25 dB，在 23 dB 范围为 1 dB。采用 2.7 V 至 5.5 V 电源供电，功耗为 4 mA。AD8361 输入输出线性较好，检波灵敏度高。但是 AD8361 的输入阻抗典型值为 225 Ω||1 pF，则需要外加跟随器，外围电路比较复杂，功耗较大。

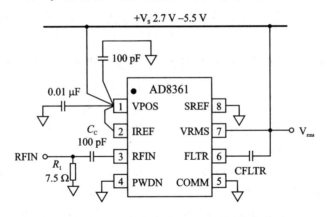

图 4.9.20　AD8361 以地为基准输出的应用电路

方案二：选择检波二极管检波输出信号＋运算放大器进行放大。

例如，利用检波二极管 1N60 检波输出信号。1N60 检波电路和正向检波电流与电压关系如图 4.9.21 所示。1N60 检波范围较大，且电路简单，功耗较低。综合题目要求、电路复杂性与功耗等因素，可选择使用 1 N60 检波二极管实现检波，并使用 LM358、LMV321 等运算放大器进行放大。

方案三：利用 PIN 二极管电调谐器。

AGC 电路通过检波器对输出信号的幅值检测并转换为直流信号，反馈控制电路

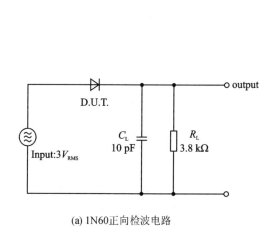

(a) 1N60正向检波电路

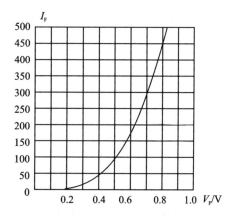

(b) 1N60正向检波电流与电压关系

图 4.9.21　1N60 检波电路和正向检波电流与电压关系

由运放及 PIN 二极管电调谐器构成,直流信号的幅值反应输出信号的变化,通过反馈控制电路作用到第一级单调谐放大器的输入端,实现自动增益控制功能。

方案四:利用可变增益放大器。

例如,AD8367 的典型应用电路如图 4.9.22 所示。AD8367 是一个高性能可变增益放大器。该芯片最高工作频率可达 500 MHz,从外部施加 0 至 1 V 的模拟增益控制电压,可调整 45 dB 增益控制范围,以提供 20 mV/dB 输出。精确的线性 dB 增益控制通过 ADI 公司的专有 X－AM 架构实现,该架构含有一个可变衰减器网络,由高斯插值器提供输入,从而实现精确的线性增益调整。AD8367 集成了一个平方律检测器,使该器件可用作 AGC 解决方案,并提供检测到的接收信号强度指示(RS-SI)输出电压。

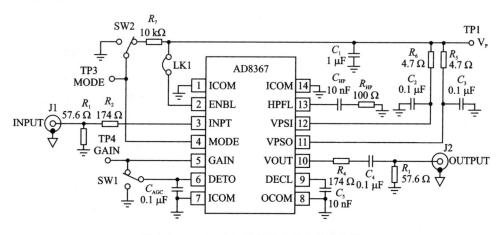

图 4.9.22　AD8367 的典型应用电路和特性

2. AGC 控制电路例 1（解放军信息工程大学,张战韬,张东升,谢炜）

如图 4.9.23 所示,AGC 控制电路例 1 由二极管检波电路和两级 LM358 级联放大电路组成。

本系统末级功率放大器采用的双栅场效应管 BF909R,其两个栅极均能控制沟道电流,对输出信号进行检波后的直流电平经过简单运算后反馈至 G2 栅极,进而控制场效应管的增益,实现自动增益控制。根据本系统实际情况,确定输出电压有效值在 700 mV 左右时进行自动增益控制,使得输出信号电压有效值稳定。

本系统的自动增益控制范围是 50 dB。当 AGC 电路的输入信号有效值 V_{AGCin} 小于等于基准电平 V_{REF} 时,不进行增益控制。若 V_{GCin} 大于 V_{REF} 时,通过改变双栅场效应管 BF909R 的 G2 栅极电压,使各级放大器的增益改变。由于 BF909R 在放大状态下,加在 G2 栅极上的电压越大其增益越大,故对 AGC 电路的输入信号进行检波后,需要做差动运算反相放大,以获得 G2 栅极所需要的电压。

电路中,信号经过二极管检波后,输入运算放大器 LM358,进行直流放大,之后经过 LM358 进行差动反相放大后输入到双栅场效应管的 G2 栅极(此系统末级功率放大器采用的双栅场效应管 BF909R)。

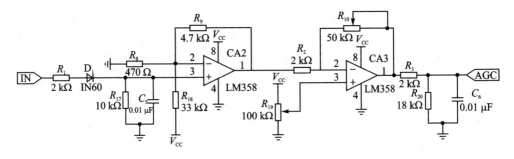

图 4.9.23　自动增益控制电路例 1

3. AGC 控制电路例 2（南京邮电大学,李津生,吕云鹏,王 凯）

自动增益电路如图 4.9.24 所示,其中 PIN 二极管 $D_1 \sim D_4$ 组成电控衰减电路,晶体管 Q1 作为放大器用于将取自衰减器输出的信号放大,当峰值检波电路输出信号与晶体管 Q1 放大的输出送给电调谐器电路时,电调谐电路的输出阻抗发生变化。电调谐电路的输出与 LC 调谐放大器的输入端连接,起到反馈控制作用。

反馈控制过程是,当 LC 谐振放大器输出信号过大时,峰值检波信号使得电调谐电路的输出阻抗变小,由于电调谐电路输出端与 LC 谐振放大器的输入端相连,将使得加载在 LC 谐振放大器的输入端信号变小,从而使得 LC 谐振放大器输出信号变小,完成自动增益控制的功能。

自动增益控制电路(AGC)的设计目标是,当 LC 谐振放大器的输入电压在从 1 μV 到 150 μV 的范围变化时输出信号不失真。据此可以计算出 AGC 电路的控制

范围应为:

$$20\lg(V_{\text{omin}}/V_{\text{imin}}) - 20\lg(V_{\text{omax}}/V_{\text{imax}})$$

$$= 20\lg\left(\frac{0.8}{1 \times 10^{-6}}\right) - 20\lg\left(\frac{0.8}{150 \times 10^{-6}}\right)$$

$$= 43(\text{dB})$$

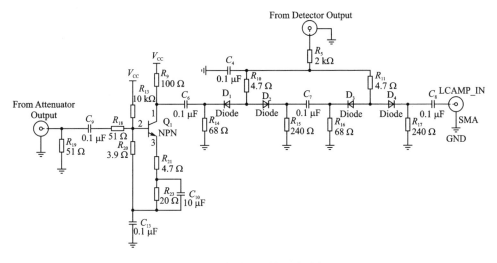

图 4.9.24　自动增益控制电路例 2

4. AGC 控制电路例 3(哈尔滨工程大学,戎慧,郑浩东,潘德敏) (国防科技大学,王伟,宋晓骥,王建)

AGC 控制电路例 3 如图 4.9.25 所示。考虑到整机的供电电压为 3.6 V,选择 ADI 公司的 AD8367 高性能可变增益放大器作为 AGC 控制电路。该芯片最高工作频率可达 500 MHz,从外部施加 0~1 V 的模拟增益控制电压,可调整 45 dB 增益控制范围,以提供 20 mV/dB 输出。精确的线性 dB 增益控制通过 ADI 公司的专有 X−AMP 架构实现,该架构含有一个可变衰减器网络,由高斯插值器提供输入,从而实现精确的线性增益调整。

AD8367 集成了一个平方律检测器,可检测输出信号电平,并与内部设置的 354 mV$_{\text{rms}}$ 电平(对应于 1 Vpp 的正弦波)相比较。当输出电平超过内部设置电平时,将产生一个差值电流。用接在 DETO 脚和地之间的外部电容 C_{AGC}(包括 5 pF 的内部电容)对该电流进行积分可产生与接收信号强度成比例的 RSSI 电压,在 AGC 应用时,该电压可以用作 AGC 控制电压。

作为可编程增益控制芯片,将 AD8367 的 DETO 与 GAIN 相连,同时将 MODE 管脚设为低电平,AD8367 便在 AGC 模式下工作。

赛题要求输出信号的有效值要达到 1 V,即峰-峰值应不低于 2.8 V。但 AD8367 工作在 AGC 模式下不能达到这么大的输出电压,因此还需要对信号进行进一步的放大。在输出端加入隔直电容,便可获得无直流偏置的放大信号。

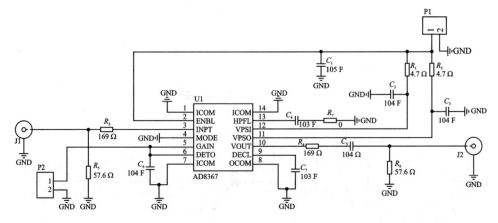

图 4.9.25　自动增益控制电路例 3

第 **5** 章

仪器仪表类作品系统设计

5.1 仪器仪表类赛题分析

5.1.1 历届的"仪器仪表类"赛题

在 11 届电子设计竞赛中,"仪器仪表类"赛题是电子设计竞赛中出现的最多类型的赛题,"仪器仪表类"赛题除了 1994 年和 2009 年外,其它每届都有,有几届都有 2 题,共有 16 题[1]:

① 简易电阻、电容和电感测试仪(第 2 届,1995 年 D 题);

② 简易数字频率计(第 3 届,1997 年 B 题);

③ 数字式工频有效值多用表(第 4 届,1999 年 B 题);

④ 频率特性测试仪(第 4 届,1999 年 C 题);

⑤ 简易数字存储示波器(第 5 届,2001 年 B 题);

⑥ 低频数字式相位测量仪(第 6 届,2003 年 C 题);

⑦ 简易逻辑分析仪(第 6 届,2003 年 D 题);

⑧ 集成运放参数测试仪(第 7 届,2005 年 B 题);

⑨ 简易频谱分析仪(第 7 届,2005 年 C 题);

⑩ 音频信号分析仪(第 8 届,2007 年 A 题,本科组);

⑪ 数字示波器(第 8 届,2007 年 C 题,本科组);

⑫ 积分式直流数字电压表(第 8 届,2007 年 G 题,高职高专组);

⑬ 简易数字信号传输性能分析仪(第 10 届,2011 年 E 题,本科组);

⑭ 简易自动电阻测试仪(第 10 届,2011 年 G 题,高职高专组);

⑮ 简易频率特性测试仪(第 11 届,2013 年,E 题,本科组);

⑯ 简易照明线路探测仪(第 11 届,2013 年,K 题,高职高专组)。

如果将信号源类赛题(4 题)也包括进来,如:实用信号源的设计和制作(第 2 届,1995 年 B 题);波形发生器(第 5 届,2001 年 A 题);正弦信号发生器(第 7 届,2005 年第 7 届 A 题);信号发生器(第 8 届,2007 年 H 题,高职高专组),"仪器仪表类"赛题达到了 20 题。

可以看出,仪器仪表类赛题是电子设计竞赛中出现的最多赛题的一类。几乎已经包含了现在电工电子实验室能够看到的所有普通仪器仪表。

5.1.2　历届"仪器仪表类"赛题的主要知识点

从历届"仪器仪表类"赛题来看,主攻"仪器仪表类"赛题方向的同学需要了解和掌握的主要知识点如下:

- 工频交流电电压有效值、电流有效值、有功功率、无功功率、功率因数的测量方法和电路;
- 幅频特性的测试电路和方法;
- 相频特性的测试电路和方法;
- 方波、正弦波信号的频率、周期测量方法和电路;
- 脉冲宽度的测量方法和电路;
- 电阻的自动化测量方法和电路;
- 电阻、电容和电感参数测试电路和方法;
- 扫频信号源的实现方法和电路;
- 正交扫频信号源的实现方法和电路;
- 数字信号的信号眼图与眼幅度测试方法和电路;
- 伪随机信号发生器的实现方法和电路;
- 信号各频率分量功率的测量方法和电路;
- 正弦信号失真度的测量方法和电路;
- 实时采样方式的实现方法和电路;
- 等效采样方式的实现方法和电路;
- 具有自动校零、自动量程转换的积分型 A/D 转换器电路;
- 通用型集成运算放大器参数的测试电路和方法;
- 采用外差原理设计的频谱分析仪测量方法和电路;
- 8 路数字逻辑信号测量方法和电路;
- 8 路数字信号发生器的实现方法和电路;
- 低频相位的测量方法和电路;
- 数字式移相信号发生器的实现方法和电路;
- 仪器仪表输入电路(例如示波器);
- 信号采样与存储电路;
- 上升沿触发、触发电平可调的触发电路;
- 扫频测试信号源电路;
- 移相网络;
- RLC 被测网络;
- RLC 串联谐振网络;

- 检波电路；
- 低通、高通、带通、带阻滤波器电路的设计与制作；
- 直流稳压电路设计与制作；
- 单片机、FPGA、ARM 最小系统电路设计与制作；
- 微控制器外围电路(显示器、键盘、开关等)的设计与制作；
- ADC 和 DAC 电路设计与制作；
- 可以显示图形的显示器(LCD)电路的设计与制作；
- 数码管显示器电路的设计与制作。

5.1.3 "仪器仪表类"赛题培训的一些建议

"仪器仪表类"赛题涉及面广,需要掌握的测量(测试)理论和方法也很多,训练要求高。建议如下:

(1) 目前已经出现过的赛题,基本上在实验室都可以看到和用到的,赛题的基本工作原理与测量和测试方法,这一方面的知识可以从仪器仪表的产品说明书和使用手册中获得。

(2) 注意同一类型的仪器仪表,其工作原理与测量和测试方法可能不同,例如电压的测量低频交流电压和高频交流电压测量的方法就完全不同;例如频率、周期的测量等。选择合适的工作原理与测量和测试方法是赛题能否制作成功和获得好的竞赛成绩的关键。

(3) 选择已经出现过的一些赛题做一些训练。主要训练这类赛题的共用部分,例如:输入衰减器、前置放大器、滤波器电路、ADC /DAC 电路;微控制器(单片机、FPGA、ARM、DSP)、键盘与开关电路、LED 与液晶显示器、电源电路等的设计与制作。另外需要注意技术参数的变化,把指标做上去。

(4) 主攻"仪器仪表类"赛题方向的同学还可以发挥自己的想象力,考虑一下:

① 还有哪些实验室的仪器仪表没有在赛题中没有出现过？ 如阻抗分析仪、网络分析仪等,在培训过程中事先训练一下。

② 已经出现过的一些赛题,考虑一下哪些可能会在放大器、高频等赛题中出现？

③ 已经出现过的一些赛题,考虑一下哪些可能在指标和功能方面会有哪些变化？ 如简易电阻、电容和电感测试仪等赛题。

④ 已经出现过的一些赛题,考虑一下哪些可能在制作要求方面会有哪些变化？

注意:"仪器仪表类"赛题也可能在其他赛题中出现,例如 2007 年的"程控滤波器(D 题)"就要求制作一个"简易幅频特性测试仪"。

5.2　简易电阻、电容和电感测试仪

5.2.1　简易电阻、电容和电感测试仪设计要求

设计并制作一台数字显示的电阻、电容和电感参数测试仪。该测试仪测量范围:电阻为 100 Ω～1 MΩ;电容为 100～10000 pF;电感为 100 μH～10 mH;测量精度为 ±5%。制作 4 位数码管显示器,显示测量数值,并用发光二极管分别指示所测元件的类型和单位。设计详细要求与评分标准等请登录 www.nuedc.com.cn 查询。

5.2.2　简易电阻、电容和电感测试仪系统设计方案

1. 电阻的测量[8]

(1) 伏安法

伏安法的理论根据是欧姆定律,即 $R=V/I$。其测量原理如图 5.2.1 所示。具体方法是直接测量被测电阻上的端电压和流过的电流,再计算出电阻值。此法看来简单易行,但要准确测量,需要根据具体情况选择合适的仪器和测量方法。例如,若电阻工作在直流状态和交流(低频)状态,则所选用的仪器不同。测量方法不同,对仪器的要求也不相同,如图 5.2.1(a)所示要求电压表内阻要大,图 5.2.1(b)所示要求电流表内阻要小,否则会给测量带来较大的误差。对于图 5.2.1 所示电路,通常在直流状态下用伏安法测量电阻,它与低频(如 50～100 Hz)状态下的测量结果相差很小,因此不必选用交流仪器。

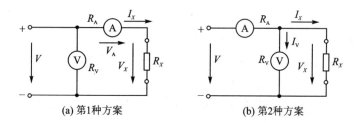

(a) 第1种方案　　　　　　　　(b) 第2种方案

图 5.2.1　伏安法电阻测量原理

(2) 数字多用表中的电阻测量方法

数字多用表中测量电阻的原理电路如图 5.2.2 所示。利用直流电源、输入电阻和运算放大器组成一个多值恒流源,实现多量程电阻测量。各量程电流、电压值如表 5.2.1 所列。恒流 $I(I=E/R)$ 通过被测电阻 R_x,由数字电压(DVM)表测出其端电压 V_x,则 $R_x=V_x/I$。

表 5.2.1　多用表中测量电阻的电压、电流关系

量　程	测试电流	满度电压	量　程	测试电流	满度电压
200 Ω	1 mA	0.2 V	200 kΩ	10 μA	2.0 V
2 kΩ	1 mA	2.0 V	2000 kΩ	5 μA	10.0 V
20 kΩ	100 μA	2.0 V	20 MΩ	500 nA	10.0 V

(3) 高值电阻的测量

测量高值电阻可采用电压源分压的方法。其测量原理如图 5.2.3(a)所示。

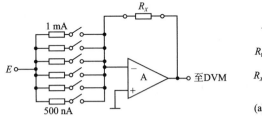

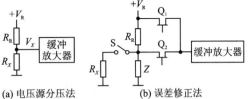

(a) 电压源分压法　　　　(b) 误差修正法

图 5.2.2　数字多用表中测量电阻的原理电路　　　图 5.2.3　高值电阻测量原理

当输入阻抗 Z 很大时,由流经 R_R 和 R_X 电流相等,可得

$$\frac{V_X}{R_X} = \frac{V_R - V_X}{R_R}$$

$$R_X = \frac{V_X}{V_R - V_X} R_R \tag{5.2.1}$$

可见 R_X 与 V_X 之间呈非线性关系。当仪器内装有微处理器时,可按照式(5.2.1)计算被测电阻 R_X 值。

由于高值电阻 R_X 很大,因此进行实际测量时要求:

● 缓冲放大器必须有极高的输入阻抗。仪器的直流输入缓冲器采用级联型场效应对管作为高输入阻抗级。

● 电路绝缘良好。为减少缓冲放大器、印制电路板等泄漏,对印制板材料、工艺、防潮等方面要采取措施。

● 采用误差修正技术。修正原理如图 5.2.3(b)所示。其方法是:Q_1 导通,DVM 对 V_R 进行测量;Q_2 导通,对 R_R 和 Z(等效泄漏电阻)的分压影响进行测量;S 吸合,R_X 接入分压电路后进行测量。最后通过计算,消去分压误差。

(4) 电桥法

电桥法又称零示法。它利用指零电路作为测量的指示器,工作频率很宽,能在很大程度上消除或削弱系统误差的影响,精度很高,可达到 10^{-4}。

图 5.2.4 所示为一个交流电桥,由 Z_X、Z_2、Z_3、Z_4 四个桥臂组成。图中,$\dot{u}$ 为信号源,G 为检流计。

桥臂接入被测电阻（或电感电容），调节桥臂中的可调元件，使检流计指示为零，电桥处于平衡状态，则可得电桥平衡条件为

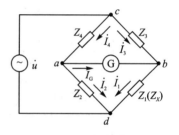

$$Z_X Z_4 = Z_2 Z_3 \qquad (5.2.2)$$

根据式(5.2.2)，可以计算出被测元件 Z_X 的量值。电桥平衡时有

$$\mid Z_X \mid \mid Z_4 \mid = \mid Z_2 \mid \mid Z_3 \mid \qquad (5.2.3)$$

和

图 5.2.4 交流电桥测量电阻

$$\varphi_X + \varphi_4 = \varphi_2 + \varphi_3 \qquad (5.2.4)$$

式中，$\mid Z_X \mid \sim \mid Z_4 \mid$ 为复数阻抗 Z_X、Z_2、Z_3、Z_4 的模，$\varphi_X \sim \varphi_3$ 为复数阻抗 Z_X、Z_2、Z_3、Z_4 的阻抗角。

式(5.2.3)和式(5.2.4)表明，交流电桥平衡时，4 个臂必须同时满足相对臂阻抗的模的乘积相等，以及相对臂阻抗相角之和相等。

当被测元件为电阻元件时，取 $Z_X = R_X$，$Z_2 = R_2$，$Z_3 = R_3$，$Z_4 = R_4$，则图 5.2.5 所示为一个直流电桥，且有

$$R_X = R_2 R_3 / R_4 \qquad (5.2.5)$$

电桥法的测量误差，主要取决于各桥臂阻抗的误差以及各部分之间的屏蔽效果。另外，为保证电桥的平衡，要求信号源的电压和频率稳定，特别是波形失真要小。

应当指出，在实际应用中，测量电阻采用直流双臂电桥（也称凯尔文电桥）。信号源是直流电源，通常采用大容量的蓄电池。这种直流电桥能消除由于接线电阻和接触电阻造成的测量误差，测量小电阻的准确度可做到 10^{-5}。

2. 电感、电容的测量[8]

(1) 电桥法

① 组成原理

实际上，采用电桥法的阻抗测量仪都是多功能仪器，常称为万能电桥。它是交流电桥，可测量电阻、电感、电容、线圈的 Q 值以及电容器的损耗等，是一种多用途、宽量程的便携式仪器。图 5.2.5 所示为电桥的整体框图。它由桥体、信号源（1 000 Hz振荡器）和晶体管指零仪三部分组成。桥体是电桥的核心部分，由标准电阻、标准电容及转换开关组成。通过转换开关切换，可以构成不同的电桥电路，对电阻、电容及电感进行测量。

要实现式(5.2.3)和式(5.2.4)两个平衡条件，必须按照一定的方式配置桥臂的阻抗；否则，平衡不一定能实现。为了使电桥结构简单，调节方便，通常两个桥臂为纯电阻。如果两邻臂接入纯电阻，则另外两邻臂必须接入同性阻抗（同为感性或同为容性）；如果将相对臂接入纯电阻，则另外一对臂必须为异性阻抗。这是初步判断电桥

接法是否正确的依据。

为了同时满足两个平衡条件,交流电桥至少应有两个可调节的标准元件。通常,用一个可变电阻和一个可变电抗调节平衡;在极少数电桥中,也可用两个可变电抗来获得平衡。由于标准电容器的精确度常高于标准电感的精确度,且受外磁场和温度变化的影响也较小,因此,大多采用标准电容器作为标准电抗器。

② 电桥法测电容

测量电容时,桥体连接成图 5.2.6 所示的串联电容电桥。

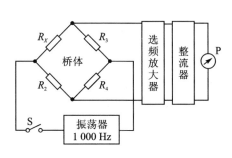

图 5.2.5　电桥方框图

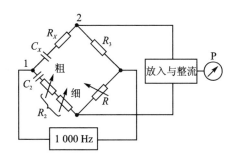

图 5.2.6　串联电容电桥

被测电容接在 1 和 2 两端,C_X 为被测电容的容量,R_X 是它的等效串联电阻。调节桥臂中可调电阻,使电桥平衡。

此时,根据电桥的平衡条件 $Z_X Z_4 = Z_2 Z_3$,可导出

$$\left(R_X - \frac{1}{j\omega C_X}\right)R_4 = R_3\left(R_2 - \frac{1}{j\omega C_2}\right)$$

$$R_X - \frac{1}{j\omega C_X} = \frac{R_3}{R_4}R_2 - \frac{R_3}{R_4}\frac{1}{j\omega C_2} \tag{5.2.6}$$

由实部相等可得

$$R_X = R_3 R_2 / R_4 \tag{5.2.7}$$

由虚部相等可得

$$C_X = R_4 C_2 / R_3 \tag{5.2.8}$$

由损耗因素定义可得

$$\tan\delta = 1/Q = \omega C_2 R_2 \tag{5.2.9}$$

式中,$\tan\delta$ 为损耗系数,δ 是电容器的损耗角。C_X、R_X 和 $\tan\delta$ 都可由面板读出数值。

③ 电桥法测电感

测量电感时,桥体连接成如图 5.2.7 所示(麦克斯韦电桥)。

被测电感接在 1、2 两端,L_X 是它的电感量,R_X 是它的等效串联损耗电阻。当电桥平衡时,由平衡条件可导出

313

$$L_X = R_2 R_3 C_4 \qquad (5.2.10)$$

$$R_X = R_2 R_3 / R_4 \qquad (5.2.11)$$

$$Q = \omega C_4 R_4 \qquad (5.2.12)$$

应当指出,这里只列举了两种电桥。实际上,不同厂家、不同型号的产品,综合了多种不同特点的电桥,以获得更好的性能。

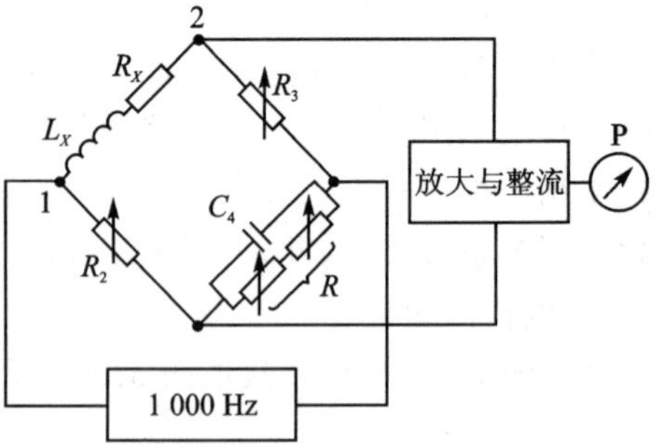

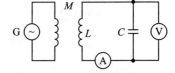

图 5.2.7 测量电感时电桥

(2) 谐振法(Q 表)

谐振法是测量阻抗的另一种基本方法。它是利用调谐回路的谐振特性而建立的测量方法。测量精度虽说不如交流电桥法高,但是由于测量线路简单方便,在技术上的困难要比高频电桥小(主要是杂散耦合的影响)。再加上高频电路元件大多用于调谐回路中,故用谐振法进行测量也比较符合其工作的实际情况。所以在测量高频电路参数(如电容、电感、品质因数、有效阻抗等)中,谐振法是一种重要的手段。

谐振法测量原理如图 5.2.8 所示,它由振荡源 G、已知元件和被测元件组成的谐振回路以及谐振指示器组成。

图 5.2.8 谐振法测量原理

当回路达到谐振时,有

$$\omega = \omega_0 = 1/\sqrt{LC} \qquad (5.2.13)$$

且回路总阻抗为零,即

$$X = \omega_0 L = 1/\omega_0 C = 0 \qquad (5.2.14)$$

$$L = 1/\omega_0^2 C \qquad (5.2.15)$$

$$C = 1/\omega_0^2 L \qquad (5.2.16)$$

测量回路与振荡源之间采用弱耦合,可使振荡源对测量回路的影响小到可以忽略不计。谐振指示器一般用电压表并联在回路上,或用热偶式电流表串联在回路中,它们的内阻对回路的影响应尽可能小。

将回路调至谐振状态,根据已知的回路关系式和已知元件的数值,求出未知元件的参量。

① 谐振法测电感

测量小电感量的电感时,用串联替代法,如图 5.2.9 所示。

首先将 1、2 两端短接,调节 C 到较大容量 C_1 位置,调节信号源频率,使回路谐振,此时有

$$L = \frac{1}{4\pi^2 f^2 C_1} \tag{5.2.17}$$

然后去掉 1、2 之间的短路线，将 L_X 接入回路，保持信号源频率不变，调节 C 至 C_2 时，回路再次谐振，此时

$$L_X + L = \frac{1}{4\pi^2 f^2 C_2} \tag{5.2.18}$$

将式(5.2.17)和式(5.2.18)相减，并整理得

$$L_X = \frac{C_1 - C_2}{4\pi^2 f^2 C_1 C_2} \tag{5.2.19}$$

测量较大的电感常采用并联替代法，如图 5.2.10 所示。

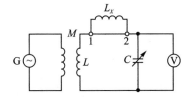

图 5.2.9　串联替代法测量电感

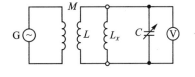

图 5.2.10　测量较大电感的并联替代法

先不接 L_X，可变电容 C 调到小容量位置，这时 C 为 C_1，调节信号源频率使回路谐振，此时有

$$\frac{1}{L} = 4\pi^2 f^2 C_1 \tag{5.2.20}$$

然后接入 L_X，保持信号源频率固定不变，调节 C 使回路再次谐振，记下可变电容器 C 的容量 C_2，此时有

$$\frac{1}{L} + \frac{1}{L_X} = 4\pi^2 f^2 C_2 \tag{5.2.21}$$

将式(5.2.21)和式(5.2.20)相减，再取倒数，可得

$$L_X = \frac{1}{4\pi^2 f^2 (C_2 - C_1)} \tag{5.2.22}$$

② 谐振法测量电容

图 5.2.11 所示是一种直接检测电容的方法，把被测电容 C_X 接好，调节振荡源频率 f 使电压表指示最大，则被测电容为

$$C_X = \frac{1}{(2\pi f)^2 L} \tag{5.2.23}$$

直接法测量电容的误差包含：分布电容(线圈和接线分布电容)引起的误差；当频率过高时，引线电感引起的误差；当回路 Q 值较低时，谐振曲线很平坦，不容易准

确地找出谐振点(电压表指示值最大)产生的误差。

用并联替代法测电容,可以消除由于分布电容引起的测量误差。测试电路如图 5.2.12 所示。

C 是一只已定度好的可变电容器。其容量变化范围大于被测的电容量。在不接 C_X 的情况下,将可变电容 C 调到某一容量较大的位置,设其容量为 C_1,调节信号源频率,使回路谐振。然后接入被测电容 C_X,信号源频率保持不变,此时回路失谐,重新调节 C 使回路再次谐振,这时其容量为 C_2,那么被测电容 $C_X = C_1 - C_2$。

上述方法称为并联替代法,它适合于测量小电容。其测量误差主要取决于可变标准电容的刻度误差。

当被测电容容量大于标准电容器的最大容量时,必须用串联接法,如图 5.2.13 所示。

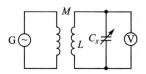

图 5.2.11　直接法测量电容

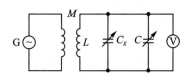

图 5.2.12　并联替代法测量电容

先将图中 1、2 两端短路,调到容量较小位置,调节信号源频率使回路谐振,这时电容量为 C_1。然后拆除短路线,将 C_X 接入回路,保持信号源频率不变,调节 C 使回路再次谐振,此时可变电容值为 C_2,显然 C_1 等于 C_2 与 C_X 的串联值,即 $C_1 = \dfrac{C_2 C_X}{C_2 + C_X}$。由此得

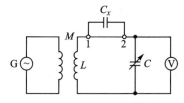

图 5.2.13　串联替代法测量电容

$$C_X = \frac{C_2 C_1}{C_2 - C_1} \qquad (5.2.24)$$

在被测电容比可变标准电容大很多的情况下,C_1 和 C_2 的值非常接近,测量误差增大,因此这种测量方法也有一定的使用范围。

(3) 便携式数字万用表中的 L、C 测量

在便携式数字万用表中,为降低成本选用了时间常数法,其原理如图 5.2.14 所示。

这里时间常数 τ,对图 5.2.14(a)电路 $\tau = RC$;对于图 5.2.14(b)电路 $\tau = L/R$。现以测电容 C 为例,当图 5.2.14(a)电路加入阶跃电压 u_S,其输出电压为

$$u_O(t) = u_S(1 - \mathrm{e}^{-\frac{t}{\tau}})$$

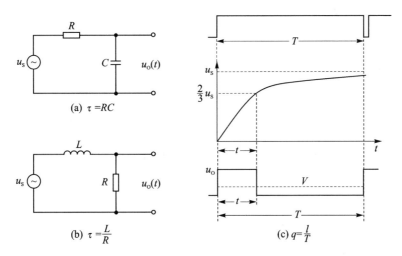

图 5.2.14 时间常数法测量 L、C 的原理

当 $u_O = 2u_S/3$ 时,用时基电路 LM555 可实现此控制,并可以求得

$$t = \tau \ln 3 = RC \ln 3 = (R \ln 3)C \qquad (5.2.25)$$

式中,R 为已知的标准电阻,即 t 值与 C 成正比。从图 5.2.14(c)可以看出,只要测出当 $u_O = 2u_S/3$ 时的 t 值,即可求得电容 C 值。

具体实现方法是,在 DVM 表中加入一块双时基电路 CC7556(内含两个 LM555),令其中 1/2(CC7556)U1A 作为多谐振荡器,1/2(CC7556)U1B 作为单稳态触发器,如图 5.2.15 所示。

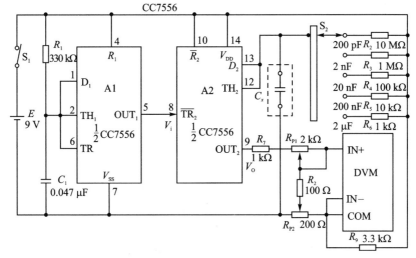

图 5.2.15 数字电容表电路

设计 A1 和 R_1、C_1 构成的多谐振荡频率为

$$f_O = \frac{1.44}{R_1 C_1} = \frac{1.44}{330 \text{ k}\Omega \times 0.047 \ \mu\text{F}} \approx 90 \text{ Hz} \tag{5.2.26}$$

其振荡周期 $T = 0.011$ s。因电路中未接定时电阻,故其脉冲占空比 $q_1 = 100\%$。

设计 A2 与 $R_2 \sim R_6$、C_X 组成单稳触发器,C_X 是被测电容。现以 2 μF 挡为例,说明测量原理。从 A2 第 9 引脚输出脉冲的宽度,由式(5.2.25)可得(见图 5.2.14(c))

$$t = (R_5 \ln 3)C_X = 1.1 \times 1000 \times C_X = 1.1 \times 10^3 C_X \tag{5.2.27}$$

因 A1 的振荡周期 $T = 0.011$ s,所以 A2 输出脉冲的占空比

$$q_2 = \frac{t}{T} = \frac{1.1 \times 10^3 C_X}{0.011} = 1.0 \times 10^5 C_X \tag{5.2.28}$$

即 q_2 与 C_X 成正比。从图 5.2.14(c)可以看出,T 为控制自动测量的工作周期,是固定不变的。故关键是对 t 的测量,其最经济方便的方法是,将幅度为 u_O、宽度为 t 的脉冲在 T 内进行平均,转换为直流电压 $\overline{V}$,而 $\overline{V}$ 可直接由 DVM 测出。

因此,用数字电压表测出 $\overline{V}$ 值,就反映出被测电容 C_X 的大小($C_X \propto t \propto \overline{V}$)。只要适当地调整电路,即可直接显示出被测电容值。图 5.2.15 中,电位器 R_{P1} 进行满量程调节,R_{P2} 进行零点调节,在不接 C_X 时,使 DVM 的显示为零。

3. 电阻、电容和电感参数测试仪系统方案

设计的电阻、电容和电感参数测试仪系统结构方框图[2]如图 5.2.16 所示。电阻、电容和电感利用 RC 振荡器和 LC 振荡器,使其 R、C、L 值与振荡频率相关。AT89S52 单片机根据所选通道,向模拟开关送两位地址信号,取得 RC 振荡器或者 LC 振荡器振荡频率,然后根据所测频率判断是否转换量程,将数据进行处理后,送数码管显示相应的被测 R、C、L 参数值。

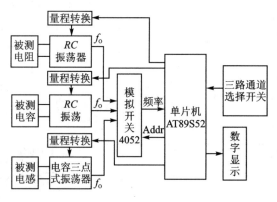

图 5.2.16　电阻、电容和电感参数测试仪

系统结构方框图

5.2.3 测量 R_X 和 C_X 的 RC 振荡电路设计

1. 测量 R_X 和 C_X 的 RC 振荡电路

测量 R_X 和 C_X 的 RC 振荡电路采用 LM555 定时器电路组成。集成定时器 LM555 电路是一种数字、模拟混合型的中规模集成电路。其电路类型有双极型和 CMOS 型两大类,二者的结构与工作原理类似。几乎所有的双极型产品型号最后的 3 位数码都是 LM555 或 LM556;所有的 CMOS 产品型号最后 4 位数码都是 CC7555 或 CC7556,二者的逻辑功能和引脚排列完全相同。LM555 和 CC7555 是单定时器。LM556 和 CC7556 是双定时器。双极型的电源电压 $V_{CC}=+5\sim+15$ V,输出的最大电流可达 200 mA,CMOS 型的电源电压为 $+3\sim+18$ V。

LM555 电路的内部含有两个电压比较器:一个基本 RS 触发器;一个放电开关管 Q。比较器的参考电压由 3 只 5 kΩ 的电阻器构成的分压器提供。它们分别使高电平比较器 A1 的同相输入端和低电平比较器 A2 的反相输入端的参考电平为 $(2/3)V_{CC}$ 和 $(1/3)V_{CC}$。A1 与 A2 的输出端控制 RS 触发器状态和放电管开关状态。当输入信号自第 6 引脚输入,即高电平触发输入并超过参考电平 $(2/3)V_{CC}$ 时,触发器复位,LM555 的输出端第 3 引脚输出低电平,同时放电开关管导通;当输入信号自第 2 引脚输入并低于 $(1/3)V_{CC}$ 时,触发器置位,LM555 的第 3 引脚输出高电平,同时放电开关管截止。RST 是复位端(第 4 引脚),当 RST＝0 时,LM555 输出低电平。平时 RST 端开路或接 V_{CC}。CON 是控制电压端(第 5 引脚),平时输出 $(2/3)V_{CC}$ 作为比较器 A1 的参考电平,当第 5 引脚外接一个输入电压时,即改变了比较器的参考电平,从而实现对输出的另一种控制;在不接外加电压时,通常接一个 0.01 μF 的电容器到地,起滤波作用,以消除外来的干扰,并且确保参考电平的稳定。Q 为放电管,当 Q 导通时,将给接于第 7 引脚的电容器提供低阻放电通路。

LM555 定时器与电阻、电容构成充放电路,并由两个比较器来检测电容器上的电压,以确定输出电平的高低和放电开关管的通断。这就很方便地构成从微秒到数十分钟的延时电路,可方便地构成单稳态触发器、多谐振荡器、施密特触发器等脉冲产生或波形变换电路。

LM555 构成多谐振荡器如图 5.2.17 所示。由 LM555 定时器和外接元件 R_A、R_B、C 构成多谐振荡器,引脚 2 与引脚 6 直接相连。电路没有稳态,仅存在两个暂稳态,电路亦不需要外加触发信号,利用电源通过 R_A、R_B 向 C 充电,以及 C 通过 R_B 放电,使电路产生振荡。电容 C 在 $(1/3)V_{CC}$ 和 $(2/3)V_{CC}$ 之间充电和放电。

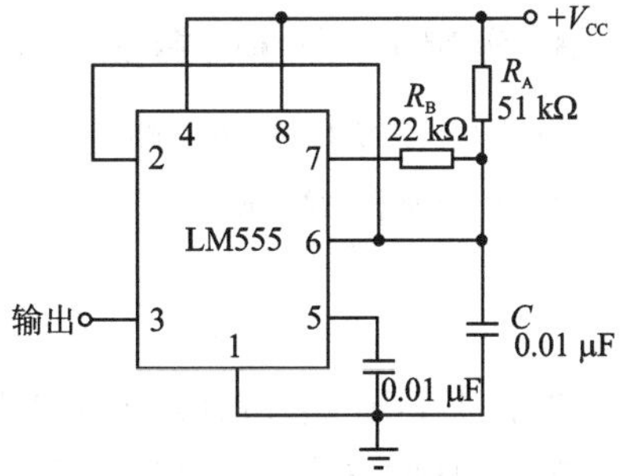

图 5.2.17 LM555 构成的多谐振荡器

图 5.2.17 由 LM555 电路构成的多谐振荡器电路的振荡周期为

$$T = t_1 + t_2 = (\ln 2)(R_A + R_B)C + (\ln 2)(R_A + 2R_B)C$$

故

$$R_A + 2R_B = 1/[(\ln 2)Cf] \tag{5.2.29}$$

设 $R_B = R_X$，$C = C_X$，利用 LM555 电路构成的多谐振荡器电路可用来测量 R_X 和 C_X。

2. 测量 R_X 时 RC 振荡电路的电路参数

选择合适的 C 和 R_A 值，使振荡频率保持在 $10 \sim 100$ kHz 这一段单片机计数的高精度范围内，同时不使电阻功耗太大。在第 1 个量程选择 $R_A = 200$ Ω，$C = 0.22$ μF；第 2 个量程 $R_A = 20$ Ω，$C = 1000$ pF。这样，第 1 个量程中，$R_X = 100$ Ω 时（下限）

$$f = 1/[(\ln 2)C(R_A + 2R_B)] = 1.443/[0.22 \times 10^{-6} \times (200 + 200)] = 16.4 \text{ kHz}$$

第 2 个量程中，$R_X = 1$ MΩ 时（上限）

$$f = 1/[(\ln 2)C(R_A + 2R_B)] = 1.443/[10^{-9} \times (20 \times 10^3 + 2 \times 10^6)] = 714 \text{ kHz}$$

因为 RC 振荡的稳定度可达 10^{-3}，单片机测频率最多一个脉冲误差，所以由单片机测频率值引起的误差在 1% 以下。

量程自动转换原理：单片机在第 1 个频率的记录中发现频率过小，即通过继电器转换量程。再测频率，求 R_X 值。

误差分析：

因为

$$R_A + 2R_B = 1/[(\ln 2)Cf]$$

所以

$$2\Delta R_B = \Delta f/[(\ln 2)Cf^2] - \Delta C/[(\ln 2)C^2 f]$$

于是

$$|\Delta R_B/(R_A/2 + R_B)| = |\Delta f/f| + |\Delta C/C|$$

因为 $|\Delta f/f|$ 相当小，在千分之几的数量级，远小于仪表所需要的精度，所以可忽略不计。这样，$|\Delta R_X/R_X|$ 的精度取决于 $|\Delta C/C|$，即电容的稳定性。电路中采用了稳定性良好的独石电容。理论上说，只要 $|\Delta C/C|$ 小于 1%，所测电阻的精度亦能在 1% 以下。由于单片机程序中采用了多位数的浮点运算，计算精度可远高于 1%。

3. 测量 C_X 时 RC 振荡电路的电路参数

测量 C_X 的 RC 振荡电路的电路结构与测 R_X 的振荡电路完全一样。

若 $R_A = R_B = R_1$，则

$$f = \frac{1}{3(\ln 2)R_1 C_X}$$

两个量程中的取值分别为第 1 量程：$R_A = R_B = 510$ kΩ；第 2 量程：$R_A = R_B = 10$ kΩ。这样的取值使电容挡的测量范围很宽。误差分析同 R_X 的测量，有

$$|\Delta C_X/C_X| = |\Delta f/f| + |\Delta R_1/R_1|$$

已知 $|\Delta f/f|$ 能满足 1% 以下的精度,而精密的金属膜电阻,其阻值的 $|\Delta R_A/R_A|$ 亦能满足 1% 左右的精度。这样,电容的测量精度也可以做得比较高。

注意:由于建立 RC 稳定振荡的时间较长,在测量电阻和电容时,应在显示稳定后再读出参数值。

4. 测量 L_X 的电容三点式振荡电路

测 L_X 的电容三点式振荡电路[2] 如图 5.2.18 所示。

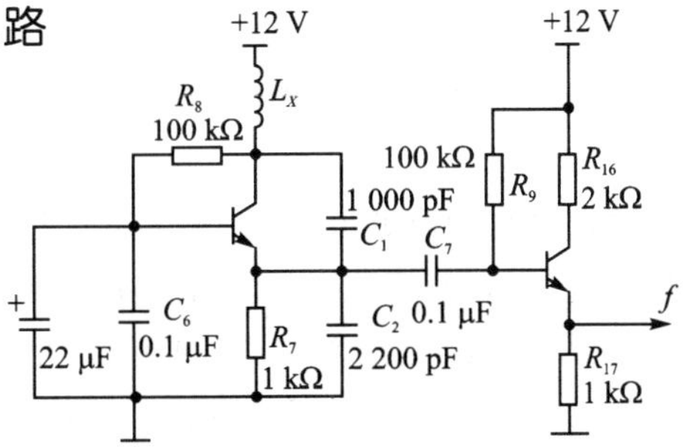

在这个电容三点式振荡电路中,C_1,C_2 分别采用 1000 pF 和 2200 pF 的独石电容。其电容值远大于晶体管极间电容,可以把极间电容忽略。这样根据振荡频率公式:

图 5.2.18　测量 L_X 的电容三点式振荡电路

$$f = \frac{1}{2\pi\sqrt{LC}}, \text{其中} C = \frac{C_1 C_2}{C_1 + C_2}$$

对于 $10\ \mu H$ 的电感,有

$$f = \frac{1}{2\pi\sqrt{10^{-5}\times 0.6875\times 10^{-9}}} = 1.92\ \text{MHz}$$

当单片机采用 6 MHz 晶振时,最快只能计几百 kHz 的频率,因此在测电感这一挡时,需要用分频器分频后送单片机计数。提高单片机的时钟频率,可提高测量精度。

分频器可采用 MC12026A/B 前置分频器。MC12026A/B 前置分频器的分频率设置如表 5.2.2 所列。

表 5.2.2　MC12026A/B 分频率设置

SW	MC	分频率	注　释
H	H	8	SW:H=V_{CC},L=开路。
H	L	9	逻辑 L 也可连接到地
L	H	16	MC:H=2.0 V 到 V_{CC},
L	L	17	L=地到 0.8 V

L_X 的测量误差分析如下:

因为

$$L = \frac{1}{4\pi^2 f^2 C}$$

所以

$$\Delta L = \frac{\partial L}{\partial f}\cdot\Delta f + \frac{\partial L}{\partial C}\cdot\Delta C = \left(-\frac{\Delta f}{2\pi^2 f^3 C}\right) + \left(-\frac{\Delta C}{4\pi^2 f^2 C^2}\right)$$

于是

$$\left|\frac{\Delta L}{L}\right| = \left|\frac{2\Delta f}{f}\right| + \left|\frac{\Delta C}{C}\right|$$

由此可见,因为 $|\Delta f/f|$ 相当小,$|\Delta L/L|$ 的精度主要取决于电容值的稳定性。从理论上看,只要 $|\Delta C/C|$ 小于 1%,$|\Delta L/L|$ 也就能达到相应的水平。一般而言,电容的稳定性,特别是像独石电容一类性能比较好的电容,$|\Delta C/C|$ 能满足小于 5% 的要求,这样误差精

度就能保持在±5%以内。

5. 单片机对 R、C、L 振荡频率的处理

由电路原理可知,仪表的精度只与校准用的电阻、电容、电感的精度成比例,而与所用的电阻、电容的标称值精度无关。因为 $L=1/4\pi^2 f^2 C=K/f^2$,只需用标准电感 L 测出频率 f,就可求得常数 K,而无须知道 C 原来的精确值。

单片机每次计算出频率值后先判断量程是否正确,然后通过浮点计算求出相应的参数值。浮点运算采用 24 位、3 字节的长度。其中第 1 字节最高位为数符,低 7 位为阶码;第 2 字节和第 3 字节为尾数。因此,采用这种计算方法后,计数误差降低到最低限度。

表 5.2.3 CD4051 真值表

输入状态				"导通"通道
CD4051BMS				
引脚端符号	C	B	A	
0	0	0	0	0
0	0	0	1	1
0	0	1	0	2
0	0	1	1	3
0	1	0	0	4
0	1	0	1	5
0	1	1	0	6
0	1	1	1	7
1	x	x	x	无

5.2.4 多路开关转换电路和单片机最小系统设计

多路开关转换电路采用 8 选 1 多路开关 CD4051。CD4051 的真值表如表 5.2.3 所列。

单片机采用 AT89S52 单片机最小系统,显示与键盘处理采用 8279 芯片控制。

5.2.5 电阻、电容和电感参数测试仪软件设计

电阻、电容和电感参数测试仪主程序方框图如图 5.2.19 所示。根据测量开关选择状态,进入相应的测量程序,对测量数据进行量程判断和量程自动转换,对数据进行归一化处理和送显示。

5.3 简易数字频率计

5.3.1 简易数字频率计设计要求

设计并制作一台数字显示的简易频率计。频率、周期测量范围:信号为方波、正弦波;幅度为 0.5～5 V;频率为 1 Hz～1 MHz;测量误差不大于 0.1%。脉冲宽度测量范围:信号为脉冲波;幅度为 0.5～5 V;脉冲宽度不小于 100 μs;测量误差不大于

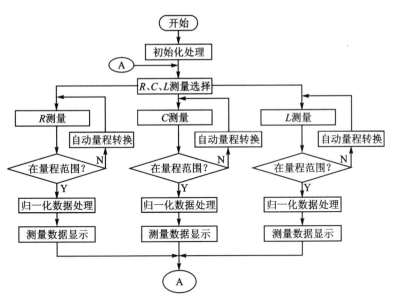

图 5.2.19　电阻、电容和电感参数测试仪主程序方框图

1%。设计详细要求与评分标准等请登录 www.nuedc.com.cn 查询。

5.3.2　简易数字频率计系统设计方案

1. 测量原理[5]

(1) 计数式直接测频

计数式直接测频的原理方框图如图 5.3.1 所示。

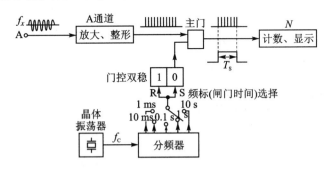

图 5.3.1　计数式直接测频的原理方框图

其中主门具有"与门"的逻辑功能。主门的一个输入端送入的是频率为 f_x 的窄脉冲。它是由被测信号经 A 通道放大整形后得到的。主门的另一个输入端送入的是来自门控双稳的闸门时间信号 T_S。因为门控双稳是受时基(标准频率)信号控制的,所以 T_S 既准确又稳定。设计时通过晶体振荡器和分频器的配合,可获得 10 s、

1 s、0.1 s 等闸门时间。由于主门的"与"功能，其输出端只有在闸门信号 T_s 有效期间才有频率 f_X 的窄脉冲输出，并送到计数器去计数，计数值为 $N = T_s / T_X = T_s \cdot f_X$，它与被测信号的频率 f_X 成正比，由此可得

$$f_X = N/T_s \tag{5.3.1}$$

由上式可知，当闸门时间 T_S 为 1 s 时，N 值即为被测信号的频率。因为各个闸门时间之间为 10 的倍数关系，所以当 N 以十进制数显示时，若 T_S 的取值不为 1 s，则只要移动小数点的位置就能直接显示出所测频率的值。计数式直接测频方法由于主门的开启时间与被测信号之间不同步，而使计数值 N 带有 ± 1 量化误差；且当被测信号频率越低时，该量化误差的影响越大。若再考虑由晶体振荡器引起的闸门时间误差，则对式(5.3.1)进行误差的积累与合成运算后，可得到计数式直接测频误差的计算公式如下：

$$\frac{\Delta f_X}{f_X} = \frac{\Delta N_X}{N} - \frac{\Delta T_S}{T_S} = \pm \left(\frac{1}{T_s f_X} + \left| \frac{\Delta f_c}{f_c} \right| \right) \tag{5.3.2}$$

上式右边第 1 项为量化误差的相对值，其中 $\Delta N_X = \pm 1$；第 2 项为闸门时间的相对误差，数值上等于晶体振荡器基准频率的相对不确定度 $|\Delta f_c / f_c|$。

分析表明，在 f_X 一定时，闸门时间 T_S 选得越长，测量准确度越高。而当 T_S 选定后，f_X 越高，由于 ± 1 误差对测试结果的影响减小，测量准确度越高。但是随着 ± 1 误差影响的减小，闸门时间（也即基准频率）自身的准确度对测量结果的影响不可忽略，这时可认为 $|\Delta f_c / f_c|$ 是计数式直接测频率准确度的极限。

（2）计数式直接测周期

计数式直接测周期的原理框图如图 5.3.2 所示。

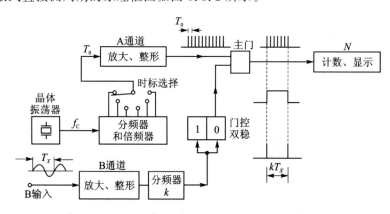

图 5.3.2　计数式直接测周期的原理方框图

与计数式直接测频原理方框图相比，其中门控双稳改由输入信号放大、整形和分频后的脉冲控制，所以闸门时间的宽度就等于 k 倍被测信号的周期 kT_X；而主门的另一个输入端，送入由晶体振荡器和分频器产生的周期为 T_0 的时标脉冲信号。由

于主门的"与"功能,它只在 kT_X 期间有时标脉冲信号输出,并由计数器计数,其值为 N。不难看出,被测信号的周期为

$$T_X = NT_0/k \qquad (5.3.3)$$

通常时标信号的周期 T_0 取值为 10 的倍率,如 $T_0 = 1$ s、0.1 s、10 ms、1 ms、0.1 ms、10 μs、1 μs、0.1 μs…因此,当 $T_0 = 1$ s 和 $k = 1$ 时,N 值即为被测信号以秒为单位的周期。当 N 以十进制数显示时,若对 T_0 的取值不为 1 s,k 的取值不为 1,则只要移动小数点的位置,也能直接显示出所测周期的值。与计数式测频类似,由于 T_X 和 T_0 之间也是不同步的,所以计数值 N 也带有 ± 1 量化误差;此外,由于晶振的不确定度,时标的周期 T_0 也存在误差;最后,由于被测输入信号中噪声的影响,使经 B 通道放大、整形后的脉冲周期 T_X 中还引入了一种触发误差。对式(5.3.3)进行误差积累和合成的运算,可以得到测周期误差的计算公式如下:

$$\frac{\Delta T_X}{T_X} = \frac{\Delta N_X}{N} - \frac{\Delta T_0}{T_0} + \theta = \frac{\Delta N_X T_0}{kT_X} + \frac{\Delta f_C}{f_C} + \frac{\Delta T}{T_X}$$
$$\pm \left(\frac{T_0 f_X}{k} + \left| \frac{\Delta f_C}{f_C} \right| + \frac{0.32}{k} \times 10^{-R/20} \right) \qquad (5.3.4)$$

上式右边第一项为量化误差的相对值,其中计数误差 $\Delta N_X = \pm 1$;第二项为时标的相对误差;第三项为触发误差 θ,其中 R 为被测信号 V_X 与噪声 V_N 比,可由公式 $R = 20\lg(V_X/V_N)$ 计算(单位为 dB)。要降低触发误差,就必须增大信噪比 R,并采用多周期测量(此时 $k \gg 1$),还可在整形电路中采用具有滞回特性的施密特电路来减小噪声的影响。

分析表明,在倍率 k 和时标 T_0 固定时,与测频率相反,测量周期的误差随被测信号的频率升高而增大;此外,由于有限的信噪比,使触发误差成为影响测量周期准确度的主要因素,采用多周期测量可以有效地降低触发误差的影响。

(3) 计数式测量时间间隔

计数式测量时间间隔的原理方框图如图 5.3.3 所示。

计数式测量时间间隔是在测周期的方框图基础上,将门控双稳改为分别由两个测时通道输出的脉冲信号来控制。其中一个脉冲与被测时间间隔的起点相对应,称为启动信号,它使门控双稳置位而开启主门;另一个脉冲则与被测时间间隔的终点相对应,称为停止信号,它使门控双稳复位而关闭主门。因此,闸门信号的宽度以及主门开启的时间就等于被测的时间间隔 ΔT_X,在这段时间内由计数器计下的时标脉冲 T_0 的数目为 N。于是被测时间间隔为

$$\Delta T_X = NT_0 \qquad (5.3.5)$$

测量两路脉冲信号指定沿之间的时间间隔如图 5.3.4 所示。图 5.3.4(a)用来测量两信号上升沿之间的时间间隔;图 5.3.4(b)用来测量一个信号上升沿与另一信号下降沿之间的时间间隔。

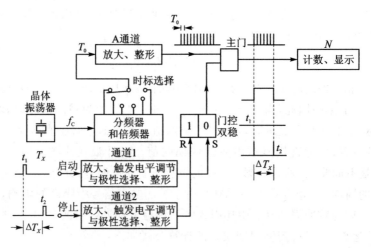

图 5.3.3 计数式测量时间间隔的原理方框图

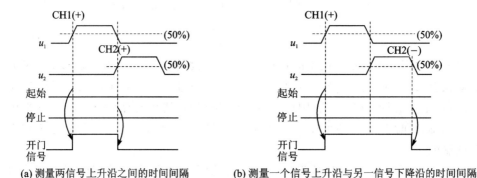

(a) 测量两信号上升沿之间的时间间隔   (b) 测量一个信号上升沿与另一信号下降沿的时间间隔

图 5.3.4 两信号之间时间间隔的测量

由于实际脉冲的边沿时间不为零,所以测量时间间隔时,必须指定与边沿相交的电平值(即触发电平),通常以脉冲幅值 50%处的电平作为触发电平。两个测时通道中除了前端有放大器、末端有整形电路之外,中间均有触发电平调节以及触发沿极性选择电路,因此可实现两路脉冲信号任意沿之间的时间间隔测量。图 5.3.4 中给出了两种情况。

如果将图 5.3.3 中两个测时通道的输入端连在一起,并接到被测脉冲信号上,然后分别正确地选择启动与停止通道的触发极性,调节触发电平,就能实现对脉宽、上升沿或下降沿的测量,如图 5.3.5 所示。

对式(5.3.5)进行分析后,可以得到测量时间间隔的相对误差计算公式

$$\frac{\Delta(\Delta T_X)}{\Delta T_X} = \pm \left[\frac{T_0}{\Delta T_X} + \left| \frac{\Delta f_C}{f_C} \right| + \frac{1}{\Delta T_X} \left(\frac{u_{N1}}{|S_1|} + \frac{u_{N2}}{|S_2|} \right) \right] \qquad (5.3.6)$$

其中 u_{N1}、u_{N2} 分别为通道 1、通道 2 信号中噪声电压的振幅,S_1、S_2 分别为通道 1、通道 2 脉冲信号在触发电平处的斜率。

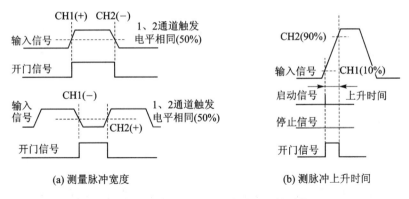

(a) 测量脉冲宽度　　　　　(b) 测脉冲上升时间

图 5.3.5　脉宽和上升沿或下降沿的测量

式(5.3.6)中,右边第 1 项为±1 量化误差的相对值;第 2 项为基准频率的不确定度;第 3 项为触发误差。

(4) 等精度测频、测周期

倒数计数器采用多周期同步测量法,即测量输入信号的多个(整数个)周期值,再进行倒数运算而求得频率。与直接测量法相比,其优点是,可在整个测频范围内获得同样高的测试精度和分辨率。图 5.3.6(a)为倒数计数器的原理方框图,图 5.3.6(b)为其工作时间波形图。

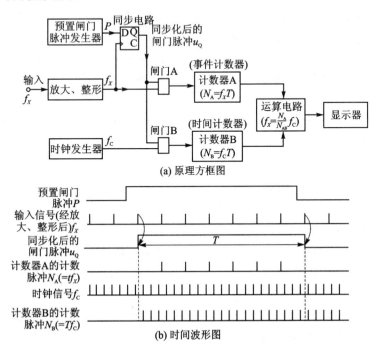

图 5.3.6　倒数计数器的原理方框图和波形

f_X 为输入信号频率,f_C 为时钟脉冲的频率。A、B 两个计数器(分别称之为事件计数器和时间计数器)在同一闸门时间 T 内分别对 f_X 和 f_C 进行计数。计数器 A 的计数值为 $N_A = f_X T$,计数器 B 的计数值为 $N_B = f_C T$。由于 $N_A/f_X = N_B/f_C = T$,则被测频率 f_X 和周期 T_X 分别为

$$f_X = \frac{N_A}{N_B} f_C = \frac{N_A}{T} \tag{5.3.7}$$

$$T_X = \frac{N_B}{N_A} T_C \tag{5.3.8}$$

式(5.3.7)中 $T = N_B/f_C$,为时钟的周期。

图 5.3.6(a)中的同步电路(D 触发器)的作用在于使计数闸门信号与被测信号同步,实现同步开门,并且开门时间 T 准确地等于被测信号周期的整数倍,故式(5.3.7)、式(5.3.8)中的计数值 N_A 没有 ±1 量化误差。计数值 N_B 虽有 ±1 量化误差,但由于 f_C 很高,$N_B \gg 1$,所以 N_B 的 ±1 量化误差的相对值(±1/N_B)很小,且该误差与被测频率 f_X 无关,因此在整个测频范围内,倒数计数器能够实现等精度的测量。该测试方法需要的除法运算功能,对于使用微处理器的仪器来说,是不难实现的。

图 5.3.6(a)中的预置闸门脉冲相当于普通计数器中的闸门时间脉冲,通常有 10 s、1 s、0.1 s、10 ms、1 ms 等数值,在倒数计数器中该闸门被同步化闸门 T 取代了,从而使 A 计数器消除了 ±1 量化误差。这正是它能够获得很高的等精度测量效果的关键所在。但同步化闸门 T 也是未知量,所以需要增加另一个计数器 B 来测量 T 的宽度,通过其计数值 N_B 来计算出 T 的宽度。再根据频率的定义,由公式 $f_X = N_A/T$ 就能计算出被测信号的频率。其中 N_A 为计数器 A 的计数值,若将 $T = N_B/f_C$ 代入此式,就可得到与式(5.3.7)、式(5.3.8)一样的结果。

考虑计数值 N_B 中的 ±1 量化误差、时钟 f_C 的不确定度和同步门 T 的触发误差时,根据式(5.3.7)和式(5.3.8),可推导出倒数计数器的测频、测周期误差计算公式如下:

$$\frac{\Delta f_X}{f_X} = \frac{\Delta T_X}{T_X} = \pm \left(\frac{T_C}{T} + \left| \frac{\Delta f_C}{f_C} \right| + \frac{0.32}{k} \times 10^{-R/20} \right) \tag{5.3.9}$$

式(5.3.9)中 $R = 20 \lg(u_X/u_N)$,为输入被测信号的信噪比,k 为多周期倍率。与式(5.3.2)、式(5.3.4)相比较,式(5.3.9)中没有对被测信号计数引起的 ±1 量化误差,只有 N_B 计数器在同步门 T 期间的 ±1 计数误差 T_C,而且与被测信号的频率无关,即在整个测量频段上是等精度的。假定输入通道放大器的制作工艺较高,它所产生的噪声可以忽略,这时触发误差仅由被测信号本身的质量来决定,即由外因决定。在评价测量方法时只应考虑内因,而不考虑外因,也即不考虑式(5.3.9)中的第三项。以典型数据为例,频率基准的不确定度 $\Delta f_C/f_C$ 通常为 $10^{-7} \sim 10^{-9}$,假设时钟频率为 10 MHz,则 T_C 等于 0.1 μs。若闸门选为 1 s,则 N_B 的 ±1 计数误差 T_C/T 仅为 10^{-7}。由此可见,

这时倒数计数器的测频、测周期的精度在整个测量频段上均可达 10^{-7} 量级。

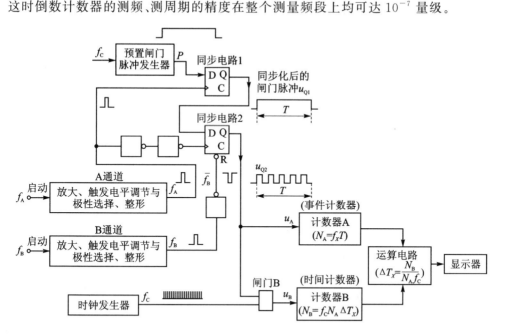

图 5.3.7 等精度测时间间隔原理方框图

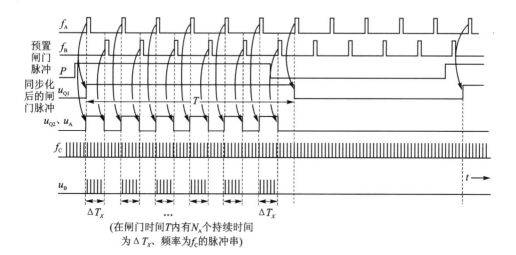

图 5.3.8 等精度测时间间隔的工作波形

(5) 等精度测时间间隔

要对两路脉冲信号之间的时间间隔进行等精度测量,可在图 5.3.6(a)的基础上增加一个同步电路 2(D 触发器)和一个 B 输入通道,并将其输出反相后送到同步电路 2 的复位端上。该同步电路的触发时钟由输入通道 A 的输出经两级反相器延时后得到。该同步电路的输出 u_{Q2} 由计数器 A 直接计数,同时还作为闸门 B

的开门信号;由计数器 B 记录通过闸门 B 的时钟脉冲的数目,最后将两个计数器所计得的数送运算电路进行处理,便可获得被测时间间隔的值。整个电路如图 5.3.7 所示。该电路的工作原理可由图 5.3.8 所示的工作波形图看出来。

由图 5.3.8 的波形图不难看出,在同步化闸门时间 T 内有 N_A 个持续时间为 ΔT_X、频率为 f_C 的脉冲串,经计数器 B 计数后所得的计数值为 $N_B = N_A f_C \Delta T_X$,由此可计算出欲测的时间间隔

$$\Delta T_X = \frac{N_B}{N_A f_C}$$ 　　　　　(5.3.10)

式中,N_A 为计数器 A 中的计数值,f_C 为时钟频率。

若将两个输入通道的输入端连在一起,并分别选择两个通道的触发极性和调节触发电平,使得在脉冲的前沿处产生一个与 f_A 对应的脉冲,而在被测脉冲的后沿处产生一个与 f_B 对应的脉冲,就能实现对脉冲宽度的测量。

在测得信号的脉冲宽度及其周期的基础之上,通过计算就可得到占空比。

2. 设计方案

采用 FPGA 等可编程器件可以方便地完成不同测量原理的频率计设计。

以 AT89S52 单片机为核心的频率计系统方框图[2]如图 5.3.9 所示,采用高阻抗、高增益的前端放大器和分频器,采用屏蔽和看门狗、软件陷阱、软件容错等多种软件抗干扰措施。

将被测量的输入信号(0.1 Hz～30 MHz)划分成 0.1 Hz～1 Hz、1Hz～50 kHz、50 kHz～1 MHz、1～30 MHz 四个频段,分别是对小于 1 MHz 与大于 1 MHz 的信号采用了两个预处理放大器,分别进行放大,接着对放大器输出的信号进行整形、分频处理。利用单片机进行频率、周期、脉宽、占空比的测量和计算处理,运算结果串行输出到数码显示。

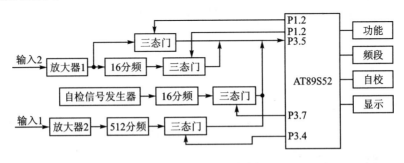

图 5.3.9　频率计系统方框图

5.3.3　输入电路设计

输入前端电路有两个端口,端口输入 1 可输入的被测信号频率范围是 1～30

MHz,端口输入 2 可输入的被测信号频率范围是 0.1 Hz～1 MHz。该频率计的电路设计中,其关键是在输入信号处理部分,因输入信号幅值、频率可变,故在单片机进行计数处理之前要有合适的放大整形电路。根据设计要求,采用直流放大器,使电路满足设计要求。

1. 0.1 Hz～1 MHz 输入电路

考虑对小信号的测量,输入 2 的信号首先采取增幅措施,然后对增幅后的信号进行整形处理,在单片机的控制下送入单片机的 P3.5 口计数。

由于本仪器对输入阻抗、输入灵敏度要求较高,所以在 0.1 Hz～1 MHz 输入探头上采用绝缘栅型 CMOS 管 3DO1F 作为输入阻抗变换,以降低其对信号源内阻的要求。其输入阻抗为 1 MΩ,后级采用高频三极管 C9012 和 C9018,完成对小信号的放大。本电路为直流放大器,对小于 100 kHz 的信号可保证其脉冲不变形;后级整形电路采用高速 CMOS 施密特触发器 74HCT132 对波形进行整形。

0.1 Hz～1 MHz 输入电路的输入阻抗 $R_1 = (R_{D1} \parallel R_{D2} \parallel R_{CMOS}) + (R_1 \parallel X_C)$,其中 R_{D1}、R_{D2} 为二极管 D_1 和 D_2 的信号输入时的电抗值,X_C 为高频补偿电容的容抗,$X_C = 1/(\omega C) = 1/(2\pi f C)$,$f$ 为信号频率。当 f 增加时,X_C 下降,从而使等效输入电阻 R_1 减小,使输入信号增大,保证了放大器的放大能力。

0.1 Hz～1 MHz 输入电路图[2] 如图 5.3.10 所示。

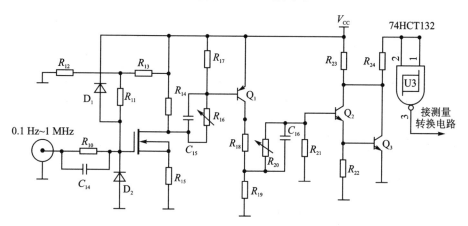

图 5.3.10　0.1 Hz～1 MHz 输入电路

由于计数器频带要求在 0.1 Hz～1 MHz 内有较好的直流特性,所以采用直流耦合。但由于放大器本身特性受结电容影响,在高频时放大倍数下降。为补偿高频段放大倍数的下降,采用了 RC 高频补偿电路。在图 5.3.10 中,由于低频不能通过 C_{14}、C_{15} 和 C_{16},而通过 R_{10}、R_{16} 和 R_{20},信号被衰减,而在数百千赫兹以上的高频带,由于电容电抗减小,所以信号不衰减,可达到降低低频增益、使频率特性均匀的目的。

图 5.3.10 中接入的 D_1 和 D_2 是对高阻输入端(MΩ)FET 的栅极加以保护,凡高

于＋5.7 V或低于－0.7 V的输入电压都被削减,从而达到对过大输入信号保护的目的。在无信号时,应将Q1、Q2集电极对地电压V_{cc}调节在所加电压的中点,调节电位器R_{20}可改变V_{cc},使其抗干扰性和灵敏度最佳。

整形电路采用高速CMOS施密特触发器74HCT132。利用施密特电路对放大后的波形进行整形,使输出变为脉冲波形。74HCT132的真值表如表5.3.1所列。

2. 1～30 MHz 输入电路

表 5.3.1 74HCT132 的真值表

输	入	输 出
nA	nB	nY
L	L	H
L	H	H
H	L	H
H	H	L

注：H=高电平;L=低电平。

1～30 MHz输入电路[2]如图5.3.11所示。1～30 MHz输入电路相对于低频段来说,在设计上要求更高。在设计时,前端输入仍采用绝缘栅型CMOS管3DO1F,以满足输入阻抗的要求(输入阻抗同前面"0.1 Hz～1 MHz输入电路"中的分析),而后端则采用微波放大专用器件2SC3358和μPC1651。2SC3358和μPC1651的频率特性(1 GHz)和增益完全能满足设计要求的上限频率。放大后的信号经74HCT04和74HCT161进行整形和分频,分频后的信号送于单片机输入端处理。该输入电路在最小输入u_{P-P}＝50 mV时能变换500 kHz～32 MHz的交流信号,输出16分频后的TTL脉冲信号以供下级处理。

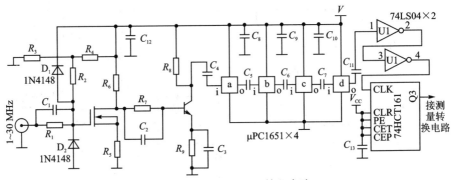

图 5.3.11 1～30 MHz 输入电路

5.3.4 分频器电路和三态门电路设计

分频器电路采用74HCT161芯片组成。74HCT161是一个4位二进制计数器,最高工作频率为100 MHz,连接不同的输出引脚端,可构成不同分频比的分频器。三态门电路采用74LS125芯片,功能表如表5.3.2所列。

表 5.3.2 74LS125 功能表(Y＝A)

输	入	输 出	注 释
L	L	L	H=高电平,L=低电平
H	L	H	X=任意高电平或者低电平
X	H	HI-Z	HI-Z=三态(输出端不使能)

5.3.5 单片机系统和自校电路

单片机系统是整个硬件系统的核心,采用 AT89S52 单片机。系统操作控制如下:

- 若需要系统自校,则按下自校键即可。
- 若要功能选择时,则用功能选择键来控制。
- 频段选择时,用频段选择键来控制。通过单片机实现检测 0.1～1 Hz、1 Hz ～50 kHz、50 kHz～1 MHz、1～30 MHz 频段。

为了检测系统的精度,本电路附加了自校电路,用以产生 1 MHz 信号,可在功能按键控制下进行自校。

5.3.6 简易数字频率计软件设计

系统主程序方框图[2]如图 5.3.12 所示。

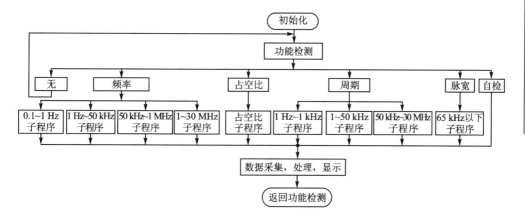

图 5.3.12 系统主程序方框图

1. 频率测量

由于设计要求的被测频率范围较宽,为了便于信号的放大和测量,把整个测量频率范围划分为 4 个频段。

(1) 0.1～1 Hz 频段

在该频段内,设定闸门时间为 10 s,由定时器 T0 定时 20 ms,时标信号为 0.5 μs,循环 500 次得到,并由它控制计数器 T1 计数脉冲个数,把计得的脉冲数除以 10,得到信号频率。

(2) 1 Hz～50kHz 频段

在该频段内,由定时器 T0 定时 20 ms,时标为 0.5 μs,循环 50 次,得到 1 s 的闸门时间,并由其控制计数器 T1 计数脉冲个数,计得的脉冲数即为信号频率。

(3) 50 kHz~1 MHz 频段

在该频段内,先经 16 分频,使其频率降为 3 125~62 500 Hz,闸门时间设为 1 s,由 T0 作闸门时间计数器,由 T1 计数被测脉冲个数,则 T1 中的数值乘 16 即为信号频率,其绝对误差为 ±16 Hz,最大相对误差为 16 Hz/50 kHz = 0.032%。

(4) 1~30 MHz 频段

在该频段内,信号经 512 分频,闸门时间为 1 s,由定时器 T0 提供闸门时间,T1 计数被测脉冲个数,则信号频率等于 T1 计数值乘以 512。这样,测量最大的绝对误差为 ±512 Hz,最大相对误差为 512 Hz/ 1 MHz = 0.051 2%,可以达到设计精度要求。

2. 周期测量

信号在 1 kHz 以上,由定义可知周期 $T = 1/f$,先测量频率后取倒数就可得到周期;在 1 kHz 以下的周期测量中,用被测量信号启动/停止计数器 T0 测量正脉冲脉宽,用被测量信号启动/停止计数器 T1 测量负脉冲脉宽,通过数据处理,$T_+ + T_-$,再乘以时标 0.5 μs,即为周期,其最大绝对误差为 0.5 μs。

3. 脉宽测量

脉宽测量时,由外部信号的高电平启动计数器 T1 计数。当信号变为低电平,则 T1 计数器停止工作。此时 T1 的计数值乘以 0.5 μs 即为脉冲宽,其最大绝对误差为 ±0.5 μs。

4. 占空比测量

先测信号的脉宽和周期,为保证测量精度,采用周期/脉宽(用 4 字节乘除法实现),再取倒数可得占空比。

5.3.7　误差分析

频率在 50 kHz 以下,测得的频率误差很小。在 50 kHz 以上,误差主要来源于分频时的频率损失,分界处误差最大,但仍在设计要求的范围之内,即全频段误差达标。产生误差的原因是,在这些分界点两边所采用的运算方法不同所致。解决问题的办法是,尽量不分频,而增加计数器的位数;也可采用频率值平均等方法减小误差。

脉宽测量误差的产生是由门电路延时、施密特整形和 0.5 μs 的时间分辨率引起的。可采用减小施密特滞回电压和改用高速 AHCT 系列门电路以及选用晶振频率更高的单片机等措施,使测量误差减小。

5.4　频率特性测试仪

5.4.1　频率特性测试仪设计要求

设计并制作一个频率特性测试系统,包含测试信号源、被测网络、检波及显示三部分。幅频特性测试:频率范围为 100 Hz～100 kHz;频率步进为 10 Hz;频率稳定度为 10^{-4};测量精度为 5%;能在全频范围和特定频率范围内自动步进测量,可手动预置测量范围及步进频率值;LED 显示,频率显示为 5 位,电压显示为 3 位,并能打印输出。设计详细要求与评分标准等请登录 www.nuedc.com.cn 查询。

5.4.2　频率特性测试仪系统设计方案

1. 频率特性的测试方法

频率特性测试可采用冲激响应测试法和扫频测试法。设计要求的频率范围为 100 Hz～100 kHz,属于低频频率特性测试仪的频率范围。冲激响应测试法和扫频测试法两种方法都可采用。设计要求频率按 10 Hz 步进,采用频率步进式扫描的扫频测试法,操作起来更为方便。

扫频测试法可采用频率逐点步进或频率连续变化的方法,完成整个频率特性的测量。这种方法无须对信号进行时域与频率的变换计算,可通过对模拟量的测量和运算完成。采用扫频测试法的频率特性测试仪方框图如图 5.4.1 所示。图中,扫描同步控制部分产生锯齿或阶梯形扫描电压,同步控制压控振荡器(VCO)和显示部分的工作,以及对整机其他部分的性能做同步补偿,如对扫频信号源的幅值平坦度进行补偿等。

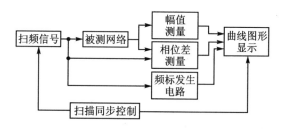

图 5.4.1　采用扫频测试法的频率特性测试仪方框图

扫频信号源部分产生频率从低到高或由高到低变化的正弦波振荡信号。扫频信号的产生方法有多种,按需要可做成点频(连续波 CW)、频率自动步进(STEP)、频率连续变化(扫频 SWEEP)等形式。可采用 VCO 产生扫频信号。VCO 的控制量使用斜坡电压或阶梯电压,同时斜坡电压或阶梯电压又作为显示的 X 轴扫描电压,以达到扫频和曲线显示的同步。

测量和计算部分对输入与输出信号的幅值和相位进行测量。计算输出信号与输入信号的幅值比,得到幅频特性;计算输出与输入的相位差,得到相频特性,如下面公式所示:

$$H(\omega) = A_0(\omega)/A_1(\omega) \qquad \Phi(\omega) = \Phi_0(\omega) - \Phi_1(\omega)$$

式中,$A_0(\omega)$ 和 $A_1(\omega)$ 分别为系统的输出和输入的幅度,$\Phi_0(\omega)$ 和 $\Phi_1(\omega)$ 为输出和输入的相位。通常使输入信号的幅值在扫频过程中保持平坦(即采用等幅度的扫频振荡信号作为激励信号),即 $A_1(\omega) = 1$,则求幅频特性的幅值比的运算可省略。只分析电路的幅频特性称为标量分析,而同时给出幅频特性和相频特性的称为矢量分析。

显示系统的频率特性有各种形式,如采用图形和文字信息显示,用得最多的是幅频特性曲线和相频特性曲线。对于频率特性,还可采用波特图显示方式,即频率轴按对数刻度,相应地,频率步进(扫频)按等比级数取值。

频标发生器电路产生一个频标信号,在显示的频率特性曲线上打上一个图形标志,用以指示该处对应的频率值。

2. 采用单片机系统的频率特性测试仪系统结构

采用单片机系统的频率特性测试仪系统结构方框图[5]如图 5.4.2 所示。

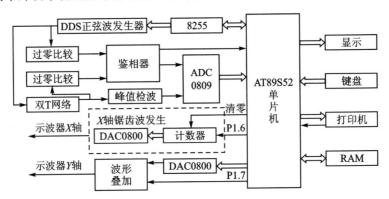

图 5.4.2 采用单片机系统的频率特性测试仪系统结构方框图

(1) 幅频特性的测试

幅频特性测试原理方框图如图 5.4.3 所示。单片机完成被测网络的输出幅值的采集运算,检测正弦波的峰值或有效值。

对于 DDS 正弦波信号发生器,如果不平坦的规律是已知的,则可由单片机在最后对扫描测量结果进行幅度校正,这样可省去对信号源的检波。

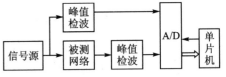

图 5.4.3 幅频特性测试原理方框图

(2) 相频特性的测试

① 采用 CD4046 锁相环中的"异或"

鉴相器进行鉴相

采用 CD4046 锁相环中的"异或"鉴相器进行鉴相的电路原理方框图如图 5.4.4(a)所示,输入/输出波形经过零电压比较器整形为方波,送鉴相器鉴相,经低通滤波取出直流分量,再经 A/D 后,由单片机读取测量值。该值表征两个波形的相对相位差大小,但不能分解出超前与滞后的关系,还需要另加一个相位差极性判别电路,如图 5.4.4(c)所示。其鉴相特性如图 5.4.4(b)所示。

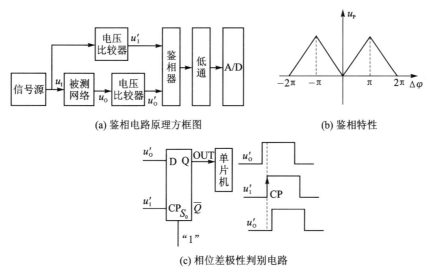

(a) 鉴相电路原理方框图　　　　　　　　(b) 鉴相特性

(c) 相位差极性判别电路

图 5.4.4　相频特性的测试电路

② 采用对"异或"门的输出脉冲宽度进行计数测量的办法

采用对"异或"门的输出脉冲宽度进行计数测量相频特性的原理如图 5.4.5 所示。将双 T 网络的输入与输出端分别通过一个过零比较器,对两输出方波进行"异或"操作,所得脉冲的宽度可反映相位差的大小。将所得脉冲和原输入相"与"后,若输出超前,相"与"后结果的下降沿到来时,u_1 为低;若输出滞后时,u_1 为高,由此可判断输出是超前还是滞后。脉冲宽度的测量需要一个标准高频脉冲,记录在脉冲宽度时

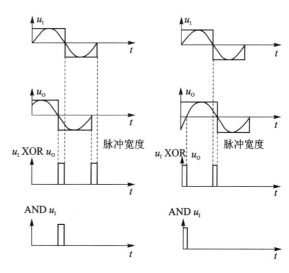

图 5.4.5　采用对"异或"门的输出脉冲宽度进行计数测量相频特性

间内标准时钟所通过的脉冲个数。若标准时钟频率为 16 MHz,则相位差表达式为 $360nf/16\,000\,000(°)$(n 为脉冲数,f 为当前频率)。

(3) 频率特性曲线的显示

采用双踪示波器,分别显示幅频特性和相频特性曲线。为了便于观察,应设计一个供示波器扫描同步用的触发信号。

使用单通道示波器,同时观察幅频特性和相频特性曲线,可采用如图 5.4.6 所示电路。示波器显示的图像分为奇数帧和偶数帧。图 5.4.6 中用到两个 DAC,其中一个用作示波器的 X 偏转,它与 DDS 扫频同步。另一个 D/A 的输出在奇数帧时为相频特性的幅值,在偶数帧时为幅频特性的幅值,并与这时由单片机送出的固定电压叠加起来送到示波器的 Y 轴输入,就可以同时在示波器屏的上方和下方看到幅频特性和相频特性两条曲线。

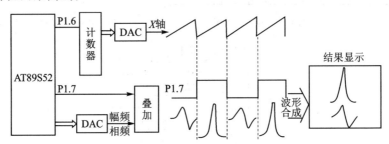

图 5.4.6 使用单通道示波器同时观察幅频特性和相频特性曲线

频标显示方案如图 5.4.7 所示。单片机在输出频率特性数值的过程中,在选中的频率处,同步输出一个脉冲,通过示波器的 Z 轴加亮屏幕上的光点,作为频标。

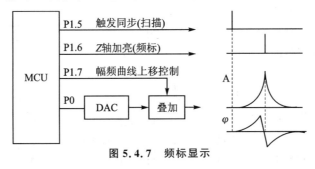

图 5.4.7 频标显示

采用点阵式液晶显示屏,也可以实现数值显示和曲线显示功能。

3. 采用单片机和 FPGA 系统的频率特性测试仪系统结构

采用单片机和 FPGA 系统的频率特性测试仪系统结构[2]如图 5.4.8 所示。幅频测量主要包括检波电路、A/D 转换电路;相频测试电路主要包括过零比较电路和脉宽检测电路。脉冲宽度的测量由 FPGA 完成。BCD 比例乘法器、ROM 表、计数器、相频检测电路均集成在 FPGA 中。相位差的显示由单片机控制并由打印机打印输出。

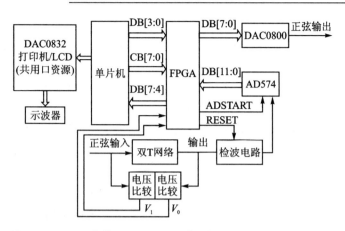

图 5.4.8　采用单片机和 FPGA 系统的频率特性测试仪系统结构

5.4.3　扫频信号源发生器电路设计

扫频测试法包括扫频信号源、幅度和相位检测、数值计算处理、频率特性曲线显示及同步控制等几部分。各部分电路设计考虑如下。

1. 扫频信号源发生器性能指标

扫频测试需要用到正弦波信号。对于正弦波信号,主要性能指标有频率稳定度、频率精度、失真和噪声、信号源内阻以及输出幅度等。

正弦波信号用于扫频测量时,除了上述指标要求外,要考虑的其他性能指标有:

① 扫频频率范围,或称为频偏。扫频信号源应能全程或分段扫完整个被测网络的频率范围(带宽)。

② 扫频速度。对于被测网络,从激励输入到达到稳态输出之间的时间为网络的建立时间。该时间的长短反比于网络的带宽。实际测量时,应根据被测网络带宽来选择扫频速度。对被测网络输出响应的测量应等到它输出达到稳态之后进行。

③ 扫频方式。扫频信号源可分为频率连续变化和步进式变化两类。连续扫频时频率变化的斜率(Ramp)和步进式扫频时频率变化的步进值(Step),可按需要在一定的范围内选择。步进式扫频时,信号从一个频率步进式地跳到另一个频率,步进值的大小和在每一个频率上停留的时间决定了扫频的速度。频率值大小可随时间呈线性关系或指数关系变化,分别称为线性扫频或指数扫频。两种扫描方式所测得的频率特性曲线的频率轴刻度分别为线性和对数刻度。对数扫频所测得的频率特性曲线图称为波特图。

④ 扫频线性度。当采用锯齿波电压作为压控电压时,频率应随时间线性变化,这时,频率特性曲线的频率轴为线性刻度。实际上,控制电压与振荡频率之间不可能完全是线性的关系。常用的办法是对控制电压预先进行非线性

校正。

⑤ 平坦度,或寄生调幅。在整个扫频频段内,正弦波信号源的幅度应保持平坦一致,可用"寄生调幅"这一指标来描述其不平坦度。对于宽频范围的扫频测量,平坦度是一个重要的指标。如果扫频信号源的幅度可保持平坦,此时,输入信号的幅度为恒定(可视为恒等于 1),则求幅值比的运算可省略,但扫频源的寄生调幅将直接反映在输出响应上。为了保证所需的幅度平坦度,窄频范围内扫频信号源的幅度平坦度由自动电平控制电路(ALC)来实现。

⑥ 输出动态范围和衰减器精度。用作扫频信号源的幅度变化范围应尽量大,以适应不同的被测网络的要求。幅度的改变通过衰减器实现。一般的衰减器都可按 10 dB、1 dB、0.1 dB 步进调节衰减量。衰减量的总动态范围可达 70 dB 以上。

⑦ 在进行相频特性测量时,信号源的相位应能通过预置加以控制并便于测量。

2. 扫频信号源发生器实现方案

(1) 压控振荡器(VCO)形式

可采用专用的 VCO 芯片或者函数发生器芯片构成。

(2) 锁相环(PLL)频率合成器形式

基本锁相环由参考信号源 f_{REF}、鉴相器 PD、低通滤波器 LPF、压控振荡器 VCO 四部分组成。通过鉴相器获得输出 f_0 与输入 f_{REF} 的相位差,并经低通滤波器转换为相应的控制电压,控制 VCO 的振荡频率 f_0。PLL 是一个闭环控制系统,只有当输出信号和输入的参考信号在频率和相位都达到一致时,系统才能达到稳定。

在基本 PLL 环路中加上分频系数可变的分频器,则可获得不同的输出频率,构成 PLL 频率合成器,方框图如图 5.4.9 所示。当分频系数为

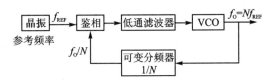

图 5.4.9　PLL 频率合成器方框图

N 时,输出频率为输入参考频率的 N 倍,N 可为分数或小数。

改变参考振荡器的频率也可改变输出频率。通过对 f_{REF} 进行分频(除)、倍频(乘)、混频(上、下变频)等各种频率变换运算,可直接获得不同的输出频率。这种方法称为直接合成。直接合成的最大优点是输出频率的切换速度快,但电路规模大,成本高。

(3) 直接数字频率合成器(DDS)形式

DDS 的原理方框图如图 5.4.10 所示。DDS 是由数字量控制的频率源,是一个开环控制系统,不存在类似于 PLL 的锁定时间问题,输出频率可快速跳变。DDS 的频率精度和稳定度由系统的时钟频率决定,要求时钟频率的精度和稳定度足够高。

DDS 采用的一种纯数字化的方法,先将所需正弦波形一个周期的离散样点的幅

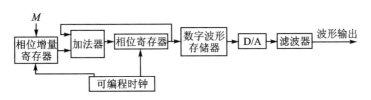

图 5.4.10　DDS 的原理方框图

值数字量存于 ROM(或 RAM)中,按一定的地址间隔(相位增量)读出,经 D/A 转换后,成为模拟正弦信号波形,再经低通滤波器滤波,滤去 D/A 带来的小台阶和数字电路产生的毛刺,即可获得所需的正弦波信号。

当相位增量为 1、累加器的字宽为 32 位时,输出地址对应于波形的相位分辨率为 $1/2^{32}$。

组成一个周期的样点数愈多,表示样点幅值大小的数字位数越长,所合成的波形质量越好。为了获得更高的相位分辨率,存储函数数字波形的 ROM 表应尽量的长。如果是正弦波,则可利用它的周期性和对称性,只存储 1/4 的波形即可。但不可能制成容量为 2^{32} 大小的 ROM 表,为此,可用插值的方法(硬件或软件)来增加每个周期中的样点数。通过改变地址间隔的步长,或读取数据的重复频率,即可改变输出正弦波的频率。

DDS 的输出频率 f_O 可表示为

$$f_O = \frac{f_C}{2^N} \times M$$

式中,f_C 为 DDS 的时钟频率,N 为相位累加器位数。M 为相位累加器的增量(步长)。当 $N=16$ 时,为了获得 10 Hz 的频率步进,可取 $f_C=0.655\ 36$ MHz,这时的输出频率为

$$f_O = 10 \times M \text{(Hz)}$$

M 值增减 1,频率将增减 10 Hz。f_C 和 M 都可通过编程设置。f_C 的上限频率值受到电路工作速度的限制。

若地址增量(步长)不是常数,而是随时间增加,即可获得频率由低变高的扫频信号。DDS 的输出频率和相位由控制字决定,而改写控制字可以瞬间完成,因此,可以实现快速跳频和调相。

DDS 不但可以合成出正弦波、三角波、方波等函数波形,还可以合成各种调制波形和任意形状的波形,只要将所需波形预先计算好存储于波形存储器中即可。通过这种方法可以制成任意波形发生器(AWG)。

DDS 信号的相位可以十分精确地控制,在进行相频特性测量时,这是十分重要的。

目前,专用的 DDS 集成电路芯片的最高时钟频率可达到 1 GHz 以上,可实现的

信号源正弦波频率达数百 MHz 以上。

(4) DDS＋PLL 频率合成器

DDS＋PLL 频率合成器方框图如图 5.4.11 所示。在图 5.4.11(a)所示方框图中,使用了两个 DDS。DDS1 作为分频器,直接改变参考振荡源的频率;DDS2 作为频率合成器的环路分频器,用于实现频率值的小幅度步进。DDS 作为分频器,其工作频率上限不可能太高,因此,在 DDS 分频之前,先经过一个 2^N 分频。

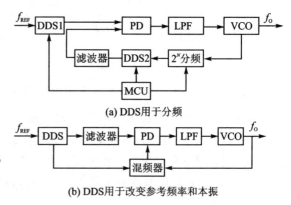

(a) DDS用于分频

(b) DDS用于改变参考频率和本振

图 5.4.11 DDS＋PLL 频率合成器方框图

在图 5.4.11(b)所示方框图中,电路采用混频的方法,改变参与鉴相的两路信号的频率比值,以减小振荡器输出的相位噪声。也可利用 DDS 的频率容易改变的特点,作为混频器的本振,实现合成器频率范围的变化。

PLL＋DDS 频率合成器可采用 AD9858 等专用芯片。在 AD9858 芯片内除了 DDS 功能外,还带有模拟混频器和鉴相器等电路。其中 DDS 被用于对 f_{REF} 的分频和对 VCO 输出的分频。

3. 采用 ICL8038 函数发生器芯片构成的扫频信号源发生器

ICL8038 是函数发生器芯片,可产生正弦波、方波、三角波输出,频率范围为 0.001 Hz～300 kHz,正弦波输出失真度为 1%,线性度达到 0.1%,输出幅度从 TTL 电平到 28 V_{P-P}。ICL8038 构成的线性 VCO 电路如图 5.4.12 所示。该电路也可采用 MAX038 芯片实现。

通过改变外加控制电压,改变芯片内的电容充电电流和放电电流的大小,可以改变电容 C 的充放电速度,从而获得不同频率的三角波,同时由过零比较和触发整形,形成方波。三角波经过逐段限幅的非线性化电路后,变为正弦波。外加固定的电压,则可获得固定的频率输出。当外加斜坡电压时,即可获得扫频输出。

设计要求扫描频率按 10 Hz 步进变化,需要加上测频电路。如图 5.4.13 所示,采用单片机按照设置的频率变化要求,经 D/A 发出控制电压。ICL8038 产生正弦输出用于扫频测试,并将 ICL8038 的 TTL 输出反馈至单片机的测频端口 T1。单片机检测输出频率,并根据输出频率与设置频率值的差值,对 D/A 的输出电压进行反馈调节,直到得到所需的频率值信号输出。

4. 采用 AD9830 DDS 芯片构成的扫频信号源发生器

采用 AD9830 DDS 芯片构成的扫频信号源发生器电路方框图如图 5.4.14 所

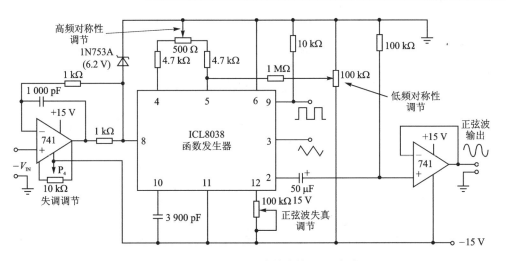

图 5.4.12　ICL8038 构成的线性 VCO 电路

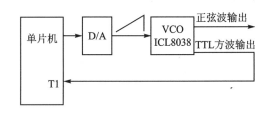

图 5.4.13　采用单片机闭环控制线性压控振荡器电路

示。AD9830 的应用电路如图 5.4.15 所示。AD9830 内部相位累加器的字宽为 32 位,sin 函数表有 4 096 个样点值,32 位的累加器输出截取高位的 12 位,用于查表。片内 D/A 为 10 位。CPU 通过 16 位数据线和 3 位地址线向片内各寄存器写入控制字。其中频率寄存器存储相位增量信息,用于决定输出频率。通过改变 2 个频率寄存器和 4 个相位寄存器的内容,可实现快速的频率跳变和相位调制。AD9830 的最高时钟频率为 50 MHz,能合成的最高频率可达 20 MHz。

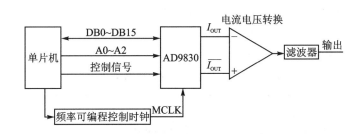

图 5.4.14　采用 AD9830 DDS 芯片构成的扫频信号源发生器电路方框图

AD9830 可直接与单片机接口。AD9830 的数据线 DB0～DB15 和地址线 A0～

全国大学生电子设计竞赛系统设计(第 3 版)

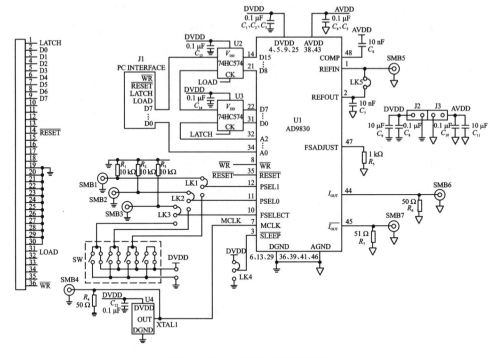

图 5.4.15　AD9830 的应用电路

A2 与单片机对应的引脚端相连。AT89S52 单片机的 P0 和 P2 口用作对 DDS 编程的 16 位数据线。DDS 的控制线和地址线分别接至 P1 口和 P3 口的相应 I/O 引脚端上。AD9830 的控制信号线有 $\overline{RESET}$、$\overline{WD}$、PSEL0、PSEL1 和 FSELICT，分别与单片机 I/O 端口连接，利用程序对这些端口进行控制。在应用电路中，也可采用单片机的 ALE 作为 AD9830 的时钟 MCLK。AD9830 芯片内部的 D/A 为电流输出型，由运放 TL084 完成电流电压转换，采用 RC 低通滤波器电路进行滤波后输出。可采用由数控电位器 X9313 实现幅度控制，以满足不同网络的输入幅度的要求，采用运放 LM3875 构成的跟随器电路，实现低阻输出。AD9830 时钟频率取为 2 MHz 时，最低的镜像频率为 1.9 MHz，远离 100 kHz 的最高频率。

数控电位器 X9313 引脚端封装形式和等效电路如图 5.4.16 所示。数控电位器 X9313 模式选择如表 5.4.1 所列。

表 5.4.1　数控电位器 X9313 模式选择

$\overline{CS}$	$\overline{INC}$	U/$\overline{D}$	模　式
L	↘	H	抽头向上移动
L	↘	L	抽头向下移动

续表 5.4.1

$\overline{CS}$	$\overline{INC}$	U/$\overline{D}$	模　　式
⤴	H	X	存储抽头位置
H	X	X	待机电流
⤴	L	X	不存储,返回到待机状态
⤵	L	H	抽头向上移动(不推荐使用)
⤵	L	L	抽头向下移动(不推荐使用)

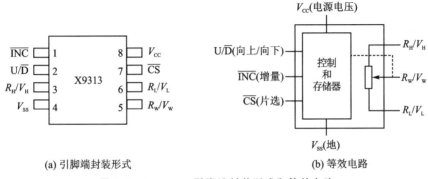

(a) 引脚端封装形式　　　　　　　　(b) 等效电路

图 5.4.16　X9313 引脚端封装形式和等效电路

345

5.4.4　幅度测量电路设计

幅度测量常用的检波方式有峰值检波和有效值检波。

1. 有效值检波电路

有效值检波电路可采用专用的有效值检波电路芯片,以实现精确的 RMS 检波,如采用 RMS-DC 转换器芯片 MX536A/MX636 等。MX536A/MX636 引脚端封装形式、内部结构和应用电路如图 5.4.17 所示。

2. 峰值检波电路

一个有源峰值检波电路如图 5.4.18 所示,用来保持峰值电压的电容 C 应根据被检波的信号频带宽度而取相应的值,一般不宜太大。在完成一次峰值检测后,泄放开关管导通,将 C 上的电荷清除,接着进行下一次测量。每次测量都应在网络达到稳态输出时进行,至少应包含一个峰值周期,因此测量速度随网络带宽和激励频率而变。

采用上述两种模拟检波电路所获得的直流模拟电压,还需要通过一个 A/D 转换为数字量,供数字显示用。

	MX536A	MX636
R_1	500 Ω	200 Ω
R_2	365 Ω	154 Ω
R_3	750 kΩ	470 kΩ
R_4	50 kΩ	500 kΩ

(a) 输出漂移微调电路

	MX536A	MX636
R_1	20 kΩ	20 kΩ
R_2	10 kΩ	39 kΩ
C_2	1 μF	3.3 μF

(b) 单电源工作方式

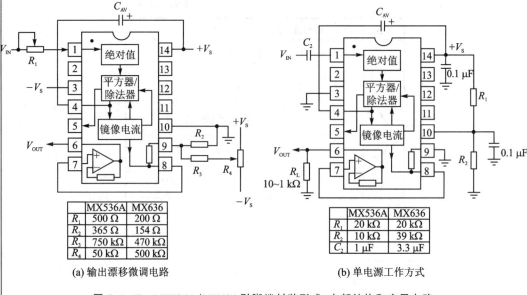

图 5.4.17　MX536A/MX636 引脚端封装形式、内部结构和应用电路

5.4.5　相位测量电路设计

相频特性的测量通过测量网络的输出与输入信号的相位差来实现,也可分为模拟电路测量方法和数字测量方法两种。

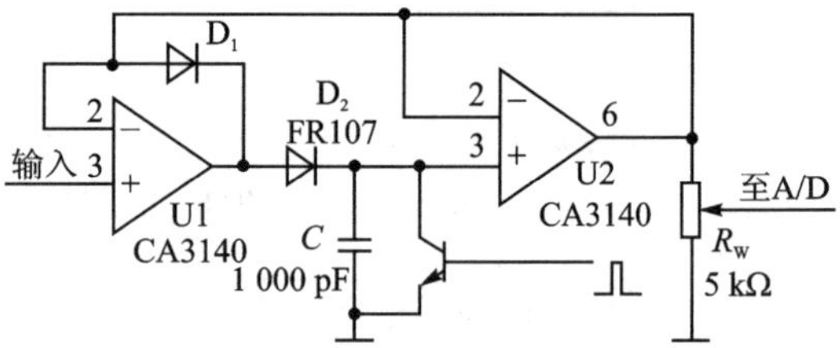

图 5.4.18　有源峰值检波电路

1. 模拟测量方法

用过零电压比较器将输入和输出正弦波整形为方波,送鉴相器鉴相。鉴相电路由"异或"门和低通滤波器组成。"异或"门的输出为脉冲方波,其占空比与两个信号的相位差成正比。经过低通滤波器,即可将占空比转换为直流电压,再经 A/D 转换后,单片机读取相位差值。该值表征两个波形的相对相位差大小,但不能分辨出两者之间的相位关系是超前还是滞后。为此,还要另外加一个相位极性判别电路,如图 5.4.19 所示。

2. 数字化方法

采用数字电路技术对图 5.4.19 中的"异或"门输出的脉冲宽度进行测量,可直接完成相位差的测量。设计要求在 10 kHz 时,相位测量精度达到 3°,相应的脉冲宽度约为 1 μs。一般的数字电路都可满足这个计数速度要求。也可采用单片机中的计数和测频功能来完成这一工作,具体方法是,直接利用整形之后两个方波信号的边沿作为单片机的两个中断源,并测量两次中断之间的时间间隔。这种方法要求单片机时

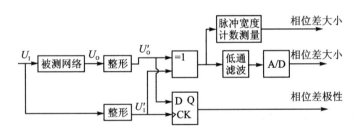

图 5.4.19　模拟相位检测电路

钟频率足够高。

上述方法都是测量两个信号的相对相位差。也可同时分别测量两个信号的相位值,两者相减,即得到相位差值。这样需要一个相位参考点,如果将测量时间选择在输入信号的零相位点上,则只需测量输出信号的相位即可。由于 DDS 信号源的相位是可控的,从测量方便考虑,选择输入激励信号处于波峰(90°)的时刻作为参考点,测量网络输出信号达到峰值的时间,并将这一时间折算为当时频率下的相位值。为了准确地测得响应信号的峰值,应采用数字检波,对输出信号进行数据采集和数据的分析处理后,求得峰值。这种方法所需的硬件电路最少,只有在采用 DDS 扫频信号源时才可使用。

5.4.6　被测网络的制作

设计要求制作一个中心频率为 5 kHz、带宽±50 Hz 的阻容双 T 网络作为被测网络。双 T 阻容网络的电路如图 5.4.20 所示。

图 5.4.20 是一个无源带阻滤波器,中心频率由 RC 值决定,按照 $f_0 = 1/(2\pi RC) = 5$ kHz,经计算可选择 $R = 31.8$ kΩ,$C = 1000$ pF。但是它的带宽不能满足±50 Hz 的设计要求,必须采用有源阻容双 T 滤波器,电路[5] 如图 5.4.21 所示。

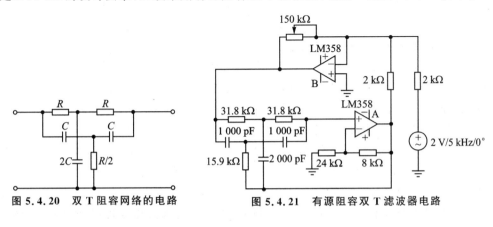

图 5.4.20　双 T 阻容网络的电路

图 5.4.21　有源阻容双 T 滤波器电路

由双 T 阻容网络和运放 A 组成的有源带阻滤波网络作为负反馈放大器 B 的反

馈网络,运放 A 既提供反馈环路的增益,同时又起到对双 T 网络隔离的作用。调节运放 A 或 B 的增益,或调求和放大器 B 的两路信号的引导电阻,都可以达到改变环路的 Q 值,从而调整有源滤波器带宽的目的。利用 Multisim 软件对该电路进行仿真,其中心频率为 5 kHz,带宽为 100 Hz,可达到设计要求。

5.4.7　频率特性测试仪软件设计

系统程序[5]应包括监控程序、测试功能管理程序、DDS 控制程序、扫频测试程序、结果处理程序、显示控制程序以及打印控制程序等。扫频测量的主程序流程图如图 5.4.22 所示。

在扫频测量的主程序流程图中,值得注意的是"延时"环节。扫频测量法是一种稳态测量方法,需要等到网络的输出达到稳态后才能测量。低频电路的绝对带宽都较窄,建立时间长。扫速太快,将使测得的特性曲线畸变失真,形成所谓的"建立误差"。如果被测的是一个带通滤波器,因扫速太快而造成的频率特性失真如图 5.4.23 所示。图 5.4.23 中曲线 1 为滤波器的真实幅频特性,随着扫速的加快,成为曲线 2 和曲线 3 的形状。失真表现为滤波器中心频率向扫频方向偏移;频率特性幅度值下降,或者带宽增加,频率分辨率下降;出现虚假的波动响应等。

采用扫频技术的扫频仪,因扫速太快而导致的误差可能远大于其他类型的误差。扫速的设定是通过在频率步进变化之间加入延时时间来实现的,而测量应安排在延时之后、切换到下一个频率之前进行。延时时间太长,测试太慢;延时太短,则带来"建立误差"。扫频测量的扫速应视被测网络的带宽而定。由于在测量之前可能不知道网络的带宽,因此扫速的选定有一个试探的过程,其目标是在保证测试精度的前提下,求得较快的测试速度。具体过程是,根据对网络的先验知识,由人工试设定一个初始值,根据测试的情况再做修改。如果扫速太快,则幅频曲线的幅度将偏小。这时可增加延时时间,降低扫速,直到幅频曲线幅度不再变化为止。延时时间的设定最好通过微处理器来实现智能化。其流程如图 5.4.24 所示。该流程先设置较短的延时,以便较快地完成这一自动设定过程。

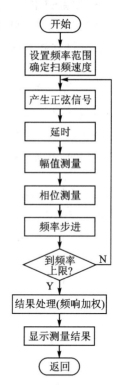

图 5.4.22　扫频测量的主程序流程图

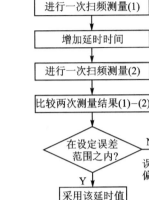

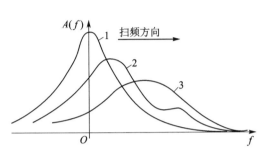

图 5.4.23　扫速对测试网络频率特性的影响　　　图 5.4.24　扫频速度自动设定程序流程图

5.5　数字式工频有效值多用表

5.5.1　数字式工频有效值多用表设计要求

设计并制作一个能同时对一路工频交流电（频率波动范围为（50±1）Hz，有失真的正弦波）的电压有效值、电流有效值、有功功率、无功功率、功率因数进行测量的数字式多用表。测量功能及量程范围：交流电压为 0～500 V；有功功率为 0～25 kW；无功功率为 0～25 kW；功率因数（有功功率/视在功率）为 0～1 。设计详细要求与评分标准等请登录 www.nuedc.com.cn 查询。

5.5.2　数字式工频有效值多用表系统设计方案

设计要求对单相电的电参数进行测量，这些参数中电压和电流为基本量，其他参数是导出量。由于要求计算功率因数，需要对电流、电压信号进行同时采样。如果采用非同时采样方法，则需要用软件修正的方法消除或减少引入的固定相位误差。真有效值 AC/DC 转换常用的方法有：热电变换法、采样计算法、模拟直接运算变换法和单片集成有效值转换组件（对数放大器）法等。

采样计算法能够对周期信号进行快速采样，获得多个离散值，再利用单片机的运算功能，进行相关运算，转换精度高，并可算出相位信息。采用采样计算法的系统方案[5]如

图 5.5.1 所示。

系统以 AT89S52 单片机为核心，包括数据采集、数据处理（单片机系统）和输入/输出模块（键盘/显示模块）三个模块。输入的电压信号和电流信号通过可编程放大器 PGA103 进行放大和保持，通过多路开关进入 A/D 转换器被采样。

为保持采样间隔随信号频率的波动而发生相应的变化，即把一个周期等时间间隔采样变为等相位采样。设计中采用锁相环电路，利用锁相环把信号的频率通过计数器进行 64 倍

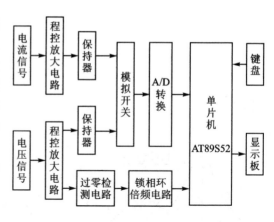

图 5.5.1　采用采样计算法的系统方案

频，从而在需要采集信号的一个周期中产生 64 个脉冲，利用此脉冲信号作为单片机的外部中断信号，快速启动 A/D 转换器进行转换，实现高速数据采样。

5.5.3　输入放大器电路设计

为满足对大小不同的电流信号和电压信号进行处理，输入放大器电路采用可编程形式，电路如图 5.5.2 所示，由可编程运算放大器芯片 PGA103 组成，通过单片机对 PGA103 的引脚端 1 和引脚端 2 进行控制，可获得不同的放大倍数（见图 5.5.2）。当 $A_0 = A_1 = 0$ 时，放大倍数为 ×1；当 $A_0 = 1$ 和 $A_1 = 0$ 时，放大倍数为 ×10；当 $A_0 = 0$ 和 $A_1 = 1$ 时，放大倍数为 ×100；当 $A_0 = A_1 = 1$ 时，无效。逻辑 0 的电压范围为 $-5.6\ \mathrm{V} \leqslant V \leqslant 0.8\ \mathrm{V}$；逻辑 1 的电压范围为 $2\ \mathrm{V} \leqslant V \leqslant V_+$。

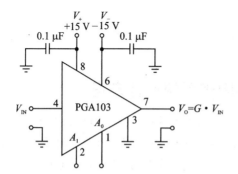

增益	A_1	A_0
1	0	0
10	0	1
100	1	0
无效	1	1

注：逻辑电平0表示$-5.6\ \mathrm{V} \leqslant V \leqslant 0.8\ \mathrm{V}$。
逻辑电平1表示$2\ \mathrm{V} \leqslant V \leqslant V_+$。
逻辑电平电压以引脚端3为参考点。

图 5.5.2　可编程输入放大器电路

5.5.4　信号采样和保持电路设计

在功率测量时，需要对电压、电流信号同时测量，但单片机对电压信号和电流信

号的 A/D 转换只能依次进行,因此,需要采取采样保持电路对两路信号分别进行保持,利用单片机 P1 口的 P1.4 发出的控制信号,可对采样保持电路进行控制。测量时,单片机先对电压信号进行采集与 A/D 转换,而此时的电流信号被送到采样保持电路保持,待电压信号处理完毕后,再对所保持的电流信号进行转换。

信号采样和保持电路可采用 LF198 或者 AD585 等采样保持芯片。采用 LF198 的采样保持电路如图 5.5.3 所示。采用 AD585 的采样保持电路如图 5.5.4 所示,增益为 1,$\overline{\text{HOLD}}$ 为保持控制信号。

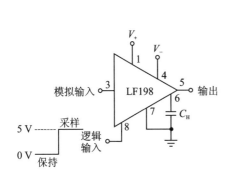

图 5.5.3　采用 LF198 的采样保持电路

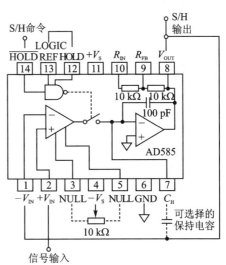

图 5.5.4　采用 AD585 的采样保持电路

5.5.5　A/D 采样电路设计

1. A/D 采样电路形式 1

A/D 采样电路可采用多路开关 CD4051 和 A/D 转换器芯片 AD754 组成。由单片机控制 CD4051 开关的导通,分别接入电压和电流信号放大器输出信号,在 AD754 中进行 A/D 转换后输出 12 位数字信号到单片机。AD754 的应用电路如图 5.5.5 所示。图中,C_1、C_2、C_3 为 47 μF 钽电容,同时并联 0.1 μF 陶瓷的旁路电容,印制板布线时,尽量贴近 AD574 的引脚端。

2. A/D 采样电路形式 2

A/D 采样电路也可采用工业电力计量或多通道模拟量采集的芯片,如 THS1206、AD73360 等。THS1206 的主要技术参数为:12 位;4 个模拟输入;A/D 转换速率为 6 MSPS;非线性误差为 1 LSB;信噪比和失真为 68 dB($f_1=$ 2 MHz);5 V 单电源工作;功耗为 216 mW。THS1206 的内部结构如图 5.5.6 所示。

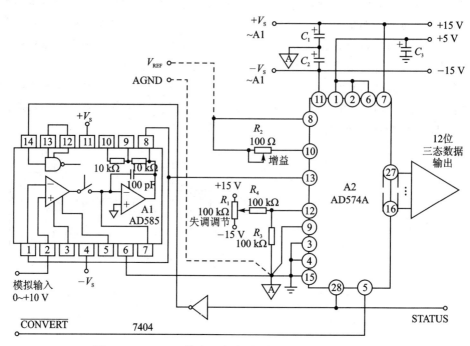

图 5.5.5　AD754 的应用电路（多路开关 CD4051 导通时）

3. A/D 采样电路形式 3

AD73360 是一个有 6 个模拟输入通道的 A/D 转换器，适用于工业电力计量或多通道模拟量采集等应用领域。AD73360 的内部电路如图 5.5.7 所示。AD73360 内部具有 6 个 16 位的 Σ-Δ 型 A/D 转换器，每个 A/D 转换器在声频信号带宽内的信噪比为 70 dB。每个 A/D 通道具有一个可编程的输入增益放大器（PGA），增益可分 8 级，在 0～38 dB 之间进行设置。每个通道均同步采样，以确保通道间几乎不存在时间（相位）延迟。片内基准电压允许 AD73360 用单电源工作，编程该基准可使芯片适应 3 V 或 5 V 电源工作。器件的采样速率可编程，具有 64 kHz、32 kHz、16 kHz 和 8 kHz 四种不同的采样速率。主时钟为 16.384 MHz。芯片通过串行口（SPORT）可与单片机或 DSP 接口。采用 AD73360 构成的三相功率测量电路如图 5.5.8 所示。设计中可在软件最后修正有功功率、无功功率及功率因数，以消除电压、电流两路信号非同时采集引入的固定相位差。

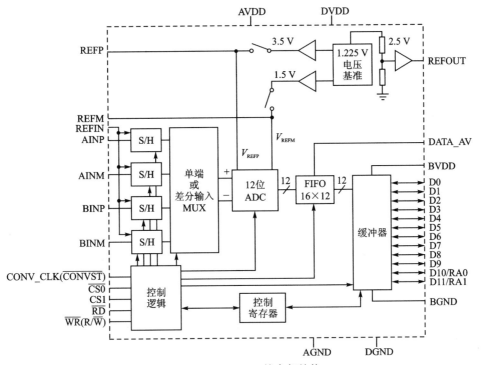

图 5.5.6　THS1206 的内部结构

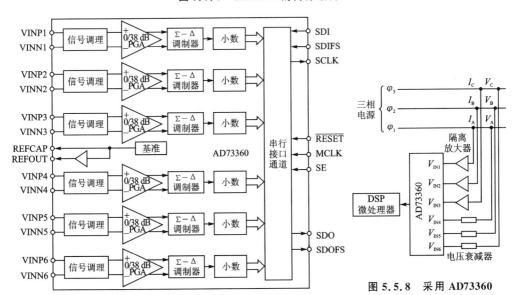

图 5.5.7　AD73360 的内部结构

图 5.5.8　采用 AD73360
构成的三相功率测量电路

5.5.6　信号频率采样和倍频电路设计

采用等时间间隔方法对信号进行采样，其间隔时间就是采样周期，采样周期是固定不变的。当信号频率变化（增大或者减小）时，会产生采样点增加或者减少的情况，引起采样失真，影响测量的精度。

采用等相位间隔方法对信号进行采样，采样间隔随信号频率的波动作相应的变化。其实现方案是，采用锁相环加计数器把信号的频率进行 64 倍频，从而在需要采集信号的一个周期中产生 64 个脉冲，利用此脉冲信号作为单片机的外部中断信号，快速启动 A/D 转换器进行转换，实现高速数据采集。

采用 CD4046 锁相环的信号频率采样和倍频电路[3]如图 5.5.9 所示。图中 TL082 构成过零检测电路，CD4046 完成锁相和倍频。

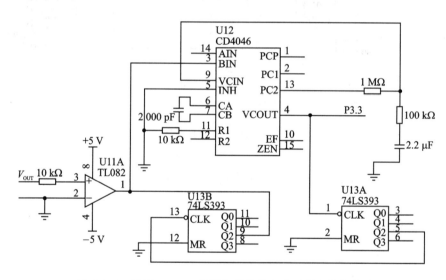

图 5.5.9　采用 CD4046 锁相环的信号频率采样和倍频电路

5.5.7　数字式工频有效值多用表软件设计

系统主程序流程图[5]如图 5.5.10 所示。

数据处理是程序设计的主要工作。对交流工频信号的采集，一般是以其有效值进行计量，其计算公式为

$$V = \sqrt{(1-T)\int_0^T u^2(t)\mathrm{d}t}$$

其中，T 为信号周期。测量电流的原理与此相同。

在已经测出了电压、电流的有效值 V 和 I 的基础上，根据以下公式可以计算出

视在功率 S、有功功率 P、无功功率 Q 和功率因数 $\cos\varphi$，即

$$S = VI \qquad P = (1-T)\int_0^T ui\,dt$$

$$Q = \sqrt{S^2 - P^2} \qquad \cos\varphi = P/S$$

其中，u、i 为瞬时电压、电流值。用单片机处理时，积分可以用梯形法则求得。

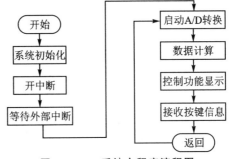

图 5.5.10　系统主程序流程图

5.6　简易数字存储示波器

5.6.1　简易数字存储示波器设计要求

设计并制作一台用普通示波器显示被测波形的简易数字存储示波器，示意图如图 5.6.1 所示。要求仪器具有单次触发存储显示方式，即每按动一次"单次触发"键，仪器在满足触发条件时，能对被测周期信号或单次非周期信号进行一次采集与存储，然后连续显示；要求仪器的输入阻抗大于 100 kΩ，垂直分辨率为 32 级/div，水平分辨率为 20 点/div；设示波器显示屏水平刻度为 10 div，垂直刻度为 8 div；要求设置 0.2 s/div、0.2 ms/div、20 μs/div 三挡扫描速度，仪器的频率范围为 DC～50 kHz，误差不大于 5%；要求设置 0.1 V/div、1 V/div 二挡垂直灵敏度，误差不大于 5%；仪器的触发电路采用内触发方式，要求上升沿触发且触发电平可调；观测波形无明显失真。设计详细要求与评分标准等请登录 www.nuedc.com.cn 查询。

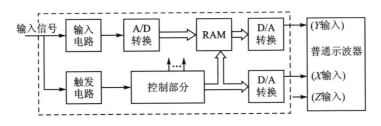

图 5.6.1　简易数字存储示波器示意图

5.6.2　简易数字存储示波器系统设计方案

简易数字存储示波器的系统方框图[5]如图 5.6.2 所示，由信号调理、触发电路、A/D、D/A、Y 输出电路、X 输出电路、控制器等组成。图中被测信号 A 和 B 为模拟信号输入，Y、X 信号为输出信号，分别加在普通示波器的 Y、X 输入端。

被测的输入信号（模拟信号），进行调理、量化（A/D 转换）后存入数据存储器。然后，在控制器的控制下，从存储器读出数据并恢复（D/A 转换）为模拟信号，输入到普通示波器的 Y 通道；同时系统还需要产生对应的扫描信号，加入到通用示波器的 X 通道，将被测的输入信号在通用示波器的荧光屏上显示出来。

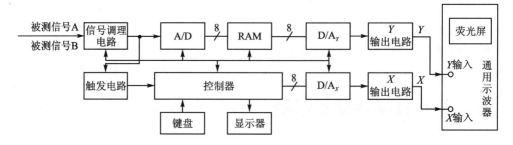

图 5.6.2　简易数字存储示波器的系统方框图

控制器是整个系统的核心。根据设计要求，控制器需要具有如下功能：

① 在满足触发条件时，能启动对被测信号进行采样（实时采样方式）、存储、显示。

② 根据被测信号的频率范围确定相应的采样速率，根据不同扫描速率的要求确定相应的采样速率。

③ 在对存储的信号进行显示时，能够选择一个合适的速率将存储的信号数据读出并恢复为模拟量，作为通用示波器的 Y 通道输入信号；同时提供与 Y 通道信号速率相适应的扫描电压，作为 X 通道的输入信号。

④ 应根据垂直灵敏度的要求选择信号调理电路相应的增益，使 A/D 转换器能在合适的模拟输入信号幅度下进行转换。

⑤ 能实现对两个信号的同时采集和存储，可实现双踪显示功能。

控制器可采用单片机、可编程逻辑器件等芯片，根据设计要求，可选用单片机和可编程逻辑器件组成。利用可编程逻辑器件（FPGA）完成对信号的采集和存储控制，承担底层控制；利用单片机实现对可编程逻辑器件及整个系统的管理，承担顶层控制及数据处理，如从键盘输入选择采样速率、选择信号调理电路的增益、将存储的数字信号进行数据处理并恢复为模拟信号进行显示等操作。控制器组成方框图如图 5.6.3 所示。

设计要求对两个被测信号（A、B）同时进行显示，因此必须同时对 A、B 两个被测信号进行采样、存储。通常，对两个信号进行调理、采样、存储有两种方法，即交替方法和双通道方法。断续方法是按样点轮流对 A、B 信号进行采样，即每次采样都要换接一次信号；而交替方法是当对某一信号采样满一屏数据之后，再对另一信号进行采样。在交替方法中，借助模拟开关以断续方式分别接通 A、B 两个信号至 A/D 转换器，进行模/数转换。在双通道方法中是将 A、B 两个被测信号各自接入相应的 A/D

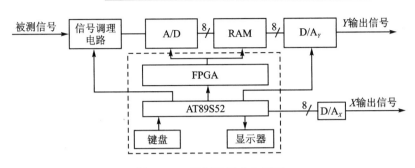

图 5.6.3　控制器组成方框图

转换器,同时进行模/数转换。比较这两种方法,交替方法是采用一个模拟开关,节省了一个 A/D,但是控制信号的设计十分烦琐,在数据写入 RAM 以及信号恢复时的读出顺序都必须周密考虑;而双通道方法采用两块 A/D 转换器,设计思路比较简单,免去了对控制信号的复杂要求,特别是对于电子设计竞赛的情况来说比较合适。因此,本设计选用双通道方法。交替方法和双通道方法电路方框图如图 5.6.4 所示。

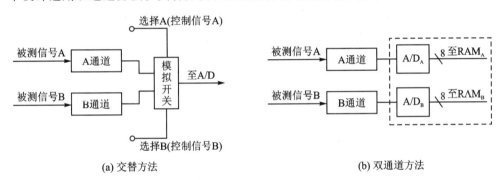

(a) 交替方法　　　　　　　　　　　　(b) 双通道方法

图 5.6.4　A、B 两个被测信号进行采样、存储方法

5.6.3　信号调理电路设计

被测模拟输入信号从输入到 A/D 转换,需要进行信号的调理。信号调理电路组成方框图[5]如图 5.6.5 所示。图中 S_1 和 S_2 用于前向通道的零点和满度校准,以 0.1 V/div 为校准值。

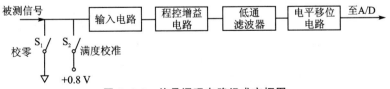

图 5.6.5　信号调理电路组成方框图

1. 输入电路

设计要求简易数字存储示波器的输入阻抗大于 100 kΩ，采用运算放大器 LF153/253/353 构成的跟随器电路。LF153/253/353 是一个双宽带（4 MHz）JFET 输入的运算放大器，引脚端封装形式、内部结构和构成的跟随器电路如图 5.6.6 所示。

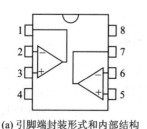

(a) 引脚端封装形式和内部结构

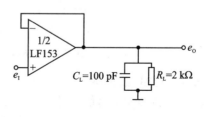

(b) 跟随器电路

图 5.6.6　LF153/253/353 引脚端封装形式、内部结构和跟随器电路

2. 程控放大器电路

设计要求垂直灵敏度为 1 V/div、0.1 V/div、0.01 V/div，垂直刻度为 8 div，垂直分辨力为 32 级/div。设 A/D 转换器的模拟输入信号幅度范围为 0～2 V，普通示波器 Y 通道的灵敏度置于 1 V/div。当示波器满度显示时，被测信号的幅度 $V_{IN}(n=1,2,3)$ 将分别为：$V_{I1}=1$ V/div×8 div=8 V；$V_{I2}=0.1$ V/div×8 div=0.8 V；$V_{I3}=0.01$ V/div×8 div=0.08 V。

A/D 转换器满度输入值 $V_{MAX}=2$ V，程控放大器电路的增益 $A_n=V_{MAX}/V_{IN}$，其中 $n=1、2、3$，分别对应于 3 个不同垂直灵敏度所要求的增益：$A_1=2/8=0.25$；$A_2=2/0.8=2.5$；$A_3=2/0.08=25$。

程控放大器电路如图 5.6.7 所示，放大器采用运算放大器 LF253，S_1、S_2、S_3 程控开关采用模拟开关 MAX4051/4052/4053。假设 S_1、S_2、S_3 程控开关的开关电阻可以忽略不计，程控放大器的增益表达式为

$$A_n = R_\Sigma / R_4$$

若取 $R_4=20$ kΩ，则该程控放大器的增益将取决于反馈电阻 R_Σ，故有 $R_{\Sigma_n}=A_n×R_4$，即 $R_{\Sigma_n}=20A_n$（kΩ）。为调试方便，将 R_{Σ_n} 分为固

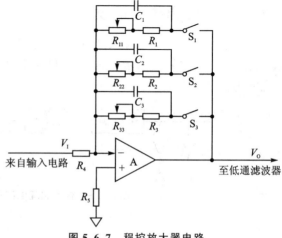

图 5.6.7　程控放大器电路

定电阻 R_n 和可调电阻 R_{nn} 两部分,所以 $R_{\Sigma_n} = R_n + R_{nn}$。

当 $A_1 = 0.25$ 时,$R_{\Sigma_1} = 5$ kΩ,取 $R_1 = 4.7$ kΩ,$R_{11} = 0.68$ kΩ(可调);

当 $A_2 = 2.5$ 时,$R_{\Sigma_2} = 50$ kΩ,取 $R_2 = 47$ kΩ,$R_{22} = 6.8$ kΩ(可调);

当 $A_3 = 25$ 时,$R_{\Sigma_3} = 500$ MΩ,取 $R_3 = 470$ MΩ,$R_{33} = 68$ MΩ(可调)。

电容器 C_1、C_2、C_3 在放大器中起补偿作用,以改善频率响应,避免自激。其值分别为 $C_1 = 1\,000$ pF,$C_2 = 100$ pF,$C_3 = 10$ pF。

模拟开关 MAX4051/4052/4053 是一个 8 位的模拟开关芯片,采用 ±5 V 电源供电,导通电阻为 100 Ω,漏电流为 0.1 nA,TTL/CMOS 逻辑电平控制。其引脚端封装形式、内部电路和应用电路如图 5.6.8 所示。

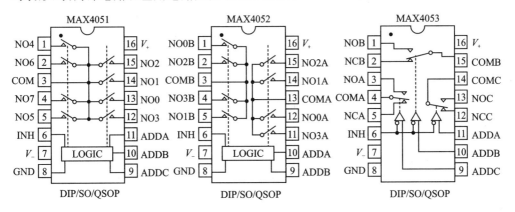

(a) 引脚端封装形式和内部电路

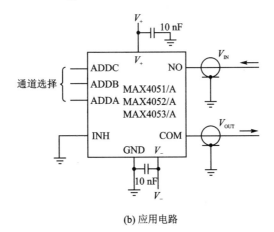

(b) 应用电路

图 5.6.8　MAX4051/4052/4053 引脚端封装形式、内部电路和应用电路

3. 抗混叠低通滤波器

设计要求信号输入频率范围为 DC～50 kHz，信号在进入 A/D 转换器之前要进行抗混叠低通滤波，消除掉有用信号之外的无用分量。在本设计中采用二阶 Butterworth 低通有源滤波器，将其截止频率设定成略高于 50 kHz。Butterworth 二阶低通滤波器的主要优点是带内特性曲线平坦，缺点是从导通到截止频率的过度较缓慢。其电路如图 5.6.9 所示。

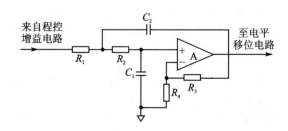

图 5.6.9　二阶 Butterworth 低通有源滤波器电路

图 5.6.9 中，R_1、R_2、C_1 和 C_2 构成二阶低通网络，利用 Multisim7 仿真，其电路参数的取值分别定为：$R_1 = R_2 = 13$ kΩ；$C_1 = C_2 = 100$ pF；$R_3 = R_4 = 50$ kΩ。调节这些参数，就可以改变低通的频率范围。电路中运算放大器 A 选用 LF153/253/353。

4. 电平移位电路

A/D 转换器对输入信号通常要求是单极性的，而被测模拟信号可以是双极性的。为了适合 A/D 转换器的要求，在进行模/数转换之前必须将双极性信号通过电平移位为单极性信号。在本设计中采用电平移位电路将其移位为正极性信号，电路如图 5.6.10 所示。图中运算放大器 A 选择 LF153/253/353，外加偏移电压为 +2 V，电阻取 $R_1 = 5$ kΩ，$R_2 = 10$ kΩ，$R_3 = 12$ kΩ（电位器用于调节移位电压为 +1 V）。

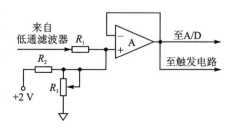

图 5.6.10　电平移位电路

5.6.4　触发电路设计

触发电路在满足触发条件时，启动单片机对数据进行采集、存储和显示。单次触发是当仪器满足触发条件时仅产生一次（一个页面）采集、存储过程，而后连续显示；连续触发是每当满足触发条件时就进行采集、存储、显示。因此，对于连续信号，只要满足触发条件，其采集、存储、显示是不断地进行的。

设计要求仪器具有内触发方式和上升沿触发，触发电平可调。设计的触发电路[5]如图 5.6.11 所示。图中 A 选用高速比较器 LM2903/293/393,其引脚端封装形式和内部结构如图 5.6.12 所示。LM2903/293/393 的输入失调电压为 ±1 mV,大信号响应时间为 350 ns。电阻 R_2 和 R_3 用于调节(或选择)触发电平,分别为 3 kΩ 和 2 kΩ,后者为可调电位器,可在 0~2 V 范围内任意选择触发电平。因触发信号接到比较器的反向端,当信号的上升沿达到触发电平时,触发电路将输出负跳变沿至单片机的外部中断信号输入端,而后由控制器中的 FPGA 去启动数据的采集和存储过程。

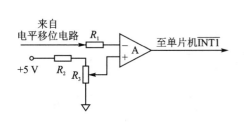

图 5.6.11　触发电路

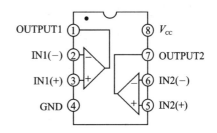

图 5.6.12　LM2903/293/393 引脚端封装形式和内部结构

5.6.5　A/D 转换电路设计

设计要求扫描速度范围为 20 μs/div~0.2 s/div,并且 20 点/div,因此采样速率的范围是 1 μs/点~10 ms/点,即要求 A/D 的最高转换速率高于 1 MHz。要求垂直分辨力为 32 级/div,垂直刻度为 8 div,因此 Y 通道总的量化级数为 32 级/div× 8 div= 256 级。因为 $256 = 2^8$,应选择量化位数为 8 位的 A/D 进行模/数转换。A/D 转换器的量化误差取决于量化位数,量化误差为 $1/2^n$(相对误差),位数越多,量化误差越小。对于一个 8 位 A/D 转换器,其量化误差为 1 LSB,即 $1/2^8 \approx 0.4\%$。

A/D 转换电路采用 8 位 A/D 转换器 TLC5510 芯片。TLC5510 内含 S/H(采样/保持)电路,模/数转换部分为半闪烁结构,模拟信号输入范围满度值为 2 V,分辨率 8 位,线性误差 0.75 LSB,转换速率为 20 MSPS(Mega-Samples per Second)。电源电压:V_{DDD}(数字电压源)为 +5 V;V_{DDA}(模拟电压源)为 +5 V;V_{REF}(基准电压源)为 2 V 或 4 V。TLC5510 应用电路如图 5.6.13 所示。

5.6.6　数据存储器电路设计

A/D 转换器的量化结果存储在数据存储器(RAM)中。数据存储器可选用双口 RAM IDT7132 或 IDT7164 等芯片。

IDT7164 是一个 8K× 8 位的 CMOS SRAM,引脚端封装形式和内部结构如图 5.6.14 所示,真值表如表 5.6.1 所列。信号的采样、量化、存储电路结构示意图如图 5.6.15 所示。

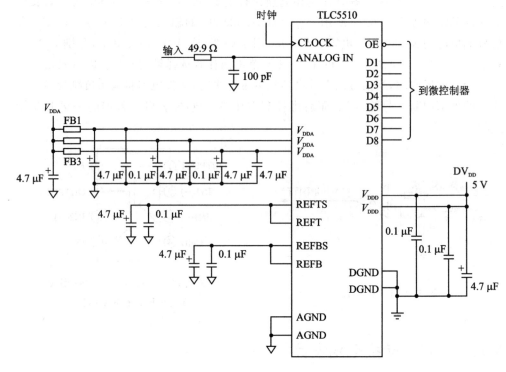

图 5.6.13 TLC5510 应用电路

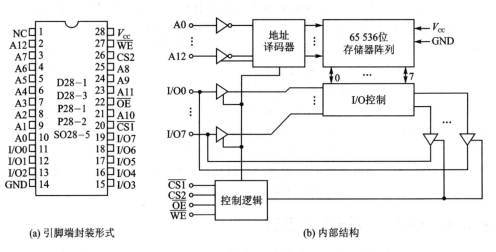

(a) 引脚端封装形式   (b) 内部结构

图 5.6.14 IDT7164 引脚端封装形式和内部结构

表 5.6.1　IDT7164 引脚端真值表

$\overline{WE}$	$\overline{CS_1}$	CS_2	$\overline{OE}$	I/O	功　能
X	H	X	X	高阻	选择待机(ISB)
X	X	L	X	高阻	选择待机(ISB)
X	V_{HC}	V_{HC} 或 V_{LC}	X	高阻	选择待机(ISB1)
X	X	V_{LC}	X	高阻	选择待机(ISB1)
H	L	H	H	高阻	输出不使能
H	L	H	L	数据输出	读数据
L	L	H	X	数据输入	写数据

注：1. CS2 将下拉 $\overline{CS1}$，但 $\overline{CS1}$ 不下拉 CS2。

　　2. H=V_{IH}，L=V_{IL}，X=无关。

　　3. V_{LC}=0.2 V，V_{HC}=V_{CC}−0.2 V。

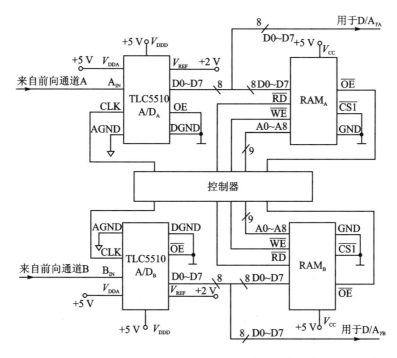

图 5.6.15　信号的采样、量化、存储电路结构示意图

5.6.7　D/A 转换器和输出电路设计

D/A 转换器和输出电路将存储的数字信号恢复为模拟信号，并输出到普通示波器的 Y 输入端，同时还要向通用示波器提供相应扫速和幅度的扫描电压，使被测信号按照原来的时间关系进行显示；并能实现水平移动扩展显示要求，显示被测信号波

形的任一部分；在双踪显示时，能将 A、B 两个被测信号分别显示于屏幕的上半部和下半部。

本设计选择数/模转换器芯片 DAC0830/31/32 构成 D/A$_{YA}$、D/A$_{YB}$ 和 D/A$_X$ 数/模转换及输出电路。D/A$_{YA}$ 和 D/A$_{YB}$ 用于恢复被测模拟信号 A、B，两者完全相同；为方便设计和安装调试，D/A$_X$ 也选择相同的器件。其电路[5]如图 5.6.16 所示。

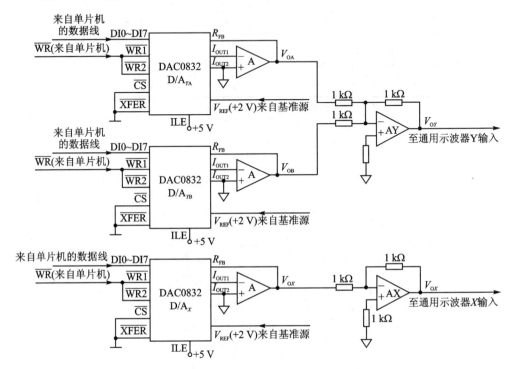

图 5.6.16　D/A$_{YA}$、D/A$_{YB}$ 和 D/A$_X$ 数/模转换及输出电路

DAC0830/0831/0832 是 8 位 D/A 转换器芯片，转换时间不大于 1 μs，输出为电流型，引脚端封装形式和应用电路如图 5.6.17 所示。DAC0830/31/32 引脚端 DI0～DI7 为 8 位输入数据；$\overline{CS}$ 为片选信号；I_{LE} 为输入寄存器数据锁存允许信号；$\overline{WR1}$ 为输入寄存器数据写信号；$\overline{WR2}$ 为 DAC 寄存器数据写信号；并启动转换；$\overline{XFER}$ 为数据向 DAC 寄存器传送允许信号；I_{OUT1} 和 I_{OUT2} 为输出电流引脚端；V_{REF} 为基准电压；GND 为接地端。

DAC0830/0831/0832 的内部有两个寄存器，根据控制信号的情况，有三种输入数据的方式：直通方式，两个寄存器都是选通状态；单缓冲方式，两个寄存器在需要时同时被选通；双缓冲方式，两个寄存器分别依次选通。在本设计中，采用单缓冲方式，并以 $\overline{WR1}$ 和 $\overline{WR2}$ 作为选通信号。

在图 5.6.16 中，D/A$_{YA}$ 和 D/A$_{YB}$ 用于恢复被测信号 A、B，其输入数据分别是数据存储器 RAM$_A$ 和 RAM$_B$ 中的数据经过单片机进行数据处理后的数值。恢复的信

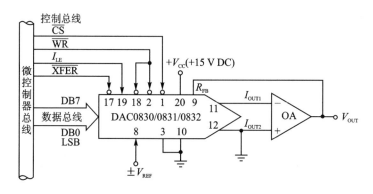

图 5.6.17 DAC0830/31/32 典型应用电路

号 V_{OA} 和 V_{OB} 经相加电路 AY 以后的输出 V_{OY} 送至通用示波器的 Y 输入端。而 D/A$_X$ 用于产生锯齿波扫描电压,输入数据应是从 00H 开始的 +1 递增值,直至 0FFH 为止,由 FPGA 提供,一共为 256 个数值,因此它是一个接近于线性扫描电压的阶梯波。

另外,在双踪显示时,如果在某一时刻恢复的两个模拟信号同时作用于相加电路,则 A、B 两个信号就会叠加在一起显示在屏幕上,而不是分别显示于屏幕的两个部分,达不到预期的双踪显示要求。因此,本设计是让 D/A$_{YA}$ 和 D/A$_{YB}$ 逐点分时进行转换的,相当于交替采集的反过程,亦即在扫描电压的每一阶段分时进行 D/A$_{YA}$ 和 D/A$_{YB}$ 转换。

在本设计中,设定数据恢复速率为 10 kHz,因此一次扫描时间,即一页数据的恢复时间为 $256 \div (10 \times 10^3) = 25.6$ ms;或者说,简易 DSO 用于恢复信号的扫描频率为 $1/25.6$ ms ≈ 40 次/s。这是一个适宜的观察速率。

5.6.8 控制器电路设计

控制器采用 AT89S52 单片机最小系统和可编程逻辑器件 Spartan IIE 最小系统实现。单片机系统负责管理整个仪器(系统),完成各种测试要求,而可编程逻辑器件主要完成对被测信号进行采集、存储等操作。

Spartan IIE 具有逻辑单元数(Logic Cell,LC)15 552,BlockRAM 容量为 288K 位,DLL 时钟管理,I/O 接口速度为 400 MHz。Spartan IIE 采用成熟的 FPGA 结构,支持流行的接口标准,具有适量的逻辑资源和片内 RAM,并提供灵活的时钟处理,是 Xilinx 公司低成本、低密度 FPGA 产品的代表,是 ASIC 的有效替代产品,被广泛应用于各类低端产品中。

Spartan IIE 最小系统板采用 Xilinx Spartan IIE XC2S50E - 6PQ208 FPGA;具有与 PC/104 总线和 IEEE 1149.1 JTAG 完全兼容的接口;可提供 100 个可编程的 I/O 接口;在最小板上具有 100 MHz 的振荡器,可提供 FPGA 全局时钟;具有 2 个用

户可定义的时钟输入端；使用 Xilinx XC18V02 串行在系统可编程配置 PROM；具有 2 个用户可定义的 LED 和开关；可通过 PC/104 总线或外部 DC 电源供电；由 Xilinx 公司免费的 Webpack 软件支持。系统板尺寸为 3.55 in×3.775 in，外部电源电压为 5 ～14 V DC(200 mA)。

Spartan IIE 最小系统板的电路方框图如图 5.6.18 所示。更详细的内容可登录 www.jacyltechnology.com. 网站查询。

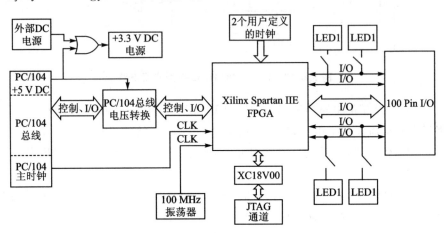

图 5.6.18　Spartan IIE 最小系统板的电路方框图

5.6.9　键盘和显示器设计

键盘是输入控制命令的人机接口，可采用矩阵扫描非编码键盘方式。根据测量功能的要求，可设置扫描速度(s/div)、垂直灵敏度(V/div)、单次/连续、单踪/双踪、扩展(移动)/常态、锁存、启动/停止、上/下等功能键。对于单片机系统，还应设置一个 RESET 键，用于将系统复位成默认状态。

显示器选择型号为 MGLS12864T 的点阵式 LCD(液晶显示器)。其点阵数为 128×64，主控制电路为 T6963C，具有字符发生器 CGROM，可显示 128 种字符，可管理 64 KB 显示缓冲区及字符发生器 CGRAM，允许单片机随时访问缓冲区甚至可以进行位操作，内部结构如图 5.6.19 所示。

MGLS12864T 与单片机的接口信号有：DB0～DB7 数据线(引脚端 10～17)、命令或读/写信号 C/$\overline{\text{D}}$(引脚端 8)、写信号 $\overline{\text{WR}}$(引脚端 5)、读信号 $\overline{\text{RD}}$(引脚端 6)使能信号 $\overline{\text{CE}}$(引脚端 7)、复位信号 $\overline{\text{RESET}}$(引脚端 9)、LCD 驱动电压 V_{O}(引脚端 4)及字体选择 FS(引脚端 1)。

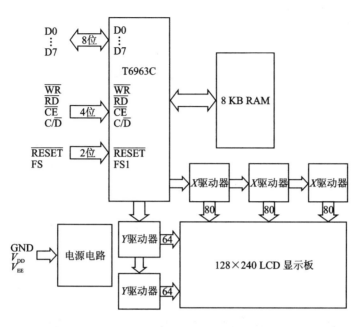

图 5.6.19 MGLS12864T 的内部结构

5.6.10 简易数字存储示波器软件设计

系统主程序流程图[5]如图 5.6.20 所示。

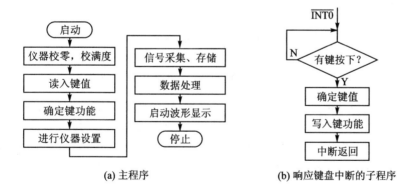

(a) 主程序   (b) 响应键盘中断的子程序

图 5.6.20 系统主程序流程图

5.7　低频数字式相位测量仪设计

5.7.1　低频数字式相位测量仪设计要求

设计并制作一个低频相位测量系统，包括相位测量仪、数字式移相信号发生器和移相网络三部分。相位测量仪：频率范围为 20 Hz～20 kHz；输入阻抗不小于 100 kΩ；允许两路输入正弦信号峰-峰值可分别在 1～5 V 范围内变化；相位测量绝对误差不大于 2°；具有频率测量及数字显示功能；相位读数为 0°～359.9°，分辨力为 0.1°。移相网络：输入信号频率为 100 Hz、1 kHz 和 10 kHz；连续相移范围为 −45°～＋45°。A′、B′ 输出的正弦信号峰-峰值可分别在 0.3～5 V 范围内变化。数字式移相信号发生器：频率范围为 20 Hz～20 kHz，频率步进为 20 Hz，输出频率可预置；A、B 输出的正弦信号峰-峰值可分别在 0.3～5 V 范围内变化；相位差范围为 0～359°，相位差步进为 1°，相位差值可预置；数字显示预置的频率、相位差值。设计详细要求与评分标准等请登录 www. nuedc. com. cn 查询。

5.7.2　低频数字式相位测量仪系统设计方案比较

1. 相位测量方案

方案一：基于数字鉴相技术实现相位测量原理方框图如图 5.7.1 所示。输入信号经锁相环电路 CD4046 鉴相输出，经 ADC0809 采样后的数据送到 FPGA，经过处理后，输出到 LED 显示相位。

输入信号 → 锁相环（CD4046） → A/D 采样（ADC0809） → 数据处理（FPGA） → 显示相位值

图 5.7.1　数字鉴相技术实现相位测量原理方框图

方案二：利用高精度比较器实现的相位测量，将移相信号与基准信号分别送到两个过零比较器，使双极性的正弦波转换成单极性的方波。若两路正弦波存在相位差，则两路方波也必定存在相同的相位差值。将相位差值对应的时间间隔作为 FPGA 对 50 MHz 的脉冲数的计数时间，从而得到正弦波的相位差为

$$\Delta\varphi = \frac{n}{N} \times 360°$$

其中，n 为方波相位差对应时间间隔内的脉冲数，N 为方波一个周期内的脉冲数。

上述两种方案从对硬件的要求而言，方案一在 FPGA 芯片基础上需要一片 CD4046 和一片 ADC0809，而方案二则在 FPGA 芯片基础上只需一片 LM393；从测量性能方面来说，在低频率方面，方案一的相位差总共只能有 256 个量级，而采用通过 FPGA 计脉冲数的方法测量的精度将远远高出此量级。因此，选用方案二，采用比较器

LM393 和 FPGA 来实现相位测量。

2. 移相网络方案

方案一：直接对模拟信号进行移相，如阻容移相、变压器移相等。

阻容移相网络的基本原理简述如下：由 RC 电路的原理可知，在不同频率的正弦波电压通过 RC 电路时，输出端的电压幅度和相位与输入不同。两种简单的移相电路如图 5.7.2 所示。

在图 5.7.2 中，图(a)的模和相角分别为

$$F = \frac{\omega RC}{\sqrt{1 + (\omega RC)^2}} \qquad \varphi = \arctan \frac{1}{\omega RC} \qquad (5.7.1)$$

图(b)的模和相角分别为

$$F = \frac{1}{\sqrt{1 + (\omega RC)^2}} \qquad \varphi = -\arctan \omega RC \qquad (5.7.2)$$

显然，两种相移网络都是随着频率而改变的，单节 RC 电路中所产生的相移在 $0° \sim 90°$ 之间变化。为满足题目基本部分连续相移范围为 $-45° \sim +45°$ 的要求，需要采用一个相位超前的相移网络和一个相位滞后的相移网络。

有源移相原理图如图 5.7.3 所示。通过调整电路的电阻、电容等参数，电路可实现对特定频率信号的移相，但在被移相信号的频率发生变化时，模拟移相电路的相应参数势必要随之调整。对于题目要求给出的 3 个频率 100 Hz、1 kHz、10 kHz，可用 FPGA 通过 4 选 1 模拟开关 CD4052 来选择对应的 3 路模拟移相电路，可以满足题目中的基本要求。但要在各个频率范围内实现高精度的移相，硬件电路将会很复杂。

采用这种方式设计的移相器有许多不足之处。例如：输出波形受输入波形的影响；移相操作不方便；移相角度随所接负载和时间等因素的影响而产生漂移等。

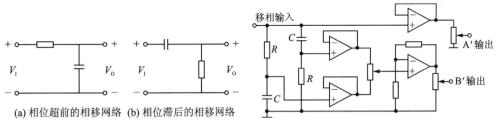

(a) 相位超前的相移网络　(b) 相位滞后的相移网络

图 5.7.2　阻容移相网络

图 5.7.3　有源移相网络

方案二：采用数字移相技术实现信号移相的原理是，先将模拟信号或移相角数字化，经移相后再还原成模拟信号。如图 5.7.4 所示，采用高速 A/D 转换器 TLC5510 将输入的模拟信号转换成数字信号，通过 FPGA 进行移相处理后，送至高速 D/A 转换器 AD7524，把经过处理的数字信号转化成量化的电流，再通过 TL082 高速运放，使电流信号转化为电压信号，从而达到对信号的移相处理。其中，对信号

的处理上采用了 DDFS 技术，在一个正弦周期内采用 360 个采样点，即 $360°/360=1°/$个，通过依次更改采样点输出顺序，就可以方便地控制相位。该方案精度高，且易于传送。权衡以上两方案的优缺点，本设计选用方案二。

图 5.7.4　采用数字移相技术实现信号移相的原理方框图

3. 正弦波信号发生器方案

方案一：采用模拟分立元件或单片机控制函数发生器产生正弦波。但是采用模拟器件分散性大，产生的频率稳定性较差，精度低，抗干扰能力差，成本也比较高。

方案二：采用直接数字频率合成，用单片机作为核心控制部件，能达到较高的要求，实现各种波形输出。但受限于运算位数及运算速度，产生的波形往往需要通过滤波器才能达到满意效果，并且频率可调范围小，很难得到较高频率。

方案三：采用直接数字频率合成，用 FPGA 器件作为核心控制部件，精度高稳定性好，得到波形平滑，特别是由于 FPGA 的高速度，能实现较高频率的波形，且控制上更方便，可得到较宽频率范围的波形输出，步进小。

显然方案三具有更大的优越性、灵活性，所以采用方案三进行设计。

4. 频率测量方案

方案一：采用测周期法。需要有标准信号的频率 f_S，在待测信号的一个周期 T_X 内，记录标准频率的周期数 N_S，则被测信号的频率为 $f_X=f_S/N_S$（见图 5.7.5）。这种方法的计数值会产生 ±1 个字误差，并且测试精度与计数器中记录的数值 N_S 有关。为了保证测试精度，测周期法仅适用于低频信号的测量。

方案二：采用测频法。测频法就是在确定的闸门时间 T_W 内，记录被测信号的变化周期数（或脉冲个数）N_X（见图 5.7.6），则被测信号的频率为 $f_X=N_X/T_W$。这种方法的计数值会产生 ±1 个字误差，并且测试精度与计数器中记录的数值 N_X 有关，且不便于高频信号的测量。

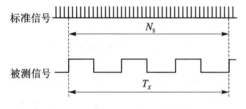

图 5.7.5　测周期法测量频率原理图

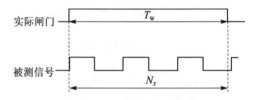

图 5.7.6　测频法测量频率原理图

方案三：采用等精度频率测量法,测量精度保持恒定,不随所测信号的变化而变化。在快速测量的要求下,要保证较高精度的测频,必须采用较高的标准频率信号。单片机受本身时钟频率和若干指令运算的限制,测频速度较慢,无法满足高速、高精度的测频要求;而采用高集成度、高速的现场可编程门阵列 FPGA 为实现高速、高精度的测频提供了保证。

因此选用方案三。

5. 幅度控制方案

方案一：采用数字电位器实现,如图 5.7.7 所示。分压电阻选用数字电位器,调整数字电位器的滑动端,即可实现幅度控制,很难实现幅度的小步进调节,且精度较低。

方案二：采用 D/A 转换器实现,如图 5.7.8 所示。第 1 级 D/A 的输出作为第 2 级 D/A 的参考电压,以此来控制信号发生器的输出电压。D/A 转换器的电流建立时间将直接影响到输出的最高频率。因此,选用高精度的 D/A 转换器,可实现高精度幅度控制,且步进小。

经比较,选用方案二。

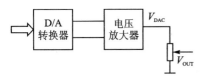

图 5.7.7　数字电位器实现幅度控制

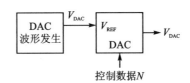

图 5.7.8　D/A 转换器实现幅度控制

6. 滤波电路方案

为了使产生的信号平滑,采用滤波电路对波形进行后级处理。由于信号的频率范围为 20 Hz～20 kHz,所以采用低通滤波器。

方案一：采用最简单的无源 RC 低通滤波器,如图 5.7.9 所示。其特点是电压放大倍数低,带负载能力差,但电路简单。

方案二：采用一阶低通有源滤波器,如图 5.7.10 所示。由于引入了集成运放,滤波器的通带电压放大倍数和带负载能力得到了提高,但电路稍复杂。

综合考虑,选用方案一。

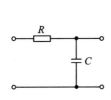

图 5.7.9　无源 RC 低通滤波器

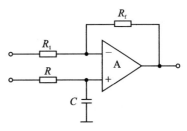

图 5.7.10　一阶低通有源滤波器

7. 显示界面方案

方案一：采用点阵式液晶显示器 LCD 显示。虽然其功能强大，可显示各种字体的数字、汉字及图像，还可以自定义显示内容，但是编程复杂，需要完成大量的显示编程工作。

方案二：采用发光二极管 LED 显示。虽然只能显示非常有限的符号和数码字，但可完全满足本设计数字显示的要求，且编程简单。

分析以上两种方案的优缺点，方案二更为方便、实用。

8. 系统方案确定

(1) 总体思路

为满足相位测量仪与数字式移位信号发生器互相独立、不共用控制与显示电路的要求，采用两块 Xilinx 公司生产的 Spartan IIE 系列 XC2S100E‑6PQ208 芯片分别作为相位测量仪与数字式移位信号发生器的主控部分进行设计。

相位测量仪设计的关键问题是如何完成相位及频率的测量。

数字式移位信号发生器设计的核心问题是如何产生正弦波并进行数字移相。

(2) 系统设计方案

系统方框图如图 5.7.11 所示。

数字式移位信号发生器可产生两路正弦波信号 A(u_1)和 B(u_2)，并测量两信号的频率、幅度、相位差，还可通过按键在频率、幅度、相位差显示间自由切换；相位测量仪同时测量、显示数字式移位信号发生器的输出信号 A 和 B 的相位差和频率。因此，数字式移位信号发生器与相位测量仪组成的系统可完成移相信号发生→相位差测量→数字显示相位差的功能。

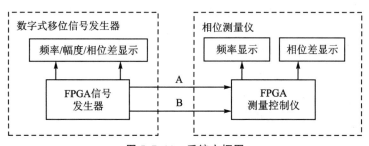

图 5.7.11　系统方框图

5.7.3　相位测量仪测量原理和电路框图

低频数字式相位测量仪功能是测量并显示 A(u_1)、B(u_2)输入信号间的相位差及频率。

低频数字式相位测量仪所需器件有运放 TL082、比较器 LM393、Xilinx 公司生产的 Spartan IIE 系列 XC2S100E‑6PQ208 芯片和 LED 数码管。

1. 相位测量原理

被测信号 A(u_1)、B(u_2)经过零比较器,在信号的正极性阶段产生脉冲 A′($u_1′$)和 B′($u_2′$),整形后形成门控信号 u_F。其中,A′($u_1′$)开启主门,B′($u_2′$)关闭主门。在门控时间内,时标信号通过主门进行计数显示,可以得到被测相位的值。它的工作波形如图 5.7.12 所示。设门控信号的开启时间为 t_C,计数值为 N,则

$$t_C = NT_O \qquad (5.7.3)$$

式中,T_O 为时标信号的周期。由式(5.7.1)得被测相位差为 $\Delta\varphi = \dfrac{t_C}{T} \times 360° = \dfrac{NT_O}{T} \times 360° = \dfrac{f}{f_O} \times N \times 360°$

$$\qquad (5.7.4)$$

若取 $f_O = 360$ Hz,则每个计数脉冲表示 1°,满足相位测量绝对误差不大于 2°的要求。

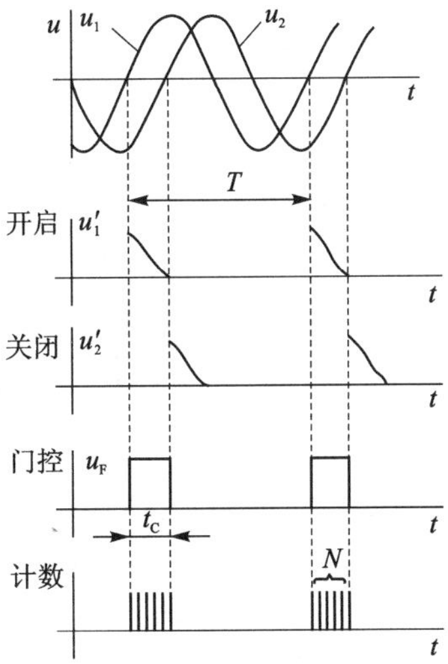

2. 相位测量仪电路原理方框图

相位测量仪电路原理方框图如图 5.7.13 所示。首先将同频信号 A(u_1)、B(u_2)经运算放大器放大后,输入到过零比较器中;经过零比较器后的信号转变为方波信号,输入到 FPGA 芯片中;通过 VHDL 语言编程,下载到 FPGA 芯片并烧制,实现了测频、测相及频率和相位差显示的功能。

图 5.7.12　相位测量波形图

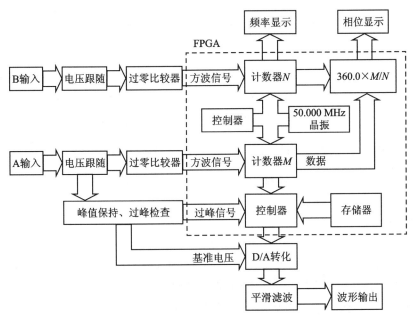

图 5.7.13　低频数字式相位测量仪电路原理方框图

5.7.4　相位测量仪通道输入信号调理电路

相位测量仪的功能主要是通过 FPGA 和 LM393 来实现的。考虑到采用 FPGA 计脉冲数来实现测量频率,所以要把双极性的正弦波信号 A(u_1)、B(u_2)通过过零比较器,变成单极性的方波信号 A'(u_1')和 B'(u_2')。电路图如图 5.7.14 所示。图中,U2A、U2B 选择 TL082 JFET 输入高速双运放大器,以提高输入阻抗,使输入阻抗大于 1 MΩ。U1A、U1B(LM393)分别把两路输入的正弦波 A、正弦波 B(或任意波形都可)通过过零比较,得到频率、相位与原波形相同的两路方波。R_{27}、R_{28} 为上拉电阻,阻值可选为 10 kΩ。

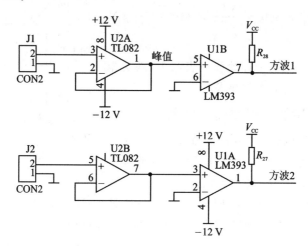

图 5.7.14　低频数字式相位测量、数字移相发生器的前端信号处理电路

因比较器输出电压很小,在输出端接一上拉电阻可提高输出电压;为保护芯片不会因电流过大而烧坏,在芯片输入端接一限流电阻。为了满足 20 Hz～20 kHz 的要求,所以选用了响应时间小于 50 000 ns 的 LM393。低失调电压比较器 LM393 具有良好的匹配性与隔离性,且响应时间为 300 ns,远小于 50 000 ns。

5.7.5　相位测量仪 FPGA 控制部分电路设计

FPGA 控制部分电路原理图如图 5.7.15 所示,采用 Xilinx 公司生产的 Spartan IIE 系列 XC2S100E - 6PQ208 芯片。图中,与 B1～B8、B11～B18 相连的电阻阻值为 150 Ω,其他均为 10 kΩ。

Spartan IIE 系列产品内部结构主要由可配置逻辑模块(Configurable Logic Block,CLB)、输入/输出接口模块(Input/Output Block,IOB)、BlockRAM 和数字延迟锁相环(Delay-Locked Loop,DLL)组成。其中,CLB 模块用于实现 FPGA 的大部分逻辑功能,IOB 模块用于提供封装引脚与内部逻辑之间的接口,BlockRAM 用于实现 FPGA 内部数据的随机存取,DLL 用于 FPGA 内部的时钟控制和管理。

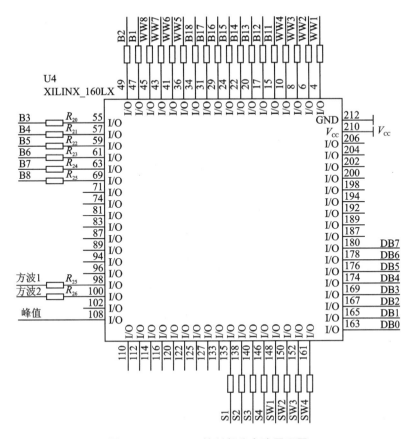

图 5.7.15　FPGA 控制部分电路原理图

　　Spartan IIE 系列产品的 I/O 引脚分布在 8 个 Bank 中，同一个 Bank 的 V_{CCO} 电压必须保持一致，不同 Bank 的 V_{CCO} 电压允许不同。注意：在 TQ－144 和 PQ－208 封装中，所有 Bank 的 V_{CCO} 电压必须保持一致。

　　V_{CCO} 电压相同是输出接口标准兼容的基本条件。同一 Bank 中的 I/O 接口标准应保持兼容，不同 Bank 间的 I/O 接口标准可以不要求兼容。

　　在 Spartan IIE 系列产品中，不同型号的产品 BlockRAM 数量不同。BlookRAM 单位容量为 4K 位。Spartan IIE 内部的 BlockRAM 是一个完全同步的双端口 RAM，端口的数据宽度可独立配置。通过级联多个 BlockRAM 可以实现 FPGA 内部的大容量数据存储。

5.7.6　相位测量仪峰值保持、过峰检测电路设计

　　数字移相峰值保持、过峰检测电路原理图如图 5.7.16 所示。图中 J4 是跳针。要实现数字移相时，J4 需要加跳帽。U5A（TL082）、D_8、D_9（1N4148）、C_9、C_{10}、Q_1（3DJ7J）等组成峰值保持电路。其重要功能是，在数字移相时提供峰值电压。C_9、

C_{10} 两级保持,可使峰值电平波动更小。电容要选择漏电容较少的陶瓷电容。S_1 为按键。由于被移相的对象是幅度稳定的正弦波,只有在更改被测对象时,峰值才发生变化,所以没有必要用 FPGA 控制对 C_9、C_{10} 的放电。由于 RC 的放电时间为 $R \times C$ = 0.48 μs。手按按键时,有足够的时间把 C_9、C_{10} 的电荷放掉。U8A(LM393)是检查过峰。当正弦波过了波峰,U5A 引脚端 1 的输出将变为负,通过 U8A 过零点比较,过峰输出电平由高电平转变为低电平。

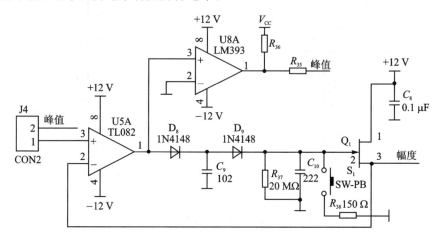

图 5.7.16　峰值保持、过峰检查电路原理图

5.7.7　相位测量仪显示电路、按键开关和电源电路设计

显示部分电路原理图如图 5.7.17 所示,采用 8 位 LED 数码管,分别显示被测两路正弦波的频率和两路的正弦波相位差;按键开关电路采用 4 个按键开关和 4 位拨盘开关组成;电源滤波电路采用 10 个 0.1 μF 的陶瓷电容,分别连接到芯片电源输入端。

5.7.8　移相信号发生器数字移相原理和电路框图

所谓移相,是指两种同频的信号,以其中的一路为参考,另一路相对于该参考作超前或滞后的移动,即称为相位的移动。两路信号的相位不同,便存在相位差,简称相差。若将一个信号周期看作是 360°,则相差的范围为 0°～360°。

1. 数字移相原理

数字移相原理简述如下:先将任意波形信号数字化,并形成一张数据表存入FPGA 芯片中,此后可通过两片 D/A 转换芯片在 FPGA 的控制下连续地循环输出该数据表,就可获得两路任意波形信号。当两片 D/A 转换芯片所获得的数据序列完全相同时,则转换所得到的两路任意波形信号无相位差,称为同相。当两片 D/A 转换芯片所获得的数据序列不同时,则转换所得到的两路任意波形信号就存在着相位

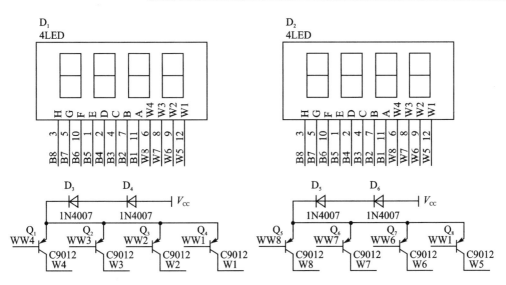

图 5.7.17　相位测量仪显示部分电路原理图

差。由于数据表中数据的总个数一定,因此相位差的值只与数据地址的偏移量有关。这种处理方式的实质是将数据地址的偏移量映射为信号间的相位值。数字移相原理方框图如图 5.7.18 所示。

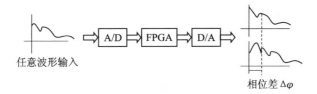

图 5.7.18　数字移相原理方框图

　　本设计中数字式移相信号发生器可自行产生两路同频正弦波信号。由于正弦波函数表早已编辑好并存储于 ROM 中,因此可通过软件编程实现 ROM 地址中的数据按不同数据序列循环输出的功能,并经 D/A 转换后得到两路移相正弦波。

2. 数字式移相信号发生器电路框图

　　数字式移相信号发生器电路原理方框图如图 5.7.19 所示。图中键盘由按键、开关及 4 位一体 BCD 码置入器组成。FPGA 包括控制器和存储器。控制器主要功能有:把置入的频率数据、相位数据转化成脉冲间隔数,并通过计数,不断循环地从存储器取出正弦波波形数据送至 D/A 转换器(AD7524);把幅度数据送至 D/A 转换器(AD7520),经 D/A 转化得到电平,作为波形 D/A 转换器的基准电平,从而实现调幅功能。存储器内存储了正弦波在一个时域周期 360 个采样点,量化级数为 256。平滑滤波采用 RC 滤波网络。频率、相位和幅度都是通过 2 位开关的组合在一个 4 位一体的数码管显示。

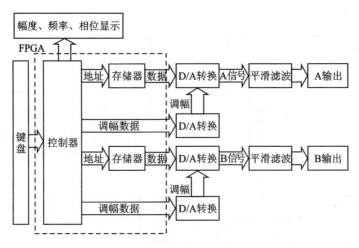

图 5.7.19　数字式移相信号发生器电路原理方框图

5.7.9　移相信号发生器中正弦波信号的产生

1. 正弦波的合成

对一个幅度为 1 的正弦波的一个周期进行 1024 点采样,用 Matlab 计算得到每一点对应的幅度值,然后量化成 8 位二进制数据存放在 ROM 中。理论上,采样的点数及量化的位数越多,合成的波形精确度越高,但是,DAC7520 的位数为 10 位,量化等级最高为 1024,其量化误差已能达到要求,对于查正弦表的舍入误差也可忽略,故不再细分。这里采用 360 个采样点,是为了频率调节时能得到较好的波形。依次取出 ROM 中的数据,即可得到幅度上是阶梯形的正弦波。再经过 D/A 转换,便可得到连续的正弦波。

2. 频率调节的实现

直接数字频率合成(DDS)是从相位概念出发直接合成所需波形的一种新的频率合成技术。

由于采用 DDS 技术,在 ROM 中存有波形一个周期的 n 个等间隔归一化采样数据,改变对 ROM 的扫描频率,从而改变对 ROM 中数据的读取速度,即可合成不同频率的波形。存储器中存入过量的采样值,使得采样点数较少时,依然能得到较好的波形输出,从而得到较高的频率输出;否则,采样点数太少会使产生的波形严重失真。输出波形的频率可由式(5.7.5)计算:

$$f_{\mathrm{O}} = \frac{f_{\mathrm{osc}}}{360 \times k} \tag{5.7.5}$$

其中,f_{osc} 为晶振频率,k 为分频系数,360 为采样点数。于是有

$$k = \frac{f_{\text{OSC}}}{360 \times f_{\text{O}}} \tag{5.7.6}$$

在实现方法上,现有的晶振为 50 MHz,若通过按键预置频率 $f = 1$ kHz,则 f_{O} 取 1 kHz。由式(5.7.4)可得分频系数 $k = 138.88$,进行四舍五入得 $k = 139$。

不同的分频系数,对应不同的存储幅值 ROM 的扫描频率 f_{S},从而改变了对 ROM 中数据的读取速度 Δt。已知一个周期采样点数 N 为 720 个,设输出波形的周期为 T,则

$$T = N \times \Delta t \tag{5.7.7}$$

因此频率调节的全过程可总结为:改变预置频率 f →分频系数 k 改变 →对 ROM 的扫描频率 f_{S} 改变 →读取 ROM 数据的速度 Δt 改变→输出波形周期 T 改变 →输出波形频率 f_{O} 改变。

3. 幅度控制、双 D/A 设计

双 D/A 转换是实现幅度可调的关键。DAC 输出电压 u_{DAC} 作为幅度控制的 DAC 的参考电压输入,依据如下:

$$u_{\text{OUT}} = K \times N_{u_{\text{REF}}} = K \times N_{u_{\text{DAC}}} \tag{5.7.8}$$

其中:K 为一常系数,N 为 DAC 的输入数据。本系统采用的是高精度 D/A 转换器 DAC7520,电流建立时间为 1.0 μs,幅度控制用 10 位 D/A 控制,最大峰-峰值为 5 V。

4. 正弦波 A/B 信号发生器电路

正弦波 A 信号发生器电路电原理图如图 5.7.20 所示(B 信号发生电路完全相同,略)。图中:

① U4(AD7520)和运放 U8A 把来自 FPGA 幅度数据 U40～U49 转化为 AD7524 的基准电压,从而实现数控调压,步进为 10 mV。AD7520 的引脚端 4～13 为数据位 1～10,引脚端 1 和 2 为位电流输出端,引脚端 16 为运算放大器反馈电阻输入端。

② U2(AD7524)和 U9A、U9B 运放把来自 FPGA 波形数据 U20～U27 转化成正弦波 A。AD7524 的引脚端 4～10 为数据位 1～7,引脚端 1 和 2 为位电流输出端,引脚端 16 为运算放大器反馈电阻输入端,引脚端 12 为片选控制端(低电平有效),引脚端 13 为写控制端(低电平有效)。

③ $R_{43}(R_{44})$ 和 $C_1(C_{20})$ 构成简单的 RC 滤波网络。

④ J7(J8)为正弦波 A(B)信号输出接口。

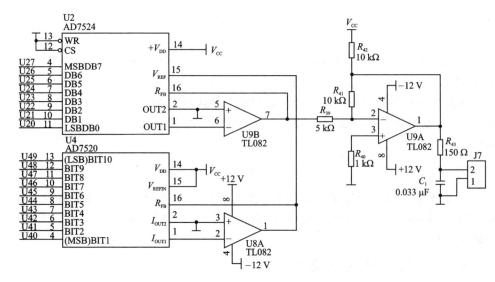

图 5.7.20　正弦波 A 信号发生器电路电原理图

5.7.10　移相信号发生器的其他单元电路

1. 滤波、显示设计

采用无源低通滤波器滤除信号中的干扰信号。数码管显示幅度、频率和相位差。

2. FPGA 控制部分电路原理图

与低频数字式相位测量仪 FPGA 控制部分电路原理图相同，可参见图 5.7.15。

3. 显示/按键/开关部分

数字式移相信号发生器显示/按键/开关部分与低频数字式相位测量仪基本相同（参见图 5.7.17）。

5.7.11　低频数字式相位测量仪软件设计

系统采用硬件描述语言 VHDL 按模块化方式进行设计，并将各模块集成于 FPGA 芯片中，然后通过 Xilinx ISE 4.2 软件开发平台和 ModelSim Xilinx Edition 5.3d XE 仿真工具，对设计文件自动地完成逻辑编译、逻辑化简、综合及优化、逻辑布局布线和逻辑仿真，最后对 FPGA 芯片进行编程，实现系统的设计要求。

1. 等精度频率测量的实现

等精度测频的实现方法可简化为图 5.7.21 所示的框图。CNT1 和 CNT2 是两个可控计数器，标准频率（f_S）信号从 CNT1 的时钟输入端 CLK 输入；经整形后的被测信号（f_X）从 CNT2 的时钟输入端 CLK 输入。每个计数器中的 CEN 输入端为时钟使能端控制时钟输入。当预置门信号为高电平(预置时间开始)时,被测信号的上升沿通过 D 触发器的输出端,同时启动两个计数器计数;同样,当预置门信号为低电平(预置时间结束)时,被测信号的上升沿通过 D 触发器的输出端,同时关闭计数器的计数。

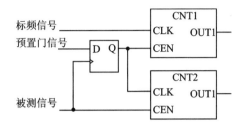

图 5.7.21　等精度测频实现方法的原理方框图

2. 正弦波波形数据产生

利用 Matlab 6.1 计算波形数据。其程序如下:

```
>> step = 2 * pi/1023;
>> x = 0:step:2 * pi;
>> y = 127.5 * sin(x) + 127.5;
>> z = round(y)
z =
  Columns 1 through 10
  128   128   129   130   131   131   132   133   134   135
  Columns 11 through 20
  135   136   137   138   138   139   140   141   142   142
        ......
  Columns 1021 through 1024
  125   126   127   127
```

3. 程序流程图

数字式移相信号发生器程序流程图如图 5.7.22 所示。首先通过开关选择调频、调相、调幅功能,然后相应地进行置数或调节。调相和调频通过拨盘码进行频率和相位的预置,调幅通过两个按键进行连续的增幅和减幅。最后将相应的数据送入数码管显示。

相位测量仪模块程序流程图如图 5.7.23 所示。首先判断两路输入信号的上升沿,如果上升沿到达,则计数器开始计数;否则继续等待。在计数过程中继续判断第 2 路输入信号的上升沿是否到达,如果到达,则将计数结果保存并且继续计数,直到第 1 路信号的下降沿到来后停止计数。

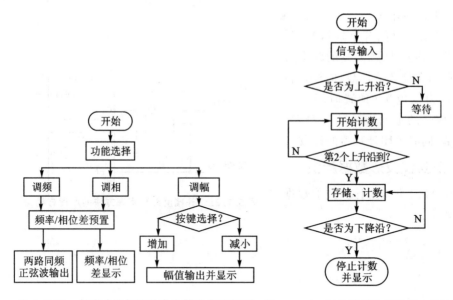

图 5.7.22　数字式移相信号发生器程序流程图　图 5.7.23　相位测量仪模块程序流程图

4. 顶层映射原理图

系统采用模块化设计,相位测量仪顶层映射原理图如图 5.7.24 所示。

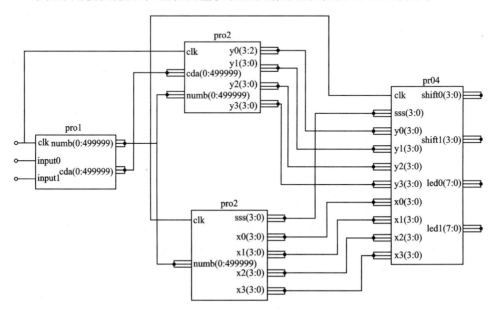

图 5.7.24　相位测量仪顶层映射原理图

数字式移相信号发生器的软件设计分为:一个顶层映射总模块和幅频控制、数据 ROM、译码、显示 4 个子模块。通过 Xilinx 公司的 ISE4.2 软件仿真将各子模块映射为原理图,后用数据线连接各子模块,如图 5.7.25 所示。

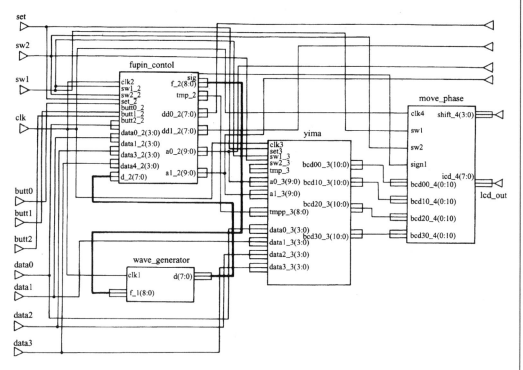

图 5.7.25　数字式移相信号发生器顶层映射原理图

5.8　简易逻辑分析仪

5.8.1　简易逻辑分析仪设计要求

设计并制作一个 8 路数字信号发生器与简易逻辑分析仪,其结构框图如图 5.8.1 所示。设计详细要求与评分标准等请登录 www.nuedc.com.cn 查询。

5.8.2　简易逻辑分析仪系统设计方案

本系统由 3 个 AT 89S52 单片机小系统组成,系统方框图[4]如图 5.8.2 所示。一片 AT 89S52 单片机小系统 A 产生 8 路可预置的循环移位逻辑信号序列;一片 AT 89S52 单片机小系统 B 实现人机交互;另一片 AT 89S52 单片机小系统 C 用于触发并显示信号。采用双口 RAM,具有分页显示、可移动时间标志线、可设定触发位、连续间断触发、触发方式多样等功能。

AT89S52 单片机小系统 A——根据预置的循环移位元逻辑信号序列(通过 8 路开关设置),循环移位元逻辑输出这个序列,时钟频率为 100 Hz,同时把这个时钟信

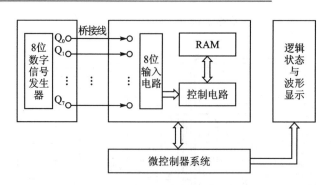

图 5.8.1 8 路数字信号发生器与简易逻辑分析仪结构框图

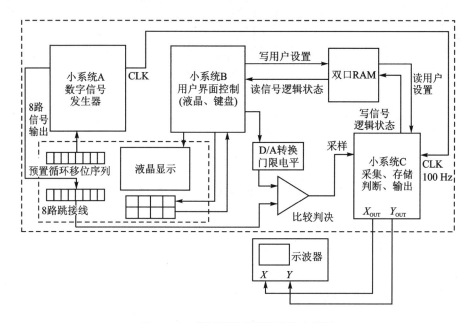

图 5.8.2 简易逻辑分析仪系统方框图

号输出给系统 C 作为信号采样时钟。

AT89S52 单片机小系统 B——控制一块 64×128 的点阵液晶,接收键盘输入。菜单功能详细且操作方便,可设置该逻辑分析仪的工作方式。工作方式按一定的格式写入双口 RAM,将被系统 C 读取。同时把用户设置的门限电平值进行 D/A 转换,与循环移位元逻辑输入信号相比较。工作方式设置完毕后,可从双口 RAM 读时间标志线所对应时刻的 8 路输入信号的逻辑状态,并在液晶屏上显示。

AT89S52 单片机小系统 C——根据单片机 A 送来的 100 Hz 信号采样时钟对比较器输出的信号序列进行采样,读取双口 RAM 的工作方式设置,判断触发点,向双口 RAM 写时钟标志线对应时刻的输入信号逻辑状态。

5.8.3　电路数字信号发生器电路设计

通过 8 路开关设置循环移位元逻辑信号序列,输入 AT 89S52 单片机小系统 A 的 P1 口,由 89S52 内部定时器在 P3.7 产生 100 Hz 的时钟信号,在 P3.2 输出预置波形,通过移位寄存器 74HC164 产生 8 路循环移位序列信号。8 路循环移位序列信号产生电路[4]如图 5.8.3 所示。移位寄存器 74HC164 的内部结构如图 5.8.4 所示。74HC164 引脚端功能表如表 5.8.1 所列。

表 5.8.1　74HC164 引脚端功能表

工作模式	输　　入			输　　出	
	$\overline{MR}$	A	B	Q0	Q1~Q7
复位	L	X	X	L	L~L
移位	H	L	L	L	Q0~Q6
	H	L	H	L	Q0~Q6
	H	H	L	L	Q0~Q6
	H	H	H	H	Q0~Q6

注:H=高电平;L=低电平;X=任意。

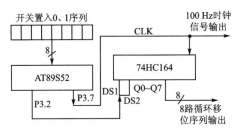

图 5.8.3　8 路循环移位序列信号产生电路

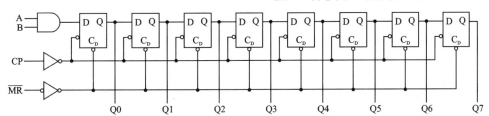

图 5.8.4　74HC164 的内部结构

5.8.4　8 位输入电路设计

AT89S52 单片机小系统 C 接收用户设定的门限电压后,控制 AD7520 与 NE5532 输出 0.25~4 V,步进为 0.25 V,作门限比较之用。其中 AD7520 为 10 位的数/模转换器,最高输出为 4 V。它的参考电压取 −5 V,工作在单极性输出方式。NE5532 为双低噪声运算放大器,将电流型输出转换为电压型输出,接入比较器 LM339 即得后级触发所需数字信号。LM339 的输入阻抗可达到 50 kΩ。AD7520 应用电路如图 5.8.5 所示。NE5532 的引脚端封装形式和内部结构如图 5.8.6 所示。构成的 8 位输入电路[4]如图 5.8.7 所示。

把 V_{DD}(−15~−12 V)的电压通过 LM7905,输出稳定的 −5 V,作为 AD7520 的基准电压 V_{REF}。这保证了在 V_{DD} 不稳定的情况下,也能提供较精确的门限电压。AD7520 数字输入与模拟输出关系如表 5.8.2 所列。

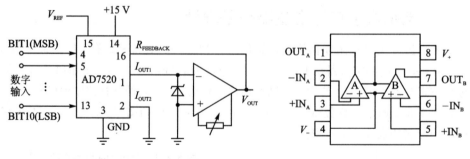

图 5.8.5 AD7520 应用电路

图 5.8.6 NE5532 引脚端封装
形式和内部结构

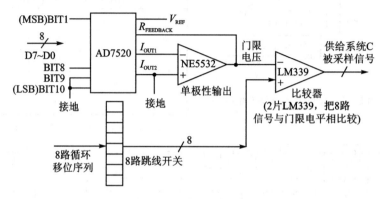

图 5.8.7 8 位输入电路

表 5.8.2 AD7520 数字输入与模拟输出关系

数字输入	模拟输出	数字输入	模拟输出
1111111111	$-V_{REF}(1-2^{-N})$	0111111111	$-V_{REF}/(1/2-2^{-N})$
1000000001	$-V_{REF}(1/2+2^{-N})$	0000000001	$-V_{REF}/(2^{-N})$
1000000000	$-V_{REF}/2$	0000000000	0

注:$LSB=2^{-N}V_{REF}$;$N=8$(AD7520);$N=10$(AD7521)。

5.8.5 逻辑分析仪的功能实现

简易逻辑分析仪可采用数字信号的时钟脉冲作为数字信号的采样时钟,将该信号接入 AT89S52 单片机系统 C 的外部中断 0 端,取下降沿触发,在中断处理程序中对 8 路信号进行采集、存储及触发判断。

① 频率选择。根据人眼能够接受的闪烁程度的底线,为了清晰、稳定地在示波器上显示波形,选择示波器一屏的扫描频率大于 30 Hz。在示波器上一行显示 20 位,每位的宽度和高度各有 12 个点,共有 8 行。为了尽可能地提高这里的扫描频率,

单片机小系统使用 20 MHz 的晶振。

② 信号采集。在时钟下降沿后采集 8 路输入信号,可避免信号冲突时的误触发。8 路输入信号以一个字节的方式存入双口 RAM。

③ 触发方式。本系统具备多种逻辑状态分析触发功能,可实现单级、二级、三级、四级逻辑状态触发,其中多级触发可实现各状态字的连续触发和间断触发。触发路数可为 1~8,且对多级触发中的各级可设置不同路触发信号。通过单片机并编程实现。

④ 触发位置显示。采用示波器的 $X-Y$ 显示方式,即 X、Y 电平值与显示点的 X、Y 坐标成正比。单片机系统 C 根据显示的 8 路信号,通过 8255 输出数字电平与 AD7520 输出模拟信号进入示波器的 X、Y 通道可得所需波形。

本系统能实现触发位置可调及显示可移动的标志线,并在末行用小箭头指示触发位置。此外,本系统支持分页显示功能,以 20 位为一页,CY7C136 共有 2 KB 容量,故可分约 100 页显示。因本系统仅为一个简易逻辑分析仪,只分 3 页,60 位存储深度。若要增加页数及存储深度,则可使用同样方法由单片机并编程来实现。

对于多级触发,无论是连续还是间断的,都以最后一个触发字对应用户输入的触发位置,显示前后共 60 位波形。

5.8.6　双端口 RAM 电路设计

CY7C136 是一个双端口的 RAM 存储器,存储容量为 2K×8 位,存储速度为 15 ns,电源电压为 5 V,工作电流 $I_{cc}=90$ mA(最大值),具有自动低功耗模式。CY7C136 的应用电路如图 5.8.8 所示。

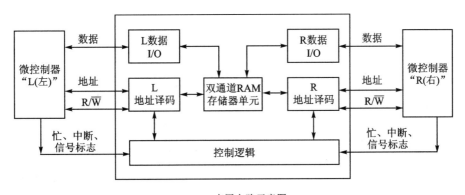

(a) 应用电路示意图

图 5.8.8　CY7C136 的应用电路

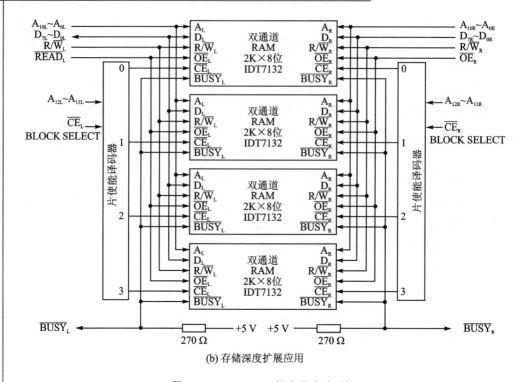

(b) 存储深度扩展应用

图 5.8.8 CY7C136 的应用电路(续)

5.8.7 液晶显示器电路设计

液晶显示器电路采用 RT12864M 图形液晶显示器,它主要由行驱动/列驱动和 128×64 全点阵液晶显示器组成,可完成图形显示,也可显示 8×4 个(16×16 点阵)汉字。电源电压 V_{DD} 为 +5 V,模块内自带一 10 V 负电压,用于 LCD 的驱动。显示尺寸为 128(列)×64(行)点,模块体积为 113 mm×65 mm×11 mm。有 7 种指令操作,与单片机接口采用 8 位数据总线并行输入/输出和 8 条控制线。RT12864M 的内部结构如图 5.8.9 所示,其引脚端功能如表 5.8.3 所列。

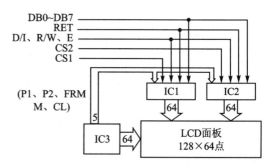

图 5.8.9 RT12864M 的内部结构

表 5.8.3　RT12864M 引脚端功能

引　脚	符　号	电　平	功　　能	引　脚	符　号	电　平	功　　能
1	V_{SS}	0 V	电源地	7	DB0	H/L	数据线
2	V_{DD}	5.0 V	电源电压	8	DB1	H/L	数据线
3	V_{O}	—	液晶显示器驱动电压	9	DB2	H/L	数据线
4	D/I	H/L	D/I="H",表示 DB7~DB0 为显示数据 D/I="L",表示 DB7~DB0 为显示指令数据	10	DB3	H/L	数据线
				11	DB4	H/L	数据线
				12	DB5	H/L	数据线
				13	DB6	H/L	数据线
5	R/W	H/L	R/W="H",E="H",数据被读到 DB7~DB0 R/W="L",E="H→L",DB7~DB0 的数据被写到 IR 或 DR	14	DB7	H/L	数据线
				15	CS1	H/L	H:选择芯片(右半屏)信号
				16	CS2	H/L	H:选择芯片(左半屏)信号
6	E	H/L	使能信号:R/W="L",E 信号下降沿锁存 DB7~DB0 R/W="H",E="H" DRAM 数据读到 DB7~DB0	17	RET	H/L	复位信号,低电平复位
				18	VEE	−10 V	LCD 驱动负电压
				19	IED+	DC(+5 V)	背光板电源正端
				20	IED−	DC(0 V)	背光板电源负端

在图 5.8.9 中,IC3 为行驱动器,IC1、IC2 为列驱动器。IC1、IC2、IC3 含有如下主要功能器件。

① 指令寄存器(IR)。IR 用来寄存指令码,与数据寄存器的寄存数据相对应。当 D/I=1 时,在 E 信号下降沿的作用下,指令码写入 IR。

② 数据寄存器(DR)。DR 用来寄存数据,与指令寄存器寄存指令相对应。当 D/I=1 时,在 E 信号的下降沿作用下,图形显示数据写入 DR,或在 E 信号高电平作用下由 DR 读到 DB7~DB0 数据总线。DR 和 DDRAM 之间的数据传输是模块内部自动执行的。

③ 忙标志 BF。BF 标志提供内部工作情况。BF=1 时,表示模块在进行内部操作,此时模块不接受外部指令和数据;BF=0 时,表示模块为准备状态,随时可接受外部指令和数据。

利用 STATUS READ 指令,可将 BF 读到 DB7 总线,从而检验模块之工作状态。

④ 显示控制触发器 DFF。此触发器用于模块屏幕显示开和关的控制。DFF=1,为开显示(DISPLAY ON),DDRAM 的内容就显示在屏幕上;DDF=0,为关显示(DISPLAY OFF)。

DDF 的状态是指令 DISPLAY ON/OFF 和 RST 信号控制的。

⑤ XY 地址计数器。XY 地址计数器是一个 9 位计数器。高 3 位是 X 地址计数器,低 6 位为 Y 地址计数器。X、Y 地址计数器实际上是作为 DDRAM 的地址指针,X 地址计数器为 DDRAM 的页指针,Y 地址计数器为 DDRAM 的 Y 地址指针。

X 地址计数器没有计数功能,只能用指令设置。

Y 地址计数器具有循环计数功能,各显示数据写入后,Y 地址自动加 1,Y 地址指针为 0~63。

⑥ 显示数据 RAM(DDRAM)。DDRAM 是存储图形显示数据的。数据为 1 表示显示选择;数据为 0 表示显示非选择。DDRAM 与地址和显示位置的关系见厂商产品资料中的 DDRAM 地址表。

⑦ Z 地址计数器。Z 地址计数器是一个 6 位计数器,此计数器具备循环计数功能,它用于显示行扫描同步。当一行扫描完成时,此地址计数器自动加 1,指向下一行扫描数据,RST 复位后 Z 地址计数器为 0。

Z 地址计数器可用指令 DISPLAY START LINE 预置。因此,显示屏幕的起始行就由此指令控制,即 DDRAM 的数据从哪一行开始显示在屏幕的第一行。此模块的 DDRAM 共 64 行,屏幕可以循环滚动显示 64 行。

RT12864M 与单片机的接口电路和读/写时序如图 5.8.10 所示。RT12864M 指令表如表 5.8.4 所列。

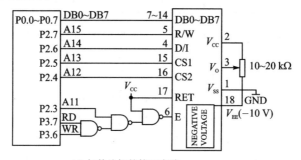

(a) 与单片机的接口电路

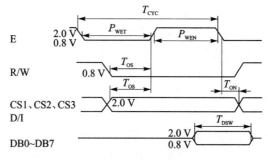

(b) 读/写时序

图 5.8.10 RT12864M 与单片机的接口电路和读/写时序

表 5.8.4　RT12864M 指令表

指　　令	指令码									功　能
	RW	DI	D7	D6	D5	D4	D3	D2	D1	D0	
显示 ON/OFF	0	0	0	0	1	1	1	1	1	1/0	控制显示器的开关,不影响 DDRAM 中数据和内部状态
显示起始行	0	0	1	1	显示起始行（0～63）						指定显示屏从 DDRAM 中哪一行开始显示数据
设置 X 地址	0	0	1	0	1	1	1	X 地址（0～7）			设置 DDRAM 中的页地址（X 地址）
设置 Y 地址	0	0	0	1	Y 地址（0～63）						设置地址（Y 地址）
读状态	1	0	BUSY	0	ON/OFF	RST	0	0	0	0	RST:"1"复位;"0"正常 ON/OFF:"1"显示开;"0"显示关 BUSY:"0"准备;"1"运行
写显示数据	0	1	显示数据								将数据线上的数据 DB7～DB0 写 DDRAM
读显示数据	1	1	显示数据								读 DDRAM 数据 DB7～DB0

5.8.8　单片机系统之间的通信

单片机系统 B 与单片机系统 C 之间通过双口 RAM 实现数据通信,包括触发方式（几级触发、连续或间断触发）、触发哪几路信号及各级触发字、时间标志线移动位置及对应逻辑状态等。两个系统在双口 RAM 的指定位置存放这些信息,用专用口通知读取。

因时间标志线移动位置及对应逻辑状态随用户输入实时变化,两个系统在读/写双口 RAM 时会产生冲突,故规定单片机系统 B 在时钟脉冲的高电平对 RAM 操作,单片机系统 C 在低电平时操作。

5.8.9　简易逻辑分析仪软件设计

1. 逻辑分析功能程序流程图[4]

逻辑分析功能程序流程图如图 5.8.11 所示,由单片机在中断处理程序中实现信号的采集、存储与触发判断。中断处理程序流程图如图 5.8.12 所示。

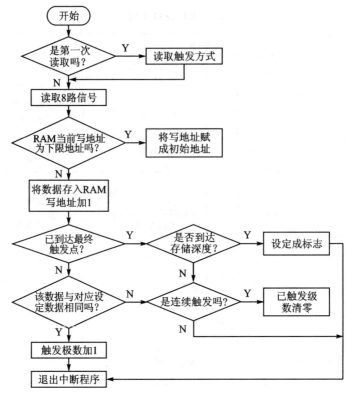

图 5.8.11　逻辑分析功能程序流程图

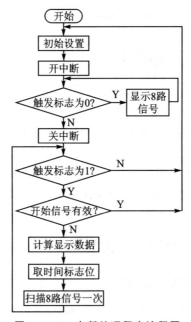

图 5.8.12　中断处理程序流程图

2. 人机交互程序流程图[4]

人机交互程序流程图如图 5.8.13 所示,操作采用菜单形式。

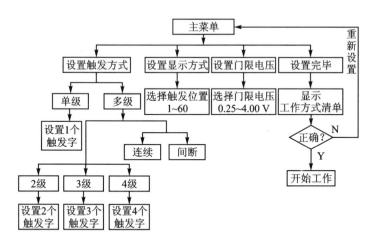

图 5.8.13　人机交互程序流程图

5.9　集成运放综合参数测试仪

5.9.1　集成运放综合参数测试仪设计要求

设计并制作一台能测试通用型集成运算放大器参数的测试仪,方框图如图 5.9.1 所示。设计详细要求与评分标准等请登录 www.nuedc.com.cn 查询。

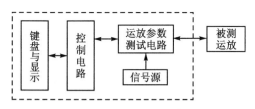

图 5.9.1　通用型集成运算放大器参数测试仪方框图

5.9.2　集成运放综合参数测试仪设计方案

所设计的通用型集成运算放大器参数测试仪的系统方框图[35]如图 5.9.2 所示。系统以微控制器为控制核心,外接键盘与显示模块、单位增益带宽测试电路、运放参数测试电路、信号源以及打印机等。

1. 微控制器

方案一：采用 AT89S51 单片机。由于系统需

要与微型打印机、信号源、键盘与显示电路、测试电路、A/D 转换电路等连接，接口电路比较复杂；若要增加语音功能，则还需要增加专门的语音芯片。

方案二：采用凌阳公司的 SPCE061A 单片机。SPCE061A 是一款采用 16 位 μ'nSP™ 微处理器结构的微控

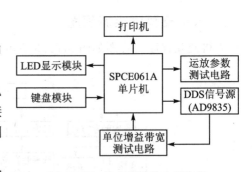

图 5.9.2　集成运算放大器参数测试仪的系统方框图

制器，内置 2K 字 SRAM；内置 32 KB FLASH；2 个 16 位可编程定时器/计数器（可自动预置初始计数值）；7 通道 10 位电压模/数转换器（ADC）和单通道声音模/数转换器；2 个 10 位数/模转换（DAC）输出通道；32 位通用可编程输入/输出端口，14 个中断源可来自定时器 A/B，2 个外部时钟源输入，具备串行设备接口；具备触键唤醒的功能；声音模/数转换器输入通道内置麦克风放大器和自动增益控制（AGC）功能，使用凌阳音频编码 SACM_S240 方式（2.4K 位/s）能容纳 210 s 的语音数据，可编程音频处理；锁相环 PLL 振荡器提供系统时钟信号，采用 32 768 Hz 实时时钟，采用晶体振荡器，CPU 时钟为 0.32～49.152 MHz；工作电压（CPU）V_{DD} 为 2.4～3.6 V，(I/O)V_{DDH} 为 2.4～5.5 V；系统处于备用状态下（时钟处于停止状态），耗电仅为 2 μA@3.6 V；具有低电压复位（LVR）功能和低电压监测（LVD）功能；内置在线仿真电路 ICE(In-Circuit Emulator)接口；具有保密能力；具有 WatchDog 功能。

综合比较，拟采用凌阳公司的 SPCE061A 单片机作为系统的控制核心。

2. 信号源

根据设计基本要求，测试用的信号源应输出 5 Hz、有效值为 4 V 的正弦波信号，频率与电压误差绝对值均小于 1％。发挥部分设计要求扫频信号源输出频率范围为 40 kHz～4 MHz，频率误差绝对值小于 1％，输出电压的有效值为(2±0.2)V。

方案一：信号源采用高频波形产生器芯片 MAX038。MAX038 是一个能产生从小于 1 Hz 到大于 20 MHz 的低失真正弦波、三角波、锯齿波或矩形（脉冲）波的高频波形产生器芯片，它只需连接少量的外部电阻、电容元件，通过调整外部电阻、电容元件数值可改变输出频率。但由于其采用模拟控制方式，要实现扫频信号输出，需要增加高精度的 D/A 转换电路。而且对于 40 kHz～4 MHz 宽频率变化范围，需要增加量程切换电路和相应控制电路和软件；模拟调节方式难以保证频率分辨率为 1 kHz 的调节精度。

方案二：采用直接数字式频率合成（DDS）技术。DDS 是将先进的数字处理理论与方法引入频率合成的一项新技术，它把一系列数字量形式的信号通过数/模转

换器转换成模拟量形式的信号。DDS 基本结构框图如图 5.9.3 所示。DDS 由相位累加器、正弦查询表、数/模转换器（DAC）和低通滤波器组成。图 5.9.3 中的基准时钟 f_C 由一个稳定的晶体振荡器产生，用它来同步整个合成器的各个组成部分。相位累加器类似于一个简单的计数器，在每个时钟脉冲输入时，它的输出就增加一个步长的相位增量值。相位累加器把频率控制字 FSW 的数据变成相位抽样来确定输出频率的大小。相位增量的大小随外部指令 FSW 的不同而不同，一旦给定了相位增量，输出频率也就确定了。图 5.9.3 中正弦查询表是一个可编程只读存储器（PROM），存有一个或多个完整周期的正弦波数据。在 f_C 驱动下，地址计数器逐步经过 PROM 存储器的地址，地址中相应的数字信号输出到 N 位数/模转换器（DAC）的输入端，由 DAC 转换成模拟信号。当用这样的数据寻址时，正弦查表就把存储在相位累加器中的抽样值转换成正弦波幅度的数字量函数。数/模转换器把数字量变成模拟量，低通滤波器（LPF）进一步平滑并滤掉带外杂散信号，得到所需正弦波波形。

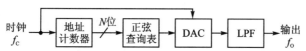

图 5.9.3　DDS 基本结构框图

DDS 的输出频率 f_O 和基准时钟 f_C、相位累加器长度 N 及频率控制字 FSW 的关系为

$$f_O = f_C \cdot \text{FSW}/2^N \tag{5.9.1}$$

DDS 的频率分辨率为

$$\Delta f_O = f_C / 2^N \tag{5.9.2}$$

DDS 电路可采用 DDS 专用集成芯片实现，如 AD9830～AD9835 等，在微控制器的控制下，可实现 1 Hz 频率的调节。

综合比较，拟采用 DDS 专用集成芯片实现精密正弦信号发生器的设计。

3. V_{IO}、I_{IO}、A_{VD} 和 K_{CMR} 参数的测试电路

参照 GB3442—82 标准，V_{IO}、I_{IO}、A_{VD} 和 K_{CMR} 参数的测试电路参考设计要求中所示电路方框图。（见竞赛题目中的设计详细要求。）

4. 设计的集成运放综合参数测试仪的系统方案

设计的集成运放综合参数测试仪系统方案以凌阳公司的 SPCE061A 单片机为控制核心，由检测电路、信号源、自动测试控制电路、键盘和 LED 显示器等组成。可对 LM741 及与引脚兼容的其他集成运放（例如 μA741、F007、F741）的基本参数 V_{IO}、I_{IO}、A_{VD} 和 K_{CMR} 及 BW_G 进行测试和数字显示，具有自动打印和语音播报功能。信

号源利用 AD9835 DDS 专用芯片,产生测试需要的 40 kHz～4 MHz 扫频信号以及测试仪中的 5 Hz 信号。LED 显示器采用串行工作方式,8 片 74HC595 芯片工作在静态显示模式。

5.9.3　微控制器电路设计

微控制器采用凌阳公司的 SPCE061A 单片机。SPCE061A 有 PLCC - 84 和 LQFP - 80 两种封装形式。在 PLCC - 84 封装中,有 15 个空余引脚,用户使用时这 15 个空余引脚悬浮。在 LQFP - 80 封装中有 9 个空余引脚,用户使用时这 9 个空余引脚接地。SPCE061A 单片机最小系统电路原理图如图 5.9.4 所示。在 OSC_0、OSC_1 端接上晶振及谐振电容,在锁相环压控振荡器的阻容输入 V_{CP} 端接上相应的电容电阻后即可工作。其他不用的电源端和地端接上 0.1 μF 的去耦电容,以提高抗

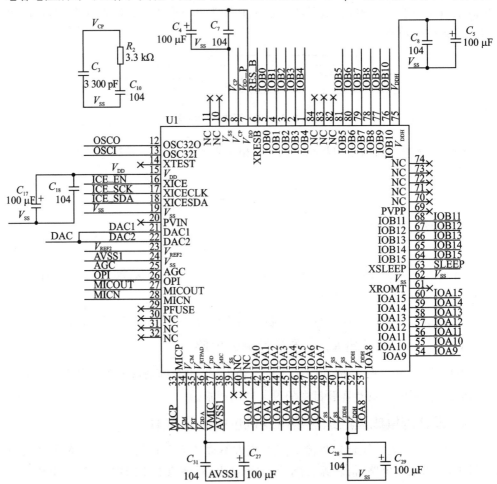

图 5.9.4　SPCE061A 单片机最小系统原理图

干扰能力。最小系统板上集成了基本的外围电路,并引出了必要的一些口(例如 I/O 口、电源插口等),可很方便地与其他模块连接。

　　SPCE061A 的开发是通过在线调试器 PROBE 实现的。它既是一个编程器(即程序烧写器),又是一个实时在线调试器。用它可替代在单片机应用项目的开发过程中常用的软件工具——硬件在线实时仿真器和程序烧写器。它利用了 SPCE061A 片内置的在线仿真电路 ICE(In-Circuit Emulator)接口和凌阳公司的在线串行编程技术。PROBE 工作于凌阳公司的 IDE 集成开发环境软件包下,其 5 芯的仿真头直接连接到目标电路板上 SPCE061A 相应引脚,直接在目标电路板上的 CPUS-PCE061A 调试、运行用户编制的程序。PROBE 的另一头是标准 25 针打印机接口,直接连接到计算机打印口与上位机通信,在计算机 IDE 集成开发环境软件包下完成在线调试功能。

5.9.4　运放参数测试电路设计

　　输入失调电压、失调电流等参数的测试电路原理图如图 5.9.5 所示。

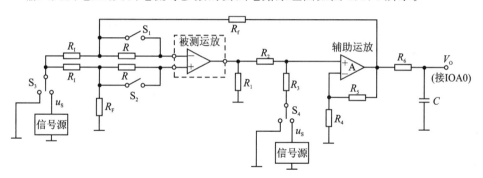

图 5.9.5　运放参数测试电路原理图

1. 输入失调电压 V_{IO} 测试

　　当运算放大器两个输入端都接地时,由于运放电路参数的不对称,使得运算放大器的输出电压不为零,称之为运算放大器的失调。为使输出电压为零点,必须在两个输入端之间加直流补偿电压,使输出电压为零。这个直流补偿电压就叫运算放大器的输入失调电压 V_{IO}。输入失调电压的测量电路原理图如图 5.9.5 所示,此时应将 S_1、S_2 闭合,将 S_3、S_4 均拨到接地位置。通常 R_1 值不超过 100 Ω,因此 $R_F \gg R_1$。这时若测得辅助运放 A 的输出电压为 V_{L0},则利用公式(5.9.3)即可推算出输入端的失调电压。

$$V_{IO} = \frac{R_1}{R_1 + R_F} \cdot V_{L0} \qquad (5.9.3)$$

2. 输入失调电流 I_{IO} 测试

输入失调电流 I_{IO} 的定义为补偿失调电压后,使输出电压为零时,流入运算放大器两输入端的电流差值。测试电路原理图如图 5.9.5 所示,将 S_3、S_4 均拨到接地位置。测试分两步进行：第 1 步是将 S_1、S_2 闭合,测得输出电压为 V_{L0},这时的电路与测试输入失调电压完全相同；第 2 步是将 S_1、S_2 都断开,此时运放的两个输入端上除失调电压 V_{IO} 之外,还有输入电流在电阻上所产生的电压,只要测得辅助运放的输出电压为 V_{L1},则利用公式(5.9.4)即可计算出输入失调电流值为

$$I_{IO} = \frac{R_1}{R_1 + R_F} \cdot \frac{V_{L1} - V_{L0}}{R} \qquad (5.9.4)$$

3. 交流差模开环电压增益 A_{VO}

开环电压增益是指放大器在无反馈时的差模电压增益,其数值等于输出电压的变化量 ΔV_O 与输入电压的变化量 ΔV_I 之比。由于 A_{VO} 很大,输入信号很小,而且输入电压与输出电压之间还存在相位差,很容易引起较大的测试误差,因此在测试开环电压增益时都采用交流开环、直流闭环的方法。测试电路原理图如图 5.9.5 所示,应将 S_3 拨到接地位置,将 S_4 拨到信号源位置,将 S_1、S_2 均断开。设信号源输出电压为 V_S,测得辅助运放输出电压为 V_{L0},则利用公式(5.9.5)即可计算交流差模开环电压增益为

$$A_{VD} = 20\lg\left(\frac{V_S}{V_{L0}} \cdot \frac{R_J + R_F}{R_1}\right) (\text{dB}) \qquad (5.9.5)$$

4. 交流共模抑制比 K_{CMR}

共模抑制比(K_{CMR})定义为差模电压增益 A_{VD} 与共模电压增益 A_{VC} 之比,即 $K_{CMR} = |A_{VD}/A_{VC}|$。$K_{CMR}$ 的大小不仅与频率有关,还与输入信号大小和波形有关,因此测量频率不宜太高,信号不宜过大。测试电路原理图如图 5.9.5 所示,将 S_3 拨到右边位置,将 S_4 拨到左边位置,将 S_1、S_2 均断开。设信号源输出电压为 u_S,测得辅助运放输出电压为 u_{L0},则利用公式(5.9.6)即可算出交流共模抑制比为

$$K_{CMR} = 20\lg\left(\frac{V_S}{V_{L0}} \cdot \frac{R_1 + R_F}{R_1}\right) (\text{dB}) \qquad (5.9.6)$$

5.9.5　单位增益带宽测试电路设计

运算放大器的单位增益带宽(BW_G)定义为开环增益 A_{OD} 下降到零分贝(亦即 $A_{OD}=1$,运放失去电压放大能力)时的信号频率。单位增益带宽测试电路原理图如图 5.9.6 所示,由待测运放和电压比较器这两部分电路组成,其中 D_1、C_1、R_1 与 D_2、C_2、R_2 组成两个峰值检波电路。

由 DDS 信号源产生的正弦信号 u_S 经过被测运放进行放大,形成信号 u_C。运放的增益是随信号的频率变化而变化的,即输入信号的频率越低,其增益越高。u_S 的

频率较低时，u_C 的值比 u_S 高很多。u_S 与 u_C 经过峰值检波、比较器比较之后，使输出端为低电平。随着输入信号频率的升高，运放的增益逐渐减小，u_C 的幅值也随之减小。当 A_{OD} 下降到零分贝时，比较器的两个输入信号 $V_A = V_B$，比较器就输出一个电压正跳变，经过稳压管稳压后在输

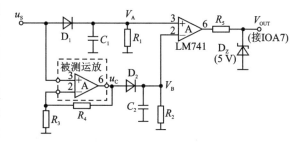

图 5.9.6　单位增益带宽测试电路

出端形成一个 +5 V 的高电平，送至单片机，此时的频率即为被测运放的单位增益带宽。由于集成运放的 A_{OD} 比较大，为便于测试，应给被测运放引入适当的负反馈。

5.9.6　DDS 信号源电路设计

DDS 信号源采用 DDS 芯片 AD9835。AD9835 是一个将相位累加器、余弦查询表只读存储器（cos ROM）和一个 10 位 D/A 转换器集成在一个 CMOS 芯片上的 DDS 芯片，频率精确性能被控制在 4×10^{-9}（十亿分之一），时钟频率为 50 MHz，具有低抖动的时钟输出和正弦波输出。控制字采用串行装载方式，通过串行接口装载控制字到寄存器，可实现相位和频率调制。AD9835 电源电压为 5 V，功耗为 200 mW。在低功耗模式控制，功耗仅为 1.75 mW，可以利用外部控制器控制芯片的低功耗模式。

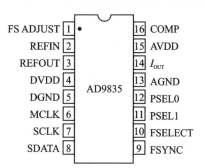

图 5.9.7　AD9835 引脚端封装形式

AD9835 采用 TSSOP-16 封装，引脚端封装形式如图 5.9.7 所示，引脚端功能如表 5.9.1 所列。

表 5.9.1　AD9835 引脚功能

引　脚	符　号	功　能
模拟信号及基准		
1	FS ADJUST	满量程校准控制端。一个电阻（R_{SET}）连接引脚端 FS ADJUST 和引脚端 AGND 之间。电阻（R_{SET}）用来定义满量程 DAC 电流的大小。R_{SET} 和满刻度电流之间的关系为 $$I_{OUTFULL\text{-}SCALE} = 12.5 \times V_{REFIN}/R_{SET}$$ $V_{REFIN} = 1.21$ V（正常值），$R_{SET} = 3.9$ kΩ（典型值）
2	REFIN	电压基准输入端。AD9835 可使用一个内部或外部的基准电压。可从 REFOUT 引脚端得到一个可用的基准电压，或者使用外部基准电压。外部基准电压连接到 REFIN 引脚端。AD9835 可接受一个 1.2 V 的基准电压

引　脚	符　号	功　能
3	REFOUT	基准电压输出引脚端。AD9835 内部有一个 1.2 V 的基准电压,这个基准电压可通过 REFOUT 引脚端输出。连接 REFOUT 引脚端到 REFIN 引脚端,这个基准电压可作为 DAC 的电压基准。REFOUT 连接一个 10 nF 的去耦电容到 AGND
14	I_{OUT}	电流输出。这是一个高阻抗的电流源。一个负载电阻连接在 I_{OUT} 和 AGND 之间
16	COMP	补偿引脚端。这是内部基准放大器的补偿引脚端。连接一个 10 nF 的去耦陶瓷电容在 COMP 引脚端和 AVDD 引脚端之间
电源电压		
4	DVDD	数字电路部分的电源电压正端。一个 0.1 μF 的去耦电容连接在 DVDD 和 DGND 之间。DVDD 的电压值为 +5(1±10%) V
5	DGND	数字地
13	AGND	模拟地
15	AVDD	模拟电路部分的电源电压正端。一个 0.1 μF 的去耦电容连接在 AVDD 和 DGND 之间。AVDD 的电压值为 +5(1±10%) V
数字接口和控制器		
6	MCLK	数字时钟输入引脚端。DDS 输出频率能表示为二进制的分数,即可表示为 MCLK 频率的分数。输出频率精确度和相位噪声与该时钟有关
7	SCLK	串行时钟输入引脚端,逻辑输入。数据在每个 SCLK 的下降沿被装入 AD9835 芯片
8	SDATA	串行数据输入,逻辑输入。16 位串行数据字被加到此引脚端
9	FSYNC	数据同步信号输入引脚端,逻辑输入。当 FSYNC 为低电平时,内部逻辑电路被告知一个新的控制字被装入 AD9835 芯片
10	FSELECT	频率选择输入引脚端。FSELECT 控制在相位累加器中使用的频率寄存器 FREQ0 或 FREQ1。频率寄存器的使用选择可通过控制引脚端 FSELECT 或选择 FSELECT 位完成。FSELECT 的状态在 MCLK 的上升沿时被采样。当一个 MCLK 上升沿出现时,FSELECT 需要在稳定状态。如果 FSELECT 的状态在 MCLK 的上升沿时被改变,则 MCLK 周期将不确定。当使用 FSELECT 位被用选择频率寄存器时,FSELECT 引脚端将被拉到 DGND
11 12	PSEL0 PSEL1	相位选择输入引脚端。AD9835 有 4 个相位寄存器。这些寄存器被用来改变输入到 cos ROM 的数值。当 PSEL0 和 PSEL1 输入所选择的相位寄存器被使用时,所选择的相位寄存器的内容被加到相位累加器输出。相位寄存器也可被 PSEL0 位和 PSEL1 位所选择。如同 FSELECT 输入引脚端一样,在 MCLK 上升沿时,PSEL0 和 PSEL1 引脚端状态被采样。因此,在 MCLK 上升沿出现时,PSEL0 和 PSEL1 引脚端应在稳定状态;或者 MCLK 的周期将不确定。当相位寄存器被 PSEL0 位和 PSEL1 位控制时,PSEL0 和 PSEL1 引脚端将被拉到 DGND

AD9835 芯片内部包含有数控振荡器（Numerical Controlled Oscillator，NCO）、cos 查询表、频率和相位调制器和数/模转换器 4 部分。

1. DDS 工作原理

一个余弦波的幅度和相位如图 5.9.8 所示。余弦波波形通常可用其被量化了的幅值形式 $a(t)=\cos\omega t$ 表示，它们是非线性的，而角信息是线性的。也就是说，相位角在每个单位时间内以某一固定角度旋转。角速度取决于信号的频率，通常 $\omega=2\pi f$。

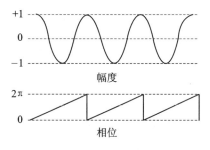

图 5.9.8　余弦波的幅度和相位

已知余弦波的相位是线性的，而且有一个基准时间间隔（时钟周期），因此，对于该周期，可给出相位旋转的周期的明确定义。其表达式为

$$\Delta\varphi=\omega\,\Delta t \tag{5.9.7}$$

即

$$\omega=\Delta\varphi/\Delta t=2\pi f \tag{5.9.8}$$

并可解得 f，将基准周期（$1/f_{MCLK}=\Delta t$）替代基准时钟频率，则

$$f=\Delta\varphi\times f_{MCLK}/2\pi \tag{5.9.9}$$

AD9835 芯片输出就建立在这 3 个简单的等式基础之上。

2. NCO 和相位调制器（Numerical Controlled Oscillator and Phase Modulator）

这部分是由 2 个频率选择寄存器（FREQ0 REG 和 FREQ1 REG）、1 个相位累加器（PHASE ACCUMULATOR（32 位））、4 个相位偏移量寄存器和 1 个相位偏移量加法器（MUX）组成。NCO 的主要元件是一个 32 位的相位累加器。连续是信号有一个 $0\sim2\pi$ 的相位范围，对于一个余弦曲线函数是周期性重复变化的。累加器只是测量相位数的范围，并送出一个多位数字字。在 AD9835 内的相位累加器是一个 32 位累加器，因此 $2\pi=2^{32}$。同样地，$\Delta\varphi$ 可表示为 $0<\Delta\varphi<2^{32}-1$。当 $0<\Delta\varphi<2^{32}$ 时，可得

$$f=\Delta\varphi\times f_{MCLK}/2^{32} \tag{5.9.10}$$

相位累加器的输入（例如相位的步长）可通过 FREQ0 或 FREQ1 寄存器来选择，并且被 FSELECT 引脚或 FSELECT 位控制。NCO 本身产生连续相位信号，因此可消除频率间切换时所产生的输出中断。

在 NCO 之后，利用一个 12 位相位寄存器，增加一个相位偏移量，用来完成相位调制。这个相位调制寄存器内容被加到 NCO 的最重要的数据位上。AD9832 有 2 个相位寄存器，这 2 个寄存器的分辨率为 $2\pi/4\,096$。

3. cos 查询表

为了使 NCO 的输出有用，就必须由相位信息转换为正弦曲线值。因为是将相位信息直接转换成振幅，数字相位信息被当作 cos ROM 的查表地址使用，可将相位信息转换成振幅。虽然 NCO 包含一个 32 位相位累加器，NCO 输出被缩减为 12 位。使用完全的相位累加器分辨率是不切实际的，并且是不必要的。因为使用完全的相位累加器分辨率需要 2^{32} 次查表。

在 cos 查询表中，只需要足够的相位分辨率，以保证误差小于 10 位 DAC 的分辨率。这要求的查询表必须有大于 10 位 DAC 的分辨率 2 位的相位分辨率。

4. DAC

AD9835 芯片内部有一个高阻抗电流源的 10 位 DAC，有能力驱动一个较宽范围的负载。满量程输出电流可通过使用外接的一个电阻（R_{SET}）来调整，以满足电源和外接负载需求。DAC 能被设置为单端工作模式。只要满量程电压不超出正常工作范围，负载电阻便可根据需要确定数值。因为满量程电流由 R_{SET} 控制，所以调节 R_{SET} 可以平衡负载电阻的改变。然而，如果 DAC 满量程输出电流少于 4 mA，则 DAC 的线性度可能降低。

5. 串行接口

AD9835 有一个串行接口，可与微控制器接口。串行接口时序图如图 5.9.9 所示。在每一写周期时，16 位数据被装入。使用 SCLK、SDATA 和 FSYNC，可将"字"装载到 AD9835 中。当 FSYNC 是低电平时，AD9835 被告知一个"字"写入到器件。到下一个 SCLK 的下降沿时，第一位被读入该器件中，以后仍维持有位被读入器件中。FSYNC 每帧为 16 位，因此，当 16 个 SCLK 下降沿到来后，FSYNC 应再次为高电平。

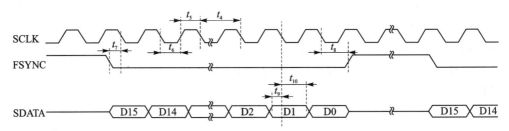

图 5.9.9　AD9835 串行接口时序图

AD9835 的应用电路原理图如图 5.9.10 所示。

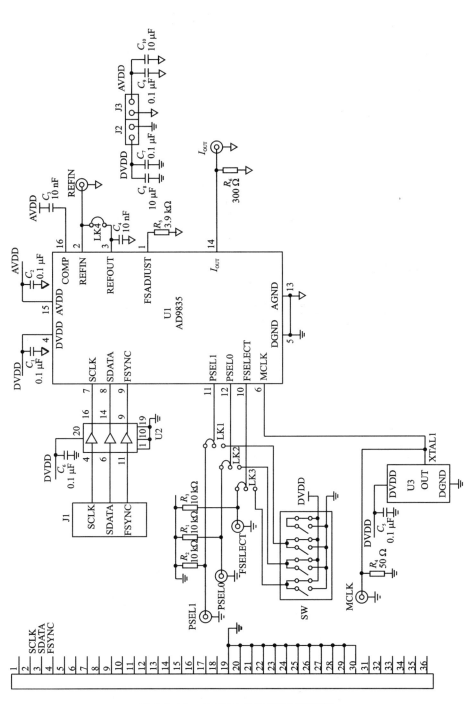

图 5.9.10　AD9835 的应用电路原理图

5.9.7　集成运放综合参数测试仪软件设计

在集成运放综合参数测试仪主程序中，主要根据键值作相应的处理。主程序流程图[35]如图5.9.11所示。该集成运放参数测试仪能对V_{IO}、I_{IO}、A_{VD}、K_{CMR}等基本参数进行测试，自动打印并用语音准确播报测量结果。DDS信号源输出频率能以1Hz的步长进行增加/减少。

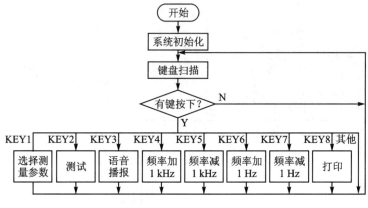

图5.9.11　主程序流程图

5.10　简易频谱分析仪

5.10.1　简易频谱分析仪设计要求

采用外差原理设计并实现频谱分析仪，其参考原理方框图如图5.10.1所示。频率测量范围为10～30 MHz；频率分辨力为10 kHz，输入信号电压有效值为(20 ± 5)mV，输入阻抗为50 Ω；可设置中心频率和扫频宽度；借助示波器显示被测信号的频谱图，并在示波器上标出间隔为1 MHz的频标。设计详细要求与评分标准等请登录www.nuedc.com.cn查询。

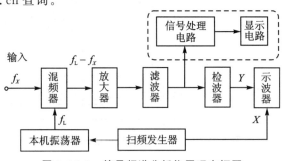

图5.10.1　简易频谱分析仪原理方框图

5.10.2　简易频谱分析仪设计方案

　　根据设计要求,采用外差原理设计并实现简易频谱分析仪。所设计的频谱分析仪系统方框图[36]如图 5.10.2 所示。简易频谱分析仪以 SPCE061A 单片机作为主控制器,利用 AD9850 专用 DDS 芯片构成 10 kHz 步进的本机振荡器;混频器电路采用 AD835 乘法器芯片,通过开关电容滤波器 MAX297 取出各个频点(相隔 10 kHz)的值,利用 MX636 构成的有效值检波电路收集采样值,经单片机 SPCE061A 处理后,最后送示波器显示频谱。测量频率范围覆盖 1~30 MHz,可根据用户需要设定显示频谱的中心频率和带宽,还可以识别调幅、调频和等幅波信号。

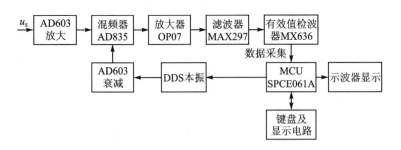

图 5.10.2　简易频谱分析仪系统方框图

5.10.3　微控制器电路设计

　　简易频谱分析采用 SPCE061A 单片机作为主控制器,进行信号处理和人机交互控制。SPCE061A 单片机技术特性及应用电路见 5.9.3 小节。SPCE061A 的 CPU 时钟为 0.32~49.152 MHz,具有较高的处理速度。利用 SPCE061A 内嵌的 32K 字的闪存(Flash),存储扫描所得的频率点幅值,不需要外扩存储器;利用内嵌的 10 位电压模/数转换器(ADC)完成信号采样;利用通用可编程输入/输出端口与外围器件(LCD 显示器、键盘)相连。

5.10.4　本机振荡器电路设计

　　本机振荡器电路采用 AD9850 DDS 芯片构成。AD9850 是一个采用了先进 DDS 技术的高集成度芯片。芯片内部的 DDS 核与高速、高性能的 DAC 和比较器组合,能构成一个数字可编程的频率合成器和时钟信号发生器。外接一个精密的时钟源,AD9850 可产生一个非常纯净的、频率和相位振幅可编程的正弦波信号输出。正弦波信号能直接被作为一个频率源,或者转化成方波作为时钟发生器。AD9850 高速度 DDS 核心可提供 32 位的频率调谐字,在 125 MHz 的基准时钟输入时,调谐分辨率可达到 0.0291 Hz。AD9850 电路结构允许产生一半基准时钟频率的输出频率(如 125 MHz/2=62.5 MHz),输出频率能以每秒高达 23×10^6 次的速度改变(数字控制,异步)。该器件也能提供 5 位的数字控制相位调制,能产生 180°、90°、45°、22.5°、11.25°相移变换。AD9850 也包含一个高速的比较器,能接受经过滤波的 DAC 输出,产生一个低纹波的方波输出,构成一个时钟信号发生器。

AD9850 使用 3.3 V 或者 5 V 单电源,功耗为 380 mW @ 125 MHz (5 V)或者 155 mW @110 MHz (3.3 V);具有低功耗模式,功耗为 10 mW(3.3 V)或 30 mW (5 V)。

AD9850 采用 SSOP - 28 封装,引脚功能如表 5.10.1 所列。

表 5.10.1 AD9850 的引脚功能

引 脚	符 号	功 能
4~1、28~25	D0~D7	8 位数据输入。这是一个 8 位的数据输入端口,用来装载 32 位频率字和 8 位相位/控制字。D7 = MSB;D0 = LSB。D7 (引脚端 25)也作为 40 位串行数据字的输入引脚端
5、24	DGND	数字电路地
6、23	DVDD	数字电路电源
7	W_CLK	字装入时钟。这个时钟被用来装入并行或串行频率/相位/控制字
8	FQ_UD	频率数据更新。在这个时钟的上升沿到来时,DDS 的频率(或相位)更新数据被装入输入寄存器中,并将指示器复位到字 0
9	CLKIN	基准时钟输入。它可以是一个连续的 CMOS 电平脉冲,或者是一个幅度在 1/2 电源电压的正弦波输入。在这个时钟的上升沿开始操作
10、19	AGND	模拟电路地。这是模拟电路系统(DAC 和比较器)的接地回路
11、18	AVDD	模拟电路电源(DAC 和比较器)
12	R_{SET}	连接 DAC 的外部 R_{SET}。该电阻值用来设置 DAC 的满刻度输出电流。对于正常的应用 ($F_S I_{OUT} = 10$ mA),R_{SET} 连接到地的值是 3.9 kΩ。R_{SET} 与 I_{OUT} 关系为 $$I_{OUT} = 32 (1.248 \text{ V}/R_{SET})$$
13	QOUTB	比较器的补偿输出
14	QOUT	比较器输出
15	V_{INN}	反相电压输入。比较器的反相输入端
16	V_{INP}	同相电压输入。比较器的同相输入端
17	DACBL (NC)	DAC 基线。这是 DAC 基线电压基准,为了获得 DAC 的最佳性能连接,正常使用时,这个引脚端被内部旁路
20	I_{OUTB}	DAC 的补偿模拟电流输出
21	I_{OUT}	DAC 的模拟电流输出
22	RESET	复位。这是主复位功能;当设置为高电平时,它清除所有的寄存器内容(除输入寄存器之外)及在另一时钟周期后 DAC 输出余弦

AD9850 的芯片内部主要由高速 DDS、32 位调节字、相位和控制字、10 位 DAC、

频率/相位数据寄存器、数据输入寄存器、比较器和并行装载等电路组成。

AD9850 的信号流程图如图 5.10.3 所示。AD9850 的输出频率、基准时钟和调节字的关系为

$$f_{\text{OUT}} = (\Delta\varphi \times f_{\text{CLKIN}})/2^{32}$$

式中：$\Delta\varphi$ 是 32 位的调谐字，f_{CLKIN} 是基准时钟频率（MHz），f_{OUT} 是输出信号频率（MHz）。

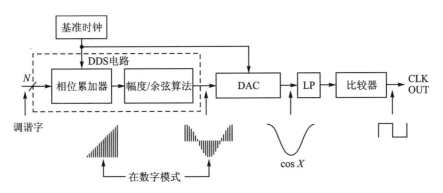

图 5.10.3　AD9850 的信号流程图

AD9850 的频率调谐字、控制字、相位调谐字可通过并行或串行形式装入。并行装入形式为 5 个 8 位控制字，第 1 字节控制相位调制、低功耗模式和装入形式；第 2～5 字节为 32 位频率调谐字。串行形式装入以 1 个 40 位的串行数据流形式在一个引脚端装入。

AD9850 的典型应用电路如图 5.10.4 所示。其印制电路板设计请参考 Analog Devices 公司 AD9850 设计资料（www.analog.com）。

5.10.5　混频器电路设计

混频器电路采用 AD835 乘法器专用芯片。AD835 是一个电压输出四象限乘法器电路，能完成 $W = XY + Z$ 功能，X 和 Y 输入信号范围为 $-1 \sim +1$ V，带宽为 250 MHz，在 20 ns 内可稳定到满刻度的 0.1%，乘法器噪声为 50 $\text{nV}/\sqrt{\text{Hz}}$，差分乘法器输入 X 和 Y，求和输入 Z，具有高的输入阻抗，输出引脚端 W 具有低的输出阻抗，输出电压范围为 $-2.5 \sim +2.5$ V，可驱动负载电阻为 25 Ω。电源电压为 ± 5 V，电流消耗为 25 mA。工作温度范围为 $-40 \sim +85$ ℃。

AD835 采用 PDIP - 8 或 SOIC - 8 封装，引脚端 X_1 和 X_2，Y_1 和 Y_2 为差分放大器正负输入端，Z 为求和输入端，W 为乘法器输出端，V_P 和 V_N 为电源电压正端和负端。

AD835 的内部结构方框图如图 5.10.5 所示。芯片内部包含有 X 和 Y 差分输

入放大器、求和器、输出缓冲放大器等电路。输出电压 W 为

$$W = \frac{(X_1 - X_2)(Y_1 - Y_2)}{U} + Z$$

式中：U 为缩放比例系数，其他参数均为电压。当 $U=1$，$Z=0$ V 时，有 $W=XY$。

由 AD835 构成的乘法器电路如图 5.10.6 所示。比例系数 U 可利用在引脚端 W 和 Z 之间的电阻分压器进行调节。

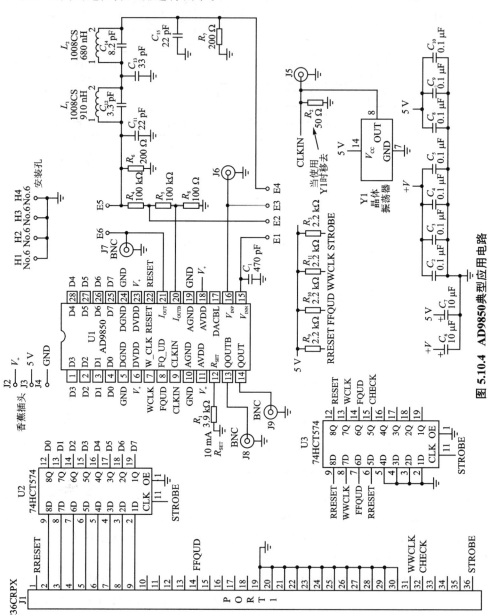

图 5.10.4 AD9850典型应用电路

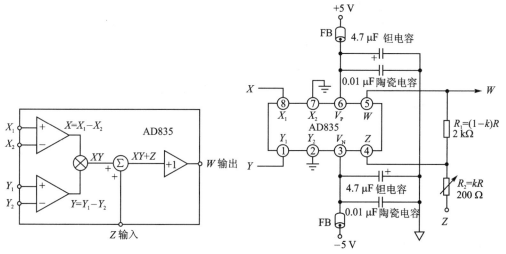

图 5.10.5　AD835 的内部结构方框图　　　图 5.10.6　AD835 构成的乘法器电路

AD835 对小信号的乘法精度较高,不易产生输出新的频率分量。设计中利用 AD603 将 DDS 输出信号适当衰减,将输入小信号适当放大,再送入乘法器,以获得最好的相乘效果。

在实际测试过程当中,可发现乘法器的输出信号幅度会随信号频率的升高而略有增加,很好地弥补了 DDS 集成芯片 AD9850 输出信号的幅度随着频率的增加而小幅度降低的这种缺陷。

5.10.6　可编程放大器电路设计

可编程放大器电路采用 AD603 90 MHz 低噪声可编程放大器芯片,用来放大输入信号和衰减 DDS 本机振荡器电路输出后,送入乘法器电路。AD603 采用线性 dB 的增益控制,可控增益范围为 $-11\sim+31$ dB(90 MHz 带宽),或者 $9\sim51$ dB(9 MHz 带宽),增益精度为 ±0.5 dB,输入噪声为 1.3 nV$/\sqrt{\text{Hz}}$。电源电压范围为 $\pm4.75\sim\pm6.3$ V,电流消耗为 17 mA。工作温度范围为 $-40\sim+85$ ℃。电路参考 4.2.4 小节。

5.10.7　滤波器电路设计

本设计要求频谱分辨率为 10 kHz,所以每个扫频点的间隔为 10 kHz,以此频点作为中心,左右各 5 kHz 范围之内为有效值,所以滤波器需要 5 kHz 的带宽。MAX297 是 MAXIM 公司生产的一个 8 阶低通椭圆形开关电容滤波器,采用输入时钟频率控制输出截止频率的方式来实现对模拟信号和数字信号的滤波。时钟可调截止频率范围为 0.1 Hz~50 kHz,时钟对截止频率比为 50:1。此滤波器可采用一个外接电容产生的内部振荡器的时钟信号,或者直接采用外接时钟信号。为了构成用于后置滤波或抗混叠的连续时间低通滤波器,MAX297 内部设置了一个独立的运放(同相输入端接地),其陡的倾斜沿和高的阶次,使得该滤波器特别适用于需要最大通带的抗混叠以及需要滤去频率范围内紧邻信号的通信场合。

　　MAX297 的引脚端 1 为时钟输入,引脚端 8 为滤波器输入,引脚端 5 为滤波器输出,引脚端 4 运算放大器反相输入,引脚端 3 为运算放大器输出,引脚端 2 和 7 为正负电源电压输入端,引脚端 6 为接地引脚端(单电源工作时,必须偏置到电源电压中间值)。

　　MAX297 可使用外部和内部时钟。根据 MAX297 的截止频率和时钟的比值为 1∶50 的关系,可确定截止频率 f_C。当使用内部时钟振荡器时,可在引脚端 1（CLK）连接一个电容到地（GND）,实现截止频率的选择。时钟频率与电容数值的关系如下:

$$f_\mathrm{osc} = \frac{10^5}{3C_\mathrm{osc}}$$

　　经过实际测试,选择 120 pF 电容可以实现 5 kHz 的截止频率,满足题目的频谱分辨率要求。MAX297 构成的典型低通滤波器电路如图 5.10.7 所示。

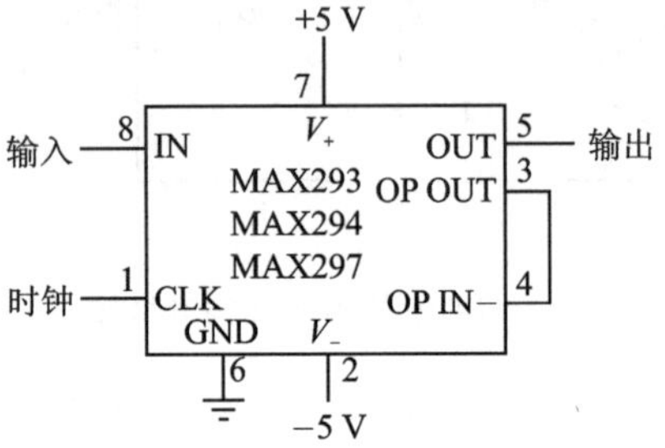

图 5.10.7　MAX297 构成的典型低通滤波器电路

5.10.8　检波器电路设计

　　为了提高检波精度,选择真有效值/直流(True RMS-to-DC)转换器芯片 MX636 作为检波电路。MX636 可接受有效值 V_RMS 为 0~200 mV 低的电平输入信号。$V_\mathrm{RMS} >$ 100 mV 时,带宽为 1 MHz。可使用单电源或双电源工作,电流消耗为 800 μA。采用 TO100-10 或 DIP-14 封装。

　　MX636 仅需要连接一个外部电容 C_AV 即可工作。电路原理图如图 5.10.8 所示,图中 C_AV 决定了检波的精度和稳定时间。电容值大,检测精度高,放电时间长;电容值小,检波电路输出电压的波纹增加,会使检测精度下降。为了平衡 DDS 的扫描速度和数据采集精度的问题,选择了 0.1 μF 的电容,经过测试效果比较理想。

5.10.9　键盘及显示电路设计

　　本设计中采用普通的 4×4 键盘。按键功能分配:设置 0~9 和"."11 个普

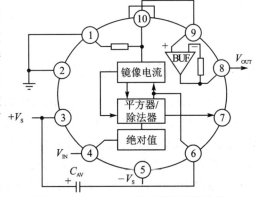

图 5.10.8　MX636 构成的检波器电路

通数字输入键;频率和带宽的单位"MHz"的设置键;为新输入信号后启动测量和界面切换的"启动/返回"键;中心频率设置键;扫描带宽设置键;频标显示设置键。

显示模块采用常用的 FM1602C 液晶显示模块,液晶屏上显示操作指示,可响应按键操作,使得操作简便。

5.10.10　简易频谱分析仪软件设计

由于设计要求产生的 10 kHz 频率步进增加,所以要求本机振荡器电路输出信号频率快速改变,即要求快速改变 AD9850 频率调谐字。AD9850 调谐字(Tuning Words)的装入采用异步串行接口 UART 方式。为加快扫频和扫描速度,将系统时钟改成最大值 49 MHz。

由于硬件采集系统无法达到全频段的稳定性,在收集频谱样值后通过软件对其进行一定的校准处理:根据固定输入信号的幅值,对全频段扫描结果并记录比较,设计校准曲线来达到良好的稳定性,弥补硬件频率失真带来的误差,提高频谱测量仪的精度。软件还对数据进行分析,根据频谱特性判别是 AM、FM 或单频波,计算调制深度或调频系数。简易频谱分析仪主程序流程图[36]如图 5.10.9 所示。

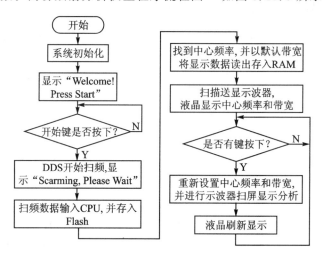

图 5.10.9　简易频谱分析仪主程序流程图

本设计利用外差原理实现了对信号频谱分析的功能,覆盖了 1~30 MHz 的频谱范围。对电压值的标定采用对比法,能得到很高的测量幅度精度,误差在 2 mV 以内。利用示波器显示频谱值,并可根据使用需要设置中心频率和显示带宽。各功能模块采用高集成度的芯片,掌握好各种芯片的性能指标,使每个功能模块都工作在最佳状态;注意各级的级联,以提高整个系统的稳定性和精度。

5.11 音频信号分析仪

5.11.1 音频信号分析仪设计要求

设计、制作一个可分析音频信号频率成分并可测量正弦信号失真度的仪器。输入信号电压范围(峰-峰值)100 mV～5 V；输入阻抗 50 Ω；输入信号包含的频率成分范围 20 Hz～10 kHz；频率分辨率 20 Hz 挡；判断输入信号的周期性并测量其周期；测量被测正弦信号的失真度；检测输入信号的总功率和各频率分量的频率和功率，检测出的各频率分量的功率之和不小于总功率值的 95%；各频率分量功率测量的相对误差的绝对值小于 10%，总功率测量的相对误差的绝对值小于 5%；分析时间：5 s。应以 5 s 周期刷新分析数据，信号各频率分量应按功率大小依次存储并可回放显示，同时实时显示信号总功率和至少前两个频率分量的频率值和功率值，并设暂停键保持显示的数据。设计详细要求与评分标准等请登录 www.nuedc.com.cn 查询。

5.11.2 音频信号分析仪设计方案

根据赛题要求需要设计制作一个可分析音频信号频率特性的频谱分析仪和可测量音频信号失真度的失真度仪。

音频信号分析仪的主要功能是能够对信号进行频谱分析，从而得到信号的功率谱、失真度和周期性等参数。对信号进行频谱分析可以采用扫频超外差法、傅里叶分析法等方法。

扫频超外差法采用扫频振荡器作为本机振荡器，输入信号与扫频本机振荡器信号进行混频，通过中频放大器电路进行放大并滤波，滤波器为窄带形式，按超外差方式选择所需频率分量形成频谱图。扫频超外差法的扫频范围大，但对硬件电路有较高要求，而且只适合于测量稳态信号的频谱。

傅里叶分析法也称为数字分析法，即在一个特定时间周期内对信号进行采样，做傅里叶变换以获得频率、幅度等信息。实现傅里叶分析法的方案简单，但通常受到 ADC 转换速度以及 MCU 的傅里叶变换算法的限制，测量频率范围较窄。本赛题只要求测量分析 20 Hz～10 kHz 音频信号的频率成分，可以采用此方案。

失真度表征一个信号偏离纯正弦信号的程度。根据失真度的定义：失真度定义为信号中全部谐波分量的能量与基波能量之比的平方根值，如果负载与信号频率无关，则信号的失真度也可以定义为全部谐波电压的有效值与基波电压的有效值之比，并以百分数表示，即

$$C = \sqrt{\frac{P - P_1}{P_1}} = \frac{\sqrt{U_2^2 + U_3^2 + \cdots + U_n^2}}{U_1} \tag{5.11.1}$$

式中，C 为失真度；P 为信号总功率；P_1 为基波信号的功率；U_1 为基波电压的有效

值;$U_2 \sim U_n$ 为谐波电压有效值。

对输入信号采样后进行 DFT 变换,求出各次谐波的幅值或者功率谱,按式(5.11.1)即可计算出信号的失真度。

1. 基于 FPGA DFT 算法逻辑结构的音频信号分析仪设计方案

基于 FPGA DFT 算法逻辑结构的音频信号分析仪设计方案[7]如图 5.11.1所示。

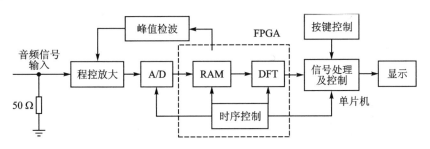

图 5.11.1　基于 FPGA 的音频信号分析仪方框图

输入信号通过由运算放大器组成的前级调理电路调理到 ADC 的输入范围,然后进行高速 A/D 采样,利用在 FPGA 中实现 DFT 算法的逻辑结构进行 DFT 分析,得到信号频谱。对得到的幅度谱求模取平方可以得到功率谱,再将功率谱信息送到单片机中进一步分析,获得各频率成分的功率、失真度等,单片机将处理结果送入液晶显示器或示波器上显示。

完成 DFT 算法的逻辑结构如图 5.11.2 所示,将旋转因子 W_n^{kn} 的值存储在 FPGA 内部的一块 ROM 中形成查找表,避免计算旋转因子 W_n^{kn} 耗用大量资源及带来误差。为保证处理精度,使用 40 位的累加器和 40 位的乘法器,仅在最后求模取平方之后截取高 16 位结果输出,可以避免运算中间的截断误差。

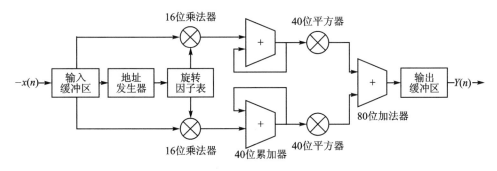

图 5.11.2　完成 DFT 算法的逻辑结构

2. 基于 DSP FFT 的数字音频信号分析仪设计方案

基于 DSP FFT 的数字音频信号分析仪设计方案[7]如图 5.11.3 所示,音频信号经过由运算放大器组成的前端跟随器和抗混叠低通滤波器滤波后,由高性能 A/D 完成被测信号的采样,在 FPGA 的内部实现一个 FIFO 缓存 A/D 采样的信号。单片机用来控制 LCD 液晶显示和键盘;DSP 实现数据计算和处理,进行 DFT 变换,并将处理过的数据返回到 FPGA。

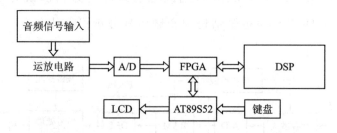

图 5.11.3　基于 DSP FFT 的数字音频信号分析仪方框图

　　这个方案采用数字方法直接由 ADC 对输入信号取样,经过 FPGA 的 FIFO 等待,送到 DSP 进行 FFT 处理和运算;然后分析频谱,进而通过运算得到相应的频谱和功率值,由单片机控制的 LCD 来显示相应数值。为获得高分辨率,ADC 的取样率最少等于输入信号最高频率的两倍;FFT 运算时间与取样点数成对数关系,要实现高频率、高分辨率和高速运算时,需要选用与其相应的高速的数字信号处理器(DSP)芯片。采用 DSP 进行信号分析硬件电路简单,主要依靠软件运算提高分辨率,这是一个比较成熟的方法。DSP 芯片可以选择 TMS320VC33。

3. 基于 ARM 使用库立-杜开法的音频信号分析仪设计方案

　　基于 ARM 微控制器,使用库立-杜开(Cooley - Tukey)法分析音频信号功率谱的音频信号分析仪设计方案[7]如图 5.11.4 所示。

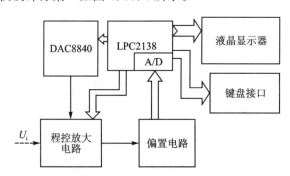

图 5.11.4　基于 ARM 库立-杜开法的音频信号分析仪方框图

　　系统使用 ARM LPC213x/214x 微控制器作为主控制器,使用定点运算及 FFT 算法,每秒可完成 115 次 1 024 点 32 位精度的 FFT 运算,可满足信号带宽 20 Hz～10 kHz、频率分辨率 20 Hz 的要求。微控制器通过控制 DAC8840 的输出来调节程控放大器 PGA202 的精度,放大后的信号经过偏置电路输入到 LPC2138 芯片内部的

ADC 进行 A/D 转换,转换后的数据在微控制器中进行处理,并将处理结果通过液晶显示器显示出来。

5.11.3　理论分析与计算

1. 采样率及采样点数确定

根据奈奎斯特采样定理可知,要实现不失真采样,则应有

$$f_S \geqslant 2f_H \tag{5.11.2}$$

式中,f_H 为待分析信号的最高频率,f_S 为采样频率。

赛题要求,输入信号的频率成分范围为 20 Hz～10 kHz,将最大频率 10 kHz 代入式(5.11.2)可得

$$f_S \geqslant 2f_H = 20 \text{ kHz} \tag{5.11.3}$$

赛题要求频率分辨率 20 Hz,设采样点数为 N,采样频率为 f_S,则频率分辨率 F_0 为

$$F_0 = f_S/N \tag{5.11.4}$$

将 $F_0 = 20$ Hz 代入式(5.11.3)得 $N \geqslant 1\ 000$,取 $N = 1\ 024$。

为避免非整数周期采样引起的频谱泄漏问题,可以选择 $f_S = 20.48$ kHz,f_S 可以由一个 32.768 MHz 的晶振经 1 600 分频得到。

2. 功率谱的测量方法

(1) 功率谱的定义

功率谱的定义为

$$P = (u, v) = |F(u, v)| \tag{5.11.5}$$

其值表示空间频率 (u, v) 的强度,即单位频带内信号功率随频率的变化情况。功率谱的计算可以采用布拉克-杜开(Blackman - Tukey)法、模拟滤波器法、库立-杜开(Cooley - Tukey)法等。

(2) 使用快速傅里叶变换计算功率谱

微控制器通过 ADC 对输入信号进行实时采样,对采集到的数据进行快速傅里叶变换,得到的数据即是该信号的各次谐波的幅值,由于本系统的输入电阻是 50 Ω,所以根据公式

$$P = U^2/R \tag{5.11.6}$$

即可算出信号在各次谐波处的功率。

(3) N 点 DFT 变换

N 点 DFT 变换为

$$X_{DFT}(k) = \sum_{n=1}^{N-1} x(n) e^{-j\frac{2\pi kn}{N}} = \sum_{n=1}^{N-1} x(n) W_N^{kn}, n = 0、1、2、3、\cdots、N-1 \tag{5.11.7}$$

式中，$W_N^{kn} = \mathrm{e}^{-\mathrm{j}\frac{2\pi kn}{N}} = \cos\left(\frac{2\pi kn}{N}\right) - \mathrm{j} \cdot \sin\left(\frac{2\pi kn}{N}\right)$，称为旋转因子，周期为 N。

将输入信号 $x(t)$ 调理到 ADC 的输入范围后采样得 $x(n)$，然后在微控制器中作 DFT 得到其频谱 $X(k)$，同时对其求模取平方得到其功率谱，并对功率谱信息进一步分析，可以获得各频率成分的功率及失真度等。

(4) 基二时域快速 FFT 算法

系统采用基二时域快速 FFT 算法时，计算公式如下：

$$X(k) = X^{(e)}(k) + W_N^k X^{(o)}(k)$$
$$X(k+M) = X^{(e)}(k) - W_N^k X^{(o)}(k) \tag{5.11.8}$$

采样后的数据经过上式计算可以得到输入信号的频谱，功率谱是自相关函数的傅里叶变换，根据自相关函数的傅里叶变换公式，$F[R(\tau)] = |F(\omega)|^2$，功率谱即为求得的 FFT 各项结果的平方。

根据帕塞瓦尔定理

$$\sum_{n=0}^{N-1} |x(n)|^2 = \frac{1}{N}\sum_{k=0}^{N-1} |X(k)|^2 \tag{5.11.9}$$

即可求得测量的功率。

3. 周期性的判断

赛题要求判断输入信号的周期性，并测量其周期。可以采用计算自相关函数的方法来判断信号的周期。

信号自相关函数具有以下一条性质：如果输入信号是周期性信号，则其自相关函数为同频率的周期信号。自相关函数可由算式 $R(T) = E[X(n)X(n+T)]$ 计算，其中 $X(n)$ 是由 ADC 采得的样点。由此得到函数后，以 $R(0)$ 点的值为基准，由于自相关函数是偶函数，依次取 $R(1)$、$R(2)$、$\cdots$ 与 $R(0)$ 进行比较，当相似度在 90% 以上时，认为该信号为周期性信号，并计算所隔离散点数对应的频率为信号周期。

4. 失真度测量

信号失真度定义为所有谐波能量之和与基波能量之比的平方根，即

$$\gamma = \frac{\sqrt{u_2^2 + u_3^2 + \cdots u_n^2}}{u_1} \tag{5.11.10}$$

式中，u_1 为基波电压的有效值；u_2、u_3、$\cdots$、u_n 为各次谐波的有效值。

对输入信号采样后进行 DFT 变换，求出各次谐波的幅值或者功率谱，按式 (5.11.10) 即可计算出信号的失真度。

5.11.4　输入放大器电路设计

根据赛题要求，输入信号电压范围（峰-峰值）为 100 mV～5 V，输入阻抗为 50 Ω。为了满足 ADC 的需要，输入放大器电路是必不可少的。

1. 输入放大器电路设计方案 1

输入放大器电路设计方案 1 如图 5.11.5 所示，前级电路采用低噪声精密运放 OP27；采用两路输入，一路增益设置为 11，另一路增益设置为 0.5，通过电位器设置直流偏置都为 2.5 V。OP27 的失调电压为 10 μV，噪声电压为 0.5 nV/$\sqrt{\text{Hz}}$，压摆率为 2 V/μs，输入阻抗为 10^{10} Ω，在 OP27 放大器的输入端并联一个 50 Ω 的电阻，用来满足赛题要求的输入阻抗(50 Ω)。

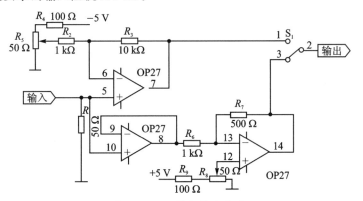

图 5.11.5 前级放大电路

2. 输入放大器电路设计方案 2

输入放大器电路设计方案 2 如图 5.11.6 所示，电路采用 OP484 组成。OP484 是一个包含有 4 个轨到轨输出、具有 4 MHz 带宽的放大器芯片，偏移电压为 65 μV，噪声为 3.9 nV/$\sqrt{\text{Hz}}$ ，电源电压为 3~36 V（或者±1.5~±18 V）。

输入电路的输入端采用 6.8 Ω 和 43 Ω 两个电阻，当输入信号峰-峰值为 5 $V_{\text{P-P}}$ 时，通过输入放大器电路到 A/D 输入端的电压峰-峰值为 5×43/(43+6.8 V)，以保证信号不会出现失真，同时也使电路的输入阻抗最大限度地接近 50 Ω。

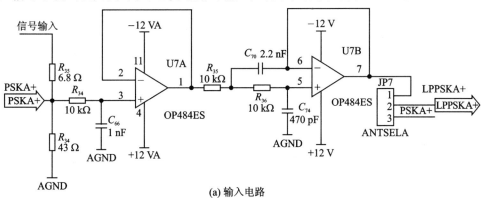

(a) 输入电路

图 5.11.6 输入放大器电路设计方案 2

全国大学生电子设计竞赛系统设计（第 3 版）

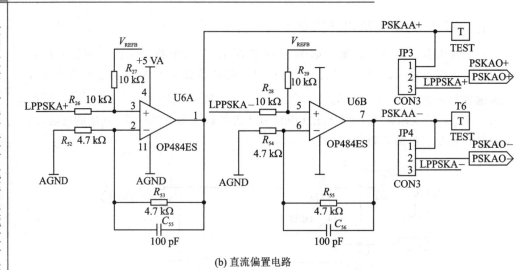

(b) 直流偏置电路

图 5.11.6 输入放大器电路设计方案 2(续)

直流偏置电路为输入信号叠加上一个 2.5 V 的直流分量，形成一带有直流分量的差分信号。如果 A＋输入为 −2.5～＋2.5 V 范围内的信号，则经过偏置后接入到 A/D 正端的信号为 0～5 V，接入到负端为 2.5 V，两信号之差仍为 −2.5～＋2.5 V，但两个信号均满足 A/D 芯片对绝对值电压的要求。

5.11.5 微控制器系统电路设计

根据赛题要求，所设计音频信号分析仪需要对信号进行频谱分析，从而得到信号的功率谱、失真度和周期性等参数，这里存在着大量的运算，对微控制器系统有较高的要求。

根据竞赛规则，可以选择成品的微控制器最小系统开发板。从竞赛的角度出发，对于初学者，FPGA、DSP、ARM 最小系统建议选择成品的开发板。

5.11.6 音频信号分析仪系统软件设计

音频信号分析仪可以采用不同的设计方案实现，实现方案不同，其系统软件的设计也完全不同。

基于 ARM 微控制器，使用库立-杜开（Cooley - Tukey）法的音频信号分析仪系统程序流程图[7]如图 5.11.7 所示。

FFT 算法的实现系统程序设计的核心，在本设计中采用时间抽取基 4 定点 FFT 算法。使用基 4 算法，在进行蝶形单元运算时可以充分利用 ARM7 内核的寄存器和乘法累加器。由于 ARM7 内核不含浮点运算单元，软件模拟浮点运算效率较低，而 ARM7 是 32 位内核，使用定点数计算，既可以减少运算量又能保证计算精度。

FFT 的核心算法（蝶形单元、位翻转等）采用汇编语言编写以获得最高的效率。

由于 FFT 算法是对复数进行的,在处理输入数据时,将 1 024 点纯实数采样数据转换成 512 点复数再进行运算,可使运算量减少近一半。

　　通过以上优化,经测试,在 60 MHz 的 ARM7TDMI 内核上进行 1 000 次 1 024 点 FFT 运算只需要 8.7 s,比优化前的浮点 FFT 算法快了 126 倍。

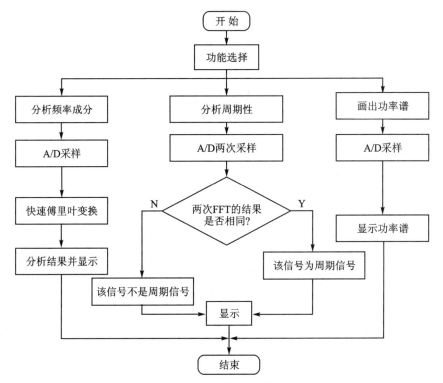

图 5.11.7　系统程序流程图

5.12　数字示波器

5.12.1　数字示波器设计要求

　　设计并制作一台具有实时采样方式和等效采样方式的数字示波器,示意图如图 5.12.1 所示。被测周期信号的频率范围为 10 Hz～10 MHz,仪器输入阻抗为 1 MΩ,显示屏的刻度为 8 div×10 div,垂直分辨率为 8 位,水平显示分辨率≥20 点/div;垂直灵敏度要求包含有 1 V/div、0.1 V/div、2 mV/div 挡,电压测量误差≤5%;具有存储/调出功能,即按动一次"存储"键,仪器即可存储当前波形,并能在需要时调出存储的波形予以显示;具有单次触发功能,即按动一次"单次触发"键,仪器能对满足触发条件的信号进行一次采集与存储(被测信号的频率范围限定为 10 Hz～50 kHz);能提供频率为 100 kHz 的方波校准信号,要求幅度值为 0.3 V±5%(负载电阻≥1 MΩ

时），频率误差≤5%；A/D 转换器最高采样速率限定为 1 MS/s，并要求设计独立的取样保持电路，实现等效采样。设计详细要求与评分标准等请登录 www. nuedc. com. cn 查询。

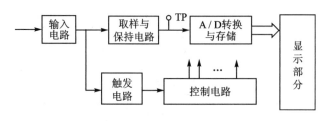

图 5.11.1　数字示波器示意图

5.12.2　数字示波器设计方案

根据赛题要求设计并制作一台具有实时采样方式和等效采样方式的数字示波器，仔细分析该题，可以发现该赛题与 2001 年 B 题"简易数字存储示波器"十分类似，对照两赛题的技术指标，主要的不同有：被测信号的频率范围与输入阻抗、扫描速度、采样速率和双踪示波等。实时采样的概念比较好理解，与 2001 年 B 题相同。等效采样方式能以较低的采样速率获得较高的带宽，对等效采样的概念需要查找有关资料，可参考蒋焕文等编著的《电子测量》中取样示波器的内容，或陈尚松等编著的《电子测量与仪器》等相关资料。

1. 数字示波器设计方案 1

采用 FPGA 的具有实时采样方式和等效采样方式的数字示波器设计方案[7]如图 5.12.2 所示。

数字示波器由信号调理、触发电路、采集存储、数据处理、人机交互等模块组成。系统采用单片机 AT89S52 和 EP1C6FPGA 作为控制核心。采用高速、低噪声运放（如 OPA690）构成信号调理模块，实现信号的高阻输入与幅度控制；采用高速运放 OPA690 构成比较器，实现内部触发，且触发电平可调；数据采集模块由采样保持电路（如 AD783）与 ADC（如 AD7822）组成，在 FPGA 时序严格控制下进行采样。AT89S52 作为系统的总控制器，与 FPGA 内部的双口 RAM 和高速时钟相结合，实现实时采样、等效采样、数据交换、存储调出、单次触发、方波校准、示波器显示等功能。

2. 数字示波器设计方案 2

与图 5.12.2 类似的实时采样方式和等效采样方式的数字示波器设计方案[7]如图 5.12.3 所示。系统以单片机 AT89S52 和 FPGA 为控制核心。被测 10 Hz～10 MHz 信号经由射极跟随器构成的阻抗匹配电路输入系统，为实现三挡垂直灵敏度，共设置三级程控放大电路，然

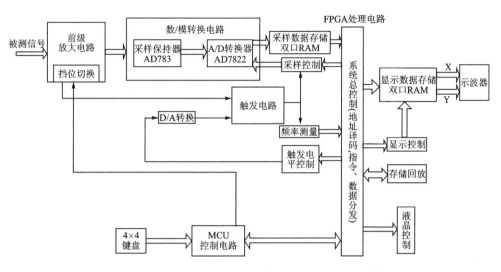

图 5.12.2　数字示波器设计方案 1 系统方框图

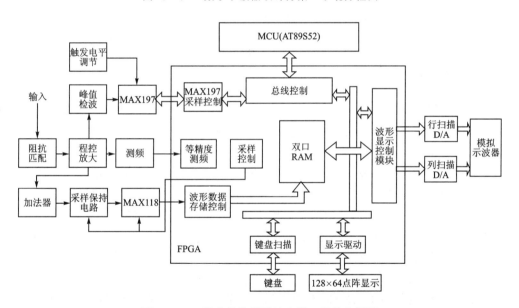

图 5.12.3　数字示波器设计方案 2 系统方框图

后信号经加法器变为单极性信号,经设计的采样保持电路送入 A/D 转换器 (MAX118)进行采样。A/D 转换器采用 1 MSPS 采样速率 8 位的 MAX118。程控放大后的信号经测频整形电路送入 FPGA 进行测频,并经峰值检波电路由 12 位 A/D MAX197 采样,进行幅值测量。同时 MAX197 采样触发电平调节电位器电压,实现触发电平的调节。FPGA 内部实现等精度测频,默认情况下当所测频率小于 50 kHz 时即采用实时采样,当所测频率大于 50 kHz 时采用等效时间采样。采样所得数据由波形数据存储控制模块写入 FPGA 内部双口 RAM,同时由波形显示控制模块将数据读出，送入列扫描电路，行扫描电路产生扫描电压，在模拟示波器上显示出信号波形。本系统可以实现连续触发显示和单次触发显示，并能实现波形的存储与回放。

5.12.3　数字示波器的实时采样和等效采样

根据赛题要求，需要设计一个具有实时采样方式和等效采样方式的数字示波器。

1. 实时采样

实时采样是在信号存在周期内对其采样，对每个采样周期的采样点按时间顺序进行简单的排列就能表达一个波形。根据奈奎斯特低通采样定理，采样频率至少是被测信号上限频率的两倍。对于周期的正弦信号，一个周期内至少应该有 2 个采样点。为了不失真地恢复原被测信号，通常一个周期内就需要采样 8 个点以上。为了不失真地恢复原被测信号，目前实时采样数字示波器的采样频率一般规定为信号实时带宽的 4～10 倍，并采用适当的内插算法。如果不采用内插算法，则要求采样速率为信号实时带宽的 10～20 倍，带宽越高则采样速率要求越高。实时采样的硬件设计和软件设计相对简单，能采集和恢复任意信号，采样时间较短，缺点是对 A/D 转换器的速度和精度要求很高。如果要采集一个 10 MHz 的信号，至少需要 100 MHz 以上的高速 ADC。

2. 等效采样

等效采样的实现方式一般有顺序等效采样和随机等效采样两种。顺序等效采样要求能够精确地测出输入信号的频率，而在现代数字示波器中，大多数采用的是随机等效采样技术。

等效采样方式能以较低的采样速率获得较高的带宽，使用等效采样法的前提：被测信号是周期出现的。为了重建原信号，可以每一个周期内等效地、等间隔地抽取少量的样本，最后将多个周期抽取的样本集合到同一个周期内，这样就可以等效成在一个被测信号周期内采样效果。连续等效采样过程如图 5.12.4 所示。等效采样方式通常以 MCU 为控制核心，以精密时钟发生电路控制低速 ADC 对高频信号进行循环采样，在每个采样波形上只取一个点。

在时间 t_1 进行第 1 次采样，对应于第 1 个信号波形上为取样点 1，第 2 次采样在 t_2 时间进行，相对于前一次取样时间 t_1，第 2 次取样延迟 Δt，获得取样点 2。$t_1 - t_2$ $(t_m - t_n)$ 可以相隔很多个信号周期，重要的是要保证相对于前一次取样时间延迟一个 Δt。只要保证每取样一次，取样脉冲比前一次延迟时间 Δt，采样时间足够长时，取样点将按顺序遍历整个信号波形，所得的脉冲列的包络波形可以重现原信号波形。从图中可见，取样后的取样信号虽然也是一串脉冲列，但是两取样脉冲之间的时间间隔为 $mT + \Delta t$，其中 m 为两个取样脉冲之间被测信号的周期个数。利用 FPGA 内部的锁相环可精确产生延时 Δt。该方案的优点是采样频率不需要太高，与被采样信号频率相当即可；缺点是要求被测信号是周期的，与实时采样相比实时性较差，采样过

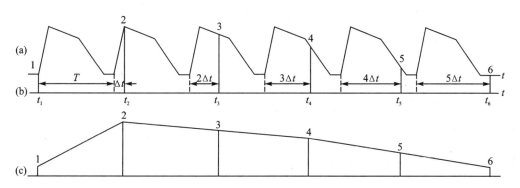

图 5.12.4　连续等效采样过程示意图

程较慢，而且不能进行单次触发，比较耗时。

根据赛题题意选择实时采样和等效时间采样相结合的方式。赛题要求实时采样速率≤1 MS/s，即限制了 A/D 转换器的速率为≤1 MS/s；赛题要求水平分辨率至少为 20 点/div，故 50 kHz 以下采用实时采样方式，50 kHz～10 MHz 采用等效时间采样方式，且使最高等效采样速率达到 200 MS/s。当系统的扫描速度为 2 μs/div、100 ns/div 时，采用等效采样。2 μs/div 挡时 Δt 为 100 ns，100 ns/div 挡时 Δt 为 5 ns，系统的最高时钟为 200 MHz。

5.12.4　数字示波器的垂直灵敏度和扫描速度

1. 垂直灵敏度

垂直灵敏度指示波器的垂直方向每格（div）所代表的电压幅度值。根据赛题要求，该示波器垂直灵敏度分三挡：1 V/div、0.1 V/div、2 mV/div。由于示波器显示屏的垂直刻度为 8 div，在 1 V/div 挡下，输入信号 V_{P-P} 最大值为 8 V。

如果选择的 ADC 的输入信号范围 V_{P-P} 值为 5 V，则垂直通道放大倍数应为 5/8＝0.625 倍，其他挡位同理。1 V/div、0.1 V/div、2 mV/div 三挡垂直灵敏度所对应的三个通道放大倍数分别为 0.625、6.25、312.5。

根据赛题要求，垂直分辨率为 8 位，示波器显示屏的垂直刻度为 8 div，选择 8 位 ADC 即可满足赛题要求，即在垂直方向共 256 点，显示分辨率为 32 点/div。

2. 扫描速度

扫描速度也称水平偏转系数，是指示波器显示屏水平方向的每一格（div）所代表的时间值。赛题要求水平显示分辨率至少为 20 点/div，示波器显示屏水平方向为 10 div，最少需要 200 个采样点。

扫描速度 S 与采样速率 f_S 应该满足下式：

$$f_S(\mathrm{S/s}) = \frac{1\ \mathrm{s}}{S(\mathrm{S/div})} \times 20(\mathrm{S/div})$$

如果示波器扫描速度分为 20 ms/div、2 ms/div、200 μs/div、20 μs/div、2 μs/div、100 ns/div 六挡,水平方向为 10 div。根据上式,计算出各扫描速度对应的采样速率如表 5.12.1 所列。

表 5.12.1　扫描速度 S 与采样速率 f_s 对应表

扫描速度 S	20 ms/div	2 ms/div	200 μs/div	20 μs/div	2 μs/div	100 ns/div
采样速率/(MS/s)	0.001	0.01	0.1	1	—	—
等效采样速率/(MS/s)	—	—	—	—	10	200

5.12.5　输入通道信号调理电路设计

1. 输入通道信号调理电路设计例 1

采用具有禁用功能的宽带电压反馈运算放大器 OPA690 构成的输入调理电路[7]如图 5.12.5 所示。OPA690 的单位增益带宽为 500 MHz,摆率为 1 800 V/μs,电源电压为+5～+12 V 单电源或者±2.5～±5 V 双电源。

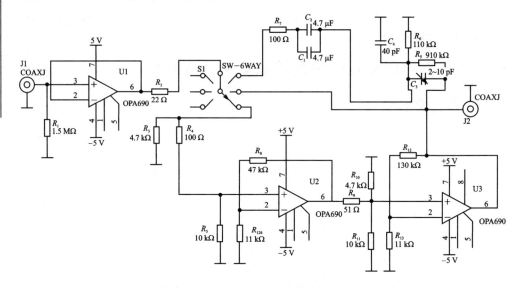

图 5.12.5　OPA690 构成的输入调理电路

根据赛题对输入阻抗的要求,第 1 级采用跟随器形式,OPA690 的共模输入阻抗为 3.2 MΩ,在其输入端并联一个 1.5 MΩ 的电阻,实际输入阻抗约为 1 MΩ。第 2 级放大器的放大倍数约为 4.5 倍,第 3 级放大器的放大倍数为 11 倍,两者级联实现约 50 倍放大增益,将最终输出电压峰-峰值维持在 1.6 V 左右。衰减网络通过开关转接,使衰减时的幅频响应满足设计要求。

2. 输入通道信号调理电路设计例 2

采用 AD811 等构成的输入调理电路[6]如图 5.12.6 所示。输入级采用宽带高摆率电流反馈型运放 AD811,电路连接成射极跟随器形式,AD811 的 -3 dB 带宽为 140 MHz,AD811 同相输入端输入阻抗为 1.5 MΩ,在其同相端对地并上一个 3 MΩ 电阻,则 $R_{in} = 3//1.5$ MΩ $= 1$ MΩ。

后级放大器分别采用 MAX477、AD811、OPA637 构成 3 个放大器通道,分别满足 3 挡不同的垂直分辨率对放大倍数的要求,3 个不同的通道采用继电器进行选择。第三通道用于放大 16 mV 小信号,放大倍数为 320 倍,故前级采用宽带高共模抑制比的运放 OPA637,以提高信号信噪比。

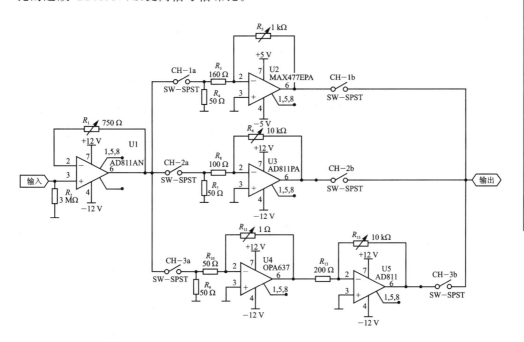

图 5.12.6　采用 AD811 等构成的输入调理电路

5.12.6　采样保持电路设计

1. 采用 AD783 的采样保持电路

AD783 是 ADI 公司生产的一个高速的、单片采样/保持放大器电路的芯片,采样时间为 250 ns(0.01%),保持值下降速率为 0.02 mV/ms,典型谐波失真为 -85 dB,不需要连接外部元件,电源电压±5 V,功率消耗为 95 mW,温度范围为 $-40 \sim +85$ ℃。

AD783 采用 SOIC - 8 封装,引脚端 V_{CC} 和 V_{EE} 为电源电压正端和负端,引脚端 2(IN)和引脚端 8(OUT)为输入端和输出端,引脚端 7($\overline{S/H}$)为采样/保持控制端,引脚端 3（COMMON）为公共地。

　　AD783 可 直 接 与 AD671、AD7586、AD674B、AD774B、AD7572 和 AD7672 等 高速 ADC 连接使用。AD783 的 应用电路如图 5.12.7 所示。

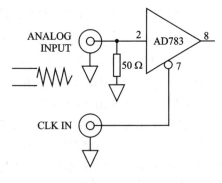

2. 采用 IC 构成的采样保持电路

　　采用 IC 构成的采样保持电路[7] 如图 5.12.8 所示，采样保持电路的前级和后级均采用 300 MHz 高速运算放大器 MAX477 构成的电压跟随器，采样/保持开关采用单通道模拟开关 TS12A4515。MAX477 和 TS12A4515 的引脚端封装形式和内部结构如图 5.12.9 所示。

图 5.12.7　AD783 的应用电路

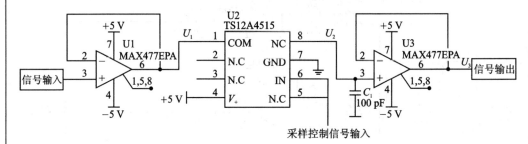

图 5.12.8　采用 IC 构成的采样保持电路

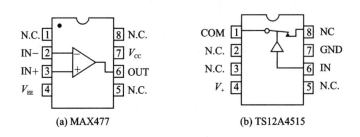

图 5.12.9　MAX477 和 TS12A4515 的引脚端封装形式和内部结构

　　采样时，控制逻辑信号为低电平（0），模拟开关闭合（导通），故 $U_1 = U_2 = U_3$，同时 U_2 对 C_1 充电，由于跟随器输出阻抗和模拟开关的阻抗都很小，而且前级跟随器可以提供较大的充电电流，故充电过程能够很快完成。采样结束时，控制逻辑信号为高电平（1），模拟开关断开，由于电容器上的电压 U_2 无放电回路，其电压值保持基本不变，能够将采样值保持下来。

5.12.7　ADC 电路设计

1. 采用 MAX114/MAX118 的 ADC 电路

采用 MAX114/MAX118 的 ADC 电路[7] 如图 5.12.10 所示,LM7171 提供输入隔离与偏置。

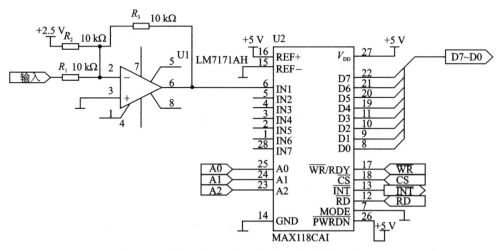

图 5.12.10　采用 MAX114/MAX118 的 ADC 电路

MAX114/MAX118 是一个 8 位 1 MSPS 采样速率的 4/8 通道 ADC,采用＋5 V 单电源工作,内部具有跟踪/保持电路,MAX118 内部具有基准电压。MAX114/MAX118 有只读和读/写两种工作模式,只读模式:MODE ＝ 0;读/写模式:MODE＝1。只读模式时序图如图 5.12.11 所示。通道选择真值表如表 5.12.2 所列。

表 5.12.2　MAX114/MAX118 通道选择真值表

MAX114		MAX118			选择通道	MAX114		MAX118			选择通道
A1	A0	A2	A1	A0		A1	A0	A2	A1	A0	
0	0	0	0	0	IN1	—	—	1	0	0	IN5
0	1	0	0	1	IN2	—	—	1	0	1	IN6
1	0	0	1	0	IN3	—	—	1	1	0	IN7
1	1	0	1	1	IN4	—	—	1	1	1	IN8

2. 采用 AD7822/AD7825/AD7829 的 ADC 电路

采用 AD7822/AD7825/AD7829 的 ADC 电路如图 5.12.12 所示。AD7822/AD7825/AD7829 均为高速 1/4/8 通道 8 位模数转换器(ADC),最大吞吐量为 2 MSPS。三款器件都内置一个 2.5 V(2％容差)片内基准电压源、一个采样保持放大器、一个转换时间为 420 ns 的 8 位半快速型(half‑flash)ADC 和一个高速并行接

全国大学生电子设计竞赛系统设计（第 3 版）

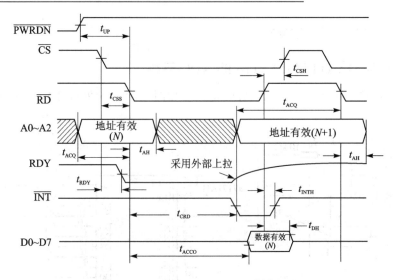

图 5.12.11　MAX114/MAX118 只读模式时序图

口,可采用 3 V±10％和 5 V±10％单电源供电;输入范围:0 V～2 $V_{P\text{-}P}$(V_{DD}=3 V);
0 V～2.5 $V_{P\text{-}P}$(V_{DD}=5 V);AD7822 和 AD7825 提供 20 引脚和 24 引脚 PDIP 封装、
SOIC 封装以及 TSSOP 三种封装;AD7829 提供 28 引脚 PDIP、SOIC 以及 TSSOP
三种封装。适合双极性信号使用外部或者内部 V_{MID} 电路形式如图 5.12.13 和
图 5.12.14 所示。V_{DD} 与 V_{MID} 和 V_{IN} 的关系如表 5.12.3 所列。

428

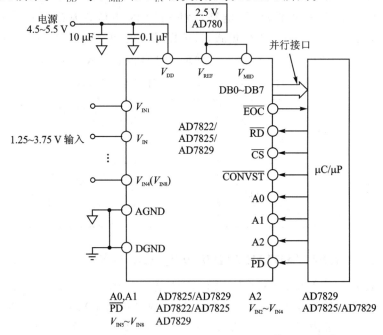

图 5.12.12　采用 AD7822/AD7825/AD7829 的 ADC 电路

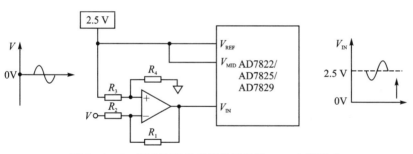

图 5.12.13　适合双极性信号使用外部 V_{MID} 电路形式

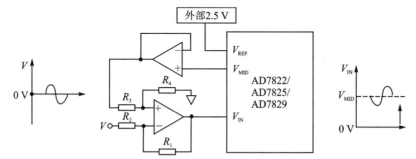

图 5.12.14　适合双极性信号使用内部 V_{MID} 电路形式

表 5.12.3　V_{DD} 与 V_{MID} 和 V_{IN} 的关系

V_{DD}	内部 V_{MID}	外部 V_{MID} 最大值	V_{IN} 范围	外部 V_{MID} 最小值	V_{IN} 范围	单位
5.5	1.25	4.25	30~5.5	1.25	0~2.5	V
5.0	1.25	3.75	2.5~5.0	1.25	0~2.5	V
4.5	1.25	3.25	2.0~4.5	1.25	0~2.5	V
3.3	1.00	2.3	1.3~3.3	1.00	0~2.0	V
3.0	1.00	2.0	1.0~3.0	1.00	0~2.0	V
2.7	1.00	1.7	0.7~2.7	1.00	0~2.0	V

5.12.8　触发电路设计

触发电路的作用是产生与信号相关的脉冲信号,让采样电路与输入信号同步,以稳定显示的波形。赛题要求电路具有内触发方式,上升沿触发,触发电平可调。触发电路采用高速比较器实现,例如采用高速比较器 AD8564。

AD8564 是一个 4 路 7 ns 的高速比较器,具有单独的输入电源和输出电源,因而输入级可以采用 ±5 V 双电源或 5 V 单电源供电,同时仍保持 CMOS/TTL 兼容输出。AD8564 与 MAX901 引脚兼容,且电源电流较低。AD8564 的额定温度范围为 −40~+125 ℃工业温度范围,提供 16 引脚 TSSOP、SOIC 或 DIP 封装。引脚端封装形式和内部结构如图 5.12.15 所示。

AD8564 接成反相迟滞比较器形式,可以处理 1 Hz～20 MHz 的信号,而且无明显抖动,通过改变参考电平值 V_{REF} 可以达到改变触发电平的目的。由于接成反相比较器形式,要实现触发信号的上升沿触发,还需要使用一个反相器。AD8564 构成的反相迟滞比较器电路如图 5.12.16 所示。

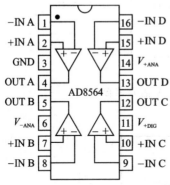

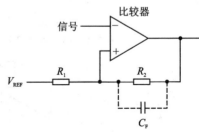

图 5.12.15 引脚端封装形式和内部结构　　图 5.12.16 AD8564 构成的反相迟滞比较器电路

图 5.12.16 中输入和输出电压关系如下：

$$V_{HI} = (V_+ - 1 - V_{REF}) \frac{R_1}{R_1 + R_2} V_{REF} \tag{5.12.1}$$

$$V_{LO} = V_{REF} \left(1 - \frac{R_1}{R_1 + R_2}\right) \tag{5.12.2}$$

式中,V_+ 为正电源电压。

5.13　积分式直流数字电压表

5.13.1　积分式直流数字电压表设计要求

　　赛题要求在不采用专用 A/D 转换器芯片的前提下,设计并制作积分型直流数字电压表。测量范围为 1 mV～2 V,采样速率≥ 2 次/秒,输入电阻≥1 MΩ,量程为 200 mV 和 2 V,显示范围为十进制数 0～19 999,测量分辨率为 0.1 mV(2 V 挡),测量误差≤±0.05％±5 个字,具有自动校零功能和自动量程转换功能。设计详细要求与评分标准等请登录 www.nuedc.com.cn 查询。

5.13.2　双斜积分式直流数字电压表设计方案

1. 双斜积分式 ADC 的结构和工作原理

　　赛题要求在不采用专用 A/D 转换器芯片的前提下,设计并制作一个积分型直流数字电压表,在发挥部分还要求能自动切换量程,对精度、分辨率、输入阻抗等指标也提出了较高的要求。保证测量精度是这个赛题的核心要求,双斜积分式 ADC 是积分型直流数字电压表最佳选择。双斜积分式 ADC 通过对两次积分过程(对被测电压的定时积分和对参考电压的定值积分)进行比较,得到被测电压值。该赛题就是要求根据双斜积分式 ADC 的工作原理,利用运算放大器和控制电路实现积分式的直流数字电压表。

双斜积分式 ADC 的典型结构如图 5.13.1(a)所示,由模拟电路和数字电路两部分构成。模拟电路部分由基准电压源 $+U_r$ 和 $-U_r$、模拟开关 $S_1 \sim S_4$、积分器和比较器等组成,数字电路部分由控制逻辑电路、时钟发生器、计数器与寄存器等组成。积分器的第 1 次积分是对输入电压 U_i 做定时(T_1)积分,第 2 次积分是对基准电压做定值积分。通过两次积分得到与输入电压的平均值成正比的时间间隔 T_2,即实现 $U-T$ 转换。在 T_2 的时间内对时钟脉冲进行计数,最后完成电压-数字转换。在控制逻辑电路的控制下,实现一次转换的过程如图 5.13.1(b)和图 5.13.1(c)所示。

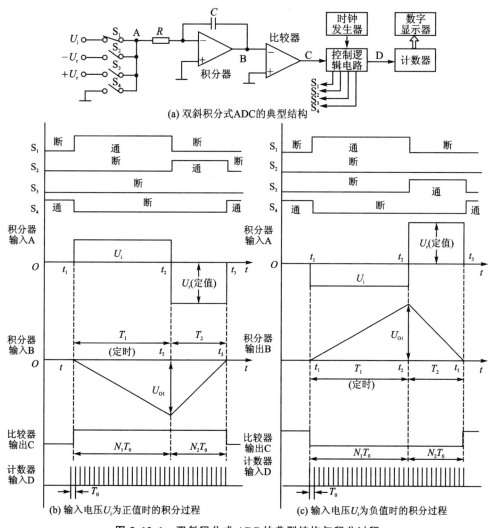

(a) 双斜积分式ADC的典型结构

(b) 输入电压U_i为正值时的积分过程　　(c) 输入电压U_i为负值时的积分过程

图 5.13.1　双斜积分式 ADC 的典型结构与积分过程

经推导可知，当采用同一时钟 T_0 对 T_1、T_2 进行计数时，即 $T_1 = N_1T_0$，$T_2 = N_2T_0$，则

$$\overline{U}_i = \frac{U_r}{N_1}N_2 = eN_2 \qquad (5.13.1)$$

式中，e 为刻度系数，表示一个数字代表多少伏电压（V/Word，即伏/每字）。例如，$U_r = 10\text{ V}$，$N_1 = 10\,000$，则 $e = U_r/N_1 = 1\text{ mV/Word}$。

整个系统可以采用单片机为控制核心，控制运算放大器和电子开关组成的双斜积分式 ADC 完成电压测量。

① 单片机控制积分器对输入电压进行正向积分，再接通负基准电压对积分反向积分，当积分器的积分电压高于比较器比较点时，比较器翻转引发中断，单片机计数 T_2 的值。通过对 T_2 值的运算，可求得被测电压值。

② 单片机用一量程粗测被测电压，并判断当前被测电压是否满足当前量程的测量范围，如果不满足就自动切换量程。

③ 对于系统的元件老化、环境温度变化等造成的积分器零漂，可以在程序中设计零点、满量程校正功能，以便随时修正系统产生的误差。

传统的 51 单片机具有价格低廉、使用简便等特点，采用 51 单片机作为系统的控制核心可以实现赛题要求的基本功能；也可以采用 8 位 RISC 闪存单片机（如 PIC16F628A）单片机作为系统的控制核心。PIC16 系列单片机的大部分指令是单周期指令，这对提高软件计时精度进而提高测量精度是有利的。内置的上电复位和看门狗模块能提高系统可靠性并简化外部电路。还有一个重要特性就是它的定时器具有"自动捕捉"功能，当外部电平跳变时能立刻将定时器当前值"捕捉"记录下来而无须软件干预，有利于提高测量精度。

输入电路可以采用运算放大器组成的电压跟随器满足输入阻抗要求，并且通过运算放大器对 $0 \sim 200$ mV 的输入电压进行放大，运算放大器可以选择 μA741、TL084、CA3140 等芯片。

电压比较器可以采用 LM393 等芯片组成。

电子开关可以选择常规 CD40xx 系列模拟开关或者 74HC4051 等芯片。

$+2.5$ V 和 -2.5 V 基准电压源可以利用两个 LM431 产生，并再经两个可调多圈精密电位器两次分压，实现基准电压粗、细调节。

根据赛题要求需要 6 位数字显示，数字显示模块可以采用 8279 芯片构成的键盘显示电路或者液晶显示器模块组成。

2. 双斜积分式直流数字电压表设计方案

双斜积分式直流数字电压表系统方框图[7]如图 5.13.2 所示，设计采用 8 位单片机为控制核心，配合由电子开关、运算放大器、电压比较器等组成的双积分式 A/D 转换器，可实现直流电压的高精度测量。

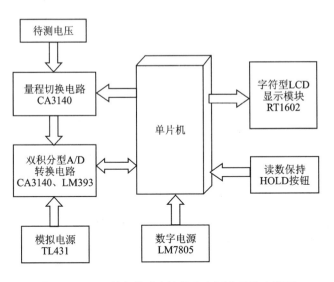

图 5.13.2　双斜积分式直流数字电压表系统方框图

5.13.3　三斜积分式直流数字电压表设计方案

1. 三斜积分式 ADC 的结构与工作原理

三斜积分式 ADC 的结构方框图如图 5.13.3 所示,由基准电压 V_{REF}、积分器、比较器、开关和单片机构成的计数控制电路等组成。

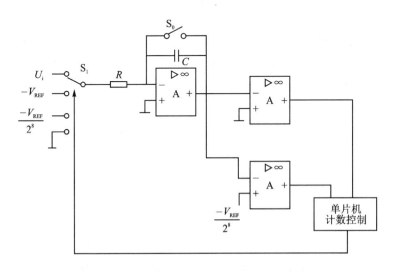

图 5.13.3　三斜积分式 A/D 转换器的原理图

转换开始前，先将计数器清零，并接通开关 S_0 使电容 C 完全放电。转换开始，断开 S_0。整个转换过程分三步进行：

首先，令开关 S_1 置于输入信号 U_i 一侧。积分器对 U_i 进行固定时间 T_1 的积分，积分结束时积分器的输出电压为 U_{C1}，积分器的输出电压 U_{C1} 与 U_i 成正比。这一过程为对输入模拟电压 U_i 的采样过程。

在采样开始时，逻辑控制电路将计数门打开，计数器对周期为 T_C 的计数脉冲 CP 进行计数。当计数器达到满量程 N_1 时，这个时间正好等于固定的积分时间 T_1，计数器复位为"0"。计数器复位为"0"时，同时给出一个溢出脉冲，使控制逻辑电路发出开关转换控制信号，令开关 S_1 转换至参考电压 $-V_{REF}$ 一侧，采样阶段结束，进入反向积分阶段。

三斜积分式 ADC 的将双积分式 ADC 的反向积分阶段 T_2 分为图 5.13.4 所示的 T_{21}、T_{22} 两部分。在 T_{21} 期间，积分器对基准电压 $-V_{REF}$ 进行积分，放电速度较快；在 T_{22} 期间积分器改为对较小的基准电压 $-V_{REF}/2^8$ 进行积分，放电速度较慢。在计数时，把计数器也分为两段进行计数：在 T_{21} 期间，从计数器的高位（2^m 位）开始计数，设其计数值为 N_{21}；在 T_{22} 期间，从计数器的低位（2^0 位）开始计数，设其计数值为 N_{22}。则计数器中最后的读数为：

$$N = N_{21} \times 2^m + N_{22}$$

在一次测量过程中，积分器上电容器的充电电荷与放电电荷是平衡的，则

$$|U_X| T_1 = V_{REF} T_{21} + (V_{REF}/2^m) T_{22}$$

434

式中，$T_{21} = N_{21} T_c$，$T_{22} = N_{22} T_c$。

将上式进一步整理，可得三斜式积分式 A/D 转化器的基本关系式为

$$|U_X| = (V_{REF} T_{21} + (V_{REF}/2^m) T_{22}) / T_1$$

如果取 $m = 8$，时钟脉冲周期 $T_C = 120$ μs，基准电压 $V_{REF} = 5$ V，并希望把 2 V 被测电压变换成 $N = 65\ 536$ 读数时，可以计算出 $T_1 = 76.8$ ms，而双积分式 ADC 在相同的条件下所需的积分时间 $T_1 = 307.2$ s，可见三斜积分式 A/D 转换器可以使转换速度大幅度提高。

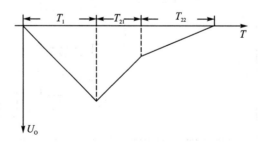

图 5.13.4　三斜积分式 A/D 转换过程的波形图

2. 三斜积分式直流数字电压表设计方案

三斜积分式直流数字电压表系统方框图如图 5.13.5 所示，系统利用精密运放 OP07、比较器 LM311 和模拟开关 CD4066 芯片实现三斜积分 ADC 的模拟电路部分，采用 MEGA8 单片机编程实现直流电压表量程的自动转换、自动校零和计数显示等功能。

说明：该设计方案由济南铁道职业技术学院丁华、张亮、胡刚正完成。

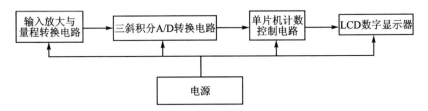

图 5.13.5　三斜积分式直流数字电压表系统方框图

5.13.4　双斜式积分电路设计

双斜式积分电路设计[7]如图 5.13.6 所示，电路由运算放大器 CA3140、比较器 LM393 和电子开关等组成。

首先，单片机控制电子开关 S_2 断开，然后控制电子开关 S_3 短接，对积分电容 C_7 进行放电；待 C_7 放电完毕，运算放大器 U1 的输出电压 U_0 为 0 V；断开电子开关 S_3，经过运算放大器 U2 处理过的待测输入电压 U_1 开始对 C_7 充电（第 1 次积分过程），U_0 从 0 V 开始线性上升，与此同时，单片机开始计时。

$$U_0 = \frac{1}{\tau}\int_0^t U_1 \mathrm{d}t$$

$t = T_1 = MT_C = 100$ ms 之后，U_0 上升到 U_P，结束第一次积分，此时，

$$U_P = -\frac{T_1}{\tau}U_1 = -\frac{MT_C}{\tau}U_1$$

式中，T_C 为定时器的计数时钟周期，M 对应满量程点的计数值。

接着接通电子开关 S_2，U_{REF} 开始给 C_7 放电（第 2 次积分过程），U_0 线性下降，单片机内部定时器开始对内部时钟计数，当 U_0 下降为 0 V 时，$t = t_2$，比较器 U3A 输出翻转为 0，触发单片机捕捉此刻的定时器计数值，完成一次双积分的过程。

$$U_0(t_2) = U_P - \frac{1}{\tau}\int_{t_1}^{t_2}(-U_{REF})\mathrm{d}t = 0$$

设第 2 次积分时间 $T_2 = t_2 - t_1$，于是有

$$\frac{U_{REF}T_2}{\tau} = \frac{MT_C}{\tau}U_1$$

设在此期间定时器所累计的时钟脉冲个数为 λ，则

$$T_2 = \lambda T_C$$

$$T_2 = \frac{MT_C}{U_{REF}} U_1$$

可见, T_2 与 U_1 成正比, T_2 是双积分 A/D 转换过程的中间变量。

$$\lambda = \frac{T_2}{T_C} = \frac{M}{U_{REF}} U_1$$

从上式可知,定时器所累计的时钟脉冲个数 λ 与输入电压 U_1 成正比。

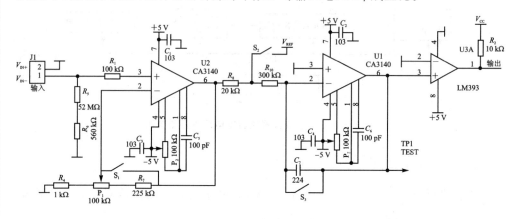

图 5.13.6　双斜式积分电路

5.13.5　三斜式积分电路设计

三斜式积分电路设计如图 5.13.7 所示,图中放大电路和积分电路均选用精密运

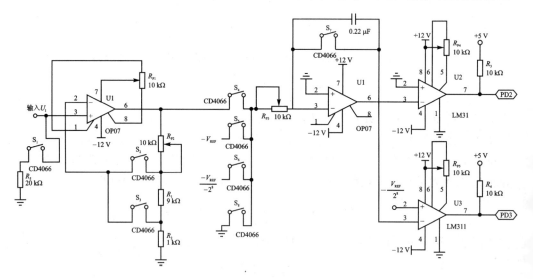

图 5.13.7　三斜式积分电路

放 OP07，积分电容选用漏电流很小且等效串联电阻、电感都很小的 CBB80 电容；比较器选用 LM311；电子开关 $S_1 \sim S_8$ 均选用模拟开关 CD4066，只要将 CD4066 控制端接到单片机不同控制端口 P_{BX} 上即可实现不同的开关通断控制。S_1 为自动校零控制，S_2、S_3 为量程自动转换控制，S_4、S_5、S_6 控制积分的三个阶段，S_7、S_8 为转换开始前的控制。

5.13.6　基准电压电路设计

基准电压电路可以采用单片基准电压芯片 TL431、AD580、MAX872 等实现。

基准电压电路设计如图 5.13.8 所示，基准电压源选用 TL431AA，其电压精度可以达到 0.5%。基准电压输出通过由两个运放 OP07 构成的电压跟随器输出。可变电阻 RW101、RW103 选用多圈精密可变电阻；电位器 RW102 选用 10 圈线绕精密电位器。由 TL431 产生 2.50 V 电压，经电位器 RW101 分压得到 100 mV 电压送给第 1 个电压跟随器（由 IC101 组成）输入端。第 1 个电压跟随器的输出由多圈精密电位器 RW102 进行分压，分压后的信号由第 2 个电压跟随器（由 U2 组成）输出 0～100 mV 的可调电压作为 A/D 转换电路的电压基准。

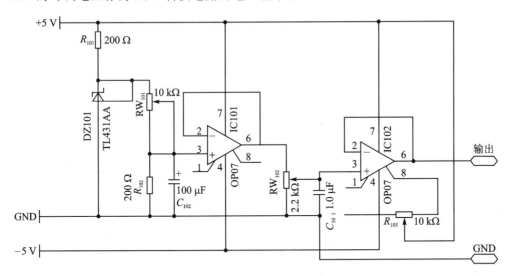

图 5.13.8　基准电压电路设计例

5.13.7　微控制器和显示电路设计

微控制器可以采用 PIC16F628A、ATmega8 等型号单片机，完成电路控制、计数、显示等功能。显示可以采用 LED 数码管、LCD 液晶显示器。

采用 ATmega8 单片机的控制器电路如图 5.13.9 所示。ATmega8 单片机实现对模拟开关的通断控制，从而实现量程自动转换、自动校零以及积分 A/D 转换过程的控制；同时利用单片机编程实现 16 位高速计数功能。

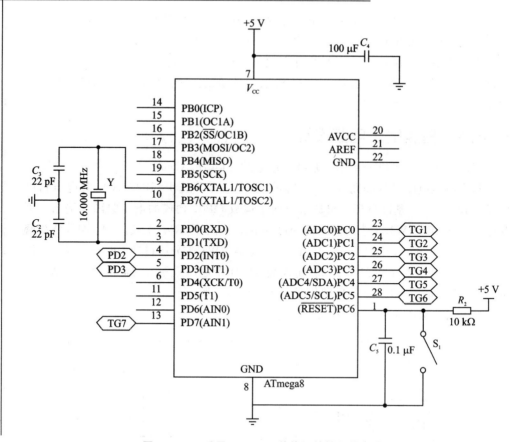

图 5.13.9 采用 ATmega8 单片机的控制器电路

显示电路如图 5.13.10 所示,采用 1602LCD 液晶显示器实现 A/D 转换数据和测量电压值的显示。

5.13.8 电源电路设计

积分式直流数字电压表包含有模拟电路和数字电路两部分,系统的电源建议采用模拟电源和数字电源两部分组成。

220 V 市电经变压器降压后,一路作为数字电路电源,采用 LM7805 进行稳压,给单片机、继电器和 LCD 液晶屏供电;另一路作为模拟电路电源,采用 LM7805 进行稳压,给积分电路等模拟电路供电。电路结构如图 5.13.11 所示。模拟电路和数字电路采用分开供电方式,可以降低干扰,提高测量精度。

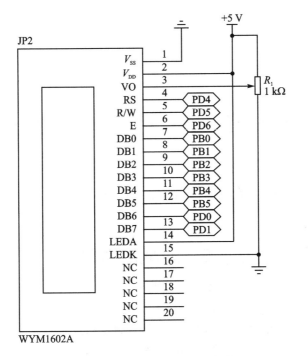

图 5.13.10　LCD 液晶显示电路

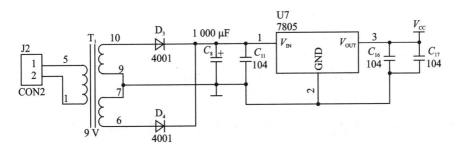

图 5.13.11　电源电路

第 6 章

数据采集与处理类作品系统设计

6.1　数据采集与处理类赛题分析

6.1.1　历届的"数据采集与处理类"赛题

在 11 届电子设计竞赛中,"数据采集与处理类"赛题共有 7 题:

① 红外光通信装置(第 11 届,2013 年,F 题,本科组);

② 手写绘图板(第 11 届,2013 年,G 题,木科组);

③ 波形采集、存储与回放系统(第 10 届,2011 年,H 题,高职高专组);

④ LED 点阵书写显示屏(第 9 届,2009 年,高职高专组);

⑤ 数据采集与传输系统(第 5 届,2001 年,E 题);

⑥ 数字化语音存储与回放系统(第 4 届,1999 年,E 题);

⑦ 多路数据采集系统(第 1 届,1994 年)。

"数据采集与处理类"赛题在前面连续有几届没有出现,而近几届每届都有。赛题的难度和广度都有扩展。

6.1.2　历届"数据采集与处理类"赛题的主要知识点

从历届"数据采集与处理类"赛题来看,主攻"数据采集与处理类"赛题方向的同学需要了解和掌握的主要知识点如下:

● 红外光通信原理、实现方法和电路;

● 红外发光管和红外接收器收发电路设计与制作;

● 语音信号的数字化处理;

● 温度检测电路设计与制作;

● 恒流源电路设计与制作;

● 仪表放大器电路设计与制作;

● LCD 显示器电路设计与制作;

● ADC 电路设计与制作;

● DAC 电路设计与制作;

- F／V 变换和 V/F 变换电路设计与制作；
- 幅频特性的测试电路和方法；
- 相频特性的测试电路和方法；
- 方波、正弦波信号的频率、周期测量方法和电路；
- 脉冲宽度的测量方法和电路；
- 信号存储方法和电路；
- LED 驱动电路设计与制作；
- 光敏传感器电路设计与制作；
- 二进制数字调制器/解调器(FSK)电路设计与制作；
- 方波、正弦波信号发生器电路设计与制作；
- 时钟频率可变的测试码发生器电路设计与制作；
- 伪随机码形成的噪声模拟发生器电路设计与制作；
- 数据通道切换电路设计与制作；
- 语音前置放大器电路设计与制作；
- 放大器电路设计与制作；
- 音频功率放大器电路设计与制作；
- 自动增益控制电路(AGC)电路设计与制作；
- 低通、高通、带通、带阻滤波器电路的设计与制作；
- 直流稳压电路设计与制作；
- 单片机、FPGA、ARM 最小系统电路设计与制作；
- 微控制器外围电路(显示器、键盘、开关等)的设计与制作。

6.1.3 "数据采集与处理类"赛题培训的一些建议

"数据采集与处理类"赛题涉及面广，需要掌握的理论知识和方法也很多，训练要求高。所涉及的一些知识点，对有些专业的同学来讲，在专业课程中是没有的，需要自己去搞清楚。

一个"数据采集与处理类"赛题，实现的方法可能是多种多样的，由于工作原理与实现方法的不同，设计制作的难度和能够达到的技术指标也可能完全不同。注意选择合适的工作原理与实现方法，是赛题能否制作成功和获得好的竞赛成绩的关键。

例如：2013 年本科组 G 题"手写绘图板"。设计要求利用普通 PCB 覆铜板设计和制作手写绘图板输入设备。系统构成方框图如图 6.1.1 所示。普通 PCB 覆铜板尺寸为 15cm×10cm，其四角用导线连接到电路，同时，一根带导线的普通表笔连接到电路。表笔可以与覆铜板表面任意位置接触，电路应能够检测表笔与铜箔的接触，并测量触点位置，进而实现手写绘图功能。选择不同的测量方法，其电路设计与制作是完全不同的。相同的方案，选择不同的电路参数(例如恒流源电流的大小)，选择不同的 IC 芯片(例如运算放大器？仪表放大器？)能够实现的技术指标也是完全不同的。

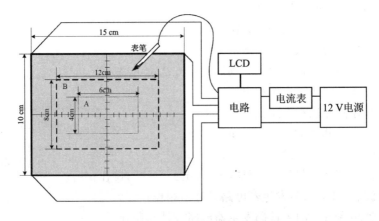

图 6.1.1 手写绘图板系统方框图

可以选择已经出现过的一些赛题做一些训练。主要训练这类赛题的共用部分，例如：输入衰减器、前置放大器、滤波器电路、ADC /DAC 电路、微控制器（单片机、FPGA、ARM、DSP）、键盘与开关电路、LED 与液晶显示器、电源电路等的设计与制作。另外需要注意技术参数的变化，把指标做上去。

目前已经出现过的赛题的基本知识点与仪器仪表类赛题有很多是相同的或者是类似的，这两个方向的培训是可以结合在一起进行的。

6.2 数据采集与传输系统

6.2.1 数据采集与传输系统设计要求

设计制作一个用于 8 路模拟信号采集与单向传输的系统。系统方框图如图 6.2.1 所示。设计详细要求与评分标准等请登录 www.nuedc.com.cn 查询。

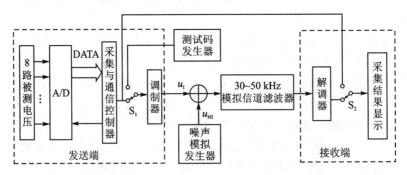

图 6.2.1 8 路模拟信号采集与单向传输系统方框图

6.2.2 数据采集与传输系统设计方案

根据设计要求,可将系统划分为 8 路模拟信号的产生与 A/D 转换器、发送端的采集与通信控制器、二进制数字调制器、解调器、作为模拟信道的 3 dB 带宽 30～50 kHz 的带通滤波器、时钟频率可变的测试码发生器及接收端采集结果显示电路等几部分。此外,为完成发挥部分的要求和实现系统功能扩展,还可增加用伪随机码形成的噪声模拟发生器、加法电路、通信编码与软件纠错等部分。数据采集与传输系统原理方框图[3]如图 6.2.2 所示。

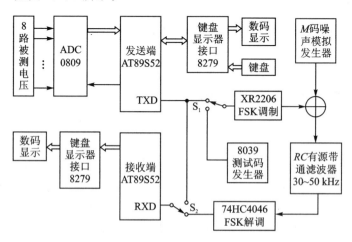

图 6.2.2 数据采集与传输系统原理方框图

为实现 8 路数据的采集和单向传输,在发送端和接收端各使用一片可精确设定波特率的 AT89S52 单片机,控制数据采集、通信和结果显示。通信方式为 FSK 调制、锁相解调。为提高通信可靠性,采用二维奇偶校验码和连续发送/3 中取 2 接收。此外,在软件中进行了功能扩展,用户可通过键盘操作实现数据通道的切换和精确的波特率分挡。

6.2.3 8 路模拟信号的产生与 A/D 转换器电路设计

被测电压为 0～5 V 通过电位器调节的直流电压,A/D 转换器采用专用芯片 ADC0809。ADC0809 与发送端单片机 AT89S52 的连接。ADC0809 是 8 位 A/D 转换芯片,具有 8 位分辨率,最大不可调误差小于 ±1 LSB。本电路中由于考虑到传输数据时要增加帧头,为了与数据区分,设帧头为 EA,输入电压为 5 V 时,A/D 转换后对应的数据为 E1,则需要调整基准源至 5.689 V。从 ADC0809 的数据手册上查到,该芯片的供电电源最大可达 6.5 V,本电路中用 5.75 V,用可调精密电压稳压器芯片 LM317 供电。LM317 构成的可调稳压电路如图 6.2.3 所示。输出电压 $V_O = 1.25 \text{ V}(1 + R_2/R_1) + I_{ADJ}R_2$。

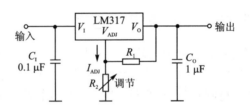

图 6.2.3　LM317 构成的可调稳压电路

6.2.4　单片机和键盘显示器的接口电路设计

系统采用的双单片机方案，在发送端和接收端分别有一个 AT89S52 最小系统，包括 AT89S52、EPROM27128、RAM62256、地址锁存 741S373 及地址译码 74IS138 等。AT89S52 单片机通过专用的键盘显示器接口芯片 8279 与键盘和显示器相连。

1. 发送端的采集与通信控制器

发送端的采集与通信控制器采用 AT89S52 单片机作为这一控制系统的核心，接收来自 ADC0809 的数据，并利用 AT89S52 单片机内置的专用串行通信接口电路将数据进行并-串转换后输出至调制器。发送端采用 4×4 键盘作为输入控制。通过键盘控制采集方式为循环采集方式或选择采集方式，同时也可利用键盘进行其他扩展功能的切换。此外，为便于通道监视和误码率测试，在发送端扩展了采集数据的显示功能。AT89S52 单片机内置专门的波特率发生器，可以较小的步进精确地设定波特率。

2. 接收端采集结果显示电路

接收端采集结果显示电路使用一片 AT89S52 单片机系统作为数据采集-显示系统的核心，利用 AT89S52 内部集成的专用串行通信电路实现数据采集和串-并转换，并可通过波特率发生器响应发送端波特率的变化。

6.2.5　二进制数字调制器电路设计

二进制数字调制方式选用 FSK 调制方式，选择 2 个载波频率为 32 kHz 和 48 kHz，并且以单片函数发生芯片 XR2206 为核心构成 FSK 调制电路。它在进行 FSK 调制时相位是连续变化的。

XR2206 是单片函数发生器集成电路，可产生高质量、高稳定、高精度的正弦波、方波和三角波等波形，可使用外部电压获得调频或调幅波形输出。工作频率可由外部选择，其范围为 0.01 Hz～1 MHz，电源电压为 10～26 V，可调的占空比范围为 1%～99%。XR2206 引脚端功能如表 6.2.1 所列。以 XR2206 为核心构成的 FSK 调制电路如图 6.2.4 所示。

表 6.2.1   XR2206 引脚端功能

引 脚	符 号	功 能	引 脚	符 号	功 能
1	AMSI	幅度调制信号输入	9	FSKI	FSK 输入
2	STO	正弦或三角波输出	10	BIAS	内部电压基准
3	MO	乘法器输出	11	SYNCO	同步输出
4	V_{CC}	电源电压正端	12	GND	地
5	TC1	定时器电容输入 1	13	WAVEA1	波形调整输入 1
6	TC2	定时器电容输入 2	14	WAVEA2	波形调整输入 2
7	TR1	定时器电阻输入 1	15	SYMA1	波形对称调整输入 1
8	TR2	定时器电阻输入 2	16	SYMA2	波形对称调整输入 1

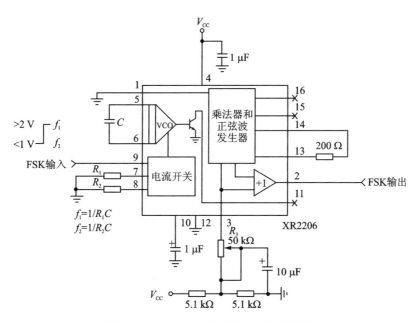

图 6.2.4   XR2206 组成的 FSK 调制电路

6.2.6   解调器电路设计

1. 方案一: 采用 74HC4046 构成的 FSK 解调电路

解调器采用锁相环 FSK 解调方式,选用集成锁相环 74HC4046 组成 FSK 解调电路。其最高频率能达到 12 MHz,完全能满足要求。但使用时应注意正确选择 LPF 参数和 VCO 部分的外部电阻参数,以控制锁定频率范围。

74HC4046 是通用的 CMOS 锁相环集成电路。其内部主要由相位比较器 P1、P2、压控振荡器(VCO)、线性放大器、源极跟随器和整形电路等构成。

全国大学生电子设计竞赛系统设计(第 3 版)

74HC4046 构成的 FSK 解调电路[3]如图 6.2.5 所示。本系统 FSK 两个载波频率分别为 $f_{\text{MIN}}=32$ kHz 和 $f_{\text{MAX}}=48$ kHz，中心频率 $f_O=40$ kHz，根据器件手册中的 $f_{\text{MIN}}\sim R_2/C_1$ 曲线可定出 R_2 和 C_1 的值，由曲线（$f_{\text{MAX}}/f_{\text{MIN}}$）$\sim R_2/R_1$ 可确定 R_2/R_1 的值，从而得出 R_1 的阻值。

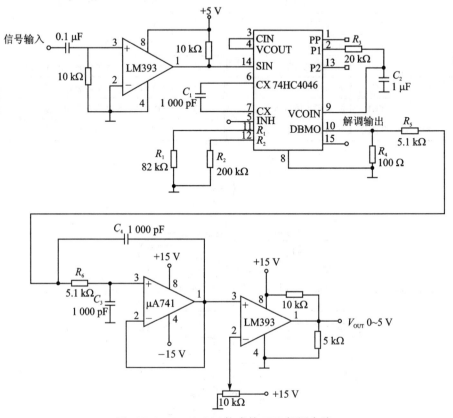

图 6.2.5　74HC4046 构成的 FSK 解调电路

比较器 LM393 将输入模拟调频信号转换为 $0\sim5$ V 数字信号，提供到 74HC4046 的输入引脚端 14（SIGNAL IN）；74HC4046 的解调输出连接一个由 μA741 构成一个二阶低通滤波器，截止频率约为 20 kHz，用于滤除解调输出信号中的高频成分。低通滤波器的输出利用 LM393 对信号进行整形，输出幅度为 $0\sim5$ V 的数字信号。μA741 的引脚端封装形式、内部结构和输入偏移调零电路如图 6.2.6 所示。

2. 方案二：采用 XR2211 构成的 FSK 解调电路

XR2211 是一个专用的 FSK 解调器芯片，频率范围为 0.01 Hz ～300 kHz，电源电压范围为 $4.5\sim20$ V，与 HCMOS/TTL/逻辑电平兼容，动态范围为 10 mV～3 V，可调的跟踪范围为 $1\sim80\%$。XR2211 的引脚端功能如表 6.2.2 所列，应用电路如图 6.2.7 所示。

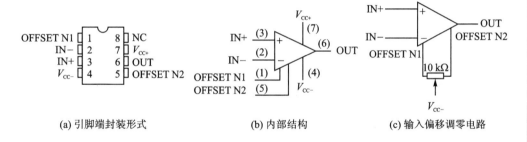

(a) 引脚端封装形式　　　　　(b) 内部结构　　　　　(c) 输入偏移调零电路

图 6.2.6　μA741 引脚端封装形式、内部结构和输入偏移调零电路

表 6.2.2　XR2211 引脚端功能

引　脚	符　号	功　能	引　脚	符　号	功　能
1	V_{CC}	电源电压正端	8	COMP I	FSK 比较器输入
2	INP	接收模拟输入正端	9	NC	空引脚
3	LDF	锁定检测滤波器	10	V_{REF}	内部电压基准，$V_{REF}=V_{CC}/2-$ 650 mV
4	GND	地			
5	LDOQN	锁定检测输出。若 VCO 在捕捉范围，则该输出端将为低电平	11	LDO	环路检测输出
			12	TIM R	连接 VCO 的定时电阻
6	LDOQ	锁定检测输出。若 VCO 在捕捉范围，则该输出端将为高电平	13	TIM C2	连接 VCO 的定时电容
7	DO	解码的 FSK 输出	14	TIM C1	连接 VCO 的定时电容

图 6.2.7 及在下面各式中，电阻的单位为 Ω，频率的单位为 Hz。

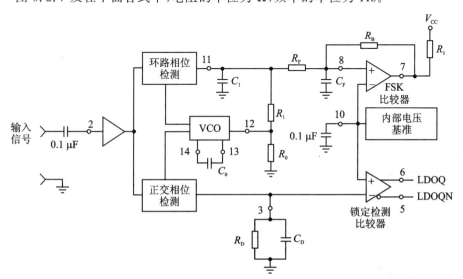

图 6.2.7　XR2211 的应用电路

① VCO 中心频率 $f_0 = 1/R_0 C_0$。

② 内部基准电压 $V_{REF} = V_{CC}/2 - 650$ mV，单位为 V。

③ 低通滤波器的时间常数 $\tau = C_1 \cdot R_{P\text{-}P}$，式中 $R_{P\text{-}P} = R_1 R_F/(R_1 + R_F)$；如果 R_F 是 ∞ 或者 C_F 的电抗是 ∞，则 $R_{P\text{-}P} = R_1$。

④ 环路跟踪带宽为 $\Delta f/f_0$，$\Delta f/f_0 = R_0/R_1$，如图 6.2.8 所示。

⑤ FSK 数据滤波器时间常数 $\tau_F = [R_B R_F/(R_B + R_F)] \cdot C_F$，单位为 s。

⑥ 环路相位检波器增益 $K_D = V_{REF} R_1/10\,000\pi$，单位为 V/rad。

⑦ VCO 转换增益 $K_O = -2\pi/V_{REF} C_0 R_1$，单位为 rad/s·V。

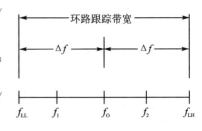

图 6.2.8　环路跟踪带宽

⑧ 滤波器传输函数 $F(s) = 1/(1 + S R_1 \cdot C_1)$（在 0 Hz），$S = j\omega$ 和 $\omega = 0$。

⑨ 整个环路增益 $K_T = K_O \cdot K_D \cdot F(s) = R_F/5\,000 C_0 (R_1 + R_F)$，单位为 s^{-1}。

⑩ 峰值检波器电流 $I_A = V_{REF}/20\,000$（V_{REF} 单位为 V，I_A 单位为 A）。

6.2.7　3 dB 带宽为 30～50 kHz 的带通滤波器电路设计

为在通带内获得最大平坦，选择 Butterworth 型带通滤波器，指标为 $f_{CL} = 30$ kHz，$f_{CH} = 50$ kHz，阻带衰减斜率不小于 35 dB/10 倍频。下面介绍具体计算过程。

1. 阶数计算

可只计算低通部分。由阻带衰减斜率不小于 35 dB/10 倍频，可得 $\omega/\omega_C = 10$ 处幅度衰减不小于 38 dB/10 倍频。根据 Butterworth 型低通幅度函数，可得

$$20\lg \frac{|H(0)|}{|H(j10\omega_C)|} \geqslant 38 \text{ dB}$$

于是有

$$20\lg(1 + 10^{2n})^{1/2} \geqslant 38 \text{ dB}$$

解得 $n \geqslant 2$，因此滤波器需要 3 阶。

2. 电路选择

电路可采用单重反馈、单位增益、单运放一次实现的低通一阶、高通三阶滤波器，但该三阶滤波器灵敏度偏高，元件值误差和温度变化会严重影响滤波特性。采用高、低通滤波器级联的方式来实现有源带通滤波，电路[3]如图 6.2.9 所示。

3. 阻容元件值的计算

根据系统传输函数和 Butterworth 三阶多项式的表达形式，计算得（具体计算过

程略):

低通滤波器　$C_1 = 20$ nF, $C_2 = 40$ nF, $C_3 = 10$ nF, $R_1 = R_2 = R_3 = 160$ Ω;

高通滤波器　$C_1 = C_2 = C_3 = 10$ nF, $R_1 = 20$ Ω, $R_2 = 270$ Ω, $R_3 = 1$ kΩ。

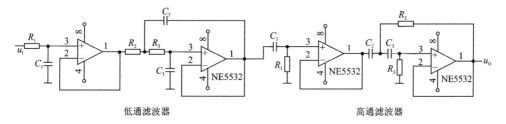

图 6.2.9　有源带通滤波器

4. 电路仿真

用 Multisim 对该带通滤波器进行仿真,得到其理论带宽为 27~55 kHz,中心频率为 39 kHz,带外衰减超过 -50 dB/10 倍频程,满足设计要求。

有源带通滤波器也可选择开关电容滤波器 IC 芯片构成,如 LMF100 开关电容滤波专用芯片等。

6.2.8　时钟频率可变的测试码发生器电路设计

测试码发生器产生的测试码主要用于测试传输速率,对于码型没有特别要求,可采用频率可调的方波信号(0101…码)。电路可采用函数发生器芯片 ICL8038 构成。ICL8038 可构成线性误差小于 0.1%、输出频率范围为 0.001 Hz~300 kHz 的 V/F 转换电路,可较好地满足生成测试码的要求。ICL8038 构成的线性压控振荡器电路参见图 5.4.12。

6.2.9　伪随机码发生器和加法电路设计

由 n 级移位寄存器构成的伪随机码(M 码)发生器。其线性序列的最大长度为 $M = 2^n - 1$,设计要求 M 码周期为 $127 = 2^7 - 1$ 位码元,所以应采用 7 级移位寄存器;又根据 M 码生成多项式 $f(x) = x^7 + x^3 + 1$,确定反馈方程为 $F = Q_3 \oplus Q_7$。

图 6.2.10 为伪随机码发生器和加法器电路[3],采用两片 4 级双向移位寄存器 74HC/HCT194 级联成 7 级移位寄存器。用 $m_0 = \overline{Q_1 Q_2 \overline{Q_3} Q_4 Q_5 Q_6 Q_7}$ 控制移位寄存器的工作方式,以排除零状态。寄存器的 7 路输出中任何一路都可作为模拟噪声源。在噪声输出端用电位器调节其峰-峰值在 0~1 V 之间变化,噪声通过一级射随器隔离后送运放 NE5534 的同相输入端,实现与信号的相加。

4 级双向移位寄存器 74HC/HCT194 的引脚端功能如表 6.2.3 所列。NE5534 的引脚端封装形式和内部结构如图 6.2.11 所示。

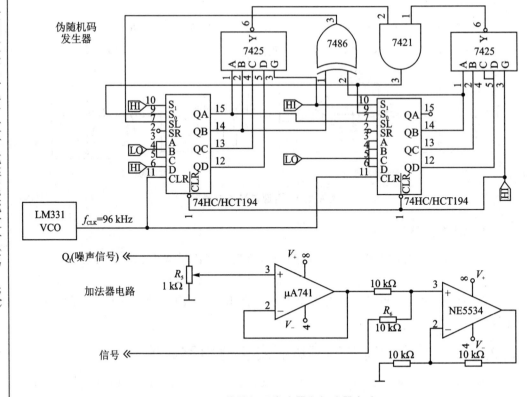

图 6.2.10　伪随机码发生器和加法器电路

表 6.2.3　74HC/HCT194 引脚端功能表

工作模式	输入							输出			
	CP	$\overline{MR}$	S_1	S_0	D_{SR}	D_{SL}	D_n	Q_0	Q_1	Q_2	Q_3
复位	X	L	X	X	X	X	X	L	L	L	L
保持	X	H	I	I	X	X	X	q_0	q_1	q_2	q_3
左移	↑	H	h	I	X	l	X	q_1	q_2	q_3	L
	↑	H	h	I	X	h	X	q_1	q_2	q_3	H
右移	↑	H	I	h	I	X	X	L	q_0	q_1	q_2
	↑	H	I	h	h	X	X	H	q_0	q_1	q_2
并行输出	↑	H	h	h	X	X	d_n	d_0	d_1	d_2	d_3

注：H=高电平；h=CP，从低到高跳变，高电平建立时间；L=低电平；I=CP，从低到高跳变，低电平建立时间；q，d=CP，从低到高跳变，与输入(或输出)的状态有关，变化状态的建立时间；X=任意；↑=CP，从低到高跳变。

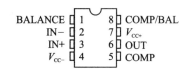

图 6.2.11 NE5534 引脚端封装形式和内部结构

6.2.10 数据通道的切换电路设计

采用模拟开关 S_1 和 S_2 分别在发送端和接收端实现数据通道的切换。S_1 控制噪声信号是否加入通信通道;S_2 控制信号通过模拟信道或直接传输至信宿(此功能用于使原系统具有误码率测试功能)。S_1 和 S_2 都由键盘控制。

6.2.11 数据采集与传输系统软件设计

1. 系统软件功能

- 发送端可设定 8 路循环采集或者指定一路采集,数据采集速率为 50 ms 一次,显示刷新为 50 ms 一次。
- 软件过滤错误数据,并支持一定的纠错功能。
- 软件提供两种状态:系统工作状态——系统正常工作,使用软件过滤与纠错;信道测试状态——不使用软件过滤与纠错,用于对信道的观察、测试。
- 软件实现误码率测试:系统附加测试信道,使系统本身支持误码率测试与显示。
- 软件实时设定波特率,从 9.6~38.4 kbps 16 挡可调。
- 通过键盘设定噪声是否加入模拟信道。

2. 通信用帧结构与协议

系统使用两种帧结构:系统结构与误码率测试结构。

系统传输帧结构为 4 字节:帧头、命令/地址、数据、校验。

误码率测试时帧结构为 1 字节,只有数据。

由于此系统为单向传输系统,故不可能有复杂的通信协议。为提高传输的正确性,选择简单有效的二维奇偶校验码作为基本校验码,但二维奇偶校验码有明显的局限性,不能检出一帧数据中构成矩形的 4 个错码元。为进一步提高通信可靠性,在发送端多次发送同一帧数据,接收端在连续接收到的 3 帧数据中,如果发现有 2 帧完全相同,则认为该数据发送正确,称为"3 中取 2"的方式,其效果相当于一个低通滤波器。用这种方法可有效地提高通信的可靠性,但需要注意的是,如果接收端在某一帧的连续发送过程中始终没有接到其正确帧,则拒收本帧,也即这种纠错方式不能确保所有帧的有效传递。

3. 系统软件流程图

发送端软件流程[3]如图 6.2.12 所示。

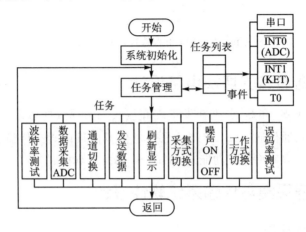

图 6.2.12　发送端软件流程

接收端工作流程与发送端基本相同，只是接收端任务管理器的下属任务包括：接收数据、刷新显示、软件过滤纠错 ON/OFF、波特率设置和误码率测试。

6.3　数字化语音存储与回放系统

6.3.1　数字化语音存储与回放系统设计要求

设计并制作一个数字化语音存储与回放系统，其示意图如图 6.3.1 所示。设计详细要求与评分标准等请登录 www.nuedc.com.cn 查询。

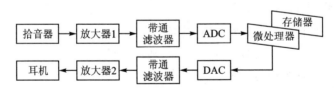

图 6.3.1　数字化语音存储与回放系统示意图

6.3.2　数字化语音存储与回放系统设计方案

所设计的数字化语音存储与回放系统方框图[5]如图 6.3.2 所示。系统由语音输入、A/D 转换、数据存储、微控制器系统、D/A 转换、语音播放等电路组成。

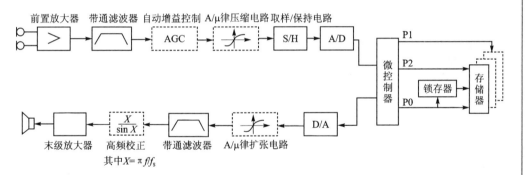

图 6.3.2　数字化语音存储与回放系统方框图

6.3.3　语音前置放大器电路设计

1. 语音输入

语音输入采用驻极体电容话筒(简称 ECM)。驻极体电容话筒是一种体积小、频带宽、噪声小和灵敏度高的话音传感器。其内部结构和连接形式如图 6.3.3 所示。驻极体电容话筒的主要技术参数有：灵敏度典型值为$-66\sim-56$ dB 或 $5\sim15$ mV/Pa；频率响应典型值为 50 Hz$\sim$12 kHz；输出阻抗典型值不大于 2 kΩ；工作电压 DC 为 1.5$\sim$12 V。

2. 双话筒语音输入级电路

为抵消语音输入背景噪声,可采用两个特性相同的驻极体电容话筒,将它们在空间上背对背安放,并在电气上通过适当的连接,使其输出信号幅度相等、相位相反地叠加起来,就能将两个话筒在所处环境下拾入的背景噪声抵消掉；由于说话人只对准其中一个话筒讲话,因此有用的语音信号并不会被抵消掉。图 6.3.4 为双话筒语音输入级的电原理图,运算放大器采用了低噪声高输入阻抗的运算放大器 OP27/37。该输入级的电压增益由电阻 R_3 和 R_4 的比值决定,即

$$A=1+R_3/R_4=1+100/1\approx100(40\text{ dB})$$

在图 6.3.4 中,ECM_1 采用源极(S)输出方式接法,其输出为同相信号；ECM_2 采用漏极 D 输出方式接法,其输出为反相信号。当 ECM_1 和 ECM_2 同时拾到同源声波时,它们就会输出波形一样而相位相反的两个信号,起到了相互抵消的作用。调节电位器 R_W 可使输出端的背景噪声电压为最小。

OP27/37 引脚端封装形式和偏移调节电路如图 6.3.5 所示。

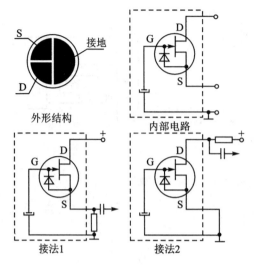

图 6.3.3　驻极体电容话筒内部结构和连接形式

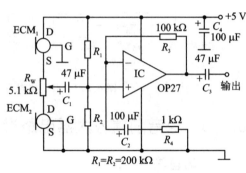

图 6.3.4　双话筒语音输入级电路

3. 中间放大级电路

中间级放大电路[5]如图 6.3.6 所示,最大增益为 40 dB,增益可通过电位器 R_w 进行调节。元件 R_1 和 R_2 的参数应满足 $R_2 = (1 \sim 100) R_1$ 关系。图中运算放大器可采用 NE5532N、NE5534 等芯片。

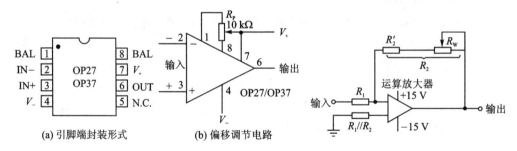

图 6.3.5　OP27/37 引脚端封装形式和偏移调节电路　　图 6.3.6　中间级放大电路

4. 采用仪表放大器电路作为双话筒语音输入放大电路

如果设计者购买的是只有两个外引脚驻极体话筒(其 S 与 G 引脚端在内部已连接在一起),则可采用如图 6.3.7 所示的仪表放大器电路作为双话筒语音输入放大电路。电压输出为 $V_{OUT} = (R_3/R)[(2R_2/R_1)+1]\Delta V$。ECM₁ 和 ECM₂ 都采用漏极 D 输出方式接法,如图 6.3.8 所示。

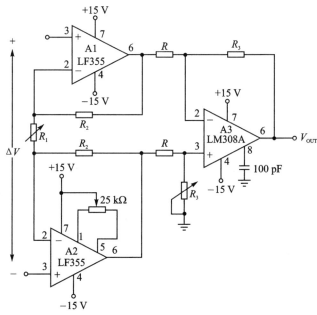

图 6.3.7 仪表放大器电路作为双话筒语音输入放大电路

图 6.3.8 ECM 采用漏极
D 输出方式

5. 话筒的安装方法

将 ECM$_1$ 和 ECM$_2$ 背对背分别安装在同一圆柱形套筒上,话筒的两背之间用隔音材料填充起来,用屏蔽线将输出信号送到放大器的输入端。使用时先调节电位器 R_W 使输出噪声达到最小,录音时只要将 ECM$_1$ 和 ECM$_2$ 中任意一个对着说话人即可。

6.3.4 带通滤波器电路设计

根据设计要求,带通滤波器的通带范围为 300 Hz～3.4 kHz,上下截止频率之比为 $3400/300=11.3\gg2$,是一个宽带滤波器,无法采用一般的带通滤波器的设计方法来实现,但可采用低通滤波器级联高通滤波器的方法来实现。

1. 低通滤波器

从设计要求可知,低通滤波器的通带(上限)频率 $f_C=3.4$ kHz,阻带频率 $f_{S/2}=4$ kHz,通带内的衰减不大于 -3 dB,阻带内的衰减不小于 -40 dB。通过查表或者使用相关的滤波器设计软件可以计算出该低通滤波器的阶数:巴特沃兹滤波器需要 29阶;切比雪夫滤波器需要 10 阶;椭圆滤波器需要 5 阶,贝塞尔滤波器大于 20 阶。

(1) 采用专用滤波器芯片的低通滤波器电路

低通滤波器可采用 8 阶开关电容椭圆滤波器 MAX7403 芯片实现。该芯片的工作频率范围为 1 Hz～10 kHz,在阻带频率处可达 -60 dB 的衰减,采用 $+5$ V 电压供电。MAX7403 的引脚端封装形式和应用电路如图 6.3.9 所示。通过改变连接到芯片的时钟频率,即可获得所要求技术指标的低通滤波器,滤波器时钟信号 CLK 可采

455

用自建时钟或者是通过外部输入时钟。若采用外部时钟，则 $f_C = f_{CLK}/100$；若采用内部时钟发生器，则连接到引脚端 CLK 和 GND 之间的电容 $C_{OSC} = K \times 10^3 / f_{OSC}$。

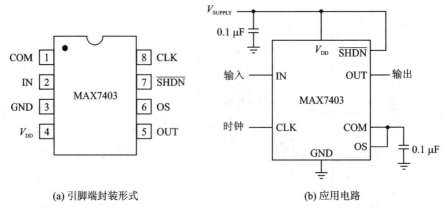

(a) 引脚端封装形式　　　　　　　　　　(b) 应用电路

图 6.3.9　MAX7403 引脚端封装形式和应用电路

MAX7403 滤波器的输入阻抗为

$$Z_{IN} = \frac{1\,000}{0.85 f_{CLK}} \text{ M}\Omega$$

其中，f_{CLK} 的单位为 kHz。MAX7403 具有较低的输出阻抗，可驱动 1 kΩ 与 500 pF 并联的负载阻抗。

（2）采用运算放大器构成的低通滤波器电路

一个采用运算放大器构成的 5 阶椭圆低通滤波器电路[5]如图 6.3.10 所示。由设计软件分析结果可知：该滤波器第 1 级电路的截止频率为 819.86 Hz，增益为 1；第 2 级电路的品质因数 $Q = 16.82$，$f_P = 3.347$ kHz，$f_Z = 4.105$ kHz，增益为 1.009 3；第 3 级电路的品质因数 $Q = 2.75$，$f_P = 2.506$ kHz，$f_Z = 5.676$ kHz，增益为 1.128 6。图中运算放大器可采用 NE5532N、NE5534 等芯片。

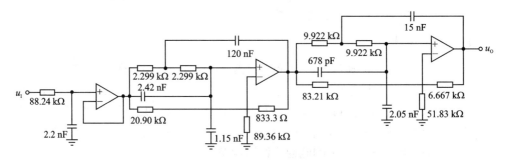

图 6.3.10　5 阶椭圆低通滤波器电路

2. 高通滤波器

从设计要求可知，高通滤波器的通带（起始）频率 $f_L = 300$ Hz。为了抑制工频干扰,可将阻带频率定为 50 Hz,通带内衰减不大于 -3 dB,阻带内的衰减不小于 -40 dB。由于 $f_{\mathrm{L}}/50 > 2$,可用下列方法估算出该高通滤波器的阶数:由 $f_{\mathrm{L}}/50 = 2^n$,解得倍频程 $n = 2.58$,并计算出过渡带内一个倍频程所要求的衰减 $A_{\mathrm{R}} = -40$ dB$/n = -15.47$ dB。因为一阶滤波器在过渡带内一个倍频程的衰减为 -6 dB,所以可计算得 $N_{\mathrm{O}} = -15.47/-6 \approx 2.6$ 阶。可使用一个 3 阶的高通滤波器达到设计要求。

(1) 采用专用滤波器芯片的高通滤波器电路

高通滤波器可采用双 2 阶通用开关电容有源滤波器 MAX260 芯片,通过单片机精确地控制 MAX260 滤波器的功能,实现低通、高通、带通、点阻及全通之类的各种滤波器。MAX260 可采用单电源($+5$ V)或者双电源(± 5 V)供电。对于滤波器的编程,需要确定 3 个参数:模式 MODE、中心频率 f_{O} 和品质因数 Q。MAX260 的引脚端封装形式及与单片机的接口电路如图 6.3.11 所示。MAX260 的模式选择关系如表 6.3.1 所列,高通滤波器应用选择模式 MODE3。

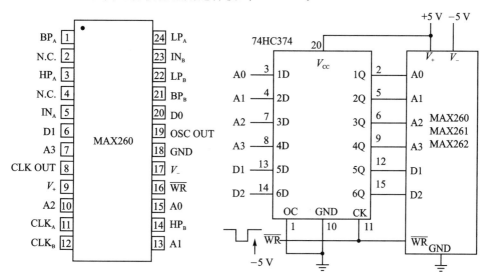

(a) 引脚端封装形式　　　　(b) 与微控制器接口电路

图 6.3.11　MAX260 的引脚端封装形式及与单片机的接口电路

表 6.3.1　MAX260 的滤波器模式选择(2 阶滤波器形式)

模　式	M1、M0	滤波器功能	f_{N}	H_{OLP}	H_{OBP}	$H_{\mathrm{ON1}}(f \to 0)$	$H_{\mathrm{ON2}}(f \to f_{\mathrm{CLK}}/4)$	其　他
1	0、0	LP、BP、N	f_{O}	-1	$-Q$	-1	-1	
2	0、1	LP、BP、N	$f_{\mathrm{O}}\sqrt{2}$	-0.5	$-Q/\sqrt{2}$	-0.5	-1	
3	1、0	LP、BP、HP		-1	$-Q$			$H_{\mathrm{OHP}} = -1$
			$f_{\mathrm{O}}\sqrt{\dfrac{R_{\mathrm{H}}}{R_{\mathrm{L}}}}$	-1	$-Q$	$+\dfrac{R_{\mathrm{G}}}{R_{\mathrm{L}}}$	$+\dfrac{R_{\mathrm{G}}}{R_{\mathrm{H}}}$	$H_{\mathrm{OHP}} = -1$
4	1、1	LP、BP、AP		-2	$-2Q$			$H_{\mathrm{OAP}} = -1$ $f_{\mathrm{Z}} = f_{\mathrm{O}}, Q_{\mathrm{Z}} = Q$

表中:f_O 为中心频率;f_N 为陷波频率;H_{OLP} 为在 DC 的低通增益;H_{OBP} 为在 f_O 带通增益;H_{OHP} 为 f 接近 $f_{CLK}/4$ 的高通增益;H_{ON1} 为 f 接近 DC 的陷波增益;H_{ON2} 为 f 接近 $f_{CLK}/4$ 的陷波增益;H_{OAP} 为全通增益;f_Z、Q_Z 为复合极对的 f 和 Q。

为了实现设计要求的高通滤波器,需要使用 2 个中心频率、品质因数等参数完全相同的 2 阶滤波器级联来实现。为了使该开关电容滤波器的响应尽量接近连续型滤波器的响应,比值 f_{CLK}/f_O 以及 Q 值应尽量取大一些。由于采用了 2 个完全相同的滤波器进行级联来实现高通滤波器,因此级联之后带宽会缩小。2 个滤波器级联后,带宽将缩小为原来的 0.644,因此,应将每一个滤波器的截止频率 f_c 预扩为 300 Hz/0.644≈466 Hz,通常比值 f_{CLK}/f_O 应在 150 以上。当取 $f_{CLK}/f_O=150$,并取 $f_{CLK}=75$ kHz 时,可计算得 f_O 的数值为 500 Hz。

根据 MAX260 的使用资料可计算和查找 f_O、Q、模式(MODE)的配置数据,在上电时通过单片机写入芯片内部的寄存器中去,实现满足预定指标要求的高通滤波器。

将 MAX260 滤波器 A 的高通输出端(HP)连接滤波器 B 的输入端,滤波器 B 的高通输出端(HP)作为信号的输出可实现一个 4 阶高通滤波器,电路如图 6.3.12 所示。

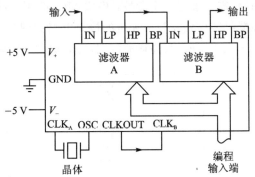

图 6.3.12　MAX260 实现的 4 阶高通滤波器电路

(2) 采用运算放大器构成的高通滤波器电路

一个采用运算放大器构成的 3 阶 Butterworth 高通滤波器电路[5]如图 6.3.13 所示。由 Multisim 仿真软件的分析结果可知:该滤波器第 1 级电路的截止频率为 299.763 Hz,增益为 1;第 2 级电路的品质因数 $Q=1$,$f=299.763$ Hz,增益为 1。图中运算放大器可采用 NE5532N、NE5534 等芯片。

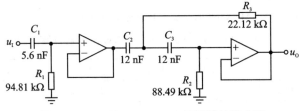

图 6.3.13　3 阶 Butterworth 高通滤波器电路

6.3.5　A/D 转换器电路设计

A/D 转换器电路采用 ADC0804(字长为 8 位,转换速率为 10 kHz)芯片。ADC0804 与单片机接口电路如图 6.3.14 所示,时钟频率可通过选择外接 RC 元件值将其设置为不小于 800 kHz($f_{CLK} \approx 1/1.1RC, R \approx 10$ kΩ),也可采用外部时钟。由于 ADC0804 完成一次模/数转换需要 100 μs 的时间,在此期间送到 ADC0804 输入端的模拟信号样本必须保持不变,否则会引起转换误差,因此在 ADC0804 之前还必须加上一级采样/保持电路(S/H),可选用 LF398 集成 S/H 芯片。由 LF398 的技术参数表中得知,当保持电容 $C_H = 1000$ pF 时,该器件的捕获时间 $t_{AC} = 4$ μs,孔径不确定时间 $t_{AU} = 20$ ns。上述指标完全可满足语音信号(300 Hz~3.4 kHz)处理要求。LF398 的引脚端封装形式和应用电路如图 6.3.15 所示。

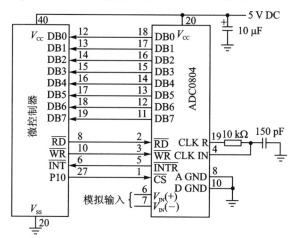

图 6.3.14　ADC0804 引脚端封装形式和与单片机接口电路

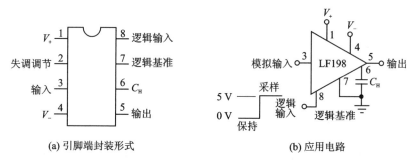

图 6.3.15　LF398 的引脚端封装形式和应用电路

6.3.6　单片机和 D/A 转换器电路设计

1. 单片机电路

单片机电路采用 AT89S52 单片机。AT89S52 是一个低功耗、高性能的 CMOS 8 位单片机,内含 8 KB 可反复擦写(大于 1000 次)ISP Flash ROM;256×8 位内部 RAM;3 个 16 位可编程定时器/计数器;32 个双向 I/O 口;全双工 UART 串行中断口线;2 个外部中断源;3 级加密位;双数据寄存器指针;看门狗(WDT)电路;软件设置空闲和省电功能,中断唤醒省电模式;时钟频率为 3~33 MHz;工作电压为 4.5~

5.5 V。器件采用 Atmel 公司的高密度、非易失性存储技术制造,兼容标准 MCS-51 指令系统及 80C51 引脚结构。

2. D/A 转换器电路

D/A 转换器电路可采用双 8 位乘法数/模转换器 AD7258 芯片,具有单独的片内数据锁存器,数据通过公共输入口传送至两个 DAC 数据锁存器的任一个。控制输入端 DACA/DACB 决定哪一个 DAC 被装载。工作电源为 5~15 V,功耗小于 15 mW。AD7528 的引脚端封装形式有 DIP/SOIC 封装和 PLCC 封装,时序图如图 6.3.16 所示,应用电路和与单片机的接口电路如图 6.3.17 所示,输入数据与输出电压关系如表 6.3.2 和表 6.3.3 所列。

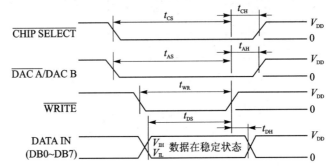

注:1. 所有的输入信号上升和下降时间测量为 V_{DD} 的 $10\%\sim90\%$。

$V_{DD}=+5$ V,$t_R=t_F=20$ ns;

$V_{DD}=+15$ V,$t_R=t_F=40$ ns。

2. 时间测量参考电平是 $(V_{IH}+V_{IL})/2$。

图 6.3.16 AD7528 的时序图

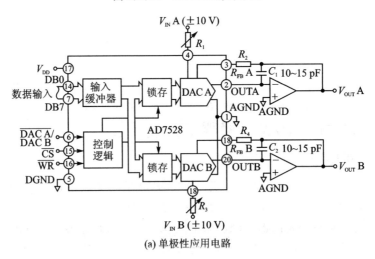

(a) 单极性应用电路

图 6.3.17 AD7528 应用电路和与单片机的接口电路

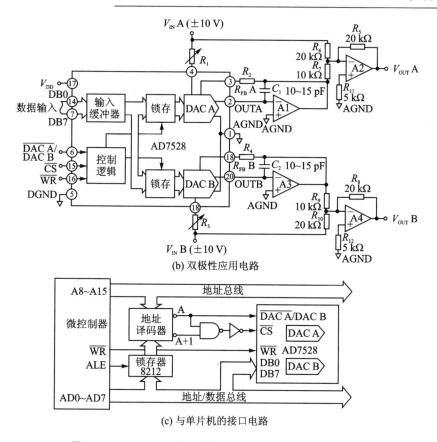

(b) 双极性应用电路

(c) 与单片机的接口电路

图6.3.17 AD7528应用电路和与单片机的接口电路(续)

<table>
<tr><td colspan="2">表6.3.2 单极性应用电路输入数据
与输出电压关系</td></tr>
<tr><td>DAC 锁存内容
MSB   LSB</td><td>模拟输出
(DAC A 或 DAC B)</td></tr>
<tr><td>1 1 1 1 1 1 1 1</td><td>$-V_{IN}(255/256)$</td></tr>
<tr><td>1 0 0 0 0 0 0 1</td><td>$-V_{IN}(129/256)$</td></tr>
<tr><td>1 0 0 0 0 0 0 0</td><td>$-V_{IN}(128/256)=-V_{IN}/2$</td></tr>
<tr><td>0 1 1 1 1 1 1 1</td><td>$-V_{IN}(127/256)$</td></tr>
<tr><td>0 0 0 0 0 0 0 1</td><td>$-V_{IN}(1/256)$</td></tr>
<tr><td>0 0 0 0 0 0 0 0</td><td>$-V_{IN}(0/256)=0$</td></tr>
</table>

<table>
<tr><td colspan="2">表6.3.3 双极性应用电路输入数据
与输出电压关系</td></tr>
<tr><td>DAC 锁存内容
MSB   LSB</td><td>模拟输出
(DAC A 或 DAC B)</td></tr>
<tr><td>1 1 1 1 1 1 1 1</td><td>$+V_{IN}(127/128)$</td></tr>
<tr><td>1 0 0 0 0 0 0 1</td><td></td></tr>
<tr><td>1 0 0 0 0 0 0 0</td><td>0</td></tr>
<tr><td>0 1 1 1 1 1 1 1</td><td>$-V_{IN}(1/128)$</td></tr>
<tr><td>0 0 0 0 0 0 0 1</td><td>$-V_{IN}(127/128)$</td></tr>
<tr><td>0 0 0 0 0 0 0 0</td><td>$-V_{IN}(128/128)$</td></tr>
</table>

6.3.7　幅频特性校正电路设计

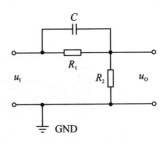

幅频特性校正电路采用一阶 RC 网络，电路[5]如图 6.3.18 所示。该一阶 RC 网络可补偿因 D/A 恢复语音信号时引入的高频分量的损失，对高频分量稍作提升，实现近似校正。根据公式 $\sin(\pi f/f_s)/(\pi f/f_s)$ 计算可得，在采样频率为 8 kHz 时，当频率为 300 Hz 时衰减为 0.02 dB；在频率为 3.4 kHz 处衰减为 −2.75 dB。选择适当的阻容元件，可近似

图 6.3.18　采用一阶 RC 网络的幅频特性校正电路

满足在 3.4 kHz 处提升 2.75 dB 要求，经计算可得电阻 $R_1 = R_2 = 1\,\mathrm{k\Omega}$，电容 C 为 $0.061\,\mu\mathrm{F}$。

6.3.8　音频放大器和自动增益控制（AGC）电路设计

音频放大器电路采用电压放大和功率放大两级组成。电压放大级可采用图 6.3.6 所示电路，功率放大级可采用专用芯片 TDA2040 等芯片来实现。TDA2040 应用电路如图 6.3.19 所示，该电路最大可提供 22 W 的输出功率。

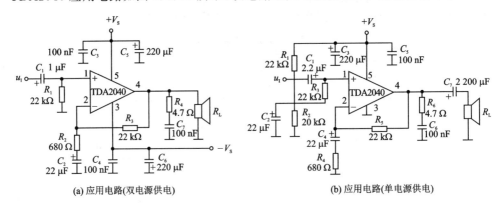

(a) 应用电路(双电源供电)　　　　(b) 应用电路(单电源供电)

图 6.3.19　TDA2040 引脚端封装形式和应用电路

AGC 电路是利用场效应管工作在可变电阻区，漏极电阻受到栅极电压控制的特性来实现的。整个电路由包括场效应管在内的压控增益放大器、整流滤波电路、直流放大器和比较器组成，实现增益的闭环控制。AGC 电路[5]如图 6.3.20 所示。

运放 A1 构成压随器，作为输入级。运放 A2 构成反相放大器，其增益由场效应管的源极和漏极之间的电阻决定。电阻 R_1、R_2 以及 R_3 使得场效应管的伏安特性呈现线性化。输出电压 u_OP 经过整流器和滤波器形成控制电压。当 u_OP 发生变化时，控制电压随之发生变化，因此，场效应管的导通电阻发生改变，放大器的放大倍数发生改变，音频信号强时自动减小放大倍数，信号弱时自动增大放大倍数，从而实现音量的自动调节。

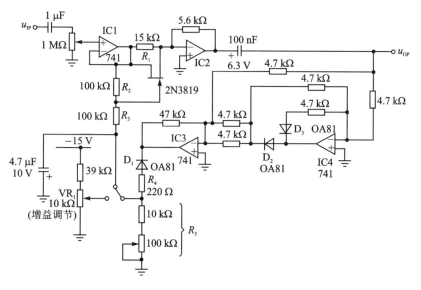

图 6.3.20　AGC 电路

A/μ 律压扩电路可采用专用的集成电路实现,竞赛中由于工作量大、时间紧等关系,一般难以完成。这部分电路略。

6.3.9　数字化语音存储与回放系统软件设计

单片机程序主流程图[5]如图 6.3.21 所示。录音子程序流程图如图 6.3.22 所示;放音子程序流程图如图 6.3.23 所示。

图 6.3.21　主程序流程图

语音压缩编码方式种类比较多。增量调制(AM)和差分脉码调制(DPCM)是两种常用的语音压缩编码方式,分别可达到 8 倍和 2 倍的压缩比。

增量调制是一种实现简单且压缩比高的语音压缩编码方法,该方法只用一位码记录前后语音采样值 $S(n)$、$S(n-1)$ 的比较结果。若 $S(n) > S(n-1)$,则编为“1”码;反之,则为“0”码。这种技术可将语音转换的数码率由 64 kbps 降低至 8 kbps,存储时间可加长至 128 s,但噪声大,信号失真明显。

本设计选用 DPCM 压缩编码方案。DPCM 是一种比较成熟的压缩编码方法,可把数码率由 64 kbps 压缩至 32 kbps,从而使语音存储时间增加一倍,达到 32 s,并且信噪比损失小。其数学表达式如下:

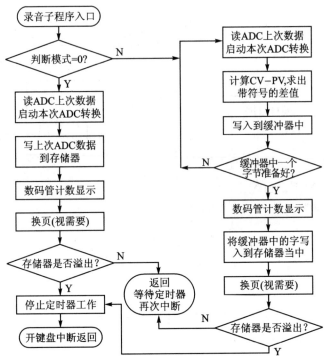

图 6.3.22　录音子程序流程图

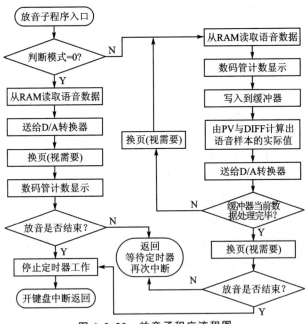

图 6.3.23　放音子程序流程图

$$e(n) = \begin{cases} -8 & S(n) - A(n-1) < -8 \\ S(n) - A(n-1) & -8 \leqslant S(n) - A(n-1) \leqslant 7 \\ 7 & S(n) - A(n-1) > 7 \end{cases}$$

$$A(n) = A(n-1) + e(n)$$

其中：$S(n)$ 表示当前采样值；$A(n)$ 表示增量累加值；$A(n-1)$ 作为预测值；$e(n)$ 表示差分值。

6.4　多路数据采集系统

6.4.1　多路数据采集系统设计要求

设计一个 8 路数据采集系统，系统原理框图如图 6.4.1 所示。设计详细要求与评分标准等请登录 www.nuedc.com.cn 查询。

图 6.4.1　8 路数据采集系统原理框图

6.4.2　多路数据采集系统设计方案

所设计的多路数据采集系统的方框图[2]如图 6.4.2 所示，由正弦波发生器、F/V 变换、A/D 采集、主从 CPU 通信与数据处理、键盘控制与数据显示几个模块构成。

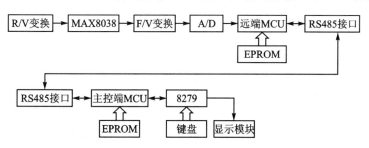

图 6.4.2　多路数据采集系统方框图

在本系统的设计中，采用双单片机的方法，即在数据采集的远端、近端均采用单片机控制，远端完成数据的采集、抽样、平滑、发送；近端完成数据接收、校验、纠错、处理与显示等。采用双单片机可在高速率通信时仍对数据进行校验和纠错，以保证数据的正确。两片单片机均采用 AT89S52 芯片。在近端与远端的通信中，采用国际标准的 RS485 差分方式接口，使通信速率和传输距离均大大优于 RS232 标准接口方式，并且用线最少（仅用两根非屏蔽双绞线），在一定程度上可降低设备的复杂程度和成本。由于采用差分传输，可最大程度抑制共模信号，使抗干扰能力也有很大提高。

6.4.3　正弦波发生器电路设计

正弦波发生器及 F/V 变换电路工作在远距离终端，用于模拟待采样的信号源。正弦波发生器电路采用高频波形产生器芯片 MAX038。MAX038 是一个能产生从小于 1 Hz 到大于 20 MHz 的低失真正弦波、三角波、锯齿波或矩形（脉冲）波的高频波形产生器，它只要少量的外部元件。MAX038 的引脚端功能如表 6.4.1 所列。

MAX038 产生的频率和占空比可由调整电流、电压或电阻来分别控制。所需的输出波形可由在 A0 和 A1 输入端设置适当的代码来选择，所有输出波形都是对称于地电位的 2 V（峰-峰值）信号。低阻抗输出的驱动能力可达 ± 20 mA。在 SYNC 输出引脚端输出一个由内部振荡器产生的、与 TTL 兼容的、50% 占空比的波形（不管其他波形的占空比是多少），可作为系统中其他器件的同步信号。内部振荡器也可由连接到 PDI 引脚上的外部 TTL 时钟来同步。

表 6.4.1　MAX038 引脚端功能

引　脚	名　称	功　能	引　脚	名　称	功　能
1	REF	2.50 V 能隙基准电压输出端	13	PDI	相位检波器基准时钟输入端。如果不用相位检波器，则接地
2	GND	地 *			
3	A0	波形选择输入端：TTL/CMOS 兼容	14	SYNC	TTL/CMOS 兼容的同步输出端，可由 DGND 至 DV+ 间的电压作为基准。可用一个外部信号来同步内部的振荡器。如果不用，则开路
4	A1	波形选择输入端：TTL/CMOS 兼容			
5	COSC	外部电容器连接端			
6	GND	地 *	15	DGND	数字地。让它开路使 SYNC 无效，或者 SYNC 不用
7	DADJ	占空比调整输入端			
8	FADJ	频率调整输入端	16	DV+	数字 +5 V 电源输入端。如果 SYNC 不用，则让它开路
9	GND	地 *			
10	IIN	用于频率控制的电流输入端	17	V_+	+5 V 电源输入端
11	GND	地 *	18	GND	地 *
12	PDO	相位检波器输出端。如果不用相位检波器，则接地	19	OUT	正弦、矩形或三角波输出端
			20	V_-	-5 V 电源输入端

* 这 5 个 GND 引脚内部并未连接。要将这 5 个 GND 引脚连到靠近器件的一个接地点。建议用一个接地面。

MAX038 的工作电源为 ± 5 V（$\pm 5\%$）。基本的振荡器是一个交变地，以恒定电流向电容器（C_F）充电和放电的弛张振荡器，同时也就产生一个三角波和矩形波。充电和放电的电流是由流入 IIN 引脚端的电流来控制的，并由加到 FADJ 和 DADJ 引脚端上的电压调制。流入 IIN 引脚端的电流可由 2 μA 变化到 750 μA，对任一电容器 C_F 值可产生大于两个数量级（100 倍）的频率变化。在 FADJ 引脚端上加 ± 2.4 V

可改变±70％的标称频率(与 $V_{\text{FADJ}}=0$ V 时比较),这种方法可用作精确控制。

占空比(输出波形为正时所占时间的百分数)可由加±2.3 V 的电源到 DADJ 引脚上来控制其从 10％变化到 90％。这个电压改变了 C_F 的充电和放电电流的比值,而维持频率近似不变。REF 引脚端的 2.5 V 基准电压可用固定电阻连到 IIN、FADJ 或 DADJ 引脚端,也可用电位器从这些输入端接到 REF 端进行调整。FADJ 或 DADJ 可接地,产生具有 50％占空比的标称频率的信号。输出频率反比于电容器 C_F。

1. 波形选择

MAX038 可产生正弦、矩形或三角波形,设置地址 A0 和 A1 引脚端的状态可选择输出波形(TTL/CMOS 逻辑电平)如表 6.4.2 所列。波形切换可在任意时候进行,而不管输出信号当时的相位如何。切换发生在 0.3 μs 之内,但输出波形可能有一段小的延续 0.5 μs 的过渡状态。

表 6.4.2　地址 A0 和 A1 引脚端工作状态的设置与波形选择

A0	A1	波　形	A0	A1	波　形
x	1	正弦波	1	0	三角波
0	0	矩形波			

注:x 表示无关。

2. 输出频率

输出频率取决于注入 IIN 引脚端的电流大小、COSC 引脚端的电容量(对地)和 FADJ 引脚上的电压 V_{FADJ}。当 $V_{\text{FADJ}}=0$ V 时,输出的基波频率(f_O)由下式给出:

$$f_O(\text{MHz}) = I_{\text{IN}}(\mu A)/C_F(\text{pF})$$

则周期(T_O)为

$$T_O(\mu s) = C_F(\text{pF})/I_{\text{IN}}(\mu A)$$

式中:

I_{IN}=注入 IIN 引脚端的电流 (2～750 μA);

C_F=接到 COSC 引脚端和地之间的电容(20 pF～100 μF 以上)。

例如:0.5 MHz=100 μA/200 pF 或 2 μs=200 pF/100 μA。

虽然当 I_{IN} 在 2～750 μA 范围内时线性是好的,但最佳的性能是 I_{IN} 在 10～400 μA 范围内。建议电流值不要超出这个范围。对于固定工作频率,设置 I_{IN} 近于 100 μA 并选择一个适当的电容值。这个电流具有最小的温度系数,并在改变占空比时产生最小的频率偏移。

电容范围可在 20～100 μF 以上,但必须用短的引线使电路的分布电容减到最小。在 COSC 引脚端及其引线的周围用一个接地面来减小其他杂散信号对这个支路的耦合。高于 20 MHz 的振荡也是可能的，但是在这种情况下波形失真会增加。低频率振荡的限制是由 COSC 电容器的漏电流和所需输出频率的精度所决定。具有良好精度的最低工作频率通常用 10 pF 或更大的非极化电容器来获得。

一个内部的闭环放大器迫使 I_{IN} 流向虚拟地，并使输入偏置电压小于 ± 2 mV。I_{IN} 可以为一个电流源（I_{IN}），或是一个电压（V_{IN}）与一个电阻（R_{IN}）串联的电路来产生（一个接在 REF 引脚端和 IIN 引脚端之间的电阻，可提供一个简便的产生 I_{IN} 的方法，$I_{IN} = V_{REF}/R_{IN}$）。当使用一个电压与一个电阻串联时，振荡器频率的公式如下：

$$f_O(\text{MHz}) = V_{IN}/[R_{IN} \times C_F(\text{pF})] \qquad T_O(\mu s) = C_F(\text{pF})R_{IN}/V_{IN}$$

当 MAX038 的频率是由一个电压源（V_{IN}）与一个固定的电阻（R_{IN}）串联来控制时，输出频率如上式所示是 V_{IN} 的函数。改变 V_{IN} 就可调整振荡器的频率。例如，R_{IN} 使用一个 10 kΩ 电阻，并将 V_{IN} 从 20 mV 变动到 7.5 V，则可产生大的频率移动（高达 375：1）。选择 R_{IN} 时，应将 I_{IN} 保留在 $2 \sim 750$ μA 范围内。I_{IN} 的控制放大器的带宽限制了调制信号的最高频率，典型值是 2 MHz。IIN 引脚端可被用作一个求和点。由几个信号源电流相加或相减。这就允许输出频率是几个变量之和的函数。当 V_{IN} 接近 0 V 时，由于 IIN 引脚端的偏移电压导致 I_{IN} 误差增加。

3. FADJ 输入端

(1) FADJ 输入

输出频率可由 FADJ 来调整。它通过内部的锁相环，主要用作精细的频率控制。一旦基频或中心频率（f_O）由 I_{IN} 设置，它还可由在 FADJ 引脚端上设置不同于 0 V 的电压来进一步改变。这个电压可为 $-2.4 \sim +2.4$ V，这将引起当 FADJ 引脚端是 0 V 时的输出频率值从 $1.7 \sim 0.30$ 倍（即 $f_O \pm 70\% f_O$）的变化。若电压超过 ± 2.4 V，将引起不稳定或者频率向相反的方向变化。

引起输出频率偏离 f_O 时在 FADJ 上所需的电压为 D_X（以％表示），它由下式给出：

$$V_{FADJ} = -0.0343 D_X$$

其中：V_{FADJ} 是在 FADJ 引脚端上的电压，应为 $-2.4 \sim +2.4$ V。

注意：I_{IN} 正比于基频或中心频率（f_O），而 V_{FADJ} 则是以百分比（％）线性相关地偏离 f_O。V_{FADJ} 向 0 V 的某一方变化，相应于向加或减的方向偏离。

在 FADJ 引脚端上的电压所对应的频率由下式给出

$$V_{FADJ} = (f_O - f_X)/(0.2915 \times f_O)$$

其中：f_X＝输出频率；$f_O = V_{FADJ}$ 为 0 V 时的频率。

同样地，对周期的计算：

$$V_{FADJ} = 3.43(T_X - T_O)/t_X$$

其中：T_X＝输出周期；T_O＝V_{FADJ} 为 0 V 时的周期。

相反地，如果 V_{FADJ} 是已知的，则频率由下式给出：

$$f_X = f_O(1 - 0.2915V_{FADJ})$$

而周期则为

$$T_X = T_O/(1 - 0.2915V_{FADJ})$$

(2) FADJ 调整

连接在 REF（＋2.5 V）和 FADJ 引脚端之间的可变电阻 R_F 提供了一个方便的人工调整频率的方法。R_F 的阻值如下：

$$R_F = (V_{REF} - V_{FADJ})/250 \ \mu A$$

例如，如果 V_{FADJ} 是－2.0 V（＋58.3％偏移），则上式变为

$$R_F = [+2.5 \ V - (-2.0 \ V)]/250 \ \mu A$$
$$= 4.5 \ V/250 \ \mu A = 18 \ k\Omega$$

(3) 禁止 FADJ

FADJ 引脚端电路对输出频率增加了一个小的温度系数。对要求严格的开环应用，它可用一个 12 kΩ 电阻把 FADJ 引脚端连接到地来禁止。虽然 FADJ 虽被禁止，但输出频率仍可由调整 I_{IN} 来改变。

4. 占空比

DADJ 引脚端上的电压控制波形的占空比(定义为输出波形为正时所占时间的百分数)。通常 $V_{DADJ} = 0$ V，则占空比为 50％。此电压从＋2.3～－2.3 V 变化，将引起输出占空比在 15％～85％变化，约每伏电压使占空比变化 15％。若电压超过±2.3 V，将使频率偏移或引起不稳定。

DADJ 可用来减小正弦波的失真。未调整($V_{DADJ} = 0$ V)的占空比是 $50\% \pm 12\%$；而偏离准确的 50％时引起偶次谐波的产生。通过加一个小的调整电压(典型值为小于±100 mV)到 DADJ，可得到准确的对称，就能减小失真。

需要产生一定的占空比，而加在 DADJ 上的电压由下式给出：

$$V_{DADJ} = [0.0575(50\% - dc)] \ V \ 或 \ V_{DADJ} = [5.75(0.5 - T_{ON}/T_O)] \ V$$

其中：$V_{DADJ} =$ DADJ 电压(注意极性)；dc＝占空比(duty cycle％)；$T_{ON} =$ 接通(正半周)时间；$T_O =$ 波形周期。

相反地，如果 V_{DADJ} 是已知的，则占空比和接通时间由下式计算：

$$dc = 50\% - 17.4V_{DADJ} \qquad T_{ON} = T_O(0.5 - 0.174V_{DADJ})$$

连接在 REF 引脚端(－2.5 V)和 DADJ 引脚端之间的可变电阻 R_D 提供了一个方便的人工调整占空比的方法。R_D 的阻值如下：

$$R_{\mathrm{D}} = (V_{\mathrm{REF}} - V_{\mathrm{DADJ}})/250 \ \mu\mathrm{A}$$

例如,如果 V_{DADJ} 是 -1.5 V(23%占空比),公式变为

$$R_{\mathrm{D}} = [+2.5 \text{ V} - (-1.5 \text{ V})]/250 \ \mu\mathrm{A}$$
$$= 4.0 \text{ V}/250 \ \mu\mathrm{A} = 16 \text{ k}\Omega$$

在 15%~85% 范围内改变占空比对输出频率的影响最小,当 $25 \ \mu\mathrm{A} < I_{\mathrm{IN}} < 250$ $\mu\mathrm{A}$ 时,典型值小于 2%。DADJ 电路是宽带的,可用高至 2 MHz 的信号来调制。

5. 正弦波发生器电路

采用 MAX038 构成的正弦波发生器电路如图 6.4.3 所示。

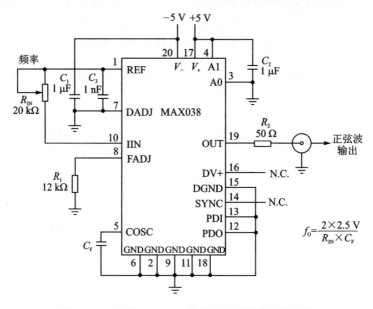

图 6.4.3　采用 MAX038 构成的正弦波发生器电路

6. 布线考虑

要实现 MAX038 的全部性能,需要注意电源旁路和印刷板布线。使用一个低阻抗的地平面,并将所有的 5 个接地引脚端直接接上。用 1 μF 陶瓷电容器或 1 μF 钽电容器与 1 nF 的陶瓷电容器并联来旁路 V_+ 和 V_-,直接接到地平面。电容器引线要短(特别是 1 nF 陶瓷电容器),以减小串联电感。

如果使用 SYNC,则 DV+ 必须接到 V_+,DGND 必须接到地平面。此外,第二个 1 nF 陶瓷电容器必须接在 DV+ 与 DGND 引脚端 16 和 15 之间,并且越近越好。不需要单独用另一个电源或引另一根线到 DV+。如果 SYNC 被禁止,则 DGND 必须开路,但这时 DV+ 可接到 V_+,也可让其开路。

应减小 COSC 引线的面积(以及在 COSC 下面的地平面的面积),以减小分布电容,并用地来围绕这个引线端,以免其他信号的耦合。采用相同的措施来对待 DADJ、FADJ 和 IIN 等引脚端。将 C_F 接到地平面并靠近引脚端 6(GND)。

6.4.4　F/V 变换电路设计

设计要求将 $200\sim2000$ Hz 的频率变换为 $1\sim5$ V 的电压。F/V 变换采用精密且价廉的 F/V 变换器芯片 LM331。LM331 的输出电压 V_O 与输入频率 f_1 关系线性度可达 0.06%。LM331 构成的 F/V 变换电路如图 6.4.4 所示。

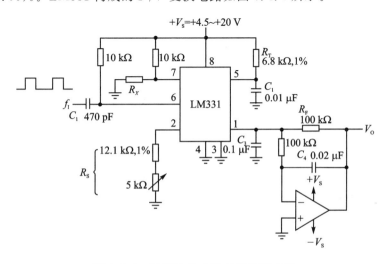

图 6.4.4　LM331 构成的 F/V 变换电路

图中输出电压与频率的关系为

$$V_O = -f_1 \times (2.09 \text{ V}) \times (R_F/R_S) \times (R_T C_T)$$

R_X 可按下式来选择:

$$R_X = (V_S - 2 \text{ V})/0.2 \text{ mA}$$

6.4.5　A/D 转换与数据采集电路设计

A/D 转换与数据采集电路工作在远程数据采集端,用于采集 8 路模拟信号,并将模拟信号转换为数字信号。

A/D 转换器采用 ADC0809 芯片。ADC0809 为 CMOS 集成电路,属于逐位逼近比较型的转换器,分辨率为 8 位,转换时间为 100 μs,数据输出端内部具有三态输出锁存器,可与单片机的数据总线直接连接;而且内部有 8 路模拟开关,可直接与 8 个模拟量连接,并可程控选择对其中一个模拟量进行转换,可直接与单片机的接口。

ADC0809 与 AT89S52 的连接如下:

- ADC0809 的时钟 CLK 由 AT89S52 的地址锁存端 ALE 信号经 2 分频后产生。
- ADC0809 的数据线 D0～D7 与 AT89S52 单片机的数据总线直接相连。
- ADC0809 的地址选择端 ADD‑A、ADD‑B、ADD‑C 与 AT89S52 的数据总线 AD0、AD1、AD2 相连。
- ADC0809 的 A/D 转换结束信号 EOC 接 AT89S52 的 P1.7 口。
- ADC0809 地址锁存信号和启动信号 START 接在一起，并经反相器与 AT89S52 的写信号 WR 相连，用写信号 WR 控制 A/D 的动作。

对 A/D 转换结果的读出采用查询方式，即每次通过写信号启动 A/D 转换后，立即查询状态标志，一旦发现 EOC 呈高电平，表明 A/D 转换结束，将数据读入 AT89C52 的 RAM 区。

由于 ADC0809 为 8 位 A/D，因此对 0～5 V 的信号采集精度为 5/255＝0.02（V/级），可以满足题目提出的精度要求。

6.4.6　主从单片机通信电路设计

当系统开始运行后，首先近端（主）单片机发出一选通某路 A/D 转换的指令，并等待接收从机返回的信息。若主机未收到回送的数据或接收到的数据错误，则重发指令。3 次重发均错，则报警灯亮，提请用户检查线路故障。

双机数据通信的接口电路采用 RS485 国际标准接口。RS485 为双端电气接口，双端传送信号，其中一条为逻辑 0，另一条就为逻辑 1。其电压回路为双向，传输率可达 20 kbps；设计中采用 MC3486 集成电路（接收器）和 MC3487 集成电路（发送器）构成接口器件，

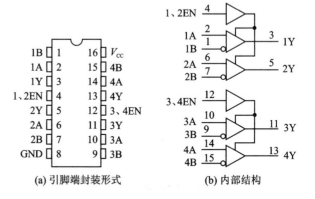

图 6.4.5　MC3486 引脚端封装形式和内部结构

传输线采用非屏蔽双绞线，传输速率为 19.2 kbps，在此情况下可保证双机之间的良好通信。MC3486 引脚端封装形式和内部结构如图 6.4.5 所示，引脚端功能表如表 6.4.3 所列。MC3487 引脚端封装形式和内部结构如图 6.4.6 所示，引脚端功能表如表 6.4.4 所列。

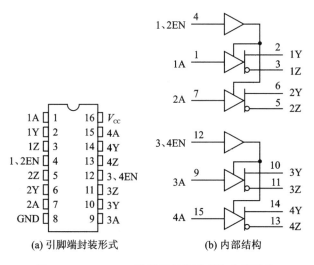

图 6.4.6 MC3487 引脚端封装形式和内部结构

表 6.4.3 MC3486 引脚端功能表

差分输入(A−B)	使 能	输出 Y
$V_{ID} \leqslant 0.2\ V$	H	H
$-0.2\ V \leqslant V_{ID} \leqslant 0.2\ V$	H	?
$V_{ID} - 0.2\ V$	H	L
不相关	L	Z
开路	H	?

表 6.4.4 MC3487 引脚端功能表

输 入	输出使能	输 出	
		Y	Z
H	H	H	L
L	H	L	H
X	L	Z	Z

6.4.7 键盘与显示模块电路设计

设计中采用了一个 4×3 的键盘,其中包括 0～7 的 8 路通道选择数字键,以及单路显示和循环显示的切换键、2 个显示切换键等功能键,可同时选择 2 路或多路通道。显示器采用 7 段共阳数码管,配合通道选择开关,可在 LED 上同时显示 1 路或多路数据。键盘、显示控制采用键盘/显示控制专用芯片 8279。通过定时查询 8279 的状态寄存器来实现对用户按键的响应,并根据键盘功能做出相应的处理。

8279 与 AT89S52 的连接如下:

- 8279 的数据线 D0～D7 与 AT89S52 的 AD0～AD7 直接连接。
- 8279 的读/写信号 $\overline{RD}$、$\overline{WR}$ 由 AT89S52 的 $\overline{RD}$、$\overline{WR}$ 信号直接给出。
- 8279 的片选信号 $\overline{CS}$ 由 AT89S52 的 A15 控制,当 A15＝0 时,可对 8279 进行读/写。
- 8279 的 A0 控制信号由 AT89S52 的地址信号 A0 给出。当 A0＝1 时,表示数据总线上为命令或状态;当 A0＝0 时,表示数据总线上为数据。

- 8279 的时钟信号 CLK 由 AT89S52 的地址锁存信号 ALE 给出。
- 8279 的扫描信号由译码器 74IS138 分别选通相应的键盘与显示块。

6.4.8　多路数据采集系统软件设计

1. 主从通信程序[2]

在本系统中，近端主机与远端从机的通信协议如下：主机发送的为 1 字节指令，其高 4 位和低 4 位均为要采集的通道号，格式为 0AAA0AAA，其中 AAA＝000～111。从机回送的数据为 2 字节，均为 8 位 A/D 的转换结果。

主机发送完指令后，立即转入接收状态，等待从机回送 2 字节数据，若在一定时间内未收到数据或收到的 2 字节不一致，则认为通信有误，转而重发一次指令。若重发 3 次均未成功，则点亮线路故障告警灯提醒用户。

从机在收到指令后，对其进行有效性分析。若由于干扰造成无效指令，则等待主机重发一次；否则，发送 2 字节数据。采用这种方式是为了增强通信的可靠性，便于单片机进行校验。

由于本系统采用半双工传输，因此在每次需要发送指令或数据时，就将 MC3487 选通；一旦发送完毕，立即将 MC3487 关闭，并打开 MC3486，准备接收。

主从通信程序流程图如图 6.4.7 所示。

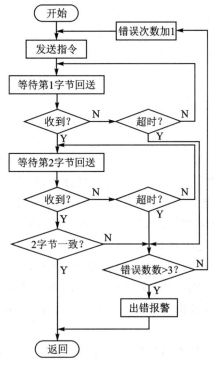

图 6.4.7　主从通信程序流程图

2. 数据采集程序[2]

为了增强数据采集的实时性,从机在未收到指令时,轮流对 8 路模拟信号进行数据采集和 A/D 转换,并存入缓冲内存;在收到指令后,可以最快的速度将最新的 A/D 转换结果回送主机。主机对收到的有效数据进行处理,将数值大小为 0～255 的数据转换为 0～5 V 的电压值,进行显示。同时扫描键盘,处理各种功能键,完成用户的通道选择、循环等功能。

数据采集程序流程图如图 6.4.8 所示,采样子程序如图 6.4.9 所示。

3. 其　他

在系统设计中,由于采用了专用键盘/显示控制集成电路 8279,可大量节省单片机程序运行时间,从而可实现各种控制法(如 PID 等),为功能扩展留下了足够的余地。同时,在程序中加入了开机自检、通信线路故障告警等功能。

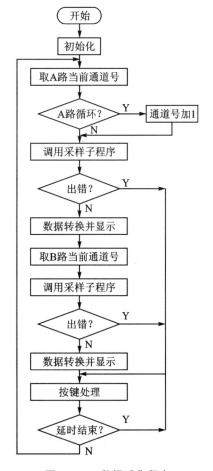

图 6.4.8　数据采集程序

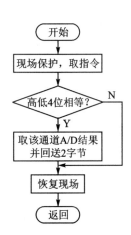

图 6.4.9　数据采样子程序

第 **7** 章

控制类作品系统设计

7.1 "控制类"赛题分析

7.1.1 历届的"控制类"赛题

"控制类"赛题是全国大学生电子设计竞赛中的一大类,在 11 届电子设计竞赛中,"控制类"赛题除了 1994、1995 和 1999 年外,其他每届都有,共有 15 题,仅次于"仪器仪表类"赛题(16 题)。历届的"控制类"赛题如下所示:

① 水温控制系统(第 3 届,1997 年 C 题);

② 自动往返电动小汽车(第 5 届,2001 年 C 题);

③ 简易智能电动车(第 6 届,2003 年 E 题);

④ 液体点滴速度监控装置(第 6 届,2003 年 F 题);

⑤ 悬挂运动控制系统(第 7 届,2005 年 E 题);

⑥ 电动车跷跷板(第 8 届,2007 年 F 题,本科组);

⑦ 电动车跷跷板(第 8 届,2007 年 J 题,高职高专组);

⑧ 声音引导系统(第 9 届,2009 年 B 题,本科组);

⑨ 模拟路灯控制系统(第 9 届,2009 年 I 题,高职高专组);

⑩ 基于自由摆的平板控制系统(第 10 届,2011 年 B 题,本科组);

⑪ 智能小车(第 10 届,2011 年 C 题,本科组);

⑫ 帆板控制系统(第 10 届,2011 年 F 题,高职高专组);

⑬ 四旋翼自主飞行器(第 11 届,2013 年,B 题,本科组);

⑭ 简易旋转倒立摆及控制装置(第 11 届,2013 年,C 题,本科组);

⑮ 电磁控制运动装置(第 11 届,2013 年,J 题,高职高专组)。

从历届"控制类"赛题可以看到,在"控制类"赛题中,控制对象从一个的发展到多个(例如,2011 年 C 题,智能小车就要求控制 2 台电动小车),从地上发展到天上(例如,2013 年 B 题,四旋翼自主飞行器),从单方向、单轴运动发展到多方向、多轴向运动(例如,2013 年 C 题,简易旋转倒立摆及控制装置)。在这 15 个赛题中,与电动小车有关的有 6 届 7 题。赛题的要求也是越来越高,例如:

(1) 四旋翼自主飞行器(第 11 届,2013 年,B 题,本科组)

设计并制作一个四旋翼自主飞行器,能够按照赛题要求,在指定飞行区域内进行飞行。四旋翼自主飞行器一键式从 A 区飞向 B 区降落并停机,飞行时间不大于 45 s。一键式从 B 区飞向 A 区降落并停机,飞行时间不大于 45 s。

飞行器摆在 A 区,飞行器下面放置一个铁片,一键式启动,飞行器拾起铁片,并从 A 区飞向 B 区,保持一定高度,并将铁片投向 B 区,并返回 A 区降落并停机,飞行时间不大于 30 s。

(2) 简易旋转倒立摆及控制装置(第 11 届,2013 年,C 题,本科组)

设计并制作一个简易旋转倒立摆及控制装置。旋转倒立摆的结构如图 7.1.1 所示。电动机 A 固定在支架 B 上,通过转轴 F 驱动旋转臂 C 旋转。摆杆 E 通过转轴 D 固定在旋转臂 C 的一端,当旋转臂 C 在电动机 A 驱动下作往复旋转运动时,带动摆杆 E 在垂直于旋转臂 C 的平面作自由旋转。

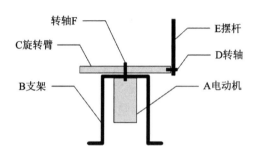

图 7.1.1　旋转倒立摆的结构

7.1.2　历届"控制类"赛题中使用的传感器

传感器及传感器模块是"控制类"赛题必不可少的组成部分。一些获奖赛题中所使用的传感器如下:

(1) 水温控制系统(1997 年 C 题):Cu100 铜热电阻,AD590M/K(检测温度)。

(2) 电动小车类:自动往返电动小汽车(2001 年 C 题),简易智能电动车(2003 年 E 题),智能小车(2011 年 C 题,本科组),电动车跷跷板(2007 年 F 题本科组,J 题高职高专组)等:OPT - 033 红外发射接收对管,E3F - DS10C4 光电检测器(黑线检测),反射式红外传感器 ST188 或者 ST178H2(黑线检测),霍尔传感器(转速测量),鼠标光电码盘(转速测量,路径检测),脉冲调制的反射式红外发射接收器 E3F - DS10C4 或者反射取样式红外传感器 ST188(黑线检测),单光束直射取样式红外传感器 ST120(车速路径检测),超声波传感器 UCM40T/UCM40R(障碍物检测,距离检测),光敏电阻(光源检测),金属探测器 LJ18A3 - 8 - Z/BY 或者 J12 - D4NK,红外避障模块(防止两车碰撞),旋转编码器 E6A2 - WC5C(车辆转弯角度检测),激光传感器(识别路径)。

（3）液体点滴速度监控装置（2003 年 F 题）：脉冲调制的红外对射接收器 ST - 178（检测点滴）。

（4）悬挂运动控制系统（2005 年 E 题）：反射式红外传感器 T602，CMUcam 视觉板（摄像头）。

（5）电动车跷跷板（2007 年 F 题本科组，J 题高职高专组）：倾角传感器 SCA103T（倾斜角度检测），单轴倾角传感器 SCA60C（倾斜角度检测），Accustar 电子倾角传感器（倾斜角度检测），光电码盘 TCST1030＋码盘（行驶距离检测），AME - B002 角度传感器（检测角度），CCT001 角度传感器（检测角度），光电传感器 TCRT5000 漫反射型光电开关（循线），RPR220（循线），反射式红外传感器 ST178（循线），E3F - DS30C4 光电传感器（循线）。

（6）声音引导系统（2009 年 B 题，本科组）：话筒＋LM293 比较器（声音接收），驻极体话筒＋LM567（声音接收），KZ - 502A 拾音器＋NE5532P＋LM311（声音接收）。

（7）模拟路灯控制系统（2009 年 I 题，高职高专组）：红外光电传感器（移动物体检测），光敏电阻（环境光检测），霍尔传感器（移动物体检测）。

（8）基于自由摆的平板控制系统（2011 年 B 题，本科组）：光电编码器 LEC - S15 - S360BM - G05L（摆杆角度测量），线性度 0.1％单圈精密电位器（摆杆角度测量），HEDL - 5540 正交编码器＋ADXRS6 角速度传感器（摆杆角度测量），SAT61T 倾角传感器（摆杆角度测量），SCA100T - D02 倾角传感器（平板角度测量）。

（9）帆板控制系统（2011 年 F 题，高职高专组）：SCA60C 倾角传感器（帆板角度测量），ADXL345 - gy - 29（帆板角度测量）。

（10）四旋翼自主飞行器（2013 年，B 题，本科组）：超声波传感器 UCM40T/UCM40R（障碍物检测，距离检测）。

（11）简易旋转倒立摆及控制装置（2013 年，C 题，本科组）：光电编码器（检测旋转杆角度和摆杆角度）。

（12）电磁控制运动装置（2013 年，J 题，高职高专组）：光电编码器 LEC - S15 - S360BM - G05L（摆杆角度测量），线性度 0.1％单圈精密电位器（摆杆角度测量），HEDL - 5540 正交编码器＋ADXRS610 角速度传感器（摆杆角度测量）。

以上传感器有些可以采用现成的模块，有些需要自己设计制作电路。建议做一些训练中，掌握其特性与使用方法。

7.1.3　历届"控制类"赛题中所用到的微控制器

根据历届赛题的要求来看，赛题没有专门指定需要使用哪一种微控制器，单片机、FPGA、ARM（嵌入式微处理器）、DSP 在控制类赛题中都可以使用。微控制器使用的型号众多，有 AT89xx 系列、ATmegaxxx 系列、STM32Fxxxx 系列、SPCE061A 系列、SST89xx 系列、LPC21xx 系列、LM3Sxxxx 系列、MSP430Fxx 系列、MC9S12xxxx系列、C8051Fxx系列、STC89C系列等。同一获奖赛题，使用的微控制器也是多种多样。

由于赞助公司的原因,通常会在个别赛题中指定使用一种该公司提供的芯片,例如:2009 年 B 题,声音导引系统,必须采用组委会提供的电机控制 ASSP 芯片(型号 MMC-1)实现可移动声源的运动。2013 年 B 题,四旋翼自主飞行器,飞行器控制板的 MCU 必须使用组委会统一下发的 R5F100LEA(瑞萨 MCU)。

在控制类赛题中,使用自己熟悉的、对硬件和软件掌握程度较好的微控制器是一个正确的选择。

1. 单片机

单片机是大学生电子设计竞赛中应用最多的微控制器,从往届获奖作品中来看,有各种不同型号的单片机在作品中被使用,如:AT89C52、AT89S51、AT89S52、MSP430F1611、MSP430F2274、Atmega128、PIC16F628A、ADuC841、C8051F022、W78E51B 等。

根据竞赛要求,单片机(包括 FPGA、ARM、DSP)最小系统是可以采用成品板的,通常在赛题要求中会对其提出一些限制性的要求,如"最小系统"主要包含单片机、ADC、DAC、存储器等。

随着新技术、新器件的出现,2009 年全国大学生电子设计竞赛全国专家组讨论认为竞赛涉及的"最小系统"内涵应随着技术发展而变化,对于这个问题要本着与时俱进的原则,可以通过竞赛命题具体的约束条件予以调控。责任专家们建议不宜统一给出明确的"最小系统"定义,这样可能会限制学生、束缚命题,但也必须以合适的方式及早向社会表明专家组的基本态度,如竞赛命题对竞赛作品将增加"性价比"与"系统功耗"指标要求,以此方式间接调控参赛学校对准备"万能化"竞赛装置的攀比追逐。在命题要求中引入"性价比"指标要求,这项建议对于调控"最小系统"使用具有积极作用。本着节能原则,专家提出设计作品应有"系统功耗"的指标要求。"系统功耗"是"性价比"的某一量化评测指标,增加这两项指标要求,得到了专家们的普遍首肯。

根据增加的"性价比"与"系统功耗"这两个指标的要求,设计时应根据赛题需要选择合适的单片机(包括 FPGA、ARM、DSP)最小系统,采用不同的最小系统满足设计要求。

2. FPGA

FPGA 是现场可编程门阵列(Field Programable Gate Array)的简称,主要生产厂商有 Altera、Xilinx、Lattice 和 Actel 等,其中 Altera 和 Xilinx 占有了 60% 以上的市场份额,能提供器件的种类非常丰富。

FPGA 有集成度高、体积小、灵活、可重配置等优点,在控制系统中得到了越来越广泛的应用。FPGA 器件选型应注意的一些问题有:

(1) 选择主流器件(Xilinx、Altera、Lattice 和 Actel 等公司)

（2）根据应用要求选择器件(不同型号的 FPGA 适合不同的应用范围,需要根据设计要求选择)

（3）能够获得开发工具的支持(Xilinx、Altera、Lattice 和 Actel 等公司都可以提供了优秀的开发工具)

（4）选择器件的硬件资源(硬件资源包括逻辑资源、I/O 资源、布线资源、DSP 资源、存储器资源、锁相环资源、串行收发器资源和硬核微处理器资源等)

（5）注意器件的电气接口标准

（6）选择器件的速度等级(注意:在满足应用需求的情况下,尽量选用速度等级低的器件)

（7）选择器件的温度等级、封装、价格

（8）选择成品的开发板(在电子设计竞赛中,对于初学 FPGA 的学生来说,选择成品的 FPGA 开发板是一个不错的选择,有不少的厂商可以提供可用于电子设计竞赛的 FPGA 开发板,例如康芯公司的电子竞赛板 KX‐DVP3F,达尔 EDA 实验室的 DL2C58 等等)。

3. ARM(嵌入式微处理器)

近年来,嵌入式系统在控制类赛题中也有使用,而且逐年增多,如:ARM LPC2138、ARM LPC2132、STM32F 32 位闪存微控制器等。但基本上没有使用操作系统,而是作为一个性能优良的单片机在使用,直接在芯片级进行开发,对内部的寄存器、接口等进行编程控制。

要选择好一款适合的嵌入式微处理器,需要考虑的因素很多,除了考虑硬件接口以外,还需要考虑与其相关的操作系统、开发软件的支持、配套的开发工具、仿真器和资料,以及使用者对该微处理器的了解程度、工作经验等。

目前国内有许多公司生产 ARM(嵌入式微处理器)开发板(例如,周立功公司),并且能够提供相关的开发工具与参考资料,对于参加电子设计竞赛的初学者而言是一个正确的选择。

4. DSP

近年来,DSP 系统在控制类赛题中也有使用,但很少,如 TM320LF240A 等。但基本上是直接在芯片级进行开发,对内部的寄存器、接口等进行编程控制。

DSP 的主要供应商目前主要有 TI 和 ADI 等公司,其中 TI 占有最大的市场份额。DSP 选型时主要考虑处理速度、功耗、程序存储器和数据存储器的容量以及片内的资源(如定时器的数量、I/O 口数量、中断数量、DMA 通道数)等。

目前国内有许多公司生产 DSP 开发板,并且能够提供相关的开发工具与参考资料,对于参加电子设计竞赛的初学者而言是一个正确的选择。

7.1.4　历届"控制类"赛题中所用到的微控制器外围电路模块

1. 键盘及 LED 显示器

键盘及 LED 显示器电路是最常用的输入和显示电路,通常根据控制系统需要设置键和 LED 显示器的多少。也有采用数码管显示驱动及键盘扫描管理芯片(如 ZLG7290B)构成的键盘及 LED 显示器电路。

2. 汉字图形液晶显示器

汉字图形点阵液晶显示器也是最常用的显示器,通常采用带控制电路的显示器模块(如 YM12864、RT12864M、FYD12864 - 0402B 等)。

3. 触摸屏

触摸屏在"控制类"赛题中也获得应用。触摸屏多采用带控制器的触摸屏模块。例如,北京迪文科技有限公司生产的 DMT32240S035_01WT 触摸屏,其分辨率为 320×240,该模块共有 33MB 字库空间,可存放 60 个字库,96 MB 的图片存储空间,最多可存储 384 幅全屏图片,触摸屏模块采用异步、全双工串口(UART)。

4. ADC 和 DAC

ADC 和 DAC 是"控制类"赛题必不可少的电路。例如摆杆角度测量,采用 ADC AD574A+电位器,ADC ADS1256+ADXRS610 角速度传感器+HEDL - 5540 正交编码器。

常用电路结构形式有采用:ADC+DAC+单片机(如 AT89S52+10 位 ADC TLC1543,12 位 ADC MAX191, DAC TLC5618 等),一些带有 ADC 的单片机+DAC(如 ATmega128 等),带有 ADC 和 DAC 的嵌入式微处理器(LPC214x、STM32F 等)。

5. 无线收发模块

在"声音引导系统(2009 年 B 题)"和智能小车(2011 年 C 题)赛题中,用到了无线收发模块(如 nRF905、nRF24L01、nRF2401、CC1100 无线收发模块等)。控制系统设计与制作时,无线收发模块通常采用成品。目前有一些生产厂商能够提供成品的无线收发模块,以"无线收发模块"为关键词,可以在相关网站查询到无线收发模块的资料。

6. 语音模块

在"控制类"赛题中,语音模块通常用来实现语音播报功能,使系统更人性化,属于加分项目。

通常采用专用的语音芯片实现,如 ISD1420、ISD4004、ISD2560 等。例如,ISD2560 是 ISD 系列录放语音集成电路之一,芯片内部包含有语音电路、大容量

E^2PROM 存储器、功率放大器等等。录音过程即可以完成语音固化，所录音的内容可以永久保存，能重复录放达 10 万次。

也可以采用成品的语音模块实现，例如，SK‐SDMP3 语音模块＋音频功率放大器（如 LM386 音频功率放大器）实现。SK‐SDMP3 语音模块直接支持 MP3 语音文件，支持四种工作模式：标准模式、按键模式、并口模式、串口模式；可以播放背景音乐，广告语；可以进行任意段语音的播放；模块尺寸为 $44×4×08(mm^3)$，电源电压为直流 5～9 V，可以适用于各种复杂的场合。

7.1.5　历届的"控制类"赛题中的控制对象

1. 加热器控制

在"水温控制系统（1997 年 C 题）"赛题中，加热器采用 AC220V 供电，加热器（温度）控制采用继电器或者双向可控硅。由微控制器（如单片机）产生的 PWM 信号，通过光耦合器（如 MOC3041、TIL113）控制双向可控硅（如 BTA20/600V）导通和关断。

2. 直流电机和步进电机驱动与控制

直流电机和步进电机是控制类赛题必不可少的部分。直流电机驱动可以采用晶体管或者场效应管（如 IRF9540 等）构成的 H 桥式驱动电路、专用直流电机驱动集成电路芯片（如 LM18200T 等），以及 L298 N 双全桥驱动器电路。直流电机的速度控制通常采用 PWM 形式。

步进电机是一种将电脉冲转化为角位移的执行机构。当步进电机接收到一个脉冲信号，它就按设定的方向转动一个固定的角度（称为"步距角"）。可以通过控制脉冲个数来控制角位移量，从而达到准确定位的目的；同时可以通过控制脉冲频率实现步进电机的调速。步进电机的驱动控制方式与电机的结构有关，对于步进电机（如 JCQC00037、17PM‐K037、35BYJ26 等）通常采用 L297＋L298N 构成的步进电机驱动电路。

为避免电机启动时电流过大，造成电源电压下降，影响控制系统正常工作。电机驱动电路与控制系统通常采用两组供电，控制器的电机控制信号通过光电耦合器（如 TLP521、OPT04 等）控制电机驱动电路。

电机可以购买，驱动电路有些可以采用现成的模块，有些需要自己设计制作电路。建议做一些训练，掌握其特性与使用方法。

一些获奖赛题中所使用的电机及驱动电路如下：

（1）电机：直流电机、步进电机和连续旋转伺服电机等，用来提供运动动力、平衡控制等。型号有：步进电机 KP6P8‐701、17PM‐K307 四相 6 线步进电机、JC‐QC00037 4 相电机、步进电机 PM35S‐048、步进电机 57BYG202、步进电机 RD‐023MS 等。

（2）驱动电路形式：H 型 PWM 直流电机驱动电路、晶体管 5610PNP 和 5609NPN 互补型对管（直流电机驱动）、晶体管 8050 和 8550（直流电机驱动）、TIP122/127 达林顿晶体管（直流电机驱动）、IRF640/RF9540 或者 TIP41/TIP42（电机驱动）、直流电机＋BTS7960、直流电机＋IR2104、直流电机＋L298N、MMS－1（NEC 提供的电机驱动芯片）＋L293D（直流电机驱动）、MMS－1＋6N137＋L298（直流电机驱动）、GAL16V8＋L293B 步进电机驱动器、MDA－2－15 步进电机驱动器、SH－20402A 型两相混合式步进电机细分驱动器、步进电机细分驱动芯片 THB6064H、步进电机细分驱动芯片 THB7128、步进电机驱动 BA6845FS、L298N（四相步进电机驱动）等形式。

（3）隔离：用来隔离电机电路与主控制器电路。采用的型号有 4N25 光耦、OPT04 光耦、TIL113 光耦、MOC3041 光、JY043W 光耦、TLP521－4 光耦等。

7.1.6　系统控制方案和算法设计

"控制类"赛题中所涉及的一些知识点，特别是有关自动控制理论与算法方面，对有些专业的同学来讲，在专业课程中是没有的，需要自己去搞清楚。这一点很重要。理论用来指导行动。没有理论基础，盲人摸象，行动一定会有困难。

"系统控制方案和算法设计"是控制类赛题的重点，对于不同的赛题，控制目的和要求都是不相同的，其"系统控制方案和算法设计"也都是不相同的。而"系统控制方案和算法设计"往往决定该赛题能否成功的关键之一。在训练过程中可以选择一些往届的赛题，适当做一些修改，进行培训。

系统方案的确定，可以分为总体实现方案、子系统实现方案、部件实现方案几个层次进行。

1. 确定设计的可行性

方案论证最重要的一点是要确定设计的可行性，需要考虑的问题有：

（1）原理的可行性？解决同一个问题，可以有许多种方法，但有的方法是不能够达到设计要求的，千万要注意。

（2）元器件的可行性？如采用什么器件？微控制器？可编程逻辑器件？能否采购得到？

（3）测试的可行性？有无所需要的测量仪器仪表？

（4）设计、制作的可行性？如难度如何？本组队员是否可以完成？

（5）时间的可行性？4 天 3 晚能否完成？

设计的可行性需要查阅有关资料，充分地进行讨论、分析比较后才能确定。在方案设计过程中要提出几种不同的方案，从能够完成的功能、能够达到的技术性能指标、元器件材料采购的可能性和经济性、采用元器件、设计技术的先进性以及完成时间等方面进行比较，要敢于创新，敢于采用新器件新技术，对上述问题经过充分、细致的考虑和分析比较后,拟订较切实可行的方案。

2. 明确方案的内容

拟订的方案要明确以下内容:

(1) 系统的外部特性

- 系统具有的主要功能;
- 引脚数量及功能;
- 输入信号和输出信号形式(电压、电流、脉冲等)、大小(量级)、相互之间的关系;
- 输入信号和输出信号相互之间的关系,函数表达式是什么? 线性还是非线性;
- 测量仪器仪表与方法。

(2)系统的内部特性。

- 系统的基本工作原理;
- 系统的实现方法(数字方式/模拟方式/数字模拟混合方式);
- 系统的方框图;
- 系统的控制流程;
- 系统的硬件结构;
- 系统的软件结构;
- 系统中各子系统、部件之间的关系(接口、尺寸、安装方法)。

(3) 系统的测量方法和仪器仪表

作品设计制作是否成功是通过能够实现的功能和达到的技术性能指标来表现的。在拟订方案时,应认真讨论系统功能和技术性能指标的测量方法和测量用仪器仪表。需要考虑的问题有:

- 仪器仪表的种类;
- 仪器仪表的精度;
- 测量参数形式、测量方法、测试点;
- 测量数据的记录与处理、表格形式、数据处理工具(Matlab)。

3. 示例 1:水温控制系统(1997 年 C 题)的控制方案和算法

水温控制系统以 AT89S52 单片机最小系统为核心,由传感器检测电路、A/D 转换电路、单片机系统、加热控制电路、键盘显示器电路、打印机接口电路等组成。在"水温控制系统"中采用的控制算法有:DDC 控制算法、分段非线性加积分分离 PI 算法、模糊控制算法等。DDC 控制算法利用三阶多项式拟合 t-T 曲线,建立系统数学模型,然后采用递归差分算法实现系统控制。在分段非线性加积分分离 PI 算法中,分段点是设定温度的函数。模糊控制算法利用典型的模糊控制系统规则和 PWM 技术实现温度的自动调节和控制。

4. 示例 2：悬挂运动控制系统(2005 年 E 题)的控制方案和算法

根据赛题要求,悬挂运动控制系统应包含有控制和信号检测两部分,其中信号检测部分通过光电传感器检测黑色轨迹,并将检测信号传回控制器进行处理;控制部分接收并处理检测信号以及键盘输入的控制信息,通过控制步进电机的转动改变吊绳长度,实现对悬挂物体的运动控制,并实时显示悬挂物体的坐标。

控制模块为系统的核心,可以采用主、从单片机控制方式。其中,主单片机通过键盘与显示器与用户沟通,读入键盘控制信息,控制画笔伸缩模块;而从单片机控制电机的驱动和寻黑线,以及实时显示笔的坐标位置。

悬挂物体的运动控制通过控制步进电机的转动改变吊绳长度实现。两个步进电机的驱动可以采用 L298N 芯片实现。控制悬挂物体运动的关键是根据目标点的当前坐标和目标坐标计算出两个步进电机所需要转动的步数。

根据赛题要求,以 80 cm×100 cm 图纸的左下角口点为坐标原点,水平向右为 x 轴正方向,竖直向上为 y 轴正方向。并设两滑轮的中心分别为 A,B,笔尖的位置为 C 点,L_1 和 L_2 可确定其结点(即重物)的位置。因此,要想使重物运动到给定的位置 C',只需要确定 L_1' 和 L_2' 的长度。通过单片机精确控制步进电机 1 和步进电机 2 的转动角度,使 L_1 和 L_2 收缩或者伸长相应的距离,则可使重物在整个平面内任意运动。

在悬挂运动控制系统(2005 年 E 题)中需要按照赛题给出的要求计算笔尖的位置为 C 点的坐标。

5. 示例 3：电动车跷跷板(2007 年 F 题)【本科组】的控制方案和算法

根据赛题要求,一个典型的系统以两片单片机作为电动车运动控制系统的核心,两片单片机协同工作,利用角度传感器、光电传感器等检测电动车运动状态,对步进电机或者直流减速电机进行控制,实现小车在跷跷板上的往返运动、寻找平衡点以及自动循迹驶上跷跷板等功能。

在电动车跷跷板(2007 年 F 题)【本科组】中,采用的控制算法有：PID 控制算法、模糊控制算法等。

6. 示例 4：声音引导系统(2009 年 B 题)【本科组】的控制方案和算法

分析赛题要求,将声音导引系统可以分为两部分,一部分是主控制台,另一部分是以小车为载体的可移动声源。可移动声源的音频信号发生模块用于产生一定频率的音频信号,声光提示模块用于定位后的提示;主控制台的 3 个接收器模块用于接收音频信号,人机界面模块用于输入指示信号和显示系统数据,语音模块用于播报提示信息,无线收发模块用于两部分之间数据通信。

在声音引导系统(2009 年 B 题)【本科组】中,通过对声源的检测与计算,控制小车达到赛题指定的位置。

7.1.7 "控制类"赛题使用的电源

电源是每个电子设计竞赛作品必需的组成部分。作为控制类赛题使用的电源，因为使用电机等功率较大的元器件，建议采用分离式的电源分别供电，功率较大的元器件采用一组电源供电，微控制器部分采用另外一组电源供电，两组电源相互隔离。微控制器可以采用开关稳压器供电。如果控制系统中有小的传感器信号（模拟信号）需要处理，这一部分电路建议采用线性稳压器电路对其进行供电。采用分离式（隔离式）供电的系统，控制信号采用光耦进行传输。对于移动式作品，如电动小车、飞行器等，建议采用锂电池供电。

建议做一些电源供电形式方面的实验（训练），掌握供电电源特性与正确的使用方法。

7.1.8 主攻"控制类"赛题方向的同学需要了解和掌握的知识点

从历届的赛题来看，主攻"控制类"赛题方向的同学需要了解和掌握：

（1）系统控制方案和算法设计。

（2）微控制器电路模块制作和编程：如：AT89S52、MSP430F1611、MSP430F2274、Atmega128、PIC16F628A、ADuC841、C8051F022、W78E51B 、STM32F103VET6 等。

（3）微控制器外围电路模块制作和编程：如键盘及 LED 数码管显示器模块、RS－485 总线通信模块、CAN 总线通信模块、无线收发器电路模块、ADC 模块、DAC 模块等。

（4）传感器电路模块制作和编程：如光电传感器模块、超声波发射与接收模块、温湿度传感器模块、倾角传感器模块、角度传感器模块、音频信号检测模块等。

（5）电机控制电路模块制作和编程：如直流电机驱动模块（L298 N）、步进电机驱动模块（L297＋L298N，TA8435H）、舵机控制模块、光电隔离模块等。

（6）放大器电路模块制作：小信号放大器电路模块、滤波器电路模块、音频放大器。

（7）电源电路模块制作。

（8）电动小车制作。

（9）四旋翼自主飞行器制作。

7.1.9 "控制类"赛题培训的一些建议

"控制类"赛题中所涉及的一些知识点，特别是有关自动控制理论与算法方面，对有些专业的同学来讲，在专业课程中是没有的，需要自己去搞清楚。

"系统控制方案和算法设计"是控制类赛题的重点，对于不同的赛题，控制目的和要求都是不相同的，其"系统控制方案和算法设计"也都是不相同的。而"系统控制方案和算法设计"往往决定该赛题能否成功的关键之一。在训练过程中可以选择一些往届的赛题，适当做一些修改，进行培训。

电动小车是一个较好的培训载体。2011 年赛前网上传说没有电动小车，结果赛题出来，不仅有电动小车，而且还需要两部电动小车。2013 年终于没有了电动小车，但从地上发展到天上了，四旋翼自主飞行器出来了，2013 年四旋翼自主飞行器的赛题要求相对还是比较简单的，估计四旋翼自主飞行器在今后的赛题中还会出现，控制要求会更高一些。天上＋地上（四旋翼自主飞行器＋电动小车）一起来的赛题也是可能的。

多个控制对象，多方向、多轴向运动控制在训练中也是必须加强的。

机械结构是控制类赛题的不可缺少的重要组成部分，如小车、摆杆、风帆、飞行器等。这一部分设计制作的好坏也是影响竞赛成绩的关键。采用玩具级的模型（例如玩具小车、飞行器等）是不行的，往往在调试过程中就问题多多，如电机烧毁、齿轮损坏等，而且技术参数指标和功能实现的重复性也不好。要想获得好的成绩，必须采用专业的或者自己制作的机械结构部分（例如小车、飞行器等）。

随着全国大学生电子设计竞赛的深入和发展，电子设计竞赛从题目要求的深度、难度都有很大的提高，在竞赛规则中对微控制器选型、电路模块的采用的限制、"最小系统"的定义、"性价比"与"系统功耗"指标要求等也出现了一些变化。根据目前的竞赛规则，训练过程中制作的一些功能模块是可以在竞赛中使用的。建议训练过程中，对历届赛题中经常出现的基本电路和功能模块（如直流电机驱动模块、步进电机驱动模块、传感器模块等）进行设计与制作，制作和掌握这些模块的使用，为竞赛做好充分的准备。

根据我们在培训过程中对学生的了解，主攻"控制类"赛题方向的同学通常对数字信号处理掌握较好，而对模拟电路、小信号处理（如 2009 的音频信号）缺乏训练。模拟电路知识是电子设计竞赛中的一个重点。控制类赛题也不会是纯数字量处理（如全部都是开关动作），控制类赛题也是一个模数混合的系统，从 2007、2009、2011 的赛题就可以看到这个趋势。主攻"控制类"赛题方向的同学需要注意和加强模拟电路方面的训练。看一下 2011 年和 2013 年综合测评题，要想获得国家一等奖，模拟电路方面的训练是必须加强的。

主攻"控制类"赛题方向的同学还可以发挥自己的想象力，考虑一下还有可能出现什么控制类的赛题，还有可能出现什么样的控制算法，还有哪些传感器可能被使用（如图像识别传感器模块、色彩传感器模块、电子罗盘模块等），在培训过程中事先训练一下。

7.2 悬挂运动控制系统

7.2.1 悬挂运动控制系统设计要求

设计一个电机控制系统,控制物体在倾斜(仰角不大于 $100°$)的板上运动。在一个白色底板上固定两个滑轮,两个电机(固定在板上)通过穿过滑轮的吊绳控制一个物体在板上运动,运动范围为 $80\,cm \times 100\,cm$。物体的形状不限,质量大于 $100\,g$。物体上固定有浅色画笔,以便运动时能在板上画出运动轨迹。板上标有间距为 $1\,cm$ 的浅色坐标线(不同于画笔颜色),左下角为直角坐标原点,示意图如图 7.2.1 所示。设计详细要求与评分标准等请登录 www.nuedc.com.cn 查询。

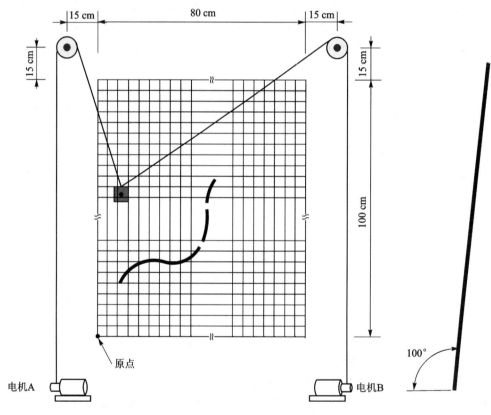

图 7.2.1 悬挂运动控制系统示意图

7.2.2 悬挂运动控制系统设计方案

根据题目要求,系统可划分为控制部分和信号检测部分。其中,控制部分包括电机 A 和电机 B 的驱动模块、坐标参数显示模块、控制器模块、按键输入模块 4 大模块;信号检测模块主要是黑线检测模块。

1. 控制器模块

根据题目要求,控制器模块主要用于各个传感器信号接收、控制物体的运动、控制显示画笔所在位置的坐标与运动的时间,以及物体在停止时发出的光电报警信号等。对于控制器的选择有以下两种方案。

方案一:采用 FPGA(现场可编程门列阵)作为系统的控制器。具体的电路方框图如图 7.2.2 所示。由于 FPGA 将所有器件集成在一块芯片上,所以外围电路较少,控制板的体积小,稳定性高,扩展性能好;而且 FPGA 采用并行的输入/输出方式,系统处理速度快,再加上 FPGA 有方便的开发环境和丰富的开发工具等资源可利用,易于调试;但是 FPGA 的成本偏高,算术运算能力不强,而且由于本设计对输出处理的速度要求不高,所以 FPGA 高速处理的优势得不到充分体现。

方案二:采用 Atmel 公司的 AT89S52 单片机作为系统的控制器。单片机算术运算功能强,软件编程灵活,可用软件较简单地实现各种算法和逻辑控制,并且由于其成本低、体积小和功耗低等优点,使其在各个领域应用广泛;另外,由于本设计中会用到较多的算术运算,因此非常适合利用单片机作为控制器。

基于以上分析,选择方案二。单片机控制系统的方框图如图 7.2.3 所示。

2. 驱动电机选择

方案一:采用直流电机作为执行元件。直流电机具有优良的调速特性,调速平滑、方便,调整范围广;过载能力强,能承受频繁的冲击负载,可实现频繁的无级快速启动、制动和反转;能满足生产过程自动化系统各种不同的特殊运行要求。直流电机一般采用 H 型全桥驱动电路。用单片机产生 PWM 调速信号控制达林顿管,使之工作在占空比可调的开关状态,从而控制直流电机的转速。直流电机的工作状态可分为两种:开环状态和闭环状态。直流电机工作在开环状态时,电路相对简单,但其定位性能比较差。直流电机工作在闭环状态时,其定位性能精确,但是相对于开环状态又要增加很多检测器件,使用的元器件多,电路非常复杂。

图 7.2.2 以 FPGA 核心的控制系统方框图　　　图 7.2.3 单片机控制系统的方框图

方案二:采用步进电机作为执行元件。步进电机是将电脉冲信号转变为角位移或线位移的开环控制元件。在非超载的情况下,电机的转速、停止的位置只取决于脉冲信号的频率和脉冲数,而不受负载变化的影响,即给电机加一个脉冲信号,电机则转过一个步距角。因此,步进电机具有快速启停能力,如果负荷不超过步进电机所能提供的动态转矩值,就能立即使步进电机启动或反转,而且步进电机的转换精度高,驱动电路简单,非常适合定位控制系统。

基于以上分析,采用步进电机作为系统的传动装置。

3. 电机型号选择

由于题目对电机的带负载能力有一定的要求,所以必须对步进电机的型号特别是力矩进行有根据的选择。

根据题目要求,两台电机需要载着重量为 100 g 的物体在 80 cm×100 cm 的范围内运动。通过力学知识对该物体运动过程进行分析,可以发现以下几个问题:

① 两台电机的输出力矩的大小与物体所在的位置有关。

② 两台电机的最大输出力矩 M 与物体的质量 m、重力加速度 g、电机转轴的半径 r、系统的效率 η 有以下关系:

$$M > mgr/\eta$$

③ 设定左下角的原点坐标为 $(0,0)$,横向为 x 轴,纵向为 y 轴,则两台电机在物体处于坐标点 $B(40,100)$ 时输出的力矩最大。对物体在 B 点的受力分析如图 7.2.4 所示。

其中,输出 F_{BD} 为物体的重力,$F_{CD} = F_{BA}$ 为电机 A 的拉力,F_{BC} 为电机 B 的拉力。在 $\triangle BCD$ 中,CD 的大小与 BC 的大小相等,E 点为 C 到 BD 边的垂足,则 $BE = ED = 0.5BD$;由几何知识可知,$\triangle BCE \cong \triangle MBN$,于是有以下关系:

$$\frac{BE}{MN} = \frac{BC}{MB}$$

即

$$\frac{0.5 \times mg}{r+15} = \frac{BC}{\sqrt{BN^2 + MN^2}} = \frac{F}{\sqrt{(40+15)^2 + (r+15)^2}}$$

其中:m 为物体的质量,g 为重力加速度,F 为各电机的拉力,r 为滑轮的半径,R_1 为电机转轴的半径,在测试时 $R_1 = 1.3$ cm。所以,最大有功力矩的大小有以下关系:

$$M = F \times R_1 = R_1 \times \sqrt{0.5^2 \times \frac{(15+40)^2 + (15+r)^2}{(15+r)^2}}\ \text{N} \approx R_1 \times \sqrt{0.5^2 \frac{55^2 + 17^2}{17^2}}\ \text{N}$$

$$-1.3 \times 10^{-2}\ \text{m} \times 1.7\ \text{N} = 0.022\ 1\ \text{N} \cdot \text{m}$$

在本设计中选用型号为 17PU - HO12 - G1UT 的两相混合式步进电机,完全可以达到转矩的要求。

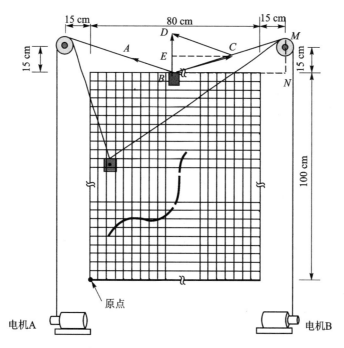

图 7.2.4　物体运动坐标示意图

4. 按键输入模块

　　根据题目要求,需要设置 0~9 十个数字按键、小数点和一些功能按键,以完成控制系统能够任意设定坐标点参数的功能。对于按键输入模块的选择有以下几种方案。

　　方案一: 采用 Intel 公司生产的通用可编程键盘和显示器的接口电路芯片 8279 实现键盘模块的功能。8279 可实现对键盘和显示器的自动扫描,识别闭合键的编号,完成显示器动态显示,可节省单片机处理键盘和显示器的时间,提高单片机的工作效率。另外,8279 与单片机的接口简单,显示比较稳定,工作也比较可靠。但是利用 8279 组成的电路元器件多,面积大,电路复杂,综合成本高。

　　方案二: 实用键盘通过 PS/2 键盘接口芯片与单片机通信,实现键盘模块的功能。PS/2 键盘接口标准是 1987 年由 IBM 公司推出的。该标准定义了 84~101 键,采用 6 引脚 mini-DIN 连接器。该连接器在封装上小巧,用双向串行通信协议并且提供有可选择的第 3 套键盘扫描码集,同时支持 17 个主机到键盘的命令,而且市面上的键盘都可与 PS/2 兼容。电路连接及与单片机接口简单,相对于 8279 更简单,实现的功能更强大,只是实用的键盘比较贵。

　　方案三: 直接采用 4×4 矩阵键盘。利用该方案实现按键输入,成本低,可与单片机直接相连,电路设计与连接简单,程序编写容易,完全可达到题目的要求。具体的电路方框图如图 7.2.5 所示。

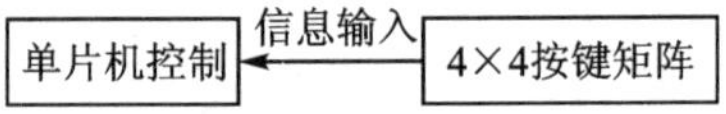

基于以上分析,拟定方案三。

信息输入
单片机控制 ← 4×4按键矩阵

图 7.2.5 单片机控制 4×4
矩阵键盘的原理方框图

5. 显示模块

方案一:采用数码管显示。数码管具有低能耗、耐老化和精度比较高等优点,但数码管与单片机连接时,需要外接锁存器进行数据锁存,使用三极管进行驱动等,电路连接相对比较复杂。此外,数码管只能显示少数的几个字符,显示的内容较少,基本上无法显示汉字。

方案二:采用 LCD 进行显示。液晶显示屏(LCD)具有功耗低、无辐射危险、平面直角显示以及影像稳定等,可视面积大,画面效果好,既可显示图形,也可显示汉字,分辨率高,抗干扰能力强,显示内容多等特点。

此外,液晶显示器与单片机可直接相连,电路设计及连接简单。

基于以上分析,采用大屏幕液晶显示屏 RT12864 - M 进行显示。

6. 黑线检测

黑线检测模块实现物体沿板上标出的任意曲线运动,在运动的途中不能超出黑线轨道。考虑到坐标图大都为白色纸,可利用传感器检测并辨认黑线。对于传感器的选择有以下几种方案。

方案一:采用现成的颜色传感器来辨认黑线。这种传感器直接输出数字信号,可靠性高,但由于数据传输量大,单片机难以处理,且价格昂贵。而本设计只需得到判断的逻辑信号,并不需要更多的信息量。

方案二:利用光电传感器辨认黑线。由于各种色彩对光线的吸收和反射能力不同,由光学的理论知识可知,黑色物体反射系数小,白色物体的反射系数大,因此可根据光敏三极管检测反射光的强弱来判断黑白线。因此,可以只要使用一个发射光源和一个光敏三极管,再加一个简单的放大电路即可实现。其成本低,且其灵敏度可以调节,可靠性高。具体原理方框图如图 7.2.6 所示。

图 7.2.6 光电传感器检测的原理方框图

方案三:采用热探测器。热探测器利用所接收到的红外辐射后会引起温度的变化,温度的变化引起电信号输出,且输出的电信号与温度的变化成比例。当红外线被黑线吸收时,温度会减小,电压变低;而红外线没有被吸收时,电压不变。单片机可根据电压的变化来判断路面的状态。由于温度变化是因为吸收热辐射量引起的,与吸收红外辐射的波长没有关系,因此受外界环境影响较大。

基于以上分析,采用方案二,利用型号为 LTH1650 - 01 和 TCRT500 反射式光电传感器实现黑线检测功能。

7. 步进电机驱动模块

步进电机驱动是把控制系统发出的脉冲信号转化为步进电机的角位移,即控制系统每发一个脉冲信号,通过驱动器就使步进电机旋转一个步距角。关于步进电机的驱动有以下几种方案。

方案一：采用与步进电机相匹配的成品驱动装置。使用该方法实现步进电机驱动,其优点是工作可靠,节省制作和调试的时间,但成本很高。其原理方框图如图 7.2.7 所示。

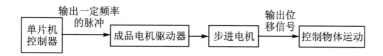

图 7.2.7　采用成品驱动器的原理方框图

方案二：采用集成电机驱动芯片 LA298。采用该方法实现电路驱动,简化了电路的复杂性,控制比较简单,性能稳定,但成本较高。

方案三：采用互补硅功率达林顿晶体管 TIP142T 实现步进电机的驱动。采用该方法实现步进电机驱动,电路连接比较简单,工作相对也比较可靠,成本低廉,技术成熟。此外,为提高电路的抗干扰能力,驱动电路与单片机接口可通过光耦元件连接。该方法的原理方框图如图 7.2.8 所示。

图 7.2.8　采用 TIP142T 实现步进电机驱动的原理方框图

基于以上分析,采用方案三实现电机驱动。

8. 系统的组成

系统由如下方案组成：

● 控制模块——采用 AT89S52 单片机控制；

● 电机选择模块——采用型号为 17PU - HO12 - G1UT 的两相混合式步进电机；

● 键盘模块——采用 4×4 矩阵的按键输入；

● 显示模块——采用大屏幕液晶显示屏 RT12864 - M 进行显示;

● 黑线检测模块——采用反射式光电传感器;

● 电机驱动模块——采用互补硅功率达林顿晶体管 TIP142T 进行驱动。

系统的基本框图如图 7.2.9 所示,采用两个单片机系统完成系统控制。主机单片机 AT89S52 主要控制按键输入、坐标参数显示、两台步进电机的驱动、两台电机的正反转和速度控制以及两台电机的协调运动。从机 AT89S52 主要负责控制光电检测信号的接收和对信号的处理,其中光电传感器的排列方式和软件对信号处理是本设计的难点。两片单片机之间采用查询的方式相互通信,将两个控制系统有机地结合为一体。

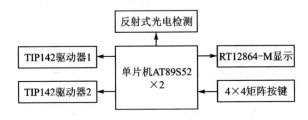

图 7.2.9 系统的基本框图

7.2.3 步进电机的驱动电路设计

本题是一个光、机、电一体的综合设计,在设计中运用了检测技术、自动控制技术和电子技术。系统可分为控制部分和传感器检测部分。

控制部分:系统中单片机 AT89S52 根据按键输入及传感器输出信号进行逻辑判断,控制输出脉冲个数,从而改变两台电机的输出角位移,改变物体的运动状态,并通过 LCD 实时显示画笔的坐标。

检测部分:系统利用 8 个光电传感器检测黑线,并把各传感器的输出信号送于单片机 AT89S52,单片机把数据进行分析与处理,控制电机协调工作。

本设计中,步进电机的驱动电路采用型号为 17PU - H012 - G1UT 的两相混合永磁步进电机,其每相具有两个绕组,所以该电机即可四线驱动,也可六线驱动。在设计中采用两相六线的形式驱动。其中一个电机的驱动电路如图 7.2.10 所示,另一电机的驱动电路与此电路相同。电路主要由三极管 9013、三极管 8050、互补硅功率达林顿晶体管 TIP142T 和光耦元件组成,其中单片机 I/O 口分别通过光电耦合器与驱动电路相连接,增加了系统的抗干扰能力。单片机通过 I/O 口发送驱动控制信号,从而控制步进电机的速度及正反转。

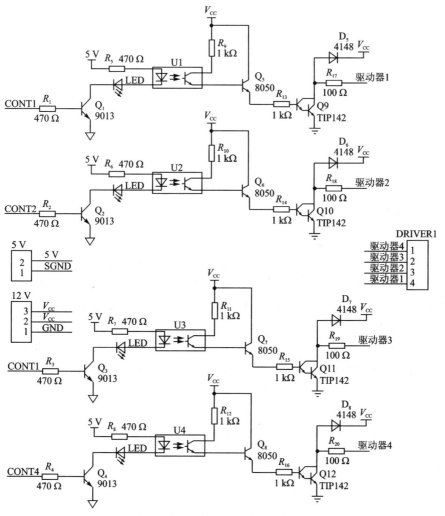

图 7.2.10　步进电机的驱动电路

7.2.4　坐标显示电路和按键输入电路设计

本设计中选用的是大屏幕液晶显示器 RT12864 - M。RT12864 - M 是一种图形点阵液晶显示模块,主要由行驱动器、列驱动器及 128×64 全点阵液晶显示器组成。它有 20 个引脚,该 LCD 各引脚的定义与其他引脚的定义大同小异,这里不在详细描述。在本设计中,LCD 与单片机进行串行通信,具体连接电路如图 7.2.11 所示。在本设计中可变电位器 R_{101} 主要是用来调节液晶的驱动电压,其他引脚用来与单片机进行通信。

通过方案分析与论证,在本系统中按键输入电路采用 4×4 矩阵按键实现,各按键均被单片机所定义。具体电路图如图 7.2.12 所示。其中 KEY1~KEY8 分别与单片机 AT 89S52 的 P0.0~P0.7 口相接,其中 KEY1~KEY4 控制按键矩阵的行,KEY5~KEY8 控制按键矩阵的列。当有按键输入时,单片机通过控制 P0.0~P0.7 口即 KEY1~

KEY8 就可识别到底是第几行第几列的按键被按下，从而达到按键辨别的能力。

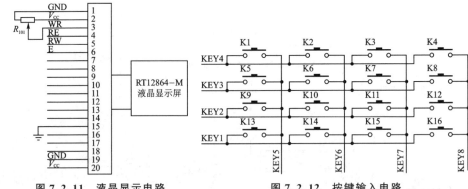

图 7.2.11　液晶显示电路　　　　　　图 7.2.12　按键输入电路

7.2.5　黑线检测电路设计

采用 8 个反射式光电传感器来检测画笔与黑线的位置关系，具体电路图如图 7.2.13 所示。该电路的连接十分简单，光电传感器的输出信号通过反相器 7404 转换成标准的 TTL 电平，从 7404 输出的信号通过排插 CON 的第 3～10 引脚直接与从机相连。在本电路中 8 个光电传感器的安装位置是非常重要的，其严重影响黑线检测的准确度。在本设计中，把 8 个传感器摆放成正八边形，其安装位置的示意图如图 7.2.14 所示。黑线检测电路输出的电平信号与电机转向的关系将在软件设计部分进行介绍。

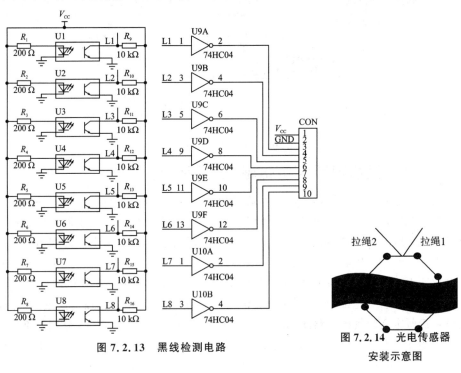

图 7.2.13　黑线检测电路

图 7.2.14　光电传感器
安装示意图

7.2.6 主控制器电路设计

单片机根据接收的按键输入数据和传感器输出电平信号,输出一定脉冲数控制电机 A 和电机 B 的运动,从而带动物体沿设定的运动模式运动,并通过 LCD 显示物体在运动过程中各点的坐标。单片机最小系统及其外围电路如图 7.2.15 所示。P0 引脚为按键控制接口;P1 引脚为 8 个光电传感器信号输入口;P3.4~P3.7 引脚为电机 A 驱动电路与单片机的接口;P2.0~P2.3 引脚为电机 B 驱动电路的接口;P2.4~P2.6

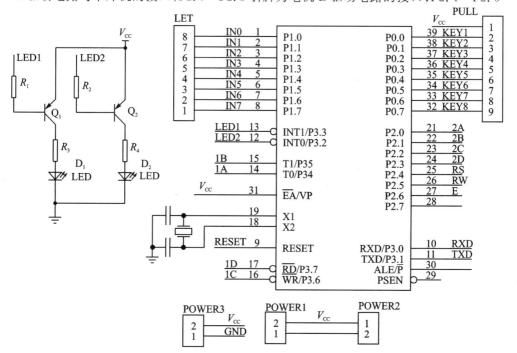

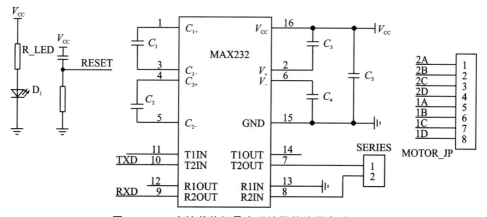

图 7.2.15 主控单片机最小系统及其外围电路

引脚分别为单片机与 LCD 接口；P1.3、P1.4 引脚分别为发光二极管产生光电指示的控制接口；P3.0、P3.1 引脚为与 MAX232 串行通信的接口，以备进行功能扩展。

7.2.7　悬挂运动控制系统软件设计

系统采用 C 语言编程实现各项功能。C 语言本身带有各种函数库，算术运算能力较强，而本系统的软件设计中算术运算又较多且比较复杂，利用 C 语言编程的优势完全可以体现出来。

程序是在 Windows XP 环境下采用 Keil μVision2 软件编写的，可实现对两台电机协调工作的控制、对光电传感器输入信号的处理、对按键输入的查询、输出显示及光电指示等功能。

1. 系统主程序的设计

主程序主要起到一个导向和决策功能，决定整个系统应如何正常运行。悬挂运动控制系统各种运动状态的实现主要是通过调用子程序完成的。

当系统通电后，LCD 上显示开机界面，与此同时，单片机对键盘进行扫描。当"1"键被按下时，LCD 换屏并显示"输入起点坐标："的字样；利用按键设定好坐标，按"确认"键，LCD 换屏并显示"输入终点坐标："字样；利用按键设定好坐标后按"确认"键，单片机调用点对点运动的子程序，从而实现点对点运动的要求。

当"2"键被按下时，LCD 换屏并显示"设定运动轨迹"字样（在程序中设定了两种运动轨迹：直线和折线）。如果设定为直线，则单片机直接调用点对点子程序；如果为设定折线，则单片机调用子程序，把折线分为 M 段线段，并记录下 M 条线段的起点与终点坐标，然后单片机调用点对点的子程序。具体系统主程序的流程图如图 7.2.16 所示。

当"3"键被按下时，LCD 换屏并显示"输入圆心坐标："字样；利用按键设定好坐标，按"确认"键，单片机调用圆周运动的子程序，把圆周分为 N 段线段构成，并通过查表确定圆周上 N 线段的起点和终点坐标；最后调用点对点的子程序，进行 N 步点到点的运动，最终完成沿任意点作半径为 25 cm 的圆周运动的要求。

当"4"键被按下时，单片机接收传感器的输入信号，判断物体的转向，从而控制两电机协调工作，完成物体沿连续黑线和断续黑线的运动。

2. 点对点运动程序的设计

根据题目要求，物体在作点对点的运动时，不仅有时间的限制，还有运动轨迹长度的要求，所以点对点的运动不是简单的物体从起点沿一条直线运动到另一点的运动。当起点和终点的直线距离小于题目规定的距离时，就要通过设某种算法来设定物体运动的轨迹。点对点运动的流程图如图 7.2.17 所示。点对点运动方式的示意图如图 7.2.18 所示。

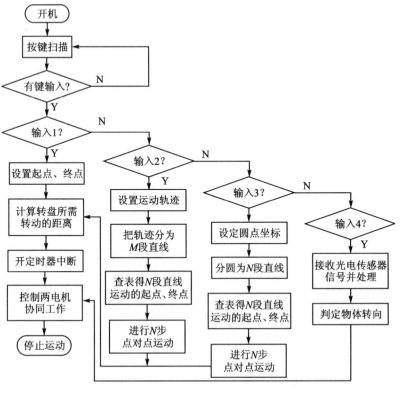

图 7.2.16　系统主程序流程图

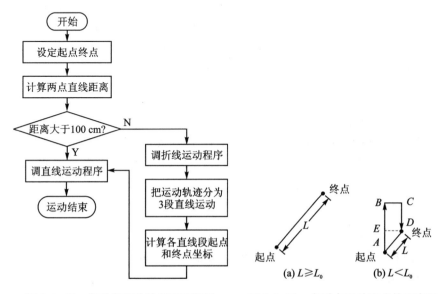

图 7.2.17　点对点运动的程序流程图　　　图 7.2.18　点对点运动方式的示意图

当设定的起点 A 与终点 D 的直线距离大于或等于设定 L_0 时（在基本要求②中 L_0 为 100 cm），单片机直接调用直线运动子程序，完成运动。当设定的起点与终点的直线距离小于 L_0 时，我们设定物体从起点运动到终点的轨迹长度为 L_1 为 $(L_0+5 \text{ cm})$，其轨迹由两条平行于 Y 轴的直线 AB、CD 和平行于 X 轴的直线 BC 构成，其各线段的起点和终点坐标可用以下方式取得。

根据题目要求在图 7.2.18(b) 中，起点坐标 A 和终点坐标 D 是通过按键输入的，其坐标视为常数。在此假设 A 点坐标为 (a,b)，B 点坐标为 (X_1,Y_1)，C 点坐标为 (X_2,Y_2)，D 点坐标为 (c,d)，且物体从 A 点到 B 点的轨迹长度为 L_1。则 B 点的坐标可通过下列公式得到：

$$X_1 = a \qquad Y_1 = d + [L_1 - (d-b) - (c-a)]/2 = (L_1 - \Delta X - \Delta Y)/2$$

其中，ΔX、ΔY 分别为起点坐标与终点坐标的横坐标差与纵坐标差。采用类似的方法可计算出各点的坐标，便可调用直线运动的子程序，从而达到点对点运动的要求。基本要求④是该运动形式的一个特例。该运动的起点为原点 $(0,0)$，通过直线运动到设定的终点。其主要指标是运动的时间，只要调节电机的转速就可完成该功能。

3. 直线运动程序的设计

直线运动程序的设计也采用了无限细分的思想。在起始点和终止点坐标已知的情况下，在 80 cm×100 cm 的直角坐标中，可求出该两点所确定线段的函数表达式。当该函数的横坐标以某一确定的量 X_0 分为 N 等份时，所对应的纵轴坐标也有 N 个值与之相对应。当步进量 X_0 确定时，N 也就确定了，对应直线上各等分点的坐标也就确定了。又由于两个滑轮中心的坐标是确定的，滑轮中心到直线上各点的距离也就确定了，那么从一个分点 A 运动到另一分点 B 时，两电机转轴分别输出的位移量 L_1、L_2 就近似等于滑轮中心到两分点距离的差值 ΔL。L_1、L_2 确定后，两电机从 A 运动到 B 时，单片机所输出的脉冲数 M 与 ΔL 及步进电机输出的步距有以下关系：

$$M = \Delta L / S = \Delta L / \theta r$$

其中：θ 为步进电机输出的步距角；r 为电机转轴的半径。假设计算出单片机应对电机 A 输出 M_1 个脉冲，对电机 B 输出 M_2 个脉冲，因此，只要控制单片机在相同的时间完成对两电机分别输出 M_1、M_1 脉冲，就可以完成较准确地从 A 到 B 的运动。当相邻各分点都按这个规律运动时，那么画笔所运动的轨迹从宏观上看可近似为一条直线。具体的程序流程图如图 7.2.19 所示。

4. 自设定运动的程序设计

本设计中自设定运动的轨迹为一锐角为 30° 的直角三角形。其运动的程序流程图如图 7.2.20 所示。

当系统通电后，通过按键输入 2，单片机调用主程序，默认进入自设定运动模式；通过按键输入画笔所在位置的坐标和三角形某顶点的坐标，按"确认"键，物体开始运动。

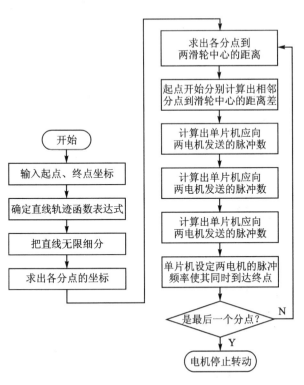

图 7.2.19　直线运动程序流程图

5. 圆周运动的程序设计

物体作圆周运动的程序设计采用了无限细分的思想，把一个圆细分为 180 等份。由于每一等份圆弧的弧长小，所以可近似把每一份圆弧看做是一条直线段，而每一个线段的端点可通过查表得到。不过，物体开始作圆周运动的起始点是固定的。假设设定的圆点坐标为 (x,y)，则物体应在该圆的最低点也就是从坐标 $(x,y-25)$ 点开始运动，把圆划为 180 等份时也是从该点 $(x,y-25)$ 开始的。具体的程序流程图如图 7.2.21 所示。

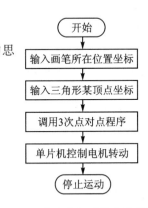

图 7.2.20　自设定运动的程序流程图

6. 黑线检测程序的设计

在本设计中，检测黑线的传感器信号主要是由从机 AT89S52 接收和处理的。黑线检测子程序的流程图如图 7.2.22 所示。从机接收传感器输出的信号，然后通过调用信号处理模块子程序判断出物体的状态，从而判定物体下一步的运动方向，并把该信号发送给主机,主机根据从机的信号控制两电机的协调工作。

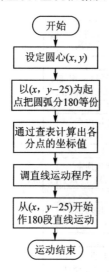

图7.2.21　圆周运动的子程序流程图

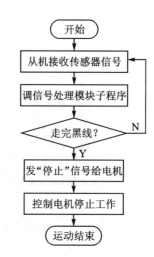

图7.2.22　黑线检测程序流程图

7.2.8　系统测试

为了确定系统与题目要求的符合程度,对系统中的关键部分进行了测试。

1. 显示画笔坐标的测试方法

由于物体在做不规则变化时,画笔的横向和纵向坐标都是时刻变动的,液晶显示器显示的画笔坐标也是时刻变化的,所以人眼很难分辨出显示器的显示是否正确。另外,通过测试发现本系统在走直线时的误差较小,精度比较高,因此在实际的测量中采用了以下方法解决这一问题。具体的操作步骤如下:

① 通过按键设定两个坐标,且两坐标的纵坐标必须是相同的;

② 通过按键设定物体的运动模式,使其作点对点的运动,与此同时观察液晶显示器显示的坐标,如果纵坐标不变化或变化的幅度比较小,则说明纵坐标的显示比较准确;

③ 通过按键设定两个坐标,且两坐标的横坐标必须是相同的;

④ 通过按键设定物体的运动模式,使其作点对点的运动,与此同时观察液晶显示器显示的坐标,如果横坐标不变化或变化的幅度比较小,则说明横坐标的显示比较准确。

2. 圆周运动的测试方法

在对系统进行圆周运动测试时,具体的操作步骤如下:

① 通过按键设定圆心,并把物体放在合适位置;

② 按下"确认"键,物体作圆周运动,与此同时按下秒表计时;

③ 用大圆规以设定的圆心为圆心,以 25 cm 为半径画一个圆;

④ 用直尺测出运动轨迹与预期轨迹之间的最大误差。

3. 点对点运动的测试方法

点对点的运动有两种运动形式:当两点间距离大于题目要求的距离时,两点间作直线运动;当两点间的距离不满足题目要求的距离时,物体作 3 条线段组成的折线运动(前面已介绍)。对点对点运动的测试步骤如下:

① 通过按键设定起点和终点坐标;

② 按下"确认"键,物体做点对点运动,与此同时按下秒表计时;

③ 用直尺测量出运动轨迹的长度及运动轨迹与预期轨迹的最大误差。

4. 测试结果分析

通过实际的测量,发现物体沿设定轨迹运动的时间完全可达到系统的要求,但其实际轨迹与预期轨迹之间多少都会产生一定的偏差,而且误差的产生与多方面的因素有关。按误差产生的原因分类主要有系统误差、随机误差。下面就对产生运动轨迹偏差的原因进行分析。

(1) 系统误差

在本设计中,系统误差主要来源于以下几方面:

- 软件中算法不够精确。由于软件设计中存在开平方等算法,而且用到了无限细分的思想,因此得出的数据大多是约数,相对于真实值存在一定的误差。
- 测试板上方滑轮的半径不足够小,吊绳具有一定的伸缩性。
- 步进电机输出位移信号的步距不足够小。步进电机输出的步距 S 与步距角 θ 及步进电机转轴的半径 R_0 有以下关系,即 $S = \theta \times R_0$。

因此,物体的运动不是连续而是断续的,画出的圆、直线以及各种曲线都是不完全光滑的,与理想的图形相比,肯定有一定的误差。

(2) 随机误差

在本设计中,随机误差主要来源于以下几方面:

- 机械安装问题。在测试时,由于测试板的机械安装不够理想,比如滑轮的半径不足够小、坐标纸的最小间距不严格为 1 cm、吊绳不足够细等因素都会引起实际轨迹与预期轨迹的偏差。
- 操作方法不当。根据题目要求,在基本要求③、④和发挥部分②中,物体开始运动前,允许手动将物体定位。但在实际操作时,如果放置的位置与预期位置不完全一致,也将引起实际轨迹与预期轨迹的偏差。

7.3 简易智能电动车设计

7.3.1 简易智能电动车设计要求

设计并制作一个简易智能电动车，其行驶路线示意图如图 7.3.1 所示。设计详细要求与评分标准等请登录 www.nuedc.com.cn 查询。

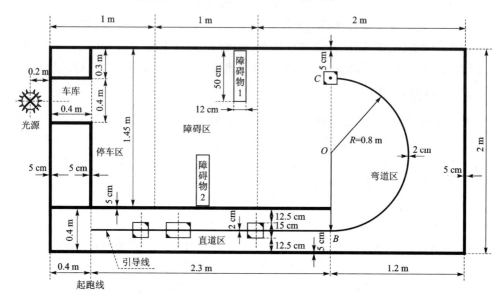

图 7.3.1 简易智能电动车行驶路线示意图

7.3.2 简易智能电动车系统设计方案

根据题目要求，简易智能电动车系统可划分为控制部分和信号检测部分。其中：信号检测部分包括金属探测模块、障碍物探测模块、路程测量模块、路面检测模块和光源探测模块；控制部分包括电机驱动模块、显示模块、控制器模块、计时模块和状态标志模块。控制部分和信号检测部分共有 10 个基本模块。模块方框图如图 7.3.2 所示。

1. 控制器模块

根据题目要求，控制器主要用于各个传感器信号的接收和辨认、控制小车的电机的动作、控制显示车速与运行的时间、小车在停车时发出声光信号等。

本设计采用 Atmel 公司的 AT89S52 和 AT89S2051 作为系统控制器的双单片机方案。小车控制系统方框图如图 7.3.3 所示。采用了两片单片机分别对 9 个单元模块进行监测和控制,这样减轻了单个单片机的负担,提高了系统的工作效率,同时,通过单片机之间分阶段地互相控制,减少了外围设备。由 AT89S2051 控制电机的前转、后转等功能,同时监测由路面检测模块、障碍物探测模块和光源探测模块的感应信号。AT89S52 负责监测金属探测模块和路程测量模块,同时实现车速的显示、计时和控制小车的状态标志等功能。

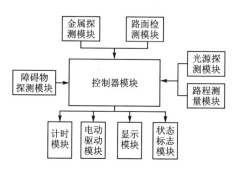

图 7.3.2　小车的基本模块方框图

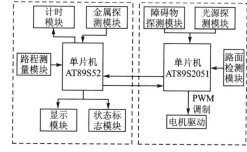

图 7.3.3　双单片机控制系统方框图

单片机 AT89S2051 主要用于控制小车电机及处理与小车动作有关的传感信号,实现了小车速度控制、寻迹行驶、躲避障碍物及探测光源的功能。单片机 AT89S52 主要用于系统的计时控制和状态控制,实现了小车 90 s 停车、金属探测、路程测量以及声光显示的功能。两单片机之间采用查询的方式互相通信,将分别独立的两套系统有机地综合为一体。其工作过程如下:

　　小车加电,系统开始工作,计时模块运行。当小车进入直道区时,AT89S2051 根据红外传感器传达的路面信息控制小车沿着轨道行驶,同时 AT89S52 根据金属传感器探测的结果,控制蜂鸣器和发光二极管发出声光信息。通过光电传感器所得的信息,AT89S52 计算出路程,确定小车进入弯道区,并与 AT89S2051 通信,使电机加速,提高转弯的力矩。当 AT89S52 再次探测到金属时,确定该位置在 C 点,并将该信息告知 AT89S2051,使小车停止运行 5 s,同时发出声光显示。小车在 C 点利用超声波传感器判断障碍物的位置,AT89S2051 根据障碍物的位置控制车轮偏转度,绕过物体,随后再利用光源传感器引导小车进库。当小车遇到光源前面的黑线时,AT89S2051 控制车轮反转,使车体完全进库。在整个过程中,一旦 AT89S52 的计时器计满了 90 s,AT89S2051 就控制小车停止一切活动。

2. 金属探测模块

　　金属探测模块主要用于跑道中金属块的探测。考虑到金属一般都是导体,根据电磁场理论可知,在受到时变电磁场作用的任何导体中,都会产生电涡流。因此,在本系统中采用电涡流式传感器实现对金属块的检测。电涡流式金属传感器是建立在磁场的理论基础上工作的。电涡流传感器的探测部分是由空心线圈构成的。当线圈有振荡电流通过时，空心线圈产生一个交变的磁场 H_1。当有金属导体进入线圈的磁场范围时，金属导体内部便产生感应电流，即涡流 I_2。该涡流又产生一个新的感应磁场 H_2。H_2 和 H_1 的方向相反，它会削弱原磁场 H_1，从而使线圈的阻抗、Q 值和 L 的值发生改变。可将这种变化转化为电流或电压的变化。相应地，就有 3 种测量电路：Q 值测量电路、阻抗测量电路和电感测量电路。在本设计中采用谐振法，也就是电感测量电路。它是将线圈的电感 L 随外作用变化转化为电压或电流变化。所谓谐振法，通常是将线圈电感 L 与固定电容 C 并联组成谐振回路。

由物理学可知，其谐振频率为

$$f_0 = \frac{1}{2\pi\sqrt{LC}}$$

谐振回路的阻抗为

$$Z_0 = \frac{\mathrm{j}\omega L}{1 + \omega^2 LC}$$

当传感器的电感 L 变化时，频率 f_0 和 Z_0 都随之变化，因此可通过测量频率和阻抗来测量电感 L 值的变化量。这就有调幅法和调频法之分。在本设计中采用调幅法。

调幅法：调幅电路中，电感 L、电容 C_1 和 C_2 接成电容三点式振荡器。LC 回路的输出电压为

$$u = I_0 Z_0 = I_0 \frac{\mathrm{j}\omega L}{1 + \omega^2 LC}$$

由此可见，当传感器 L 变化时，回路输出电压 u 也随之变化。

当没有被测物体时，先使 LC 回路谐振，谐振频率为

$$f_0 = 1/2\pi\sqrt{LC}$$

此时阻抗值最大，输出电压为最大。当被测物体与线圈接近时，导体产生的感应磁场使线圈的电感 L 变化，从而引起 LC 回路失谐，振幅下降，输出电压 u 变小。

$$u = I_0 Z_0 = I_0 \frac{\mathrm{j}\omega(L + \Delta L)}{1 + \omega^2 (L + \Delta L)C}$$

图 7.3.4 为金属传感器的方框图。由于 LC 回路输出的是正弦波，需要在后面接入整形比较电路，使单片机可根据 LC 回路输出电压的变化进行有无金属块的逻辑判断。

3. 障碍物探测模块

障碍物探测模块用来判断小车前方是否有障碍物并确定小车与障碍物之间的距

离。为了确保小车在行驶过程中避免撞到障碍物,系统需要利用测距传感器检测出障碍物与小车之间的距离,使小车做出正确的动作,避免与障碍物相碰。采用超声波传感器测距离,由于超声波的波长短,超声波射线可以和光线一样,能够反射、折射,也能聚焦,而且遵守几何光学上的定律,即超声波射线从一种物质表面反射时,入射角等于反射角。另外,超声波具有较好的指向性,频率越高,指向性越强。超声波在空气中传播的速度 v 约为 345 m/s,根据公式 $2l = v \cdot t$(发射点距障碍物的距离 $l \leqslant$ 2 m,t 为超声波从发射点到障碍物的传播时间),可知 $t \leqslant 1.16 \times 10^{-2}$ s,传播时间 t 在单片机的机器周期内,易于逻辑判断。应用单片机发射和接收超声波传感器信号的方框图如图 7.3.5 所示。

图 7.3.4　金属传感器方框图　　图 7.3.5　应用单片机发射和接收超声波
传感器信号的方框图

单片机发出 40 kHz 的脉冲信号,通过驱动电路由超声波的发射器发射出去,连续发 10 个,同时定时器开始计时。如果接收器在发完 10 个脉冲后未接收到反馈信号,则判断无障碍物,延时后单片机再发 10 个脉冲信号;如果接收器收到反馈信号,则判断有障碍物,并通知单片机停止计时。通过时间差计算距离。设超声波在空气中的传播速度为 345 m/s,则根据计时器记录的时间 t,就可以计算出发射点距障碍物的距离(l),即 $l = 345t/2$。

在本设计中,采用发射频率为 40 kHz 的超声波传感器判断障碍物的距离。在本设计中只要绕过 C 点前的障碍物即可,因此只需要一对超声波传感器 400ST。

4. 距离测量模块

距离测量模块用来测量小车从启动到任意时刻所走的路程。根据题目要求,需要显示金属片与起跑线之间的距离,考虑到小车在行驶过程中,车轮旋转一圈所行走的距离就是车轮的周长,因此只要在某时间间隔内测量出车轮的圈数,依照 $l = n \times c$(其中 l 为路程,c 为车轮的周长,n 为圈数),就可得出路程值。受鼠标的工作原理启发,采用透射式光电传感器。由于透射式光电传感器是沟槽结构,可将其置于车轮固定轴上,再在车轮上安装鼠标中的编码器滚轴,让其恰好通过沟槽,车轮转动时,透射式光电传感器会产生一个个脉冲。通过对脉冲计数,实现对圈数的测量。该方案也适用于精度较高的场合。

5. 路面轨迹检测模块

路面检测模块实现小车跟随黑色轨道行驶,在行驶的途中不能超出轨道。考虑到轨道是白纸上的一条黑线,可采用红外光电探测器辨认路面黑白两种不同状态。由于红外光子直接把材料的束缚态电子激发成传导电子,由此引起电信号输出,信号大小与所吸收的光子数成比例,而且在一定的波长范围内这些红外光子的能量才能激发束缚电子;同样,光电探测器吸收的光子也必须满足一定的波长才能被吸收,所以受外界影响比较小,抗干扰性能好。

表 7.2.1　光敏传感器状态真值表

小车状态	传感器编号		
	3	2	1
正常行驶	0	1	0
轻微右偏	0	1	1
严重右偏	0	0	1
轻微左偏	1	1	0
严重左偏	1	0	0
脱离导引线	0	0	0

光电探测器可以考虑使用 2 个光电传感器或者使用 3 个光电传感器。表 7.2.1 所列为使用 3 个传感器时的状态真值表。

从表中可以看出,中间的传感器起到预判的作用。在小车轻微偏离时,可以调整车轮小幅度偏转;一旦小车速度过快,严重偏离轨道时,靠左右 2 个光电传感器调整小车大幅度偏转,小车的稳定度和速度得到了保证。若使用 2 个传感器,则只有严重偏离的状态。因此,在检测到有高电平时,就必须大幅度偏转,降低了小车的速度和稳定度。但由于在本作品中对小车的速度和稳定度要求不高,并且 3 个传感器需要 3 个驱动电路,增加了电路的复杂程度,因此在本设计中使用 2 个光电传感器,安放在小车的底板下。

6. 光源探测模块

本题要求小车在光源的引导下,通过障碍区进入停车区并到达车库。光源探测模块的功能主要是引导小车朝光源行驶,使小车具有追踪光源的功能。由于光源会发出光线和热量,我们可以采用光敏二极管传感器和热释电传感器实现追踪光源的功能。考虑到光敏三极管传感的检测电路简单,面积小,同时可以减少系统传感器的种类,因此在设计中采用了光敏三极管传感器。由于采用的是白炽灯,光线是射散的,为了便于小车能在偏

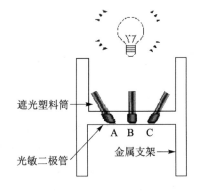

图 7.3.6　光源检测实物示意图

离光源一定角度的情况下仍能检测到光线,使用了 3 个互成一定角度的传感器组,这样增加了小车的检测范围。同时为提高传感器的方向性,在光敏三极管感应平面的前端固定一根 2 cm 长的塑料筒。光源检测实物示意图如图 7.3.6 所示。

单片机可根据这 3 个光敏二极管的状态控制小车动作,寻找光源。小车的动作和传感器的对应关系如表 7.3.2 所列。

表 7.3.2　状态-动作对应表

状　态	光敏三极管 A	光敏三极管 B	光敏三极管 C	光源与车之间的位置	小车动作
1	0	0	0	非常远	—
2	0	0	1	在车的右端	右转(幅度大)
3	0	1	0	正对车	直线行驶
4	0	1	1	在车的右端	右转(幅度小)
5	1	0	0	在车的左端	左转(幅度大)
6	1	0	1	—	—
7	1	1	0	在车的左端	左转(幅度小)
8	1	1	1	非常近	减速直线行驶

7. 电机驱动模块

电机的驱动电路主要通过电机的正转和反转实现小车的前后或左右的方向选择。对于电机驱动电路采用晶体管组成的开关 PWM 电路。本设计中有 2 路驱动电路:前轮驱动负责小车的左右运动;后轮驱动负责小车的前后运动。

8. 显示模块

在小车运行过程中,系统需要对运行的时间和路程进行显示。可以考虑以下两种显示方案。

方案一:使用液晶显示屏显示时间和路程。液晶显示屏(LCD)具有轻薄、短小、耗电量低,无辐射危险,平面直角显示以及影像稳定不闪烁,可视面积大,画面效果好,分辨率高,抗干扰能力强等特点。但由于只需显示时间和路程这样的数字,信息量比较少,且由于液晶是以点阵的模式显示各种符号,因此需要利用控制芯片创建字符库,编程工作量大,控制器的资源占用较多,其成本也偏高。在使用时,不能有静电干扰;否则易烧坏液晶的显示芯片,不易维护。

方案二:使用传统的数码管显示。数码管具有低能耗、低损耗、低压、长寿命、耐老化、防晒、防潮、防火、防高(低)温的特点;对外界环境要求低,易于维护;同时其精度比较高,称量快,精确可靠,操作简单。数码管采用 BCD 编码显示数字,程序编译容易,资源占用较少。

在本系统中,采用数码管的动态显示,以节省单片机的内部资源。

9. 计时模块

计时模块要实现的功能是对小车从启动到停止的过程进行计时,最小单位为 0.01 s。由于本系统的控制器是由单片机构成的,其内部有很好的定时系统,因此系统使用 AT89S52 内置的定时器/计数器实现该模块功能。在 AT89S52 内部有 2 个定时器/计数器，其计数脉冲的频率为所选晶振频率的 1/12。本系统使用的晶振频率为 12 MHz，则计数脉冲频率为 1 MHz，通过对定时器/计数器的溢出控制，可容易地实现最小单位为 0.01 s 的计时功能。本方案在有效地利用系统资源的同时，又减少了单片机的外围电路。

10. 状态标志模块

状态标志模块的设计要求在小车检测到金属时发出声光信号。在发声方面，考虑到体积和功耗的因素，使用蜂鸣器代替普通的扬声器；在发光方面，考虑到电路的简易程度、功耗和电源的因素，系统采用发光二极管显示。

7.3.3　轨迹、金属、障碍物、光源检测和路程测量等传感器电路设计

本系统是一个光、机、电一体的综合设计，在设计中运用了检测技术、自动控制技术和电子技术。系统可分为传感器检测部分和智能控制部分。

传感器检测部分：系统利用光电传感器、电涡流传感器、超声波传感器等不同类型的传感器，将检测到的一系列外部信息（例如路面状况、障碍物的有无等）转化为可被控制器件辨认的电信号。传感器检测部分包括 5 个单元电路：路面检测电路、障碍物探测电路、路程测量电路、光源探测电路和金属检测电路。

智能控制部分：系统中控制器件根据由传感器变换输出的电信号进行逻辑判断，控制小车的电机、显示数码管、蜂鸣器以及发光二极管，完成了小车的自动寻迹行驶、探测金属、躲避障碍物、寻找光源、显示路程等各项任务。控制部分包括 4 个主要单元电路：单片机控制电路、前后轮电机驱动电路、数码管动态显示电路。

1. 轨迹检测电路

题目要求小车在直道区和弯道区要沿着黑线行驶，但由于小车不可能始终保持一定的方向，必然会偏离黑色轨道，从而导致小车冲出轨道。为了使小车在偏离轨道之后能调整方向，重新回到轨道上，系统需要将路面的状态及时地以电信号的形式反馈到控制部分，控制部分控制前轮驱动电机反转或正转，使小车重新回到轨道上。在本设计中采用了两个光电传感器，分别安装在车底中部的左右两端。当小车往左偏出轨道时，左边的光电传感器被黑色纸带遮蔽，输出为高电平，单片机接收到该信号，控制电机正转，使小车往右偏回轨道，传感器回到白纸区输出为低电平，电机停止转动，小车直线前进。小车右偏时的状态与左偏状态相反。

光电检测电路如图 7.3.7 所示。一体化红外发射接收 IRT 中的发射二极管导通，发出红外光线，经反射物体反射到光敏接收管上，使接收管的集电极与发射极间电阻变小，输入端电位变低，输出端为高电平，三极管 9013 导通，集电极 C 为低电平，经斯密特电路整形后为高电平，输入到 89S2051 单片机的 $\overline{INT0}$ 端口。当红外光线照射到黑色条纹时，反射到 IRT 中接收管上的光量减少，接收管的集电极与发射

极间电阻变大,三极管 9013 截止,集电极 C 为高电平,再经斯密特电路整形后输入到单片机的信号为低电平。在三极管的基极 B 和发射极 E 接一个 0.1 μF 的电容,减少电路中的"毛刺",以增加电路的干扰能力。由于光电传感器受外界光照的影响较大,容易引起单片机的误判,因此在电路中加入了一

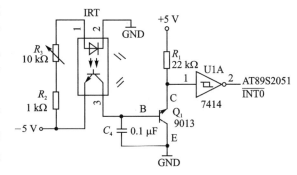

图 7.3.7　光电检测电路

个电位器(阻值为 1 kΩ),通过调整电位器,改变光电传感器的输入电流,从而改变其灵敏度。

2. 金属探测电路

在小车行驶的轨道上放着 1~3 块金属片,在弯道区的 C 点上也有一块金属片,要求小车在行驶过程中对轨道上的金属片个数计数,检测到 C 点上的金属片后停车。在本设计中采用电感谐振测量方法。电感谐振式金属探测电路如图 7.3.8 所示,电容 C_3、C_4、C_5、外测电感 L_1 和反相器 U1A 构成了 LC 振荡回路,运算放大器 LM311 实现了正弦波的整形功能。为了提高电路的带负载能力,在输出端加上了一级反相器。

电涡流传感器的灵敏度和线性范围与线性圈产生的磁场强度和分布状况有关。磁场沿径向分布范围大,则线性范围就大;轴向磁场梯度大,则灵敏度就高。它们与传感器的线圈的形状和尺寸有关。

单匝载流圆线圈在轴线上的磁场感应强度,可根据毕奥-沙伐尔-拉普拉斯定律求得:

$$B_P = \frac{\mu_0 I}{2} \cdot \frac{r^2}{(r^2 + x^2)^{3/2}}$$

式中,μ_0 为真空磁导率;I 为激励电流;r 为圆线圈半径;x 为轴线上某点 P 到线圈平面距离。

由上式可知,线圈外径大时,传感器敏感范围大,线性范围相应地也增大,但灵敏度降低。线圈外径小时,线性范围减小,但灵敏度增大。线圈薄时,灵敏度高。因此,为提高传感器的灵敏度,使用线圈半径为 0.3 cm、电感值为 100 mII 的多匝线圈。

3. 障碍物检测电路的设计

在小车行驶的线路中有两个障碍物,要求小车绕过障碍物行驶,避免与障碍物相撞。为了检测障碍物并确定障碍物的距离,在小车的前部安置了两个超声波传感器,

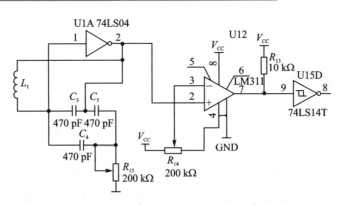

图 7.3.8 金属探测电路

一个用于发射,一个用于接收。如图 7.3.9 所示,超声波传感器振荡频率为 40 kHz 的超声波信号(40 kHz 信号由单片机 P3.1 口输出通过 J3 的引脚端 2 输入),反相器 U15C 增加驱动能力,传感器向某一方向发射脉冲超声波信号,并以 345 m/s 的速度在空气中传播。同时,检测系统开始计时。如果超声波在传播途中碰到障碍物就会反射回来,超声波接收器收到反射声波经放大整形后通过 J3 的引脚 1 输出,连接到单片机 P3.0 口,通知单片机停止计时。

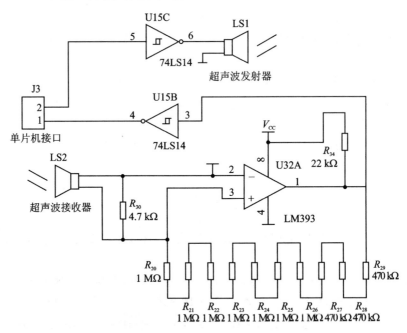

图 7.3.9 超声波检测电路

4. 路程测量电路的设计

设计中所用的编码器滚轴共有 45 个透光格,所用的电动车车轮的周长约为 16 cm,滚轴和车轮的圆心在同一直线上,滚轴的转速和车轮转速是同步的。小车工作时,光敏三极管会产生一个个的脉冲,单片机 AT89S52 对脉冲计数。当需要计算距离时,只需将所计的脉冲总数除以 45,得到车轮的圈数,再乘以轮子周长 16 cm 就得到距离值。即

$$S = \frac{N}{45} \times 15$$

其中,L 为距离,N 为脉冲总数。

光电检测采用透射式光电传感器。透射式光电检测电路如图 7.3.10 所示。

5. 光源检测电路的设计

光源离车库距离为 0.2 m,小车要进入车库,就要准确地判断光源的位置。由于光源距地面 0.2 m,用金属支架将 3 个光敏三极管固定在车的中间部分,并使光敏三极管尽量与光源保持水平。光源检测电路其中一路如图 7.3.11 所示。Q_5 为光敏三极管,三极管 Q_4、Q_6 构成达林顿管,三极管 Q_8 是为了提高电路的带负载能力。单片机可直接对 Q_8 输出信号进行判断。

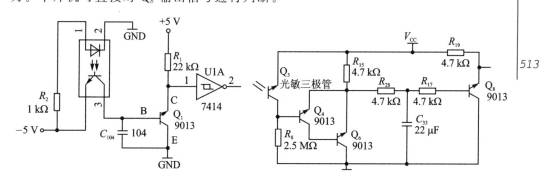

图 7.3.10 透射式光电检测电路   图 7.3.11 光源检测电路

7.3.4 单片机控制系统设计

单片机 AT89S52 外接显示电路、金属探测电路和路程测量电路。其中金属探测电路和路程测量电路是信号输入,显示电路是输出。为了方便单片机引脚的使用,将单片机的所有引脚用接口引出。AT89S52 的最小系统及外围电路如图 7.3.12 所示。CON8 是数码管的接口,J13 是 10 kΩ 排阻;金属传感器的信号由 J8 接入单片机的 $\overline{\text{INT0}}$ 中断。路程检测的光电传感器的信号由 J9 接入单片机的定时器 T1。定时器 T0 用做内部定时。声光标志由 P2.0、P2.1 引脚输出;单片机之间的通信和查询由 P1 引脚输出。

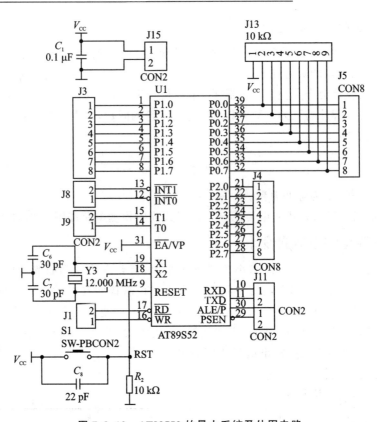

图7.3.12 AT89S52 的最小系统及外围电路

单片机 AT89S2051 接收路面检测、障碍物探测和光源探测电路产生的信号,完成控制电机的前转、后转等功能,如图7.3.13 所示。路面的检测光电传感器输出的信号由 P3.2、P3.3 接入单片机的中断 $\overline{INT0}$、$\overline{INT1}$。电机控制由 P1.7~P1.4 输出。障碍物探测超声波传感器和光源探测光敏三极管的输出信号由 P1.0~P1.3 输入,AT89S2051 和 AT89S52 共用一个复位电路。

7.3.5　电机驱动电路设计

电机驱动电路部分分为前轮部分和后轮部分:前轮负责小车的导向;后轮负责小车的前后驱动。PWM 调制实现车速控制。

前轮驱动电路如图7.3.14 所示。电路采用 PWM 驱动形式。电路主要由三极管 5610、三极管 5609、三极管 9013 和光耦元件组成。其中三极管 5610 和三极管 5609 组成了对管,驱动电路可控制电机的正反转。电路是由单片机控制的,与单片机的接口采用光电耦合器。单片机的输入/输出口 P1.0 输出为高电平,P1.1 输出为低电平,这时,左边的光耦导通,右边的光耦不通,Q_1、Q_4、Q_5 导通,其他三极管截止电机正转,小车左转。反之,P1.0 为低电平,P1.1 为高电平,电机反转,小车右转。

若 P1.0 和 P1.1 都为低电平,则电机不转动。小车的后轮驱动电路与此设计相同。

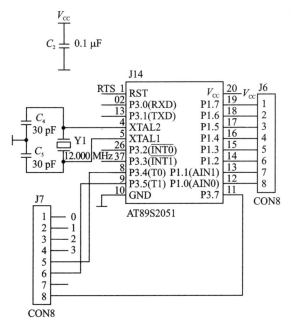

图 7.3.13　AT89S2051 的最小系统及外围电路

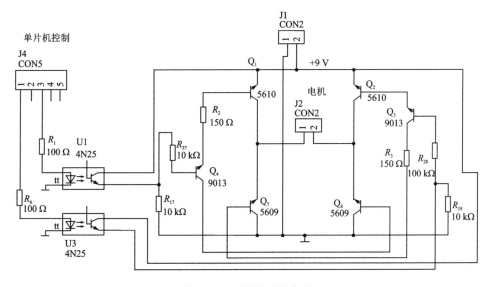

图 7.3.14　前轮驱动电路

7.3.6　数码管动态显示电路设计

在本系统中采用动态显示方式驱动 6 个 7 段数码管。6 个 7 段数码管用来显示时间、路程、交替显示时间、小车与起跑线的距离、金属片的个数和距离等信息。动态显示电路采用共阳极数码管。由于 AT89S52 单片机每个 I/O 口的拉电流只有 1～2 mA,但在灌电流驱动状态下能达到 20 mA 左右,如果采用共阴极数码管,则需要加驱动电路,而采用共阳极数码管,则不需要驱动电路,可使电路得到简化。在电源输入端接入滤波电容器。

7.3.7　简易智能电动车系统软件设计

系统的软件设计采用汇编语言,对单片机进行编程实现各项功能。程序是在 Windows XP 环境下采用 Keil μVision2 软件编写的,可以实现小车对光电传感器的查询、输出脉冲占空比的设定、电机方向的确定等功能。主程序主要起到一个导向和决策功能,决定什么时候小车该做什么。小车各种功能的实现主要通过调用具体的子程序。

1. 主程序流程图

主程序流程图如图 7.3.15 所示。

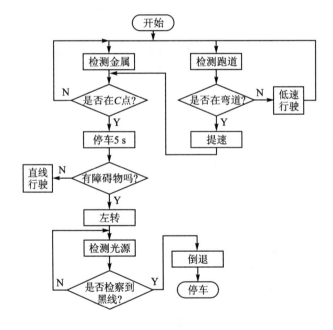

图 7.3.15　系统主程序流程图

2. 检测光电传感器子程序

检测光电传感器子程序主要用于保证判断的准确性。采样时序图如图 7.3.16 所示。单片机根据需要直接从端口读取。为了防止出现干扰和错误信号,采用延时读取的方法,即在第一次读取后延时一段时间再读取。如果第二次读取的信号与第一次的不一样,则说明信号是干扰信号,就重新读取并比较。直到两次读取的信号一致,才判断小车遇到黑线。

3. 寻轨迹子程序

在黑线轨道上走直线时,对传感器的信号进行即时判断:左边信号为 0 时控制电机左转;右边信号为 0 时控制电机右转。在弯道时,为了不冲出轨道,使左轮一直打偏,直到检测到右边信号为 0 时控制电机右转;当右信号为 1 时,继续使左轮一直偏。程序流程图如 7.3.17 所示。

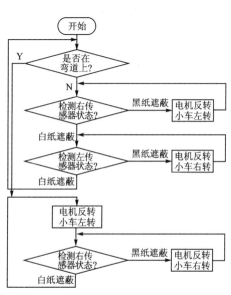

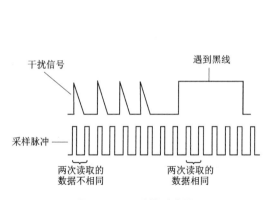

图 7.3.16　采样时序图

图 7.3.17　黑线寻轨程序流程图

517

4. 金属探测子程序

当传感器检测到金属时,使单片机内寄存器加 1;当小车进入弯道后,停止对寄存器的动作。一旦检测到金属传感器,再有信号输出,认为小车在 C 点,使小车停止运动,同时启动光声显示程序和 5 s 延时程序。金属探测程序流程图如图 7.3.18 所示。

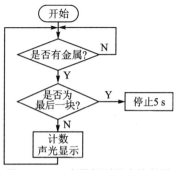

图 7.3.18　金属探测程序流程图

5. 绕障碍物子程序

在没有检测到障碍物时,调用光源检测子程序,寻找光源。当检测到障碍物时,控制小车左转一定时间后,再右转一定时间,再次判断前方是否有障碍物,直到没有障碍物的信号,再调用寻光源子程序。绕障碍物程序流程图如图 7.3.19 所示。

6. 超声波收发子程序

40 kHz 的信号由 AT89S2051 的 P3.1 口输出,同时,使用 AT89S52 的内部 T1 定时器(设定工作模式为 2)开始计时,当接收到信号时立即停止计时。如果在一定时间内没收到信号($t \leqslant 5.8$ ms),则重发信号。超声波收发程序流程图如图 7.3.20 所示。

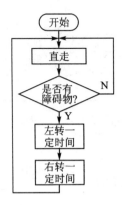

图 7.3.19　绕障碍物程序流程图

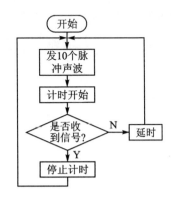

图 7.3.20　超声波收发程序流程图

7. 寻光源子程序

根据 3 个光敏管的组合状态,单片机控制电机进行相应的动作。光敏管的状态与单片机控制小车动作的对应关系如表 7.3.2 所列。寻找光源程序流程图如图 7.3.21 所示。

8. 金属块探测子程序

金属块探测子程序测量金属离起点的距离。在进入金属板时存储距离值,在出金属板时将测量的距离减去前一个距离值,即可算出金属的长度。将这个数值除 2 后加上第一次存储的距离就是金属片中点离起点的距离。金属块探测程序流程图如图 7.3.22 所示。

9. 其他子程序

- 动态显示子程序:以高频率控制位码的输出,使数码管依次点亮,但各个数码管的内容不变,即段码不变。程序流程图略。

- 延时子程序:完成延时功能。程序流程图略。

- 90 s 定时子程序:系统启动 90 s 后,停止所有动作。

- 停车子程序:在进车库时检测到黑线,控制电机反转很小的时间后停车。

● 辨认子程序：系统运行 5 s 后，如果再检测到金属，则认为小车到达了 C 点。

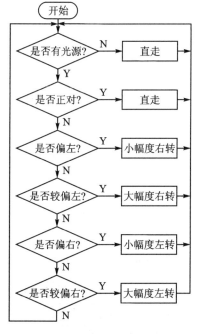

图 7.3.21 寻找光源程序流程图

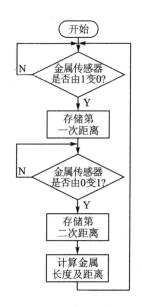

图 7.3.22 金属块探测程序流程图

7.4 液体点滴速度监控装置

7.4.1 液体点滴速度监控装置设计要求

设计并制作一个液体点滴速度监测与控制装置，示意图如图 7.4.1 所示。设计详细要求与评分标准等请登录 www.nuedc.com.cn 查询。

7.4.2 液体点滴速度监控装置系统设计方案

液体点滴速度监测与控制装置系统方框图[4]如图 7.4.2 所示。

本系统由 1 个主站和 16 个从站组成。操作者可在主站处对任意一个或若干个选定好的从站进行实时监控，也可在现场（即从站处）控制该从站的工作状态。采用 CAN 总线实现远距离两线制多机

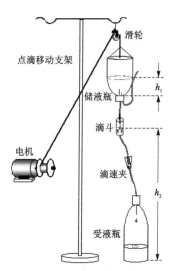

图 7.4.1 液体点滴速度监测与控制装置示意图

通信,增加了掉电数据存储、语音报警、系统开机自检及回血报警等功能,键盘输入,液晶显示,操作界面友好。

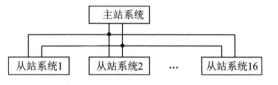

图 7.4.2　液体点滴速度监测与控制装置系统方框图

主站采用 AT89S52 单片机,扩展一片 62256 作为片外存储单元;串行 E^2PROM 24LC16 用于掉电数据存储。系统中还使用了一片 GAL16V8D 对高位地址和读/写控制信号进行编码,以简化系统总线。采用 CAN 总线接口芯片 PCA82C250 实现远距离两线制多机通信。主站系统方框图如图 7.4.3 所示。

从站也采用 AT89S52 单片机;串行 E^2PROM 24LC16 用于掉电数据存储。步进电机驱动电路采用 L297 和 L298 组成。采用 CAN 总线接口芯片 PCA82C250 实现远距离两线制多机通信。使用了一个蜂鸣器和一个发光二极管实现声光报警。从站还具有手动控制和传感器检测电路。从站系统方框图如图 7.4.4 所示。

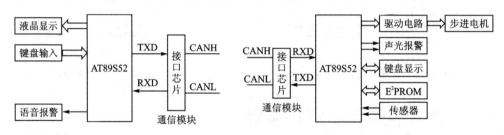

图 7.4.3　主站系统方框图　　　　图 7.4.4　从站系统方框图

7.4.3　主站、从站单片机系统电路设计

主站单片机系统电路以 AT89S52 单片机为核心,具有 62256 片外存储单元、掉电数据存储器 24LC16、液晶显示器接口等电路,通过 RXD 和 TXD 串行接口与 PCA82C250 CAN 总线接口芯片连接。

从站单片机系统也以 AT89S52 单片机为核心,包含掉电数据存储器 24LC16、步进电机驱动控制、声光报警、传感器输入等电路,通过 RXD 和 TXD 串行接口与 PCA82C250 CAN 总线接口芯片连接。

7.4.4　步进电机驱动电路设计

步进电机驱动电路采用 L297 和 L298N 组成,如图 7.4.5 所示。图中 R_{S1} 和 $R_{S2} = 0.5\ \Omega$,$D_1 \sim D_8$ 采用快速二极管($V_F \leqslant 1.2\ V @\ I = 2\ A$,$t_{RR} \leqslant 200\ ns$)。

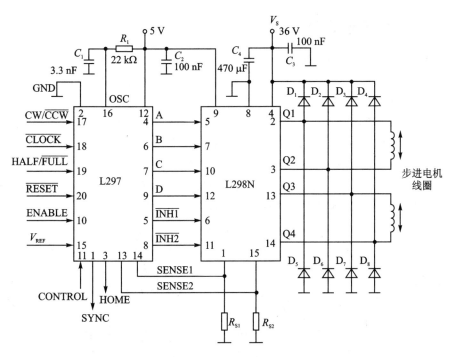

图 7.4.5 步进电机驱动电路

7.4.5 液滴检测电路设计

液滴检测电路[4]如图 7.4.6 所示，采用红外对射光电传感器。为了减少环境光源的干扰，增强信噪比，设计采用脉冲调制方式。采用 74HC14 与电阻和电容组成振荡器电路，产生 100 Hz、占空比为 20% 的脉冲方波，加到红外发射管。

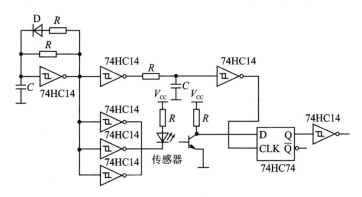

图 7.4.6 液滴检测电路

7.4.6　声光报警电路设计

当传感器检测到液面低于预设值(药液将要注射完毕),或传感器检测不到有水滴下落(如检测到针头回血)时,从站单片机控制语音芯片和 LED 工作,发出声光报警,同时向主站发出报警信息。

语音报警采用 ISD1420 单片 20 s 高保真语音录放 IC。ISD1420 是一个优质单片语音录放电路,由振荡器、语音存储单元、前置放大器、自动增益控制电路、抗干扰滤波器、输出放大器组成。一个最小的录放系统仅由一个麦克风、一个喇叭、两个按钮、一个电源、少数电阻和电容组成。录音内容存入永久存储单元。单一 5 V 电源供电。ISD1420 应用电路如图 7.4.7 所示。ISD1420 引脚端功能如表 7.3.1 所列。

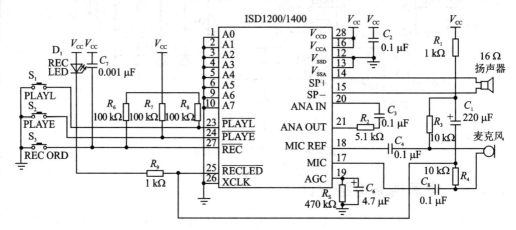

图 7.4.7　ISD1420 应用电路

表 7.4.1　ISD1420 引脚端功能

引　脚	符　号	功　　能	引　脚	符　号	功　　能
1~6	A0~A5	地址	21	ANA OUT	模拟输出
9、10	A6、A7	地址(MSB)	20	ANA IN	模拟输入
28	V_{CCD}	数字电路电源	19	AGC	自动增益控制
16	V_{CCA}	模拟电路电源	17	MIC	麦克风输入
12	V_{SSD}	数字地	18	MIC REF	麦克风参考输入
13	V_{SSA}	模拟地	24	$\overline{PLAYE}$	放音,边沿触发
14、15	SP+、SP-	喇叭输出+、-	27	$\overline{REC}$	录音
26	XCLK	外接定时器(可选)	25	$\overline{RECLED}$	发光二极管接口
11	NC	空引脚	23	$\overline{PLAYL}$	放音,电平触发

7.4.7　液体点滴速度监控装置软件设计

1. 主站程序流程图[4]

主站操作程序流程图如图 7.4.8 所示，主站程序流程图如图 7.4.9 所示。

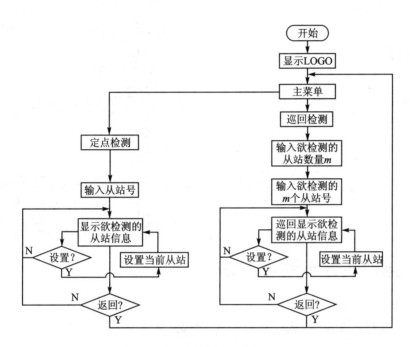

图 7.4.8　主站操作程序流程图

2. 从站程序流程图[4]

从站程序流程图如图 7.4.10 所示。

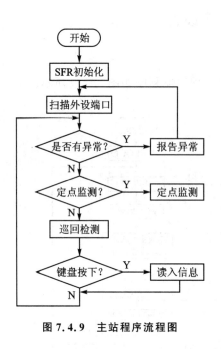

图 7.4.9　主站程序流程图

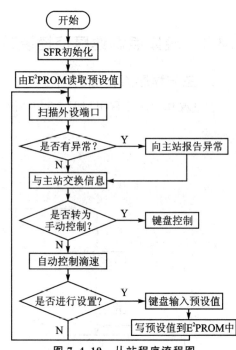

图 7.4.10　从站程序流程图

7.5　自动往返电动小汽车

7.5.1　自动往返电动小汽车设计要求

设计并制作一个能自动往返于起跑线与终点线间的小汽车。允许用玩具汽车改装，但不能用人工遥控(包括有线和无线遥控)。跑道顶视图如图 7.5.1 所示。设计详细要求与评分标准等请登录 www.nuedc.com.cn 查询。

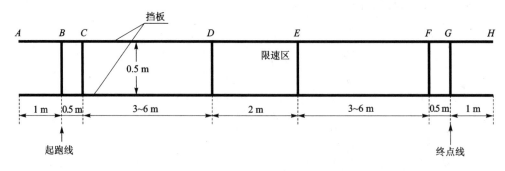

图 7.5.1　跑道顶视图

7.5.2　自动往返电动小汽车系统设计方案

自动往返电动小汽车系统方框图[3]如图 7.5.2 所示。采用两块单片机 (AT89S52 和 AT89S2051)作为自动往返小汽车的检测和控制核心。路面黑线检测使用反射式红外传感器,车速和距离检测使用断续式光电开关,利用 PWM 技术动态控制电机的转速。

设计中采用高效的 H 型 PWM 电路,以提高电源利用率;控制电路电源和电机电源隔离,信号通过光电耦合器传输;脉冲调制路面检测方式,具有超强纠错能力,可免受路面杂质干扰;优化的软件算法和良好的硬件电路设计,可实现小车在运行、限速和压线过程中的精确控制。

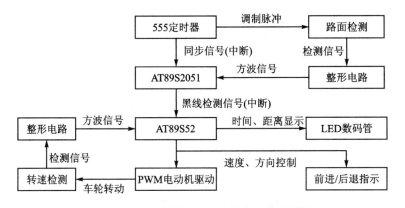

图 7.5.2　自动往返电动小汽车系统方框图

7.5.3　单片机系统电路设计

单片机系统由一片 AT89S2051 和一片 AT89S52 组成。AT89S2051 单片机主要实现对路面黑线的软件检测与纠错;AT89S52 单片机则作为整个控制部分的核心,负责车速检测、电机驱动、数据显示等功能。单片机系统方框图如图 7.5.3 所示。

AT89S52 的中断和定时器资源配置如表 7.5.1 所列。

表 7.5.1　AT89S52 的中断和定时器资源配置

资源名称	功　能
外部中断 1 $\overline{INT0}$(下降沿触发)	黑线检测中断
外部中断 2 $\overline{INT1}$(下降沿触发)	车速检测中断
定时器　TIMER0（中断方式,5 kHz）	• 电机 PWM 占空比调节 • 系统时钟 • LED 数码管动态扫描

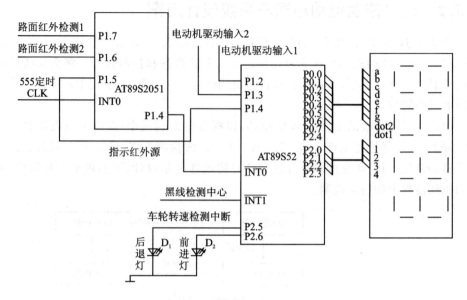

图 7.5.3　单片机系统方框图

7.5.4　电机驱动调速电路设计

　　电机驱动调速电路采用达林顿管组成的 H 型 PWM 电路，如图 7.5.4 所示。采用单片机控制 H 型 PWM 电路工作在占空比可调的开关状态，以精确地调整电机转速。H 型 PWM 电路工作在晶体管的饱和截止状态，具有非常高的效率。在本电路中采用 TIP132 大功率达林顿管，以满足电机启动瞬间的 8 A 电流要求。

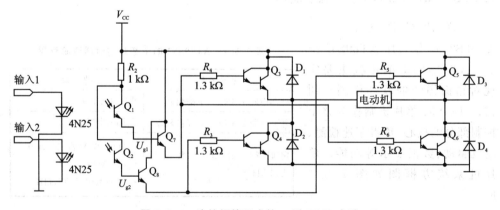

图 7.5.4　达林顿管组成的 H 型 PWM 电路

　　当 U_{g1} 为高电平，U_{g2} 为低电平时，达林顿管 Q_3、Q_6 导通，Q_4、Q_5 管截止，电机正转。当 U_{g1} 为低电平，U_{g2} 为高电平时，达林顿管 Q_3、Q_6 管截止，Q_4、Q_5 管导通，电机

反转。4 个与达林顿管并联的二极管保护作用。控制信号输入采用 4N25 光耦合形式，将单片机控制部分与电机的驱动部分隔离开来，采用不同的电源供电，增加了系统各模块之间的隔离度，提高了驱动电路的能力。

单片机输出周期为 200 Hz 的 U_{g1} 和 U_{g2} 控制信号，通过对其占空比的调整，对车速进行调节，最小脉宽为 0.2 ms，速度共分 25 挡，可满足车速调整的精度要求。同时，可通过 U_{g1} 和 U_{g2} 的切换来控制电机的正转与反转。

7.5.5　路面黑线检测电路设计

路面黑线检测电路采用反射式红外发射-接收器，在车底的前部和中部安装了两个反射式红外传感器。为减少环境光源干扰，增加信噪比，采用脉冲调制的发射与接收电路。

设计中使用占空比小的调制信号，在平均电流不变的情况下，瞬时电流可提高很多（50～100 mA），大大提高红外发射信号强度，提高信噪比。

反射式红外发射-接收电路如图 7.5.5 所示。发射部分的输入信号为 555 定时器产生的 9 kHz、占空比为 20% 的方形脉冲信号，通过三极管 Q_1 来驱动红外发射管发射，实现路面检测系统信号的调制。

接收部分的光敏二极管在不同的光照强度下，电阻值会大幅改变。可通过改变 R_2 的大小，调整输出对路面灰度的敏感程度。

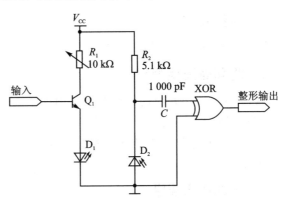

图 7.5.5　反射式红外发射-接收电路

调试时，将电路参数设置为只对黑色线条敏感，输出的交流信号经过隔直电容整形后输出到单片机系统。

信号解调采用单片机同步检测的方法。接收器产生的信号经过信号识别、整形电路整形后，输入到 AT89S2051 单片机。同时，发射电路的 555 定时器产生的调制信号作为同步信号输入到 AT89S2051 单片机产生中断。当 AT89S2051 单片机接收到中断信号后，便去检测传感器信号，等连续检测到若干个信号之后，再发送中断通知主控单片机 AT89S52。这样可以充分利用单片机判断能力，需要连续测到多个信号后才判定为黑线，可避免对其他杂物的误判，以增强纠错能力。

7.5.6　车速检测电路和电源电路设计

车速检测电路如图 7.5.6 所示。受鼠标的工作原理启发，车速检测采用遮断式光电检测方式。在车轴上固定有一个沟槽状的遮断式红外光电检测器，而在车轮侧壁伸出一圈遮光板,圆周上均匀分布 15 个方孔。车轮转动时,方孔依次通过沟槽,光电检测器便可获得通断相间的高低电平信号。获得的信号经过整形,发送至单片机,通过单片机的处理实现对车速检测和路程计算。

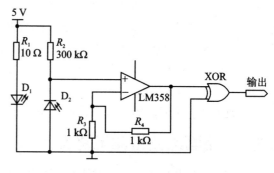

图 7.5.6 车速检测电路

系统采用双电源供电。其中一路提供给电机驱动电路;另一路通过给单片机及其他电路。两个电路完全隔离,利用光电耦合器传输信号。可以消除相互之间的干扰,提高系统稳定性。

7.5.7 自动往返电动小汽车软件设计

1. 系统程序[3]

系统主程序流程图如图 7.5.7 所示。

2. 路面黑线检测程序

AT89S2051 单片机的路面黑线检测程序流程图如图 7.5.8 所示。AT89S2051 只有在连续检测到几个黑线信号之后,才发送中断信号通知 AT89S52 到达黑线。同样,在到达黑线之后,只有连续检测不到信号时,才取消中断,以避免其他细小物体对检测的干扰。

3. 车速检测程序

当车轮转动时,通过槽型遮断式光电检测器,可检测到一个一个的脉冲,记录两个脉冲所间隔的时间,便能得到实际车速。车速检测程序如图 7.5.9 所示。

同时,由累计脉冲的总数便可得到行驶的路程。在本作品中,车轮周长为 18 cm,圆周上小孔数为 15 个,故一个脉冲对应 1.2 cm 的路程,即路程测量精度为 1.2 cm。

4. 限速子程序

在限速区中为了实现低速行驶的要求,限速必须采用闭环控制,通过对车速检测,调整电机的驱动力。限速程序流程图如图 7.5.10 所示。

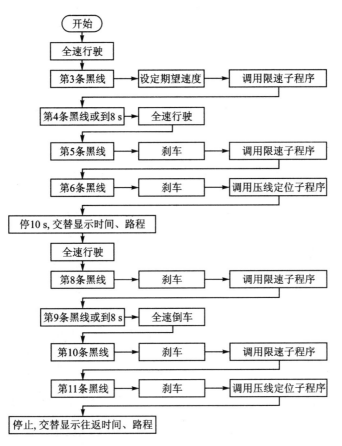

图 7.5.7　系统主程序流程图

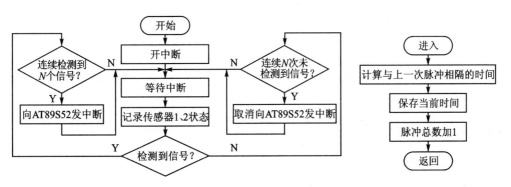

图 7.5.8　路面黑线检测程序流程图　　　图 7.5.9　车速检测程序

为了直观地指示当前限速状态,在车尾设有两对红绿指示灯,通过指示灯的状态可清晰地观察该速度反馈系统的运行状态。

另外值得注意的是,判断当前车速是否低于设定值不能通过计算两次脉冲间隔来实现。这是因为车速很慢时,等待下一个脉冲的时间将无限变长;一旦汽车停驶,程序便永远不能判断当前车速。因此,检测车速时设置了一个超时器,一旦超时还没有来脉冲,便认为车速变慢或停止。

5. 过线返回程序

设计要求在到达终点线及返回起点线时压线。当车速不快时,只需通过刹车便可解决;但如果车速太快,刹车后仍超出终点线时,就应倒退回终点线上,而且此时倒车必须为较低的速度,保证一次刹车即可压线,否则可能产生来回往返的死循环。过线返回程序流程图如图 7.5.11 所示。

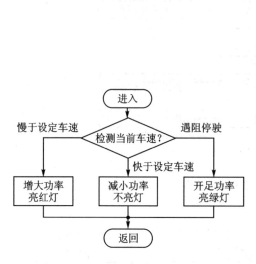

图 7.5.10 限速程序流程图

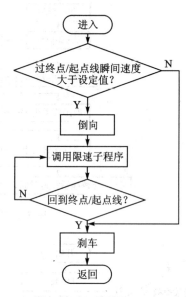

图 7.5.11 过线返回程序流程图

7.6 水温控制系统

7.6.1 水温控制系统设计要求

设计并制作一个水温自动控制系统,控制对象为 1 L 净水,容器为搪瓷器皿。水温可在一定范围内由人工设定,并能在环境温度降低时实现自动控制,以保持设定的温度基本不变。温度设定范围为 40~90 ℃,最小区分度为 1 ℃,标定温度≤1 ℃。环境温度降低时(例如用电风扇降温)温度控制的静态误差≤1 ℃。用十进制数码管显示水的实际温度。设计详细要求与评分标准等请登录 www. nuedc. com. cn 查询。

7.6.2 水温控制系统设计方案

水温控制系统以 AT89S52 单片机最小系统为核心,由传感器检测电路、A/D 转换电路、单片机系统、加热控制电路、键盘显示器电路、打印机接口电路等组成。其电路方框图[2]如图 7.6.1 所示。

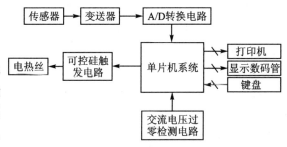

图 7.6.1 水温控制系统方框图

7.6.3 温度检测电路设计

1. 采用集成温度传感器 AD590K 的温度检测电路

温度检测电路如图 7.6.2 所示,采用集成温度传感器 AD590K。AD590K 温度传感器具有较高精度和线性度,非线性为 0.8 ℃(−50～155 ℃),重复性优于 0.1 ℃,可在 A/D 采集后,在程序中对采样数据进行非线性补偿,从而达到 ±0.1 ℃ 测量精度。AD581 是一个输出 10 V 电压的高精度基准电压源。AD707A 是一个超低漂移的运算放大器。

AD590K、AD581、AD707A 引脚端封装形式和内部结构如图 7.6.3 所示。图 7.6.3(c) 中 AD707 的 NC 为空引脚;引脚 4 连接到外壳。

531

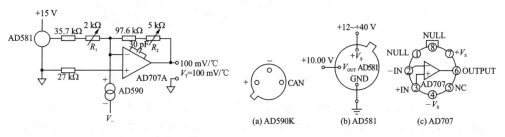

图 7.6.2 采用集成温度传感器 AD590K 的温度检测电路

图 7.6.3 AD590K、AD581、AD707 引脚端封装形式

由于 AD590K 测温精度为 0.3 ℃,测温度重复性优于 0.1 ℃,因此在程序中使用软件插值算法进行线性化后,系统测温精度可达到 0.1 ℃。实际标定步骤如下:

① 传感器粗调 0 ℃点校正。在保温杯中加入冰水混合物,放入标准温度计(分度为 0.1 ℃)和传感器探头,用高精度数字电压表测量温度检测电路输出电压。等温度检测电路输出电压稳定后,读标准温度计刻度。若温度为 0.5 ℃,则调节温度检测电路中的调零电位器 R_{W1},使检测电路输出电压为 0.5 V。

② 增益调整。将传感器探头放入沸水中，读标准温度计刻度。若温度为 95 ℃，则调节温度检测电路中的增益调整电位器 R_{W2}，使检测电路输出电压为 9.5 V。经过以上粗调后，温度检测电路输出为 100 mV/℃，在 0～100 ℃时对应电压为 0～10.0 V，测量精度可达到 0.3 ℃。

③ 传感器精确标定。AD590K 的测温精度由于其非线性特性，只能达到 ±0.3 ℃。若要进一步提高 AD590K 的测温精度，则必须精确地标定温度检测电路在不同温度下的输出电压，将温度-电压的对应关系存入表格，在测控程序中采用软件中进行插值补偿，获得 ±0.1 ℃的测量精度。

2. 采用热电阻的温度检测电路

Cu 100 铜热阻在系统测量的温度范围内线性特性良好。一个采用 Cu 100 铜热阻作为温度传感器的温度检测电路如图 7.6.4 所示。

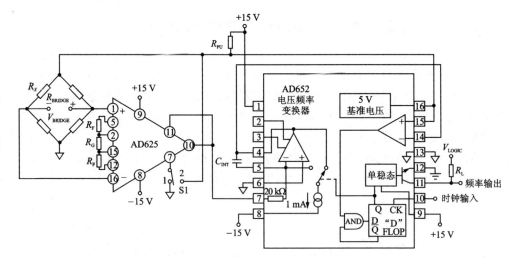

图 7.6.4 采用 Cu 100 铜热阻作为温度传感器的温度检测电路

图中 R_X 为 Cu 100 铜热阻，作为温度传感器，由电桥实现温度到电压的转换，经过仪用放大器 AD625 放大后，送往 AD652 V/F 变换器转化为数字量输出。图中 R_F 在 10～20 kΩ 之间。如果桥路电阻是 600 Ω，则 R_{PU} 是必须要加的。$R_{RL,MAX}=(+V_S-5\ \text{V})/[(5\ \text{V}/R_{BRIDGE})-10\ \text{mA}]$，开关 S1 在位置 1 时为单极性信号，开关 S1 在位置 2 时为双极性信号。电路输出频率如下：

$$f_{OUT}=V_{BRIDGE}[(2R_F/R_G)+1](f_{CLK}^2/10\ \text{V})$$

AD625 是一个可编程的仪用放大器，可编程增益为 1～10 000，增益误差为 0.02%，非线性为 0.001%。典型应用电路如图 7.6.5 所示。增益 G 与 R_F 和 R_G 的关系如表 7.6.1 所列。

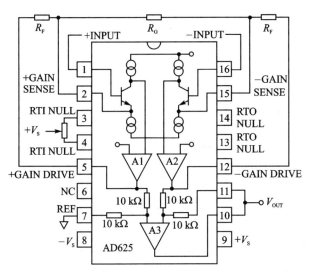

图 7.6.5　AD625 典型应用电路(固定增益应用电路,$G = (2R_F/R_G) + 1$)

表 7.6.1　增益 G 与 R_F 和 R_G 的关系(增益 G 有 $\pm 5\%$ 的误差,电阻精度为 1%)

增益 G	$R_F/\text{k}\Omega$	$R_G/\text{k}\Omega$	增益 G	$R_F/\text{k}\Omega$	$R_G/\text{k}\Omega$
1	20	∞	4	20	13.3
2	19.6	39.2	8	19.6	5.62
5	20	10	16	20	2.67
10	20	4.42	32	19.6	1.27
20	20	2.1	64	20	0.634
50	19.6	0.806	128	20	0.316
100	20	0.402	256	19.6	0.154
200	20.5	0.205	512	19.6	0.0768
500	19.6	0.0787	1 024	19.6	0.0383
1 000	19.6	0.039 2			

AD652 是一个单片 V/F 变换器芯片,可采用电压或电流输入方式,满刻度频率可达 $2\ \text{MHz}$(可由外部时钟设置),具有极低的线性误差(在 $f_{\text{CLK}} = 1\ \text{MHz}$ 时,线性误差最大为 0.005%;在 $f_{\text{CLK}} = 2\ \text{MHz}$ 时,线性误差最大为 0.02%),内部电路可提供 $5\ \text{V}$ 基准电压,最大漂移为 $25 \times 10^{-6}/^{\circ}\text{C}$,电源电压范围为 $\pm 6 \sim \pm 18\ \text{V}$。AD652 引脚端封装形式、内部结构和标准应用电路如图 7.6.6 所示。

7.6.4　A/D 转换器电路设计

1. 采用 AD1674 的 A/D 转换器电路

A/D 转换器电路采用 AD1674。AD1674 为 12 位 A/D 转换器芯片,输入电压范

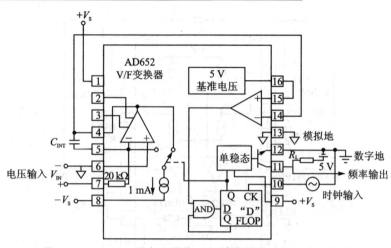

图 7.6.6　AD652 引脚端封装形式、内部结构和标准应用电路

围可为 ±5 V、±10 V、0～10 V、0～20 V。其引脚端封装形式和应用电路如图 7.6.7 所示。对应 0～100 ℃，温度检测电路输出为 0～10 V，设定 A/D 输入量程为 0～10 V，则分辨率为 100 ℃/4096＝0.024 ℃，完全满足要求。表 7.6.2 为其真值表。

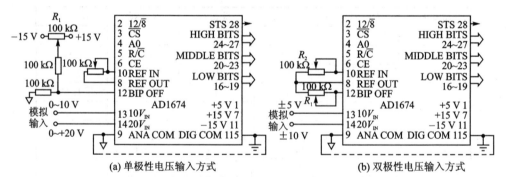

图 7.6.7　AD1674 引脚端封装形式、内部结构和应用电路

2. 采用 ICL7135 的 A/D 转换器电路

ICL7135 是一个 4(1/2) 位的双积分型模/数转换器，输入电压为 2 V，分辨率为 1/20000，时钟频率为 2000 kHz，具有较好的抗干扰性。ICL7135 的引脚端封装形式和应用电路如图 7.6.8 所示。注意，采用 ICL7135 进行 A/D 转换，温度检测电路输出电压范围不能超过 2 V。

表 7.6.2　AD1674 真值表

CE	$\overline{\text{CS}}$	R/$\overline{\text{C}}$	12/$\overline{8}$	A0	操　作	CE	$\overline{\text{CS}}$	R/$\overline{\text{C}}$	12/$\overline{8}$	A0	操　作
0	x	x	x	x	不运行	1	0	1	1	x	使能 12 位并行输出
x	1	x	x	x	不运行	1	0	1	0	0	使能最高 8 位
1	0	0	x	0	开始 12 位转换	1	0	1	0	1	使能低 4 位
1	0	0	x	1	开始 8 位转换						

534

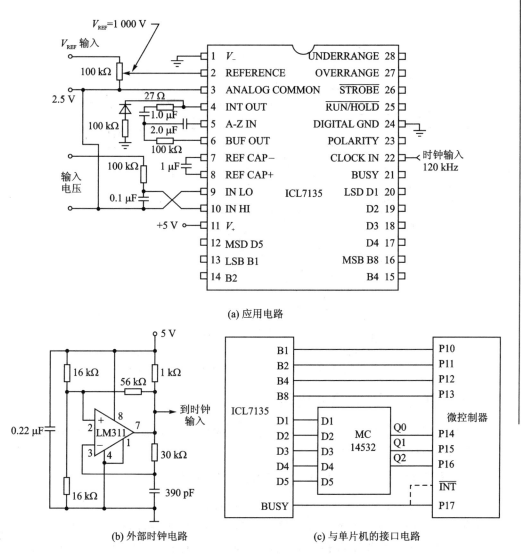

(a) 应用电路

(b) 外部时钟电路   (c) 与单片机的接口电路

图 7.6.8 ICL7135 的引脚端封装形式和应用电路

3. 采用 *V*/*F* 变换器的 A/D 转换电路

图 7.6.9 为采用 *V*/*F* 变换器的 A/D 转换电路,*V*/*F* 变换器采用 LM331。图中 CA3140 运放和 $C_F R_{IN}$ 积分电路可以减小非线性误差,另外 LM331 输入比较器的失调电压不影响 *V*/*F* 变换器的偏差或精度。因此,这一电路对温度变化的小信号有最好的精度,而且对输入温度信号有快速响应能力。

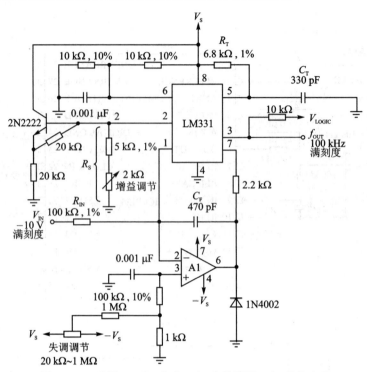

图 7.6.9　采用 LM331 作为 V/F 变换器的 A/D 转换电路

7.6.5　强电控制与驱动电路设计

加热采用电炉，使用 AC220V 电源，单片机系统对电炉加热功率控制采用光电隔离器和可控硅功率控制电路。

1. 采用 MOC3041 和可控硅的功率控制电路

采用 MOC3041 和可控硅的功率控制电路如图 7.6.10 所示。图中 MOC3041 是具有双向晶闸管输出的光电隔离器，T1 是功率双向可控硅，R_L 是负载（加热电炉）。在 MOC3041 内部不仅有发光二极管，而且还有过零检测电路和一个小功率双向可控硅。当单片机的 P3.2＝1 时，MOC3041 中的发光二极管发光，由于过零电路

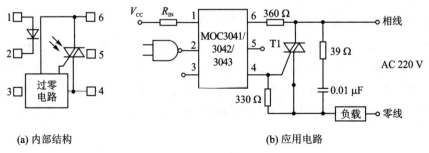

(a) 内部结构　　　　　　　　　　　　　　(b) 应用电路

图 7.6.10　采用 MOC3041 和可控硅的功率控制电路

536

的同步作用,内部的双向可控硅在过零后马上导通,从而使功率双向可控硅 T1 导通,在负载 R_L 中有电流流过;当 P3.2＝0 时,MOC3041 中的发光二极管不发光,内部双向可控硅截止,所以功率双向可控硅 T1 也截止,负载 R_L 中没有电流流过。由于被控制的对象是电炉,而它们都是感性元件,因此在电路中接上了一个 0.01 μF 的电容来校正零相位。

2. 采用 TIL113 和可控硅的功率控制电路

采用 TIL113 和可控硅的功率控制电路[2]如图 7.6.11 所示。注意:单片机 P3.2 的控制信号极性与图 7.6.12 相反。

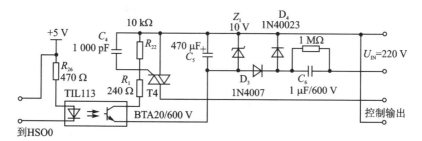

图 7.6.11　采用 TIL113 和可控硅的功率控制电路

7.6.6　交流电过零检测电路设计

交流电过零检测电路[2]如图 7.6.12 所示。交流电源经变压器降压后进行过零检测,再通过光电耦合器件输出过零检测信号到单片机,可避免交流电平干扰,其安全性和可靠性较高。

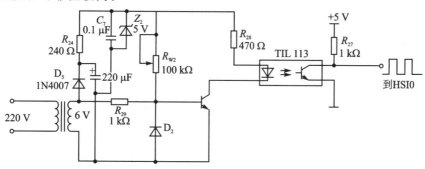

图 7.6.12　交流电过零检测电路

7.6.7　语音电路和打印机接口电路设计

本系统采用 ISD2532/40/48/64 作为温度语音芯片。芯片内部包含有时钟电路、拾音放大、自动增益控制电路、滤波器、差动功放、电源电路、E^2PROM 地址译码及其控制逻辑电路,具有 32/40/48/64 s 的录放时间,引脚端封装形式有 SOIC/

PDIP/TSOP 封装形式，应用电路如图 7.6.13 所示。

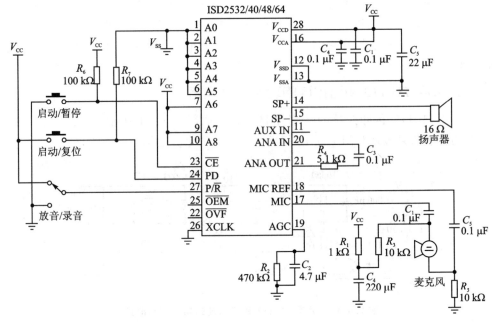

图 7.6.13　ISD2532/40/48/64 引脚端封装形式和应用电路

打印机可使用 TpμA16 微型打印机，共有 10 根信号及控制线，由单片机系统的复用 P1、P3.1、P3.2 口引出。

7.6.8　水温控制系统软件设计

在水温控制系统中，选择一个好的算法是系统达到技术指标的保证。采用简单的 PID 控制始终具有较大的超调，因此需要对其控制算法进行仔细研究。例如：

- 采用模糊控制算法。
- 采用分段非线性加积分分离 PI 算法进行温度控制。当偏差较大时，控制量采用由实验总结出的经验值；当偏差较小时；切换为积分分离 PI 算法。
- 采用 DDC 控制算法，利用三阶多项式拟合 $t \sim T$ 曲线，然后采用递归差分算法实现系统控制，等等。

主程序流程图[2]如图 7.6.14 所示。

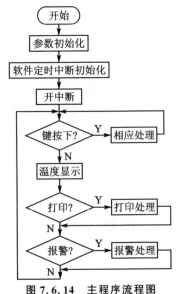

图 7.6.14　主程序流程图

7.7　电动车跷跷板

7.7.1　电动车跷跷板设计要求

设计并制作一个电动车跷跷板,在跷跷板起始端 A 侧装有可移动的配重。配重的位置可以在起始端开始的 200~600 mm 范围内调整,调整步长不大于 50 mm,配重可拆卸。电动车从起始端 A 出发,可以自动在跷跷板上行驶。电动车跷跷板起始状态和平衡状态示意图分别如图 7.7.1 和图 7.7.2 所示。

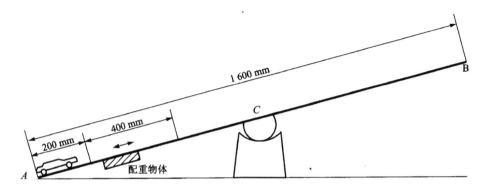

图 7.7.1　电动车跷跷板起始状态示意图

设计详细要求与评分标准等请登录 www. nuedc. com. cn 查询。

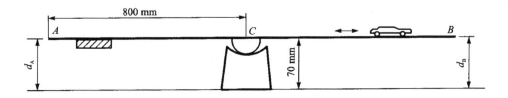

图 7.7.2　电动车跷跷板平衡状态示意图

7.7.2　电动车跷跷板设计方案

根据赛题要求,典型的设计方案方框图如图 7.7.3 所示。系统以两片单片机作为电动车运动控制系统的核心,两片单片机协同工作,利用角度传感器、光电传感器等检测电动车运动状态,对步进电机或者直流减速电机进行控制,实现小车在跷跷板上的往返运动、寻找平衡点以及自动循迹驶上跷跷板等功能。

单片机可以选择 AT89S52、ATmega128、MC9S12DG128 等型号;也可以采用 ARM 处理器代替,如 LPC2138 等。

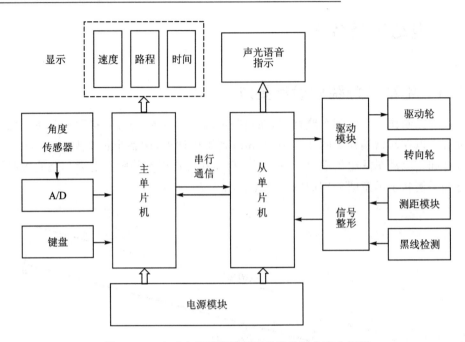

图 7.7.3 电动车跷跷板控制系统的设计方案方框图

电动车跷跷板是一个非常典型的自动控制系统。在自动控制系统中，合适的控制算法、反馈信号的精度、系统模型的准确度等都直接关系到控制系统的稳定性、响应时间、控制精度。其中控制算法又是整个控制系统优劣的关键。控制算法可以选择最优控制算法、PID 控制算法、模糊控制算法等。对于本赛题，采用单片机的控制系统采用 PID 控制算法是一个不错的选择；如控制器采用的是 LPC2138 等 ARM 处理器，也可以选择最优控制算法或者模糊控制算法。

小车的电机可以选择直流电机或者步进电机。直流电机速度快，驱动电路简单，但位置控制难度大，难以实现较高的控制精度，在这个赛题中不是一个好的选择。本赛题要求在跷跷板的中间点保持平衡，选择步进电机更容易达到设计要求。步进电机可以将电脉冲信号转换成相应的角位移（或者线位移），它的转角及转速分别取决于脉冲信号的数量和频率。步进电机只有周期性的误差而无累积误差，可以达到很高的控制精度，且控制难度要比直流电机小得多。步进电机驱动可以采用步进电机专用驱动芯片 TA8435H、L298N 等。L298N 可以驱动 46 V、2 A 以下的四相步进电机，而且外围电路简单。

平衡检测电路的核心是倾角传感器。倾角传感器可以选择 SCA103T、SCA60C、Accustar 电子倾角传感器、AME - B002 角度传感器、MSA - LD2.0 双轴加速度传感器等不同型号的角度传感器。需要注意的是，不同型号的倾角传感器的输出信号形式不同。

光电传感器用来完成引导寻迹，可以采用红外发射管和光敏三极管，或者采用

TCRT5000 漫反射型光电开关、反射式红外光电传感器 RPR220、反射式红外线传感器 ST178、TCST1030 光电开关等不同型号的光电传感器。

语音提示模块可以采用 Winbond 公司生产的 ISD1420 等芯片。

7.7.3　理论分析与计算

1. 测量与控制方法

(1) 测量方法

① 时间测量,包括小车分别从 $A{\rightarrow}B$、$B{\rightarrow}C$、$C{\rightarrow}A$ 所用的时间,是通过单片机内部的定时器/计数器来计数;

② 平衡误差测量,通过直尺直接测出 A、B 两点离地面的高度 d_A、d_B,平衡误差 $=|d_A-d_B|$。

(2) 控制方法

智能电动车的控制软件采用模块化的程序结构,它包括主体循环程序、增量式 PID 速度控制程序、中断服务程序、寻线控制算法程序和速度控制算法程序等。软件控制算法如图 7.7.4 所示。首先对各种设备进行初始化,然后选择进入参数修改程序。参数设定完毕后打开中断,最后循环执行位置速度控制程序,实现变速。

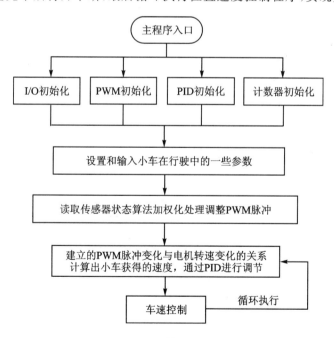

图 7.7.4　软件算法控制流程图

本系统采用增量式数字 PID 控制算法来实现平衡控制,通过 PWM 脉冲对步进电机进行调速。增量式数字 PID 调节的数学表达式如下,其中 K_P 为比例常数,T_i

为积分时间常数,T_D 微分时间常数,T 为采样周期。

$$D(z) = \frac{U(z)}{E(z)} = \frac{a_0 - a_1 z + a_2 z^{-2}}{1 - z^{-1}} \cdot \frac{\sum \text{SensorRight}}{\sum \text{SensorNumber}} \quad (7.7.1)$$

$$\begin{cases} a_0 = K_P \left(1 + \dfrac{T}{T_i} + \dfrac{T_D}{T}\right) \\[2mm] a_1 = K_P \left(1 + 2\dfrac{T_D}{T}\right) \\[2mm] a_2 = K_P \dfrac{T_D}{T} \end{cases} \quad (7.7.2)$$

对位置式算式加以变换,可以得到 PID 调节算法的另一种实用形式(增量算式):

$$\Delta u_n = u_n - u_{n-1} = K_P \left[(e_n - e_{n-1}) + \frac{1}{T_1} e_n + \frac{T_D}{T} (e_n - 2e_{n-1} + e_{n-2}) \right]$$

$$(7.7.3)$$

$A = K_P, B = K_P/T_i, C = K_P \cdot T_D/T$,倾斜角度与小车速度之间的关系可以利用这个方程来建立。

2. 参数计算

(1) 关于小车基本参数计算

小车质量 $m = 1\,200$ g,重量 $G = 117.6$ N;小车车轮直径 $D = 6.7$ cm,周长 $C = 21.0$ cm;步进电机细分前步进角为 $1.8°$,经过 1/4 细分后,步进角为 $0.45°$,从而推出:单片机每发出 800 个脉冲,电机带动车轮转动 1 圈,即电机的步进距离为:

$$\frac{\text{车轮的周长 } C}{\text{车轮转过 1 圈所需脉冲数}} = \frac{21 \text{ cm}}{800} = 0.026 \text{ cm} \quad (7.7.4)$$

(2) 关于跷跷板系统平衡的理论分析

如图 7.7.5 所示,根据杠杆平衡原理对跷跷板左右两端进行受力分析,得出支点 C 两端的力矩必须相等,即:

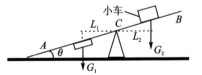

图 7.7.5　跷跷板系统受力分析

$$\sum M_{AC} = \sum M_{BC} \quad (7.7.5)$$

已知:小车质量为 1.2 kg,跷跷板长 1.6 m,平衡时允许的最大角偏为 $1.4°$($\arcsin(4/160)$),配重 1 可以在离 A 点 $20\sim40$ cm 的范围内移动。假设配重 1 和小车所受到的重力分别为 G_1、G_2,它们到支点 C 的垂直距离分别为 L_1、L_2,可以推出:

$$G_1 \cdot L_1 = G_2 \cdot L_2 \quad (7.7.6)$$

配重 1 最大重量: $\qquad G_{1\max} = \dfrac{G_2 \times L_{2\max}}{L_{1\min}} = \dfrac{G_2 \times 80}{20} = 4\,G_2 \quad (7.7.7)$

设比例系数 K，$K = G_1/G_2$，则 $K \leqslant 4$，推出：

$$L_2 = G_1 \cdot L_1/G_2 = KL_1 \leqslant 4L_1 \tag{7.7.8}$$

当 K 值无限接近 0 时，由式（7.7.8）推出：L_2 也趋近于 0；对物体配重 1 重量选择需要与小车在跷跷板上达到新的平衡所需最小时间一起综合考虑。

（3）角度转化计算

MSA - LD2.0 为双轴加速度传感器，可以测动态、静态加速度，从而转换成物体的倾斜角度。转换公式如下：

$$\text{ang}x = \arcsin((X_0 - X_1)/X_2) \cdot 180/3.141\,592\,6 \tag{7.7.9}$$

X_0：x 轴的加速度原始数据，X_1：x 轴角度零点的加速度原始值，X_2：x 轴的灵敏度，即 x 轴单位加速度的值。

7.7.4　电动车跷跷板的倾斜角度的测量

电动车跷跷板的倾斜角度的测量可以采用倾角传感器、光电编码器、角度传感器等传感器完成。

1. 采用 MSA - LD2.0 的倾斜角度检测电路

MSA - LD2.0 双轴加速度传感器是完全的双轴加速度传感器，利用重力加速度对加速度传感器的影响来测量物体的倾角，封装在 CMOS IC 电路上。加速度传感器的测量原理基于热交换，介质是气体。因为热自由交换，任何方向的加速度将打破温度分布的平衡，使输出的电压（温度）也将随之改变。MSA - LD2.0 双轴加速度传感器的分辨率是 $0.1°$，灵敏度为 $12.5\%/g$，可以测动态、静态加速度，从而转换成物体的倾斜角度。

MSA - LD2.0 双轴加速度传感器有两路模拟量输出信号，DoutX、DoutY 脚分别为 X 轴和 Y 轴方向倾角的模拟电压输出脚。为确保数据输出准确、稳定，消除供电所带来的噪音，使用两个电容器 $C_2 = C_3 = 0.47\ \mu\text{F}$ 和一个电阻 $R_2 = 270\ \Omega$。图中的 C_1 和 R_1 构成简单的 RC 滤波器。V_{REF} 为参考电压引脚，标准值是 $2.50\ \text{V}$，与稳压管 1117M3 连接，有 $100\ \mu\text{A}$ 的驱动能力。SCK 引脚在使用内部时钟时必需接地，为使用的灵活性可以选用外部时钟，图中与 P89LPC932BDH 的 P3.0 口连接。

MSA - LD2.0 输出模拟信号通过 P89LPC32 单片机处理后，送到主控制单片机，电路如图 7.7.6 所示。

2. 采用 SCA103T 数字式倾角传感器

采用 SCA103T 数字式倾角传感器进行倾斜角度测量的电路如图 7.7.7 所示，输出电压与角度变化的关系如图 7.7.8 所示。

SCA103T 是一个单轴倾角传感器，测量范围 $0.26\ g(\pm 15°)$ 或者 $0.5\ g(\pm 30°)$，单电源供电（5 V），具有数字 SPI 或者模拟输出。SCA103T 的引脚端功能如下：

引脚端 1，SCK，串行时钟输入；

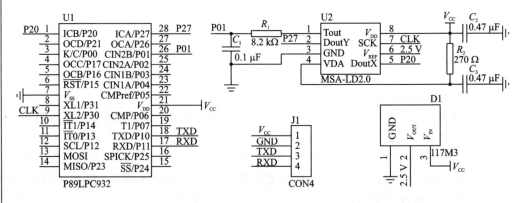

图 7.7.6 采用 MSA－LD2.0 的倾斜角度检测电路

引脚端 2,Ext_C_1,外部电容器输入(通道 1);

引脚端 3,MISO,数据输出;

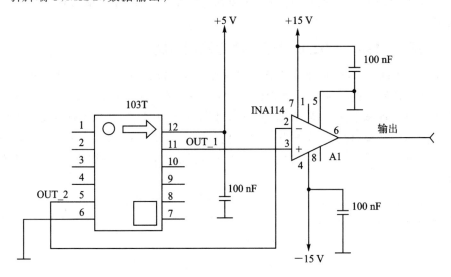

图 7.7.7 采用 SCA103T 的倾斜角度检测电路

引脚端 4,MISI,数据输入;

引脚端 5,OUT_2,通道 2 输出;

引脚端 6,V_{SS},电源负端;

引脚端 7,CSB,片选,低电平有效;

引脚端 8,Ext_C_2,外部电容器输入(通道 2);

引脚端 9,ST_2,通道 2 自测试输入;

引脚端 10,ST_1/Test_in,通道 1 自测试输入;

引脚端 11,OUT_1,通道 1 输出;

引脚端 12,V_{DD},电源正端。

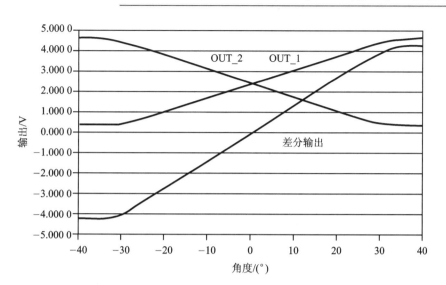

图 7.7.8　输出电压与角度变化的关系

注意：①如果没有使用 SPI 串口时，引脚端 1、3、4、7 都需要悬空；②当引脚端 9 和 10 为逻辑 1（高电平）时，可激活芯片自检，如果不使用自检功能，引脚端 9 和 10 需要悬空或者接地。

7.7.5　路径检测电路设计

为了确保小车能在跷跷板上平稳运动，采用黑线来引导小车前进。路径检测电路可以采用反射式红外线传感器组成，如采用反射式红外线传感器 ST178、反射式红外光电传感器 RPR220、TCRT5000 漫反射型光电开关等。

反射式红外线传感器 ST178 的外形结构、内部电路与应用电路如图 7.7.9 所示，所构成的路径检测电路如图 7.7.10 所示。

首先利用光敏三极管 Q_1 和 R_{50} 分压产生 2 V 左右的电压基准，送入 LM339 的同相端。当检测到黑线时，U1 的接收端不能够接收到发射管发射的反射信号，故在 U1 的 2 脚输出一个低电平信号，送入 LM339 反相端进行电压比较；在 LM339 的输出端输出一个高电平信号，该信号再经过施密特触发器整形成标准的 TTL 电平，送入单片机 I/O 口进行处理。

7.7.6　步进电机驱动电路设计

步进电机是数字控制的电机，它将电脉冲信号转换成角位移，给一个脉冲信号，步进电机将转动一个角度，非常适合用单片机控制。本设计采用混合式步进电机 35BY48S03 带动小车运动。

步进电机在低频工作时，振动大、噪声大，解决这个问题的最好办法是采用细分控制方式。步进电机的细分控制采用专用的细分芯片 TA8435H 实现，TA8435H 最

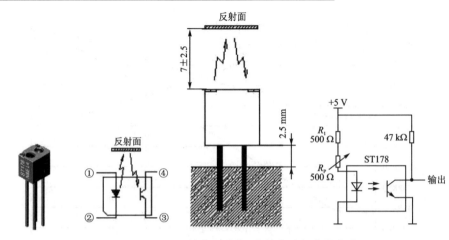

图 7.7.9　ST178 的外形结构、内部电路与应用电路

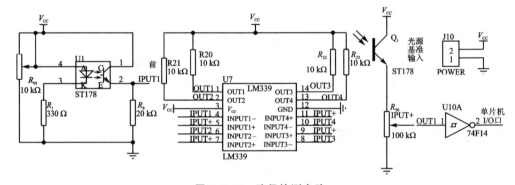

图 7.7.10　路径检测电路

大可以实现 1/8 细分;在低速运行时振动噪音小;电路简单而且该芯片价格也便宜。

如图 7.7.11 所示,TA8435H 的引脚 M1 和 M2 决定电机的转动方式:M1=0、M2=0,电机按整步方式运转;Ml=1、M2=0,电机按半步方式运转;M1=0、M2=1,电机按 1/4 细分方式运转;Ml=1、M2=1,电机按 1/8 步细分方式运转。CW/CWW 控制电机转动方向,CK1、CK2 时钟输入的最大频率不能超过 5 kHz。控制时钟的频率,即可控制电机转动速率。$D_1 \sim D_4$ 快恢复二极管用来泄放绕组电流。单片机 I/O 口输出 PWM 脉冲信号,通过 4N25 光电隔离后输入到细分芯片 TA8435H。

7.7.7　电动车跷跷板系统软件设计

系统软件对小车的整个运动过程进行控制,建立一个分段的控制函数,配合增量式数字 PID 控制算法,根据角度传感器反馈的信号以及光电传感器检测到的信号,实现小车速度和位置的自动调节,确保它在最短时间内达到平衡。软件设计采用 C 语言编写。小车控制的主程序流程图如图 7.7.12 所示。

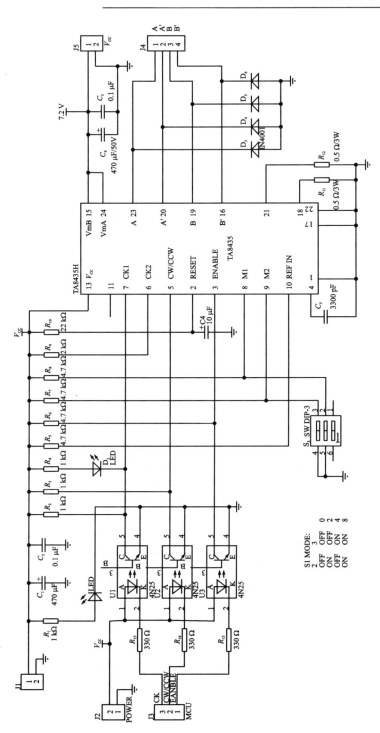

图 7.7.11　采用TA8435H的步进电机驱动电路

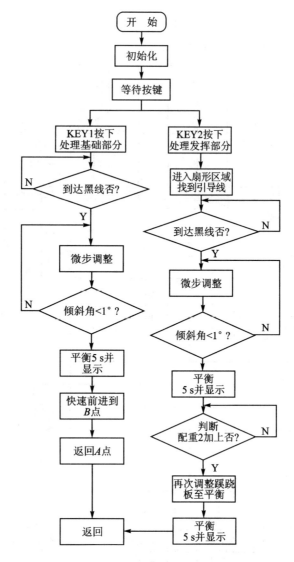

图 7.7.12　主程序流程图

7.8 声音导引系统

7.8.1 声音导引系统设计要求

设计并制作一个声音导引系统,示意图如图 7.8.1 所示。

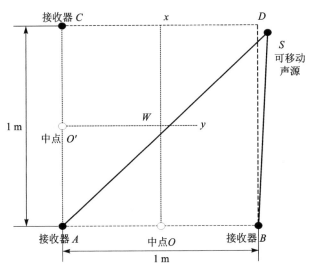

图 7.8.1 系统示意图

图 7.8.1 中,AB 与 AC 垂直,Ox 是 AB 的中垂线,$O'y$ 是 AC 的中垂线,W 是 Ox 和 $O'y$ 的交点。

声音导引系统有 1 个可移动声源 S,3 个声音接收器 A、B 和 C,声音接收器之间可以有线连接。声音接收器能利用可移动声源和接收器之间的不同距离,产生一个可移动声源离 Ox 线(或 $O'y$ 线)的误差信号,并用无线方式将此误差信号传输至可移动声源,引导其运动。

可移动声源运动的起始点必须在 Ox 线右侧,位置可以任意指定。

设计详细要求与评分标准等请登录 www. nuedc. com. cn 查询。

7.8.2 声音导引系统方案设计

分析赛题要求,将声音导引系统可以分为两部分,一部分是主控制台,另一部分是以小车为载体的可移动声源。两部分所包含的模块如图 7.8.2 所示。可移动声源的音频信号发生模块用于产生一定频率的音频信号,声光提示模块用于定位后的提示;主控制台的 3 个接收器模块用于接收音频信号,人机界面模块用于输入指示信号和显示系统数据,语音模块用于播报提示信息,无线收发模块用于两部分之间数据通信。

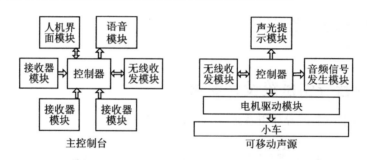

图 7.8.2 系统结构示意图

1. 控制器方案的选择与论证

方案一: 采用 51 系列单片机。如 STC89C52,共 40 个引脚,其中 32 个 I/O 口,功能相对单一,时钟频率为 11.059 2 MHz,芯片典型工作电压为 5 V,典型工作电流为 4～7 mA。

方案二: 采用 ARM7TDMI-S 微控制器 LPC2148。32 位的 LPC2148 工作电压为 3.3 V,典型工作电流为 53 mA,工作频率可高达 60 MHz,具有 45 个可承受 5 V 电压的 I/O 口,内置宽范围的串行通信接口,采用 3 级流水线工作模式,具有掉电和空闲两种低功耗工作模式。

LPC2148 处理速度比 51 系列单片机快,功能更加强大,故系统主控制台和可移动声源两部分的控制器都选择方案二。

2. 音频信号发生模块方案选择与论证

方案一: 控制器输出 20 Hz～20 kHz 的 PWM 信号,经功率放大后送扬声器输出。

方案二: 直接使用大功率蜂鸣器。

方案二直接简单可行,只需控制蜂鸣器的导通与截止便可产生周期性的音频信号,故选择方案二,使用 DC 24 V 供电的电子蜂鸣器。

3. 音频信号接收模块方案选择与论证

方案一: 直接购买声音接收器模块。该模块只在接收到声音信号后输出高电平。

方案二: 使用驻极体电容传声器,即咪头,接收音频信号;使用 LM358 放大;LM567 音调解码器对 3 kHz 的接收信号进行处理,只在接收到所需音频信号时输出低电平。

方案二电路简单,且可通过调节锁相环的频率来匹配系统所产生的音频信号,故选择方案二。

4. 车体方案选择与论证

方案一: 购买小车车轮及配件,装上电机和驱动,搭建小车模型。

方案二:购买小车车体成品。只需装上电机驱动,便可运行。

考虑到搭建模型耗时太长,且搭建不好会严重影响精度,故选择方案二。最终购买的车体是北京亿学通电子生产的大功率履带式直流电机驱动车体,具有动力性能强、底盘稳定性高、转弯灵活的特点,最快速度可达 30 cm/s,满足题目要求。

5. 直流电机驱动模块方案选择与论证

方案一:使用 N 沟道增强型场效应管构建 H 桥式电路驱动直流电机。电路简单,但要注意对场效应管死区时间的控制,不然很容易烧坏场效应管。

方案二:选用 L298N 驱动直流电机。L298N 属于 H 桥集成电路,输出电流为 2 A,最高工作电压 50 V,驱动能力强。

方案二电路简单、稳定度高,故选择方案二。配合 ASSP 芯片(型号 MMC-1)控制电机的示意图如图 7.8.3 所示。

图 7.8.3　直流电机驱动控制电路示意图

6. 无线收发模块方案选择与论证

方案一:使用 nRF24L01 无线收发模块。其工作频段为 2.4 GHz,最高工作速率为 2 Mbps,最远传输距离为 100 m,低功耗 1.9～3.6 V 工作,待机模式下为 22 μA,可通过 SPI 接口方便地与控制器相连。

方案二:使用 nRF905 无线收发模块。其工作频段为 433 MHz,最高数据速率为 50 kbps,最远传输距离可达 1 000 m,稳定性非常好,具有低功耗模式,工作电压为 1.9～3.6 V,电流消耗很低,待机模式下仅为 2.5 μA,通过 SPI 接口可方便地编程配置其工作模式。

nRF24L01 和 nRF905 都是完全集成的单片无线收发器芯片,但后者传输数据时抗干扰能力更强,通信更加稳定,且传输距离更远,故选择方案二。

7. 人机界面模块的方案选择与论证

方案一:使用数码管进行显示,按键用于信息输入。可采用周立功公司生产的 ZLG7290 芯片来配合控制器对数码管和按键进行控制,该芯片具有 I^2C 串行接口,只需占用控制器 3 个引脚,便可方便地控制数码管显示和检测按键。

方案二:使用迪文触摸屏人机交互模组(HMI)。型号为 DMT32240S035_ 01WT,工作电压为 DC 5～28 V,功耗为 1 W,使用异步、全双工串口与控制器通信,不需要额外电路。

数码管不能显示汉字,而迪文人机交互模组(HMI)带触摸功能,可省去按键,使画面更生动有趣。故人机交互界面模块选择方案二。

8. 系统组成

系统最终设计方案如图7.8.4所示。

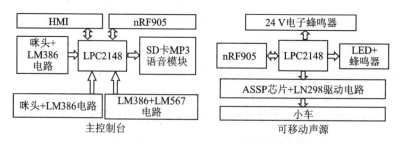

图7.8.4 系统组成方框图

① 主控制台和可移动声源控制器选择：LPC2148；

② 音频信号产生模块：24 V大功率电子蜂鸣器；

③ 音频信号接收器模块：咪头＋LM386＋LM567电路；

④ 直流电机驱动模块：L298N；

⑤ 人机界面模块：迪文触摸屏人机交互模组（HMI），型号为DMT32240S035_01WT。

⑥ 无线收发模块：nRF905无线收发模块；

此外，声光提示模块使用高亮度的LED和蜂鸣器，语音模块使用SD卡MP3模块。

7.8.3 理论分析及计算

1. 误差信号产生方法分析

可移动声源 S 通过处理误差信号来控制电机的运作，故误差信号的产生在一定程度上决定了系统性能。经认真分析，误差信号的产生有以下两种方法：

① 主控制台根据接收器信息计算出 S 当前时刻距定位点的距离作为误差信号。

② 主控制台将音频信号到达不同接收器的时间差值作为误差信号，需定位 Ox 线上时，以接收器 A 和接收器 B 接收到音频信号的到达时间差值作为误差信号；需定位 W 点时，以接收器 A 和接收器 C 接收到音频信号的到达时间差值作为误差信号。

对于本系统，一个脉冲可使小车前进 1.153 cm（步进电机的步距），若使用直接测距的方法，不能达到系统要求；而第2种方法只需用到控制器的一个定时器开启和关闭，便可获取误差信号。因控制器时钟频率为12 MHz，一个计数脉冲等效的定位精度可达 345 m/s/12 MHz=0.287 5 cm（常温下声速为345 m/s），故选择方法二，以到达时间差作为误差信号来进行定位。

2. 系统定位的分析与计算

(1) Ox 线定位的分析与计算

系统定位示意图如图7.8.5所示。将可移动声源放置在 Ox 线右侧的任意位置,因 $L_2 > L_1$,其中 L_1 为接收器 B 与 S 的距离,L_2 为接收器 A 与 S 的距离。当接收器 B 收到音频信号时,控制器开启定时器重新计时,接收器 A 收到音频信号时关闭,读取定时器的值 t,即误差信号。不考虑环境对声速的影响,可移动声源的控制器根据误差信号可算出:

$$\Delta L = L_2 - L_1 = t \times 345 \text{(m)} \tag{7.8.1}$$

且依据此误差信号 t 来控制可移动声源的运行速度。当 t 大于某个值时,控制小车快速行驶;随着 t 值的减小,对应减小可移动声源的速度;直到最后停止,这个门限值需要经过调试来决定,而判断可移动声源是否停止的 t 值范围也需要通过调试决定。理想状态下,可移动声源在收到的 t 为 0 时停止,此时刚好处在 Ox 线上。在此过程中,若接收器 A 比接收器 B 先检测到音频信号,说明小车已驶过 Ox 线,则定时器在接收器 A 收到信号时开启,在接收器 B 收到音频信号关闭,再读取误差信号 t_1,根据 t_1 值控制小车后退。

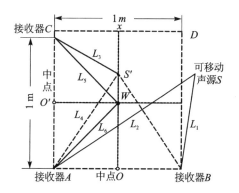

图 7.8.5　系统定位示意图

（2）W 点定位的分析与计算

与 Ox 线的定位分析方法相同,接收器 C 或 A 中任一个收到音频信号后开启定时器,另一个接收器收到音频信号后关闭,读取误差信号 t_2,控制小车运行。当从 S' 运动到 W 点时,$L_5 = L_6$,小车停止,$t_2 = 0$,实际情况下也要通过调试给出让车停止时的 t_2 范围。

7.8.4　主控制台的主控板电路设计

主控制台的主控制器电路、无线收发模块接口、MP3 语音模块全部设计在主控板电路中。使用时,将各模块插入主控板对应接口便可,避免了使用杜邦线连接电路时可能导致的通信不稳定等问题。迪文触摸屏与控制器使控制器与无线收发模块使用模拟 SPI 通信,与语音模块使用串口通信。为滤除杂波,提高语音音质,语音模块的输出端接 TEA2025B 双声道功放电路,此功放电路功耗低、声道分离度高。

主控制板电路如图 7.8.6 所示。

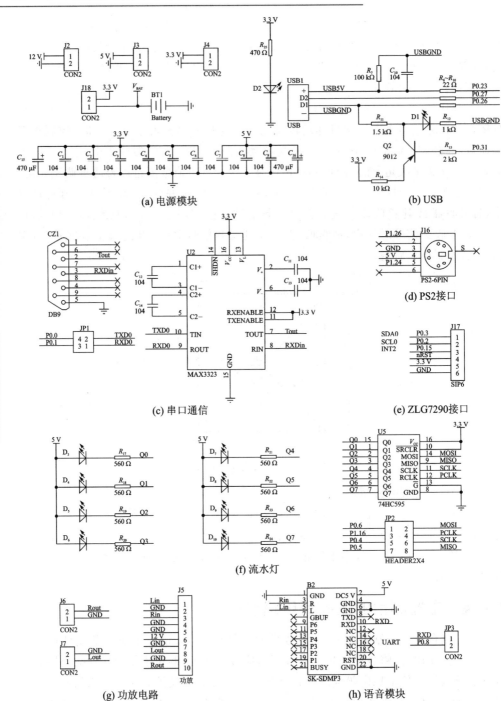

(a) 电源模块　　　　　　　　　(b) USB

(c) 串口通信　　　　　　　　　(d) PS2接口

(e) ZLG7290接口

(f) 流水灯

(g) 功放电路　　　　　　　　(h) 语音模块

图 7.8.6　LPC2148 主控制板电路图

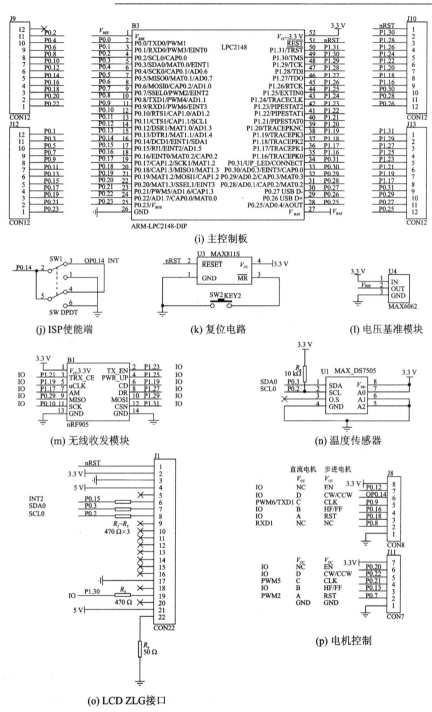

(i) 主控制板

(j) ISP使能端　　　　(k) 复位电路　　　　(l) 电压基准模块

(m) 无线收发模块　　　　(n) 温度传感器

(o) LCD ZLG接口

(p) 电机控制

图 7.8.6　LPC2148 主控制板电路图(续)

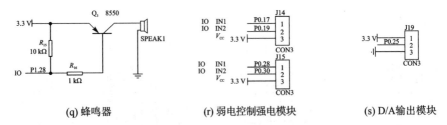

(q) 蜂鸣器　　　　(r) 弱电控制强电模块　　　　(s) D/A 输出模块

图 7.8.6　LPC2148 主控制板电路图(续)

7.8.5　音频信号发生电路设计

音频信号发生模块电路原理图如图 7.8.7 所示。CN 接控制器 I/O 口,当需要发出信号时,控制该 I/O 口输出高电平,使三极管 Q_1 导通便可,输出低电平则关闭蜂鸣器。

7.8.6　音频信号接收电路设计

音频信号接收器电路主要由采样部分、放大部分和解码部分组成。驻极体电容话筒采样声音,经 LM358 放大后,3 kHz 的音频信号传给 LM567 音调解码,OUT 脚输出的方波信号接控制器中断脚。电路原理图如图 7.8.8 所示。

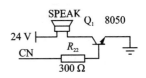

图 7.8.7　音频信号发生电路

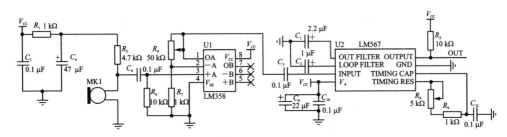

图 7.8.8　音频信号接收电路

7.8.7　小车电机驱动电路设计

根据组委会提供的电机控制 ASSP(MMC-1)芯片的 PDF 中文资料,由于该芯片内部程序固化,设计好硬件后,软件的编写只需设计两帧数据,操作相关寄存器与单片机串口通信。具体实现方案:先等待串口接收中断标志位置位,选择 MMC-1 的寄存器,短延时,再次等待串口接收中断标志位置位,向 MMC-1 写数据,短延时后就可实现对电机的正反转和速度的控制。

ASSP(MMC-1)芯片的引脚端封装形式和内部结构示意图如图 7.8.9 所示。

MMC-1 与 MCU 的连接如图 7.8.10 所示。有关 ASSP(MMC-1)芯片的更多内容请参考组委会提供的电机控制 ASSP(MMC-1)芯片的 PDF 中文资料。

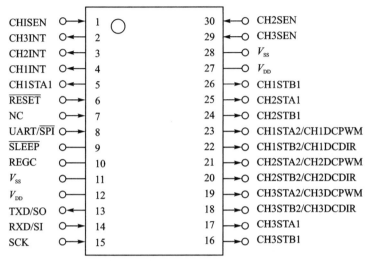

(a) ASSP芯片的引脚端封装形式

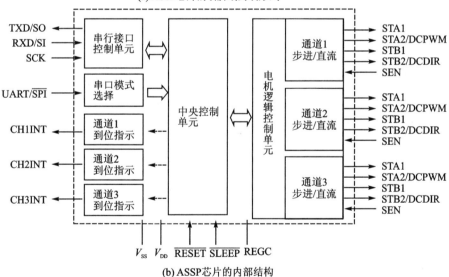

(b) ASSP芯片的内部结构

图 7.8.9　ASSP 芯片的引脚端封装形式和内部结构示意图

小车的移动利用直流减速电机为执行元件,参照 ASSP 芯片 PDF 中文资料中提供的控制直流电机的典型应用电路,其硬件电路如图 7.8.11 所示。电源经过一个二极管 D_{401} 防止电源正负极接反,起保护 ASSP 芯片的作用,选用通道 1、2 分别控制一个直流电机,与单片机的通信方式选择 UART 模式;图中三极管 Q_{401}、Q_{402} 起反相作用;简化与 L298N

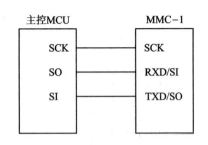

图 7.8.10　MMC-1 与 MCU 的连接

芯片结合使用时的程序编写。电源和 L298N 电机驱动的电路如图 7.8.12 所示,采用 7.4 V 的锂电池为整个可移动声源小系统供电,经过稳压芯片 LM501、U502 后可分别得到 5 V、3.3 V 电压,各模块可根据供电需要选择电源。

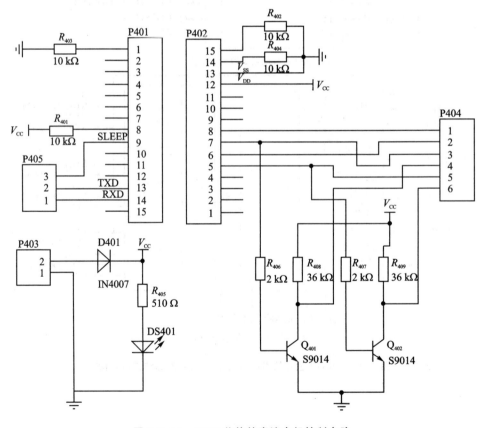

图 7.8.11　ASSP 芯片的直流电机控制电路

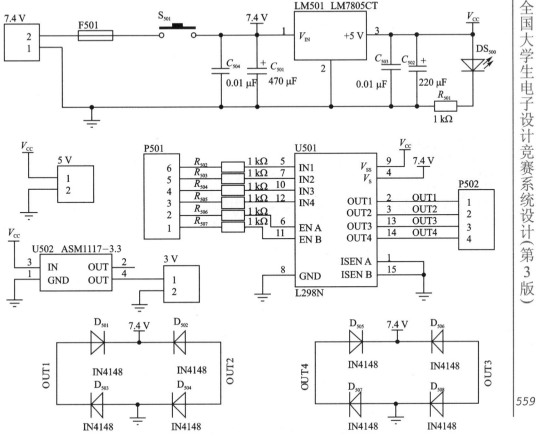

图 7.8.12　电源和 L298N 电机驱动的电路

7.8.8　语音播报电路设计

为使系统更加人性化,使用 SK－SDMP3 语音模块和音频功率放大器电路,实现语音播报。

1. SK－SDMP3 模块简介

SK－SDMP3 语音模块是广州苏凯电子有限公司的产品,直接支持 MP3 语音文件。文件来源广泛、占据容量小、容易制作、音质优美、通用性好;将 SD 卡作为存储媒体,存储容量大,容易复制保存,更新十分方便;存储内容按文件夹的形式编排,按名称分段存储、易存、易改;支持 4 种工作模式:标准模式、按键模式、并口模式和串口模式;可以播放背景音乐、广告语;可以进行任意段语音的播放;模块按照工业级设计,模块尺寸为 44 mm×4 mm×8 mm,电源电压为直流 5～9 V(内部稳压成 3.3 V 工作电压),适用于各种复杂的场合。

SK－SDMP3 语音模块如图 7.8.13 所示,模块内部含 MCU、MP3 解码芯片、

AMS1117 – 3.3 稳压管等电路。模块的 I/O 口封装形式如图 7.8.14 所示，I/O 口电平为 3.3 V，微控制器仅需通过串口就可以控制该模块播放 SD 卡中的 MP3 格式语音数据。

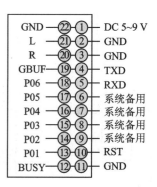

图 7.8.13　SK – SDMP3 语音模块　　　　图 7.8.14　I/O 口封装形式

与本模块配套的 SD 卡的容量必须为 32 MB～1 GB，卡的格式为 FAT。本模块只能够识别 SD 卡内名称为 advert00～advert99 的文件夹，其余名称都不能识别，所有的语音文件都必须放在 advert00～advert99 其中一个文件夹里面。

标准模式、按键模式、并口模式都只能读/写 advert01 文件夹内的内容。

串口模式可以对 advert00～advert99 共 100 个文件夹的内容进行读取。adver-txx 文件夹下的内容，只能是 000. mp3～999. mp3 共 1 000 个文件，都是以数字 000～999 作命名，后缀为". mp3"。

有关 SK – SDMP3 语音模块更多的内容请登录 http://www. dzkf. com，查询"SK – SDMP3 模块应用手册 V1.5"。

2. 音频功率放大器电路

SK – SDMP3 语音模块的音频功率放大器电路可以采用 LM386、TEA2025B 等音频功率放大器芯片实现。

采用 TEA2025B 的音频功率放大器电路如图 7.8.15 所示。

TEA2025B 是 ST 公司生产的双声道音频功率放大器芯片，该电路具有声道分离度高、电源接通时冲击噪声小、外接元件少、最大电压增益可由外接电阻调节等特点，应用于袖珍式或便携式立体声音响系统中作音频功率放大。TEA2025 的工作电源电压范围为 3～12 V，典型工作电压 6～9 V。工作电压为 12 V 时，TEA2025B 用于双声道时最大可输出每声道 2.3 W 功率；工作电压为 9 V 时，用于单声道时最大可输出 4.7 W 功率。

将 SK – SDMP3 语音模块的左右音频信号分别通过两个 20 kΩ 可调电阻接在放大器的输入端 10 脚和 7 脚，经过 TEA2025 放大的音频信号，通过扬声器便可获得很好的音频信号输出。在音频信号输入端和输出端都需要加上滤波电容器。

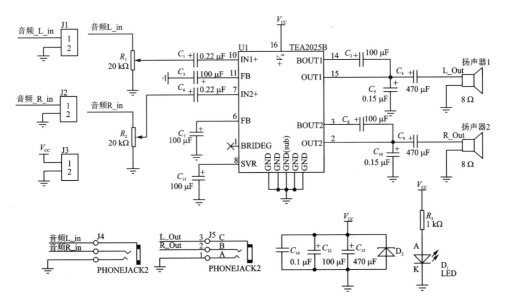

图 7.8.15　采用 TEA2025B 的音频功率放大器电路

7.8.9　舵机控制电路设计

系统使用舵机自动完成可移动声源的发声器件扬声器转向 180°控制。

舵机是一种位置伺服的驱动器。它接收一定的控制信号,输出一定的角度,适用于那些需要角度不断变化并可以保持的控制系统。在微机电系统和航模中,它是一个基本的输出执行机构。舵机是遥控模型控制动作的动力来源,不同类型的遥控模型所需的舵机种类也随之不同。

舵机主要是由外壳、电路板、无核心马达、齿轮及位置检测器所构成。其工作原理是由接收机发出信号给舵机,经由电路板上的 IC 判断转动方向,再驱动无核心马达开始转动,通过减速齿轮将动力传至摆臂,同时由位置检测器送回信号,判断是否已到达定位。

标准的舵机有电源线、地线、控制线 3 条连接导线。电源线和地线用于提供舵机内部的直流电机和控制线路所需的能源,电源电压通常为 4~6 V,一般取 5 V。注意,给舵机供电的电源应能提供足够的功率。控制线的输入信号是一个宽度可调的周期性方波脉冲信号,方波脉冲信号的周期为 20 ms(即频率为 50 Hz)。当方波的脉冲宽度改变时,舵机转轴的角度发生改变,角度变化与脉冲宽度的变化成正比。以 180°(−90°~90°)角度伺服为例,某种舵机的输出轴转角与输入信号的脉冲宽度之间的关系如图 7.8.16 所示。

要精确地控制舵机输出转角,比图 7.8.16 所示要复杂。很多舵机的位置(输出转角)等级可以达到 1 024 个,如果舵机的有效角度范围为 180°,其输出转角的控制精度是可以达到 180°/1 024°,大约等于 0.18°,输入脉冲宽度的精度要求为 20 000 μs/1 024,大约为 20 μs。

利用微控制器产生精密的 PWM 脉冲波形,可以实现对舵机的精确控制。

舵机与 LPC214x 连接示意图如图 7.8.17 所示,采用 LPC214x 的 PWM 控制舵机输出转角。

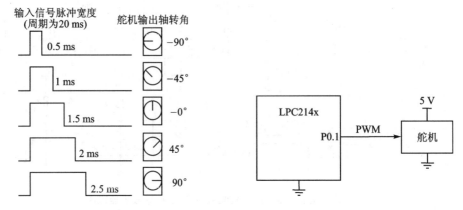

图 7.8.16 舵机输出转角与输入信号脉冲宽度的关系　图 7.8.17 舵机与 LPC214x 连接示意图

7.8.10 显示电路设计

显示电路使用触摸屏进行测试项选择,显示结果和运行时间。

1. 触摸屏模块简介

触摸屏模块(HMI)选择北京迪文科技有限公司生产的 DMT32240S035_01WT,其分辨率为 320×240,工作温度范围为 −20～+70 ℃;工作电压范围为 5～28 V,功耗为 1 W;12 V 时,背光最亮和背光熄灭时的工作电流分别为 90 mA 和 50 mA。该模块共有 33 MB 字库空间,可存放 60 个字库,支持多语言、多字体、字体大小可变的文本显示,还支持用户自行设计字库;96 MB 的图片存储空间,最多可存储 384 幅全屏图片,支持 USB 高速图片下载更新、图形功能完善;用户最大串口访问存储器空间为 32 MB,与图片存储器空间重叠;支持触摸屏和键盘,并具有触摸屏漂移处理技术;同时还内嵌拼音输入法、数据排序等简单算法处理。

有关 DMT32240S035_01WT 的更多内容请登录 www.dwin.com.cn,查询北京迪文科技有限公司"智能显示终端开发指南"以及相关资料。

2. LPC2148 最小系统开发板与触摸屏模块的连接

LPC2148 最小系统开发板与触摸屏模块通过 UART 接口进行连接,连接电路图如图 7.8.18 所示。

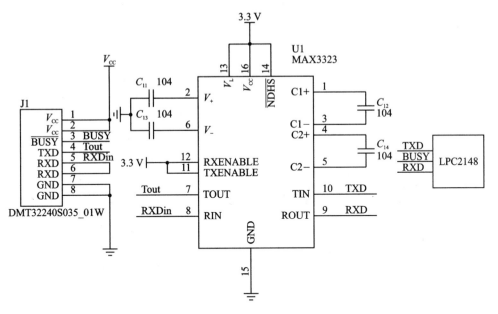

图 7.8.18　LPC2148 最小系统开发板与触摸屏模块连接电路

7.8.11　声音导引系统软件设计

1. 主控制台程序设计

主控制台的控制器通过读取触摸屏返回的数据来判断被选择的命令,当选择执行基本要求时,调用基本要求子程序,选择执行发挥部分时,调用发挥部分子程序,而这两个子程序又是通过调用误差信号产生子程序来完成的。控制总流程图和这几个子程序流程图如图 7.8.19 所示。为降低功耗,在进入基本要求或发挥部分子程序后,控制器被设置为空闲模式,直到接收到音频信号接收器给控制器的中断信号,由此来唤醒控制器继续执行指令。

2. 可移动声源程序设计

可移动声源控制器需要产生频率为 3 kHz 的音频信号,然后开始等待无线接收主控制台数据。若收到的为误差信号 t,则通过对误差信号 t 的处理控制电机运行;若收到的为声源反向命令,则需控制舵机旋转 $180°$,且给控制台返回已反向的确认数据。可移动声源主程序流程图如图 7.8.20 所示。

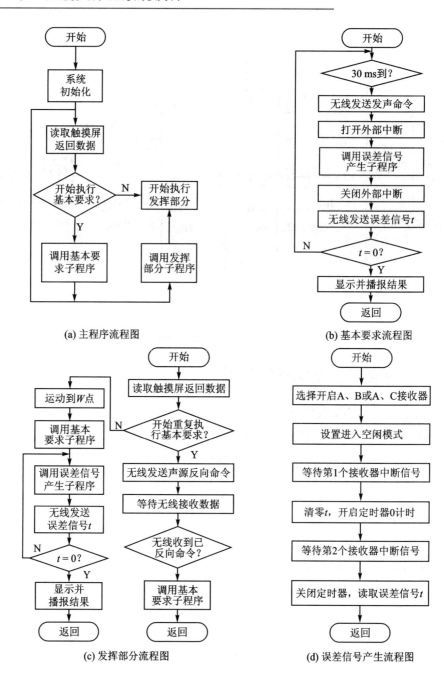

(a) 主程序流程图

(b) 基本要求流程图

(c) 发挥部分流程图

(d) 误差信号产生流程图

图 7.8.19　主控制台主要程序流程图

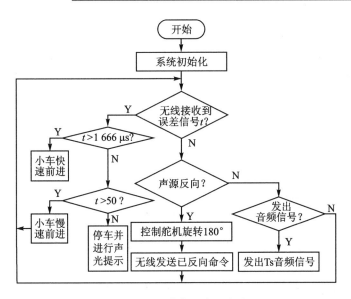

图 7.8.20　可移动声源主程序流程图

参考文献

[1] 全国大学生电子设计竞赛组委会. 历届题目[G/OL]. http://www.nuedc.com.cn,2009.

[2] 全国大学生电子设计竞赛组委会. 全国大学生电子设计竞赛获奖作品选编(1994～1999)[M]. 北京:北京理工大学出版社,1997.

[3] 全国大学生电子设计竞赛组委会. 全国大学生电子设计竞赛获奖作品选编(2001)[M]. 北京:北京理工大学出版社,2003.

[4] 全国大学生电子设计竞赛组委会. 全国大学生电子设计竞赛获奖作品选编(2003)[M]. 北京:北京理工大学出版社,2005.

[5] 黄正谨. 电子设计竞赛赛题解析[M]. 南京:东南大学出版社.2003.

[6] 全国大学生电子设计竞赛组委会. 全国大学生电子设计竞赛获奖作品选编(2005)[M]. 北京:北京理工大学出版社,2007.

[7] 全国大学生电子设计竞赛组委会. 全国大学生电子设计竞赛获奖作品选编(2007)[M]. 北京:北京理工大学出版社,2009.

[8] 陈尚松. 电子测量与仪器[M]. 北京:电子工业出版社,2005.

[9] 孙辉,闫江龙,刘卫亮. 集成运放综合参数测试仪[OL]. www.unsp.com.cn,2006.

[10] 刘轩,张绍亮,张迪. 简易频谱分析仪[OL]. www.unsp.com.cn,2006.

[11] 黄智伟. 全国大学生电子设计竞赛电路设计[M]. 2版. 北京:北京航空航天大学出版社,2011.

[12] 黄智伟. 全国大学生电子设计竞赛技能训练[M]. 2版. 北京:北京航空航天大学出版社,2011.

[13] 黄智伟. 全国大学生电子设计竞赛制作实训[M]. 2版. 北京:北京航空航天大学出版社,2011.

[14] 黄智伟. 印制电路板(PCB)设计技术与实践[M]. 北京:电子工业出版社,2009.

[15] 谢军贤. 移相式零电压软开关变换器与 UC3875 的应用[EB/OL]. http://elecfans.com/article/83/116/2009/2009071076307.html,2009.

[16] 潘松,黄继业. EDA 技术实用教程[M]. 北京:科学出版社,2002.

[17] 吴运昌. 模拟集成电路原理与应用[M]. 广州:华南理工大学出版社,2001.

[18] 张友汉. 电子线路设计应用手册[M]. 福建:福建科学技术出版社,2000.

[19] 何立民. MCS51 单片机应用系统设计[M]. 北京:北京航空航天大学出版社,1990.

[20] 谢自美. 电子线路设计·实验·测试[M]. 湖北:华中理工大学出版社,2000.

[21] 田良. 综合电子设计与实践[M]. 南京:东南大学出版社,2002.

[22] 黄智伟. 全国大学生电子设计竞赛培训教程[M]. 北京:电子工业出版社,2005.

[23] 黄智伟. 无线发射与接收电路设计[M]. 2版. 北京:北京航空航天大学出版社,2007.

［24］黄智伟.FPGA 系统设计与实践［M］.北京:电子工业出版社,2005.

［25］黄智伟.射频小信号放大器电路设计［M］.西安:西安电子科技大学出版社,2008.

［26］黄智伟.锁相环与频率合成器电路设计［M］.西安:西安电子科技大学出版社,2008.

［27］黄智伟.射频功率放大器电路设计［M］.西安:西安电子科技大学出版社,2009.

［28］黄智伟.单片无线发射与接收电路设计［M］.西安:西安电子科技大学出版社,2009.

［29］黄智伟.调制器与解调器电路设计［M］.西安:西安电子科技大学出版社,2009.

［30］黄智伟.混频器电路设计［M］.西安:西安电子科技大学出版社,2009.

［31］黄智伟.射频电路设计［M］.北京:电子工业出版社,2005.

［32］黄智伟.单片无线数据通信 IC 原理应用［M］.北京:北京航空航天大学出版社,2004.

［33］黄智伟.无线通信集成电路［M］.北京:北京航空航天大学出版社,2005.

［34］黄智伟.蓝牙硬件电路［M］.北京:北京航空航天大学出版社,2005.

［35］黄智伟.通信电子电路［M］.北京:机械工业出版社,2007.

［36］黄智伟.GPS 接收机电路设计［M］.北京:国防工业出版社,2005.

［37］黄智伟.无线数字收发电路设计［M］.北京:电子工业出版社,2003.

［38］黄智伟.射频集成电路原理与应用设计［M］.北京:电子工业出版社,2004.

［39］黄智伟.基于 NI mulitisim 的电子电路计算机仿真设计与分析［M］.北京:电子工业出版社,2008.

［40］黄智伟.基于 mulitisim2001 的电子电路计算机仿真设计与分析［M］.北京:电子工业出版社,2004.

［41］黄智伟.ARM9 嵌入式系统基础教程［M］.北京:北京航空航天大学出版社,2008.

［42］黄智伟.凌阳单片机课程设计［M］.北京:北京航空航天大学出版社,2007.

［43］黄智伟.电子设计竞赛 EDA 技术教学方法研究［J］.南华教育,2003.2:64.

［44］黄智伟.参加电子设计竞赛,促进课程体系与实验教学改革［J］.南华教育,2002.4:57.

［45］黄智伟.单片机软件抗干扰技术研究［J］.计算机应用,1999.1:369.

［46］黄智伟.软件测试和可靠性评估模型选择［J］.电子计算机 1999.6:24.

［47］黄智伟.计算机无线通信接口电路及程序设计［J］.计算机测量与控制,2002.5.

［48］EEPW.色彩传感器［EB/OL］.http://baike.eepw.com.cn,2009.

［49］周志高.大学毕业设计(论文)写作指南［M］.北京:化工工业出版社,2007.

［50］段九州.电源电路实用设计手册［M］.沈阳:辽宁科学技术出版社,2000.

［51］公茂法.单片机人机接口实例集［M］.北京:北京航空航天大学出版社,1998.

［52］汤元信.电子工艺及电子工程设计［M］.北京:北京航空航天大学出版社,1999.

［53］杨邦文.新型实用电路制作 200 例［M］.北京:人民邮电出版社,1998.